기출에 변형까지 더하다

"내신1등급을 결정짓는 고난도 유형 대비서"

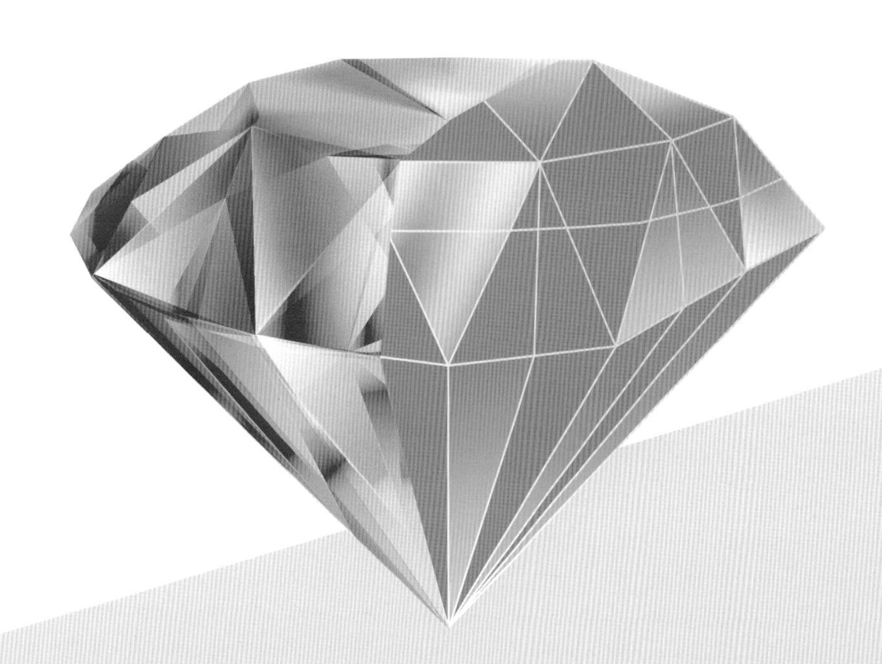

HIGH-END

내신 하이엔드

1등급을 위한 고난도 유형 공략서

HIGH-END

내신 하이엔드

지은이

NE능률 수학교육연구소

NE능률 수학교육연구소는 혁신적이며 효율적인 수학 교재를 개발하고
수학 학습의 질을 한 단계 높이고자 노력하는 NE능률의 연구 조직입니다.

조정묵 신도림고등학교 교사

남선주 경기고등학교 교사

김상훈 신도림고등학교 교사

김형균 중산고등학교 교사

김용환 세종과학고등학교 교사

최원숙 신도고등학교 교사

박상훈 중동고등학교 교사

최종민 중동고등학교 교사

이경진 중동고등학교 교사

이승철 서울과학고등학교 교사

박현수 현대고등학교 교사

김상우 신도고등학교 교사

김근민 세종과학고등학교 교사

검토진

강석모 (신수학학원) 강수아 (휘경여고) 고은하 (고강학원) 곽민수 (청라현수학) 권치영 (지오학원)
김도완 (너희들의 수학학원) 김동범 (김환철수학) 김동춘 (신정고) 김만기 (광명고) 김용백 (서울대가는수학)
김원일 (부평여고) 김정회 (뉴fine수학) 김지만 (대성고) 김진미 (대치개념폴리아) 김채화 (화명채움수학)
김혜진 (그리핀수학학원) 김환철 (김환철수학) 문준후 (수학의문) 박민경 (THE채움수학교습소) 박상필 (산본하이츠학원)
박성일 (숭덕여고) 박연숙 (KSM매탄) 박용우 (신등용문학원) 박지연 (온탑학원) 박희영 (지인학원)
신동식 (EM학원) 신범수 (둔산시그마학원) 신지예 (신지예수학) 양범석 (한스영수학원) 양지희 (전주한일고)
오광재 (미퍼스트학원) 오현석 (신현고) 유성규 (청라현수학) 윤재필 (메가스터디러셀) 이병도 (컬럼비아수학학원)
이병진 (인일여고) 이봉주 (성지학원) 이재영 (하늘수학연구소) 이진섭 (이진섭수학학원) 이흥식 (흥샘수학)
임용원 (군포중앙고) 장전원 (김앤장영어수학학원) 전승환 (공즐학원) 정관진 (연수고) 정석 (정석수학전문학원)
정은성 (EM챔피언스쿨) 정일순 (가우스수학) 정효석 (최상위학원) 차상엽 (평촌다수인수학학원) 최득재 (깊은생각본원)
최민석 (구월유투엠) 최순학 (수본학원) 최정희 (세화고) 하태훈 (평촌바른길수학학원) 황상인 (바이써클수학학원)

1등급을 위한 고난도 유형 공략서

HIGH-END
내신 하이엔드

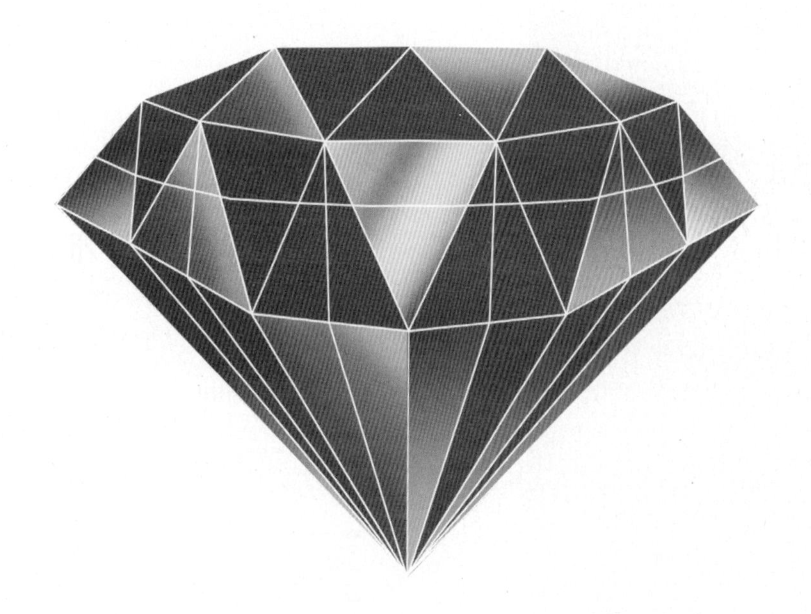

고등수학 상

CONTENTS 차례

STRUCTURE 구성과 특징

기출에 변형까지 더하다!

1등급 완전 정복 프로젝트

- 출제율 높은 고난도 문제만 엄선
- 실력을 키우는 고난도 유형만 공략
- "기출-변형-예상" 3단계 문제 훈련

1 1등급을 위한 실전 개념 정리

- 꼭 필요한 교과서 핵심 개념을 압축하여 정리하였습니다.
  단원별 중요 개념을 한눈에 파악할 수 있습니다.
- 문제 풀이에 유용한 심화 개념을 1등급 노트로 제시하였습니다.
  1등급을 위한 심화 개념을 실전에서 활용할 수 있습니다.

2 1등급 완성 3 step 문제 연습

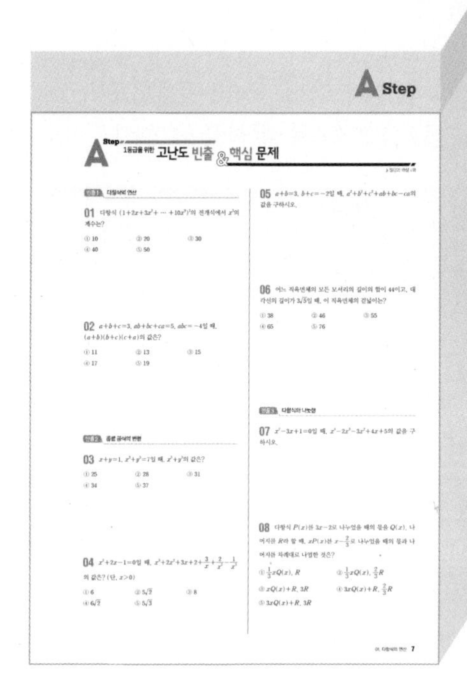

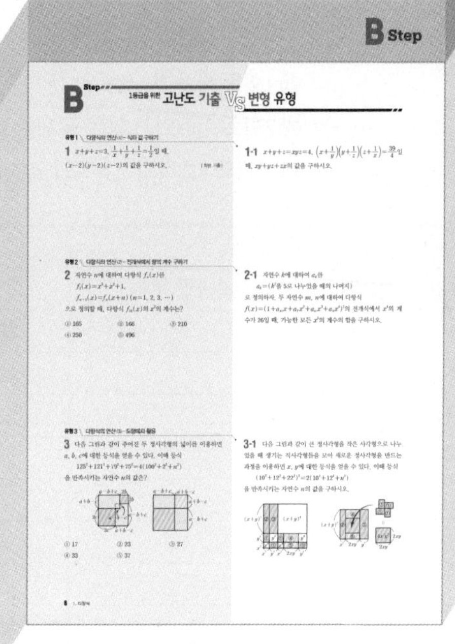

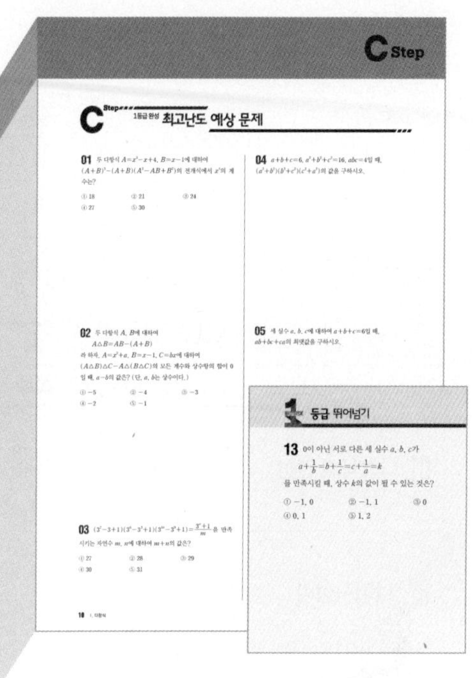

고난도 빈출 & 핵심 문제로 실력 점검

• 출제율 70 % 이상의 빈출 문제를 주제별로 구성하였습니다. 단원의 대표 기출 문제를 학습함으로써 1등급을 준비할 수 있습니다. 또한, 교과서 고난도 문항에서 선정한 교과서 심화 변형 문제를 수록하였습니다.

고난도 기출 VS 변형 문제로 1:1 집중 공략

• 고난도 내신 기출뿐 아니라 모의고사 기출 문제 중 빈출, 오답 유형을 선정하여 [기출 문제 VS. 변형 문제]를 1 : 1로 구성하였습니다.

• 기출 VS. 변형의 1 : 1 구성을 통해 고난도 기출 유형을 확실히 이해하고, 개념의 확장 또는 조건의 변형 등과 같은 응용 문제에 완벽히 대비할 수 있습니다.

최고난도 예상 문제로 1등급 뛰어넘기

• 1등급을 결정하는 변별력 있는 고난도 문제를 종합적으로 제시하였습니다.

• 사고력 통합 문제와 최고난도 문제까지 학습할 수 있는 1등급 뛰어넘기 문제를 수록하였습니다.

• 쉽게 접하지 못했던 신유형 문제로 응용력을 키울 수 있습니다.

3 전략이 있는 정답과 해설

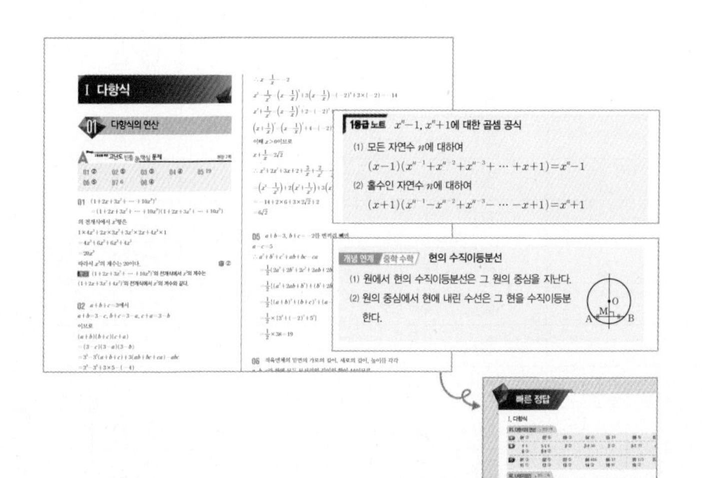

• 문제 해결의 실마리를 풀이와 함께 제시하였습니다.

• 자세하고 친절한 해설을 제시하고, 빠른 풀이, 다른 풀이 등 다양한 풀이 방법을 제공하였습니다.
또한, 주의, 참고, 예 등의 첨삭도 제공하여 명쾌한 이해를 돕습니다.

• 1등급 노트 1등급을 위한 확장 개념을 설명하였습니다.

• 개념 연계 타교과 연계 개념을 제시하였습니다.

• 빠른 정답 문제를 풀어 본 후, 정답을 빠르게 확인할 수 있습니다.

STUDY PLAN
학습 계획표

고난도 체화 "2회독" 활용법

❶ **1회독** 학습 후, 복습할 문제를 표시한다.
❷ **2회독** 이해되지 않는 문제를 다시 학습한다. 추가로 복습할 문제를 표시한다.
❸ **성취도** 1회독과 2회독의 결과를 비교하고, 스스로 성취도를 평가한다.

구분			1회독		2회독		성취도
단원	단계	쪽수	학습일	복습할 문제	학습일	복습할 문제	
01. 다항식의 연산	A Step	7	월/ 일		월/ 일		○ △ ×
	B Step	8~9	월/ 일		월/ 일		○ △ ×
	C Step	10~12	월/ 일		월/ 일		○ △ ×
02. 나머지정리	A Step	14	월/ 일		월/ 일		○ △ ×
	B Step	15~16	월/ 일		월/ 일		○ △ ×
	C Step	17~19	월/ 일		월/ 일		○ △ ×
03. 인수분해	A Step	21	월/ 일		월/ 일		○ △ ×
	B Step	22~24	월/ 일		월/ 일		○ △ ×
	C Step	25~27	월/ 일		월/ 일		○ △ ×
04. 복소수	A Step	31	월/ 일		월/ 일		○ △ ×
	B Step	32~33	월/ 일		월/ 일		○ △ ×
	C Step	34~36	월/ 일		월/ 일		○ △ ×
05. 이차방정식	A Step	38~39	월/ 일		월/ 일		○ △ ×
	B Step	40~42	월/ 일		월/ 일		○ △ ×
	C Step	43~46	월/ 일		월/ 일		○ △ ×
06. 이차방정식과 이차함수	A Step	49~50	월/ 일		월/ 일		○ △ ×
	B Step	51~53	월/ 일		월/ 일		○ △ ×
	C Step	54~57	월/ 일		월/ 일		○ △ ×
07. 여러 가지 방정식	A Step	59~60	월/ 일		월/ 일		○ △ ×
	B Step	61~63	월/ 일		월/ 일		○ △ ×
	C Step	64~67	월/ 일		월/ 일		○ △ ×
08. 여러 가지 부등식	A Step	69~70	월/ 일		월/ 일		○ △ ×
	B Step	71~73	월/ 일		월/ 일		○ △ ×
	C Step	74~77	월/ 일		월/ 일		○ △ ×
09. 점과 직선	A Step	82~83	월/ 일		월/ 일		○ △ ×
	B Step	84~87	월/ 일		월/ 일		○ △ ×
	C Step	88~91	월/ 일		월/ 일		○ △ ×
10. 원의 방정식	A Step	93~94	월/ 일		월/ 일		○ △ ×
	B Step	95~98	월/ 일		월/ 일		○ △ ×
	C Step	99~102	월/ 일		월/ 일		○ △ ×
11. 도형의 이동	A Step	104	월/ 일		월/ 일		○ △ ×
	B Step	105~108	월/ 일		월/ 일		○ △ ×
	C Step	109~112	월/ 일		월/ 일		○ △ ×

I

다항식

01. 다항식의 연산
02. 나머지정리
03. 인수분해

01

I. 다항식

다항식의 연산

개념 1 다항식의 덧셈, 뺄셈, 곱셈

(1) 다항식의 덧셈: 동류항끼리 모아서 정리한다.

(2) 다항식의 뺄셈: 빼는 식의 각 항의 부호를 바꾸어 더한다.

(3) 다항식의 곱셈: 분배법칙과 지수법칙을 이용하여 전개한다.

▸ **다항식의 정리**
x에 대한 다항식 $x+x^3-5$를
① 내림차순으로 정리하면
⇨ x^3+x-5
② 오름차순으로 정리하면
⇨ $-5+x+x^3$

개념 2 다항식의 연산의 성질

(1) 교환법칙: $A+B=B+A$, $AB=BA$

(2) 결합법칙: $(A+B)+C=A+(B+C)$, $(AB)C=A(BC)$

(3) 분배법칙: $A(B+C)=AB+AC$, $(A+B)C=AC+BC$

▸ 결합법칙이 성립하므로 괄호를 생략하여 나타내기도 한다.
$(A+B)+C=A+(B+C)$
$=A+B+C$
$(AB)C=A(BC)=ABC$

개념 3 곱셈 공식

(1) $(a+b)^2=a^2+2ab+b^2$, $(a-b)^2=a^2-2ab+b^2$, $(a+b)(a-b)=a^2-b^2$

(2) $(x+a)(x+b)=x^2+(a+b)x+ab$

(3) $(ax+b)(cx+d)=acx^2+(ad+bc)x+bd$

(4) $(a+b+c)^2=a^2+b^2+c^2+2ab+2bc+2ca$

(5) $(a+b)^3=a^3+3a^2b+3ab^2+b^3$, $(a-b)^3=a^3-3a^2b+3ab^2-b^3$

(6) $(a+b)(a^2-ab+b^2)=a^3+b^3$, $(a-b)(a^2+ab+b^2)=a^3-b^3$

(7) $(x+a)(x+b)(x+c)=x^3+(a+b+c)x^2+(ab+bc+ca)x+abc$

(8) $(a+b+c)(a^2+b^2+c^2-ab-bc-ca)=a^3+b^3+c^3-3abc$

(9) $(a^2+ab+b^2)(a^2-ab+b^2)=a^4+a^2b^2+b^4$

개념 4 곱셈 공식의 변형

(1) $a^2+b^2=(a+b)^2-2ab=(a-b)^2+2ab$

(2) $(a+b)^2=(a-b)^2+4ab$, $(a-b)^2=(a+b)^2-4ab$

(3) $a^3+b^3=(a+b)^3-3ab(a+b)$, $a^3-b^3=(a-b)^3+3ab(a-b)$

(4) $a^2+b^2+c^2=(a+b+c)^2-2(ab+bc+ca)$

(5) $a^2+b^2+c^2-ab-bc-ca=\frac{1}{2}\{(a-b)^2+(b-c)^2+(c-a)^2\}$

(6) $(a+b)(b+c)(c+a)=(a+b+c)(ab+bc+ca)-abc$

(7) $a^3+b^3+c^3=(a+b+c)(a^2+b^2+c^2-ab-bc-ca)+3abc$

▸ **곱셈 공식의 변형의 활용**
x^3+y^3, x^2-xy+y^2, $\frac{x}{y}+\frac{y}{x}$와 같이 두 문자를 바꾸어도 변하지 않는 식을 대칭식이라 한다.
이와 같은 대칭식의 값은 두 문자의 합과 곱의 값을 알 때, 곱셈 공식의 변형을 이용하여 구할 수 있다.
예 $x^2+y^2=(x+y)^2-2xy$

개념 5 다항식의 나눗셈

다항식 A를 다항식 $B(B\neq0)$로 나누었을 때의 몫을 Q, 나머지를 R라 하면

$A=BQ+R$ (단, (R의 차수)$<$(B의 차수))

특히, $R=0$이면 A는 B로 나누어떨어진다고 한다.

예 오른쪽과 같이 $3x^2-7x+2$를 $x-3$으로 나누면 몫은 $3x+2$이고 나머지는 8이므로
$3x^2-7x+2=(x-3)(3x+2)+8$과 같이 나타낼 수 있다.

▸ $(3x^2-7x+2)\div(x-3)$

$$\begin{array}{r l}
3x+2 & \leftarrow \text{몫} \\
x-3\,\overline{)\,3x^2-7x+2} & \\
3x^2-9x & \leftarrow (x-3)\times 3x \\
\hline 2x+2 & \\
2x-6 & \leftarrow (x-3)\times 2 \\
\hline 8 & \leftarrow \text{나머지}
\end{array}$$

A Step 1등급을 위한 고난도 빈출 & 핵심 문제

> 정답과 해설 4쪽

빈출 1 다항식의 연산

01 다항식 $(1+2x+3x^2+\cdots+10x^9)^2$의 전개식에서 x^3의 계수는?

① 10 ② 20 ③ 30
④ 40 ⑤ 50

02 $a+b+c=3$, $ab+bc+ca=5$, $abc=-4$일 때, $(a+b)(b+c)(c+a)$의 값은?

① 11 ② 13 ③ 15
④ 17 ⑤ 19

빈출 2 곱셈 공식의 변형

03 $x+y=1$, $x^3+y^3=7$일 때, x^5+y^5의 값은?

① 25 ② 28 ③ 31
④ 34 ⑤ 37

04 $x^2+2x-1=0$일 때, $x^3+2x^2+3x+2+\frac{3}{x}+\frac{2}{x^2}-\frac{1}{x^3}$의 값은? (단, $x>0$)

① 6 ② $5\sqrt{2}$ ③ 8
④ $6\sqrt{2}$ ⑤ $5\sqrt{3}$

05 $a+b=3$, $b+c=-2$일 때, $a^2+b^2+c^2+ab+bc-ca$의 값을 구하시오.

06 어느 직육면체의 모든 모서리의 길이의 합이 44이고, 대각선의 길이가 $3\sqrt{5}$일 때, 이 직육면체의 겉넓이는?

① 38 ② 46 ③ 55
④ 65 ⑤ 76

빈출 3 다항식의 나눗셈

07 $x^2-3x+1=0$일 때, $x^4-2x^3-3x^2+4x+5$의 값을 구하시오.

08 다항식 $P(x)$를 $3x-2$로 나누었을 때의 몫을 $Q(x)$, 나머지를 R라 할 때, $xP(x)$를 $x-\frac{2}{3}$로 나누었을 때의 몫과 나머지를 차례대로 나열한 것은?

① $\frac{1}{3}xQ(x)$, R ② $\frac{1}{3}xQ(x)$, $\frac{2}{3}R$
③ $xQ(x)+R$, $3R$ ④ $3xQ(x)+R$, $\frac{2}{3}R$
⑤ $3xQ(x)+R$, $3R$

B Step 1등급을 위한 고난도 기출 VS 변형 유형

유형 1 다항식의 연산 (1) - 식의 값 구하기

1 $x+y+z=3$, $\frac{1}{x}+\frac{1}{y}+\frac{1}{z}=\frac{1}{2}$일 때, $(x-2)(y-2)(z-2)$의 값을 구하시오. | 학평 기출 |

1-1 $x+y+z=xyz=4$, $\left(x+\frac{1}{y}\right)\left(y+\frac{1}{z}\right)\left(z+\frac{1}{x}\right)=\frac{39}{4}$일 때, $xy+yz+zx$의 값을 구하시오.

유형 2 다항식의 연산 (2) - 전개식에서 항의 계수 구하기

2 자연수 n에 대하여 다항식 $f_n(x)$를

$f_1(x)=x^3+x^2+1$,

$f_{n+1}(x)=f_n(x+n)$ $(n=1, 2, 3, \cdots)$

으로 정의할 때, 다항식 $f_{11}(x)$의 x^2의 계수는?

① 165 ② 166 ③ 210 ④ 250 ⑤ 496

2-1 자연수 k에 대하여 a_k를

$a_k=(k^2$을 5로 나누었을 때의 나머지)

로 정의하자. 두 자연수 m, n에 대하여 다항식 $f(x)=(1+a_mx+a_2x^2+a_nx^3+a_4x^4)^2$의 전개식에서 x^4의 계수가 26일 때, 가능한 모든 x^5의 계수의 합을 구하시오.

유형 3 다항식의 연산 (3) - 도형에의 활용

3 다음 그림과 같이 주어진 두 정사각형의 넓이를 이용하면 a, b, c에 대한 등식을 얻을 수 있다. 이때 등식

$125^2+121^2+79^2+75^2=4(100^2+2^2+n^2)$

을 만족시키는 자연수 n의 값은?

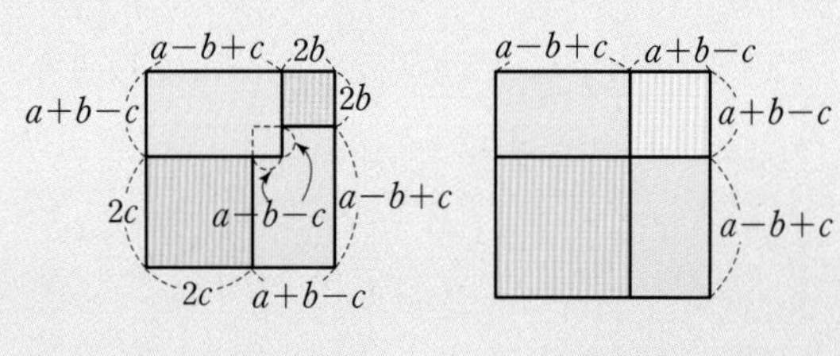

① 17 ② 23 ③ 27 ④ 33 ⑤ 37

3-1 다음 그림과 같이 큰 정사각형을 작은 사각형으로 나누었을 때 생기는 직사각형들을 모아 새로운 정사각형을 만드는 과정을 이용하면 x, y에 대한 등식을 얻을 수 있다. 이때 등식

$(10^2+12^2+22^2)^2=2(10^4+12^4+n^4)$

을 만족시키는 자연수 n의 값을 구하시오.

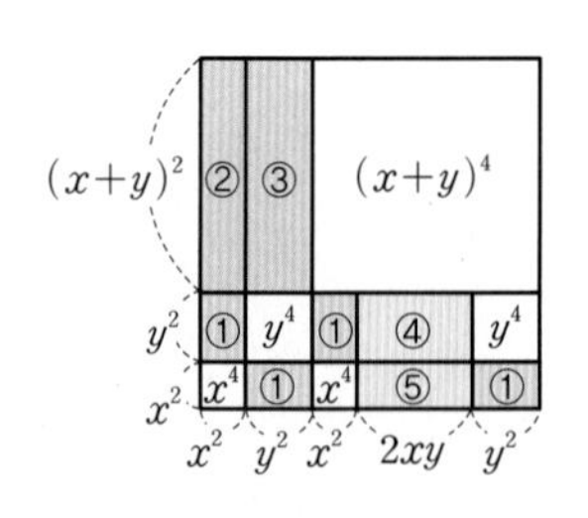

유형 4 곱셈 공식의 변형 - 도형에의 활용

4 선분 AB를 지름으로 하는 반원이 있다. 오른쪽 그림과 같이 호 AB 위의 점 P에서 선분 AB에 내린 수선의 발을 Q라 하고, 선분 AQ와 선분 QB를 지름으로 하는 반원을 각각 그린다. 호 AB, 호 AQ 및 호 QB로 둘러싸인 모양 도형의 넓이를 S_1, 선분 PQ를 지름으로 하는 반원의 넓이를 S_2라 하자. $\overline{AQ}-\overline{QB}=8\sqrt{3}$이고 $S_1-S_2=2\pi$일 때, 선분 AB의 길이를 구하시오. | 학평 기출 |

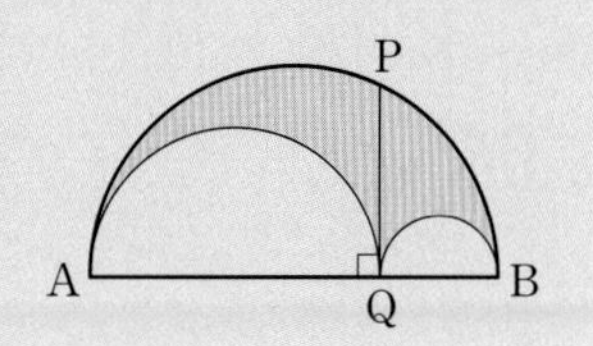

4-1 오른쪽 그림과 같이 길이가 $5\sqrt{3}$인 선분 AB를 지름으로 하는 반원이 있다. 호 AB 위의 점 C에 대하여 호 AC를 이등분하는 점과 선분 AC의 중점을 이은 선분을 지름으로 하는 원을 O_1, 호 BC를 이등분하는 점과 선분 BC의 중점을 이은 선분을 지름으로 하는 원을 O_2라 하자. 원 O_1의 넓이와 원 O_2의 넓이의 합이 $\frac{15}{16}\pi$일 때, 삼각형 ABC의 넓이를 구하시오.

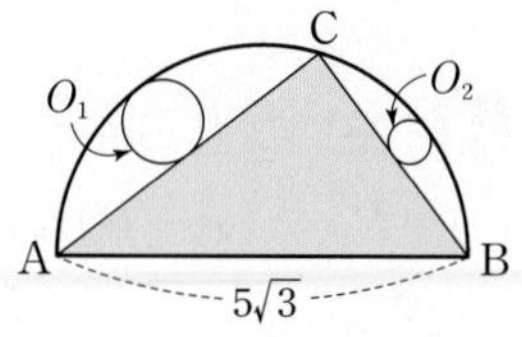

유형 5 다항식의 나눗셈

5 다항식 $f(x)$를 $(x^2-1)(x^2-4)$로 나누었을 때의 나머지가 $3x^2+ax+b$이다. 다항식 $f(x^3)$을 x^6-1로 나누었을 때의 나머지를 $R_1(x)$, x^6-4로 나누었을 때의 나머지를 $R_2(x)$라 할 때, $R_2(x)-R_1(x)$의 값은? (단, a, b는 상수이다.)

① 6 ② 7 ③ 8
④ 9 ⑤ 10

5-1 다항식 $f(x)$를 $(x-1)(x^2+x+1)$로 나누었을 때의 나머지가 $2x^2+x+a$이다. 다항식 $f(x)$를 $x-1$로 나누었을 때의 나머지와 다항식 $f(x^2+1)$을 x^2으로 나누었을 때의 나머지의 합이 10일 때, 상수 a의 값은?

① 1 ② 2 ③ 3
④ 4 ⑤ 5

유형 6 $(x-1)(x^{n-1}+x^{n-2}+\cdots+1)=x^n-1$을 이용한 나눗셈

6 다항식 $g(x)=x^6+x^5+x^4+x^3+x^2+x+1$에 대하여 다항식 $g(x^7)$을 $g(x)$로 나누었을 때의 나머지를 $R(x)$라 할 때, $R(2)$의 값은?

① -4 ② 6 ③ 7
④ 9 ⑤ 14

6-1 다항식 $x^{18}-1$을 $x-1$로 나누었을 때의 몫을 $f(x)$라 할 때, 다항식 $g(x)$를 다항식 $f(x)$로 나누었을 때의 나머지는 x^{13}이다. 다항식 $g(x)$를 다항식 $h(x)=x^{13}+x^{12}+x^7+x^6+x+1$로 나누었을 때의 나머지를 $R(x)$라 할 때, $R(-1)$의 값은?

① -3 ② -1 ③ 0
④ 1 ⑤ 3

C Step 1등급 완성 최고난도 예상 문제

01 두 다항식 $A=x^3-x+4$, $B=x-1$에 대하여 $(A+B)^3-(A+B)(A^2-AB+B^2)$의 전개식에서 x^4의 계수는?

① 18 ② 21 ③ 24
④ 27 ⑤ 30

02 두 다항식 A, B에 대하여

$A\triangle B=AB-(A+B)$

라 하자. $A=x^2+a$, $B=x-1$, $C=bx$에 대하여 $(A\triangle B)\triangle C-A\triangle(B\triangle C)$의 모든 계수와 상수항의 합이 0일 때, $a-b$의 값은? (단, a, b는 상수이다.)

① -5 ② -4 ③ -3
④ -2 ⑤ -1

03 $(3^2-3+1)(3^6-3^3+1)(3^{18}-3^9+1)=\dfrac{3^n+1}{m}$을 만족시키는 자연수 m, n에 대하여 $m+n$의 값은?

① 27 ② 28 ③ 29
④ 30 ⑤ 31

04 $a+b+c=6$, $a^2+b^2+c^2=16$, $abc=4$일 때, $(a^2+b^2)(b^2+c^2)(c^2+a^2)$의 값을 구하시오.

05 세 실수 a, b, c에 대하여 $a+b+c=6$일 때, $ab+bc+ca$의 최댓값을 구하시오.

06 0이 아닌 세 실수 x, y, z가 다음 조건을 만족시킨다.

> (가) x, y, z 중에서 적어도 하나는 5이다.
> (나) $x+y+z=9$
> (다) $\dfrac{1}{x}+\dfrac{1}{y}+\dfrac{1}{z}=1$

$x^2y^2+y^2z^2+z^2x^2$의 값을 구하시오.

07 0이 아닌 세 실수 a, b, c에 대하여

$$a+b+c=\frac{1}{a}+\frac{1}{b}+\frac{1}{c}=2,\ abc=\frac{1}{abc}$$

일 때, $a^4+b^4+c^4$의 값을 구하시오.

08 다음 그림과 같이 $\overline{\mathrm{AC}}=7$, $\angle\mathrm{B}=120^\circ$인 삼각형 ABC의 넓이가 $\frac{15\sqrt{3}}{4}$일 때, 삼각형 ABC의 내접원의 반지름의 길이가 $\frac{q}{p}\sqrt{3}$이다. $p+q$의 값을 구하시오.

(단, p와 q는 서로소인 자연수이다.)

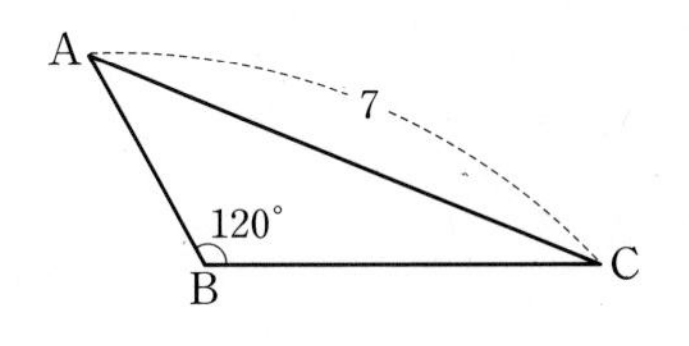

09 오른쪽 그림과 같이 $\overline{\mathrm{AB}}=\overline{\mathrm{AC}}$인 이등변삼각형 ABC에 대하여 변 BC 위에 $\overline{\mathrm{DE}}=4$인 두 점 D, E가 있다. 선분 DE를 지름으로 하는 반원이 두 변 AB, AC와 각각 점 P, Q에서 접한다. 삼각형 ABC의 넓이가 10일 때, $\frac{1}{\overline{\mathrm{AP}}^3}+\frac{1}{\overline{\mathrm{BP}}^3}$의 값은?

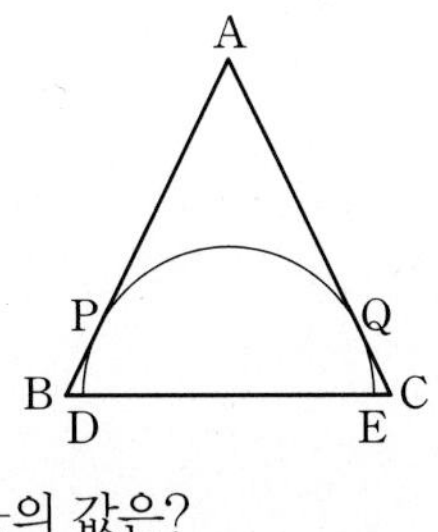

① $\frac{15}{16}$ ② $\frac{65}{64}$ ③ $\frac{35}{32}$
④ $\frac{75}{64}$ ⑤ $\frac{5}{4}$

10 최고차항의 계수가 1인 삼차다항식 $f(x)$가 다음 조건을 만족시킨다.

> (가) $f(1)=16$
> (나) $f(x-1)$은 x^2으로 나누어떨어진다.

다항식 $f(x)$를 x^2으로 나누었을 때의 나머지가 $px+q$일 때, $p+q$의 값은? (단, p, q는 상수이다.)

① 0 ② 3 ③ 5
④ 6 ⑤ 10

11 다항식 $f(x)$를 x^2-x+1로 나누었을 때의 나머지가 $2x-1$이다. 다항식 $x^6f(x)$를 x^2-x+1로 나누었을 때의 나머지를 $R(x)$라 할 때, $R(-1)$의 값은?

① -3 ② -1 ③ 0
④ 2 ⑤ 4

12 자연수 $N=(n+2)(n-2)(n^2+1)$이 $(n-2)^2$의 배수가 되도록 하는 자연수 n의 최댓값은?

① 18 ② 20 ③ 22
④ 26 ⑤ 30

13 0이 아닌 서로 다른 세 실수 a, b, c가

$$a+\frac{1}{b}=b+\frac{1}{c}=c+\frac{1}{a}=k$$

를 만족시킬 때, 상수 k의 값이 될 수 있는 것은?

① -1, 0　② -1, 1　③ 0
④ 0, 1　⑤ 1, 2

14 오른쪽 그림과 같이 $\overline{AB}=c$, $\overline{BC}=a$, $\overline{CA}=b$인 삼각형 ABC의 넓이가 $\sqrt{3}$이고, $a^2+b^2+c^2=14$일 때, $a^4+b^4+c^4$의 값은?

(단, $a^4+b^4+c^4<98$)

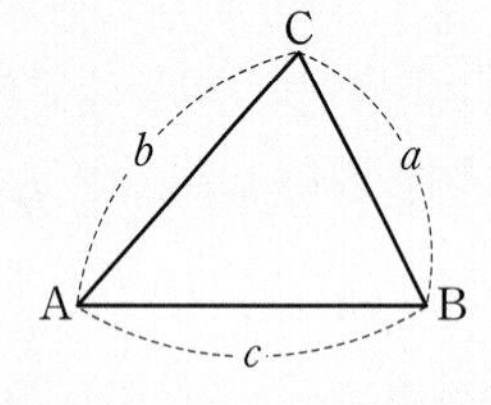

① 70　② 72　③ 74
④ 76　⑤ 78

15 자연수 n에 대하여 한 변의 길이가 n^3-n^2-n+3인 정삼각형 ABC가 있다. 이 정삼각형을 다음 그림과 같이 꼭짓점 A를 포함하도록 한 변의 길이가 $n+1$인 정삼각형으로 조각낼 때, 조각낼 수 있는 정삼각형의 최대 개수를 $f(n)$이라 하자. $f(3)+f(4)$의 값을 구하시오.

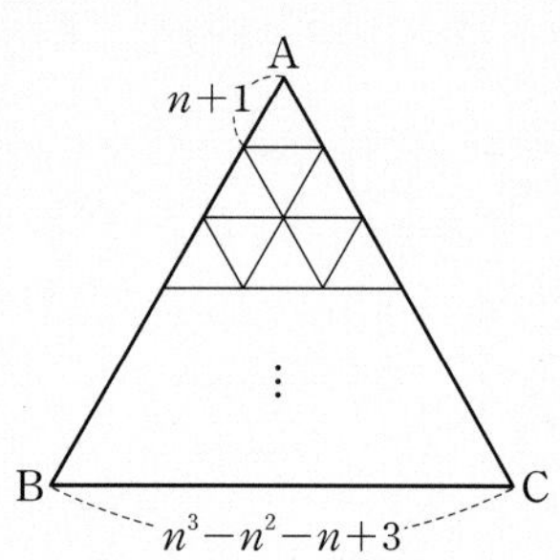

16 일차 이상의 두 다항식 $f(x)$, $g(x)$에 대하여 다항식 $f(x)+g(x)$를 $h(x)$로 나누었을 때의 나머지를 $R(x)$라 하자. 다항식 $f(x)-g(x)$를 $h(x)$로 나누었을 때의 나머지도 $R(x)$일 때, **보기**에서 옳은 것만을 있는 대로 고른 것은?

보기

ㄱ. $f(x)$를 $h(x)$로 나누었을 때의 나머지는 $R(x)$이다.
ㄴ. $f(x)g(x)$는 $h(x)$로 나누어떨어진다.
ㄷ. $\{f(x)\}^2-\{g(x)\}^2$을 $h(x)$로 나누었을 때의 나머지는 $\{R(x)\}^2$이다.

① ㄱ　② ㄱ, ㄴ　③ ㄱ, ㄷ
④ ㄴ, ㄷ　⑤ ㄱ, ㄴ, ㄷ

02

I. 다항식

나머지정리

개념 1 항등식

(1) 항등식: 문자를 포함한 등식에서 그 문자에 어떤 값을 대입하여도 항상 성립하는 등식

(2) 항등식의 성질

① $ax^2+bx+c=0$이 x에 대한 항등식 $\Longleftrightarrow a=0,\ b=0,\ c=0$

② $ax^2+bx+c=a'x^2+b'x+c'$이 x에 대한 항등식 $\Longleftrightarrow a=a',\ b=b',\ c=c'$

참고 여러 문자에 대한 항등식의 성질

① $ax+by+c=0$이 x, y에 대한 항등식 $\Longleftrightarrow a=0, b=0, c=0$

② $ax+by+c=a'x+b'y+c'$이 x, y에 대한 항등식 $\Longleftrightarrow a=a', b=b', c=c'$

▸ x에 대한 항등식과 같은 표현
① 모든 x에 대하여 성립하는 등식
② 임의의 x에 대하여 성립하는 등식
③ x의 값에 관계없이 성립하는 등식
④ 어떤 x의 값에 대하여도 항상 성립하는 등식

개념 2 미정계수법

(1) 계수비교법: 좌변과 우변의 동류항의 계수를 비교하여 계수를 정하는 방법

(2) 수치대입법: 문자에 적당한 수를 대입하여 계수를 정하는 방법

참고 계수비교법은 다항식의 전개가 간단할 때 주로 사용하고, 수치대입법은 다항식의 전개가 복잡한 식이거나 적당한 수를 대입하여 식이 간단해지는 경우에 주로 사용한다.

개념 3 나머지정리와 인수정리

(1) 나머지정리

① 다항식 $f(x)$를 일차식 $x-a$로 나누었을 때의 나머지를 R라 하면

$$R=f(a)$$

② 다항식 $f(x)$를 일차식 $ax+b$로 나누었을 때의 나머지를 R라 하면

$$R=f\left(-\frac{b}{a}\right)$$

(2) 인수정리

① 다항식 $f(x)$에서 $f(a)=0$이면 다항식 $f(x)$는 일차식 $x-a$로 나누어떨어진다.

② 다항식 $f(x)$가 일차식 $x-a$로 나누어떨어지면 $f(a)=0$이다.

▸ 다항식 $f(x)$가 $x-a$로 나누어떨어진다.
$\Longleftrightarrow$ $f(x)$를 $x-a$로 나누었을 때의 나머지가 0이다.
$\Longleftrightarrow$ $f(a)=0$
$\Longleftrightarrow$ $f(x)$는 $x-a$를 인수로 갖는다.
$\Longleftrightarrow$ $f(x)=(x-a)Q(x)$
(단, $Q(x)$는 다항식)

개념 4 조립제법

다항식을 일차식으로 나눌 때, 계수만을 사용하여 몫과 나머지를 구하는 방법을 조립제법이라 한다.

예 다항식 x^3-4x^2+3을 $x-2$로 나누었을 때의 조립제법은 오른쪽과 같다.
따라서 몫은 x^2-2x-4이고 나머지는 -5이므로
$x^3-4x^2+3=(x-2)(x^2-2x-4)-5$이다.

2	1	−4	0	3
	↓	2	−4	−8
	1	−2	−4	−5

주의 조립제법에서 계수가 0인 것도 적어야 한다.

참고 다항식 $f(x)$에 대하여 $f(x)$를 $x+\frac{b}{a}$로 나누었을 때의 몫을 $Q(x)$, 나머지를 R라 하면

$$f(x)=\left(x+\frac{b}{a}\right)Q(x)+R=\left(ax+b\right)\frac{1}{a}Q(x)+R$$

이므로 $f(x)$를 일차식 $ax+b$로 나누었을 때의 몫은 $\frac{1}{a}Q(x)$, 나머지는 R이다.

즉, ($f(x)$를 일차식 $ax+b$로 나누었을 때의 나머지)$=$($f(x)$를 $x+\frac{b}{a}$로 나누었을 때의 나머지)

▸ 나머지정리와 조립제법
나머지정리는 나머지를 구할 때, 조립제법은 몫과 나머지를 구할 때 사용한다.

A Step 1등급을 위한 고난도 빈출 & 핵심 문제

정답과 해설 13쪽

빈출 1 항등식과 미정계수법

01 x, y의 값에 관계없이 $\dfrac{ax+4y-6}{2x-by+3}$의 값이 항상 일정할 때, $a+b$의 값은? (단, $2x-by+3\neq0$이고, a, b는 상수이다.)

① -2 ② -1 ③ 0
④ 1 ⑤ 2

02 모든 실수 x에 대하여 등식

$$(x^2-5x+2)^5 = a_0+a_1(x-3)+a_2(x-3)^2+\cdots+a_{10}(x-3)^{10}$$

이 성립할 때, $a_1+a_3+a_5+a_7+a_9$의 값을 구하시오.
(단, a_0, a_1, a_2, $\cdots$, a_{10}은 상수이다.)

빈출 2 다항식의 나눗셈과 항등식

03 다항식 x^4+px^2+q를 $(x+2)(x^2-5)$로 나누었을 때의 몫을 $Q(x)$라 할 때, 나머지는 0이다. $Q(-3)$의 값은?
(단, p, q는 상수이다.)

① -9 ② -7 ③ -5
④ -3 ⑤ -1

04 다항식 $f(x)$를 $(x+1)(x+3)$으로 나누었을 때의 나머지는 $2x+7$이고, $(x+1)(x-2)$로 나누었을 때의 나머지는 $3x+k$이다. $f(x)$를 $(x+1)(x+3)(x-2)$로 나누었을 때의 나머지를 $R(x)$라 할 때, $R(4)$의 값은? (단, k는 상수이다.)

① 10 ② 14 ③ 18
④ 22 ⑤ 26

빈출 3 나머지정리와 인수정리

05 두 다항식 $f(x)$, $g(x)$에 대하여 $f(x)+g(x)$와 $f(x)g(x)$를 $x-1$로 나누었을 때의 나머지가 각각 -1, -2이다. $f(x)-g(x)$를 $x-1$로 나누었을 때의 나머지를 R라 할 때, R^2의 값은?

① 1 ② 4 ③ 9
④ 16 ⑤ 25

06 삼차식 $f(x)$에 대하여 $f(x)+9$는 $(x-3)^2$으로 나누어떨어지고, $f(x)+1$은 x^2-3x+2로 나누어떨어질 때, $f(x)$를 $x-4$로 나누었을 때의 나머지를 구하시오.

빈출 4 조립제법

07 오른쪽은 다항식 x^3-3x^2+2x-5를 $x-2$로 나누었을 때의 몫과 나머지를 조립제법을 이용하여 구하는 과정이다. $2a-b$의 값은?
(단, a, b는 상수이다.)

2	1	-3	2	-5
		2	a	0
	1	-1	0	b

① -2 ② -1 ③ 0
④ 1 ⑤ 2

08 다항식 x^3+3x^2+ax+b를 $x-1$로 나누었을 때의 몫은 x^2+4x+8이고 나머지는 5이다. x^3+3x^2+ax+b를 $2x+(a+b)$로 나누었을 때의 몫이 $Q(x)$일 때, $8Q(-1)$의 값을 구하시오. (단, a, b는 상수이다.)

1등급을 위한 고난도 기출 VS 변형 유형

정답과 해설 14쪽

유형 1 미정계수법 (1) - 계수비교법

1 일차 이상의 두 다항식 $f(x)$, $g(x)$가 다음 조건을 만족시킨다.

> (가) 다항식 $f(x)$는 최고차항의 계수가 1이다.
> (나) 모든 실수 x에 대하여 다음 등식이 성립한다.
> $x^3+7x^2+21x+9=(x-3)^2f(x)+(x+3)^2g(x)$

다항식 $f(x)$의 차수가 가장 낮을 때, $4g(2)$의 값을 구하시오.

1-1 최고차항의 계수가 1인 다항식 $f(x)$가 모든 실수 x에 대하여 등식

$$f(x^2)+2x^2=x^3f(x-1)+4x^5-4x^4$$

이 성립할 때, 다항식 $f(x)$의 모든 계수와 상수항의 합은?

① -2　② -1　③ 0　④ 1　⑤ 2

유형 2 미정계수법 (2) - 수치대입법

2 모든 실수 x에 대하여 등식

$$x^{30}+1=a_0+a_1(x-1)+a_2(x-1)^2+\cdots+a_{30}(x-1)^{30}$$

이 성립할 때, 보기에서 옳은 것만을 있는 대로 고른 것은?
(단, a_0, a_1, a_2, $\cdots$, a_{30}은 상수이다.)

> 보기
> ㄱ. $a_{30}=1$
> ㄴ. $a_0+a_2+a_4+\cdots+a_{30}>a_1+a_3+a_5+\cdots+a_{29}$
> ㄷ. $\frac{a_1}{2}+\frac{a_3}{2^3}+\frac{a_5}{2^5}+\cdots+\frac{a_{29}}{2^{29}}=\frac{3^{30}-1}{2^{30}}$

① ㄱ　② ㄱ, ㄴ　③ ㄱ, ㄷ　④ ㄴ, ㄷ　⑤ ㄱ, ㄴ, ㄷ

2-1 모든 실수 x에 대하여 등식

$$(2x^3-x)^5=a_0+a_1x+a_2x^2+\cdots+a_{15}x^{15}$$

이 성립할 때, $a_1+3a_3+5a_5-7(a_6+a_8+a_{10}+\cdots+a_{14})$의 값은? (단, a_0, a_1, a_2, $\cdots$, a_{15}는 상수이다.)

① -12　② -7　③ -5　④ 2　⑤ 5

유형 3 다항식의 나눗셈과 항등식

3 삼차다항식 $P(x)$가 다음 조건을 만족시킨다.

> (가) $(x-1)P(x-2)=(x-7)P(x)$
> (나) $P(x)$를 x^2-4x+2로 나누었을 때의 나머지는 $2x-10$이다.

$P(4)$의 값은? | 학평 기출 |

① -6　② -3　③ 0　④ 3　⑤ 6

3-1 최고차항의 계수가 1인 이차식 $f(x)$와 다항식 $g(x)$가 다음 조건을 만족시킨다.

> (가) $(x+5)f(x)=(x-3)f(x+4)$
> (나) $x^3-6x^2+8x+10$을 $f(x)$로 나누었을 때의 나머지는 $g(x)$이다.

$f(4)g(3)$의 값을 구하시오.

유형 4 나머지정리

4 최고차항의 계수가 1인 다항식 $f(x)$가 다음 조건을 만족시킨다.

> (가) 다항식 $f(x)$를 다항식 $g(x)$로 나눈 몫과 나머지는 모두 $g(x)-2x^2$이다.
>
> (나) 다항식 $f(x)$를 $x-1$로 나눈 나머지는 $-\frac{9}{4}$이다.

$f(6)$의 값을 구하시오. | 학평 기출 |

4-1 다항식 $x^{12}+ax^{11}+bx^{10}$을 $(x-2)^2$으로 나누었을 때의 나머지가 $2^{10}(x-2)$일 때, $x^{12}+ax^{11}+bx^{10}$을 $x+1$로 나누었을 때의 나머지는? (단, a, b는 상수이다.)

① -6 ② -3 ③ 0
④ 3 ⑤ 6

유형 5 나머지정리와 인수정리

5 $n=1, 2, 3, 4, 5$에 대하여 사차식 $f(x)$를 $x-n$으로 나누었을 때의 나머지가 $\frac{1}{n}$이다. 다항식 $f(x)$를 $x-8$로 나누었을 때의 나머지를 구하시오.

5-1 최고차항의 계수가 $\frac{1}{6}$인 사차식 $f(x)$에 대하여

$$f(1)=1,\ f(2)=2,\ f(3)=3,\ f(4)=10$$

이 성립한다. 다항식 $f(x)$를 x^2-4로 나누었을 때의 몫을 $Q(x)$, 나머지를 $R(x)$라 할 때, $Q(5)R(3)$의 값을 구하시오.

유형 6 조립제법의 응용

6 다항식 $f(x)=x^3-x^2-4x+5$를

$$f(x)=(x-1)^3+a(x-1)^2+b(x-1)+c$$

로 나타낼 때, $f\left(\frac{7}{8}\right)+f\left(\frac{9}{8}\right)=\frac{q}{p}$이다. $p+q$의 값을 구하시오. (단, a, b, c는 상수, p와 q는 서로소인 자연수이다.)

6-1 다항식 $f(x)=x^3+3x^2+4x+5$에 대하여 $f(99)$의 값의 각 자리의 숫자의 합은?

① 5 ② 7 ③ 9
④ 11 ⑤ 13

C Step 1등급 완성 최고난도 예상 문제

› 정답과 해설 18쪽

01 최고차항의 계수가 1인 이차식 $f(x)$가 모든 실수 x에 대하여 등식

$$\{f(x)\}^2+kf(x)-x^4-4x^2=0$$

을 만족시킬 때, $k=\alpha$ 또는 $k=\beta$이다. $\alpha^2+\beta^2$의 값을 구하시오.

02 최고차항의 계수가 1인 다항식 $f(x)$가 모든 실수 x에 대하여

$$f(x^2+1)+f(x^2-1)=kx^3f(x)+6x^4$$

을 만족시킬 때, $f(k)$의 값은? (단, k는 $k\neq-6$인 상수이다.)

① 2 ② 4 ③ 6 ④ 8 ⑤ 10

03 모든 실수 x에 대하여 등식

$$(x+1)^6=a_0+a_1(x-1)+a_2(x-1)^2+\cdots+a_6(x-1)^6$$

이 성립할 때, $\frac{a_2}{4}+\frac{a_4}{16}=\frac{p^6+q^6-r^{13}-2}{2^7}$이다. pqr의 값은?
(단, a_0, a_1, a_2, $\cdots$, a_6은 상수, p, q, r는 소수이고, $p<q$이다.)

① 30 ② 42 ③ 66 ④ 70 ⑤ 105

04 다항식 $f(x)$를 $(x-1)(x-2)$로 나누었을 때의 나머지는 $9x-8$이고, $(x+1)(x+2)$로 나누었을 때의 나머지는 $21x+16$이다. $f(x)$를 $(x^2-1)(x^2-4)$로 나누었을 때의 나머지를 $R(x)$라 할 때, $R(3)$의 값을 구하시오.

05 삼차식 $f(x)$가 다음 조건을 만족시킬 때, $f(1)$의 값은?

(가) $f(0)=3$
(나) $f(x)$를 $(x+1)^2$으로 나누었을 때, 몫은 나머지의 2배이다.
(다) $f(x)$를 x^2으로 나누었을 때의 나머지는 3이다.

① -5 ② -4 ③ -3 ④ -2 ⑤ -1

06 최고차항의 계수가 1인 이차식 $P(x)$에 대하여

$$P(x)P(2x)=4(x-1)(x-2)(x-3)(x-6)$$

이 성립한다. $P(2x)$를 $P(x)$로 나누었을 때의 나머지를 $R(x)$라 할 때, $R(3)$의 값은?

① 10 ② 12 ③ 14 ④ 16 ⑤ 18

07 다항식 $f(x)$가 다음 조건을 만족시킨다.

(가) $f(x)$를 $x-2$로 나누었을 때의 나머지는 -7이다.
(나) $f(x)$를 $(x+1)(x-3)$으로 나누었을 때의 나머지는 $2x-5$이다.

다항식 $(x^2-1)f(x)$를 $(x+1)^2(x-3)$으로 나누었을 때의 몫을 $Q(x)$, 나머지를 $R(x)$라 할 때, $Q(2)+R(2)$의 값을 구하시오.

08 다항식 $x^{15}-1$을 $(x-1)^2$으로 나누었을 때의 몫을 $Q(x)$라 할 때, $Q(x)$를 $x+1$로 나누었을 때의 나머지는?

① 6 ② 7 ③ 8
④ 9 ⑤ 10

09 x^9을 $x+2$로 나누었을 때의 몫을 $Q(x)$라 할 때, $Q(x)=a_0+a_1x+a_2x^2+\cdots+a_8x^8$이다. $a_2+a_4+a_6+a_8$의 값을 구하시오. (단, a_0, a_1, a_2, $\cdots$, a_8은 상수이다.)

10 $7^{2022}+7^{2021}+7^{2020}-8$을 48로 나누었을 때의 나머지를 R_1, 50으로 나누었을 때의 나머지를 R_2라 할 때, R_1+R_2의 값은?

① 46 ② 47 ③ 48
④ 49 ⑤ 50

11 최고차항의 계수가 1인 사차식 $f(x)$가 다음 조건을 만족시킬 때, $f(3)$의 값은?

> (가) $f(x)$를 $(x-2)^3$으로 나누었을 때의 나머지가 x^2이다.
> (나) $f(x)$를 $(x-2)^2$으로 나누었을 때의 몫을 $Q(x)$라 하면 $Q(x)$는 $x-1$로 나누어떨어진다.

① 9 ② 12 ③ 15
④ 18 ⑤ 21

12 최고차항의 계수가 1인 삼차식 $f(x)$가 다음 조건을 만족시킨다.

> (가) $f(x)-2$는 $(x-1)(x+2)$로 나누어떨어진다.
> (나) $f(2x)-2$는 $(x+1)(x-2)$로 나누어떨어진다.

$f(3x)$를 $x-2$로 나누었을 때의 나머지를 구하시오.

13 최고차항의 계수가 모두 1인 삼차식 $f(x)$와 이차식 $g(x)$가 다음 조건을 만족시킬 때, $g(2)$의 값은?

> (가) $n=0$, 1, 2일 때, $f(x)$를 $x-n$으로 나누었을 때의 나머지는 n^2이다.
> (나) $f(x)$는 $g(x)$로 나누어떨어진다.

① 1 ② 2 ③ 3
④ 4 ⑤ 5

정답과 해설 20쪽

14 최고차항의 계수가 1인 사차식 $f(x)$를 x^2-3x+2로 나누었을 때의 몫을 $Q(x)$, 나머지를 $R(x)$라 할 때,

$Q(0)=R(0)$, $Q(1)=R(1)=0$

을 만족시킨다. $f(x)$를 $x-1$로 나누었을 때의 몫을 $g(x)$라 하면 $g(3)=0$이다. $f(4)$의 값은?

① 18 ② 21 ③ 24
④ 27 ⑤ 30

신유형

15 최고차항의 계수가 1이고, 계수와 상수항이 모두 정수인 두 삼차식 $f(x)$, $g(x)$가 다음 조건을 만족시킨다.

(가) $f(x)$, $g(x)$는 각각 $x-2$로 나누어떨어진다.
(나) $f(x)+g(x)$, $f(x)-g(x)$는 $x+3$으로 각각 나누어떨어진다.

$f(0)g(0)=144$일 때, $f(0)+g(0)$의 최댓값은?
(단, $f(x)\neq g(x)$)

① 18 ② 21 ③ 24
④ 27 ⑤ 30

16 다음은 조립제법을 이용하여
$f(x)=x^4+ax^3+bx^2+cx+2$를 $x-1$로 4번 반복하여 나누는 과정을 나타낸 것이다. 이를 이용하여 $f(11)$의 값의 각 자리의 숫자의 합을 구하시오. (단, a, b, c는 상수이다.)

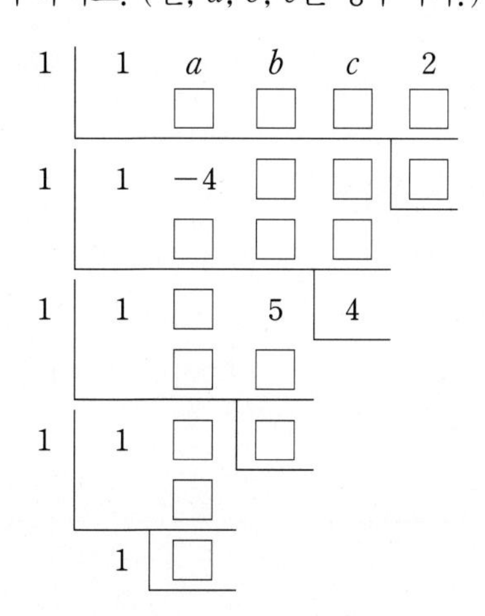

17 다음 두 다항식의 전개식

$(x^2+x+1)^{10}=a_0+a_1x+a_2x^2+\cdots+a_{20}x^{20}$,
$(x^2-x+1)^{10}=b_0+b_1x+b_2x^2+\cdots+b_{20}x^{20}$

에 대하여 보기에서 옳은 것만을 있는 대로 고른 것은?
(단, $n=0$, 1, 2, …, 20에 대하여 a_n, b_n은 상수이다.)

보기
ㄱ. $a_0+a_1+a_2+\cdots+a_{20}=3^{10}(b_0+b_1+b_2+\cdots+b_{20})$
ㄴ. $a_1+a_3+a_5+\cdots+a_{19}=b_1+b_3+b_5+\cdots+b_{19}$
ㄷ. $a_0b_9+a_1b_8+a_2b_7+\cdots+a_8b_1+a_9b_0=0$

① ㄱ ② ㄱ, ㄴ ③ ㄱ, ㄷ
④ ㄴ, ㄷ ⑤ ㄱ, ㄴ, ㄷ

18 다항식 $f(x)$를 $x+2$로 나누었을 때의 나머지는 3이고, x^2-2x+4로 나누었을 때의 나머지는 $2x-1$이다. $f(2x)$를 x^3+1로 나누었을 때의 나머지를 $R(x)$라 할 때, $R(2)$의 값은?

① 11 ② 12 ③ 13
④ 14 ⑤ 15

I. 다항식

인수분해

개념 1 인수분해

(1) 인수분해

하나의 다항식을 두 개 이상의 다항식의 곱으로 나타내는 것을 인수분해라 하고, 인수분해는 다항식의 전개의 역과정이다.

(2) 인수분해 공식

① $a^2+2ab+b^2=(a+b)^2$, $a^2-2ab+b^2=(a-b)^2$, $a^2-b^2=(a+b)(a-b)$

② $x^2+(a+b)x+ab=(x+a)(x+b)$

③ $acx^2+(ad+bc)x+bd=(ax+b)(cx+d)$

④ $a^2+b^2+c^2+2ab+2bc+2ca=(a+b+c)^2$

⑤ $a^3+3a^2b+3ab^2+b^3=(a+b)^3$, $a^3-3a^2b+3ab^2-b^3=(a-b)^3$

⑥ $a^3+b^3=(a+b)(a^2-ab+b^2)$, $a^3-b^3=(a-b)(a^2+ab+b^2)$

⑦ $x^3+(a+b+c)x^2+(ab+bc+ca)x+abc=(x+a)(x+b)(x+c)$

⑧ $a^3+b^3+c^3-3abc=(a+b+c)(a^2+b^2+c^2-ab-bc-ca)$

$$=\frac{1}{2}(a+b+c)\{(a-b)^2+(b-c)^2+(c-a)^2\}$$

⑨ $a^4+a^2b^2+b^4=(a^2+ab+b^2)(a^2-ab+b^2)$

$x^2+3x+2 \underset{\text{전개}}{\overset{\text{인수분해}}{\rightleftarrows}} (x+1)(x+2)$

인수분해에서 수의 범위
인수분해할 때 특별한 조건이 없으면 계수가 유리수인 범위에서 인수분해한다.

개념 2 복잡한 식의 인수분해

(1) 공통부분이 있는 다항식의 인수분해

① 공통부분을 한 문자로 치환하여 인수분해한다.

② 공통부분이 드러나지 않는 경우에는 공통부분이 생기도록 식을 적당히 전개한 다음 치환하여 인수분해한다.

(2) x^4+ax^2+b 꼴의 다항식의 인수분해

① $x^2=X$로 치환하여 X^2+aX+b를 인수분해하거나

② 이차항 ax^2을 적당히 분리하여 $(x^2+A)^2-(Bx)^2$ 꼴로 변형한 후 인수분해한다.

(3) 여러 개의 문자를 포함한 다항식의 인수분해

차수가 가장 낮은 한 문자에 대하여 내림차순으로 정리한 후 인수분해한다.

(4) 인수정리를 이용한 다항식의 인수분해

$f(x)$가 삼차 이상의 다항식인 경우 인수정리를 이용하여 다음과 같은 순서로 인수분해한다.

(i) $f(\alpha)=0$을 만족시키는 α의 값을 찾는다.

(ii) 조립제법을 이용하여 $f(x)=(x-\alpha)Q(x)$ 꼴로 나타낸다.

(iii) $Q(x)$가 더 이상 인수분해되지 않을 때까지 위의 순서를 반복한다.

(5) $ax^4+bx^3+cx^2+bx+a$ 꼴의 다항식의 인수분해

가운데 항이 상수가 되도록 x^2으로 묶은 후 $x^2+\frac{1}{x^2}=\left(x+\frac{1}{x}\right)^2-2=\left(x-\frac{1}{x}\right)^2+2$임을 이용하여 $x+\frac{1}{x}$ 또는 $x-\frac{1}{x}$에 대한 이차식으로 정리하여 인수분해한다.

여러 개의 문자를 포함한 다항식에서 차수가 모두 같으면 적당히 한 문자로 정리한 후 인수분해한다.

$f(\alpha)=0$을 만족시키는 α의 값은
$\pm\frac{(f(x)\text{의 상수항의 약수})}{(f(x)\text{의 최고차항의 계수의 약수})}$
중에서 찾을 수 있다.

A Step 1등급을 위한 고난도 빈출 & 핵심 문제

정답과 해설 23쪽

빈출 1 인수분해

01 다항식 $3x^3+7x^2-7x-3$을 인수분해하면 $(x-a)(x+b)(3x+c)$일 때, 세 자연수 a, b, c에 대하여 $a+b+c$의 값은?

① 2 ② 5 ③ 8
④ 11 ⑤ 14

02 세 양수 a, b, c에 대하여 $a^3+b^3+c^3=3abc$일 때, $\frac{a}{b}+\frac{2b}{c}+\frac{4c}{a}$의 값을 구하시오.

03 다항식 $(x+1)(x+3)(x-4)(x-6)+k$가 x에 대한 이차식의 완전제곱식으로 인수분해될 때, 상수 k의 값을 구하시오.

04 다음 중 다항식 $(x+2)^4+(x^2-4)^2+(x-2)^4$의 인수인 것은?

① x^2+2 ② x^2-4 ③ $3x^2+2$
④ $3x^2-4$ ⑤ $3x^2+4$

05 서로 다른 세 실수 a, b, c에 대하여 $\frac{a(b^2-c^2)+b(c^2-a^2)+c(a^2-b^2)}{(a-b)(b-c)(c-a)}$의 값을 구하시오.

06 다항식 $x^3-(a-5)x^2-(2a+3)x-18$이 계수와 상수항이 모두 정수인 세 일차식의 곱으로 인수분해될 때, 모든 정수 a의 값의 합은?

① 3 ② 6 ③ 9
④ 12 ⑤ 15

빈출 2 인수분해의 활용

07 $2^{12}-1$이 30과 40 사이의 두 자연수로 나누어떨어질 때, 두 자연수의 합은?

① 70 ② 72 ③ 74
④ 76 ⑤ 78

08 삼각형의 세 변의 길이 a, b, c에 대하여

$$c^3-(a+b)c^2-(a^2+b^2)c+a^3+b^3+a^2b+ab^2=0$$

이 성립할 때, 이 삼각형은 어떤 삼각형인가?

① 정삼각형
② $a=b$인 이등변삼각형
③ $b=c$인 이등변삼각형
④ 빗변의 길이가 a인 직각삼각형
⑤ 빗변의 길이가 c인 직각삼각형

B Step 1등급을 위한 고난도 기출 VS 변형 유형

유형 1 공식을 이용한 인수분해 (1)

1 서로 다른 세 실수 a, b, c에 대하여
$a^3+b^3-3(a^2+b^2)=b^3+c^3-3(b^2+c^2)=c^3+a^3-3(c^2+a^2)$
이 성립할 때, $a+b+c+ab+bc+ca$의 값을 구하시오.

1-1 서로 다른 세 자연수 a, b, c에 대하여
$(a+b+c)^3=a^3+b^3+c^3+378$이 성립할 때, $a^2+b^2+c^2$의 값은?

① 26 ② 28 ③ 30
④ 32 ⑤ 34

유형 2 공식을 이용한 인수분해 (2)

2 3 이하의 자연수 n에 대하여 A_n을 다음과 같이 정한다.

> (가) $A_1=9+99+999$
> (나) $A_n=$(세 수 9, 99, 999에서 서로 다른 n $(n\geq 2)$개를 택하여 곱한 수의 총합)

이때 $A_1+A_2+A_3$의 값을 1000으로 나눈 나머지를 구하시오.

| 학평 기출 |

2-1 주머니 A에 숫자 1, 2^4, 2^8이 각각 적힌 카드 3장이 들어 있고, 주머니 B에 숫자 1, 4^4, 4^8이 각각 적힌 카드 3장이 들어 있다. 두 주머니 A, B에서 카드를 임의로 1장씩 꺼내어 카드에 적힌 수를 각각 a, b라 할 때, 서로 다른 ab의 값의 합을 P라 하자. P를 241로 나누었을 때의 나머지는?

① 0 ② 1 ③ 2
④ 3 ⑤ 4

유형 3 $x-a$를 인수로 갖는 x^4+ax^2+b 꼴의 다항식

3 두 자연수 a, b에 대하여 일차식 $x-a$를 인수로 가지는 다항식 $P(x)=x^4-290x^2+b$가 다음 조건을 만족시킨다.

> 계수와 상수항이 모두 정수인 서로 다른 세 개의 다항식의 곱으로 인수분해된다.

모든 다항식 $P(x)$의 개수를 p라 하고, b의 최댓값을 q라 할 때, $\frac{q}{(p-1)^2}$의 값을 구하시오.

| 학평 기출 |

3-1 x에 대한 다항식 $P(x)=x^4-kx^2+12^4$이 계수와 상수항이 모두 정수인 서로 다른 네 개의 다항식의 곱으로 인수분해될 때, 정수 k의 개수는?

① 6 ② 7 ③ 8
④ 9 ⑤ 10

유형 4 내림차순을 이용한 인수분해

4 $a^4+b^4+c^4-2b^2c^2-2c^2a^2-2a^2b^2+3=0$을 만족시키는 세 자연수 a, b, c에 대하여 $a-b+c$의 값은?

① -3 ② -1 ③ 0
④ 1 ⑤ 3

4-1 세 자연수 a, b, c에 대하여

$$a^3+a^2b+a^2c-b^2-c^2-ab-2bc-ca=5$$

가 성립할 때, $a-b-c$의 값은?

① -2 ② -1 ③ 0
④ 1 ⑤ 2

유형 5 삼각형의 모양 결정

5 삼각형 ABC의 세 변의 길이가 a, b, c일 때, 보기에서 삼각형 ABC가 직각삼각형인 것만을 있는 대로 고른 것은?

보기

ㄱ. $a^2(b-c)+b^2(c-a)+c^2(a-b)=0$
ㄴ. $c^3-(a+b)c^2-(a^2+b^2)c+a^3+b^3+a^2b+ab^2=0$
ㄷ. $a^3-ab^2-b^2c+a^2c+c^3+ac^2=0$
ㄹ. $a^3+b^3+c^3=3abc$

① ㄱ ② ㄷ ③ ㄴ, ㄷ
④ ㄴ, ㄹ ⑤ ㄷ, ㄹ

5-1 삼각형 ABC의 세 변의 길이 a, b, c가 다음 조건을 만족시킬 때, 삼각형 ABC의 넓이를 구하시오.

(가) $a(b^2-c^2)=b(c^2-a^2)=c(a^2-b^2)$
(나) $a^2+b^2+c^2=12$

유형 6 인수정리를 이용한 인수분해 (1)

6 모든 실수 x에 대하여 두 이차식 $P(x)$, $Q(x)$가 다음 조건을 만족시킨다.

(가) $P(x)+Q(x)=-4$
(나) $\{P(x)\}^3+\{Q(x)\}^3=-12x^4-24x^3-12x^2-16$

$Q(x)$의 이차항의 계수가 음수일 때, $P(3)+Q(2)$의 값은?

① 2 ② 4 ③ 6
④ 8 ⑤ 10

6-1 최고차항의 계수가 1인 두 이차식 $P(x)$, $Q(x)$에 대하여

$$\{P(x)\}^2-\{Q(x)\}^2=2x^3-x^2-20x+15$$

가 성립할 때, $P(x)Q(x)$의 전개식에서 x^3의 계수는?

① 1 ② 3 ③ 5
④ 7 ⑤ 9

정답과 해설 27쪽

유형7 인수정리를 이용한 인수분해 (2)

7 어떤 직육면체의 각 모서리의 길이는 계수와 상수항이 모두 정수 k에 대한 일차식이고, 부피는 $2k^3+ak^2-(a+6)k+4$이다. 상수 a의 최댓값과 최솟값의 합은?

① -9　② -4　③ 0　④ 5　⑤ 14

7-1 x에 대한 다항식

$$P(x)=x^4+(a-3)x^3+(8-3a)x^2+2(a-9)x+12$$

가 계수와 상수항이 모두 정수인 서로 다른 네 개의 일차식의 곱으로 인수분해될 때, 모든 정수 a의 값의 합을 구하시오.

유형8 인수분해의 활용-큰 수의 계산

8 2018^3-27을 $2018\times2021+9$로 나눈 몫은? | 학평 기출 |

① 2015　② 2025　③ 2035　④ 2045　⑤ 2055

8-1 $A=(102+\sqrt{98})^3+(102-\sqrt{98})^3$은 n자리의 자연수이다. 자연수 A의 각 자리의 숫자의 합을 S라 할 때, $n+S$의 값을 구하시오.

유형9 인수분해의 도형에의 활용

9 한 모서리의 길이가 x인 정육면체 모양의 나무토막이 있다. [그림 1]과 같이 이 나무토막의 윗면의 중앙에서 한 변의 길이가 y인 정사각형 모양으로 아랫면의 중앙까지 구멍을 뚫었다. 구멍은 정사각기둥 모양이고, 각 모서리는 처음 정육면체의 모서리와 평행하다. 이와 같은 방법으로 각 면에서 구멍을 뚫어 [그림 2]와 같은 입체를 얻었다. 이때 [그림 2]의 입체의 부피를 x, y로 나타낸 것은? | 학평 기출 |

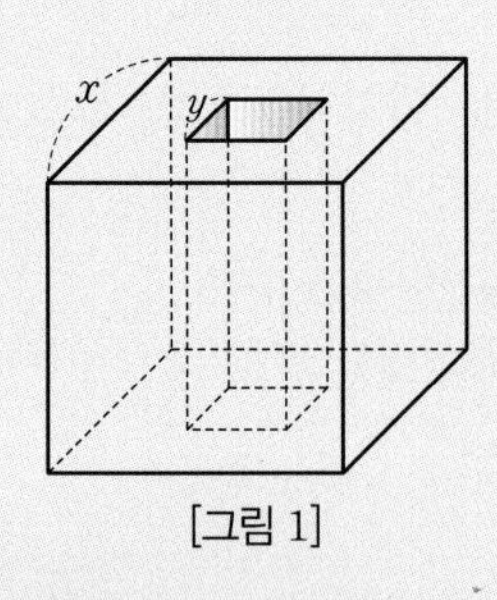

[그림 1]

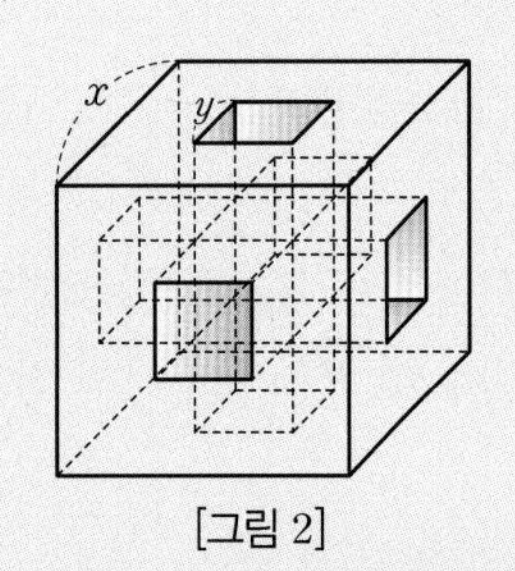

[그림 2]

① $(x-y)^2(x+2y)$　② $(x-y)(x+2y)^2$　③ $(x+y)^2(x-2y)$　④ $(x+y)(x-2y)^2$　⑤ $(x+y)^2(x+2y)$

9-1 어느 직육면체의 각 모서리의 길이는 계수와 상수항이 모두가 정수인 x, y에 대한 일차식으로 나타내어진다. 이 직육면체의 부피가 $x^3+(3y+2)x^2+8xy-4y^3+8y^2$일 때, 이 직육면체의 겉넓이를 나타내는 다항식의 모든 계수의 합은?

(단, x, y는 1보다 큰 자연수이다.)

① 24　② 30　③ 36　④ 42　⑤ 48

C Step 1등급 완성 최고난도 예상 문제

> 정답과 해설 29쪽

01 다항식 $f(x)$를 x^3+1로 나누었을 때의 나머지는 $3x^2-4x+1$이다. $f(x)$와 $f(x^2+1)$을 x^2-x+1로 나누었을 때의 나머지를 각각 $R_1(x)$, $R_2(x)$라 할 때, $R_1(x)-R_2(x)$는?

① 0 ② 2 ③ $x-4$
④ $x-2$ ⑤ $x+2$

02 세 정수 a, b, c에 대하여

$$abc-2(ab+bc+ca)+4(a+b+c)=12$$

를 만족시키는 a, b, c의 순서쌍 (a, b, c)의 개수는?

① 18 ② 21 ③ 24
④ 27 ⑤ 30

03 0이 아닌 세 실수 a, b, c에 대하여 $a^3+b^3+c^3=3abc$일 때, 모든 $\frac{2a^2}{b^2+c^2-a^2}+\frac{2b^2}{c^2+a^2-b^2}+\frac{2c^2}{a^2+b^2-c^2}$의 값의 합을 구하시오.

04 세 실수 a, b, c에 대하여

$$a+b+c=5,\ a^3+b^3+c^3=17,\ abc=4$$

일 때, $(a+b-c)(b+c-a)(c+a-b)$의 값을 구하시오.

05 $17^4+17^2\times13^2+13^4$이 서로 다른 4개의 소수 p, q, r, s의 곱으로 소인수분해될 때, $p+q+r+s$의 값은?

① 180 ② 182 ③ 184
④ 186 ⑤ 188

06 함수 $f(x)=(x^2+6x+5)(x^2+10x+21)+40$의 최솟값은?

① 20 ② 22 ③ 24
④ 26 ⑤ 28

07 $a-b=2$, $b+c=2$일 때,

$$a^4+3a^3c-a^3b+3a^2c^2-3a^2bc+ac^3-3abc^2-bc^3$$

의 값을 구하시오.

08 두 실수 x, y에 대하여

$$f(x, y)=(x-y)(x^2+y^2)$$

이라 할 때, 다음 중 $f(a, b)+f(b, c)+f(c, a)$를 인수분해한 것은? (단, a, b, c는 실수이다.)

① $(a-b)(b-c)(c-a)$ ② $(a-b)(b-c)(c+a)$
③ $(a-b)(b-c)(a-c)$ ④ $(a-b)(b+c)(c-a)$
⑤ $(a+b)(b-c)(c-a)$

09 세 자연수 a, b, c에 대하여

$$(a+b+c)(ab+bc+ca)-abc=60$$

일 때, $a+b+c$의 값은?

① 5 ② 6 ③ 7
④ 8 ⑤ 9

10 두 자연수 x, y에 대하여

$$x^2+12y^2+7xy-10x-43y-39$$

가 소수일 때, $x-y$의 값은?

① -14 ② -10 ③ -4
④ 6 ⑤ 20

11 빗변의 길이가 $2\sqrt{5}$인 직각삼각형의 나머지 두 변의 길이를 각각 x, y라 할 때,

$$x^2+y^2-2xy+x-y-6=0$$

이 성립한다. 이 삼각형의 넓이를 구하시오. (단, $x>y$)

12 삼각형 ABC의 세 변의 길이 a, b, c가 다음 조건을 만족시킬 때, 서로 다른 삼각형 ABC의 개수는?

> (가) a, b, c는 5 이하의 자연수이다.
> (나) $a^3-a^2b+ab^2-ac^2-b^3+bc^2=0$

① 16 ② 17 ③ 18
④ 19 ⑤ 20

13 넓이가 16인 삼각형의 세 변의 길이 a, b, c에 대하여

$$a^3+b^3+c^3=a^2(c-b)+b^2(c-a)+c^2(a+b)$$

가 성립할 때, ab의 값은?

① 24 ② 32 ③ 40
④ 48 ⑤ 56

14 최고차항의 계수가 1인 두 이차식 $P(x)$, $Q(x)$에 대하여

$$P(x)Q(x)=x^4-4x^2-12x-9$$

일 때, $\{P(x)\}^3+\{Q(x)\}^3$의 전개식의 모든 계수와 상수항의 합은?

① 152 ② 154 ③ 156
④ 158 ⑤ 160

15 x에 대한 다항식 $f(x)=x^4+ax+b$에 대하여

$$f(x)=(x-3)^2Q(x)$$

로 인수분해될 때, $f(2)+Q(2)$의 값을 구하시오.

(단, a, b는 상수이다.)

신 유형

16 1, 99, 99^2, 99^4이 각각 하나씩 적혀 있는 공 4개 중에서 임의로 2개를 뽑을 때, 두 공에 적혀 있는 수의 곱을 p, 가능한 모든 p의 값의 합을 A라 하자. A를 100으로 나누었을 때의 몫을 Q라 할 때, Q를 100으로 나누었을 때의 나머지를 구하시오.

17 3보다 큰 자연수 x에 대하여

$$p=\frac{2x^3-2x^2-36}{x^2-x-6}$$

이라 할 때, 모든 자연수 p의 값의 합을 구하시오.

18 최고차항의 계수가 1인 삼차식 $P(x)$가 다음 조건을 만족시킬 때, $P(5)$의 값은?

(가) $P(x)$, $P(2x)$가 $x-2$를 인수로 갖는다.
(나) $P(2x)-P(x)$가 x^2으로 나누어떨어진다.

① 11 ② 13 ③ 15
④ 17 ⑤ 19

19 세 실수 a, b, c에 대하여

$$f(a, b, c)=a(b^3-c^3)$$

일 때, 보기에서 옳은 것만을 있는 대로 고른 것은?

보기
ㄱ. $f(7, 5, 3)$의 양의 약수의 개수는 8이다.
ㄴ. $f(a^2, b^2, c^2)=f(a, b, c)\times f(a, b, -c)$
ㄷ. $f(a, b, c)+f(b, c, a)+f(c, a, b)$는 $a+b+c$를 인수로 갖는다.

① ㄱ ② ㄱ, ㄴ ③ ㄱ, ㄷ
④ ㄴ, ㄷ ⑤ ㄱ, ㄴ, ㄷ

20 $\angle A=120°$이고, 세 변의 길이가 a, b, c ($a>2$, $b>2$, $c>2$)인 삼각형 ABC가 다음 조건을 만족시킨다.

(가) $2b=a+c$
(나) $a^3-(b+2)a^2+(b^2-c^2)a-b^3-2b^2+bc^2+2c^2=0$

삼각형 ABC의 넓이가 $\frac{q}{p}\sqrt{3}$일 때, $p+q$의 값을 구하시오.
(단, p와 q는 서로소인 자연수이다.)

힘이 되는 한마디

바람과 파도는

항상 가장 유능한 항해자의 편에 선다.

– 에드워드 기본

(영국의 역사가)

Ⅱ

방정식과 부등식

Ⅱ. 방정식과 부등식

복소수

개념 1 복소수

(1) 허수단위

제곱하여 -1이 되는 새로운 수를 i로 나타내고, 이를 허수단위라 한다.

$i^2=-1$, $i=\sqrt{-1}$

(2) 복소수

실수 a, b에 대하여 $a+bi$ 꼴로 나타내어지는 수를 복소수라 하고, a를 실수부분, b를 허수부분이라 한다. 이때 복소수 $a+bi$에서 $b=0$이면 실수이고, 실수가 아닌 복소수를 허수라 한다.

특히, $a=0$, $b\neq0$이면 순허수이다.

(3) i의 거듭제곱

$i^{4n-3}=i$, $i^{4n-2}=-1$, $i^{4n-1}=-i$, $i^{4n}=1$ (단, n은 자연수)

(4) 복소수가 서로 같을 조건

두 복소수 $a+bi$, $c+di$ (a, b, c, d는 실수)에 대하여

① $a+bi=c+di \Longleftrightarrow a=c,\ b=d$ ② $a+bi=0 \Longleftrightarrow a=0,\ b=0$

(5) 켤레복소수

복소수 $z=a+bi$ (a, b는 실수)의 허수부분의 부호를 바꾼 복소수 $a-bi$를 $a+bi$의 켤레복소수라 하고, 이것을 기호로 $\overline{z}$ 또는 $\overline{a+bi}$와 같이 나타낸다.

▸ 수직선 위의 점에 허수를 대응시킬 수 없으므로 허수는 대소 관계를 갖지 않는다.

▸ 복소수 $a+bi$
$\begin{cases} \text{실수 } a & (b=0) \\ \text{허수 } a+bi & (b\neq0) \end{cases}$
(단, a, b는 실수이다.)

▸ i의 거듭제곱

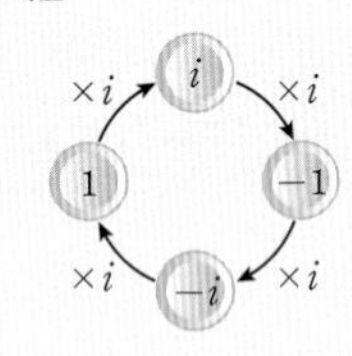

▸ 복소수 z에 대하여
$\overline{(\overline{z})}=z$

개념 2 복소수의 사칙연산

(1) a, b, c, d가 실수일 때

① $(a+bi)\pm(c+di)=(a\pm c)+(b\pm d)i$ (복호동순)

② $(a+bi)(c+di)=(ac-bd)+(ad+bc)i$

③ $\dfrac{a+bi}{c+di}=\dfrac{ac+bd}{c^2+d^2}+\dfrac{bc-ad}{c^2+d^2}i$ (단, $c+di\neq0$)

(2) 두 복소수 z_1, z_2의 켤레복소수를 각각 $\overline{z_1}$, $\overline{z_2}$라 하면

① $\overline{z_1\pm z_2}=\overline{z_1}\pm\overline{z_2}$ (복호동순) ② $\overline{z_1z_2}=\overline{z_1}\times\overline{z_2}$

③ $\overline{\left(\dfrac{z_1}{z_2}\right)}=\dfrac{\overline{z_1}}{\overline{z_2}}$ (단, $z_2\neq0$) ④ $\overline{z_1^{\,n}}=\left(\overline{z_1}\right)^n$

▸ 복소수의 나눗셈은 분모의 켤레복소수를 분자, 분모에 각각 곱하여 계산한다.

▸ 0이 아닌 복소수 z에 대하여
① $\overline{z}=z \Longleftrightarrow z$는 실수
② $\overline{z}=-z \Longleftrightarrow z$는 순허수
③ $z^2\geq0 \Longleftrightarrow z$는 실수
④ $z^2<0 \Longleftrightarrow z$는 순허수

개념 3 음수의 제곱근

(1) 음수의 제곱근

양수 a에 대하여

① $\sqrt{-a}=\sqrt{a}i$ ② $-a$의 제곱근은 $\sqrt{a}i$와 $-\sqrt{a}i$이다.

(2) 음수의 제곱근의 성질

① $a<0$, $b<0$이면 $\sqrt{a}\sqrt{b}=-\sqrt{ab}$ ② $a>0$, $b<0$이면 $\dfrac{\sqrt{a}}{\sqrt{b}}=-\sqrt{\dfrac{a}{b}}$

▸ 음수의 제곱근의 성질에서
① $\sqrt{a}\sqrt{b}=-\sqrt{ab}$이면 $a<0$, $b<0$
또는 $a=0$ 또는 $b=0$
② $\dfrac{\sqrt{a}}{\sqrt{b}}=-\sqrt{\dfrac{a}{b}}$이면 $a>0$, $b<0$
또는 $a=0$, $b\neq0$

A Step 1등급을 위한 고난도 빈출 & 핵심 문제

정답과 해설 34쪽

빈출 1 복소수의 연산

01 복소수 $z=(3-n-7i)^2$에 대하여 $z^2<0$이 되도록 하는 모든 정수 n의 값의 합은?

① 3 ② 6 ③ 9
④ 12 ⑤ 15

02 등식

$$(i+i^2+i^3)+2(i^2+i^3+i^4)+3(i^3+i^4+i^5) + \cdots +17(i^{17}+i^{18}+i^{19})=a+bi$$

를 만족시키는 실수 a, b에 대하여 $(a+b)^2$의 값은?

① 1 ② 4 ③ 9
④ 16 ⑤ 25

빈출 2 켤레복소수의 성질

03 실수가 아닌 복소수 z에 대하여 $z+\frac{1}{z}$이 실수일 때, 보기에서 옳은 것만을 있는 대로 고른 것은?
(단, $\overline{z}$는 z의 켤레복소수이다.)

보기
ㄱ. $\overline{z}+\frac{1}{z}$은 실수이다.
ㄴ. $z\overline{z}=1$
ㄷ. $z^2+\overline{z}^2=2$

① ㄱ ② ㄴ ③ ㄱ, ㄴ
④ ㄴ, ㄷ ⑤ ㄱ, ㄴ, ㄷ

04 두 복소수 α, β에 대하여 $\alpha+\beta=2i$, $\alpha\overline{\alpha}=\beta\overline{\beta}=5$일 때, $\alpha^2+\beta^2$의 값을 구하시오.
(단, $\overline{\alpha}$, $\overline{\beta}$는 각각 α, β의 켤레복소수이다.)

빈출 3 복소수가 포함된 식의 값

05 복소수 z와 그 켤레복소수 $\overline{z}$에 대하여

$$z+\overline{z}=6,\ z\overline{z}=25$$

일 때, z^2-6z의 값은?

① -25 ② -9 ③ -1
④ 4 ⑤ 16

06 $z=\frac{1+2i}{3+i}$일 때, $4z^3-2z^2+6z+3$의 값은?

① $2-3i$ ② $3-i$ ③ $4+i$
④ $5+3i$ ⑤ $6+5i$

빈출 4 음수의 제곱근

07 다음 조건을 만족시키는 정수 x, y의 개수를 각각 m, n이라 할 때, $m+n$의 값을 구하시오.

(가) $\frac{\sqrt{x+1}}{\sqrt{x-2}}=-\sqrt{\frac{x+1}{x-2}}$
(나) $\sqrt{1-y}\sqrt{y-2}=-\sqrt{-y^2+3y-2}$

08 0이 아닌 세 실수 a, b, c에 대하여

$$\sqrt{a}\sqrt{b}=-\sqrt{ab},\ \frac{\sqrt{c}}{\sqrt{b}}=-\sqrt{\frac{c}{b}}$$

일 때, $\sqrt{(a-c)^2}+|c-b|-\sqrt{b^2}$을 간단히 하면?

① $-a$ ② $-a+2c$ ③ $-a-2b$
④ a ⑤ $a-2b+2c$

B Step 1등급을 위한 고난도 기출 VS 변형 유형

유형 1 복소수의 성질

1 두 복소수 z_1, z_2의 켤레복소수를 각각 $\overline{z_1}$, $\overline{z_2}$라 할 때, 보기에서 옳은 것의 개수는?

보기
ㄱ. $z_1+z_2i=0$이면 $z_1=0$이고 $z_2=0$이다.
ㄴ. $z_1^2+z_2^2=0$이면 $z_1=0$이고 $z_2=0$이다.
ㄷ. $z_1=\overline{z_1}$이면 z_1은 실수이다.
ㄹ. z_1+z_2와 z_1z_2가 모두 실수이면 $\overline{z_1}=z_2$이다.

① 0 ② 1 ③ 2
④ 3 ⑤ 4

1-1 두 복소수 z_1, z_2의 켤레복소수를 각각 $\overline{z_1}$, $\overline{z_2}$라 할 때, 보기에서 옳은 것의 개수를 구하시오.

보기
ㄱ. $z_1=\overline{z_2}$이면 z_1+z_2는 실수이다.
ㄴ. $z_1=\overline{z_2}$일 때, $z_1z_2=0$이면 $z_1=0$이다.
ㄷ. $z_1\neq0$, $z_2\neq0$일 때, $z_1+\overline{z_2}=0$이면 $\dfrac{z_1}{z_2}$는 실수이다.
ㄹ. $z_1\neq0$일 때, $z_1+z_2=0$이면 $z_1\overline{z_2}$는 음의 실수이다.

유형 2 복소수의 계산

2 서로 다른 두 복소수 α, β가 다음 조건을 만족시킬 때, $\alpha^2+\beta^2$의 값은? (단, $\overline{\alpha}$, $\overline{\beta}$는 각각 α, β의 켤레복소수이다.)

(가) $\alpha\overline{\alpha}=1$, $\beta\overline{\beta}=1$
(나) $\alpha^2+\beta i=\beta^2+\alpha i$

① -2 ② -1 ③ 0
④ 1 ⑤ 2

2-1 $x^2-yz=y^2-zx=z^2-xy=2i$를 만족시키는 서로 다른 세 복소수 x, y, z에 대하여

$$\frac{x^4}{(x-y)(x-z)}+\frac{y^4}{(y-x)(y-z)}+\frac{z^4}{(z-x)(z-y)}$$

의 값을 구하시오.

유형 3 복소수가 실수 또는 허수일 조건

3 실수가 아닌 복소수 z와 z의 켤레복소수 $\overline{z}$에 대하여 $\dfrac{z}{1+z^2}$와 $\dfrac{1+z}{\overline{z}}$가 모두 실수일 때, 보기에서 옳은 것만을 있는 대로 고른 것은?

보기
ㄱ. $z\overline{z}=1$
ㄴ. $1+z=k\overline{z}$를 만족시키는 0이 아닌 상수 k가 존재한다.
ㄷ. $z^3=-1$

① ㄱ ② ㄷ ③ ㄱ, ㄴ
④ ㄴ, ㄷ ⑤ ㄱ, ㄴ, ㄷ

3-1 실수가 아닌 복소수 z와 자연수 n에 대하여

$$f(n)=(2z+4)^n+(z^2+4)^n+(z^2+2z)^n$$

이라 하자. $\dfrac{z^2}{z+2}$과 $\dfrac{z}{z^2+4}$가 모두 실수일 때, $-f(1)+f(2)-f(3)+f(4)-f(5)$의 값을 구하시오.

정답과 해설 36쪽

유형 4 복소수의 거듭제곱(1)

4 두 복소수 $z_1=\frac{\sqrt{2}}{1+i}$, $z_2=\frac{-1+\sqrt{3}i}{2}$에 대하여 $z_1^n=z_2^n$을 만족시키는 자연수 n의 최솟값을 구하시오. | 학평 기출 |

4-1 복소수 $\omega=\frac{2}{-1-\sqrt{3}i}$에 대하여 $\omega^{2n}+\omega^n+1=0$을 만족시키는 100 이하의 자연수 n의 개수를 구하시오.

유형 5 복소수의 거듭제곱(2)

5 두 복소수 $\alpha=\frac{\sqrt{3}+i}{2}$, $\beta=\frac{1+\sqrt{3}i}{2}$에 대하여 10 이하의 서로 다른 두 자연수 m, n이 $\alpha^m\beta^n=i$를 만족시킬 때, $m+2n$의 값은 $m=a$, $n=b$에서 최댓값 c를 갖는다. $a+b+c$의 값을 구하시오.

5-1 두 복소수 $\alpha=\frac{1-i}{\sqrt{2}}$, $\beta=\frac{1+i}{\sqrt{2}}$에 대하여 10 이하의 자연수 m, n이 $\alpha^m\beta^n=1$을 만족시킬 때, 순서쌍 (m, n)의 개수를 구하시오.

유형 6 음수의 제곱근

6 0이 아닌 세 실수 a, b, c가 다음 조건을 만족시킨다.

> (가) $\frac{\sqrt{-a}}{\sqrt{b}}=-\sqrt{-\frac{a}{b}}$
>
> (나) $|a+c|+|a-b-1|=0$

세 실수 a, b, c의 대소 관계로 옳은 것은?

① $a<b<c$ ② $a<c<b$ ③ $b<a<c$
④ $b<c<a$ ⑤ $c<a<b$

6-1 0이 아닌 세 실수 a, b, c가 다음 조건을 만족시킨다.

> (가) $\sqrt{a}\sqrt{b}=-\sqrt{ab}$
>
> (나) $\frac{\sqrt{c}}{\sqrt{b}}=-\sqrt{\frac{c}{b}}$
>
> (다) $(a-b+1)^2\le 0$

$\frac{\sqrt{b-a}}{\sqrt{a-b}}+\frac{\sqrt{-a}}{\sqrt{a}}+\frac{\sqrt{b}}{\sqrt{-b}}+\frac{\sqrt{c}}{\sqrt{-c}}$의 값은?

① $4i$ ② $2i$ ③ 0
④ $-2i$ ⑤ $-4i$

C Step 1등급 완성 최고난도 예상 문제

01 복소수 $z=a+bi$에 대하여 $\left(\dfrac{z+9}{z-1}\right)^2$이 음의 실수일 때, $(a+4)^2+b^2$의 값은? (단, a, b는 실수이다.)

① 16 ② 25 ③ 36
④ 49 ⑤ 64

02 복소수 $z=\dfrac{1+\sqrt{3}i}{2}$에 대하여 $z\omega-2=\omega-z$를 만족시키는 복소수 ω가 있다. 이때 $\omega+\overline{\omega}$의 값은?

(단, $\overline{\omega}$는 ω의 켤레복소수이다.)

① -5 ② -4 ③ -3
④ -2 ⑤ -1

03 실수가 아닌 복소수 z가 다음 조건을 만족시킬 때, $(z+1)(\overline{z}+1)$의 값을 구하시오.

(단, $\overline{z}$는 z의 켤레복소수이다.)

(가) $\dfrac{z-\overline{z}}{\overline{z}}$는 실수이다.

(나) $\dfrac{z+z^2}{z-\overline{z}}=\dfrac{1}{2}+2i$

04 실수가 아닌 복소수 z에 대하여 $\overline{z}^2+z=0$일 때, $(z-1)^n=\left(\dfrac{\overline{z}}{z+\overline{z}}\right)^n$을 만족시키는 60 이하의 자연수 n의 개수를 구하시오. (단, $\overline{z}$는 z의 켤레복소수이다.)

05 복소수 z의 켤레복소수를 $\overline{z}$라 할 때, 보기에서 옳은 것만을 있는 대로 고른 것은?

보기

ㄱ. $z^2+\overline{z}^2=0$이면 $z=0$이다.

ㄴ. $(z-1)^2$이 실수이면 $(\overline{z}-1)^2$도 실수이다.

ㄷ. $z\neq-1$일 때, $\dfrac{zi+1}{z+1}-\dfrac{\overline{z}i-1}{\overline{z}+1}$은 실수이다.

① ㄱ ② ㄷ ③ ㄱ, ㄴ
④ ㄴ, ㄷ ⑤ ㄱ, ㄴ, ㄷ

06 두 복소수 α, β가 $\alpha^2=8i$, $\beta^2=-8i$를 만족시킬 때, 보기에서 옳은 것만을 있는 대로 고른 것은?

(단, $\overline{\alpha}$, $\overline{\beta}$는 각각 α, β의 켤레복소수이다.)

보기

ㄱ. $(\alpha+\beta)^2=16$

ㄴ. $(\overline{\alpha}\times\overline{\beta})^2=64$

ㄷ. $\dfrac{\alpha-\beta}{\alpha+\beta}\times\dfrac{\overline{\alpha}-\overline{\beta}}{\overline{\alpha}+\overline{\beta}}=1$

① ㄱ ② ㄴ ③ ㄱ, ㄴ
④ ㄴ, ㄷ ⑤ ㄱ, ㄴ, ㄷ

07 자연수 n에 대하여

$$f(n)=\left(\frac{1+i}{\sqrt{2}}\right)^n+\left(\frac{1+i}{\sqrt{2}}\right)^{n+1}+\left(\frac{1+i}{\sqrt{2}}\right)^{n+2}+\left(\frac{1+i}{\sqrt{2}}\right)^{n+3}$$

일 때, $f(2)+f(6)+f(10)+f(14)+f(18)=a+bi$이다. $(a+b)^2$의 값은? (단, a, b는 실수이다.)

① 0 ② 2 ③ 4
④ 6 ⑤ 8

08 자연수 n에 대하여 $f(n)=\frac{i^n}{1+i}$일 때, **보기**에서 옳은 것만을 있는 대로 고른 것은?

보기
ㄱ. $f(1)f(2)=-\frac{1}{2}$
ㄴ. $f(100-2k)=f(100+2k)$ (단, $k=1, 2, 3, \cdots, 49$)
ㄷ. $f(1)f(2)+f(2)f(3)+f(3)f(4)+\cdots+f(49)f(50)=0$

① ㄱ ② ㄱ, ㄴ ③ ㄱ, ㄷ
④ ㄴ, ㄷ ⑤ ㄱ, ㄴ, ㄷ

09 자연수 n에 대하여 $f(n)=\left(\frac{1+i}{1-i}\right)^n+n\times\left(\frac{1-i}{1+i}\right)^n$이라 하자. 100 이하의 자연수 m에 대하여

$$f(1)+f(2)+f(3)+\cdots+f(m)=a+bi$$

일 때, $a+b$의 최솟값은? (단, a, b는 실수이다.)

① -100 ② -99 ③ -98
④ -97 ⑤ -96

10 자연수 n의 모든 양의 약수를 a_1, a_2, a_3, $\cdots$, a_k라 하자. $f(n)=i^{a_1}+i^{a_2}+i^{a_3}+\cdots+i^{a_k}$에 대하여 **보기**에서 옳은 것만을 있는 대로 고른 것은? (단, k, m은 자연수이다.)

보기
ㄱ. $f(20)=2i$
ㄴ. $f(2^{3m})=3m-2+i$
ㄷ. $f(10^m)=m^2-m-2+(m+1)i$

① ㄱ ② ㄷ ③ ㄱ, ㄴ
④ ㄴ, ㄷ ⑤ ㄱ, ㄴ, ㄷ

11 자연수 n에 대하여 $f(n)=\left(\frac{\sqrt{2}i}{1-i}\right)^n$, $g(n)=\left(\frac{\sqrt{2}i}{1+i}\right)^n$이라 하자. 10 이하의 서로 다른 두 자연수 a, b에 대하여 $f(a)g(b)=-1$일 때, $a+b$의 값으로 가능하지 <u>않은</u> 것은?

① 8 ② 10 ③ 12
④ 14 ⑤ 16

신유형
12 동전을 n번 던져서 앞면이 나온 횟수만큼 $2i$를 곱하고 뒷면이 나온 횟수만큼 $1+i$를 곱하였더니 16이 되었다. 가능한 모든 n의 값의 합을 구하시오.

13 두 실수 a, b에 대하여 등식

$(a+b-3)x+ab+1=0$

이 x의 값에 관계없이 항상 성립할 때, $\left(\sqrt{\frac{b}{a}}+\sqrt{\frac{a}{b}}\right)^2$의 값은?

① -13　② -11　③ -9
④ -7　⑤ -5

14 복소수 $z=a+bi$가 다음 조건을 만족시킬 때, $(\sqrt{a})^2+2\sqrt{a}\sqrt{b}+(\sqrt{b})^2$의 값은? (단, a, b는 실수이다.)

> (가) $2z^2=-40+9i$
> (나) $\frac{z}{1-i}$의 실수부분은 2이다.

① -2　② -4　③ -6
④ -8　⑤ -10

15 실수 a_1, a_2, a_3, $\cdots$, a_{10} 중 음수의 개수를 k라 할 때, $A_k=\sqrt{a_1}\times\sqrt{a_2}\times\sqrt{a_3}\times\cdots\times\sqrt{a_{10}}$이라 하자.
$|a_1|\times|a_2|\times\cdots\times|a_{10}|=1$일 때, $A_1\times A_2\times\cdots\times A_{10}$의 값은? (단, $0\le k\le 10$)

① $-i$　② i　③ -10
④ 0　⑤ 10

16 복소수 z에 대하여 $f(z)=z\bar{z}+z+\bar{z}+1$이 다음 조건을 만족시킬 때, z^2의 값을 구하시오.

(단, $\bar{z}$는 z의 켤레복소수이다.)

> (가) $f(z\bar{z})=f(z)f(\bar{z})$
> (나) $f(z+\bar{z})+19=f(z)+f(\bar{z})$

17 임의의 복소수 $z=a+bi$ (a, b는 실수)에 대하여 좌표평면에 대응하는 점을 (a, b)라 하자. 예를 들어, $1+2i$, $3i$를 좌표평면에 각각 나타내면 $(1, 2)$, $(0, 3)$이다. 자연수 n에 대하여 $z_n=\left(\frac{\sqrt{3}+i}{2}\right)^n$이라 할 때, 보기에서 옳은 것만을 있는 대로 고른 것은?

> 보기
> ㄱ. 자연수 n에 대하여 z_{3n}에 대응하는 점은 모두 y축 위의 점이다.
> ㄴ. 서로 다른 두 자연수 m, n에 대하여 z_n, z_m, z_{n+6}에 각각 대응하는 서로 다른 세 점으로 만들어지는 삼각형의 넓이의 최댓값은 1이다.
> ㄷ. 자연수 n에 대하여 서로 다른 z_n에 대응하는 점을 각각 좌표평면에 나타내어 선으로 이어 만든 다각형의 넓이는 3이다.

① ㄱ　② ㄴ　③ ㄱ, ㄴ
④ ㄴ, ㄷ　⑤ ㄱ, ㄴ, ㄷ

Ⅱ. 방정식과 부등식

05 이차방정식

개념 1 이차방정식의 풀이

(1) 인수분해를 이용한 풀이: x에 대한 이차방정식 $(ax-b)(cx-d)=0$의 근은

$$x=\frac{b}{a} \text{ 또는 } x=\frac{d}{c}$$

(2) 근의 공식을 이용한 풀이: 계수가 실수인 이차방정식 $ax^2+bx+c=0$의 근은

$$x=\frac{-b\pm\sqrt{b^2-4ac}}{2a}$$

▸ 이차방정식은 복소수의 범위에서 반드시 근을 갖는다. 이때 실수인 근을 실근, 허수인 근을 허근이라 한다.

▸ x의 계수가 짝수인 이차방정식 $ax^2+2b'x+c=0$의 근은

$$x=\frac{-b'\pm\sqrt{b'^2-ac}}{a}$$

개념 2 이차방정식의 근의 판별

계수가 실수인 이차방정식 $ax^2+bx+c=0$의 판별식을 $D=b^2-4ac$라 하면

(1) $D>0$일 때, 서로 다른 두 실근을 갖는다.

(2) $D=0$일 때, 중근(서로 같은 두 실근)을 갖는다.

(실근을 가질 조건: $D\geq 0$)

(3) $D<0$일 때, 서로 다른 두 허근을 갖는다.

주의 계수가 실수일 때만 판별식을 이용하여 근을 판별할 수 있다.

▸ 이차방정식 $ax^2+2b'x+c=0$의 근은 $\frac{D}{4}=b'^2-ac$의 부호로 판별할 수 있다.

개념 3 이차방정식의 근과 계수의 관계

(1) 이차방정식 $ax^2+bx+c=0$의 두 근을 α, β라 하면

$$\alpha+\beta=-\frac{b}{a},\ \alpha\beta=\frac{c}{a}$$

(2) 두 수 α, β를 근으로 갖고, x^2의 계수가 a인 이차방정식은

$$a(x-\alpha)(x-\beta)=0,\ \text{즉 } a\{x^2-\underbrace{(\alpha+\beta)}_{\text{두 근의 합}}x+\underbrace{\alpha\beta}_{\text{두 근의 곱}}\}=0$$

▸ 이차방정식 $ax^2+bx+c=0$이 서로 다른 두 실근 α, β를 가질 때

$$|\alpha-\beta|=\frac{\sqrt{D}}{|a|}$$

개념 4 이차방정식의 켤레근

이차방정식 $ax^2+bx+c=0$에서

(1) a, b, c가 유리수일 때, 한 근이 $p+q\sqrt{m}$이면 다른 한 근은 $p-q\sqrt{m}$이다.

(단, p, q는 유리수, $q\neq 0$, $\sqrt{m}$은 무리수이다.)

(2) a, b, c가 실수일 때, 한 근이 $p+qi$이면 다른 한 근은 $p-qi$이다.

(단, p, q는 실수, $q\neq 0$, $i=\sqrt{-1}$이다.)

주의 계수가 유리수 또는 실수라는 조건이 없으면 성립하지 않는다.

▸ 켤레근의 성질은 이차 이상의 모든 방정식에서 성립한다.

개념 5 이차방정식의 실근의 부호

계수가 실수인 이차방정식 $ax^2+bx+c=0$의 두 근을 α, β라 하고 판별식을 D라 하면

(1) 두 근이 모두 양수일 때, $D\geq 0$, $\alpha+\beta>0$, $\alpha\beta>0$

(2) 두 근이 모두 음수일 때, $D\geq 0$, $\alpha+\beta<0$, $\alpha\beta>0$

(3) 두 근이 서로 다른 부호일 때, $\alpha\beta<0$

▸ (3)의 경우, 판별식의 부호는 생각하지 않아도 된다.
$\alpha\beta<0$이면 $\frac{c}{a}<0$에서 $ac<0$이므로 판별식 D는 항상 $D=b^2-4ac>0$이다.

Step A 1등급을 위한 고난도 빈출 & 핵심 문제

빈출 1 방정식의 풀이

01 방정식 $a^2x+4=4x-2a$의 해가 없도록 하는 상수 a의 값은?

① -4 ② -2 ③ 0
④ 2 ⑤ 4

02 방정식 $|3x-2|=4-\sqrt{(x+2)^2}$을 만족시키는 모든 x의 값의 합을 구하시오.

빈출 2 이차방정식의 풀이

03 이차방정식 $2x^2-(k-1)x-5(2k-1)=0$의 한 근이 $k+1$일 때, 다음 중 이 방정식의 근이 될 수 없는 수는?
(단, k는 상수이다.)

① $-\frac{7}{2}$ ② $-\frac{5}{2}$ ③ $-\frac{3}{2}$
④ 3 ⑤ 5

04 방정식 $x^2+|x+3|-2=\sqrt{(x-1)^2}+3$의 모든 근의 곱은?

① -3 ② -1 ③ 1
④ 3 ⑤ 5

05 x에 대한 이차방정식 $x^2-ax+b-2=0$이 중근을 가질 때, 이차방정식 $x^2-4ax+b^2+6b+9=0$의 근을 판별하면?
(단, a, b는 실수이다.)

① 판별할 수 없다.
② 중근을 갖는다.
③ 한 근은 실근이고, 다른 한 근은 허근이다.
④ 서로 다른 두 실근을 갖는다.
⑤ 서로 다른 두 허근을 갖는다.

빈출 3 이차방정식의 근의 판별

06 이차방정식 $x^2-(k-a)x+2a-15=0$이 실수 k의 값에 관계없이 항상 실근을 갖도록 하는 자연수 a의 개수는?

① 1 ② 3 ③ 5
④ 7 ⑤ 9

빈출 4 이차방정식의 근과 계수의 관계

07 이차방정식 $x^2-8x+4=0$의 두 근을 α, β라 할 때, $\sqrt{\alpha^2+4}+\sqrt{\beta^2+4}$의 값은?

① $2\sqrt{3}$ ② $2\sqrt{6}$ ③ $4\sqrt{3}$
④ $3\sqrt{6}$ ⑤ $4\sqrt{6}$

08 이차방정식 $x^2+(m^2+m-6)x+4m+3=0$의 두 실근의 절댓값이 같고 부호가 다를 때, 실수 m의 값은?

① -3 ② -2 ③ -1
④ 1 ⑤ 2

09 계수가 실수인 이차방정식 $ax^2+bx+c=0$의 근을 구하는데 근의 공식을 $x=\dfrac{-b\pm\sqrt{b^2-ac}}{2a}$로 잘못 적용하여 풀어 두 근 2, 3을 얻었다. 원래의 이차방정식의 두 근의 곱을 구하시오.

빈출 5 이차방정식의 작성

10 이차방정식 $f(x)=0$의 두 근 α, β에 대하여 $\alpha+\beta=4$, $\alpha\beta=-3$일 때, 이차방정식 $f(2x-5)=0$의 두 근의 제곱의 합을 구하시오.

11 이차방정식 $x^2-5x+2=0$의 서로 다른 두 근을 α, β라 할 때, 이차식 $f(x)=x^2+px+q$는 $f(\alpha)=2$, $f(\beta)=2$를 만족시킨다. $p+q$의 값은? (단, p, q는 상수이다.)

① -2 ② -1 ③ 0
④ 1 ⑤ 2

12 이차방정식 $x^2+ax+b=0$의 한 근이 $-1+3i$일 때, $\dfrac{1}{a}$, $\dfrac{1}{b}$을 두 근으로 하는 이차방정식은 $20x^2+mx+n=0$이다. $m+n$의 값은? (단, a, b는 실수, m, n은 상수이다.)

① -19 ② -15 ③ -11
④ -7 ⑤ -3

빈출 6 이차방정식의 활용

13 어느 전자제품의 가격을 x % 인상하였더니 판매량이 $2x$ % 감소하여 총 판매금액이 12 % 감소하였다. 이때 x의 값을 구하시오. (단, $x>0$)

14 오른쪽 그림과 같이 정사각형 ABCD의 변 BC 위에 $\overline{CE}=7$인 점 E를 잡고, 변 CD 위에 $\overline{DF}=6$인 점 F를 잡는다. 사각형 AECF의 넓이가 120일 때, 정사각형 ABCD의 넓이는?

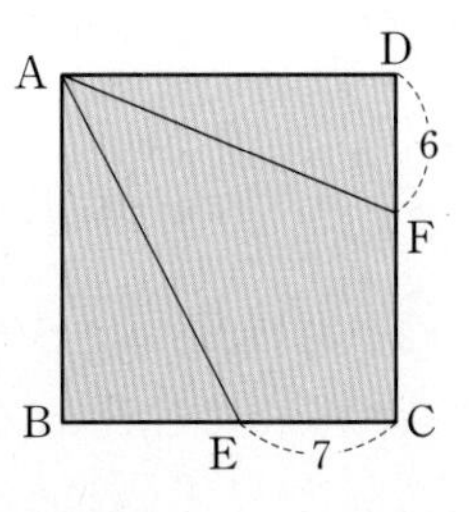

① 121 ② 144 ③ 169
④ 196 ⑤ 225

B Step 1등급을 위한 고난도 기출 VS 변형 유형

유형 1 이차방정식의 근의 판별

1 x에 대한 이차방정식 $x^2-2(k+2a)x+k^2+k+3b-2=0$이 실수 k의 값에 관계없이 중근을 가질 때, $a+b$의 값을 구하시오. (단, a, b는 실수이다.)

1-1 x에 대한 방정식 $(k-2)x^2-2\sqrt{3}x+k=0$을 만족시키는 x의 값이 오직 한 개가 되도록 하는 모든 실수 k의 값의 합은?

① 1　② 2　③ 3
④ 4　⑤ 5

유형 2 이차방정식의 근과 계수의 관계 (1)

2 자연수 n에 대하여 이차방정식
$\{n+\sqrt{n(n+1)}\}x^2-\sqrt{n}x-n=0$의 서로 다른 두 실근을 α_n, β_n이라 하자.
$(\alpha_6+\alpha_7+\alpha_8+\cdots+\alpha_{53})+(\beta_6+\beta_7+\beta_8+\cdots+\beta_{53})$의 값은?

① $-\sqrt{6}$　② 0　③ $\sqrt{6}$
④ $2\sqrt{6}$　⑤ $3\sqrt{6}$

2-1 자연수 n에 대하여 이차방정식

$$\sqrt{n(n+1)}x^2-(\sqrt{n+1}-\sqrt{n})x+\frac{1}{\sqrt{n(n+1)}}=0$$

의 서로 다른 두 실근을 α_n, β_n이라 하자.

$$(\alpha_1-1)(\beta_1-1)+(\alpha_2-1)(\beta_2-1)+(\alpha_3-1)(\beta_3-1)+\cdots+(\alpha_8-1)(\beta_8-1)=\frac{q}{p}$$

일 때, $p+q$의 값을 구하시오.

(단, p와 q는 서로소인 자연수이다.)

유형 3 이차방정식의 근과 계수의 관계 (2)

3 이차방정식 $x^2-ax-4a=0$의 서로 다른 두 실근 α, β에 대하여 $|\alpha|+|\beta|=6$일 때, $\alpha^2+\beta^2$의 값은? (단, $a>0$)

① 16　② 18　③ 20
④ 22　⑤ 24

3-1 이차방정식 $x^2+ax-3a=0$이 서로 다른 두 실근 α, β를 가질 때, $|\alpha|+|\beta|$, $|\alpha||\beta|$를 두 근으로 갖는 이차방정식은 $x^2-5ax+24a=0$이다. 양수 a의 값을 구하시오.

유형 4 이차방정식의 작성

4 이차식 $f(x)=x^2-3x-4$에 대하여 $f(\alpha)=5$, $f(\beta)=5$일 때, $f(\alpha\beta)$의 값을 구하시오.

4-1 이차방정식 $x^2+2x+4=0$의 서로 다른 두 근 α, β에 대하여 이차식 $f(x)=x^2+mx+n$이 $f(\alpha^2)=-2\alpha$, $f(\beta^2)=-2\beta$를 만족시킬 때, $f(\alpha+\beta)$의 값을 구하시오.

(단, m, n은 상수이다.)

유형 5 이차방정식의 켤레근

5 x에 대한 이차방정식 $x^2-px+p+3=0$이 허근 α를 가질 때, α^3이 실수가 되도록 하는 모든 실수 p의 값의 곱은?

| 학평 기출 |

① -2 ② -3 ③ -4
④ -5 ⑤ -6

5-1 x에 대한 이차방정식 $2x^2-kx+2k+6=0$이 허근 α를 가질 때, α^4이 실수가 되도록 하는 실수 k의 값의 개수는?

① 0 ② 1 ③ 2
④ 3 ⑤ 4

유형 6 이차방정식의 해

6 세 유리수 a, b, c에 대하여 x에 대한 이차방정식

$ax^2+\sqrt{3}bx+c=0$

의 한 근이 $\alpha=2+\sqrt{3}$이다. 다른 한 근을 β라 할 때, $\alpha+\frac{1}{\beta}$의 값은?

| 학평 기출 |

① -4 ② $-2\sqrt{3}$ ③ 0
④ $2\sqrt{3}$ ⑤ 4

6-1 세 실수 a, b, c에 대하여 x에 대한 이차방정식 $ax^2+ibx+c=0$의 한 근이 $3+i$일 때, **보기**에서 옳은 것만을 있는 대로 고른 것은?

보기

ㄱ. $2a+b=0$

ㄴ. $c=4a$

ㄷ. 이차방정식 $ax^2+ibx+c=0$의 다른 한 근은 $3-i$이다.

① ㄱ ② ㄴ ③ ㄱ, ㄴ
④ ㄴ, ㄷ ⑤ ㄱ, ㄴ, ㄷ

정답과 해설 50쪽

유형 7 이차방정식의 계수의 결정

7 이차방정식 $x^2-ax+b=0$의 두 근이 c와 d일 때, 다음 조건을 만족시키는 순서쌍 (a, b)의 개수는?
(단, a와 b는 상수이다.) | 학평 기출 |

(가) a, b, c, d는 100 이하의 서로 다른 자연수이다.
(나) c와 d는 각각 3개의 양의 약수를 갖는다.

① 1 ② 2 ③ 3
④ 4 ⑤ 5

7-1 이차방정식 $x^2-ax+b=0$의 서로 다른 두 근 α, β는 다음 조건을 만족시킨다. 순서쌍 (a, b)의 개수는?
(단, a, b는 상수이다.)

(가) α, β는 10 이하의 자연수이다.
(나) α, β는 1을 제외하고 각각 $\sqrt{\alpha}$, $\sqrt{\beta}$보다 작거나 같은 약수를 갖지 않는다.

① 2 ② 3 ③ 4
④ 5 ⑤ 6

유형 8 정수해를 가질 조건

8 이차방정식 $x^2-(m-2)x+3m-14=0$을 만족시키는 x의 값이 정수가 되도록 하는 모든 상수 m의 값의 합은?

① 4 ② 8 ③ 12
④ 16 ⑤ 20

8-1 이차방정식 $x^2-(m+1)x+2m-5=0$의 두 근 α, β가 모두 자연수일 때, $\alpha-\beta+m$의 최댓값은?
(단, m은 상수이다.)

① 9 ② 10 ③ 11
④ 12 ⑤ 13

유형 9 이차방정식의 활용

9 이차방정식 $x^2-4x+2=0$의 두 실근을 α, β $(\alpha<\beta)$라 하자. 그림과 같이 $\overline{AB}=\alpha$, $\overline{BC}=\beta$인 직각삼각형 ABC에 내접하는 정사각형의 넓이와 둘레의 길이를 두 근으로 하는 x에 대한 이차방정식이 $4x^2+mx+n=0$일 때, 두 상수 m, n에 대하여 $m+n$의 값은? (단, 정사각형의 두 변은 선분 AB와 선분 BC 위에 있다.) | 학평 기출 |

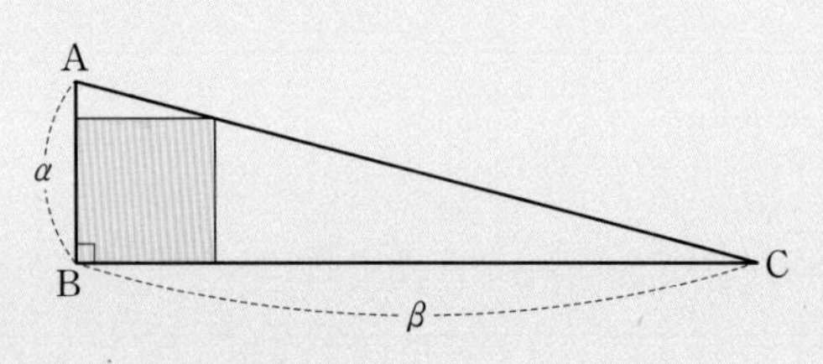

① -11 ② -10 ③ -9
④ -8 ⑤ -7

9-1 다음 그림과 같이 평행사변형 ABCD의 꼭짓점 A를 지나는 직선이 대각선 BD, 변 CD, 변 BC의 연장선과 만나는 점을 각각 P, Q, R라 하자. $\overline{PQ}=2$, $\overline{QR}=4$일 때, $\overline{PB}=\alpha$, $\overline{PD}=\beta$이다. α, β를 두 근으로 하는 이차방정식은 $x^2-(a+b\sqrt{3})x+12\sqrt{3}=0$일 때, $a+b$의 값을 구하시오.
(단, a, b는 유리수이다.)

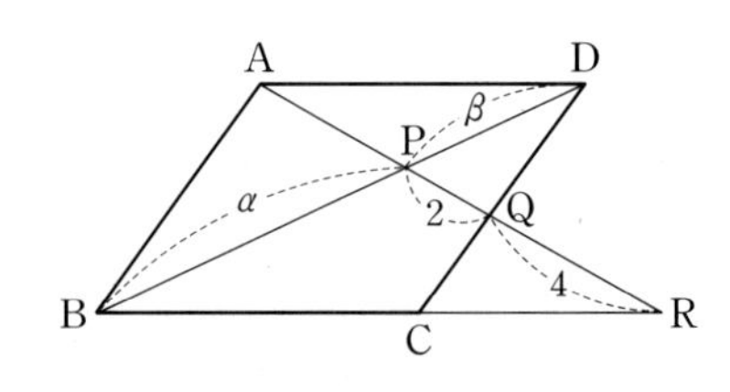

정답과 해설 52쪽

01 $1<x<3$일 때, 방정식 $x^2+2[x]x-7=0$의 서로 다른 근의 개수는? (단, $[x]$는 x보다 크지 않은 최대의 정수이다.)

① 0　② 1　③ 2
④ 3　⑤ 4

02 x, y에 대한 이차식

$$x^2+xy-2ax+\frac{1}{2}(a-1)y+a^2-\frac{1}{4}a-\frac{3}{4}$$

이 x, y에 대한 두 일차식의 곱으로 인수분해되도록 하는 모든 실수 a의 값의 곱은?

① $-\frac{2}{9}$　② 0　③ $\frac{1}{3}$
④ $\frac{4}{9}$　⑤ 1

03 x에 대한 이차식 $b(x^2-1)+2ax+c(x^2+1)$이 완전제곱식이고, $a^2+b^2+c^2=200$일 때, 자연수 a, b, c를 세 변의 길이로 하는 삼각형의 넓이를 구하시오.

04 이차방정식 $x^2+5x-3=0$의 두 근을 α, β라 할 때, 이차식 $f(x)$는 다음 조건을 만족시킨다.

(가) $\beta f(\alpha)=1$, $\alpha f(\beta)=1$　(나) $f(0)=1$

이차방정식 $f(x)=0$의 두 근 p, q에 대하여 $\frac{1}{p}+\frac{1}{q}$의 값은?

① 1　② 2　③ 3
④ 4　⑤ 5

05 이차방정식 $f(x)=0$의 두 근의 합이 -5이고, 방정식 $f\left(\frac{1}{x}\right)=0$의 두 근의 곱이 -2일 때, 방정식 $f\left(\frac{1}{2x-3}\right)=0$의 두 근의 합은 m, 곱은 n이다. $m+n$의 값은?

① $\frac{57}{4}$　② 15　③ $\frac{63}{4}$
④ $\frac{33}{2}$　⑤ $\frac{69}{4}$

신유형

06 이차방정식 $x^2-ax-b=0$의 두 실근을 α, β라 할 때, 방정식 $b(x-1)^2-a|x-1|-1=0$의 두 근의 합은?

(단, $a>0$, $b>0$)

① 1　② 2　③ 3
④ 4　⑤ 5

07 이차방정식 $x^2+px+q=0$의 서로 다른 두 실근을 α, β라 할 때, 이차식 $f(x)=x^2-4px+6q$가 다음 조건을 만족시킨다. p^2+q^2의 값은? (단, p, q는 상수이다.)

> (가) $f(x)$를 $x-\alpha^2$으로 나눈 나머지는 $-p^2\alpha-pq+9$이다.
> (나) $f(-p\beta-q)=p^3+p^2\alpha-pq+9$

① 45 ② 54 ③ 63
④ 72 ⑤ 81

08 이차식 $f(x)=x^2+x+k$에 대하여 서로 다른 두 실수 α, β가 $f(\alpha)=3\beta$, $f(\beta)=3\alpha$를 만족시킬 때, 보기에서 옳은 것만을 있는 대로 고른 것은? (단, k는 실수이다.)

> 보기
> ㄱ. $\alpha+\beta+4=0$
> ㄴ. α, β를 두 근으로 하고 x^2의 계수가 1인 이차방정식을 $g(x)=0$이라 할 때, $g(1)=k+17$이다.
> ㄷ. $k<-8$

① ㄱ ② ㄴ ③ ㄱ, ㄴ
④ ㄴ, ㄷ ⑤ ㄱ, ㄴ, ㄷ

09 이차방정식 $x^2+x+1=0$의 두 근을 α, β라 하자. $f(0)=3$인 이차식 $f(x)$에 대하여 이차방정식 $f(x)=0$의 두 근이 $\dfrac{1+\beta^n}{1+\alpha^n}$, $\dfrac{1+\alpha^n}{1+\beta^n}$일 때, $f(-1)$의 최댓값을 구하시오.

(단, n은 자연수이다.)

10 두 이차방정식 $x^2+ax+b=0$, $x^2+cx+d=0$의 한 허근을 각각 α, β라 하자. $\alpha+\beta$와 $\overline{\alpha}\beta$가 모두 실수일 때, 보기에서 옳은 것만을 있는 대로 고른 것은?

(단, a, b, c, d는 실수이다.)

> 보기
> ㄱ. $\overline{\alpha}\beta=\alpha\overline{\beta}$ ㄴ. $a+c=0$ ㄷ. $b=d$

① ㄱ ② ㄴ ③ ㄱ, ㄴ
④ ㄴ, ㄷ ⑤ ㄱ, ㄴ, ㄷ

11 이차방정식 $x^2-\sqrt{2}x+1=0$의 한 허근을 ω라 할 때, 보기에서 옳은 것만을 있는 대로 고른 것은?

> 보기
> ㄱ. $\omega^3+\overline{\omega}^3=-\sqrt{2}$
> ㄴ. $\dfrac{1}{\omega^2-1}-\dfrac{1}{\overline{\omega}^6+1}=-1$
> ㄷ. $\omega+\omega^3+\omega^5+\omega^7+\omega^9=\omega^2+\omega^4+\omega^6+\omega^8+\omega^{10}$

① ㄱ ② ㄴ ③ ㄱ, ㄴ
④ ㄴ, ㄷ ⑤ ㄱ, ㄴ, ㄷ

12 이차방정식 $x^2+(1-2k)x+3k+4=0$이 허근 ω를 가질 때, ω^3이 실수가 되도록 하는 모든 실수 k의 값의 합을 m, 곱을 n이라 하자. $m+n$의 값은?

① -1 ② 0 ③ 1
④ 2 ⑤ 3

› 정답과 해설 54쪽

13 이차방정식 $x^2+6mx+5n=0$의 두 근 α, β가 $(\alpha+1)(\beta+1)=12$를 만족시킬 때, 20 이하의 두 자연수 m, n에 대하여 $m+n$의 최댓값을 구하시오.

14 이차방정식 $x^2+mx+n=0$의 서로 다른 두 정수근 α, β에 대하여 $3\alpha\beta=4\alpha+\beta$일 때, mn의 최솟값은? (단, m, n은 상수이다.)

① -6　② -4　③ -2
④ -1　⑤ 0

15 다음 조건을 만족시키는 두 이차식 $f(x)$, $g(x)$에 대하여 방정식 $f(x)=-g(x)$의 한 근이 -1일 때, 다른 한 근은?

(가) 두 이차식 $f(x)$, $g(x)$의 최고차항의 계수는 모두 1이다.
(나) 방정식 $f(x)g(x)=0$은 -1, 5, 7을 근으로 갖는다.

① 5　② 6　③ 7
④ 8　⑤ 9

16 이차방정식 $x^2+m(x-1)+8=0$의 한 근이 $a+bi$일 때, 두 정수 a, b에 대하여 순서쌍 (a, b)의 개수를 p, $a+b$의 최댓값과 최솟값을 각각 q, r라 하자. $p+q+r$의 값을 구하시오. (단, m은 정수이다.)

신유형

17 다음 조건을 만족시키는 사각형 ABCD에 대하여 $x^2+\frac{1}{x^2}$의 값을 구하시오.

(가) $\overline{AD}$와 $\overline{BC}$가 서로 평행하다.
(나) 사각형 ABCD의 넓이는 5이다.
(다) 사각형 ABCD의 두 대각선의 교점 O에 대하여 두 삼각형 AOD, BOC의 넓이는 각각 4, x^2이다.

18 오른쪽 그림과 같이 대각선의 길이가 6인 정오각형 ABCDE에서 $\overline{CD}=a$, $\overline{FG}=b$이다. 이차방정식 $x^2+ax+b=0$의 두 근을 α, β라 할 때, $\alpha^2+\beta^2$의 값은?

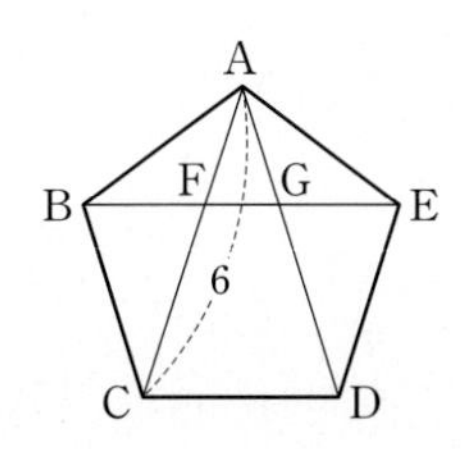

① $-24+12\sqrt{5}$　② $54-18\sqrt{5}$
③ $6\sqrt{5}$　④ $78-30\sqrt{5}$
⑤ 14

19 $1<x<3$에서 이차방정식 $x^2+[x^2]-3[x]-x=0$의 모든 근의 합이 $a+b\sqrt{5}$일 때, 유리수 a, b에 대하여 $a+b$의 값을 구하시오. (단, $[x]$는 x보다 크지 않은 최대의 정수이다.)

20 다음 조건을 만족시키는 사차식 $f(x)$의 개수는?

(가) $f(x)$의 최고차항의 계수는 1이고, 나머지 모든 계수와 상수항은 10 이하의 자연수이다.
(나) 방정식 $f(x)=0$은 두 허수 $-1+i$, $-1-i$를 근으로 갖는다.
(다) 방정식 $f(x)=0$의 서로 다른 허근의 개수는 2이다.

① 1 ② 2 ③ 3
④ 4 ⑤ 5

21 다음 그림과 같이 이웃한 세 모서리의 길이가 각각 $x\ (0<x<60)$, 6, 8인 직육면체 ABCD−EFGH에서 $\overline{DE}$와 $\overline{CF}$의 중점을 각각 P, Q라 하자. 점 X가 다음 조건을 만족시키면서 점 P에서 출발하여 직육면체의 겉면을 따라 점 Q까지 이동할 때, $(x+6)^2$의 값을 구하시오.

(가) 점 X는 4개 이상의 면을 지난다.
(나) 점 X가 이동하는 최단 거리는 $7\sqrt{10}$이다.

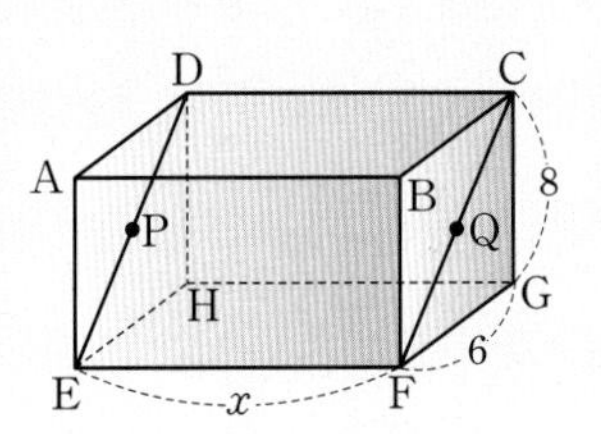

22 이차방정식 $x^2-8x+14=0$의 두 실근을 α, $\beta\ (\alpha<\beta)$라 하자. 다음 그림과 같이 $\overline{AB}=\overline{AC}$인 이등변삼각형 ABC에서 선분 CB의 연장선 위의 점 P에 대하여 $\overline{AB}=\alpha$, $\overline{PA}=\beta$일 때, $\overline{PB}$와 $\overline{PC}$를 두 근으로 하는 이차방정식은
$\frac{1}{2}x^2+mx+n=0$이다. n^2의 값을 구하시오.

(단, $\overline{PC}>\overline{PB}$이고, m, n은 상수이다.)

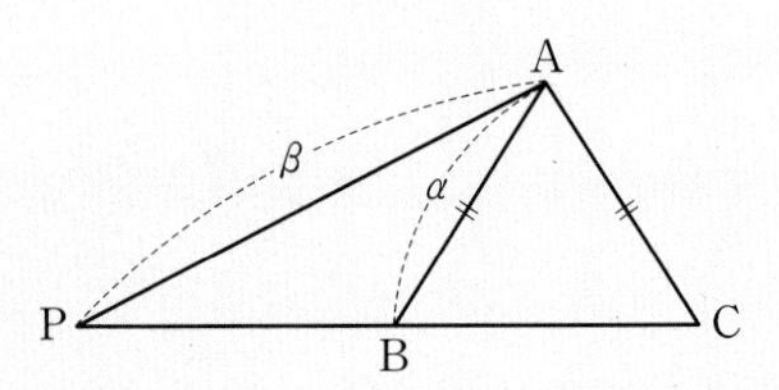

이차방정식과 이차함수

개념 1 이차방정식과 이차함수의 관계

이차함수 $y=ax^2+bx+c$의 그래프와 x축의 위치 관계는 이차방정식 $ax^2+bx+c=0$의 판별식 $D=b^2-4ac$의 값의 부호에 따라 다음과 같다.

판별식	$D>0$	$D=0$	$D<0$
$ax^2+bx+c=0$의 근	서로 다른 두 실근 α, β $(\alpha<\beta)$	중근 $\alpha=\beta$	서로 다른 두 허근
$y=ax^2+bx+c$의 그래프와 x축의 위치 관계	서로 다른 두 점에서 만난다.	한 점에서 만난다. (접한다.)	만나지 않는다.
$y=ax^2+bx+c$의 그래프	$a>0$, α, β, x, $a<0$	$a>0$, $\alpha=\beta$, x, $a<0$	$a>0$, x, $a<0$

▶ 이차함수 $y=ax^2+bx+c$의 그래프와 x축의 교점의 개수는 이차방정식 $ax^2+bx+c=0$의 서로 다른 실근의 개수와 같다.

▶ $D\geq0$이면 이차함수의 그래프가 x축과 만난다.

개념 2 이차함수의 그래프와 직선의 위치 관계

이차함수 $y=ax^2+bx+c$의 그래프와 직선 $y=mx+n$의 위치 관계는 이차방정식 $ax^2+bx+c=mx+n$, 즉
$ax^2+(b-m)x+(c-n)=0$의 판별식 $D=(b-m)^2-4a(c-n)$의 값의 부호에 따라 다음과 같다.

(1) $D>0$일 때, 서로 다른 두 점에서 만난다.

(2) $D=0$일 때, 한 점에서 만난다. (접한다.)

(3) $D<0$일 때, 만나지 않는다.

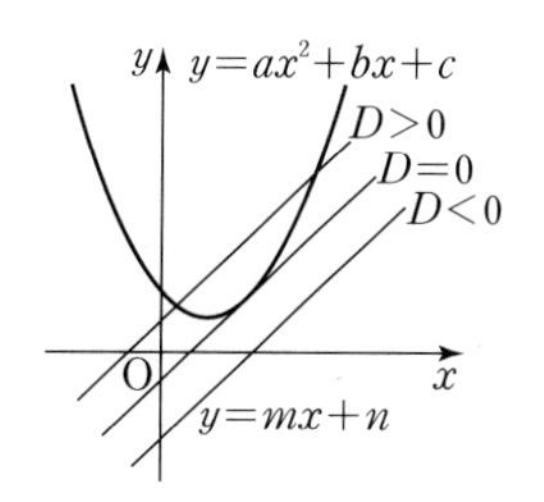

▶ 두 함수 $y=f(x)$, $y=g(x)$의 그래프의 교점의 개수는 방정식 $f(x)=g(x)$의 서로 다른 실근의 개수와 같다.

개념 3 이차함수의 최대, 최소

이차함수 $y=a(x-p)^2+q$에서

(1) $a>0$이면 최솟값은 $x=p$일 때 q이고, 최댓값은 없다.

(2) $a<0$이면 최댓값은 $x=p$일 때 q이고, 최솟값은 없다.

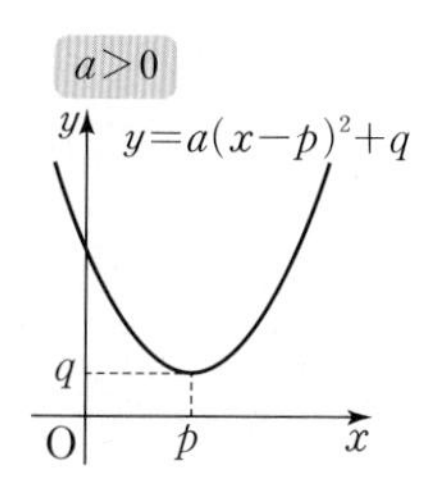

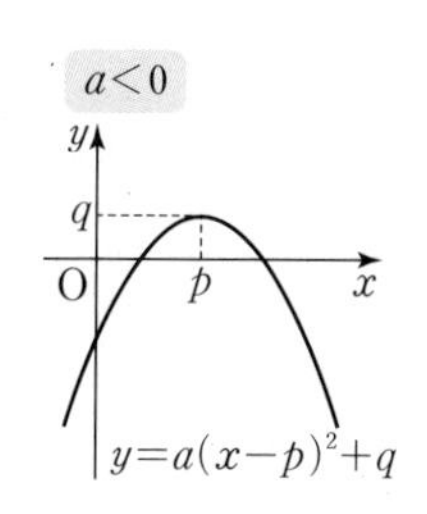

▶ 이차함수 $y=ax^2+bx+c$의 최댓값과 최솟값은 $y=a(x-p)^2+q$ 꼴로 변형하여 구한다.

개념 4 제한된 범위에서 이차함수의 최대, 최소

x의 값의 범위가 $\alpha\leq x\leq\beta$일 때, 이차함수 $f(x)=a(x-p)^2+q$의 최댓값과 최솟값은 다음과 같다.

(1) 꼭짓점의 x좌표 p가 x의 값의 범위에 속할 때 → $\alpha\leq p\leq\beta$

⇨ $f(\alpha)$, $f(\beta)$, $f(p)$의 값 중 가장 큰 값이 최댓값, 가장 작은 값이 최솟값이다.

(2) 꼭짓점의 x좌표 p가 x의 값의 범위에 속하지 않을 때 → $p<\alpha$ 또는 $p>\beta$

⇨ $f(\alpha)$, $f(\beta)$의 값 중 큰 값이 최댓값이고, 작은 값이 최솟값이다.

주의 $\alpha<x\leq\beta$와 같이 제한된 범위에서 등호가 빠져 있으면 최댓값 또는 최솟값이 없을 수 있다.

▶ (1)

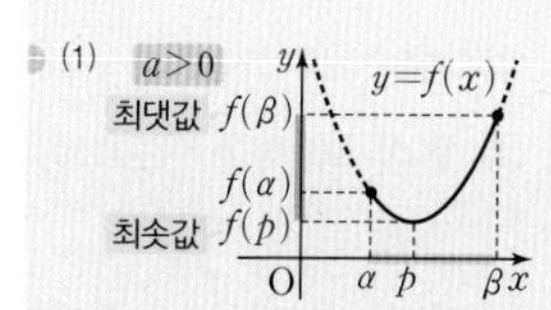

(2)

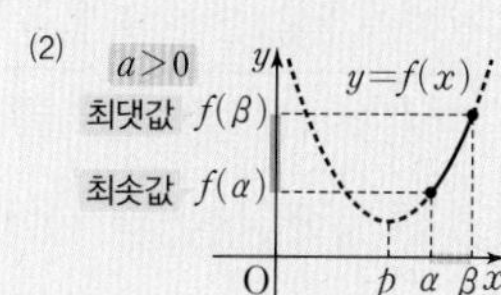

1등급 노트

노트 ① 이차방정식의 실근의 위치

이차함수 $f(x)=ax^2+bx+c$에 대하여 이차방정식 $f(x)=0$의 근의 위치를 판별하기 위해서는 이차함수 $y=f(x)$의 그래프를 그린 후, 함숫값의 부호, 축의 위치, 판별식을 고려한다.

두 근이 실수 p보다 클 때 ($\alpha>p$, $\beta>p$)	두 근이 실수 p보다 작을 때 ($\alpha<p$, $\beta<p$)	두 근 사이에 실수 p가 있을 때 ($\alpha<p<\beta$)
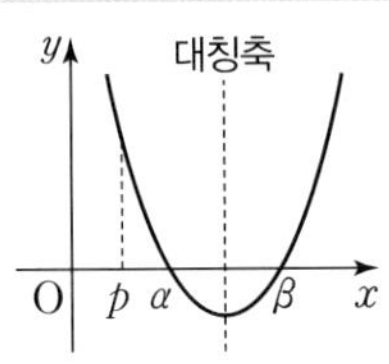	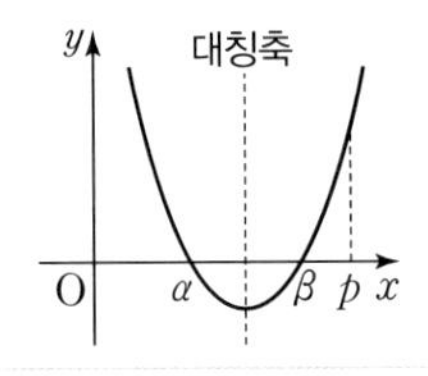	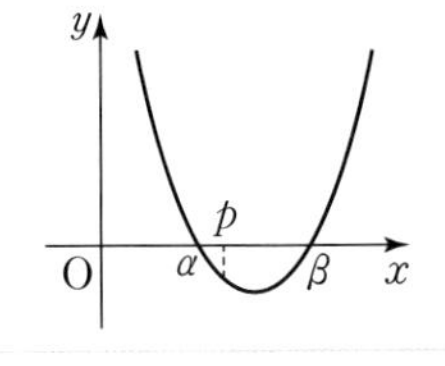
$D\geq0$, $f(p)>0$, $-\frac{b}{2a}>p$	$D\geq0$, $f(p)>0$, $-\frac{b}{2a}<p$	$f(p)<0$

$f(p)<0$이면 $D>0$을 만족시키므로 판별식을 따로 확인하지 않아도 됨을 기억한다.
또, 이 경우 축의 위치는 파악하지 않아도 된다.

예 이차방정식 $x^2-2x+a+1=0$의 두 근이 모두 -2보다 클 때, 실수 a의 값의 범위를 구하시오.

▸ $f(x)=x^2-2x+a+1$로 놓으면 $f(x)=(x-1)^2+a$

이차함수 $y=f(x)$의 그래프는 오른쪽 그림과 같다.

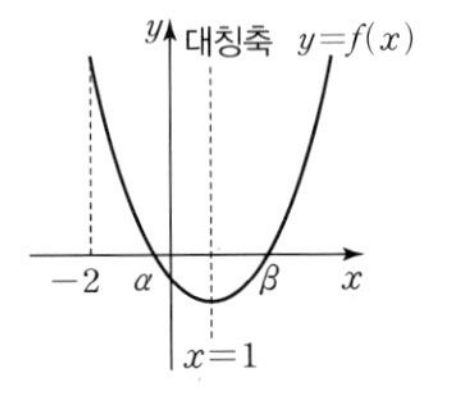

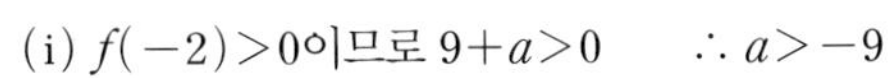

(i) $f(-2)>0$이므로 $9+a>0$ $\quad\therefore a>-9$

(ii) 판별식 $\frac{D}{4}=(-1)^2-(a+1)\geq0$이므로 $-a\geq0$ $\quad\therefore a\leq0$

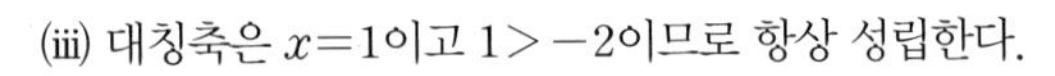

(iii) 대칭축은 $x=1$이고 $1>-2$이므로 항상 성립한다.

(i), (ii), (iii)을 모두 만족시키는 실수 a의 값의 범위는 $-9<a\leq0$

노트 ② 완전제곱식 또는 판별식을 이용한 최대, 최소

(1) 완전제곱식을 이용하는 경우

x, y에 대한 이차식 $f(x, y)$가 $a(x-p)^2+b(y-q)^2+k$ 꼴로 변형되면 $(\text{실수})^2\geq0$임을 이용하여 이차함수의 최대, 최소를 구한다.

(2) 판별식을 이용하는 경우

방정식 $f(x, y)=0$이 한 문자에 대한 이차방정식으로 정리될 때, $f(x, y)=0$을 한 문자에 대하여 내림차순으로 정리한 후 이 이차방정식이 실근을 가짐을 이용한다.

⇨ (판별식)≥0임을 이용하여 이차함수의 최대, 최소를 구한다.

예 이차함수 $y=x^2-6x+3$의 최솟값을 완전제곱식 또는 판별식을 이용하여 구하시오.

▸ (1) 완전제곱식을 이용: $y=x^2-6x+3=(x-3)^2-6$이고, $(x-3)^2\geq0$이므로 y는 $x=3$일 때 최솟값 -6을 갖는다.

(2) 판별식을 이용: x에 대한 이차방정식 $x^2-6x+3-y=0$이 실근을 가지므로 판별식을 D라 하면

$\frac{D}{4}=(-3)^2-(3-y)\geq0$, $6+y\geq0$ $\quad\therefore y\geq-6$

즉, y의 최솟값은 -6이다.

> 정답과 해설 59쪽

빈출 1 이차함수의 그래프와 x축의 교점

01 이차함수 $y=ax^2+bx+c$의 그래프가 두 점 $(0, 3)$, $(3-2\sqrt{3}, 0)$을 지날 때, $a+b+c$의 값은?
(단, a, b, c는 유리수이다.)

① 2 ② 4 ③ 6
④ 8 ⑤ 10

02 이차함수 $y=2x^2-ax+3$의 그래프가 x축과 만나는 두 점 사이의 거리가 2가 되도록 하는 모든 상수 a의 값의 곱은?

① -40 ② -20 ③ -10
④ -5 ⑤ -1

빈출 2 이차함수의 그래프와 x축 또는 직선의 위치 관계

03 이차함수 $y=x^2-2(a-k)x+k^2-8k+2b$의 그래프가 실수 k의 값에 관계없이 항상 x축에 접할 때, $a+b$의 값을 구하시오. (단, a, b는 상수이다.)

04 이차함수 $y=x^2+2kx-5$의 그래프가 직선 $y=6x-k^2$보다 항상 위쪽에 있도록 하는 정수 k의 최솟값은?

① 1 ② 2 ③ 3
④ 4 ⑤ 5

05 실수 a의 값에 관계없이 이차함수 $y=x^2-2ax+a^2+4a$의 그래프에 항상 접하는 직선의 방정식은?

① $y=-4x-4$ ② $y=-2x+2$ ③ $y=2x-2$
④ $y=2x+4$ ⑤ $y=4x-4$

06 방정식 $x^2-4|x|+x-k=0$이 서로 다른 네 실근을 갖도록 하는 정수 k의 개수는?

① 1 ② 2 ③ 3
④ 4 ⑤ 5

빈출 3 이차방정식의 실근의 위치

07 이차방정식 $x^2-kx+4=0$의 한 근은 2보다 크고 다른 한 근은 1과 2 사이에 존재하도록 하는 실수 k의 값의 범위는?

① $0<k<1$ ② $1<k<2$ ③ $2<k<3$
④ $3<k<4$ ⑤ $4<k<5$

08 이차방정식 $x^2-4mx+3m-25=0$의 두 근 사이에 -1과 3이 있도록 하는 정수 m의 값의 합은?

① -4 ② -1 ③ 2
④ 5 ⑤ 8

> 정답과 해설 60쪽

빈출 4. 이차함수의 최대, 최소

09 이차함수 $y=x^2-2ax+8a-4$의 최솟값을 $f(a)$라 할 때, $f(a)$의 최댓값을 구하시오. (단, a는 실수이다.)

10 일차항의 계수와 상수항이 같은 이차함수 $f(x)$에 대하여 이차함수 $y=f(x)$의 그래프가 점 $(2, 7)$을 지나고, $f(x)$가 모든 실수 x에 대하여 $f(3-x)=f(3+x)$를 만족시킬 때, $f(x)$의 최댓값은?

① $\frac{9}{2}$　② 6　③ $\frac{15}{2}$
④ 9　⑤ $\frac{21}{2}$

11 실수 x, y, z에 대하여 $x^2+2y^2+4z^2+2x-8y+16z+k$의 최솟값이 10일 때, 상수 k의 값을 구하시오.

12 $x\le-1$에서 이차함수 $f(x)=-x^2-2mx+m$의 최댓값이 6일 때, 실수 m의 값은?

① 1　② 2　③ 3
④ 4　⑤ 5

13 $-2\le x\le1$일 때, 함수

$$y=2(x^2+2x-1)^2-8(x^2+2x-1)+k$$

의 최댓값과 최솟값의 곱이 33이 되도록 하는 양수 k의 값은?

① 1　② 3　③ 5
④ 7　⑤ 9

빈출 5. 이차함수의 최대, 최소의 활용

14 오른쪽 그림과 같이 이차함수 $y=-x^2+4x-3$의 그래프가 y축과 만나는 점을 A, x축과 만나는 점을 각각 B, C라 하자. 점 P(a, b)가 점 A에서 출발하여 이차함수 $y=-x^2+4x-3$의 그래프를 따라 점 B를 거쳐 점 C까지 움직일 때, $4a-2b-3$의 최댓값과 최솟값의 합은?

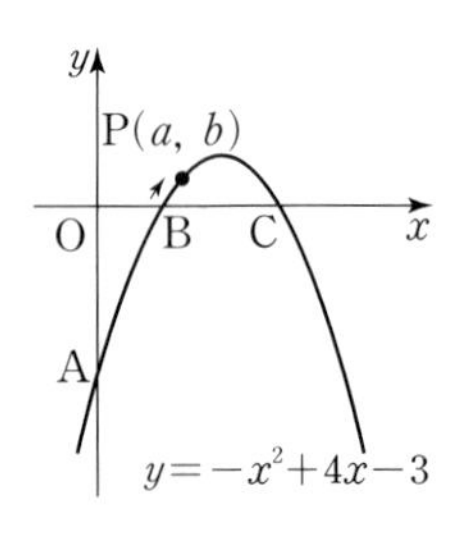

① 10　② 12　③ 14
④ 16　⑤ 18

15 오른쪽 그림과 같이 밑변의 길이가 8, 높이가 12인 이등변삼각형 ABC에 내접하는 직사각형 DEFG가 있다. 직사각형 DEFG의 넓이가 최대일 때, 직사각형 DEFG의 둘레의 길이는?
(단, $\overline{EF}$는 $\overline{BC}$ 위에 있다.)

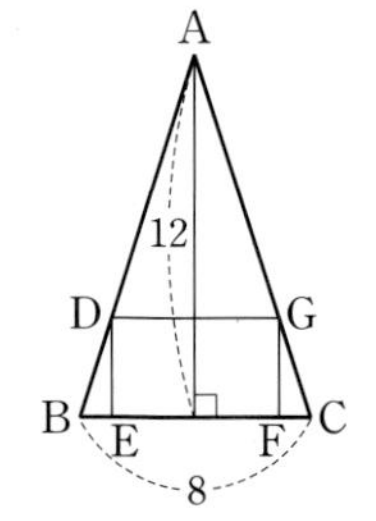

① 8　② 12　③ 16
④ 20　⑤ 24

정답과 해설 61쪽

유형 1 이차함수의 그래프와 x축의 위치 관계

1 이차함수 $f(x)=ax^2+bx+c$에 대하여 보기에서 옳은 것만을 있는 대로 고른 것은? (단, a, b, c는 실수이다.)

보기
ㄱ. $\frac{c}{a}<0$이면 함수 $y=f(x)$의 그래프는 x축과 서로 다른 두 점에서 만난다.
ㄴ. $a>0$이면 $f\left(-\frac{b}{2a}\right)<f\left(1-\frac{b}{2a}\right)$이다.
ㄷ. $0<a<c<\frac{1}{2}b$이면 방정식 $f(x^2)=0$은 실근을 갖지 않는다.

① ㄱ ② ㄴ ③ ㄱ, ㄷ
④ ㄴ, ㄷ ⑤ ㄱ, ㄴ, ㄷ

1-1 이차함수 $f(x)=ax^2+bx+c$가 모든 실수 x에 대하여 $f(-1-x)=f(-1+x)$를 만족시킬 때, 보기에서 옳은 것만을 있는 대로 고른 것은? (단, a, b, c는 실수이다.)

보기
ㄱ. $b=2a$
ㄴ. $a>c$이면 함수 $y=f(x)$의 그래프는 x축과 서로 다른 두 점에서 만난다.
ㄷ. 방정식 $|f(x)|-1=0$이 서로 다른 세 실근을 가질 때, $f(-1)$의 최댓값은 1이다.

① ㄱ ② ㄴ ③ ㄱ, ㄷ
④ ㄴ, ㄷ ⑤ ㄱ, ㄴ, ㄷ

유형 2 이차함수의 그래프와 직선의 위치 관계

2 이차함수 $y=x^2+2ax+a^2-10$의 그래프와 직선 $y=2x-k$가 서로 다른 두 점에서 만나도록 하는 자연수 k의 개수를 $f(a)$라 하자. 보기에서 옳은 것만을 있는 대로 고른 것은? (단, a는 실수이다.)

보기
ㄱ. $f(1)=8$
ㄴ. 모든 자연수 n에 대하여 $f(n+1)<f(n)$
ㄷ. 모든 자연수 n에 대하여 $f(1)+f(2)+\cdots+f(n)\leq 20$

① ㄱ ② ㄱ, ㄴ ③ ㄱ, ㄷ
④ ㄴ, ㄷ ⑤ ㄱ, ㄴ, ㄷ

2-1 이차함수 $y=-x^2+6x-6$의 그래프와 직선 $y=ax+b$가 서로 다른 두 점에서 만나도록 하는 정수 b의 최댓값을 $f(a)$라 하자. 보기에서 옳은 것만을 있는 대로 고른 것은?
(단, a는 자연수이다.)

보기
ㄱ. 모든 자연수 a에 대하여 $f(6-a)=f(6+a)$
ㄴ. $f(a)>0$이 성립하도록 하는 a의 최솟값은 12이다.
ㄷ. $f(1)+f(2)+\cdots+f(n)>0$이 되도록 하는 자연수 n의 최솟값은 16이다.

① ㄱ ② ㄱ, ㄴ ③ ㄱ, ㄷ
④ ㄴ, ㄷ ⑤ ㄱ, ㄴ, ㄷ

유형 3 이차방정식과 이차함수의 관계

3 이차함수 $f(x)=x^2$에 대하여 이차함수 $y=f(x)$의 그래프를 x축의 방향으로 p만큼 평행이동하였더니 함수 $y=g(x)$의 그래프와 일치하였다. 직선 $y=\frac{1}{2}x+1$이 두 함수 $y=f(x)$, $y=g(x)$의 그래프와 서로 다른 네 점에서 만날 때, 네 교점의 x좌표의 합이 7이 되도록 하는 양수 p의 값을 구하시오.

3-1 이차함수 $f(x)=x^2-6x+5$에 대하여 함수 $y=f(|x|)$의 그래프와 직선 $y=x+a$가 서로 다른 네 점에서 만날 때, 네 교점의 x좌표의 곱이 16이 되도록 하는 실수 a의 값은?

① 1 ② $\sqrt{2}$ ③ $\sqrt{3}$
④ 2 ⑤ $\sqrt{5}$

유형 4 \ 이차방정식의 실근의 위치

4 이차방정식 $x^2-2x+k-1=0$의 두 근이 모두 -2보다 크기 위한 정수 k의 개수는?

① 7 ② 8 ③ 9
④ 10 ⑤ 11

4-1 x에 대한 방정식 $x^2-3|x|+k+6=0$의 서로 다른 실근이 3개 이상이 되도록 하는 모든 정수 k의 값의 합을 구하시오.

유형 5 \ 이차함수의 식의 작성

5 두 이차함수 $y=f(x)$, $y=g(x)$와 일차함수 $y=h(x)$에 대하여 두 함수 $y=f(x)$, $y=h(x)$의 그래프가 접하는 점의 x좌표를 α, 두 함수 $y=g(x)$, $y=h(x)$의 그래프가 접하는 점의 x좌표를 β라 할 때, 다음 조건을 만족시킨다.

> (가) 두 함수 $y=f(x)$와 $y=g(x)$의 최고차항의 계수는 각각 1과 4이다.
> (나) 두 양수 α, β에 대하여 $\alpha:\beta=1:2$이다.

두 이차함수 $y=f(x)$와 $y=g(x)$의 그래프가 만나는 점 중에서 x좌표가 α와 β 사이에 있는 점의 x좌표를 t라 할 때, $\frac{5\alpha}{t}$의 값을 구하시오.

5-1 최고차항의 계수가 1인 이차함수 $y=f(x)$와 두 일차함수 $y=g(x)$, $y=h(x)$에 대하여 두 함수 $y=f(x)$, $y=g(x)$의 그래프의 두 교점의 x좌표를 각각 α, β라 하고, 두 함수 $y=f(x)$, $y=h(x)$의 그래프가 접하는 점의 x좌표를 γ라 할 때, 다음 조건을 만족시킨다. $\alpha+\beta+\gamma$의 값을 구하시오. (단, $\alpha<\gamma<\beta$)

> (가) 두 함수 $y=g(x)$, $y=h(x)$의 그래프가 만나는 점의 x좌표는 -1이다.
> (나) $\beta-\gamma=2(\gamma-\alpha)$
> (다) 두 함수 $y=g(x)$, $y=h(x)$의 그래프의 기울기의 차는 2이다.

유형 6 \ 이차함수의 그래프의 활용

6 양수 a에 대하여 두 함수 $f(x)=x^2$과 $g(x)=ax+2a^2$의 그래프가 만나는 두 점을 각각 A, B라 하고, 직선 $y=g(x)$가 x축과 만나는 점을 C, y축과 만나는 점을 D, 점 A에서 x축에 내린 수선의 발을 E라 하자. 삼각형 COD의 넓이를 S_1, 사각형 OEAD의 넓이를 S_2라 할 때, $S_2=kS_1$을 만족시키는 실수 k의 값은? (단, O는 원점이고, 두 점 A, B는 각각 제1사분면과 제2사분면 위에 있다.) | 학평 기출 |

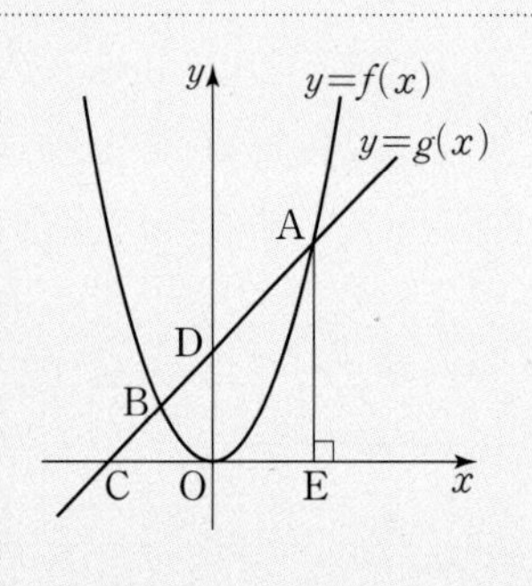

① $\frac{11}{4}$ ② $\frac{23}{8}$ ③ 3
④ $\frac{25}{8}$ ⑤ $\frac{13}{4}$

6-1 두 함수 $y=x^2$, $y=mx+2$의 그래프가 만나는 서로 다른 두 점을 각각 A, B라 하고, 함수 $y=mx+2$의 그래프가 x축과 만나는 점을 C, y축과 만나는 점을 D라 하자. 삼각형 AOD와 삼각형 BOD의 넓이를 각각 S_1, S_2라 할 때, 보기에서 옳은 것만을 있는 대로 고른 것은? (단, O는 원점이고, 점 A의 x좌표가 점 B의 x좌표보다 작다.)

> **보기**
> ㄱ. $S_1<S_2$이면 $m>0$이다.
> ㄴ. $S_1:S_2=1:2$이면 $m=1$이다.
> ㄷ. $k>1$이고 $S_1:S_2=1:k$이면 $\overline{AC}:\overline{AD}=1:(k-1)$이다. (단, k는 상수이다.)

① ㄱ ② ㄱ, ㄴ ③ ㄱ, ㄷ
④ ㄴ, ㄷ ⑤ ㄱ, ㄴ, ㄷ

유형7 이차함수의 최대, 최소

7 $-2\le x\le 5$에서 정의된 이차함수 $f(x)$가

$f(0)=f(4)$, $f(-1)+|f(4)|=0$

을 만족시킨다. 함수 $f(x)$의 최솟값이 -19일 때, $f(3)$의 값을 구하시오. | 학평 기출 |

7-1 $-3\le x\le 3$에서 정의된 이차함수 $f(x)$가 다음 조건을 만족시킨다. $f(3)>0$일 때, $f(1)$의 값을 구하시오.

> (가) $\{f(2)\}^2-\{f(-2)\}^2=0$
> (나) $-3\le k\le 3$인 실수 k에 대하여 x에 대한 방정식 $f(x)-f(k)=0$이 서로 다른 두 실근을 갖도록 하는 k의 최솟값은 -1이다.
> (다) 함수 $f(x)$의 최솟값은 -11이다.

유형8 이차함수의 최대, 최소의 활용 (1) - 도형에의 활용

8 오른쪽 그림과 같이 $\overline{AD}/\!/\overline{BC}$이고 $\overline{AB}=5$, $\overline{AD}=4$, $\overline{BC}=10$인 등변사다리꼴 ABCD가 있다. 변 AB 위의 한 점 P에서 변 BC에 내린 수선의 발을 Q라 하고, 점 P를 지나고 변 BC와 평행한 직선이 변 CD와 만나는 점을 R라 할 때, 삼각형 PQR의 넓이의 최댓값을 구하시오.

(단, 점 P는 점 A와 점 B가 아니다.)

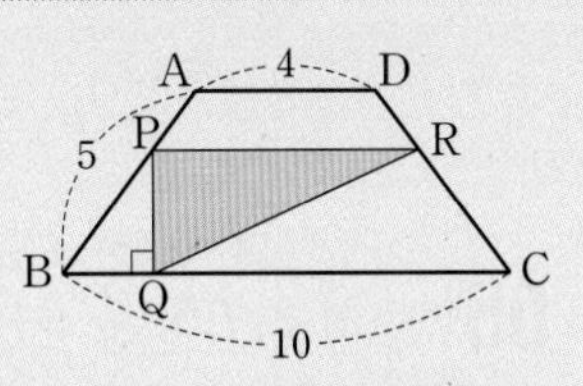

8-1 오른쪽 그림과 같이 $\overline{AB}=3$, $\overline{BC}=2$인 삼각형 ABC의 넓이가 $\frac{3\sqrt{3}}{2}$일 때, 변 AB 위를 움직이는 점 P에 대하여 $\overline{PA}^2+\overline{PC}^2$의 최솟값을 구하시오.

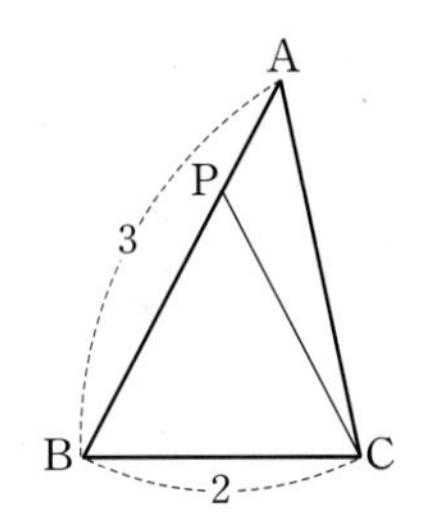

유형9 이차함수의 최대, 최소의 활용 (2) - 접선의 활용

9 오른쪽 그림과 같이 이차함수 $y=x^2+mx-8$의 그래프와 x축의 교점을 A, B라 하면 $\overline{AB}=6$이다. 이 이차함수의 그래프와 직선 $y=x+n$의 교점이 A, C일 때, 이차함수 $y=x^2+5x+9$의 그래프 위를 움직이는 점 D에 대하여 사각형 ABCD의 넓이의 최솟값을 구하시오.

(단, m, n은 상수이고, $m<0$이다.)

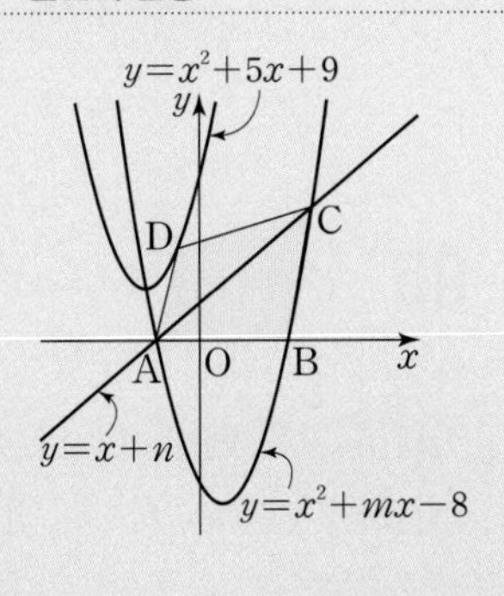

9-1 오른쪽 그림과 같이 두 이차함수 $y=x^2$, $y=-x^2+4x+a$의 그래프가 두 점 A, B에서 만난다. 이차함수 $y=x^2$의 그래프 위를 움직이는 점 P와 이차함수 $y=-x^2+4x+a$의 그래프 위를 움직이는 점 Q에 대하여 두 점 P, Q는 점 A와 점 B 사이에 있다. 사각형 APBQ의 넓이가 최대일 때, $\overline{PQ}=8$이다. 상수 a의 값을 구하시오.

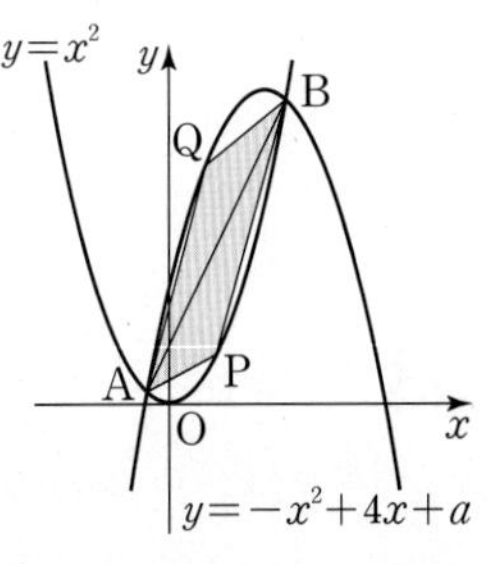

C Step 1등급 완성 최고난도 예상 문제

01 오른쪽 그림과 같이 최고차항의 계수가 1인 이차함수 $y=f(x)$의 그래프가 x축과 만나는 두 점을 $\mathrm{A}(2,\ 0)$, $\mathrm{B}(a,\ 0)$이라 하자. 점 A를 지나고 기울기가 m인 직선이 함수 $y=f(x)$의 그래프와 만나는 점 중 점 A가 아닌 점을 C라 하면 삼각형 ABC의 넓이는 3이다. a, m이 자연수일 때, $m+f(4)$의 값은? (단, $2<a<2+m$)

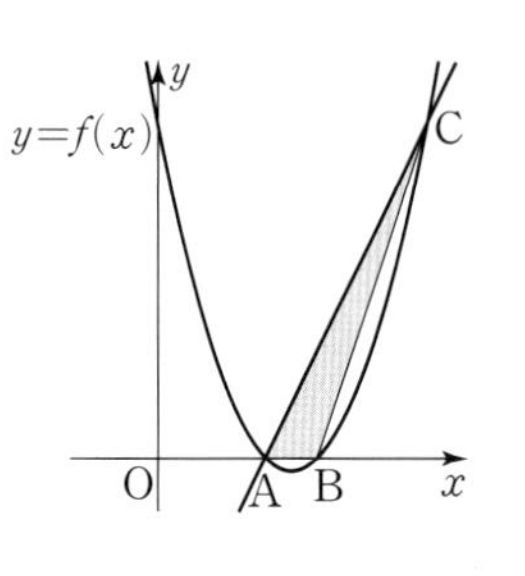

① 1　② 2　③ 3　④ 4　⑤ 5

02 이차함수 $y=f(x)$의 그래프가 x축과 만나는 두 점을 각각 A, B라 하고, 직선 $y=1$과 만나는 두 점을 각각 C, D라 하면 $\overline{\mathrm{AB}}=\sqrt{2}$, $\overline{\mathrm{CD}}=\sqrt{3}$이다. $f(1)$의 값은?

(단, $f(x)$의 계수와 상수항은 모두 한 자리의 자연수이다.)

① 8　② 10　③ 12　④ 14　⑤ 16

03 이차함수 $f(x)=x^2+4x-a+2$의 그래프가 x축과 만나는 서로 다른 두 점의 x좌표를 각각 α, β라 할 때, $|\alpha|+|\beta|\le 6$을 만족시키는 정수 a의 개수는?

① 3　② 5　③ 7　④ 9　⑤ 11

04 오른쪽 그림과 같이 이차함수 $f(x)=x^2-2x+k^2+3k-14$ $(-3<k<3)$의 그래프와 직선 $y=2x$가 만나는 두 점을 각각 A, B라 할 때, $\overline{\mathrm{OA}}$, $\overline{\mathrm{OB}}$를 지름으로 하는 원의 넓이를 각각 S_1, S_2라 하자. $S_1+S_2=30\pi$일 때, 실수 k의 값은? (단, O는 원점이다.)

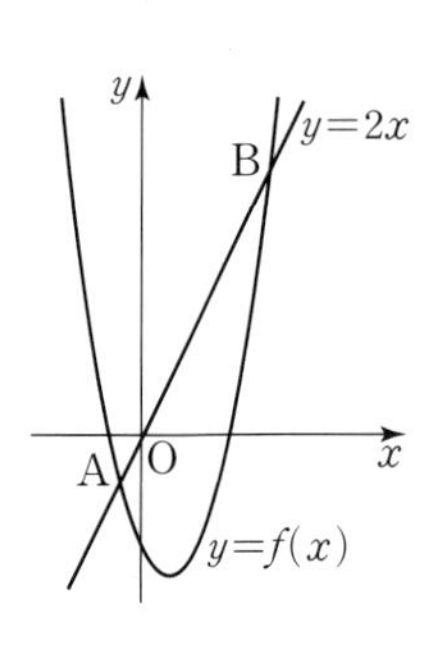

① -2　② -1　③ 0　④ 1　⑤ 2

05 두 함수 $f(x)=x^2+2x+m$, $g(x)=nx+4n$에 대하여 방정식 $f(x)-g(x)=0$의 서로 다른 실근의 개수를 $h(n)$이라 할 때, 보기에서 옳은 것만을 있는 대로 고른 것은?

(단, m, n은 상수이다.)

보기

ㄱ. $h(1)<h(2)<h(3)$이면 $f(2)=16$이다.

ㄴ. $m=-8$이면 함수 $h(n)$의 치역의 원소의 개수는 2이다.

ㄷ. $m>-8$일 때, 모든 실수 n에 대하여 $h(n)\le h(n+1)$이 성립한다.

① ㄱ　② ㄱ, ㄴ　③ ㄱ, ㄷ　④ ㄴ, ㄷ　⑤ ㄱ, ㄴ, ㄷ

06 이차함수 $f(x)=ax^2+bx+c$의 그래프 위의 점 $\mathrm{A}(t,\ f(t))$에서 함수 $y=f(x)$의 그래프와 접하는 직선의 기울기를 m, y절편을 $g(t)$라 하자. $g(1)=3$일 때, $g(-1)+g(1)$의 값은? (단, a, b, c는 상수이다.)

① 2　② 4　③ 6　④ 8　⑤ 10

신유형

07 모든 실수 x에 대하여 $f(2-x)=f(x)$를 만족시키는 이차함수 $y=f(x)$에 대하여 $g(x)=f(x)+|f(x)|$라 할 때, 함수 $g(x)$는 다음 조건을 만족시킨다. $f(2)=1$일 때, $f(3)$의 값을 구하시오.

> (가) 방정식 $f(x)=g(x)$의 서로 다른 실근의 개수는 2이다.
> (나) 두 함수 $y=g(x)$, $y=k$의 그래프가 한 점에서 만나도록 하는 양의 실수 k의 값은 4이다.

08 함수 $f(x)=\begin{cases} x^2 & (x\ge 0) \\ -x^2 & (x<0) \end{cases}$의 그래프에 접하는 두 직선 $y=2x+\alpha$, $y=2x+\beta$의 접점을 각각 A, B라 하자. 점 A를 지나는 직선 $y=2x+\alpha$가 함수 $y=f(x)$의 그래프와 만나는 점 중 점 A가 아닌 점을 C라 하고, 점 B를 지나는 직선 $y=2x+\beta$가 함수 $y=f(x)$의 그래프와 만나는 점 중 점 B가 아닌 점을 D라 하자. 사각형 ADBC의 넓이가 S일 때, $(\alpha^2+\beta^2)S$의 값은? (단, $\alpha<0$, $\beta>0$)

① $8+4\sqrt{2}$ ② $8+6\sqrt{2}$ ③ $10+5\sqrt{2}$
④ $10+7\sqrt{2}$ ⑤ $10+9\sqrt{2}$

09 오른쪽 그림과 같이 두 점 $(-2,\ 0)$, $(6,\ 0)$을 지나는 이차함수 $y=f(x)$의 그래프에 대하여 방정식 $|f(|x|)|=12$의 서로 다른 실근의 개수가 5일 때, 방정식 $|f(|x|)|=k$가 서로 다른 네 개의 실근을 갖도록 하는 자연수 k의 개수는?

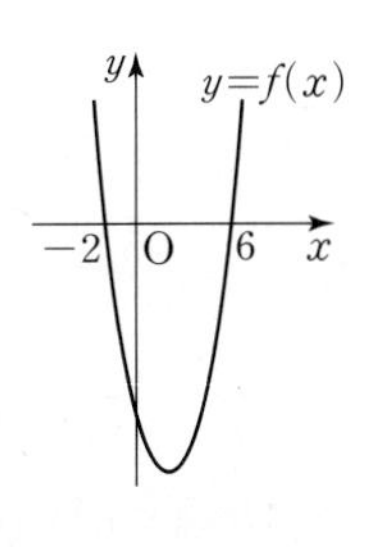

① 8 ② 9 ③ 10
④ 11 ⑤ 12

10 x에 대한 이차방정식 $x^2+2kx-k+6=0$이 $-4\le x\le 0$에서 적어도 한 개의 실근을 갖도록 하는 모든 실수 k의 값의 범위는?

① $2<k\le\frac{22}{9}$ ② $2\le k\le\frac{22}{9}$ ③ $2<k\le 6$
④ $\frac{22}{9}\le k\le 6$ ⑤ $2\le k\le 6$

11 x에 대한 이차방정식 $x^2-2kx+k^2+2k-3=0$의 서로 다른 두 실근을 α, β라 할 때, $|\alpha+\beta-1|<|\alpha+2|+|\beta-3|$을 만족시키는 모든 정수 k의 값의 합은? (단, $\alpha<\beta$)

① 1 ② 2 ③ 3
④ 4 ⑤ 5

신유형

12 이차함수 $f(x)$와 일차함수 $g(x)$가 다음 조건을 만족시킬 때, 방정식 $f(x)-2g(x)=0$의 모든 실근의 합은?

> (가) 두 함수 $f(x)$, $g(x)$의 최고차항의 계수는 모두 1이다.
> (나) 방정식 $f(x)g(x)-xg(x)-2f(x)=-2x$의 서로 다른 실근은 -1, 3이다.
> (다) 두 함수 $y=f(x)$, $y=x$의 그래프는 한 점에서 만난다.

① 1 ② 3 ③ 5
④ 7 ⑤ 9

13 이차함수 $f(x)$가 다음 조건을 만족시킬 때, $f(4)$의 값은?

> (가) $1\le x\le 5$에서 함수 $f(x)$의 최댓값은 8, 최솟값은 -1이다.
> (나) 함수 $y=f(x)$의 그래프와 직선 $y=2x-6$은 $x=3$인 점에서만 만난다.

① 1　② 2　③ 3
④ 4　⑤ 5

14 두 실수 x, y에 대하여 $z=x+yi$라 할 때, $\dfrac{z}{3+z^2}$는 실수이다. $x+y+xy$의 최솟값은?
(단, $i=\sqrt{-1}$이고 z는 실수가 아니다.)

① -5　② -4　③ -3
④ -2　⑤ -1

15 $-1\le x\le 3$에서 함수 $f(x)=x^2-2ax+2a-4$의 최댓값과 최솟값의 합이 0이 되도록 하는 모든 실수 a의 값의 합은?

① 1　② 2　③ 3
④ 4　⑤ 5

16 $-2\le x\le 2$인 실수 x에 대하여 함수
$$f(x)=-(x^2+kx-1)^2+4(x^2+kx)+6$$
의 최댓값이 14, 최솟값이 -11이 되도록 하는 모든 실수 k의 값의 곱을 구하시오.

17 길이가 8인 선분 AB를 지름으로 하는 반원이 있다. 다음 그림과 같이 호 AB 위의 점 P에 대하여 삼각형 PAB에 내접하는 원을 O라 하고, 두 활꼴에 내접하는 최대의 원을 각각 O_1, O_2라 하자. 이때 원 O_1은 선분 AP의 중점 Q를 지나고, 원 O_2는 선분 BP의 중점 R를 지난다. 선분 AB의 중점 C에 대하여 사각형 PQCR가 직사각형일 때, 세 원 O_1, O_2, O의 넓이의 합의 최솟값은?

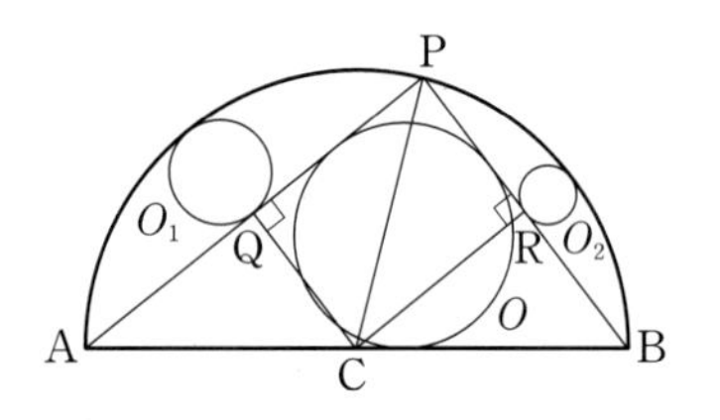

① 3π　② $\dfrac{10}{3}\pi$　③ $\dfrac{11}{3}\pi$
④ 4π　⑤ $\dfrac{13}{3}\pi$

18 두 이차함수 $f(x)=x^2+2$, $g(x)=x^2-2kx+k^2+k+2$에 대하여 함수 $h(x)$를
$$h(x)=\begin{cases} f(x) & (f(x)\le g(x)) \\ g(x) & (f(x)>g(x)) \end{cases}$$
라 할 때, $-2\le x\le 4$에서 $h(x)$의 최댓값이 8, 최솟값이 2가 되도록 하는 모든 실수 k의 값의 합은?

① 1　② $1+2\sqrt{2}$　③ 5
④ $1+2\sqrt{6}$　⑤ $1+4\sqrt{2}$

19 두 이차함수 $f(x)=x^2-2x+2$, $g(x)=x^2+ax+b$의 그래프와 직선 $y=kx-2\ (k>0)$의 교점의 개수를 $h(k)$라 할 때, 함수 $y=h(k)$의 그래프는 오른쪽 그림과 같다. $g(2)$의 최댓값을 M, 최솟값을 m이라 할 때, $M+4m$의 값은? (단, a, b는 상수이다.)

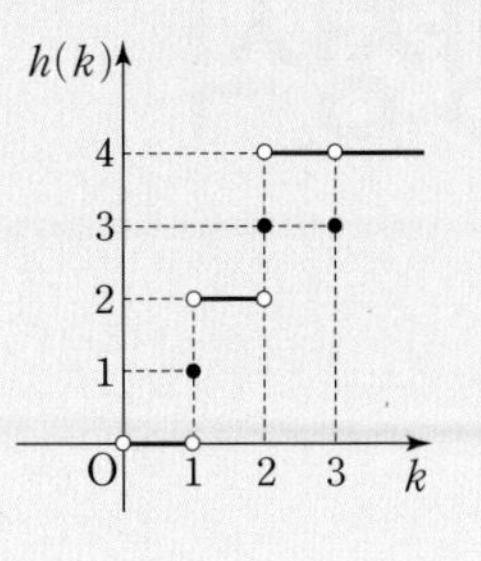

① 24　② 27　③ 30　④ 33　⑤ 36

20 함수 $f(x)=\begin{cases} x^2-2kx+4 & (x\ge1) \\ -x^2-2x+k-2 & (x<1) \end{cases}$에 대하여 방정식 $f(x)=0$이 서로 다른 세 실근을 갖도록 하는 모든 정수 k의 개수를 구하시오.

21 함수 $f(x)=x^2+2$에 대하여 이차함수 $g(x)$와 일차함수 $h(x)$가 다음 조건을 만족시킨다.

> (가) 직선 $y=h(x)$는 점 $\left(-\frac{1}{2},\ 0\right)$을 지나고 두 함수 $y=f(x)$, $y=g(x)$의 그래프와 각각 한 점에서 만난다.
> (나) 두 함수 $y=f(x)$, $y=g(x)$의 그래프는 한 점에서 만난다.
> (다) 모든 실수 x에 대하여 두 부등식
> $f(x)\ge f(\alpha)$, $g(x)\le g(\beta)$
> 가 성립할 때, $\alpha<\beta$이다. (단, α, β는 상수이다.)

$g(0)=0$일 때, $g(2)$의 값은?

① 2　② 4　③ 6　④ 8　⑤ 10

22 실수 t에 대하여 $t\le x\le t+1$에서 함수 $f(x)=|(x-1)(x-3)|$의 최솟값을 $g(t)$라 하자.
양의 실수 k에 대하여 t에 대한 방정식 $g(t)=k$의 서로 다른 실근의 개수를 $h(k)$라 할 때, $h\left(\frac{1}{2}\right)+h\left(\frac{3}{4}\right)+h(1)$의 값을 구하시오.

여러 가지 방정식

개념 1 삼차방정식의 근과 계수의 관계

(1) 삼차방정식의 근과 계수의 관계

삼차방정식 $ax^3+bx^2+cx+d=0$의 세 근을 α, β, γ라 하면

$$\alpha+\beta+\gamma=-\frac{b}{a},\quad \alpha\beta+\beta\gamma+\gamma\alpha=\frac{c}{a},\quad \alpha\beta\gamma=-\frac{d}{a}$$

(2) 세 수 α, β, γ를 근으로 하고 x^3의 계수가 1인 삼차방정식은

$$x^3-(\alpha+\beta+\gamma)x^2+(\alpha\beta+\beta\gamma+\gamma\alpha)x-\alpha\beta\gamma=0$$

개념 2 삼차방정식의 켤레근

삼차방정식 $ax^3+bx^2+cx+d=0$에서

(1) a, b, c, d가 유리수일 때, $p+q\sqrt{m}$이 근이면 $p-q\sqrt{m}$도 근이다.

(단, p, q는 유리수, $q\neq0$, $\sqrt{m}$은 무리수)

(2) a, b, c, d가 실수일 때, $p+qi$가 근이면 그 켤레복소수 $p-qi$도 근이다.

(단, p, q는 실수, $q\neq0$, $i=\sqrt{-1}$)

개념 3 방정식 $x^3=1$의 허근의 성질

삼차방정식 $x^3=1$의 한 허근을 ω라 하면 다음이 성립한다. (단, $\overline{\omega}$는 ω의 켤레복소수이다.)

(1) $\omega^3=1$, $\overline{\omega}^3=1$

(2) $\omega^2+\omega+1=0$, $\overline{\omega}^2+\overline{\omega}+1=0$

(3) $\omega+\overline{\omega}=-1$, $\omega\overline{\omega}=1$

(4) $\omega^2=\overline{\omega}=\frac{1}{\omega}$, $\overline{\omega}^2=\omega=\frac{1}{\overline{\omega}}$

개념 4 연립이차방정식의 풀이

(1) 일차방정식과 이차방정식으로 이루어진 연립이차방정식의 풀이

일차방정식을 한 문자에 대하여 정리하고, 이를 이차방정식에 대입하여 푼다.

(2) 두 이차방정식으로 이루어진 연립이차방정식의 풀이

① 인수분해 가능한 이차방정식이 있을 때: 하나의 이차방정식을 인수분해하여 얻은 두 일차방정식을 각각 다른 이차방정식과 연립하여 푼다.

② 두 이차방정식 모두 인수분해가 되지 않을 때: 상수항 또는 이차항을 소거하여 인수분해 가능한 방정식을 얻거나 일차방정식으로 만든 후 다른 이차방정식과 연립하여 푼다.

개념 5 부정방정식

(1) 정수 조건의 부정방정식: (일차식)×(일차식)=(정수) 꼴로 변형하여 곱해서 정수가 되는 두 일차식의 값을 구한다.

(2) 실수 조건의 부정방정식

① $A^2+B^2=0$ 꼴로 변형하여 실수 A, B가 $A=0$, $B=0$임을 이용한다.

② 한 문자에 대하여 내림차순으로 정리한 후 판별식 $D\geq0$임을 이용한다.

고차방정식의 풀이

① 인수분해 공식을 이용하여 푼다.
② 인수정리와 조립제법을 이용하여 푼다.
③ 공통부분을 치환하여 푼다.

n차방정식의 근과 계수의 관계

$a_nx^n+a_{n-1}x^{n-1}+\cdots+a_1x+a_0=0$ $(a_n\neq0)$
의 n개의 근을 b_1, b_2, $\cdots$, b_n이라 할 때

① $b_1+b_2+\cdots+b_n=-\frac{a_{n-1}}{a_n}$

② $b_1b_2+b_2b_3+\cdots+b_{n-1}b_n=\frac{a_{n-2}}{a_n}$

③ $b_1\times b_2\times\cdots\times b_n=(-1)^n\times\frac{a_0}{a_n}$

방정식 $x^3=-1$의 허근의 성질

삼차방정식 $x^3=-1$의 한 허근을 ω라 하면 다음이 성립한다.

(단, $\overline{\omega}$는 ω의 켤레복소수이다.)

① $\omega^3=-1$
② $\omega^2-\omega+1=0$
③ $\omega+\overline{\omega}=1$, $\omega\overline{\omega}=1$
④ $\omega^2=-\overline{\omega}=-\frac{1}{\omega}$

x, y에 대한 대칭식

x, y를 서로 바꾸어 대입해도 변하지 않는 식

예 $x+y=3$, $xy=2$

x, y에 대한 대칭식으로 이루어진 연립이차방정식의 풀이

$x+y=u$, $xy=v$로 치환하여 x, y가 t에 대한 이차방정식 $t^2-ut+v=0$의 두 근임을 이용하여 푼다.

Step A 1등급을 위한 고난도 빈출 & 핵심 문제

> 정답과 해설 78쪽

빈출 1 고차방정식의 풀이

01 사차방정식 $(x+2)(x+4)(x-6)(x-8)+99=0$의 모든 실근의 합은?

① -8 ② -4 ③ 0
④ 4 ⑤ 8

02 사차방정식 $x^4+2x^2+9=0$의 네 근을 α, β, γ, δ라 할 때, $\alpha^2+\beta^2+\gamma^2+\delta^2$의 값은?

① -4 ② -2 ③ 0
④ 2 ⑤ 4

03 사차방정식 $x^4-3x^3-5x^2+9=0$의 네 근을 α, β, γ, δ라 하면 $(\alpha-2i)(\beta-2i)(\gamma-2i)(\delta-2i)$의 값은 $a+bi$일 때, $a+b$의 값을 구하시오. (단, a, b는 실수이다.)

04 삼차방정식

$$x^3-2(k-1)x^2+(k^2-k+6)x+2(k^2+3k+6)=0$$

이 한 개의 실근과 두 개의 허근을 갖도록 하는 정수 k의 최솟값은?

① -4 ② -3 ③ -2
④ -1 ⑤ 0

빈출 2 삼차방정식의 근과 계수의 관계

05 이차방정식 $x^2+3x-a=0$의 서로 다른 두 근이 모두 삼차방정식 $2x^3+4x^2+bx-5=0$의 근일 때, $4ab$의 값을 구하시오. (단, a, b는 상수이다.)

06 x^3의 계수가 1인 삼차식 $f(x)$에 대하여

$$f(-3)=f(-1)=f(1)=5$$

가 성립할 때, 삼차방정식 $f(x)=0$의 세 근의 제곱의 합은?

① 9 ② 11 ③ 13
④ 15 ⑤ 17

07 $f(x)=x^3+ax^2+bx-a$에 대하여 삼차방정식 $f(x)=0$의 한 근이 $-3+\sqrt{2}i$일 때, 삼차방정식 $f\left(\frac{x}{2}\right)=0$의 세 근의 곱을 구하시오. (단, a, b는 실수이다.)

빈출 3 허근 ω의 성질

08 방정식 $x^3+1=0$의 한 허근을 ω라 할 때, 보기에서 옳은 것만을 있는 대로 고른 것은? (단, $\overline{\omega}$는 ω의 켤레복소수이다.)

보기

ㄱ. $\omega^2+\overline{\omega}^2=\omega+\overline{\omega}$

ㄴ. $\omega^{20}+\frac{1}{\omega^{20}}=-1$

ㄷ. $\frac{1}{1-\omega}+\frac{1}{1-\overline{\omega}}=1$

① ㄱ ② ㄴ ③ ㄱ, ㄴ
④ ㄴ, ㄷ ⑤ ㄱ, ㄴ, ㄷ

09 방정식 $x+\dfrac{1}{x}=-1$의 한 근을 ω라 하고, 자연수 n에 대하여 $f(n)=(2n-1)\omega^n$으로 정의하자.
$f(1)+f(2)+f(3)+f(4)+f(5)+f(6)+f(7)=a\omega+b$의 꼴로 나타낼 때, $a+b$의 값을 구하시오. (단, a, b는 실수이다.)

빈출 4 연립이차방정식

10 두 연립방정식 $\begin{cases} x+y=1 \\ ax^2+y^2=7 \end{cases}$, $\begin{cases} 4x-by=-12 \\ x^2+3y^2=13 \end{cases}$의 공통인 해가 존재할 때, $a+b$의 값은? (단, a, b는 자연수이다.)

① 3 ② 7 ③ 11
④ 15 ⑤ 19

11 연립방정식 $\begin{cases} x^2-xy=12 \\ xy-y^2=3 \end{cases}$을 만족시키는 실수 x, y에 대하여 x^2+y^2의 값은?

① 2 ② 5 ③ 10
④ 13 ⑤ 17

12 연립방정식 $\begin{cases} x^2+y^2=2a^2-16a+28 \\ xy=(a-2)^2 \end{cases}$이 실근을 갖도록 하는 모든 자연수 a의 값의 합을 구하시오.

빈출 5 방정식의 활용

13 밑면이 정사각형인 직육면체 모양의 상자가 있다. 이 상자의 부피가 $x^3-(k+1)x^2+3kx-18$이고 모든 모서리의 길이가 각각 일차항의 계수가 1인 x에 대한 일차식으로 나타내어질 때, 실수 k의 최댓값을 구하시오.

14 한 변의 길이가 15 cm인 마름모의 두 대각선의 길이를 각각 2 cm만큼 늘이면 넓이가 처음 마름모의 넓이보다 44 cm^2만큼 증가한다. 처음 마름모의 두 대각선의 길이의 차는?

① 3 cm ② 4 cm ③ 5 cm
④ 6 cm ⑤ 7 cm

빈출 6 부정방정식

15 이차방정식 $x^2-4mx+3m=0$의 두 근이 모두 자연수일 때, 정수 m의 값은?

① 1 ② 2 ③ 3
④ 4 ⑤ 5

16 실수 x, y에 대하여 $3x^2+y^2+2xy-8y+24=0$이 성립할 때, xy의 값은?

① -12 ② -8 ③ -2
④ 8 ⑤ 12

B Step 1등급을 위한 고난도 기출 VS 변형 유형

정답과 해설 81쪽

유형 1 고차방정식의 실근의 개수 – 위치 관계의 활용

1 이차함수 $f(x)=-x^2+ax+b$의 그래프와 직선 $y=x+2$가 접할 때, 방정식

$$\{f(x)-x\}^3-6\{f(x)-x\}^2+11\{f(x)-x\}-6=0$$

을 만족시키는 서로 다른 실수 x의 개수는?

① 0　② 1　③ 2　④ 3　⑤ 4

1-1 최고차항의 계수가 양수인 이차함수 $y=f(x)$의 그래프와 직선 $y=2x+1$이 서로 다른 두 점에서 만날 때, 방정식 $\{f(x)-2x\}^3-2\{f(x)-2x\}^2=f(x)-2x-2$의 서로 다른 실근의 개수는 5이다. 이차함수 $y=f(x)$의 그래프와 직선 $y=2x+k$가 만나는 점의 개수를 $g(k)$라 할 때, $g(-2)+g(-1)+g(0)$의 값을 구하시오.

유형 2 삼차방정식의 근과 계수의 관계

2 삼차방정식 $x^3-2x^2-4x+1=0$의 서로 다른 세 실근을 α, β, γ라 하면 $f(x)=(x+1)^3+a(x+1)^2+b(x+1)+c$에 대하여 $f\left(\frac{\beta+\gamma}{\alpha}\right)=f\left(\frac{\gamma+\alpha}{\beta}\right)=f\left(\frac{\alpha+\beta}{\gamma}\right)=2$일 때, $a-b+c$의 값을 구하시오. (단, a, b, c는 상수이고, $\alpha\beta\gamma\neq0$이다.)

2-1 삼차방정식 $x^3+ax^2+bx+c=0$의 서로 다른 세 실근을 α, β, γ라 하자. 삼차방정식 $x^3-8x^2+14x+7=0$의 서로 다른 세 실근이 $\frac{\alpha+\beta}{\alpha\beta}$, $\frac{\beta+\gamma}{\beta\gamma}$, $\frac{\gamma+\alpha}{\gamma\alpha}$일 때, abc의 값은?

(단, a, b, c는 상수이고, $\alpha\beta\gamma\neq0$이다.)

① 2　② 4　③ 6　④ 8　⑤ 10

유형 3 허근 ω의 성질

3 자연수 n에 대하여 삼차방정식 $x^3-n^3=0$의 한 허근을 ω_n이라 할 때, 보기에서 옳은 것만을 있는 대로 고른 것은?

$\left(\text{단, 자연수 } m,\ n\text{에 대하여 } \frac{\omega_n}{\omega_m}\text{은 실수이다.}\right)$

보기

ㄱ. $\left(\frac{\omega_{2013}}{2013}\right)^{2013}+\left(\frac{\omega_{2014}}{2014}\right)^{2014}+\left(\frac{\omega_{2015}}{2015}\right)^{2015}=0$

ㄴ. 모든 자연수 n에 대하여
$\omega_n^{2015}+n\omega_n^{2014}+n^2\omega_n^{2013}+\cdots+n^{2013}\omega_n^2+n^{2014}\omega_n+n^{2015}=0$

ㄷ. $\omega_1\times\omega_2\times\omega_3\times\cdots\times\omega_{n-1}\times\omega_n$의 값이 실수가 되도록 하는 100 이하의 자연수 n의 개수는 33이다.

① ㄱ　② ㄱ, ㄴ　③ ㄱ, ㄷ　④ ㄴ, ㄷ　⑤ ㄱ, ㄴ, ㄷ

3-1 3 이상의 자연수 n에 대하여 방정식 $x^n=1$의 근 중에서 1이 아닌 근을 ω_1, ω_2, $\cdots$, ω_{n-1}이라 할 때, 보기에서 옳은 것만을 있는 대로 고른 것은?

보기

ㄱ. $\omega_1^{n-1}+\omega_2^{n-1}+\omega_3^{n-1}+\cdots+\omega_{n-1}^{n-1}=-1$

ㄴ. $\frac{\omega_1-1}{\omega_1}\times\frac{\omega_2-1}{\omega_2}\times\frac{\omega_3-1}{\omega_3}\times\cdots\times\frac{\omega_{n-1}-1}{\omega_{n-1}}=n$

ㄷ. $(\omega_1+1)(\omega_2+1)(\omega_3+1)\cdots(\omega_{n-1}+1)=0$

① ㄱ　② ㄱ, ㄴ　③ ㄱ, ㄷ　④ ㄴ, ㄷ　⑤ ㄱ, ㄴ, ㄷ

유형 4 인수가 주어진 삼차식의 작성

4 다음 조건을 만족시키는 다항식 $f(x)$ 중에서 가장 차수가 낮은 $f(x)$에 대하여 $f(1)$의 값은?
(단, 다항식 $f(x)$의 계수 및 상수항은 모두 실수이다.)

> 방정식 $2x^3-x^2+6x-10=0$의 서로 다른 세 근이 모두 방정식 $(x^2+2x+2)f(x)-24=0$의 근이다.

① -2 ② -1 ③ 1
④ 2 ⑤ 3

4-1 삼차방정식 $x^3+2x^2+2x+1=0$의 한 허근 α와 최고차항의 계수가 1인 삼차식 $f(x)$가 다음 조건을 만족시킬 때, $f(2)$의 값은?
(단, 삼차식 $f(x)$의 계수 및 상수항은 모두 실수이다.)

> (가) $f(\alpha^2)=2\alpha$
> (나) $f(1)=5$

① 16 ② 18 ③ 20
④ 22 ⑤ 24

유형 5 고차방정식의 켤레근

5 계수가 실수인 사차방정식 $x^4+ax^3+bx^2+11x-78=0$의 한 근이 $2-3i$이고 나머지 세 근이 α, β, γ일 때, $a+b+\alpha+\beta+\gamma$의 값은? (단, a, b는 실수이다.)

① $8-3i$ ② $9-3i$ ③ $7+3i$
④ $8+3i$ ⑤ $9+3i$

5-1 다항식 $f(x)=x^4+2x^3+ax^2+bx+5$일 때, $f(1-\sqrt{2}i)=2$가 성립하도록 하는 두 실수 a, b에 대하여 $b-a$의 값을 구하시오.

유형 6 공통근

6 삼차방정식 $x^3+6x^2+mx+n=0$이 다음 조건을 만족시킬 때, $m+n-k$의 값은? (단, m, n, k는 서로 다른 실수이다.)

> (가) 삼차방정식 $x^3-px^2-px+1=0$ $(-1<p<1)$과 실근 α를 공통근으로 갖는다.
> (나) $x^3+7x^2-kx+m-6=0$과 α가 아닌 서로 다른 두 개의 공통근을 갖는다.

① -8 ② -2 ③ 4
④ 6 ⑤ 12

6-1 이차방정식 $x^2+px+q=0$의 서로 다른 두 근 중 오직 한 근만이 삼차방정식 $x^3+ax^2+bx+c=0$의 근이고, 이차방정식 $x^2+qx+p=0$의 한 허근 ω가 삼차방정식 $x^3+ax^2+bx+c=0$의 근일 때, **보기**에서 옳은 것만을 있는 대로 고른 것은? (단, a, b, c, p, q는 실수이고, $p\neq0$이다.)

> **보기**
> ㄱ. 이차방정식 $x^2+px+q=0$은 허근을 갖는다.
> ㄴ. 다항식 x^3+ax^2+bx+c는 다항식 x^2+qx+p로 나누어 떨어진다.
> ㄷ. $c=p$이면 $b=2p-1$이다.

① ㄱ ② ㄴ ③ ㄷ
④ ㄱ, ㄴ ⑤ ㄴ, ㄷ

유형 7 고차방정식의 도형에의 활용

7 삼차방정식 $2x^3-5x^2+(k+3)x-k=0$의 서로 다른 세 실근이 직각삼각형의 세 변의 길이일 때, 상수 k의 값은?

① $\frac{25}{36}$ ② $\frac{55}{72}$ ③ $\frac{5}{6}$
④ $\frac{65}{72}$ ⑤ $\frac{35}{36}$

7-1 오른쪽 그림과 같이 함수 $f(x)=-x^2+2x+15$의 그래프가 x축에 평행한 직선과 만나는 두 점을 각각 A, B라 하자. 두 점 A, B를 지나고 y축에 평행한 두 직선이 함수 $g(x)=x^2-9$의 그래프와 만나는 점을 각각 A′, B′이라 하면 사각형 AA′B′B의 넓이가 64일 때, 점 A의 y좌표는?

(단, 점 A는 제2사분면 위의 점이다.)

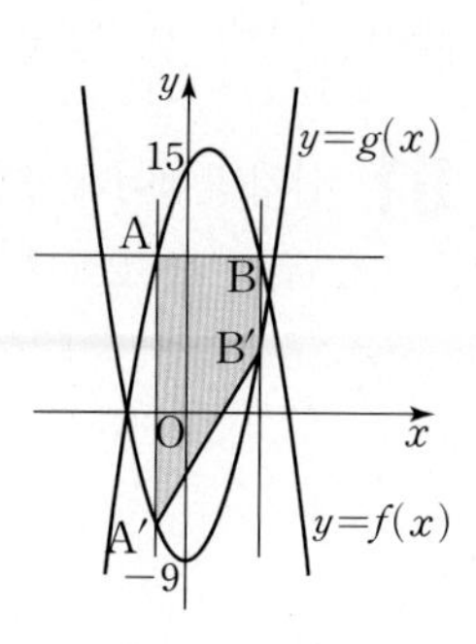

① 11 ② 12 ③ 13
④ 14 ⑤ 15

유형 8 연립방정식의 풀이

8 두 식 $[x]+[y]=2$, $2[x]-3[y]=-6$을 동시에 만족시키는 실수 x, y에 대하여 $[2x-3y]$의 최댓값은?

(단, $[x]$는 x보다 크지 않은 최대의 정수이다.)

① -7 ② -6 ③ -5
④ -4 ⑤ -3

8-1 연립방정식 $\begin{cases} x^2+y^2=16 \\ x^2-4[x]+3=0 \end{cases}$을 만족시키는 실수 x, y에 대하여 $x+y^2$의 최댓값을 M, $x-y^2$의 최솟값을 m이라 할 때, $M-m$의 값은? (단, $[x]$는 x보다 크지 않은 최대의 정수이다.)

① 10 ② 20 ③ 30
④ 40 ⑤ 50

유형 9 부정방정식의 활용

9 x에 대한 삼차방정식 $ax^3+2bx^2+4bx+8a=0$이 서로 다른 세 정수를 근으로 갖는다. 두 정수 a, b가 $|a|\le 50$, $|b|\le 50$일 때, 순서쌍 (a, b)의 개수를 구하시오. | 학평 기출 |

9-1 삼차식 $f(x)=ax^3+2bx^2-4ax+c$가 다음 조건을 만족시킬 때, 순서쌍 (a, b, c)의 개수를 구하시오.

(단, a, b, c는 정수이다.)

(가) 삼차방정식 $f(x)=0$의 서로 다른 세 근은 모두 정수이다.
(나) $f(1)=-6a$
(다) $|ab|\le 300$

Step C 1등급 완성 최고난도 예상 문제

01 삼차방정식 $x^3+3x^2-6x+2=0$의 세 근을 α, β, γ라 할 때, $(\alpha^2+\alpha+2)(\beta^2+\beta+2)(\gamma^2+\gamma+2)$의 값은?

① 152 ② 160 ③ 168
④ 176 ⑤ 184

02 사차방정식 $4x^4+8x^3+3x^2+8x+4=0$의 한 허근을 α라 할 때, $\alpha+\frac{1}{\alpha}$의 값은?

① $-\frac{5}{2}$ ② -1 ③ $\frac{1}{2}$
④ 2 ⑤ $\frac{7}{2}$

03 사차방정식 $x^4-4x^3-2(k^2-2)x^2+12kx+45=0$이 서로 다른 네 실근을 갖고, 그중 두 실근의 합이 2일 때, 실수 k의 값은?

① 0 ② 1 ③ 2
④ 3 ⑤ 4

04 최고차항의 계수가 1인 이차함수 $f(x)$에 대하여 방정식 $\{f(x)\}^2-(2x-4)f(x)-8x=0$은 서로 다른 세 실근 α, β, γ를 갖는다. α, β, γ가 다음 조건을 만족시킬 때, $f(6)$의 값은?

(가) $0\le\alpha<\beta<\gamma$
(나) $\alpha+\beta+\gamma=11$

① 5 ② 7 ③ 9
④ 11 ⑤ 13

05 삼차방정식 $x^3+ax^2+2ax+4a=0$이 0이 아닌 서로 다른 세 근 α, β, γ를 가질 때, $\frac{1}{\alpha}+\frac{1}{\beta}=\frac{1}{\gamma}$을 만족시킨다. $\alpha^2+\beta^2+\gamma^2=\frac{q}{p}$일 때, $p+q$의 값을 구하시오.

(단, a는 상수이고, p와 q는 서로소인 자연수이다.)

06 삼차방정식 $x^3-2x^2+3x-4=0$의 세 근을 α, β, γ라 할 때, 자연수 n에 대하여 $f(n)=\alpha^n+\beta^n+\gamma^n$이라 하자. 보기에서 옳은 것만을 있는 대로 고른 것은?

보기
ㄱ. $f(1)+f(2)=0$
ㄴ. 자연수 n에 대하여
$f(n+3)=2f(n+2)-3f(n+1)+4f(n)$
ㄷ. $f(4)=-14$

① ㄱ ② ㄱ, ㄴ ③ ㄱ, ㄷ
④ ㄴ, ㄷ ⑤ ㄱ, ㄴ, ㄷ

› 정답과 해설 88쪽

07 삼차방정식 $x^3=1$의 한 허근을 ω라 하자. 자연수 n에 대하여

$$f(n)=\omega-\omega^2+\omega^3-\omega^4+\cdots+(-1)^{n+1}\omega^n$$

이라 할 때,

$$f(1)-f(2)+f(3)-f(4)+\cdots+(-1)^{n+1}f(n)=0$$

이 되도록 하는 100 이하의 자연수 n의 개수를 구하시오.

08 이차방정식 $x^2+px+p=0$의 한 허근을 ω라 할 때, ω^3은 실수이다. 자연수 n에 대하여

$$f(n)=\frac{1+\omega^n}{\omega^{n+1}}$$

이라 할 때, $f(1)\times f(2)\times f(3)\times\cdots\times f(27)$의 값을 구하시오. (단, p는 실수이다.)

09 삼차방정식

$$x^3-(m+2n)x^2+(2n^2+2mn-5)x-2mn^2+5m=0$$

이 서로 다른 두 실근을 가질 때, 정수 m, n의 순서쌍 (m, n)의 개수는?

① 5 ② 6 ③ 7
④ 8 ⑤ 9

10 삼차방정식 $x^3-4x^2+ax+b=0$이 실근 α와 두 허근 β, $1-\frac{\beta^2}{2}$을 가질 때, $\alpha+a+b$의 값은? (단, a, b는 실수이다.)

① 4 ② 8 ③ 12
④ 16 ⑤ 20

11 삼차방정식 $x^3+ax^2+bx+c=0$의 세 근 중 두 근을 α, β라 할 때, $\alpha+\beta=2+i$이고 $2a+2b+c=0$이다. 이때 $\alpha^4+\beta^4$의 값은? (단, a, b, c는 실수이고, $i=\sqrt{-1}$이다.)

① -5 ② -4 ③ -3
④ -2 ⑤ -1

12 삼차방정식 $x^3+ax^2+bx-4=0$의 한 허근 α가 다음 조건을 만족시킨다.

(가) $2(\alpha+\overline{\alpha})=\alpha\overline{\alpha}$
(나) $\left(\frac{\overline{\alpha}}{\alpha}\right)^3=1$

이 삼차방정식의 한 실근을 c라 할 때, $a+b+c$의 값은?
(단, a, b는 실수이고 $\overline{\alpha}$는 α의 켤레복소수이다.)

① 2 ② 4 ③ 6
④ 8 ⑤ 10

13 다음 조건을 만족시키는 실수 a, b, c에 대하여 $a+b+c$의 값은?

> (가) 삼차방정식 $x^3+ax^2+bx+c=0$의 한 근은 $-1+\sqrt{3}i$이다.
> (나) 삼차방정식 $x^3+ax^2+bx+c=0$과 이차방정식 $x^2+6x+b=0$은 오직 1개의 공통인 실근을 갖는다.

① 4　② 8　③ 12　④ 16　⑤ 20

신유형

14 삼차식 $f(x)=x^3+(k+1)x^2+3x-k+3$과 실수 k에 대하여 방정식 $f(|x|)=0$의 서로 다른 실근의 개수를 $g(k)$라 하자. 보기에서 옳은 것만을 있는 대로 고른 것은?

보기
> ㄱ. $g(3)=1$
> ㄴ. $g(k)=3$이 되도록 하는 실수 k는 존재하지 않는다.
> ㄷ. $g(k)=2$가 되도록 하는 실수 k의 값의 범위는 $k>3$이다.

① ㄱ　② ㄱ, ㄴ　③ ㄱ, ㄷ　④ ㄴ, ㄷ　⑤ ㄱ, ㄴ, ㄷ

신유형

15 사차방정식 $x^4+2x^3+(2k-3)x^2+2kx+k^2=0$이 서로 다른 2개의 실근을 갖도록 하는 모든 정수 k의 값의 합은?

① 1　② 2　③ 3　④ 4　⑤ 5

16 연립방정식 $\begin{cases} x^2+y^2-2|x|y+|x|-y-2=0 \\ 4x^2+y^2-4x|y|-2x+|y|-2=0 \end{cases}$을 만족시키는 실수 x, y에 대하여 x^2+y^2의 최댓값을 구하시오.

17 연립방정식 $\begin{cases} 2x+y+xy=-k \\ 4x^2+y^2+2xy+2x+y=2k+4 \end{cases}$를 만족시키는 실수 x, y의 순서쌍 (x, y)가 존재하도록 하는 실수 k의 최솟값은?

① $-\frac{3}{2}$　② $-\frac{5}{4}$　③ $-\frac{7}{6}$　④ $-\frac{9}{8}$　⑤ $-\frac{11}{10}$

18 삼차방정식 $x^3+ax^2+bx+a=0$의 세 근 α, β, γ가 모두 자연수일 때, $a+b$의 값을 구하시오. (단, a, b는 실수이다.)

19 삼차방정식

$$2x^3+2(k-7)x^2+(k^2-4k+20)x-2k^2=0$$

의 세 근이 모두 정수가 되도록 하는 모든 실수 k의 값의 합은?

① -30　② -18　③ -12
④ 6　⑤ 18

20 방정식 $x^7=1$의 근 중에서 1이 아닌 근을 ω_1, ω_2, $\cdots$, ω_6이라 할 때, 보기에서 옳은 것만을 있는 대로 고른 것은?

보기

ㄱ. $\dfrac{1+\omega_1^{\,2}}{\omega_1}+\dfrac{1+\omega_2^{\,2}}{\omega_2}+\dfrac{1+\omega_3^{\,2}}{\omega_3}+\cdots+\dfrac{1+\omega_6^{\,2}}{\omega_6}=-2$

ㄴ. $\dfrac{1+\omega_1^{\,2}}{\omega_1}\times\dfrac{1+\omega_2^{\,2}}{\omega_2}\times\dfrac{1+\omega_3^{\,2}}{\omega_3}\times\cdots\times\dfrac{1+\omega_6^{\,2}}{\omega_6}=1$

ㄷ. $\dfrac{\omega_1}{1+\omega_1^{\,2}}+\dfrac{\omega_2}{1+\omega_2^{\,2}}+\dfrac{\omega_3}{1+\omega_3^{\,2}}+\cdots+\dfrac{\omega_6}{1+\omega_6^{\,2}}=-4$

① ㄱ　② ㄱ, ㄴ　③ ㄱ, ㄷ
④ ㄴ, ㄷ　⑤ ㄱ, ㄴ, ㄷ

21 연립방정식 $\begin{cases} y-[x]=3 \\ [y]^2-[y]x+x^2=7 \end{cases}$ 을 만족시키는 실수 x, y에 대하여 x^2+y의 최댓값을 M, 최솟값을 m이라 할 때, $M+m$의 값은?

(단, $[x]$는 x보다 크지 않은 최대의 정수이다.)

① 10　② 11　③ 12
④ 13　⑤ 14

22 다음 그림과 같이 둘레의 길이가 6인 직각삼각형 ABC의 빗변의 길이를 k라 하자. 실수 k의 최솟값이 $a+b\sqrt{2}$일 때, a^2+b^2의 값을 구하시오. (단, a, b는 정수이다.)

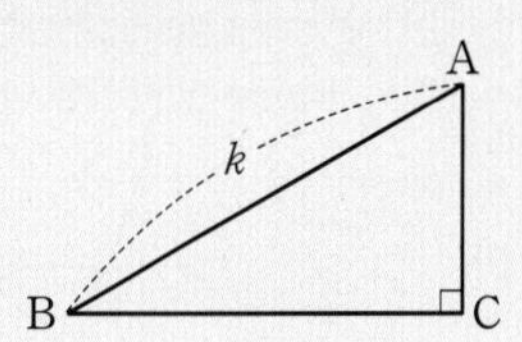

여러 가지 부등식

개념 1 부등식

(1) 부등식 $ax>b$의 해

① $a>0$일 때, $x>\frac{b}{a}$ ② $a<0$일 때, $x<\frac{b}{a}$

③ $a=0$일 때, $\begin{cases} b\geq 0 \text{이면 해는 없다.} \\ b<0 \text{이면 해는 모든 실수이다.} \end{cases}$

(2) 절댓값 기호를 포함한 일차부등식

$a>0$일 때

① $|x|<a$의 해는 $-a<x<a$ ② $|x|>a$의 해는 $x<-a$ 또는 $x>a$

▸ 부등식의 양변을 음수로 나누면 부등호의 방향이 바뀐다는 것에 주의한다.

개념 2 연립일차부등식

(1) 연립일차부등식: 일차부등식 두 개를 한 쌍으로 묶어서 나타낸 연립부등식

(2) 연립일차부등식의 풀이

① 연립부등식을 이루는 각 부등식의 해를 구한다.

② ①에서 구한 해를 수직선 위에 나타내어 공통부분을 구한다.

(3) $A<B<C$ 꼴의 부등식은 연립부등식 $\begin{cases} A<B \\ B<C \end{cases}$ 꼴로 바꾸어 푼다.

▸ $A<B<C$ 꼴의 부등식을 $\begin{cases} A<B \\ A<C \end{cases}$ 또는 $\begin{cases} A<C \\ B<C \end{cases}$ 꼴로 풀지 않도록 주의한다.

개념 3 이차부등식

(1) 이차부등식의 해: 이차방정식 $ax^2+bx+c=0$ $(a>0)$의 판별식을 $D=b^2-4ac$라 하면

	$D>0$	$D=0$	$D<0$
이차함수 $y=ax^2+bx+c$의 그래프	(α, β, x)	(α, x)	(x)
$ax^2+bx+c>0$의 해	$x<\alpha$ 또는 $x>\beta$	$x\neq\alpha$인 모든 실수	모든 실수
$ax^2+bx+c\geq 0$의 해	$x\leq\alpha$ 또는 $x\geq\beta$	모든 실수	모든 실수
$ax^2+bx+c<0$의 해	$\alpha<x<\beta$	해는 없다.	해는 없다.
$ax^2+bx+c\leq 0$의 해	$\alpha\leq x\leq\beta$	$x=\alpha$	해는 없다.

▸ **이차부등식의 작성**
x^2의 계수가 a $(a>0)$인 이차부등식의
① 해가 $\alpha<x<\beta$
⇨ $a(x-\alpha)(x-\beta)<0$
② 해가 $x<\alpha$ 또는 $x>\beta$ $(\alpha<\beta)$
⇨ $a(x-\alpha)(x-\beta)>0$

(2) 이차부등식이 항상 성립할 조건

이차방정식 $ax^2+bx+c=0$ $(a\neq 0)$의 판별식을 D라 할 때, 모든 실수 x에 대하여

① 이차부등식 $ax^2+bx+c>0$이 항상 성립하려면 $a>0$, $D<0$

② 이차부등식 $ax^2+bx+c<0$이 항상 성립하려면 $a<0$, $D<0$

▸ **제한된 범위에서 부등식이 항상 성립할 조건**
제한된 범위에서
① 부등식 $f(x)>0$이 항상 성립하려면
(제한된 범위에서 $f(x)$의 최솟값)>0
② 부등식 $f(x)<0$이 항상 성립하려면
(제한된 범위에서 $f(x)$의 최댓값)<0

개념 4 연립이차부등식

(1) 연립이차부등식: 차수가 가장 높은 부등식이 이차부등식인 연립부등식

(2) 연립이차부등식의 풀이

연립이차부등식을 이루고 있는 각 부등식의 해를 구한 후, 이들의 공통부분을 구한다.

Step A 1등급을 위한 고난도 빈출 & 핵심 문제

정답과 해설 98쪽

빈출 1 일차부등식

01 $1<a<b$일 때, 보기에서 옳은 것만을 있는 대로 고른 것은?

보기

ㄱ. $\frac{1}{a}<\frac{1}{b}$　　ㄴ. $\frac{a}{b}<\frac{b}{a}$　　ㄷ. $ab+1<a+b$

① ㄱ　② ㄴ　③ ㄱ, ㄴ
④ ㄴ, ㄷ　⑤ ㄱ, ㄴ, ㄷ

02 부등식 $a(x-1)\le 2b(x+2)$의 해가 없을 때, 부등식 $(3a-b)x+2a+b>0$의 해는?

① $x<-3$　② $x>-3$　③ $x<-1$
④ $x>-1$　⑤ $x<1$

빈출 2 절댓값 기호를 포함한 일차부등식

03 부등식 $|ax-2|<b$의 해가 $-3<x<1$일 때, $a+b$의 값을 구하시오. (단, a, b는 상수이다.)

04 부등식 $||x+1|-4|\le 5$를 만족시키는 모든 정수 x의 값의 합은?

① -19　② -9　③ 1
④ 1　⑤ 21

빈출 3 연립일차부등식

05 부등식 $-3x+a\le 2x+7\le bx+16$의 해가 $-2\le x\le 3$일 때, a^2+b^2의 값을 구하시오. (단, a, b는 상수이다.)

06 연립부등식 $\begin{cases}4x-3\le 6x+1\\3x-1\le 2(x-a)\end{cases}$를 만족시키는 자연수 x가 2개일 때, 실수 a의 값의 범위는?

① $-1<a\le -\frac{1}{2}$　② $-1\le a<-\frac{1}{2}$
③ $-1<a<-\frac{1}{2}$　④ $\frac{1}{2}<a\le 1$
⑤ $\frac{1}{2}\le a<1$

07 어느 학교 학생들이 긴 의자에 앉는데 한 의자에 8명씩 앉으면 7명이 남고, 9명씩 앉으면 의자가 3개 남는다. 다음 중 의자의 개수가 될 수 없는 것은?

① 35　② 37　③ 39
④ 41　⑤ 43

빈출 4 이차부등식

08 이차부등식 $ax^2+bx+c>0$의 해가 $\frac{1}{4}<x<1$일 때, 이차부등식 $cx^2-ax+b>0$의 해는? (단, a, b, c는 상수이다.)

① $x<-4$ 또는 $x>1$　② $-4<x<1$
③ $x<-1$ 또는 $x>5$　④ $-1<x<5$
⑤ $x<1$ 또는 $x>5$

교과서 심화 변형

09 이차부등식 $x^2-x-(k^2+5k+6)<0$의 정수인 해의 합이 5가 되도록 하는 양수 k의 값의 범위는?

① $0<k\le1$ ② $1<k\le2$ ③ $2<k\le3$
④ $3<k\le4$ ⑤ $4<k\le5$

10 부등식 $(a-5)x^2-2(a-5)x+4<0$의 해가 존재하도록 하는 상수 a의 값으로 가능한 것은?

① 6 ② 7 ③ 8
④ 9 ⑤ 10

빈출 5 항상 성립하는 이차부등식

11 부등식 $(m+3)x^2-2(m+3)x+5>0$이 모든 실수 x에 대하여 성립할 때, 실수 m의 값의 범위는?

① $-3<m<2$ ② $-3\le m<2$ ③ $-3<m\le2$
④ $-2<m<3$ ⑤ $-2\le m<3$

12 함수 $y=(a-4)x^2-8x$의 그래프가 직선 $y=-2ax+3$보다 항상 아래쪽에 있도록 하는 모든 정수 a의 값의 합은?

① 3 ② 6 ③ 9
④ 12 ⑤ 15

13 x에 대한 이차방정식 $x^2+4(k-1)x+k^2-ak+1=0$이 실수 k의 값에 관계없이 항상 실근을 갖도록 하는 실수 a의 최댓값과 최솟값의 곱은?

① -28 ② -14 ③ 0
④ 14 ⑤ 28

빈출 6 연립이차부등식

14 $a<b<c$인 실수 a, b, c에 대하여 연립부등식

$$\begin{cases} x^2-(a+b)x+ab<0 \\ x^2+(b+c)x+bc\ge0 \end{cases}$$

의 해가 $-4<x\le-2$ 또는 $-1\le x<1$일 때, 이차부등식 $x^2+(a-b)x-3bc\le0$을 만족시키는 x의 최댓값과 최솟값의 합을 구하시오.

15 연립부등식 $\begin{cases} x^2-2|x|-3<0 \\ x^2+(1-k)x-k<0 \end{cases}$ 을 만족시키는 정수 x가 오직 한 개뿐일 때, 실수 k의 최댓값은? (단, $k\ne-1$)

① -3 ② -2 ③ 0
④ 1 ⑤ 2

16 세 변의 길이가 각각 $x-2$, x, $x+2$인 삼각형이 예각삼각형이 되도록 하는 10 이하의 자연수 x의 개수를 구하시오.

B Step 1등급을 위한 고난도 기출 VS 변형 유형

> 정답과 해설 100쪽

유형 1 기호를 포함한 일차부등식

1 x에 대한 일차부등식 $|x-a[a]|<b[b]$의 해가 $8<x<30$이 되도록 하는 양수 a, b에 대하여 $8a+9b$의 값을 구하시오. (단, $[x]$는 x보다 크지 않은 최대의 정수이다.)

1-1 x에 대한 부등식 $|[x-a]-2|\le b$의 해가 $-1\le x<4$일 때, 정수 a, b에 대하여 $2a+b$의 값은?

(단, $[x]$는 x보다 크지 않은 최대의 정수이다.)

① 0 ② 1 ③ 2 ④ 3 ⑤ 4

유형 2 연립일차부등식의 활용

2 어느 학교의 수학 캠프에서 참가자들에게 초콜릿을 나눠 주는데, 초콜릿을 모든 상자에 10개씩 담으면 42개가 남고, 한 상자에 13개씩 담으면 13개가 채워지지 않는 상자가 1개 있고, 빈 상자가 3개 남는다고 한다. 이때 상자의 개수의 최댓값을 M, 최솟값을 m이라 할 때, $M+m$의 값을 구하시오.

2-1 직선 도로 위에 세 치킨 가게 A, B, C가 차례로 위치해 있다. A에서 B까지의 거리는 10 km, B에서 C까지의 거리는 15 km이다. 이 도로 위에 정육 공장을 세워 A, B, C로 닭을 납품하려고 한다. 공장에서 닭 한 마리를 납품하는 데 소요되는 비용은 1 km당 20원이고, 매일 A에서 200마리, B에서 300마리, C에서 150마리의 닭을 주문할 때, 소요되는 비용이 100000원 이상 120000원 이하가 되도록 하는 정육 공장의 위치는 A로부터 최대 몇 km까지 떨어져 있을 수 있는가?

(단, 건물의 크기는 무시한다.)

① 13 km ② 14 km ③ 15 km ④ 16 km ⑤ 17 km

유형 3 이차함수와 이차부등식

3 0이 아닌 실수 p에 대하여 이차함수 $f(x)=x^2+px+p$의 그래프의 꼭짓점을 A, 이 이차함수의 그래프가 y축과 만나는 점을 B라 할 때, 두 점 A, B를 지나는 직선을 l이라 하자. 직선 l의 방정식을 $y=g(x)$라 하자. 부등식 $f(x)-g(x)\le 0$을 만족시키는 정수 x의 개수가 10이 되도록 하는 정수 p의 최댓값을 M, 최솟값을 m이라 할 때, $M-m$의 값은? | 학평 기출 |

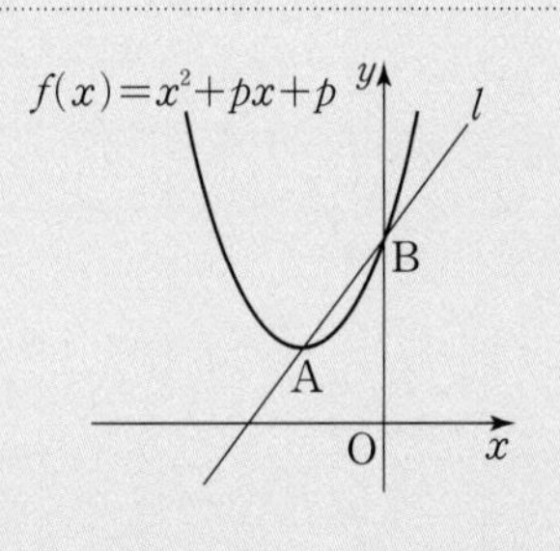

① 32 ② 34 ③ 36 ④ 38 ⑤ 40

3-1 실수 p에 대하여 이차함수 $f(x)=x^2+px+2p-4$의 그래프가 x축과 서로 다른 두 점 A, B에서 만나고 y축과 점 C에서 만난다. 두 점 A, C를 지나는 직선의 방정식을 $y=g(x)$, 두 점 B, C를 지나는 직선의 방정식을 $y=h(x)$라 하자. 부등식 $f(x)-g(x)<0$을 만족시키는 정수 x의 개수를 n_1, 부등식 $f(x)-h(x)<0$을 만족시키는 정수 x의 개수를 n_2라 할 때, $n_1+n_2=10$이 되도록 하는 실수 p의 최댓값과 최솟값의 합은?

(단, 점 A는 점 B보다 왼쪽에 있고, $p\ne 2$이다.)

① -4 ② -2 ③ 0 ④ 2 ⑤ 4

유형 4 절댓값 기호를 포함한 이차부등식

4 함수 $f(x)=x^2+2x-8$에 대하여 부등식

$$\frac{|f(x)|}{3}-f(x)\geq m(x-2)$$

를 만족시키는 정수 x의 개수가 10이 되도록 하는 양수 m의 최솟값을 구하시오. | 학평 기출 |

4-1 함수 $f(x)=x^2-6x+5$에 대하여 부등식 $|f(x)|\leq mx$를 만족시키는 정수 x의 개수를 $g(m)$이라 할 때, 보기에서 옳은 것만을 있는 대로 고른 것은? (단, $m>0$)

보기

ㄱ. 모든 양수 m에 대하여 $g(m)\geq 2$이다.

ㄴ. $g(m)=3$이 되도록 하는 m의 값의 범위는 $\frac{3}{4}\leq m<\frac{4}{3}$이다.

ㄷ. $g(m)=6$이 되도록 하는 m의 최솟값은 $\frac{3}{2}$이다.

① ㄱ ② ㄱ, ㄴ ③ ㄱ, ㄷ
④ ㄴ, ㄷ ⑤ ㄱ, ㄴ, ㄷ

유형 5 이차부등식의 변형

5 다음 조건을 만족시키는 이차함수 $f(x)$에 대하여 $f(3)$의 최댓값을 M, 최솟값을 m이라 할 때, $M-m$의 값은? | 학평 기출 |

(가) 부등식 $f\left(\frac{1-x}{4}\right)\leq 0$의 해가 $-7\leq x\leq 9$이다.

(나) 모든 실수 x에 대하여 부등식 $f(x)\geq 2x-\frac{13}{3}$이 성립한다.

① $\frac{7}{4}$ ② $\frac{11}{6}$ ③ $\frac{23}{12}$
④ 2 ⑤ $\frac{25}{12}$

5-1 이차식 $f(x)$에 대하여 방정식 $f(x)=0$은 서로 다른 두 실근 α, β $(\alpha<\beta)$를 갖는다. 부등식 $f\left(\frac{k-x}{2}\right)\leq 0$의 해가 $2k\leq x\leq k^2-4$이고 $\alpha+\beta=0$일 때, 부등식 $f(x)\leq 0$을 만족시키는 정수 x의 개수는? (단, k는 상수이다.)

① 3 ② 5 ③ 7
④ 9 ⑤ 11

유형 6 항상 성립하는 이차부등식

6 부등식 $x^2+4x+4xy+4y^2+ay+b\geq 0$이 모든 실수 x, y에 대하여 성립하도록 하는 실수 a, b에 대하여 $a+b$의 최솟값을 구하시오.

6-1 부등식 $x^2+2y^2-2xy-2x-2ay+4a-b^2\geq -1$이 모든 실수 x, y에 대하여 성립하도록 하는 실수 a, b에 대하여 $a+b$의 값은?

① -2 ② -1 ③ 0
④ 1 ⑤ 2

유형 7 기호를 포함한 연립이차부등식

7 $4<x<6$일 때, 연립부등식 $\begin{cases} x^2-3x-10\le 0 \\ x^2-[x]x-14>0 \end{cases}$ 의 해는?

(단, $[x]$는 x보다 크지 않은 최대의 정수이다.)

① 해가 없다. ② $4<x<6$
③ $4<x\le 5$ ④ $x<-2$ 또는 $x>7$
⑤ $-2\le x\le 5$

7-1 연립부등식 $\begin{cases} [x]^2-[x]-2<0 \\ x^2-2x+a-4>0 \end{cases}$ 을 만족시키는 실수 x가 존재하도록 하는 실수 a의 값의 범위는?

(단, $[x]$는 x보다 크지 않은 최대의 정수이다.)

① $0\le a<2$ ② $a<2$ ③ $4<a<5$
④ $a>4$ ⑤ $a\ge 5$

유형 8 항상 성립하는 연립부등식

8 모든 실수 x에 대하여 부등식

$-5\le(a-3)x+b\le x^2-x$

가 성립할 때, 점 (a, b)가 나타내는 선분의 길이는 $\frac{q}{p}$이다. $p+q$의 값은? (단, p와 q는 서로소인 자연수이다.)

① 15 ② 23 ③ 45
④ 75 ⑤ 95

8-1 두 이차함수 $f(x)=x^2-3x+2$, $g(x)=-x^2+x-2$의 그래프와 직선 $y=mx+n$의 그래프가 항상 만나지 않도록 하는 정수 m, n의 순서쌍 (m, n)의 개수는?

① 3 ② 4 ③ 5
④ 6 ⑤ 7

유형 9 연립부등식의 활용

9 어떤 실수 x에 대하여 $(x-2)(x-5)$를 소수점 아래 첫째 자리에서 반올림한 값이 $2x+6$일 때, 모든 x의 값의 합은?

① 5 ② 6 ③ 7
④ 8 ⑤ 9

9-1 x, $x+5$, $2x+1$을 세 변의 길이로 하는 삼각형이 둔각삼각형이 되도록 하는 10 이하의 자연수 x의 값의 합을 구하시오.

C Step 1등급 완성 최고난도 예상 문제

01 수직선 위의 세 점 A(-4), B(4), C(x)에 대하여 부등식 $2\overline{AC}+\overline{BC}\le k$의 해가 존재하도록 하는 실수 k의 값의 범위는?

① $k<8$ ② $-8\le k<8$ ③ $8\le k<16$
④ $k\ge 8$ ⑤ $k>16$

02 부등식 $|x-2|\le 2x-1\le [x]+1$을 만족시키는 정수 x의 값의 합은? (단, $[x]$는 x보다 크지 않은 최대의 정수이다.)

① 1 ② 2 ③ 3
④ 4 ⑤ 5

03 두 이차함수 $f(x)$, $g(x)$가 다음 조건을 만족시킨다.

> (가) 부등식 $f(x)\ge g(x)$의 해는 $-2\le x\le 4$이다.
> (나) 모든 실수 x에 대하여 부등식 $f(x)\le g(x)+18$이 성립한다.

$f(2)-g(2)$의 최댓값은?

① 8 ② 10 ③ 12
④ 14 ⑤ 16

신유형

04 이차함수 $f(x)=x^2-ax+b$에 대하여 부등식 $f(x)<0$을 만족시키는 정수 x가 6개이고 그 합이 9일 때, $f(1)$의 최댓값은?
(단, a, b는 정수이고, 함수 $f(x)$의 두 실근은 정수가 아니다.)

① -9 ② -7 ③ -5
④ -3 ⑤ -1

신유형

05 최고차항의 계수가 a인 이차함수 $f(x)$가 다음 조건을 만족시킨다.

> (가) 부등식 $\{f(x)-2x\}^2-3\{f(x)-2x\}+2\le 0$의 해가 $1\le x\le 3$이다.
> (나) 방정식 $f(x)=0$은 서로 다른 두 허근을 갖는다.

실수 a의 값의 범위를 $\alpha<a\le\beta$라 할 때, $\beta-\alpha$의 값은?

① $-2+2\sqrt{2}$ ② 1 ③ $\sqrt{2}$
④ $2+\sqrt{2}$ ⑤ $2+2\sqrt{2}$

06 이차함수 $f(x)=ax^2-(a^2+a+1)x+a^2+a$에 대하여 부등식 $f(x)>0$을 만족시키는 자연수 x의 최솟값이 3이 되도록 하는 실수 a의 값의 범위가 $\alpha<x\le\beta$일 때, $\alpha+\beta$의 값은?

① $\frac{1}{2}$ ② 1 ③ $\frac{3}{2}$
④ 2 ⑤ $\frac{5}{2}$

07 최고차항의 계수가 1인 이차함수 $f(x)$가 다음 조건을 만족시킬 때, $f(4)$의 최댓값은?

> (가) 부등식 $f(|x-2|)\le 0$의 해가 $-1\le x\le 5$이다.
> (나) 부등식 $f(x)<0$을 만족시키는 정수 x의 개수는 4이다.

① 2 ② 4 ③ 6
④ 8 ⑤ 10

08 부등식 $x^2-a|x|-b\le 0$을 만족시키는 정수 x의 개수가 7이 되도록 하는 한 자리 자연수 a, b의 순서쌍 (a, b)의 개수를 구하시오.

09 $0<x<2$일 때, 부등식 $[x^2]\le\left[x-\frac{1}{2}\right]$의 해는?

(단, $[x]$는 x보다 크지 않은 최대의 정수이다.)

① $0<x<1$ ② $\frac{1}{2}\le x<1$ ③ $\frac{1}{2}\le x<\sqrt{2}$
④ $0<x<\sqrt{2}$ ⑤ $0<x<\sqrt{3}$

10 이차함수 $f(x)=a(x+2)(x-4)$에 대하여 부등식 $|f(x)|\le k$를 만족시키는 정수 x의 개수를 $g(k)$라 하자. $g(k)$의 값이 홀수가 되도록 하는 실수 k의 최솟값이 18일 때, $g(1)+g(2)+\cdots+g(100)$의 값을 구하시오.

(단, a는 상수이고, $a>0$이다.)

11 이차방정식 $x^2-kx+2k-5=0$의 서로 다른 두 실근을 α, β라 할 때, 모든 실수 k에 대하여 부등식 $m(\alpha+\beta)^2\le\alpha^2+\beta^2$이 성립하도록 하는 실수 m의 최댓값은?

① $\frac{1}{5}$ ② $\frac{3}{10}$ ③ $\frac{2}{5}$
④ $\frac{1}{2}$ ⑤ $\frac{3}{5}$

12 두 함수 $f(x)=x^2-ax+8$, $g(x)=-x^2+ax-2a$에 대하여 $0\le x\le 2$에서 부등식 $f(x)\ge g(x)$가 항상 성립하도록 하는 실수 a의 최댓값을 M, 최솟값을 m이라 할 때, $M-m$의 값은?

① 8 ② 10 ③ 12
④ 14 ⑤ 16

13 모든 실수 x에 대하여 세 이차부등식

$$ax^2+4bx+4c\le 0,\ bx^2+4cx+4a\le 0,\ cx^2+4ax+4b\le 0$$

이 성립할 때, 이차부등식 $ax^2-2bx-8c\ge 0$을 만족시키는 정수 x의 개수는? (단, a, b, c는 상수이다.)

① 1 ② 3 ③ 5
④ 7 ⑤ 9

14 모든 실수 m, n에 대하여 x에 대한 이차방정식 $x^2-2mx+2nx-4m+an-b=0$이 항상 실근을 가질 때, $a+b$의 최솟값은? (단, a, b는 실수이다.)

① 2 ② 4 ③ 6
④ 8 ⑤ 10

15 모든 실수 x와 $1\le y\le 3$인 모든 실수 y에 대하여 부등식 $x^2y+2xy-2x+2y+1\ge k$를 만족시키는 실수 k의 최댓값은?

① 1 ② 2 ③ 3
④ 4 ⑤ 5

16 연립부등식 $\begin{cases} x^2-2ax+a^2-1\le 0 \\ x^2+2bx+b^2-1>0 \end{cases}$에서 a의 값을 잘못 보고 해를 구했더니 $1\le x<2$이었고, b의 값을 잘못 보고 해를 구했더니 $3<x\le 4$이었을 때, $a+b$의 값은?
(단, a, b는 상수이다.)

① -4 ② -2 ③ 0
④ 2 ⑤ 4

17 두 부등식 $|x-1|<2$, $-2<[y^2-1]\le 3$을 모두 만족시키는 실수 x, y에 대하여 $[y-x]$의 최댓값을 M, 최솟값을 m이라 하자. $M+m$의 값은?
(단, $[x]$는 x보다 크지 않은 최대의 정수이다.)

① -5 ② -3 ③ 0
④ 2 ⑤ 4

18 연립부등식 $\begin{cases} |x-1|x-x-3\le 0 \\ x^2+4|x-2|+k\le 0 \end{cases}$을 만족시키는 정수 x가 오직 하나만 존재하도록 하는 실수 k의 값의 범위는?

① $-13<k\le -5$ ② $-8<k\le -5$
③ $-8<k\le -4$ ④ $-5<k\le -4$
⑤ $k>-4$

19 부등식 $|x-a|+|x-b|\le 10$을 만족시키는 해 중 정수의 개수를 $f(a, b)$라 할 때, $m>10$인 정수 m에 대하여 $f(0, m)+f(1, m)+\cdots+f(m, m)$의 값을 구하시오.

20 연립부등식 $\begin{cases}(a-2)x<3a+2\\|x-a|\le 3\end{cases}$을 만족시키는 정수 x의 개수를 $f(a)$라 할 때, $f(a)=7$이 되도록 하는 정수 a의 값의 합은?

① 0 ② 3 ③ 6 ④ 9 ⑤ 12

21 최고차항의 계수가 a인 이차함수 $f(x)$와 일차함수 $g(x)=2x+b$에 대하여 함수

$h(x)=\begin{cases}f(x) & (f(x)\ge g(x))\\g(x) & (f(x)<g(x))\end{cases}$는 다음 조건을 만족시킨다.

(가) 모든 실수 x에 대하여 $f(2-x)=f(x)$이다.
(나) 부등식 $h(x)\le 3$의 해는 $-1\le x\le 1$이다.

모든 실수 x에 대하여 부등식 $f(x)\ge 0$이 성립하도록 하는 실수 a, b에 대하여 $a+b$의 최댓값은?

① $\frac{5}{4}$ ② $\frac{3}{2}$ ③ $\frac{7}{4}$ ④ 2 ⑤ $\frac{9}{4}$

22 연립부등식 $\begin{cases}x^2+x-2>0\\3x^2-2(2a-1)x+a^2-1<0\end{cases}$을 만족시키는 정수 x의 개수가 1이 되도록 하는 실수 a의 최댓값을 M, 최솟값을 m이라 할 때, $M+m$의 값은?

① 0 ② 2 ③ 4 ④ 6 ⑤ 8

힘이 되는 한마디

큰 성공은

작은 성공을 거듭한 결과이다.

– 크리스토퍼 몰리

(미국 소설가)

III

도형의 방정식

Ⅲ. 도형의 방정식

점과 직선

개념 1 두 점 사이의 거리

좌표평면 위의 두 점 $A(x_1, y_1)$, $B(x_2, y_2)$ 사이의 거리는

$$\overline{AB}=\sqrt{(x_2-x_1)^2+(y_2-y_1)^2}$$

▸ 원점 O와 점 $A(x_1, y_1)$ 사이의 거리는 $\overline{OA}=\sqrt{x_1^2+y_1^2}$

개념 2 좌표평면 위의 선분의 내분점과 외분점

(1) 선분의 내분점과 외분점: 좌표평면 위의 두 점 $A(x_1, y_1)$, $B(x_2, y_2)$에 대하여 선분 AB를 $m : n\ (m>0, n>0)$으로 내분하는 점을 P, 외분하는 점을 Q라 하면

$$P\left(\frac{mx_2+nx_1}{m+n}, \frac{my_2+ny_1}{m+n}\right), Q\left(\frac{mx_2-nx_1}{m-n}, \frac{my_2-ny_1}{m-n}\right)\ (\text{단, } m\neq n)$$

(2) 삼각형의 무게중심: 좌표평면 위의 세 점 $A(x_1, y_1)$, $B(x_2, y_2)$, $C(x_3, y_3)$을 꼭짓점으로 하는 삼각형 ABC의 무게중심을 G라 하면

$$G\left(\frac{x_1+x_2+x_3}{3}, \frac{y_1+y_2+y_3}{3}\right)$$

▸ 선분 AB의 중점을 M이라 하면 $M\left(\frac{x_1+x_2}{2}, \frac{y_1+y_2}{2}\right)$

개념 3 직선의 방정식

(1) 점 (x_1, y_1)을 지나고 기울기가 m인 직선의 방정식은 $y-y_1=m(x-x_1)$

(2) 서로 다른 두 점 $A(x_1, y_1)$, $B(x_2, y_2)$를 지나는 직선의 방정식은

① $x_1\neq x_2$일 때, $y-y_1=\frac{y_2-y_1}{x_2-x_1}(x-x_1)$ ② $x_1=x_2$일 때, $x=x_1$

(3) x절편이 a이고, y절편이 b인 직선의 방정식은 $\frac{x}{a}+\frac{y}{b}=1$ (단, $a\neq 0$, $b\neq 0$)

▸ ① $x_1\neq x_2$

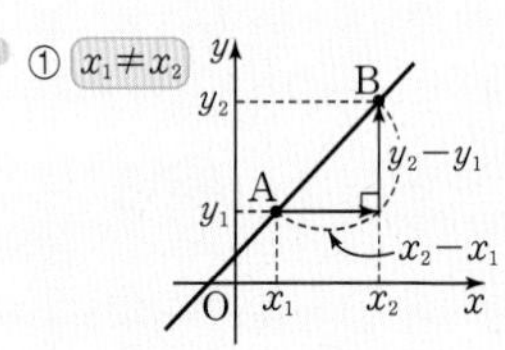

② $x_1=x_2$

y, $B(x_2, y_2)$, $A(x_1, y_1)$, O, x_1, x

개념 4 두 직선의 위치 관계

두 직선 / 위치 관계	$y=mx+n$, $y=m'x+n'$	$ax+by+c=0$, $a'x+b'y+c'=0$ (단, $abc\neq 0$, $a'b'c'\neq 0$)
평행하다.	$m=m'$, $n\neq n'$	$\frac{a}{a'}=\frac{b}{b'}\neq\frac{c}{c'}$
수직이다.	$mm'=-1$	$aa'+bb'=0$

개념 5 두 직선의 교점을 지나는 직선의 방정식

(1) 한 점에서 만나는 두 직선 $ax+by+c=0$, $a'x+b'y+c'=0$의 교점을 지나는 직선의 방정식은

$$ax+by+c+k(a'x+b'y+c')=0\ (\text{단, } k\text{는 실수이다.})$$

꼴로 나타낼 수 있다. 단, 직선 $a'x+b'y+c'=0$은 나타낼 수 없다.

(2) 직선 $ax+by+c+k(a'x+b'y+c')=0$은 실수 k의 값에 관계없이 항상 두 직선 $ax+by+c=0$, $a'x+b'y+c'=0$의 교점을 지난다.

개념 6 점과 직선 사이의 거리

좌표평면 위의 점 (x_1, y_1)과 직선 $ax+by+c=0$ 사이의 거리 d는

$$d=\frac{|ax_1+by_1+c|}{\sqrt{a^2+b^2}}$$

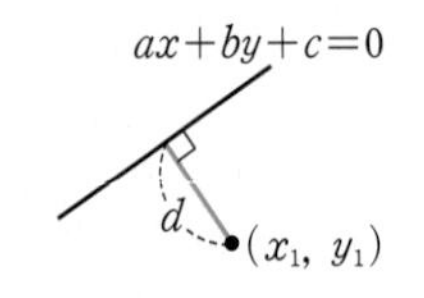

▸ 평행한 두 직선 l, l' 사이의 거리는 직선 l' 위의 임의의 점과 직선 l 사이의 거리와 같다.

1등급 노트

노트 ① 삼각형의 각 변을 내분(또는 외분)하는 점을 연결한 삼각형의 무게중심

삼각형 ABC의 세 변 AB, BC, CA를 각각 $m : n$ $(m>0,\ n>0)$으로 내분하는 점을 D, E, F라 하면 삼각형 DEF의 무게중심은 삼각형 ABC의 무게중심과 일치한다.
마찬가지로 세 변 AB, BC, CA를 각각 $m : n$ $(m>0,\ n>0,\ m\neq n)$으로 외분하는 점을 연결한 삼각형의 무게중심도 삼각형 ABC의 무게중심과 일치한다.

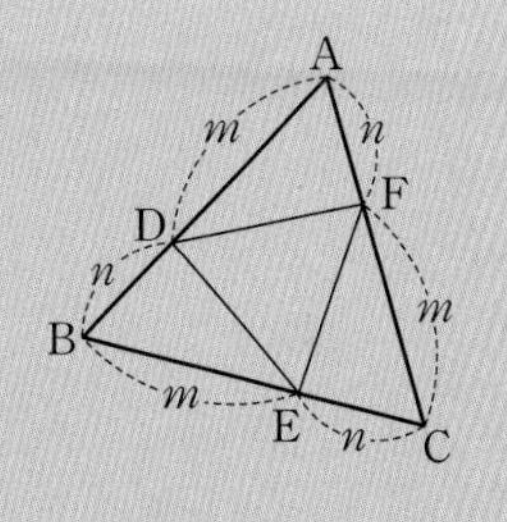

(△ABC의 무게중심)
=(△DEF의 무게중심)

[설명] 좌표평면 위의 세 점 $A(x_1,\ y_1)$, $B(x_2,\ y_2)$, $C(x_3,\ y_3)$을 꼭짓점으로 하는 삼각형 ABC의 무게중심 G의 좌표는 $\left(\frac{x_1+x_2+x_3}{3},\ \frac{y_1+y_2+y_3}{3}\right)$이다.

이때 세 변 AB, BC, CA를 각각 $m : n$ $(m>0,\ n>0)$으로 내분하는 점 D, E, F의 좌표는 각각

$\left(\frac{mx_2+nx_1}{m+n},\ \frac{my_2+ny_1}{m+n}\right)$, $\left(\frac{mx_3+nx_2}{m+n},\ \frac{my_3+ny_2}{m+n}\right)$, $\left(\frac{mx_1+nx_3}{m+n},\ \frac{my_1+ny_3}{m+n}\right)$

이므로 삼각형 DEF의 무게중심의 x좌표는

$$\frac{1}{3}\left(\frac{mx_2+nx_1}{m+n}+\frac{mx_3+nx_2}{m+n}+\frac{mx_1+nx_3}{m+n}\right)=\frac{(m+n)(x_1+x_2+x_3)}{3(m+n)}=\frac{x_1+x_2+x_3}{3}$$

마찬가지로 삼각형 DEF의 무게중심의 y좌표는 $\frac{y_1+y_2+y_3}{3}$이다.

따라서 삼각형 DEF의 무게중심은 삼각형 ABC의 무게중심과 일치한다.

같은 방법으로 세 변 AB, BC, CA를 각각 $m : n$ $(m>0,\ n>0,\ m\neq n)$으로 외분하는 점을 연결한 삼각형의 무게중심도 삼각형 ABC의 무게중심과 일치함을 확인할 수 있다.

노트 ② 점과 직선 사이의 거리의 활용 – 좌표평면 위의 삼각형의 넓이

좌표평면 위의 원점 $O(0,\ 0)$과 서로 다른 두 점 $A(x_1,\ y_1)$, $B(x_2,\ y_2)$를 꼭짓점으로 하는 삼각형 OAB의 넓이 S는

$$S=\frac{1}{2}|x_1y_2-x_2y_1|$$

좌표평면 위의 삼각형의 넓이
좌표평면 위의 서로 다른 세 점 $A(x_1,\ y_1)$, $B(x_2,\ y_2)$, $C(x_3,\ y_3)$을 꼭짓점으로 하는 삼각형 ABC의 넓이 S는

$$S=\frac{1}{2}|(x_1-x_2)y_3+(x_2-x_3)y_1+(x_3-x_1)y_2|$$

[설명] 오른쪽 그림과 같이 원점 $O(0,\ 0)$과 서로 다른 두 점 $A(x_1,\ y_1)$, $B(x_2,\ y_2)$를 꼭짓점으로 하는 삼각형 OAB에서

$$\overline{AB}=\sqrt{(x_2-x_1)^2+(y_2-y_1)^2}$$

직선 AB의 방정식은 $y-y_1=\frac{y_2-y_1}{x_2-x_1}(x-x_1)$, 즉

$(y_2-y_1)x-(x_2-x_1)y-(x_1y_2-x_2y_1)=0$

이때 원점 O에서 직선 AB에 내린 수선의 발을 H라 하면 $\overline{OH}$의 길이는 원점 O와 직선 AB 사이의 거리이므로

$$\overline{OH}=\frac{|x_1y_2-x_2y_1|}{\sqrt{(x_2-x_1)^2+(y_2-y_1)^2}}$$

따라서 삼각형 OAB의 넓이 S는

$$S=\frac{1}{2}\times\overline{AB}\times\overline{OH}=\frac{1}{2}|x_1y_2-x_2y_1|$$

Step 1등급을 위한 고난도 빈출 & 핵심 문제

빈출 1 두 점 사이의 거리

01 두 점 A(2, 1), B(5, -2)에서 같은 거리에 있는 x축 위의 점을 P, y축 위의 점을 Q라 할 때, 선분 PQ의 길이를 구하시오.

02 세 점 A(-2, 1), B(4, 5), C(3, 0)을 꼭짓점으로 하는 삼각형 ABC의 넓이를 구하시오

교과서 심화 변형

03 오른쪽 그림과 같이 지점 O에서 수직으로 만나는 직선 도로가 있다. 지훈이는 지점 O에서 북쪽으로 5 km 떨어진 지점에서 3 km/h의 속력으로 남쪽으로 움직이고, 지안이는 지점 O에서 4 km/h의 속력으로 동쪽으로 움직인다. 동시에 출발한 두 사람 사이의 거리가 가장 가까워지는 것은 몇 분 후인가?

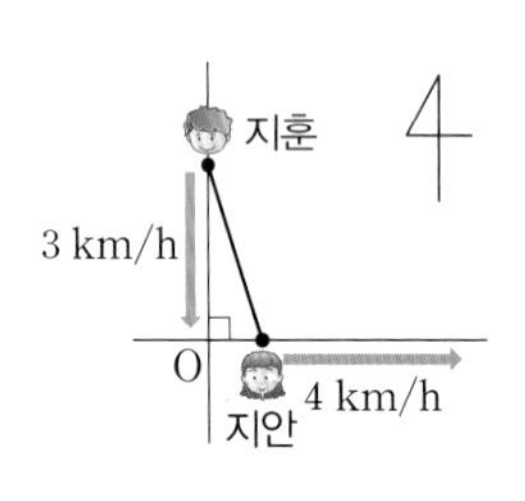

① 30분 ② 32분 ③ 34분
④ 36분 ⑤ 38분

빈출 2 내분점과 외분점

04 수직선 위의 선분 AB를 3 : 1로 내분하는 점을 P, 외분하는 점을 Q라 할 때, 보기에서 옳은 것만을 있는 대로 고른 것은?

보기

ㄱ. 점 P는 선분 AQ의 중점이다.
ㄴ. 점 A는 선분 PQ를 1 : 2로 외분하는 점이다.
ㄷ. 점 B는 선분 AQ를 3 : 2로 내분하는 점이다.

① ㄱ ② ㄱ, ㄴ ③ ㄱ, ㄷ
④ ㄴ, ㄷ ⑤ ㄱ, ㄴ, ㄷ

05 두 점 A(2, 2), B(5, 8)에 대하여 반직선 BA 위의 점 P(p, q)가 있다. 삼각형 OBP의 넓이가 삼각형 OAB의 넓이의 3배일 때, $p+q$의 값을 구하시오. (단, O는 원점이다.)

06 세 점 A(9, 12), B(4, 0), C(13, 9)를 꼭짓점으로 하는 삼각형 ABC에 대하여 각 A의 이등분선이 변 BC와 만나는 점을 P라 할 때, 점 P의 좌표는 (a, b)이다. $a+b$의 값을 구하시오.

07 세 점 A(2, -3), B(-1, 4), C(a, b)를 꼭짓점으로 하는 삼각형 ABC의 세 변 AB, BC, CA를 2 : 1로 내분하는 점을 각각 D, E, F라 하자. E(3, -2)일 때, 삼각형 DEF의 무게중심의 좌표는 (m, n)이다. $3mn$의 값을 구하시오.

빈출 3 직선의 방정식

08 세 점 A(-3, 1), B(0, -3), C(4, -1)을 꼭짓점으로 하는 삼각형 ABC에 대하여 직선 $y=ax+3a+1$이 삼각형 ABC의 넓이를 이등분할 때, 상수 a의 값은?

① -1 ② $-\frac{4}{5}$ ③ $-\frac{3}{5}$
④ $-\frac{2}{5}$ ⑤ $-\frac{1}{5}$

> 정답과 해설 114쪽

09 두 직선 $x-y+4=0$, $mx-y-3m+1=0$이 제2사분면에서 만나도록 하는 실수 m의 값의 범위가 $\alpha<m<\beta$일 때, $\alpha+\beta$의 값을 구하시오.

빈출 4 두 직선의 위치 관계

10 직선 $(k+1)x-(k-1)y-k-3=0$은 실수 k의 값에 관계없이 한 점 A를 지난다. 이때 점 A를 지나고 직선 $y=3x-2$에 수직인 직선의 x절편을 구하시오.

11 서로 다른 세 직선 $x+3y-3=0$, $ax-y-2=0$, $x+2by+1=0$에 의하여 좌표평면이 4개의 영역으로 나누어질 때, ab의 값은? (단, a, b는 상수이다.)

① $-\frac{1}{5}$ ② $-\frac{1}{4}$ ③ $-\frac{1}{3}$
④ $-\frac{1}{2}$ ⑤ -1

12 두 점 $\mathrm{A}(a, b)$, $\mathrm{B}(5, -3)$을 이은 선분 AB의 수직이등분선의 방정식이 $2x-y-5=0$일 때, 직선 OA의 기울기를 구하시오. (단, O는 원점이다.)

13 두 직선 $2x-y+1=0$, $3x+y+4=0$의 교점을 지나는 직선 중에서 점 $(3, 1)$과의 거리가 최대인 직선의 y절편은?

① -3 ② -2 ③ -1
④ 1 ⑤ 2

빈출 5 점과 직선 사이의 거리

14 두 직선 $2x+y-3=0$, $x-2y+1=0$의 교점을 A라 하자. 직선 $3x-y-12=0$ 위의 점 P에서 두 직선 $2x+y-3=0$, $x-2y+1=0$까지의 거리가 서로 같을 때, 선분 AP의 길이는?

① $2\sqrt{2}$ ② 3 ③ $\sqrt{10}$
④ $\sqrt{11}$ ⑤ $2\sqrt{3}$

15 세 직선 $y=x$, $y=\frac{1}{3}x$, $2x+3y=15$로 둘러싸인 삼각형의 넓이는?

① 3 ② 4 ③ 5
④ 6 ⑤ 7

교과서 심화 변형

16 두 직선 $2x+y-1=0$, $x-2y+1=0$이 이루는 각을 이등분하는 직선 중에서 기울기가 음수인 직선과 x축, y축으로 둘러싸인 도형의 넓이를 구하시오.

B Step 1등급을 위한 고난도 기출 VS 변형 유형

유형 1 두 점 사이의 거리

1 정사각형 ABCD의 내부의 점 P에 대하여 $\overline{AP}=7$, $\overline{BP}=3$, $\overline{CP}=5$일 때, 정사각형 ABCD의 둘레의 길이는?

① 16 ② 25 ③ $6\sqrt{21}$
④ $8\sqrt{14}$ ⑤ $4\sqrt{58}$

1-1 정삼각형 ABC의 내부의 점 P에 대하여 $\overline{AP}=\sqrt{7}$, $\overline{BP}=\sqrt{3}$, $\overline{CP}=\sqrt{7}$일 때, 정삼각형 ABC의 넓이는?

① 4 ② $4\sqrt{3}$ ③ 8
④ $8\sqrt{3}$ ⑤ 12

유형 2 두 점 사이의 거리의 활용(1)

2 좌표평면 위의 세 점 O$(0, 0)$, A$(3, 0)$, B$(0, 6)$을 꼭짓점으로 하는 삼각형 OAB의 내부에 점 P가 있다. 이때 $\overline{OP}^2+\overline{AP}^2+\overline{BP}^2$의 최솟값은? | 학평 기출 |

① 18 ② 21 ③ 24
④ 27 ⑤ 30

2-1 $\overline{AB}=\overline{AC}=4$이고 $\angle A=30^\circ$인 이등변삼각형 ABC에서 선분 AB 위의 한 점 P에 대하여 $\overline{PB}^2+\overline{PC}^2$의 최솟값은?

① $18-8\sqrt{3}$ ② $18-4\sqrt{3}$ ③ $18-\sqrt{3}$
④ $20-8\sqrt{3}$ ⑤ $20-4\sqrt{3}$

유형 3 두 점 사이의 거리의 활용(2)

3 두 점 A$(2, 3)$, B$(4, 7)$과 점 P$(a, -1)$에 대하여 $|\overline{PB}-\overline{PA}|^2$의 최댓값을 구하시오.

3-1 두 점 A$(1, 6)$, B$(3, 5)$와 x축 위의 점 P$(a, 0)$에 대하여 $\overline{AP}-\overline{BP}$의 값이 최대가 될 때, 실수 a의 값은?

① 9 ② 10 ③ 11
④ 12 ⑤ 13

유형 4 내분점과 외분점 - 넓이 조건이 주어질 때

4 오른쪽 그림과 같이 $\overline{AB}=6$인 직각이등변삼각형 ABC가 있다. 선분 AB를 $n:m$으로 내분하는 점을 P, 선분 BC를 $m:n$으로 외분하는 점을 Q, 선분 AC와 선분 PQ의 교점을 R라 하자. 삼각형 APR의 넓이를 S_1, 삼각형 RCQ의 넓이를 S_2라 할 때, $S_1+\frac{1}{S_2}=\frac{16}{9}$이다. $9(m-n)$의 값을 구하시오.

(단, $m+n=1$, $0<n<m<1$)

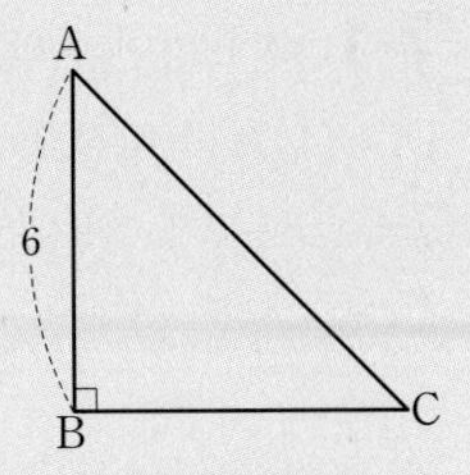

4-1 오른쪽 그림과 같이 좌표평면 위의 세 점 O(0, 0), A(7, 7), B(−1, 3)과 직선 OB 위에 있는 제2사분면 위의 점 C에 대하여 두 삼각형 OAB, OAC의 넓이를 각각 S_1, S_2라 하자. $S_2=3S_1$일 때, 직선 $x+y-6=0$에 의해 삼각형 OAC의 넓이가 $m:n$으로 나누어진다. $m+n$의 값은?

(단, m과 n은 서로소인 자연수이고 $m<n$이다.)

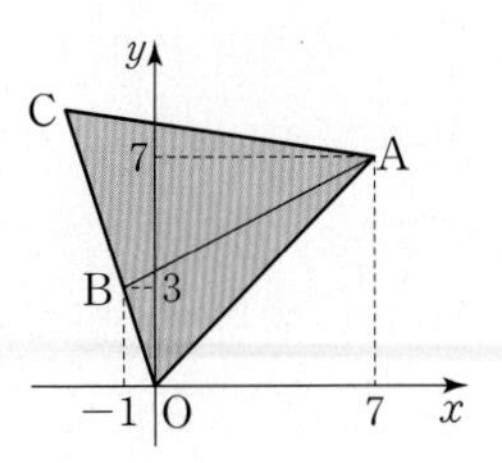

① 3 ② 4 ③ 5
④ 6 ⑤ 7

유형 5 무게중심의 활용 - 내분점을 이은 삼각형의 무게중심

5 오른쪽 그림과 같이 좌표평면에 원점 O를 한 꼭짓점으로 하는 삼각형 OAB가 있다. 선분 OA를 2 : 1로 외분하는 점을 C, 선분 OB를 2 : 1로 외분하는 점을 D라 할 때, 두 선분 AD와 BC의 교점을 $E(p, q)$라 하자.
삼각형 OAB의 무게중심의 좌표가 (5, 4)일 때, $p+q$의 값은?

| 학평 기출 |

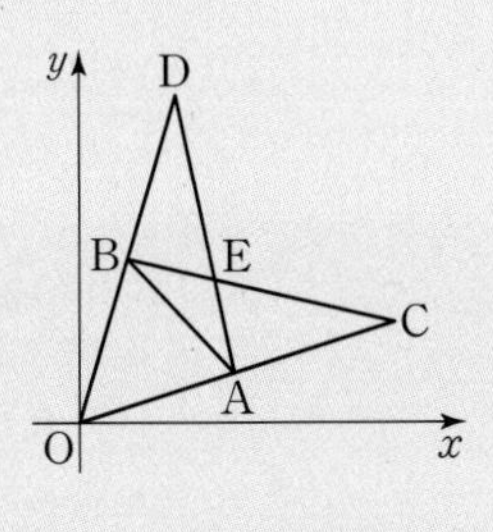

① 12 ② 14 ③ 16
④ 18 ⑤ 20

5-1 좌표평면 위의 세 점 A(2, 1), B(8, 4), C(5, 7)에 대하여 직선 AB와 평행한 직선이 두 선분 AC, BC와 만나는 점을 각각 P, Q라 하고, 선분 AB를 1 : 2로 내분하는 점을 R라 하자. 직선 PQ와 점 A 사이의 거리는 직선 PQ와 점 C 사이의 거리의 2배일 때, 삼각형 PQR의 무게중심의 좌표는 (a, b)이다. $a+b$의 값은?

① 9 ② $\frac{28}{3}$ ③ $\frac{29}{3}$
④ 10 ⑤ $\frac{31}{3}$

유형 6 삼각형의 중선정리

6 삼각형 ABC에서 세 변 BC, CA, AB의 중점을 각각 P, Q, R라 하자. $\overline{AP}^2+\overline{BQ}^2+\overline{CR}^2=60$일 때, $\overline{AB}^2+\overline{BC}^2+\overline{CA}^2$의 값은?

① 78 ② 80 ③ 82
④ 84 ⑤ 86

6-1 $\overline{AB}=8$, $\overline{BC}=10$, $\overline{CA}=16$인 삼각형 ABC의 무게중심을 G라 할 때, $\overline{AG}^2+\overline{BG}^2+\overline{CG}^2$의 값은?

① 120 ② 125 ③ 130
④ 135 ⑤ 140

유형7 직선의 방정식 - 도형의 넓이를 이등분할 조건

7 좌표평면 위의 네 점 A(3, 0), B(6, 0), C(3, 6), D(1, 4)를 꼭짓점으로 하는 사각형 ABCD에서 선분 AD를 1 : 3으로 내분하는 점을 지나는 직선 l이 사각형 ABCD의 넓이를 이등분한다. 직선 l의 방정식이 $y=ax+b$일 때, $a+b$의 값을 구하시오. (단, a, b는 상수이다.)

7-1 좌표평면 위의 네 점 A(0, 2), B(3, 0), C(5, 1), D(4, 4)를 꼭짓점으로 하는 사각형 ABCD의 넓이를 직선 $y=-x+k$가 이등분할 때, $36k$의 값을 구하시오. (단, k는 실수이다.)

유형8 도형의 성질과 직선의 방정식

8 오른쪽 그림과 같이 $\overline{AB}=6$, $\overline{BC}=4$, $\angle B=90°$인 직각삼각형 ABC가 있다. 변 AB를 5 : 1로 내분하는 점 D와 변 BC 위의 점 E, 변 CA 위의 점 F에 대하여 삼각형 DEF의 무게중심과 삼각형 ABC의 무게중심이 일치할 때, 변 EF의 길이는?

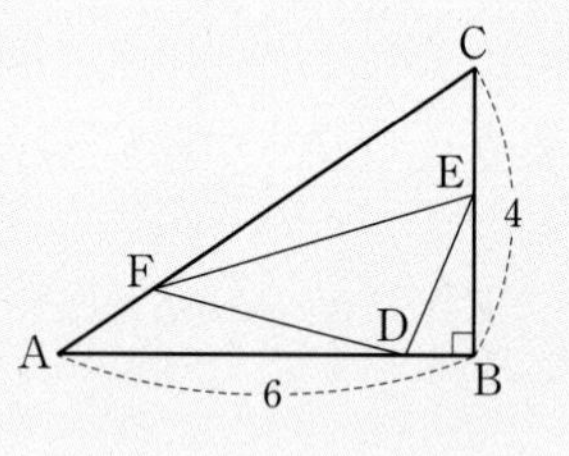

① $\frac{14}{3}$ ② 5 ③ $\frac{16}{3}$
④ $\frac{17}{3}$ ⑤ 6

8-1 세 직선

l : $4x-3y+21=0$, m : $y+5=0$, n : $3x+4y-28=0$

으로 둘러싸인 삼각형의 내심의 좌표를 (a, b)라 할 때, $a+b$의 값을 구하시오.

유형9 정점을 지나는 직선

9 이차함수 $f(x)=k(x-1)^2-4k+2$에 대하여 곡선 $y=f(x)$의 꼭짓점을 A라 하고, 이 곡선이 y축과 만나는 점을 B라 하자. 보기에서 옳은 것만을 있는 대로 고른 것은? (단, O는 원점이다.) | 학평 기출 |

보기

ㄱ. $k=1$일 때, $\overline{OA}=\sqrt{5}$이다.

ㄴ. 0이 아닌 실수 k의 값에 관계없이 곡선 $y=f(x)$가 항상 지나는 점은 2개이다.

ㄷ. 0이 아닌 실수 k의 값에 관계없이 직선 AB는 항상 점 $(-3, 2)$를 지난다.

① ㄱ ② ㄷ ③ ㄱ, ㄴ
④ ㄴ, ㄷ ⑤ ㄱ, ㄴ, ㄷ

9-1 이차함수 $f(x)=kx^2-4kx+3k-8$에 대하여 0이 아닌 실수 k의 값에 관계없이 곡선 $y=f(x)$가 항상 지나는 두 점 사이의 거리는?

① 1 ② $\frac{3}{2}$ ③ 2
④ $\frac{5}{2}$ ⑤ 3

유형 10 두 직선의 위치 관계의 활용

10 서로 다른 세 직선 $kx+4y+4=0$, $x+ky+2=0$, $kx-3y+1=0$에 의하여 좌표평면이 6개의 영역으로 나누어질 때, 모든 실수 k의 값의 합은?

① 0 ② $\frac{2}{3}$ ③ $\frac{4}{3}$
④ 2 ⑤ $\frac{8}{3}$

10-1 서로 다른 세 직선 $x+2ky-4=0$, $3x+2(k+4)y-4=0$, $(k-1)x+2y-8=0$이 삼각형을 만들지 못할 때, 모든 실수 k의 값의 합은?

① $\frac{1}{4}$ ② $\frac{3}{4}$ ③ $\frac{5}{4}$
④ $\frac{7}{4}$ ⑤ $\frac{9}{4}$

유형 11 점과 직선 사이의 거리의 활용(1) - 삼각형의 넓이 구하기

11 좌표평면 위의 세 점 A(1, 1), B(0, −3), C(5, 2)를 꼭짓점으로 하는 삼각형 ABC의 무게중심을 G, 선분 BC를 2 : 1로 외분하는 점을 D라 하자. 선분 GD 위의 점 P에 대하여 삼각형 GCP의 넓이가 삼각형 ABC의 넓이의 $\frac{1}{5}$이 되는 점 P의 좌표는 (a, b)일 때, $a+b$의 값은?

① 7 ② 8 ③ 10
④ 11 ⑤ 12

11-1 직선 $2x+5y-15=0$이 두 직선 $x-y-4=0$, $4x-y+3=0$과 만나는 점을 각각 A, B라 하고, 직선 $x+ay+a+1=0$이 두 직선 $x-y-4=0$, $4x-y+3=0$과 만나는 점을 각각 P, Q라 하자. 직선 PQ가 선분 AB와 만나지 않고, 사각형 ABQP의 넓이가 17일 때, 상수 a의 값은?

① 3 ② $\frac{10}{3}$ ③ $\frac{11}{3}$
④ 4 ⑤ $\frac{13}{3}$

유형 12 점과 직선 사이의 거리의 활용(2) - 평행한 두 직선 사이의 거리

12 임의의 실수 a, b에 대하여 $(a-b)^2+(|a+3|+b^2)^2$의 최솟값이 $\frac{n}{m}$일 때, $m+n$의 값은?

(단, m과 n은 서로소인 자연수이다.)

① 151 ② 152 ③ 153
④ 154 ⑤ 155

12-1 좌표평면에서 곡선 $|x|+|y|=2$ 위의 점 (x_1, y_1)과 곡선 $y=x^2-8x+18$ 위의 점 (x_2, y_2)에 대하여 $(x_2-x_1)^2+(y_2-y_1)^2$의 값이 최소일 때, x_1+x_2의 값은?

① 5 ② $\frac{41}{8}$ ③ $\frac{21}{4}$
④ $\frac{43}{8}$ ⑤ $\frac{11}{2}$

Step C 1등급 완성 최고난도 예상 문제

01 이차함수 $f(x)=x^2+ax$의 그래프와 직선 $y=x+2$가 서로 다른 두 점 A, B에서 만날 때, 선분 AB의 길이의 최솟값을 m이라 하고 그때의 a의 값을 a_1이라 하자. $m+a_1$의 값은?

① 5 ② 6 ③ 7 ④ 8 ⑤ 9

02 두 실수 x, y에 대하여

$$\sqrt{4x^2+4y^2+16x+16}+\sqrt{4x^2+4y^2-24x-40y+136}$$

의 최솟값을 m이라 할 때, m^2의 값은?

① 100 ② 200 ③ 300 ④ 400 ⑤ 500

03 다음 그림과 같이 x축 위의 네 점 A_1, A_2, A_3, A_4에 대하여 $\overline{OA_1}$, $\overline{A_1A_2}$, $\overline{A_2A_3}$, $\overline{A_3A_4}$를 각각 한 변으로 하는 정삼각형 OA_1B_1, $A_1A_2B_2$, $A_2A_3B_3$, $A_3A_4B_4$의 넓이를 각각 S_1, S_2, S_3, S_4라 하자. $S_4=4S_3=16S_2=64S_1$이고, 점 B_4의 x좌표가 33일 때, $\overline{B_2B_3}^2$의 값을 구하시오. (단, O는 원점이다.)

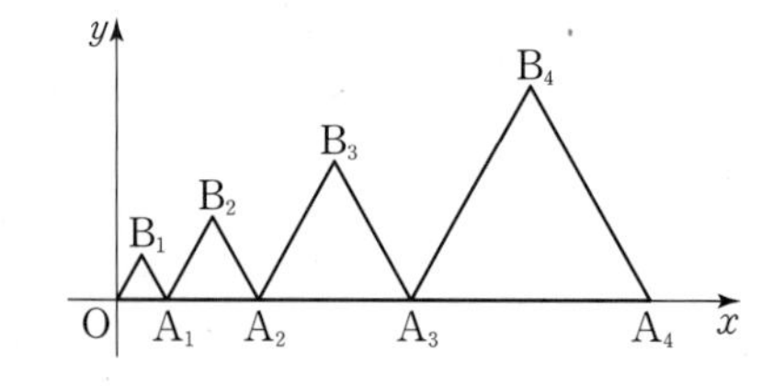

04 오른쪽 그림과 같이 좌표평면 위의 세 점 A(4, 0), B(4, 3), C(0, 3)에 대하여 선분 OB와 선분 AC가 만나는 점을 E, ∠COB의 이등분선이 선분 CB, 선분 CA와 만나는 점을 각각 P, Q라 하자. 삼각형 PQE의 무게중심의 좌표는 (a, b)이다. $b-a$의 값은? (단, O는 원점이다.)

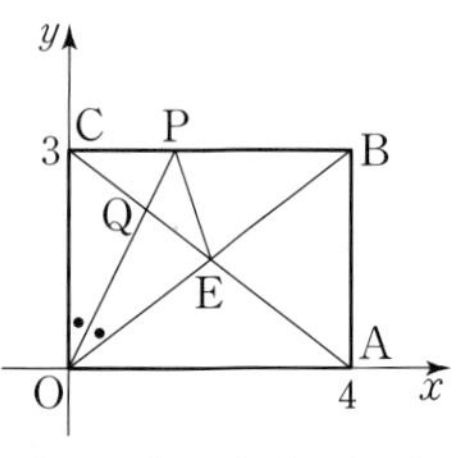

① $\frac{7}{11}$ ② $\frac{2}{3}$ ③ $\frac{23}{33}$ ④ $\frac{8}{11}$ ⑤ $\frac{25}{33}$

05 한 변의 길이가 4인 정삼각형 ABC의 변 AB를 $m:n$으로 내분하는 점 P에 대하여 $\overline{PB}^2+\overline{PC}^2$의 값이 최소일 때, 선분 AP를 $m:n$으로 외분하는 점을 Q라 하자. 선분 AQ의 길이는? (단, m과 n은 서로소인 자연수이다.)

① 4 ② $\frac{9}{2}$ ③ 5 ④ $\frac{11}{2}$ ⑤ 6

06 오른쪽 그림과 같이 $\overline{AB}=9$, $\overline{AC}=6$, ∠A=90°인 직각삼각형 ABC의 두 변 AB, CA를 1 : 2로 내분하는 점을 각각 D, E라 하자. 변 BC 위의 점 F에 대하여 삼각형 DEF의 무게중심과 삼각형 ABC의 무게중심이 일치할 때, $\overline{CF}^2-\overline{AF}^2$의 값을 구하시오.

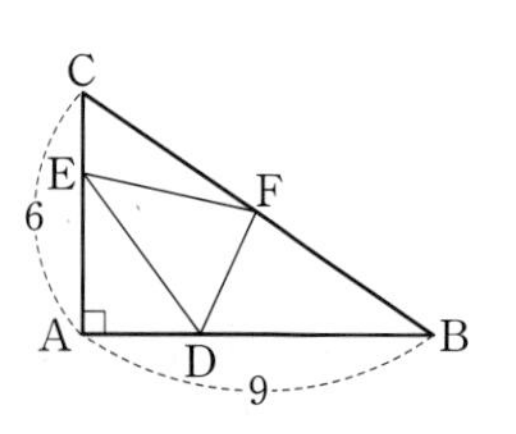

07 삼각형 ABC의 무게중심을 G라 할 때, 직선 AG와 BG의 방정식이 각각 $4x-y-8=0$, $x+4y-2=0$이다. 점 C의 좌표가 $(5,\ -5)$일 때, 선분 AB의 길이는?

① $4\sqrt{2}$ ② $\sqrt{34}$ ③ 6
④ $\sqrt{38}$ ⑤ $2\sqrt{10}$

08 다음 그림과 같이 선분 AB의 길이가 6인 직각이등변삼각형 ABC가 있다. 선분 AB를 2 : 1로 내분하는 점을 P라 하고, 점 P를 지나는 직선이 삼각형 ABC의 넓이를 이등분할 때 이 직선이 선분 AC와 만나는 점을 Q라 하자. 직선 PQ가 직선 BC와 만나는 점을 R라 할 때, 삼각형 QCR의 넓이를 구하시오.

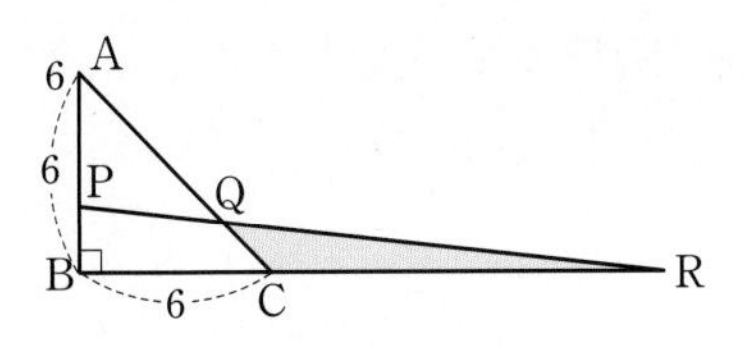

09 좌표평면 위의 두 점 $A(-2,\ -1)$, $B(8,\ 4)$를 잇는 선분 AB를 $t : (1-t)$로 내분하는 점이 x축, y축 및 직선 $y=-x+6$으로 둘러싸인 삼각형의 내부에 있을 때, t의 값의 범위는 $a<t<b$이다. $b-a$의 값은?

(단, a, b는 상수이고, $0<t<1$이다.)

① $\frac{1}{10}$ ② $\frac{1}{5}$ ③ $\frac{3}{10}$
④ $\frac{2}{5}$ ⑤ $\frac{1}{2}$

10 네 점 $A(-2,\ 1)$, $B(1,\ -1)$, $C(7,\ 4)$, $D(4,\ 8)$을 꼭짓점으로 하는 사각형 ABCD의 내부의 한 점 $P(a,\ b)$에 대하여 $\overline{PA}+\overline{PB}+\overline{PC}+\overline{PD}$의 값이 최소일 때, $a+b$의 값은?

① 4 ② $\frac{17}{4}$ ③ $\frac{9}{2}$
④ $\frac{19}{4}$ ⑤ 5

11 좌표평면 위의 네 점 $A(-1,\ 1)$, $B(1,\ 1)$, $C(a,\ b)$, $D(c,\ d)$에 대하여 사각형 ABCD가 다음 조건을 만족시킨다.

> (가) 선분 BC의 수직이등분선이 점 D를 지난다.
> (나) 사각형 ABCD는 마름모이다.

$a+b+c+d$의 값은? (단, 점 C는 제1사분면 위의 점이다.)

① $2+\sqrt{3}$ ② $2+2\sqrt{3}$ ③ $4+\sqrt{3}$
④ $4+2\sqrt{3}$ ⑤ $6+\sqrt{3}$

12 실수 a에 대하여 방정식 $2x^2-2y^2+3xy+10y+a=0$은 두 직선을 나타낸다. 이 두 직선 중 기울기가 양수인 직선을 l_1, 기울기가 음수인 직선을 l_2라 하자. 직선 l_1이 y축과 만나는 점을 A, 직선 l_2가 x축과 만나는 점을 B, 직선 l_1과 l_2의 교점을 C라 할 때, 삼각형 ABC의 넓이는?

① 2 ② $\frac{12}{5}$ ③ $\frac{12\sqrt{2}}{5}$
④ $\frac{24}{5}$ ⑤ $\frac{24\sqrt{2}}{5}$

13 오른쪽 그림과 같이 한 변의 길이가 12인 정사각형 모양의 종이 OABC를 점 O가 원점에, 두 점 A, C가 각각 x축, y축 위에 있도록 좌표평면 위에 놓았다. 두 점 D, E는 각각 두 선분 OC, AB를 2 : 1로 내분하는 점이고, 선분 OA 위의 점 F에 대하여 $\overline{OF}=5$이다. 선분 OC 위의 점 P와 선분 AB 위의 점 Q에 대하여 선분 PQ를 접는 선으로 하여 종이를 접었더니 점 O는 선분 BC 위의 점 O′으로, 점 F는 선분 DE 위의 점 F′으로 옮겨졌다. 좌표평면에서 직선 PQ의 방정식이 $y=mx+n$일 때, $n-m$의 값을 구하시오.

(단, m, n은 상수이고, 종이의 두께는 고려하지 않는다.)

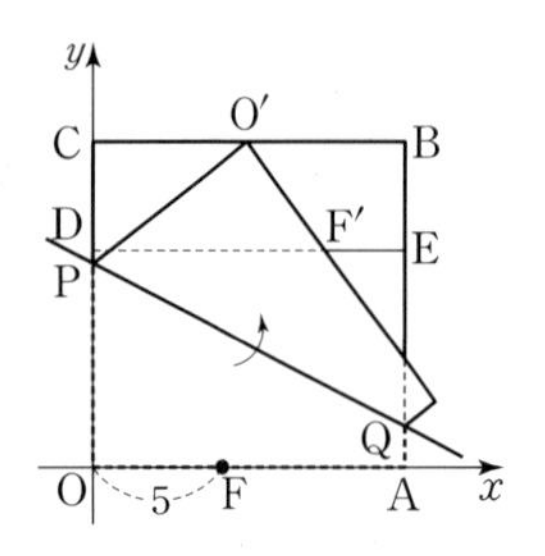

14 직선 $x+2y+8=0$에 수직이고 점 $(-1, 3)$을 지나는 직선이 직선 $kx+y-2k-3=0$과 제2사분면에서 만나도록 하는 실수 k의 값의 범위가 $\alpha<k<\beta$일 때, $\alpha+\beta$의 값은?

(단, α, β는 상수이다.)

① $-\frac{2}{3}$　② $-\frac{1}{3}$　③ 0　④ $\frac{1}{3}$　⑤ $\frac{2}{3}$

신유형

15 좌표평면 위의 두 점 O(0, 0), A(2, 2)와 직선 l: $(-x+y)h+4kx+4x-2ky+6y-1=0$ (k, h는 상수)이 있다. 직선 l이 h의 값에 관계없이 선분 OA와 만나도록 하는 음의 정수 k의 값들의 합을 구하시오.

16 상수 k $(k\neq-2)$에 대하여 직선 $x-2y-k=0$ 위를 움직이는 점 P(a, b)가 있다. 직선 $ax+(b-1)y-4b=0$이 점 P에 관계없이 항상 지나는 점을 Q라 할 때, 선분 OQ의 길이가 2 이하가 되기 위한 k의 값의 범위는 $\alpha\le k\le\beta$이다. $\beta-\alpha$의 값은? (단, a, b는 상수이고, O는 원점이다.)

① 1　② $\frac{4}{3}$　③ $\frac{5}{3}$　④ 2　⑤ $\frac{7}{3}$

17 좌표평면 위의 세 점 A, B, C를 꼭짓점으로 하는 삼각형 ABC에서 세 변 AB, BC, CA의 중점의 좌표를 각각 P(2, 1), Q(4, −1), R(a, b)라 하자. 삼각형 ABC의 무게중심 G에서 직선 PQ까지의 거리가 $2\sqrt{2}$이고, 직선 BR와 직선 PQ가 서로 수직일 때, $2a+b$의 값을 구하시오.

(단, 점 G는 제1사분면 위에 있다.)

18 오른쪽 그림과 같이 원점 O를 꼭짓점으로 하고, 평행한 두 직선 $y=2x+6$, $y=2x-4$와 서로 수직인 선분 PQ를 밑변으로 하는 삼각형 OPQ의 넓이가 20일 때, 직선 PQ의 방정식은 $y=ax+b$이다. ab의 값은?

(단, a, b는 상수이고, 두 점 P, Q는 제1사분면 위의 점이다.)

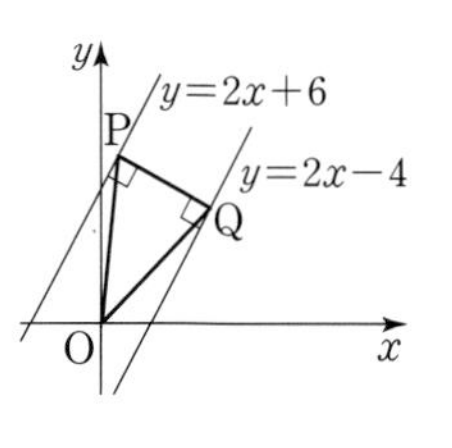

① −4　② −5　③ −6　④ −8　⑤ −10

19 수직선 위의 세 점 $\mathrm{A}(-3)$, $\mathrm{B}(5)$, $\mathrm{P}(x)$에 대하여 $\overline{\mathrm{AP}}+3\overline{\mathrm{BP}}\le n$을 만족시키는 정수 x가 10개 존재하도록 하는 모든 자연수 n의 값의 합은?

① 35　② 37　③ 39
④ 41　⑤ 43

20 오른쪽 그림과 같이 평행한 세 직선 l_1, l_2, l_3에 대하여 두 직선 l_1, l_2 사이의 거리는 1이고, 두 직선 l_2, l_3 사이의 거리는 4이다. 세 직선 l_1, l_2, l_3 위의 세 점 A, B, C를 꼭짓점으로 하는 삼각형 ABC가 정삼각형일 때, 정삼각형 ABC의 넓이는?

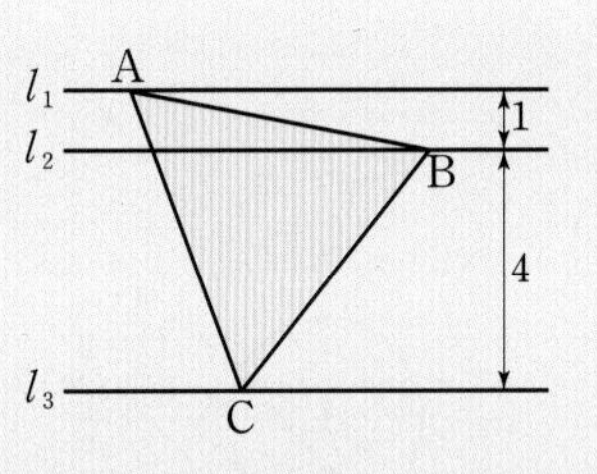

① $6\sqrt{3}$　② $7\sqrt{3}$　③ $8\sqrt{3}$
④ $9\sqrt{3}$　⑤ $10\sqrt{3}$

21 좌표평면 위의 네 점 $\mathrm{O}(0,\ 0)$, $\mathrm{A}(-2,\ 0)$, $\mathrm{B}(-2,\ -4)$, $\mathrm{C}(0,\ -4)$를 꼭짓점으로 하는 직사각형 OABC와 세 점 $\mathrm{D}(5,\ 1)$, $\mathrm{E}(3,\ 0)$, $\mathrm{F}(7,\ 0)$을 꼭짓점으로 하는 삼각형 DEF가 있다. 직사각형 OABC와 삼각형 DEF의 넓이를 동시에 이등분하는 직선 l이 직선 DF와 만나는 점을 P라 할 때, 점 P는 선분 DF를 $m : n$으로 내분하는 점이다. $m+n$의 값을 구하시오. (단, m과 n은 서로소인 자연수이다.)

22 오른쪽 그림과 같이 중심이 O이고 반지름의 길이가 1인 원 위의 5개의 점 A, B, C, D, E에 대하여 삼각형 ABC의 무게중심은 O이고 삼각형 ODE는 정삼각형이다. 선분 AB, AC, OD, OE의 연장선 위에 각각 점 B′, C′, D′, E′이 있다. 두 반직선 BB′, CC′과 선분 BC에 동시에 접하는 원의 중심을 P라 하고 두 반직선 DD′, EE′과 선분 DE에 동시에 접하는 원의 중심을 Q라 할 때, 선분 PQ의 길이의 최댓값과 최솟값의 곱은? (단, O는 원점이다.)

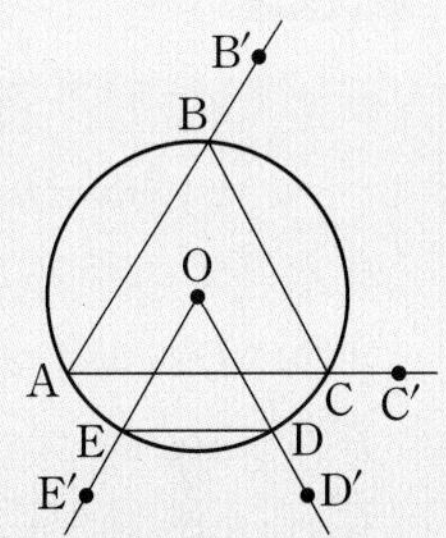

① 1　② 2　③ 3
④ 4　⑤ 5

원의 방정식

개념 1 원의 방정식

(1) 중심의 좌표가 (a, b)이고 반지름의 길이가 r인 원의 방정식은

$$(x-a)^2+(x-b)^2=r^2$$

(2) x, y에 대한 이차방정식 $x^2+y^2+Ax+By+C=0$ $(A^2+B^2-4C>0)$은 중심의 좌표가 $\left(-\frac{A}{2}, -\frac{B}{2}\right)$, 반지름의 길이가 $\frac{\sqrt{A^2+B^2-4C}}{2}$인 원을 나타낸다.

점 (a, b)를 중심으로 하고 좌표축에 접하는 원의 방정식

① x축에 접하는 원의 방정식
$(x-a)^2+(y-b)^2=b^2$

② y축에 접하는 원의 방정식
$(x-a)^2+(y-b)^2=a^2$

③ x축, y축에 동시에 접하는 원의 방정식
$(x-a)^2+(y-a)^2=a^2$

개념 2 두 원의 교점을 지나는 도형의 방정식

서로 다른 두 점에서 만나는 두 원

$$C: x^2+y^2+ax+by+c=0,\ C': x^2+y^2+a'x+b'y+c'=0$$

의 교점을 지나는 원 중에서 원 C'을 제외한 원의 방정식은

$$x^2+y^2+ax+by+c+k(x^2+y^2+a'x+b'y+c')=0 \text{ (단, } k\neq-1\text{인 실수)}$$

$k=-1$일 때, 두 원의 교점을 지나는 직선의 방정식, 즉 공통현의 방정식이다.

개념 3 원과 직선의 위치 관계

원 $x^2+y^2=r^2$과 직선 $y=mx+n$의 교점의 개수는 이차방정식

$$x^2+(mx+n)^2=r^2, \text{ 즉 } (m^2+1)x^2+2mnx+n^2-r^2=0 \quad \cdots\cdots ㉠$$

의 실근의 개수와 같다. 원과 직선의 위치 관계는 이차방정식 ㉠의 판별식 D의 부호에 따라 다음과 같다.

(1) $D>0$일 때, 서로 다른 두 점에서 만난다.

(2) $D=0$일 때, 한 점에서 만난다.(접한다.)

(3) $D<0$일 때, 만나지 않는다.

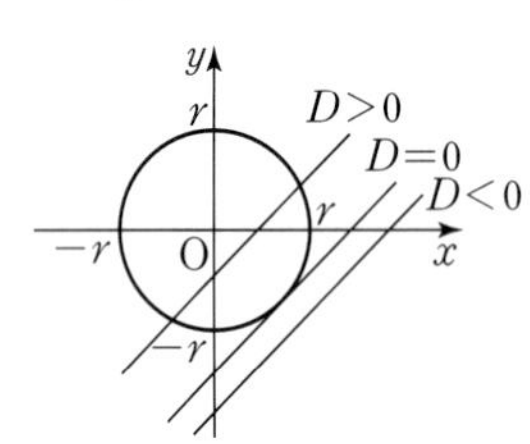

점과 직선 사이의 거리를 이용한 원과 직선의 위치 관계

반지름의 길이가 r인 원의 중심과 직선 사이의 거리를 d라 할 때, 원과 직선의 위치 관계는 다음과 같다.

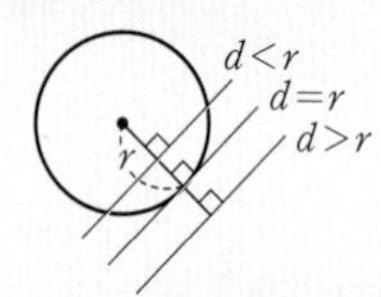

① $d<r$: 서로 다른 두 점에서 만난다.

② $d=r$: 한 점에서 만난다.(접한다.)

③ $d>r$: 만나지 않는다.

개념 4 원의 접선의 방정식

(1) 기울기가 주어진 원의 접선의 방정식

원 $x^2+y^2=r^2$에 접하고 기울기가 m인 접선의 방정식은

$$y=mx\pm r\sqrt{m^2+1}$$

(2) 원 위의 점에서의 접선의 방정식

원 $x^2+y^2=r^2$ 위의 점 $\mathrm{P}(x_1, y_1)$에서의 접선의 방정식은

$$x_1x+y_1y=r^2$$

(3) 원 밖의 한 점에서 원에 그은 접선의 방정식

① 접점의 좌표를 (x_1, y_1)이라 하고 이 점에서의 접선의 방정식이 원 밖의 한 점을 지남을 이용한다.

② 접선의 기울기를 m이라 하고 원 밖의 한 점을 지나는 직선의 방정식을 세운 후, 원의 방정식과 직선의 방정식을 연립한 이차방정식의 판별식 D가 $D=0$임을 이용한다.

③ 접선의 기울기를 m이라 하고 원 밖의 한 점을 지나는 직선의 방정식을 세운 후, 원의 중심과 직선 사이의 거리와 반지름의 길이가 같음을 이용한다.

원 밖의 한 점에서 그은 접선은 항상 2개이므로 접선의 방정식도 2개이다.

Step A 1등급을 위한 고난도 빈출 & 핵심 문제

정답과 해설 132쪽

빈출 1 원의 방정식

01 방정식 $x^2+y^2-4ax-2ay+10a+15=0$이 원이 되도록 하는 자연수 a의 최솟값은?

① 2　② 3　③ 4　④ 5　⑤ 6

교과서 심화 변형

02 세 직선 $y=0$, $x-y+3=0$, $2x+3y-4=0$으로 만들어지는 삼각형의 외접원의 넓이는?

① $\frac{11}{2}\pi$　② $\frac{13}{2}\pi$　③ $\frac{15}{2}\pi$　④ $\frac{17}{2}\pi$　⑤ $\frac{19}{2}\pi$

03 원 $x^2+y^2=1$ 위의 점 P와 두 점 A$(-2, 3)$, B$(2, 5)$에 대하여 $\overline{AP}^2+\overline{BP}^2$의 최솟값은?

① 24　② 25　③ 26　④ 27　⑤ 28

04 원 $x^2+y^2-4x+6y=0$ 위의 점과 점 A$(-1, 1)$ 사이의 거리의 최댓값을 M, 최솟값을 m이라 할 때, Mm의 값을 구하시오.

빈출 2 축에 접하는 원의 방정식

05 중심이 직선 $y=2x-4$ 위에 있고, x축과 y축에 동시에 접하는 두 원의 넓이의 합은?

① $\frac{40}{3}\pi$　② $\frac{130}{9}\pi$　③ $\frac{140}{9}\pi$　④ $\frac{50}{3}\pi$　⑤ $\frac{160}{9}\pi$

06 원 $x^2+y^2-(k-2)x-ky=0$에 대한 설명으로 옳은 것만을 보기에서 있는 대로 고른 것은? (단, k는 실수이다.)

보기
ㄱ. 원의 넓이의 최솟값은 $\frac{\pi}{4}$이다.
ㄴ. 원의 중심은 직선 $y=x+1$ 위에 있다.
ㄷ. 원이 x축과 접하도록 하는 실수 k의 개수는 2이다.

① ㄱ　② ㄴ　③ ㄱ, ㄴ　④ ㄱ, ㄷ　⑤ ㄴ, ㄷ

빈출 3 원과 직선의 위치 관계

07 점 $(-1, 3)$을 지나고 기울기가 양수인 직선 l이 원 $x^2+y^2-6x-2y-15=0$에 의하여 잘려서 생기는 선분의 길이가 6일 때, 직선 l의 기울기를 구하시오.

교과서 심화 변형

08 원 $x^2+y^2=2$ 위를 움직이는 점 A와 직선 $x+y+4=0$ 위를 움직이는 서로 다른 두 점 B, C를 꼭짓점으로 하는 정삼각형 ABC의 넓이의 최댓값은?

① $4\sqrt{6}$　② $6\sqrt{3}$　③ 12　④ $5\sqrt{6}$　⑤ 14

빈출 4 원의 접선의 방정식 (1) – 중심이 원점일 때

09 원 $x^2+y^2=9$ 위의 점 $(2\sqrt{2},\ 1)$에서의 접선이 원 $(x-3)^2+(y-9)^2=k$와 접할 때, 상수 k의 값은?

① 4 ② 5 ③ 6
④ 7 ⑤ 8

10 원 $x^2+y^2=16$과 직선 $x-2y-2=0$이 만나는 두 점을 각각 A, B라 하자. 원 위의 점 P에 대하여 삼각형 PAB의 넓이가 최대일 때, 점 P에서의 접선의 방정식은 $x+ay+b=0$이다. a^2+b^2의 값을 구하시오. (단, a, b는 상수이다.)

11 점 P(1, 2)에서 원 $x^2+y^2=1$에 그은 두 접선의 접점을 각각 A, B라 할 때, 삼각형 PAB의 넓이는?

① $\frac{3}{5}$ ② 1 ③ $\frac{6}{5}$
④ $\frac{8}{5}$ ⑤ $\frac{9}{5}$

12 2 이상의 자연수 n에 대하여 y축 위의 점 $(0,\ n)$에서 원 $x^2+y^2=1$에 접선을 그을 때, 제2사분면에 있는 접점의 좌표를 $(x_n,\ y_n)$이라 하자. ${x_2}^2\times{x_3}^2\times{x_4}^2$의 값을 구하시오.

빈출 5 원의 접선의 방정식 (2) – 중심이 원점이 아닐 때

13 원 $(x+2)^2+(y-1)^2=18$에 접하는 직선 l의 기울기는 -1이고, y절편은 양수이다. 직선 l과 x축, y축에 동시에 접하는 원의 넓이의 최솟값이 $(p+q\sqrt{2})\pi$일 때, $2p+q$의 값을 구하시오. (단, p, q는 유리수이다.)

14 점 $(1,\ a)$에서 원 $x^2+y^2+8x-2y-3=0$에 그은 두 접선이 서로 수직일 때, 양수 a의 값은?

① $1+\sqrt{15}$ ② 5 ③ $1+\sqrt{17}$
④ $1+3\sqrt{2}$ ⑤ $1+\sqrt{19}$

빈출 6 원과 자취

15 두 점 $A(-1,\ 0)$, $B(5,\ 0)$에서의 거리의 비가 2 : 1인 점 P에 대하여 삼각형 PAB의 넓이의 최댓값을 구하시오.

교과서 심화 변형

16 두 직선 $mx-3y+6-2m=0$, $3x+my-6=0$의 교점 P와 점 $A(-3,\ -2)$에 대하여 선분 PA의 길이의 최솟값은?

① $\sqrt{30}+1$ ② $4\sqrt{2}-1$ ③ $\sqrt{34}-1$
④ 5 ⑤ $\sqrt{38}+2$

B Step 1등급을 위한 고난도 기출 VS 변형 유형

정답과 해설 135쪽

유형 1 원의 방정식 - 원의 성질의 응용

1 좌표평면 위의 두 점 $A(-\sqrt{5}, -1)$, $B(\sqrt{5}, 3)$과 직선 $y=x-2$ 위의 서로 다른 두 점 P, Q에 대하여 $\angle APB=\angle AQB=90°$일 때, 선분 PQ의 길이를 l이라 하자. l^2의 값을 구하시오. | 학평 기출 |

1-1 좌표평면 위의 두 점 $A(2, a)$, $B(2, 0)$과 y축 위의 서로 다른 두 점 C, D에 대하여 $\angle ACB=\angle ADB=90°$이다. $\overline{CD}=2\sqrt{3}$일 때, 두 점 C, D의 y좌표의 곱은? (단, $a>0$)

① 1 ② 2 ③ 3
④ 4 ⑤ 5

유형 2 원과 직선의 위치 관계

2 오른쪽 그림과 같이 좌표평면 위에 반지름의 길이가 2인 원과 반지름의 길이가 1인 반원들로 이루어진 태극문양의 도형이 있다. 이 도형이 직선 $mx-y+m=0$과 서로 다른 세 점에서 만나도록 하는 실수 m의 값의 범위는?

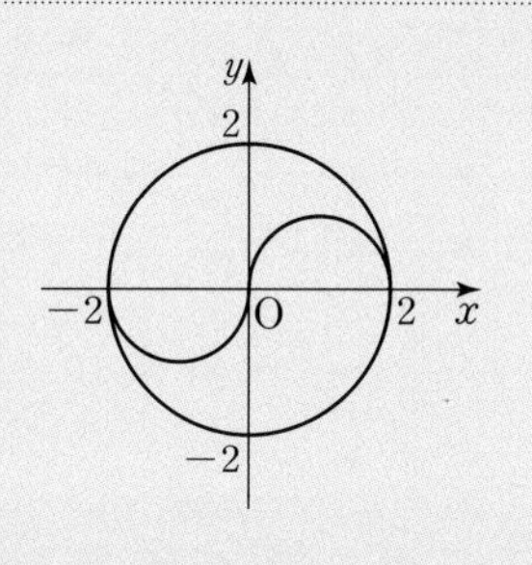

① $m\le 0$ ② $0\le m<\frac{\sqrt{3}}{3}$
③ $m\le 0$ 또는 $m>\frac{\sqrt{3}}{3}$ ④ $m<\frac{\sqrt{3}}{3}$ 또는 $m>\sqrt{3}$
⑤ $m>\sqrt{3}$

2-1 오른쪽 그림과 같이 좌표평면 위에 반지름의 길이가 1이고 중심각의 크기가 90°인 부채꼴의 호들로 이루어진 도형이 있다. 이 도형과 직선 $4x-(a+1)y+a-3=0$의 교점의 개수가 최대가 되도록 하는 양수 a의 값의 범위가 $\alpha<a<\beta$ 또는 $\gamma<a<\delta$일 때, $\alpha+\beta+\gamma+\delta$의 값은?

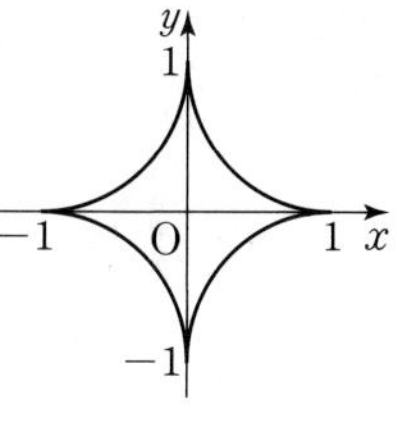

① $6+\frac{16\sqrt{3}}{3}$ ② $6+\frac{17\sqrt{3}}{3}$ ③ $6+6\sqrt{3}$
④ $6+\frac{19\sqrt{3}}{3}$ ⑤ $6+\frac{20\sqrt{3}}{3}$

유형 3 공통현이 둘레의 길이를 이등분할 조건

3 원 $(x-2)^2+(y-4)^2=r^2$이 원 $(x-1)^2+(y-1)^2=4$의 둘레의 길이를 이등분할 때, 양수 r의 값은?

① 3 ② $2\sqrt{3}$ ③ $\sqrt{14}$
④ 4 ⑤ $\sqrt{17}$

3-1 중심의 좌표가 (a, b)인 원 C가 다음 조건을 만족시킬 때, a^2+b^2의 최솟값을 구하시오.

> (가) 원 C는 점 $(0, 3)$을 지난다.
> (나) 원 C는 원 C_1: $x^2+y^2-x-5y+4=0$의 둘레의 길이를 이등분한다.
> (다) 원 C와 직선 $y=x$의 두 교점 사이의 거리는 $2\sqrt{5}$이다.

유형 4 접은 원의 방정식

4 다음 그림과 같이 $\overline{AB}$를 접는 선으로 하여 원 $x^2+y^2=16$을 접으면 이 원은 점 $(2, 0)$에서 x축에 접한다. 직선 AB의 방정식이 $ax+by-5=0$일 때, $a+b$의 값은?

(단, a, b는 상수이다.)

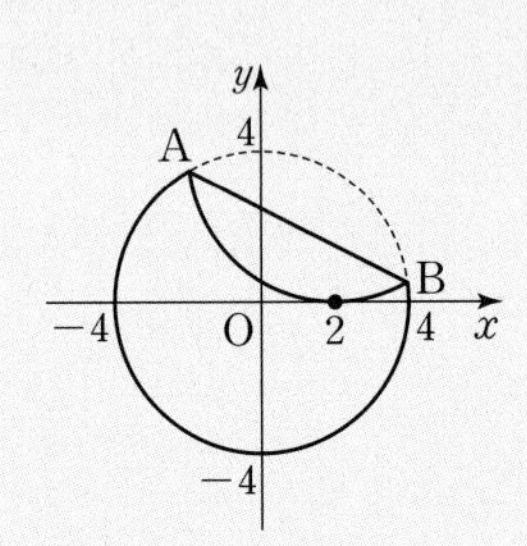

① 3 ② 4 ③ 5
④ 6 ⑤ 7

4-1 다음 그림과 같이 원 C: $x^2+(y-a)^2=36$이 x축과 만나는 두 점 중 x좌표가 양수인 점을 A, y축과 만나는 두 점 중 y좌표가 양수인 점을 B라 하자. 또, $\overline{AB}$를 접는 선으로 하여 원 C를 접을 때 생기는 y축과의 교점을 C라 하자.
세 점 A, B, C를 지나는 원 C'은 점 A에서 x축에 접한다. 원 C'의 중심 D에 대하여 삼각형 CAD의 넓이가 12일 때, a^2의 값을 구하시오. (단, $0<a<6$)

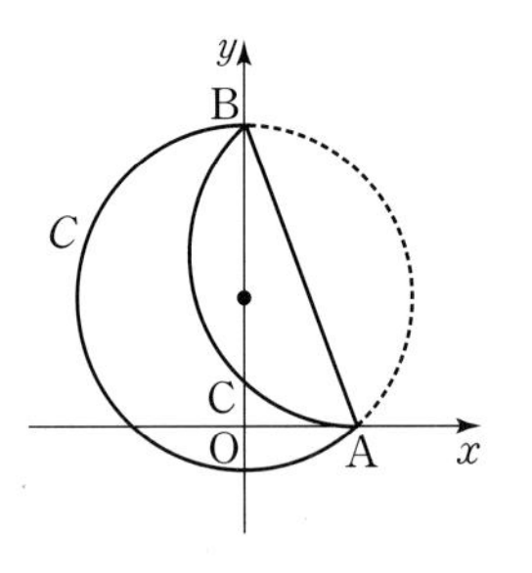

유형 5 현의 길이

5 좌표평면에 원 $x^2+y^2-10x=0$이 있다. 이 원의 현 중에서 점 $A(1, 0)$을 지나고 그 길이가 자연수인 현의 개수는?

| 학평 기출 |

① 6 ② 7 ③ 8
④ 9 ⑤ 10

5-1 두 원 $x^2+y^2=16$, $(x-3)^2+(y-3)^2=4$의 두 교점을 각각 A, B라 하고 두 원의 중심을 각각 C, D라 할 때, 네 점 A, B, C, D를 꼭짓점으로 하는 사각형의 넓이는?

① 6 ② $3\sqrt{5}$ ③ $3\sqrt{6}$
④ $3\sqrt{7}$ ⑤ $6\sqrt{2}$

유형 6 삼각형의 내접원

6 좌표평면 위의 세 점 $A(6, 0)$, $B(0, -3)$, $C(10, -8)$에 대하여 삼각형 ABC에 내접하는 원의 중심을 P라 할 때, 선분 OP의 길이는? (단, O는 원점이다.)

| 학평 기출 |

① $2\sqrt{7}$ ② $\sqrt{30}$ ③ $4\sqrt{2}$
④ $\sqrt{34}$ ⑤ 6

6-1 좌표평면 위의 세 점 $O(0, 0)$, $A(3, -1)$, $B(2, 2)$에 대하여 삼각형 OAB에 내접하는 원의 중심의 좌표가 (a, b)일 때, $b-3a$의 값은?

① $-4\sqrt{5}$ ② $-2\sqrt{5}$ ③ 0
④ $\sqrt{5}$ ⑤ $3\sqrt{5}$

유형 7 축 또는 직선에 접하는 원의 방정식

7 원 $(x-1)^2+(y-2)^2=4$에 접하고 기울기가 1인 직선을 l이라 하자. 직선 l과 x축, y축에 동시에 접하는 원의 반지름의 길이의 최댓값과 최솟값의 합은?

① 4 ② $3\sqrt{2}$ ③ 6
④ $5\sqrt{2}$ ⑤ 8

7-1 중심이 곡선 $y=-x^2+x+2$ 위에 있고 x축, y축에 동시에 접하는 원은 4개 있다. 이 네 원의 중심을 네 꼭짓점으로 하는 사각형의 넓이는?

① $4\sqrt{5}$ ② $2\sqrt{21}$ ③ $3\sqrt{10}$
④ $4\sqrt{6}$ ⑤ 10

유형 8 원과 접선(1)

8 좌표평면에 원 C_1: $(x+7)^2+(y-2)^2=20$이 있다. 그림과 같이 점 P$(a, 0)$에서 원 C_1에 그은 두 접선을 l_1, l_2라 하자. 두 직선 l_1, l_2가 원 C_2: $x^2+(y-b)^2=5$에 모두 접할 때, 두 직선 l_1, l_2의 기울기의 곱을 c라 하자. $11(a+b+c)$의 값을 구하시오. (단, a, b는 양의 상수이다.) | 학평 기출 |

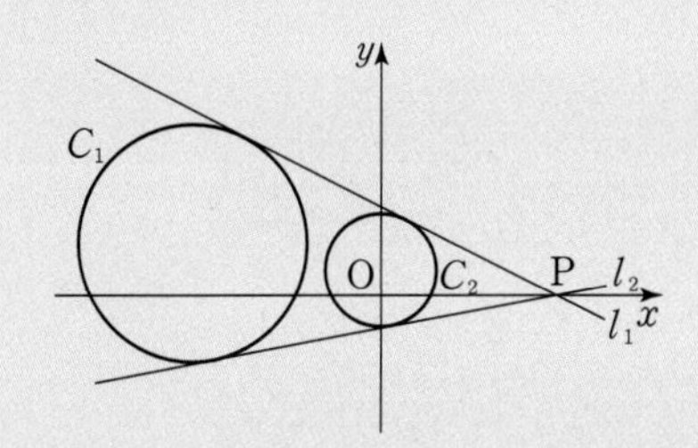

8-1 좌표평면에 원 C_1: $x^2+y^2=1$이 있다. 원 C_1의 중심을 지나고 반지름의 길이가 5인 원을 C_2라 할 때, 두 원 C_1, C_2에 동시에 접하는 직선의 방정식은 $y=-1$ 또는 $y=ax+b$이다. $\frac{b}{a}$의 값은?
(단, a, b는 상수이고, 원 C_2의 중심은 제1사분면 위에 있다.)

① $\frac{23}{24}$ ② 1 ③ $\frac{25}{24}$
④ $\frac{5}{4}$ ⑤ $\frac{4}{3}$

유형 9 원과 접선(2)

9 두 실수 x, y가 등식 $(x-y-3)(x+y-2)=0$을 만족시킬 때, $6(x^2+y^2)$의 최솟값은? | 학평 기출 |

① 4 ② 6 ③ 8
④ 10 ⑤ 12

9-1 오른쪽 그림과 같이 좌표평면에 반지름의 길이가 3인 반원과 서로 수직인 두 선분으로 이루어진 도형이 있다. 이 도형 위의 점 (x, y)에 대하여 x^2+y^2-2x의 최댓값을 M, 최솟값을 m이라 할 때, $M+m$의 값은?

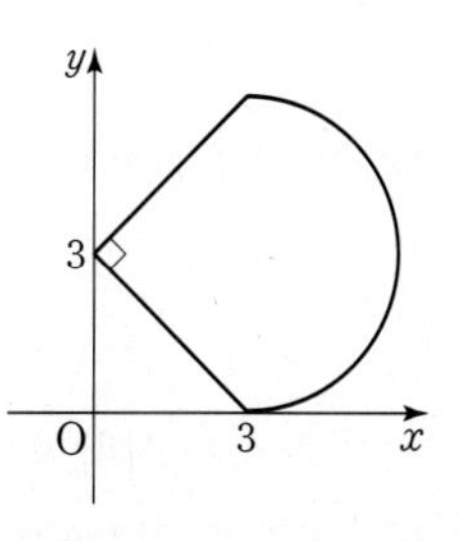

① $22+4\sqrt{13}$ ② $22+4\sqrt{17}$ ③ $22+6\sqrt{13}$
④ $22+6\sqrt{17}$ ⑤ $22+8\sqrt{13}$

유형 10 원과 접선(3)

10 점 $(4, -1)$에서 원 $(x-1)^2+y^2=5$에 그은 두 개의 접선과 y축으로 둘러싸인 부분의 넓이를 이등분하는 직선의 방정식이 $y=kx$일 때, 상수 k의 값은?

① $\frac{3}{10}$ ② $\frac{7}{20}$ ③ $\frac{2}{5}$

④ $\frac{9}{20}$ ⑤ $\frac{1}{2}$

10-1 다음 그림과 같이 원점 O에서 원 C: $(x-4)^2+(y-2)^2=2$에 그은 두 접선의 접점을 각각 A, B라 하고, 두 점 A, B에서 x축에 내린 수선의 발을 각각 H_1, H_2라 하자. 두 삼각형 OH_1A, OH_2B의 넓이를 각각 S_1, S_2라 할 때, $\frac{100S_2}{S_1}$의 값을 구하시오.

(단, 점 A의 x좌표는 점 B의 x좌표보다 작다.)

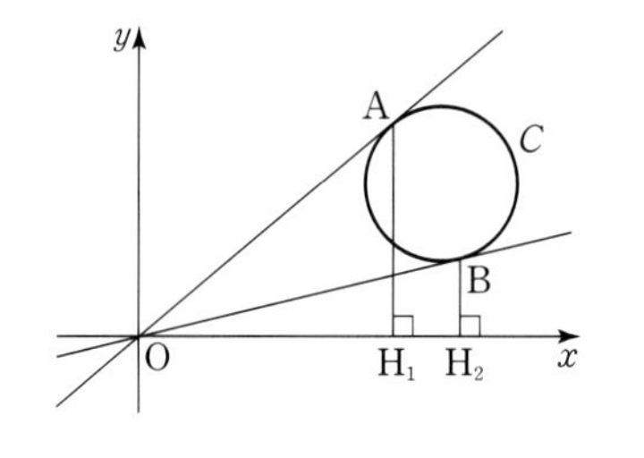

유형 11 원 위의 점에서 직선까지의 거리의 최대 · 최소

11 오른쪽 그림과 같이 원 C: $x^2+y^2=5$ 밖의 점 $D(1, -3)$에서 원 C에 그은 두 접선의 접점을 각각 A, B라 하자. 원 C 위의 임의의 점 C에 대하여 삼각형 ABC의 넓이의 최댓값은?

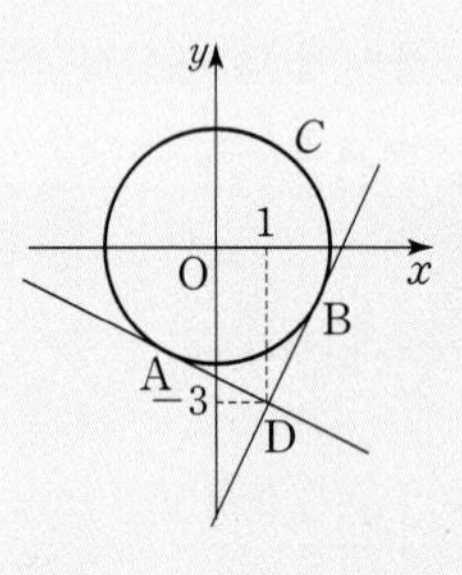

① $\frac{5+\sqrt{10}}{2}$ ② 6

③ $\frac{5+5\sqrt{2}}{2}$ ④ 7

⑤ $5\sqrt{2}$

11-1 직선 $x+y+2=0$이 원 $(x+1)^2+y^2=1$과 만나는 두 점을 A, B라 할 때, 원 $(x-1)^2+y^2=1$ 위의 점 C에 대하여 삼각형 ABC의 넓이의 최댓값과 최솟값의 곱을 구하시오.

유형 12 원과 자취

12 그림과 같이 좌표평면 위의 세 점 $A(-2, 4)$, $B(3, -6)$, $C(a, b)$를 꼭짓점으로 하는 삼각형 ABC에서 각 ACB의 이등분선이 원점 O를 지날 때, 점 C와 직선 AB 사이의 거리의 최댓값을 m이라 하자. m^2의 값을 구하시오.

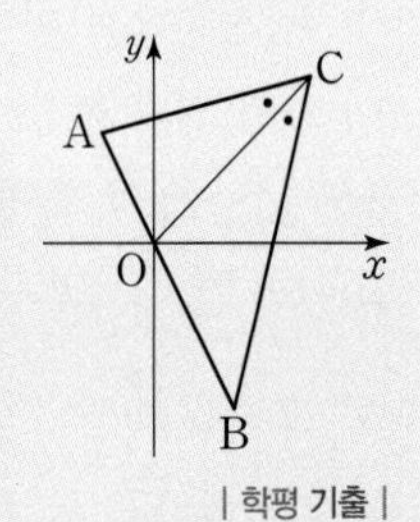

| 학평 기출 |

12-1 한 변의 길이가 2인 정삼각형 ABC가 있다. $\overline{CP}^2=\overline{AP}^2+\overline{BP}^2$을 만족시키는 점 P에 대하여 $\angle APB$의 최댓값은?

① $90°$ ② $120°$ ③ $135°$

④ $144°$ ⑤ $150°$

C Step 1등급 완성 최고난도 예상 문제

정답과 해설 143쪽

01 다음 그림과 같이 반지름의 길이가 같은 두 원 C_1, C_2가 두 점 $O(0, 0)$, $A(\sqrt{2}, \sqrt{2})$에서 만난다. 두 원 C_1, C_2의 중심을 각각 O_1, O_2라 할 때, 사각형 OO_1AO_2의 넓이는 $2\sqrt{3}$이다. 점 O_1의 좌표가 (p, q)일 때, pq의 값을 구하시오.

(단, 점 O_1은 제4사분면 위에 있다.)

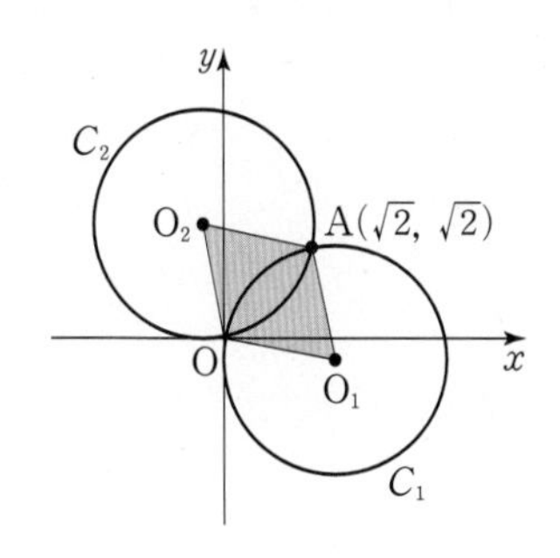

02 원점 O를 지나고 x축의 양의 방향과 이루는 각의 크기가 30°인 직선을 l_1, 점 $A(1, 0)$을 지나고 x축의 양의 방향과 이루는 각의 크기가 60°인 직선을 l_2라 하자. 중심의 좌표가 $(a, 0)$인 원 C가 두 직선 l_1, l_2와 모두 접하도록 하는 모든 실수 a의 값의 합은?

① 2 ② 3 ③ 4 ④ 5 ⑤ 6

03 직선 $y=mx$가 원 $(x-3)^2+y^2=1$과 서로 다른 두 점 P, Q에서 만난다. $\overline{OP}=2\overline{PQ}$일 때, 양수 m의 값은?
(단, O는 원점이고, 점 P의 x좌표는 점 Q의 x좌표보다 작다.)

① $\frac{\sqrt{3}}{2}$ ② $\frac{\sqrt{2}}{2}$ ③ $\frac{\sqrt{2}}{3}$ ④ $\frac{\sqrt{3}}{4}$ ⑤ $\frac{\sqrt{2}}{5}$

04 두 자연수 a, b에 대하여 중심이 $O'(a, b)$인 원 C가 x축과 만나는 두 점을 각각 A, B라 하고, y축과 만나는 두 점을 각각 C, D라 하자. $\overline{AB}=8$, $\overline{CD}=2$일 때, 원 C의 넓이는?
(단, 원 C는 원점 $(0, 0)$을 지나지 않는다.)

① 17π ② 33π ③ 49π ④ 65π ⑤ 80π

05 원 $\left(x-\frac{\sqrt{3}}{3}\right)^2+y^2=1$과 직선 $y=mx$ $(m>0)$가 서로 다른 두 점 P, Q에서 만난다. 이 원 위의 두 점 P, Q에서의 두 접선의 교점이 R일 때, 삼각형 PQR는 정삼각형이다. 점 R의 좌표는? (단, 점 R는 제2사분면 위에 있다.)

① $(-\sqrt{3}, 1)$ ② $(-\sqrt{3}, 2)$ ③ $\left(-\frac{2\sqrt{3}}{3}, 1\right)$ ④ $\left(-\frac{2\sqrt{3}}{3}, 2\right)$ ⑤ $\left(-\frac{2\sqrt{3}}{3}, 3\right)$

06 오른쪽 그림과 같이 점 $(5, 5)$에서 원 C: $x^2+y^2=5$에 그은 두 접선을 l_1, l_2라 하자. 직선 l_1에 수직이고 원 C에 접하는 직선을 l_3이라 하면 원 C는 세 직선 l_1, l_2, l_3으로 둘러싸인 삼각형의 내접원이다. 두 직선 l_1, l_3의 교점의 좌표가 (a, b)일 때, $a+b$의 값을 구하시오.

(단, 직선 l_1의 기울기는 직선 l_2의 기울기보다 크다.)

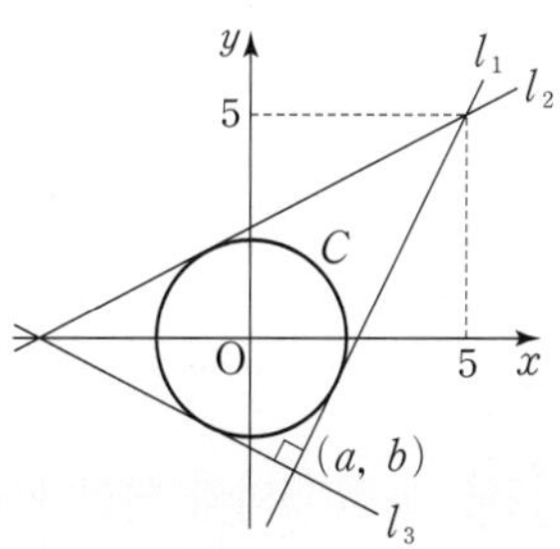

07 좌표평면 위의 두 점 O(0, 0), A(3, 0)에 대하여 점 P가 $\overline{OP}:\overline{AP}=2:1$을 만족시킬 때, 직선 OP의 기울기의 최댓값은?

① $\frac{1}{2}$ ② $\frac{\sqrt{3}}{3}$ ③ $\frac{\sqrt{6}}{3}$
④ 1 ⑤ $\frac{2\sqrt{3}}{3}$

08 다음 그림과 같이 두 원 C_1: $(x+1)^2+(y-1)^2=1$, C_2: $(x-2)^2+(y-4)^2=4$에 대하여 점 P에서 원 C_1에 그은 두 접선의 접점을 각각 A, B, 원 C_2에 그은 두 접선의 접점을 각각 C, D라 하고, 두 원 C_1, C_2의 중심을 각각 O_1, O_2라 하자. 사각형 PCO_2D의 둘레의 길이가 사각형 PAO_1B의 둘레의 길이의 2배일 때, 점 P가 나타내는 도형의 넓이는?

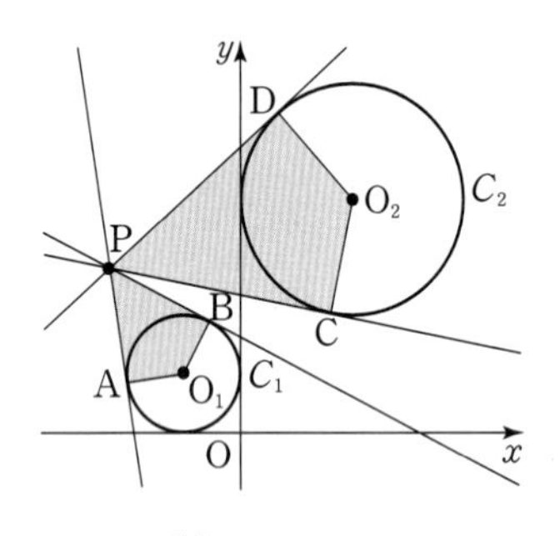

① 6π ② $\frac{13}{2}\pi$ ③ 7π
④ $\frac{15}{2}\pi$ ⑤ 8π

09 원점 O와의 거리가 1인 직선 l과 원 $x^2+y^2=4$가 서로 다른 두 점 P, Q에서 만난다. 이 원 위의 두 점 P, Q에서의 접선의 교점을 A(x, y)라 할 때, $x+y$의 최댓값과 최솟값의 곱을 구하시오.

10 두 원 C_1: $(x-1)^2+(y-1)^2=4$, C_2: $(x-a)^2+(y-b)^2=r^2$이 있다. 원 C_1은 원 C_2의 둘레의 길이를 1 : 3으로 나누고, 원 C_2는 원 C_1의 둘레의 길이를 1 : 2로 나눈다. 두 원 C_1, C_2의 중심은 각각 원 C_2, C_1의 외부에 있을 때, 점 (a, b)가 나타내는 도형의 길이는? (단, $r>0$)

① $(2+\sqrt{3})\pi$ ② $2(1+\sqrt{3})\pi$ ③ $2(2+\sqrt{2})\pi$
④ $2(1+\sqrt{6})\pi$ ⑤ $2(2+\sqrt{3})\pi$

11 오른쪽 그림과 같이 원 C: $x^2+y^2=4$와 포물선 $y=ax^2+b$가 서로 다른 두 점 A, B에서 접한다. 원 C의 호 AB의 길이가 $\frac{4}{3}\pi$일 때, $a+b$의 값은? (단, a, b는 상수이고, $a>0$이다.)

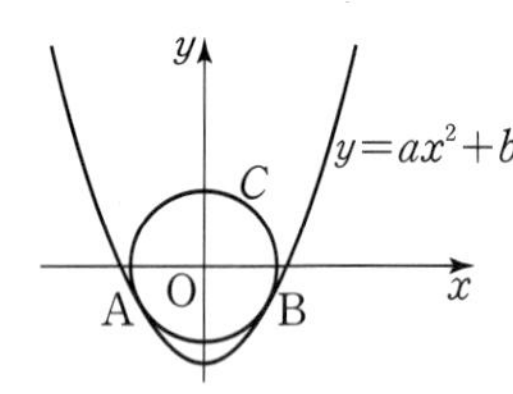

① -2 ② -1 ③ 0
④ $\frac{1}{3}$ ⑤ $\frac{3}{4}$

신유형

12 등식 $(|x|-1)^2+(y-1)^2=2$가 나타내는 도형과 직선 $y=\frac{1}{2}x+k$가 서로 다른 네 개의 점에서 만나도록 하는 실수 k의 값의 범위는?

① $\frac{-3-2\sqrt{5}}{2}<k<0$
② $\frac{-3-\sqrt{5}}{2}<k<0$ 또는 $2<k<\frac{1+\sqrt{10}}{2}$
③ $\frac{3-\sqrt{10}}{2}<k<0$ 또는 $2<k<\frac{1+\sqrt{10}}{2}$
④ $\frac{3-\sqrt{10}}{2}<k<0$ 또는 $2<k<\frac{1+2\sqrt{5}}{2}$
⑤ $2<k<1+\sqrt{5}$

13 두 원 $x^2+y^2=1$, $(x-1)^2+(y-4)^2=r^2$이 서로 다른 두 점 A, B에서 만난다. 직선 AB와 x축, y축으로 둘러싸인 삼각형의 넓이가 $\frac{1}{8}$이 되도록 하는 모든 r의 값의 곱은?

(단, $r>0$)

① $4\sqrt{3}$　② $4\sqrt{5}$　③ $4\sqrt{7}$
④ $8\sqrt{3}$　⑤ $8\sqrt{5}$

14 두 원 $x^2+y^2+5x-2y=0$, $x^2+y^2-3x+2y-9=0$이 서로 다른 두 점 A, B에서 만날 때, 두 점 A, B를 지나면서 y축에 접하는 원은 두 개이다. 이 두 원의 중심의 좌표를 각각 (x_1, y_1), (x_2, y_2)라 할 때, $x_1+x_2+y_1+y_2$의 값은?

① $-\frac{13}{2}$　② $-\frac{11}{2}$　③ $-\frac{9}{2}$
④ $-\frac{7}{2}$　⑤ $-\frac{5}{2}$

15 좌표평면 위의 점 P(1, 3)에서 원 C: $x^2+y^2=4$에 그은 접선의 접점을 각각 A, B라 하자. 두 점 A, B와 점 (2, 3)을 지나는 원의 중심의 좌표가 (a, b)일 때, $7(a+b)$의 값을 구하시오.

16 중심이 직선 $y=\sqrt{3}x\left(x>\frac{\sqrt{3}}{3}\right)$ 위에 있고 반지름의 길이가 1인 원 C가 있다. 점 A$(a, 0)$과 원 C 위의 점 P에 대하여 선분 AP의 길이의 최댓값을 $f(a)$, 최솟값을 $g(a)$라 하자. $f(6)=g(0)$일 때, $f(8)$의 값은?

① $\sqrt{190}$　② $8\sqrt{3}$　③ $9\sqrt{3}-1$
④ $8\sqrt{3}+1$　⑤ $9\sqrt{3}$

17 좌표평면 위의 두 점 A(a, b), B(c, d)에 대하여

$$(a-6)^2+(b-4)^2=4,\ |c|+\frac{|d|}{2}=1$$

일 때, 선분 AB의 길이로 가능한 모든 자연수의 합은?

① 45　② 47　③ 49
④ 51　⑤ 53

18 오른쪽 그림과 같이 두 원
C_1: $(x-1)^2+(y-r)^2=r^2$,
C_2: $(x-2r)^2+(y-a)^2=4r^2$
에 동시에 접하는 직선 l: $y=mx$가 있다. 두 원 C_1, C_2의 두 중심 사이의 거리가 $5r$일 때, $6(a+m+r)$의 값을 구하시오. (단, $a>0$, $m>0$, $r>0$)

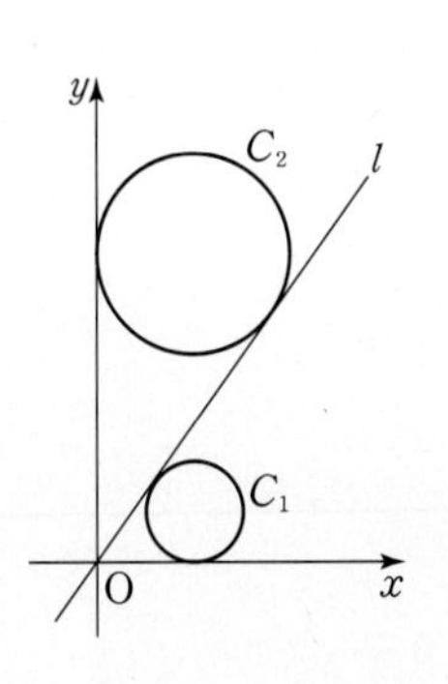

19 좌표평면 위의 점 A(0, 4)를 지나고 기울기가 m인 직선 l이 원 C: $(x-3)^2+y^2=1$과 서로 다른 두 점 P, Q에서 만난다. 세 점 O, P, Q를 지나는 원의 반지름의 길이가 $\frac{\sqrt{13}}{2}$일 때, 상수 m의 값은? (단, O는 원점이다.)

① $-\frac{3}{2}$ ② $-\frac{4}{3}$ ③ $-\frac{5}{4}$
④ -1 ⑤ $-\frac{3}{5}$

20 원 C: $x^2+y^2=1$ 위의 점 A(a, b)에서의 접선을 l이라 하자. 다음 그림과 같이 직선 l을 따라 원 C를 시곗바늘이 도는 방향으로 한 바퀴 굴렸더니 x축과 접하는 원 C'과 포개어졌다. $8\pi^2(a^2-b^2+1)$의 값을 구하시오. (단, $a>0$, $b<0$)

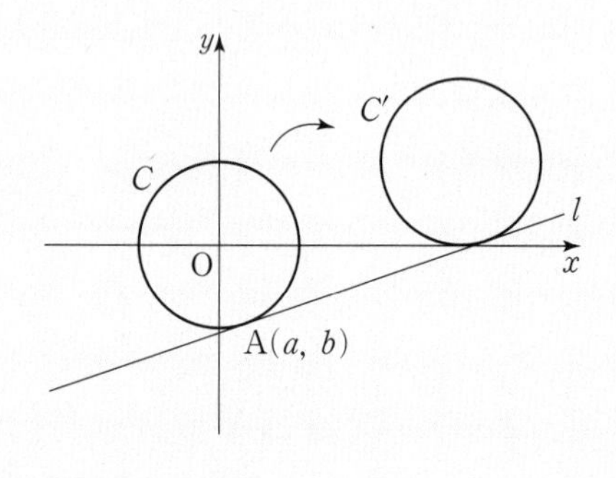

21 좌표평면 위의 점 A(4, 3)에 대하여 원 C가 다음 조건을 만족시킬 때, $\overline{\text{OP}}$의 길이의 최댓값은? (단, O는 원점이다.)

> 원 C 위의 임의의 점 P에 대하여 삼각형 OAP는 예각삼각형 또는 직각삼각형이고, 삼각형 OAP의 넓이의 최댓값은 40, 최솟값은 30이다.

① $10\sqrt{2}+1$ ② $10\sqrt{2}+2$ ③ $\sqrt{205}+2$
④ $\sqrt{205}+3$ ⑤ 18

22 제1사분면 위의 점 A(a, b)를 중심으로 하는 원 C: $(x-a)^2+(y-b)^2=r^2$에 대하여 원 $(x+1)^2+y^2=1$과 원 C의 교점의 개수를 $f(r)$, 원 $(x-1)^2+y^2=1$과 원 C의 교점의 개수를 $g(r)$라 하자. r에 대한 함수 $y=f(r)+g(r)$의 그래프가 다음 그림과 같을 때, $a+b+p+q$의 값은?

(단, a, b, p, q는 상수이고, $r>0$이다.)

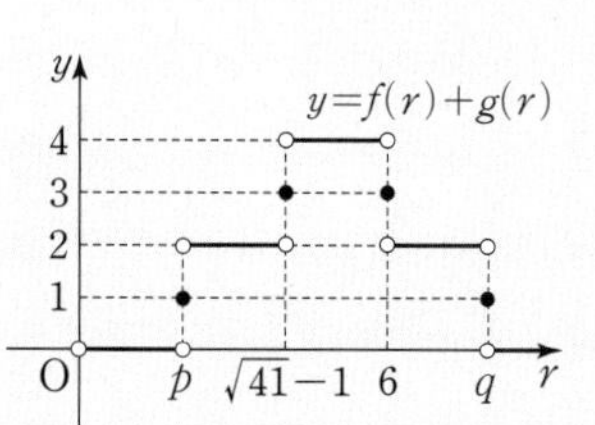

① $15+\sqrt{3}$ ② 17 ③ $12+\sqrt{39}$
④ 19 ⑤ $13+\sqrt{41}$

Ⅲ. 도형의 방정식

도형의 이동

개념 1 평행이동

(1) 점의 평행이동

점 $P(x, y)$를 x축의 방향으로 a만큼, y축의 방향으로 b만큼 평행이동한 점을 P'이라 하면

$P'(x+a, y+b)$ ← x 대신 $x+a$, y 대신 $y+b$를 대입

(2) 도형의 평행이동

방정식 $f(x, y)=0$이 나타내는 도형을 x축의 방향으로 a만큼, y축의 방향으로 b만큼 평행이동한 도형의 방정식은

$f(x-a, y-b)=0$ ← x 대신 $x-a$, y 대신 $y-b$를 대입

▶ 평행이동에 의하여 점은 점으로, 직선은 기울기가 같은 직선으로, 원은 반지름의 길이가 같은 원으로 옮겨진다.

개념 2 대칭이동

대칭이동	점 (x, y)	도형 $f(x, y)=0$	
x축에 대하여 대칭이동	$(x, -y)$	$f(x, -y)=0$	← y좌표의 부호가 반대
y축에 대하여 대칭이동	$(-x, y)$	$f(-x, y)=0$	← x좌표의 부호가 반대
원점에 대하여 대칭이동	$(-x, -y)$	$f(-x, -y)=0$	← x좌표, y좌표의 부호가 반대
직선 $y=x$에 대하여 대칭이동	(y, x)	$f(y, x)=0$	← x좌표와 y좌표를 서로 바꿈

▶ 직선 $y=-x$에 대하여 대칭이동
① 점의 대칭이동
$(x, y) \longrightarrow (-y, -x)$
② 도형의 대칭이동
$f(x, y)=0 \longrightarrow f(-y, -x)=0$

개념 3 점에 대한 대칭이동

(1) 점 $P(x, y)$를 점 (a, b)에 대하여 대칭이동한 점을 $P'(x', y')$이라 하면 점 (a, b)가 $\overline{PP'}$의 중점이므로

$a=\frac{x+x'}{2}$, $b=\frac{y+y'}{2}$에서 $x'=2a-x$, $y'=2b-y$

$P'(2a-x, 2b-y)$

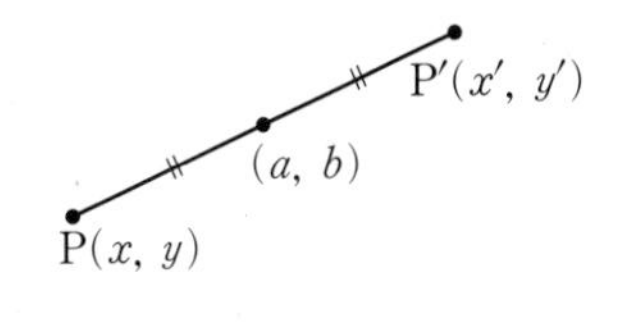

(2) 방정식 $f(x, y)=0$이 나타내는 도형을 점 (a, b)에 대하여 대칭이동한 도형의 방정식은

$f(2a-x, 2b-y)=0$

▶ 평행이동과 대칭이동은 순서에 따라 결과가 달라지므로 순서에 주의한다.
① x축의 방향으로 a만큼 평행이동한 후, 직선 $y=x$에 대하여 대칭이동하면
⇨ $f(x, y)=0 \longrightarrow f(x-a, y)=0 \longrightarrow f(y-a, x)=0$
② 직선 $y=x$에 대하여 대칭이동한 후, x축의 방향으로 a만큼 평행이동하면
⇨ $f(x, y)=0 \longrightarrow f(y, x)=0 \longrightarrow f(y, x-a)=0$

개념 4 직선에 대한 대칭이동

점 $P(x, y)$를 직선 l: $ax+by+c=0$($a\neq0$, $b\neq0$)에 대하여 대칭이동한 점을 $P'(x', y')$이라 하면 다음 두 조건을 이용하여 점 P'의 좌표를 구할 수 있다.

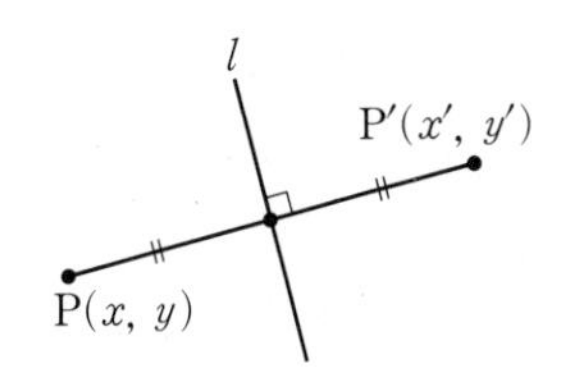

(1) 중점 조건: $\overline{PP'}$의 중점이 직선 l 위의 점이다.

⇨ $a\times\frac{x+x'}{2}+b\times\frac{y+y'}{2}+c=0$

(2) 수직 조건: 직선 PP'은 직선 l과 수직이다.

⇨ $\frac{y'-y}{x'-x}\times\left(-\frac{a}{b}\right)=-1$

Step A 1등급을 위한 고난도 빈출 & 핵심 문제

> 정답과 해설 151쪽

빈출 1. 도형의 평행이동

01 평행이동 $(x, y) \rightarrow (x+2, y-5)$에 의하여 직선 $4x-3y+1=0$을 평행이동한 직선이 원 $x^2+y^2+ax+8y-1=0$의 넓이를 이등분할 때, 상수 a의 값은?

① -5 ② -4 ③ -3
④ -2 ⑤ -1

02 이차함수 $y=x^2+x+3$의 그래프를 x축의 방향으로 a만큼, y축의 방향으로 b만큼 평행이동하였더니 직선 $y=x+5$에 접하였다. 이때 $b-a$의 값은?

① 1 ② 2 ③ 3
④ 4 ⑤ 5

빈출 2. 도형의 대칭이동

교과서 심화 변형

03 원 $x^2+y^2-8x+2y+12=0$을 y축에 대하여 대칭이동한 후, 직선 $y=x$에 대하여 대칭이동한 원과 y축의 두 교점 사이의 거리를 구하시오.

04 직선 l: $y=ax-2$를 x축의 방향으로 3만큼, y축의 방향으로 -1만큼 평행이동한 후, 원점에 대하여 대칭이동한 직선을 l'이라 하자. 평행한 두 직선 l, l' 사이의 거리가 3일 때, 상수 a의 값을 구하시오.

빈출 3. 점 또는 직선에 대한 대칭이동

05 두 원 $x^2+y^2-6x+2y+9=0$, $(x-5)^2+(y+3)^2=1$이 점 $\mathrm{P}(a, b)$에 대하여 대칭일 때, $a+b$의 값을 구하시오.

06 두 점 $\mathrm{A}(0, 0)$, $\mathrm{B}(-2, -4)$가 직선 l에 대하여 대칭일 때, 직선 l의 x절편은?

① -5 ② -3 ③ -1
④ 1 ⑤ 5

빈출 4. 선분의 길이의 합의 최솟값

07 두 점 $\mathrm{A}(-4, 3)$, $\mathrm{B}(1, 5)$와 직선 $y=x$ 위의 점 P에 대하여 $\overline{\mathrm{PA}}+\overline{\mathrm{PB}}$의 최솟값을 구하시오.

교과서 심화 변형

08 오른쪽 그림과 같이 가로의 길이가 8, 세로의 길이가 6인 직사각형 ABCD의 변 AB, CD 위의 각 점 P, Q에 대하여 $\overline{\mathrm{AP}}=1$, $\overline{\mathrm{CQ}}=1$이다. 변 AD 위의 점 X와 변 BC 위의 점 Y에 대하여 $\overline{\mathrm{PX}}+\overline{\mathrm{XY}}+\overline{\mathrm{YQ}}$의 값이 최소일 때의 선분 XY의 길이는?

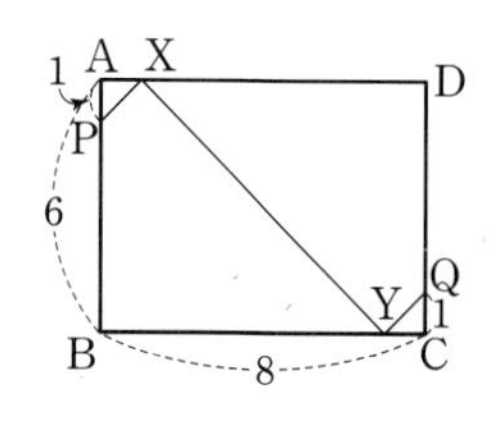

① $5\sqrt{2}$ ② $2\sqrt{14}$ ③ 8
④ $6\sqrt{2}$ ⑤ 9

B Step 1등급을 위한 고난도 기출 VS 변형 유형

> 정답과 해설 152쪽

유형 1 점과 도형의 평행이동

1 그림과 같이 좌표평면에서 세 점 O(0, 0), A(4, 0), B(0, 3)을 꼭짓점으로 하는 삼각형 OAB를 평행이동한 도형을 삼각형 O′A′B′이라 하자. 점 A′의 좌표가 (9, 2)일 때, 삼각형 O′A′B′에 내접하는 원의 방정식은 $x^2+y^2+ax+by+c=0$이다. $a+b+c$의 값을 구하시오.
(단, a, b, c는 상수이다.) | 학평 기출 |

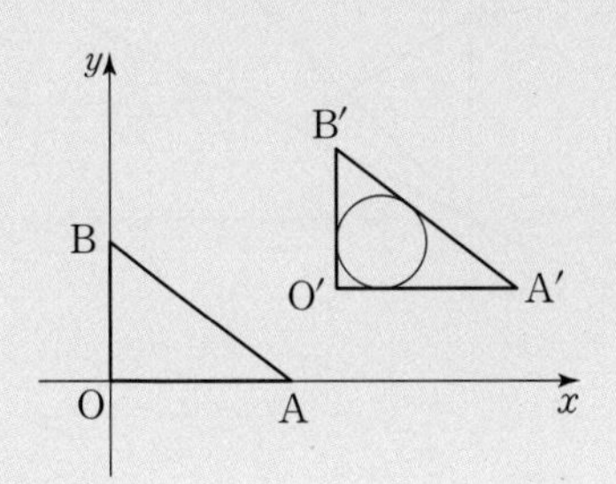

1-1 다음 그림과 같이 좌표평면에서 네 점 A(−2, 0), B(0, −2), C(2, 0), D(0, 2)를 꼭짓점으로 하는 사각형 ABCD를 평행이동한 도형을 사각형 A′B′C′D′이라 하자. 점 C′의 좌표가 (7, 1)일 때, 점 C를 지나고 변 A′B′에 접하며 중심이 x축 위에 있는 원의 반지름의 길이는?

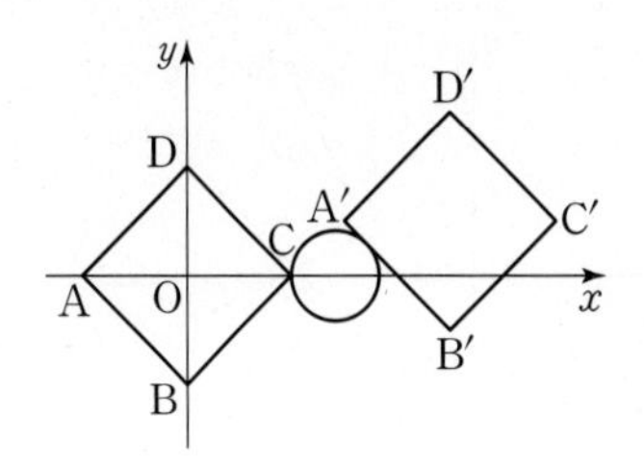

① $\frac{\sqrt{2}-1}{2}$ ② $\sqrt{2}-1$ ③ $\frac{1}{2}$
④ $\frac{\sqrt{2}}{2}$ ⑤ $-2+2\sqrt{2}$

유형 2 평행이동의 활용 – 넓이 문제

2 좌표평면 위의 세 점 O(0, 0), A(0, 1), B(−1, 0)을 꼭짓점으로 하는 삼각형 OAB와 세 점 O(0, 0), C(0, −1), D(1, 0)을 꼭짓점으로 하는 삼각형 OCD가 있다. 양의 실수 t에 대하여 삼각형 OAB를 x축의 방향으로 t만큼 평행이동한 삼각형을 T_1, 삼각형 OCD를 y축의 방향으로 $2t$만큼 평행이동한 삼각형을 T_2라 하자. 두 삼각형 T_1, T_2의 내부의 공통부분이 육각형 모양이 되도록 하는 모든 t의 값의 범위는 $\frac{1}{3}<t<a$이고, 이때 육각형의 넓이의 최댓값은 M이다. $4a+14M$의 값을 구하시오. | 학평 기출 |

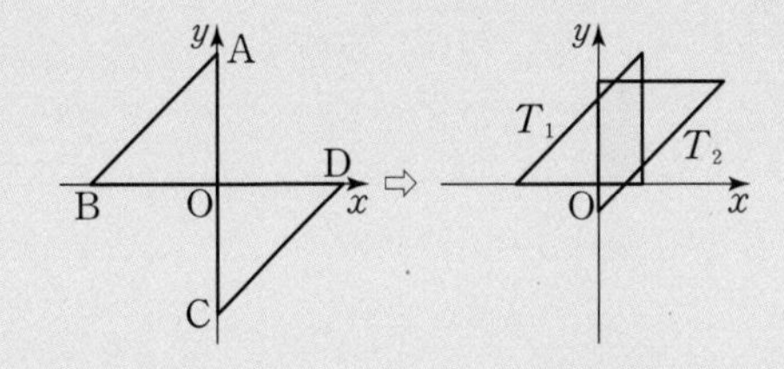

2-1 다음 그림과 같이 좌표평면 위의 6개의 점 O(0, 0), A(2, 0), B(0, 3), C(0, −3), D(−3, −3), E(−3, 0)이 있다. 정사각형 OCDE를 x축의 방향으로 t만큼, y축의 방향으로 t만큼 평행이동한 정사각형을 T라 하자. 삼각형 OAB와 정사각형 T의 내부의 공통부분의 넓이가 $\frac{1}{3}$이 되도록 하는 모든 t의 값의 곱은?

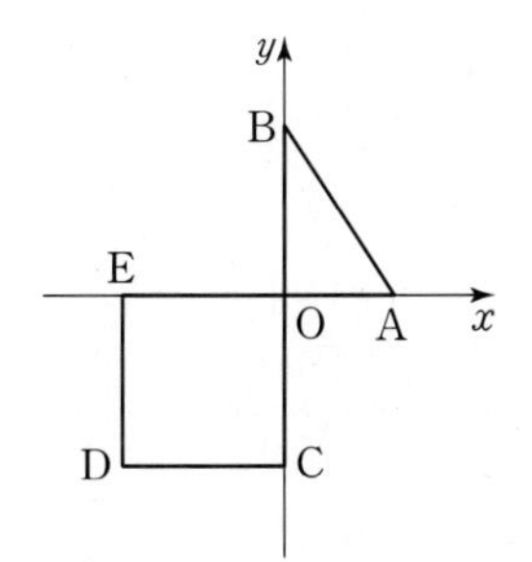

① $\frac{17\sqrt{3}}{15}$ ② $\frac{6\sqrt{3}}{5}$ ③ $\frac{19\sqrt{3}}{15}$
④ $\frac{4\sqrt{3}}{3}$ ⑤ $\frac{7\sqrt{3}}{5}$

유형 3 점의 대칭이동 - x축, y축, 직선 $y=x$에 대한 대칭이동

3 그림과 같이 좌표평면 위에 제1사분면의 점 A와 y축 위의 점 B에 대하여 $\overline{AB}=\overline{AO}=2\sqrt{5}$인 이등변삼각형 OAB가 있다. 점 A를 직선 $y=x$에 대하여 대칭이동한 점을 C라 하면 점 C는 직선 $y=2x$ 위의 점이다. 선분 AB가 두 직선 $y=x$, $y=2x$와 만나는 점을 각각 D, E라 할 때, 삼각형 ODE의 외접원의 둘레의 길이를 $k\pi$라 하자. $9k^2$의 값을 구하시오.

(단, O는 원점이다.) | 학평 기출 |

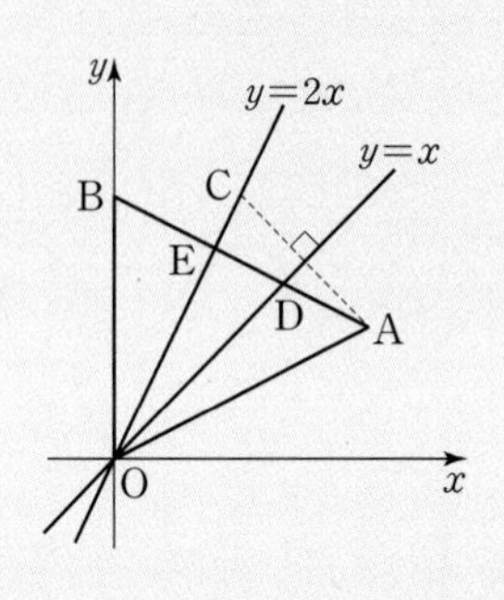

3-1 다음 그림과 같이 좌표평면에서 직선 $y=\frac{1}{2}x$ 위의 점 A와 y축 위의 점 B에 대하여 $\overline{OA}=\overline{OB}$인 이등변삼각형 OAB가 있다. 점 A를 직선 $y=x$에 대하여 대칭이동한 후, x축의 방향으로 -2만큼, y축의 방향으로 1만큼 평행이동한 점을 C라 하면 세 점 A, B, C가 한 직선 위에 있게 된다. 점 A의 x좌표는? (단, O는 원점이고, 점 A는 제1사분면의 점이다.)

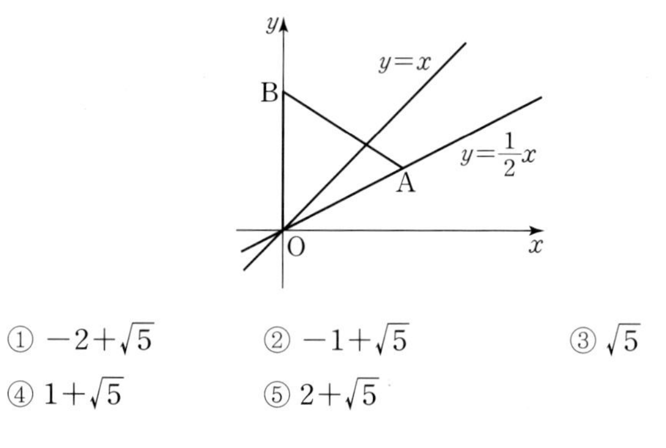

① $-2+\sqrt{5}$ ② $-1+\sqrt{5}$ ③ $\sqrt{5}$
④ $1+\sqrt{5}$ ⑤ $2+\sqrt{5}$

유형 4 원의 평행이동과 대칭이동

4 중심이 (4, 2)이고 반지름의 길이가 2인 원 O_1이 있다. 원 O_1을 직선 $y=x$에 대하여 대칭이동한 후, y축의 방향으로 a만큼 평행이동한 원을 O_2라 하자. 원 O_1과 원 O_2가 서로 다른 두 점 A, B에서 만나고 선분 AB의 길이가 $2\sqrt{3}$일 때, 상수 a의 값을 구하시오.

4-1 중심이 (3, 1)이고 반지름의 길이가 r인 원 O_1이 있다. 원 O_1을 직선 $y=x$에 대하여 대칭이동한 후, x축의 방향으로 m만큼, y축의 방향으로 m만큼 평행이동한 원을 O_2라 하자. 모든 실수 m에 대하여 원 O_1과 원 O_2가 만나지 않도록 하는 r의 값의 범위가 $0<r<a$일 때, a^2의 값은?

① 1 ② 2 ③ 3
④ 4 ⑤ 5

유형 5 규칙에 따라 이동한 점

5 자연수 n에 대하여 좌표평면 위의 점 $P_n(x_n, y_n)$은 다음과 같은 규칙에 따라 이동한다. (단, $x_ny_n \neq 0$)

> (가) 점 P_n이 $x_ny_n > 0$이고 $x_n > y_n$이면 이 점을 직선 $y=x$에 대하여 대칭이동한 점이 점 P_{n+1}이다.
> (나) 점 P_n이 $x_ny_n > 0$이고 $x_n < y_n$이면 이 점을 x축에 대하여 대칭이동한 점이 점 P_{n+1}이다.
> (다) 점 P_n이 $x_ny_n < 0$이면 이 점을 y축에 대하여 대칭이동한 점이 점 P_{n+1}이다.

점 P_1의 좌표가 $(3, 2)$일 때, $10x_{50}+y_{50}$의 값을 구하시오.

| 학평 기출 |

5-1 자연수 n에 대하여 좌표평면 위의 점 $P_n(x_n, y_n)$은 다음과 같은 규칙에 따라 이동한다.

> (가) 점 P_n이 $x_n > 0$이면 이 점을 x축의 방향으로 -1만큼, y축의 방향으로 2만큼 평행이동한 점이 점 P_{n+1}이다.
> (나) 점 P_n이 $x_n \leq 0$이면 이 점을 직선 $y=x$에 대하여 대칭이동한 점이 점 P_{n+1}이다.

점 P_1의 좌표가 $(1, 0)$일 때, $x_{25}+y_{25}$의 값은?

① 20 ② 21 ③ 22 ④ 23 ⑤ 24

유형 6 방정식 $f(x, y)=0$이 나타내는 도형의 이동

6 방정식 $f(x, y)=0$이 나타내는 도형이 [그림 1]과 같을 때, [그림 2]와 같은 도형을 나타내는 방정식을 모두 고르면?

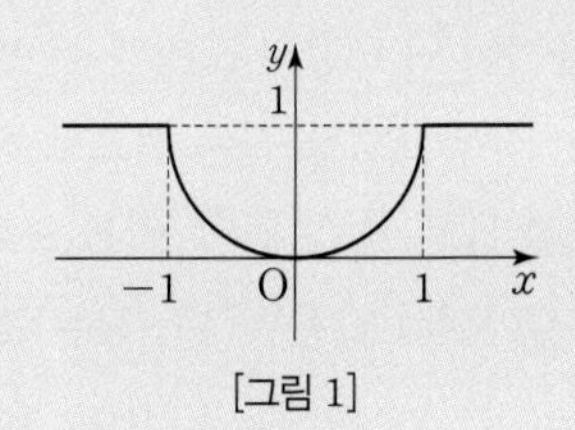

[그림 1]

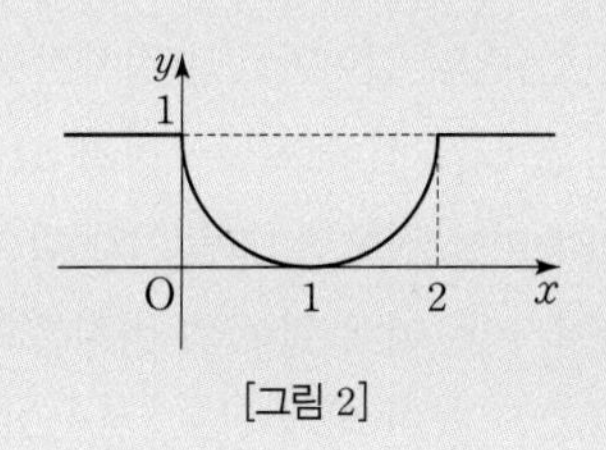

[그림 2]

① $f(x-1, y)=0$ ② $f(x+1, y)=0$
③ $f(x+1, -y)=0$ ④ $f(1-x, y)=0$
⑤ $f(1-x, -y)=0$

6-1 방정식 $f(x, y)=0$이 나타내는 도형이 오른쪽 그림과 같을 때, 도형 $f(-y+1, x-1)=0$ 위의 한 점 P와 직선 $y=\sqrt{3}x$ 사이의 거리의 최댓값은?

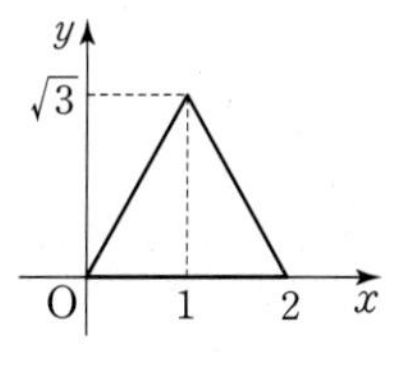

① $\frac{\sqrt{3}}{2}$ ② $\sqrt{3}$ ③ 2 ④ $\frac{3+\sqrt{3}}{2}$ ⑤ $1+\sqrt{3}$

유형 7 직선 $y=ax+b$에 대한 대칭이동

7 함수 $y=x^2-4x+6$의 그래프 위의 서로 다른 두 점 A, B는 직선 $y=x+k$에 대하여 대칭이고, $\overline{AB}=3\sqrt{2}$이다. 상수 k의 값을 구하시오.

7-1 직선 $y=x-3$을 직선 $y=\frac{1}{2}x-1$에 대하여 대칭이동한 직선을 l이라 하자. 직선 l과 x축, y축으로 둘러싸인 삼각형의 넓이는?

① $\frac{4}{7}$ ② $\frac{9}{14}$ ③ $\frac{5}{7}$ ④ $\frac{11}{14}$ ⑤ $\frac{6}{7}$

유형 8 대칭이동을 이용한 최단 거리

8 다음 그림과 같이 좌표평면 위의 점 A(2, 4)와 직선 $y=-2x+2$ 위의 점 B, x축 위의 점 C에 대하여 삼각형 ABC의 둘레의 길이의 최솟값은 $\frac{a\sqrt{10}+b}{5}$이다. $a+b$의 값을 구하시오. (단, a, b는 정수이고, 점 C의 x좌표는 2 이상이다.)

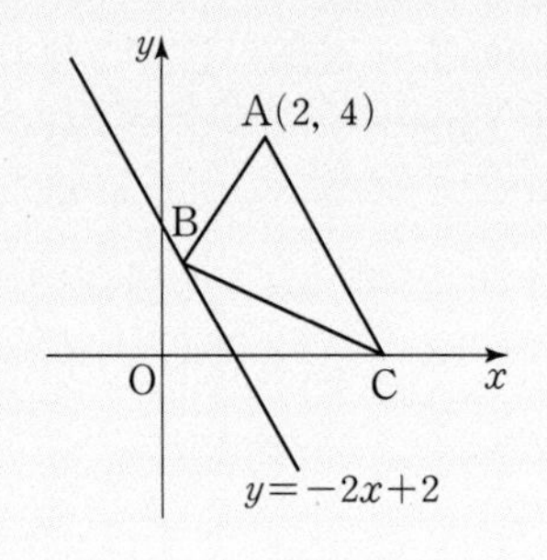

8-1 다음 그림과 같이 좌표평면에 두 점 A(−5, −2), B(2, 6)과 두 직선 $y=x$, $y=x-1$이 있다. 직선 $y=x-1$ 위의 두 점 P, R와 직선 $y=x$ 위의 점 Q에 대하여 $\overline{AP}+\overline{PQ}+\overline{QR}+\overline{RB}$의 최솟값이 a일 때, a^2의 값을 구하시오.

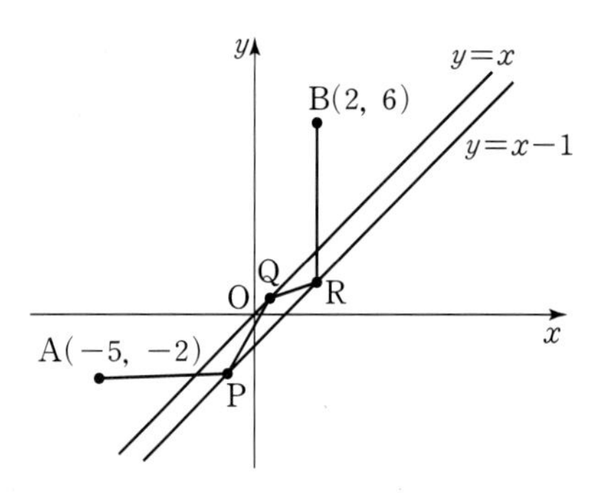

유형 9 접은 도형에서의 대칭이동의 활용

9 [그림 1]과 같이 $\overline{AD}=8$, $\overline{BC}=4$이고 높이가 2인 등변사다리꼴 모양의 종이를 접어 모양을 만들려고 한다. 선분 BC의 중점을 M이라 하고, 선분 AD를 1 : 3으로 내분하는 점을 P, 선분 AD를 3 : 1로 내분하는 점을 Q라 하자. 선분 PM과 선분 QM을 접는 선으로 하여 두 점 B, C가 선분 AD의 중점에 오도록 종이를 접으면 [그림 2]와 같이 두 점 A, D는 각각 점 A′, D′으로 옮겨진다. 점 D′과 직선 A′M 사이의 거리를 d라 할 때, $50d^2$의 값을 구하시오. (단, 모든 점은 같은 평면 위에 있고, 종이의 두께는 무시한다.) | 학평 기출 |

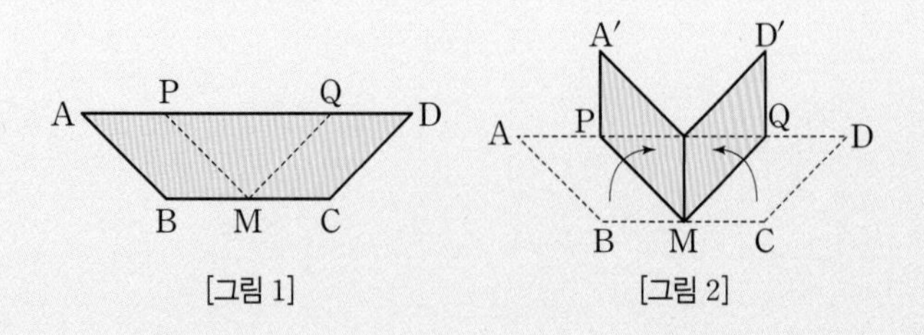

[그림 1] [그림 2]

9-1 종이에 [그림 1]과 같이 한 변의 길이가 2인 정사각형에서 한 변의 길이가 1인 정사각형을 뺀 모양의 도형의 두 변에 원 C가 접하도록 그려져 있다. 선분 AC를 접는 선으로 하여 종이를 접으면 [그림 2]와 같이 점 B는 원 C 위의 점 B′으로 옮겨진다. 이때 원 C의 반지름의 길이 r의 값은? (단, 모든 점은 같은 평면 위에 있고, 종이의 두께는 무시한다. 또, $0<r<1$이다.)

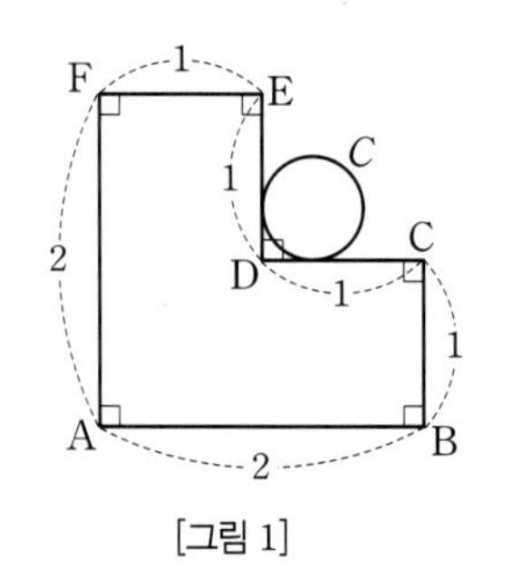

[그림 1]

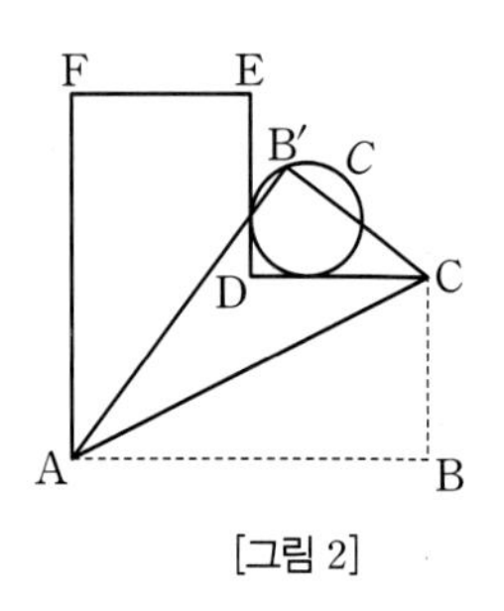

[그림 2]

① $\frac{2-\sqrt{3}}{3}$ ② $\frac{3-\sqrt{3}}{3}$ ③ $\frac{4-\sqrt{6}}{5}$
④ $\frac{5-\sqrt{6}}{5}$ ⑤ $\frac{5-2\sqrt{6}}{5}$

C Step 1등급 완성 최고난도 예상 문제

정답과 해설 158쪽

01 좌표평면 위에 네 점 O(0, 0), A(3, −20), B(0, 5), C(7, a)가 있다. 두 점 B, C를 x축의 방향으로 m만큼, y축의 방향으로 $2m$만큼 평행이동한 점을 각각 B′, C′이라 하자. 사각형 OB′AC′이 평행사변형일 때, $m-a$의 값은?

① 13 ② 15 ③ 17
④ 19 ⑤ 21

02 직선 l: $y=ax+b$ 위에 한 점 $(1, n)$이 있다. 직선 l을 x축의 방향으로 1만큼, y축의 방향으로 n만큼 평행이동한 직선을 l_1이라 하고, 직선 l을 x축의 방향으로 n만큼, y축의 방향으로 1만큼 평행이동한 직선을 l_2라 하자. 직선 l과 직선 l_1이 서로 일치할 때, 직선 l과 직선 l_2 사이의 거리가 $\frac{\sqrt{3}}{3}$이 되도록 하는 모든 a의 값의 곱은? (단, a, b는 실수이다.)

① $\frac{1}{2}$ ② $\frac{2}{3}$ ③ $\frac{3}{4}$
④ $\frac{4}{5}$ ⑤ $\frac{5}{6}$

03 두 원 C_1: $(x+1)^2+(y-4)^2=3$, C_2: $(x-10)^2+y^2=3$에 대하여 원 C_1을 x축의 방향으로 10만큼, y축의 방향으로 n만큼 평행이동한 원을 C_1'이라 하자. 두 원 C_1'과 C_2는 서로 다른 두 점 A, B에서 만나고 $\overline{AB}<3$이 되도록 하는 정수 n의 최댓값과 최솟값의 합은?

① −10 ② −9 ③ −8
④ −7 ⑤ −6

04 좌표평면 위에 세 점 A($\sqrt{3}$, 1), B(4, 0), C(5, $\sqrt{3}$)이 있다. 점 A를 지나는 직선 l을 직선 $y=x$에 대하여 대칭이동한 직선을 l_1이라 하고, 직선 l_1을 x축의 방향으로 2만큼, y축의 방향으로 m만큼 평행이동한 직선을 l_2라 하자. 두 점 B, C가 직선 l_2 위에 있을 때, m의 값은?

① $-2\sqrt{3}$ ② $-\frac{5\sqrt{3}}{3}$ ③ $-\frac{4\sqrt{3}}{3}$
④ $-\sqrt{3}$ ⑤ $-\frac{2\sqrt{3}}{3}$

05 좌표평면의 제1사분면 위의 점 P를 직선 $y=-x$에 대하여 대칭이동한 점을 A, x축에 대하여 대칭이동한 점을 B, y축에 대하여 대칭이동한 점을 C라 할 때, 삼각형 ABC의 넓이는 9이다. 점 D(4, 3)에 대하여 선분 DP의 길이의 최솟값을 구하시오.

06 점 A(2, 1)을 곡선 $y=(x-1)^2+2$ 위의 점 P에 대하여 대칭이동한 점 A′이 곡선 $y=(x-1)^2+2$ 위에 있도록 하는 점 P가 두 개 존재할 때, 점 P의 x좌표의 합을 구하시오.

신유형

07 오른쪽 그림과 같이 좌표평면 위에 세 점 O(0, 0), A(4, 0), B(0, 3)이 있다. 삼각형 OAB의 내부의 점 P를 선분 AB 위의 점 Q에 대하여 대칭이동한 점을 R라 하자. 점 Q가 점 A에서 점 B까지 움직일 때, 점 R가 그리는 도형의 넓이는?

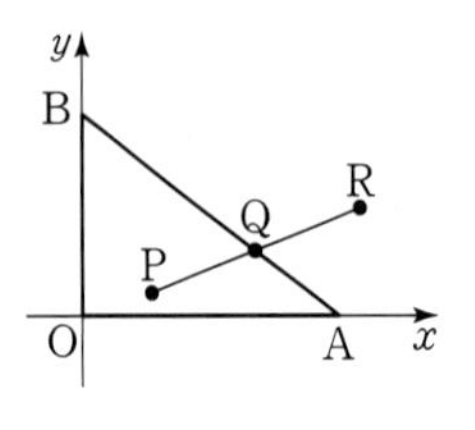

① 12　② 18　③ 24
④ 30　⑤ 36

08 좌표평면 위에 원 C: $x^2+y^2=1$이 있다. 원 C를 한 점 P에 대하여 대칭이동한 원 C'이 다음 조건을 만족시킬 때, 점 P가 그리는 도형의 길이는?

(가) 원 C와 원 C'은 만난다.
(나) 원 C'은 직선 $y=x$에 접한다.

① 1　② $\sqrt{3}$　③ 2
④ $2\sqrt{3}$　⑤ $3\sqrt{3}$

09 좌표평면 위에 네 점 O(0, 0), A(a, $-a$), B($2a$, 0), C(0, $2a$)가 있다. 점 O를 직선 AC에 대하여 대칭이동한 점을 O′이라 하자. 점 O′과 직선 AB 사이의 거리가 $2\sqrt{2}$일 때, 양수 a의 값은?

① $\frac{8}{3}$　② 3　③ $\frac{10}{3}$
④ $\frac{11}{3}$　⑤ 4

10 오른쪽 그림과 같이 좌표평면 위에 세 점 A(-1, 4), B(1, 0), C(3, 1)이 있다. 선분 AB 위의 점 P(x_1, y_1)과 선분 BC 위의 점 Q(x_2, y_2)가 직선 $y=2x-1$에 대하여 대칭일 때, $3x_1+2x_2$의 값을 구하시오.

11 좌표평면 위에 점 A($\sqrt{3}$, 0)과 직선 l: $y=\sqrt{3}x+1$이 있다. 점 A를 직선 l 위의 한 점 P에 대하여 대칭이동한 점을 B라 하고, 점 B를 직선 l에 대하여 대칭이동한 점을 C라 하자. 삼각형 ABC의 넓이가 6일 때, 점 B의 좌표는 (p, q)이다. $p+q$의 값은? (단, 점 P는 제1사분면 위에 있다.)

① 4　② $\frac{7+\sqrt{3}}{2}$　③ $\frac{9}{2}$
④ $\frac{6+\sqrt{10}}{2}$　⑤ 5

12 좌표평면 위에 세 점 A(-1, -2), B(6, -1), C(2, 7)이 있다. 삼각형 ABC를 직선 l에 대하여 대칭이동한 삼각형 A′B′C′의 한 변이 선분 BC와 일치할 때, 두 삼각형 ABC와 A′B′C′의 내부의 공통부분의 넓이를 구하시오.
(단, 두 점 B, C는 직선 l 위의 점이 아니다.)

13 직선 $y=ax$는 원 C: $(x-3)^2+(y-1)^2=1$에 접한다. 원 C를 직선 $y=bx+c$에 대하여 대칭이동한 원 C'이 직선 $y=ax$와 y축에 동시에 접할 때, $13b+8c$의 값은?

(단, a, b, c는 상수이고, $a>0$이다.)

① -4　② -2　③ 2　④ 4　⑤ 6

14 두 원 C_1: $(x-a)^2+(y-1)^2=1$, C_2: $(x-r)^2+(y-b)^2=r^2$이 외접한다. 원 C_1을 직선 $y=2x$에 대하여 대칭이동한 원은 원 C_2와 외접하고, 원 C_2를 직선 $y=\frac{1}{3}x$에 대하여 대칭이동한 원은 원 C_1과 외접할 때, $a+b+r$의 값은? (단, a, b, r는 상수이고, $r>0$이다.)

① $\frac{13}{2}$　② 7　③ $\frac{15}{2}$　④ 8　⑤ $\frac{17}{2}$

15 방정식 $f(x, y)=0$이 나타내는 도형은 오른쪽 그림과 같다. 두 방정식 $f(y+3, x+m)=0$, $f(x, y)=0$이 나타내는 도형의 내부의 공통부분의 넓이가 $\frac{1}{4}$이 되도록 하는 모든 상수 m의 값의 합은?

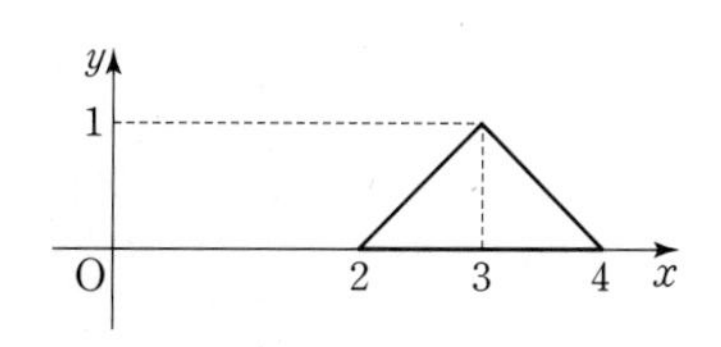

① $-6-\frac{\sqrt{2}}{2}$　② $-6+\frac{\sqrt{2}}{2}$　③ $-3-\frac{\sqrt{2}}{2}$　④ $-3+\frac{\sqrt{2}}{2}$　⑤ $-3+\sqrt{2}$

16 방정식 $f(x+a, y)=0$이 나타내는 도형은 기울기가 a이고 y절편이 $3b$인 직선이다. 방정식 $f(x, y+b)=0$이 나타내는 직선 l과 직선 m: $y=bx+a$는 서로 수직이고, 두 직선 l, m의 y절편 사이의 거리가 4일 때, $a-2b$의 값은?

(단, a, b는 상수이고, $b<-1$이다.)

① $\sqrt{3}$　② $2\sqrt{3}$　③ $3\sqrt{3}$　④ $4\sqrt{3}$　⑤ $5\sqrt{3}$

17 오른쪽 그림과 같이 좌표평면 위에 두 점 A(3, 0), B(0, 4)와 원 C: $x^2+(y-1)^2=1$이 있다. 선분 AB 위의 점 P와 선분 OA 위의 점 Q, 원 C 위의 점 R에 대하여 $\overline{PQ}+\overline{QR}$의 최솟값을 구하시오. (단, O는 원점이다.)

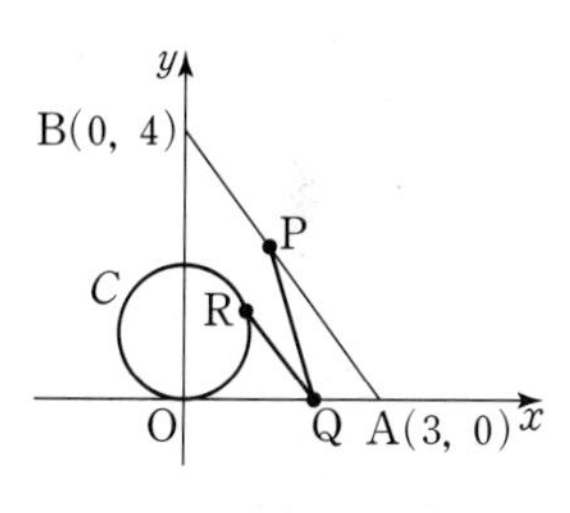

18 오른쪽 그림과 같이 좌표평면 위에 점 A(0, 4)와 원 C: $(x-5)^2+(y-3)^2=4$가 있다. x축 위의 두 점 B, C와 원 C 위의 점 D에 대하여 $\overline{BC}=1$일 때, $\overline{AB}+\overline{BC}+\overline{CD}$의 최솟값은 $m+\sqrt{n}$이다. $m+n$의 값은? (단, m, n은 정수이고, $\sqrt{n}$은 무리수이다. 또, 점 B는 점 C보다 왼쪽에 있다.)

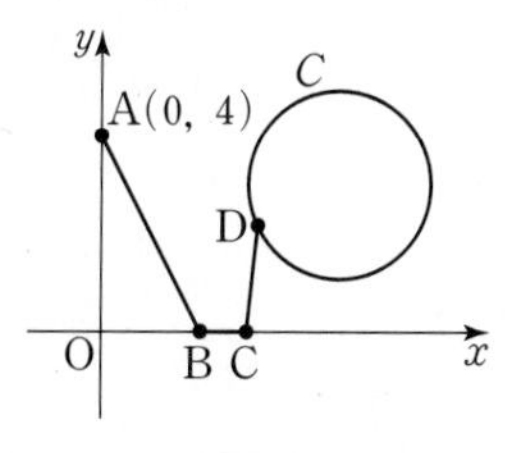

① 56　② 60　③ 64　④ 68　⑤ 72

정답과 해설 165쪽

19 오른쪽 그림과 같이 좌표평면 위에 8개의 점 A(2, 0), B(0, −2), C(2, −4), D(4, −2), E(−1, 0), F(0, 1), G(−1, 2), H(−2, 1)이 있다. 사각형 ABCD를 x축의 방향으로 $-3t$만큼, y축의 방향으로 $8t$만큼 평행이동한 도형을 T_1, 사각형 EFGH를 x축의 방향으로 $-t$만큼 평행이동한 도형을 T_2라 하자. T_1과 T_2의 내부의 공통부분의 넓이가 최대가 되도록 하는 t의 값은?

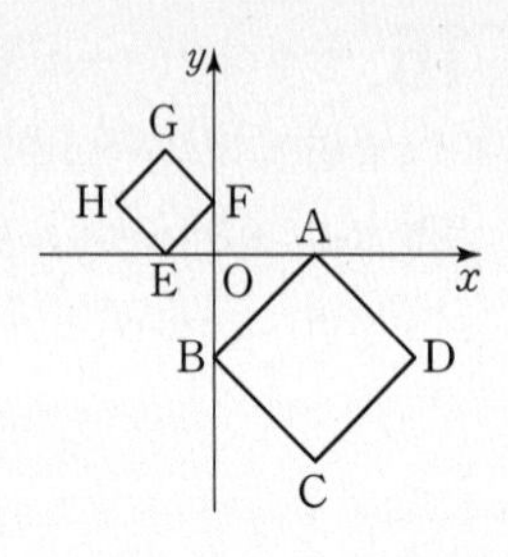

① $\frac{1}{4}$　② $\frac{2}{5}$　③ $\frac{1}{2}$
④ $\frac{3}{5}$　⑤ $\frac{5}{8}$

20 원 C: $kx^2-2hx+ky^2+hy+5h-10k=0$이 있다. 원 C를 원점에 대하여 대칭이동한 원을 C'이라 하자. 원 C 위의 점 P와 원 C' 위의 점 Q에 대하여 k, h의 값에 관계없이 선분 PQ의 길이의 최솟값은 $\sqrt{5}$이다. 원 C의 반지름의 길이를 r라 할 때, $16r^2$의 값을 구하시오. (단, $k\neq0$)

21 좌표평면 위에 세 점 A(1, 0), B(0, 1), C(0, $\sqrt{3}$)이 있다. 점 P가 선분 BC 위의 점일 때, 원점 O를 직선 AP에 대하여 대칭이동한 점 Q가 나타내는 도형의 길이는?

① $\frac{\pi}{12}$　② $\frac{\pi}{8}$　③ $\frac{\pi}{6}$
④ $\frac{\pi}{4}$　⑤ $\frac{\pi}{2}$

22 곡선 $y=x^2+1$을 직선 $y=\frac{1}{2}x+1$에 대하여 대칭이동한 곡선이 x축과 만나는 두 점을 A, B라 할 때, 선분 AB의 길이는? (단, 점 A는 점 B보다 왼쪽에 있다.)

① $\frac{7\sqrt{19}}{9}$　② $\frac{8\sqrt{19}}{9}$　③ $\sqrt{19}$
④ $\frac{10\sqrt{19}}{9}$　⑤ $\frac{11\sqrt{19}}{9}$

고등수학 상

정답과 해설

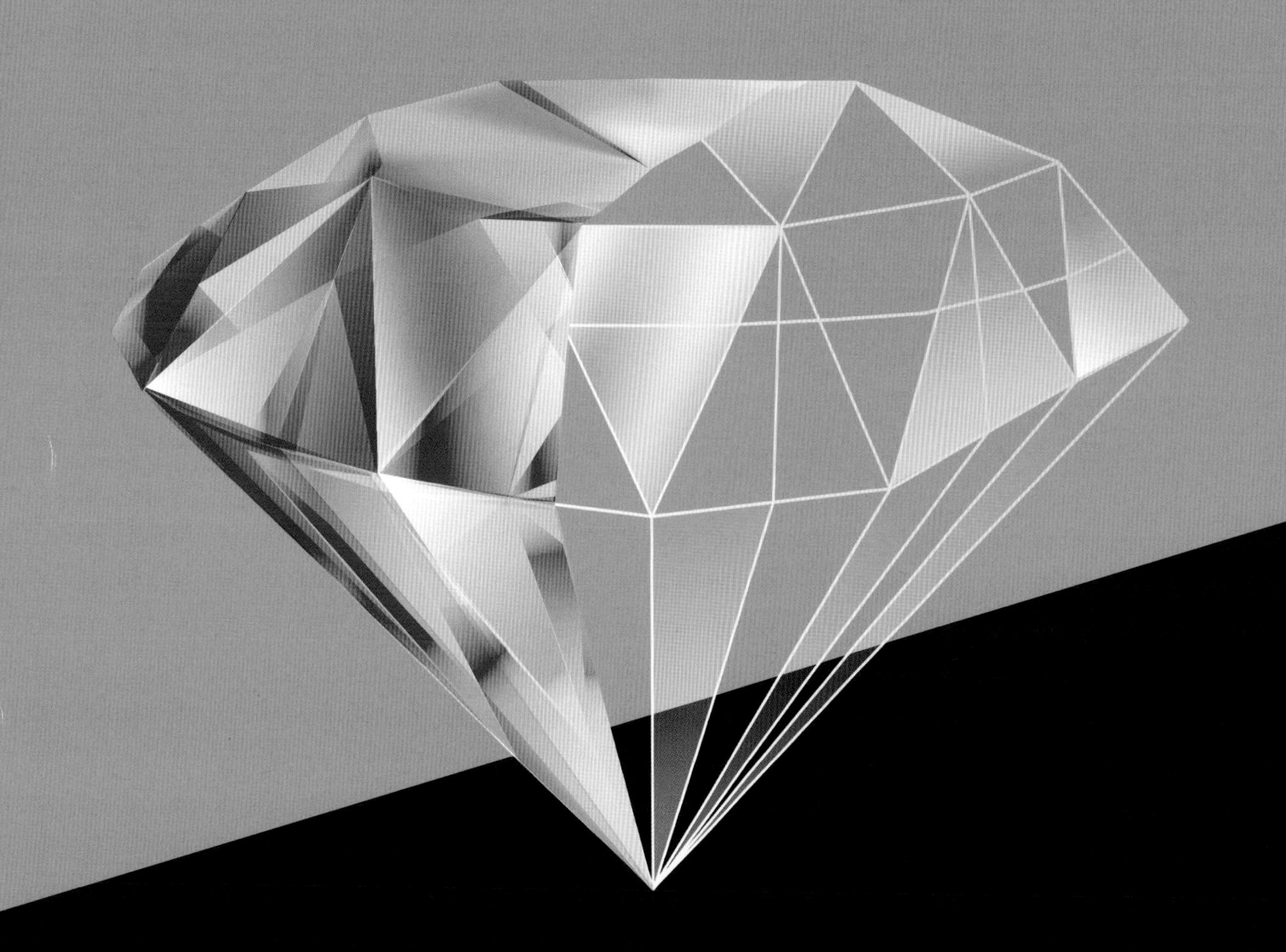

1등급을 위한 고난도 유형 공략서

HIGH-END

내신 하이엔드

1등급을 위한 고난도 유형 공략서

HIGH-END

내신 하이엔드

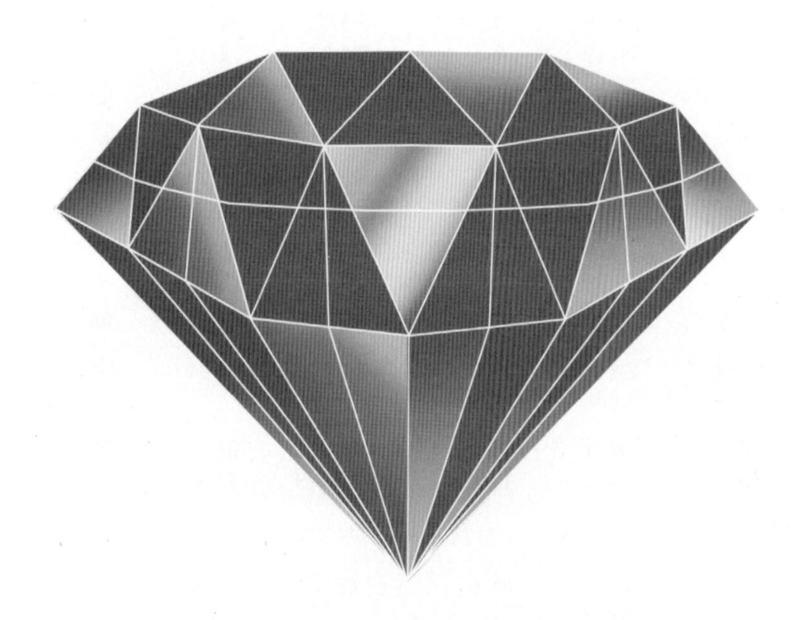

고등수학 상

정답과 해설

빠른 정답

Ⅰ. 다항식

01. 다항식의 연산 > 본문 7쪽

A	01 ②	02 ⑤	03 ③	04 ④	05 19	06 ⑤	07 6	08 ④		
B	1 4	1-1 6	2 ②	2-1 50	3 ②	3-1 22	4 16	4-1 18	5 ④	5-1 ②
	6 ③	6-1 ②								
C	01 ③	02 ⑤	03 ⑤	04 816	05 12	06 175	07 48	08 3	09 ②	10 ⑤
	11 ①	12 ③	13 ②	14 ③	15 97	16 ②				

02. 나머지정리 > 본문 14쪽

A	01 ①	02 496	03 ③	04 ④	05 ③	06 11	07 ④	08 5		
B	1 10	1-1 ①	2 ②	2-1 ③	3 ①	3-1 35	4 74	4-1 ⑤	5 $\frac{11}{4}$	5-1 4
	6 49	6-1 ①								
C	01 32	02 ①	03 ①	04 39	05 ③	06 ②	07 19	08 ②	09 85	10 ⑤
	11 ②	12 82	13 ②	14 ⑤	15 ⑤	16 17	17 ③	18 ⑤		

03. 인수분해 > 본문 21쪽

A	01 ②	02 7	03 49	04 ⑤	05 1	06 ③	07 ③	08 ⑤		
B	1 3	1-1 ③	2 999	2-1 ②	3 146	3-1 ②	4 ④	4-1 ②	5 ③	5-1 $\sqrt{3}$
	6 ①	6-1 ③	7 ②	7-1 12	8 ①	8-1 34	9 ①	9-1 ④		
C	01 ①	02 ③	03 3	04 3	05 ④	06 ③	07 128	08 ①	09 ②	10 ④
	11 4	12 ⑤	13 ②	14 ①	15 86	16 97	17 31	18 ⑤	19 ⑤	20 19

Ⅱ. 방정식과 부등식

04. 복소수 > 본문 31쪽

A	01 ②	02 ①	03 ③	04 6	05 ①	06 ④	07 5	08 ②		
B	1 ②	1-1 4	2 ④	2-1 $2i$	3 ③	3-1 192	4 24	4-1 67	5 44	5-1 14
	6 ③	6-1 ④								
C	01 ②	02 ③	03 17	04 30	05 ④	06 ④	07 ②	08 ②	09 ②	10 ⑤
	11 ④	12 30	13 ①	14 ④	15 ①	16 -9	17 ④			

05. 이차방정식 > 본문 38쪽

A	01 ④	02 1	03 ③	04 ①	05 ⑤	06 ④	07 ⑤	08 ①	09 24	10 28
	11 ②	12 ③	13 10	14 ⑤						
B	1 1	1-1 ④	2 ④	2-1 83	3 ③	3-1 4	4 104	4-1 14	5 ②	5-1 ④
	6 ③	6-1 ①	7 ②	7-1 ⑤	8 ④	8-1 ①	9 ⑤	9-1 8		
C	01 ②	02 ①	03 24	04 ②	05 ⑤	06 ②	07 ①	08 ⑤	09 12	10 ⑤
	11 ③	12 ③	13 33	14 ①	15 ②	16 10	17 18	18 ④	19 3	20 ④
	21 400	22 128								

06. 이차방정식과 이차함수 > 본문 49쪽

A	01 ④	02 ①	03 12	04 ③	05 ⑤	06 ②	07 ⑤	08 ④	09 12	10 ③
	11 35	12 ②	13 ⑤	14 ①	15 ④					
B	1 ⑤	1-1 ③	2 ③	2-1 ⑤	3 3	3-1 ①	4 ③	4-1 -15	5 3	5-1 11
	6 ③	6-1 ⑤	7 11	7-1 5	8 $\frac{25}{3}$	8-1 5	9 $\frac{63}{2}$	9-1 6		
C	01 ④	02 ④	03 ④	04 ⑤	05 ②	06 ③	07 -2	08 ①	09 ⑤	10 ⑤
	11 ①	12 ④	13 ③	14 ④	15 ②	16 -4	17 ①	18 ④	19 ①	20 3
	21 ②	22 9								

07. 여러 가지 방정식 > 본문 59쪽

A	01 ⑤	02 ①	03 69	04 ④	05 10	06 ②	07 44	08 ④	09 13	10 ②
	11 ⑤	12 3	13 7	14 ④	15 ①	16 ①				
B	1 ④	1-1 3	2 10	2-1 ④	3 ⑤	3-1 ②	4 ⑤	4-1 ④	5 ⑤	5-1 14
	6 ⑤	6-1 ⑤	7 ④	7-1 ②	8 ③	8-1 ③	9 46	9-1 38		
C	01 ⑤	02 ③	03 ④	04 ①	05 73	06 ②	07 32	08 512	09 ④	10 ①
	11 ③	12 ②	13 ⑤	14 ②	15 ③	16 52	17 ④	18 5	19 ①	20 ⑤
	21 ①	22 72								

08. 여러 가지 부등식 > 본문 69쪽

A	01 ②	02 ③	03 2	04 ①	05 10	06 ①	07 ⑤	08 ④	09 ③	10 ⑤
	11 ②	12 ③	13 ⑤	14 5	15 ④	16 2				
B	1 71	1-1 ①	2 59	2-1 ③	3 ④	3-1 ⑤	4 2	4-1 ③	5 ⑤	5-1 ①
	6 12	6-1 ④	7 ①	7-1 ④	8 ②	8-1 ①	9 ⑤	9-1 43		
C	01 ④	02 ③	03 ⑤	04 ②	05 ①	06 ③	07 ③	08 12	09 ②	10 1083
	11 ⑤	12 ③	13 ④	14 ④	15 ③	16 ③	17 ②	18 ④	19 116	20 ③
	21 ③	22 ②								

Ⅲ. 도형의 방정식

09. 점과 직선 > 본문 82쪽

A	01 $4\sqrt{2}$	02 13	03 ④	04 ②	05 -14	06 17	07 -8	08 ③	09 $-\frac{6}{7}$	10 5
	11 ④	12 $-\frac{1}{7}$	13 ①	14 ③	15 ③	16 $\frac{2}{3}$				
B	1 ⑤	1-1 ②	2 ⑤	2-1 ①	3 20	3-1 ⑤	4 7	4-1 ⑤	5 ④	5-1 ①
	6 ②	6-1 ⑤	7 -2	7-1 171	8 ④	8-1 1	9 ⑤	9-1 ③	10 ②	10-1 ④
	11 ④	11-1 ①	12 ③	12-1 ②						
C	01 ①	02 ②	03 108	04 ③	05 ②	06 12	07 ②	08 9	09 ④	10 ③
	11 ④	12 ④	13 8	14 ④	15 -10	16 ②	17 24	18 ②	19 ④	20 ②
	21 3	22 ①								

10. 원의 방정식 > 본문 93쪽

A	01 ③	02 ②	03 ⑤	04 12	05 ⑤	06 ②	07 $\frac{3}{4}$	08 ②	09 ⑤	10 84
	11 ④	12 $\frac{5}{8}$	13 50	14 ①	15 12	16 ③				
B	1 18	1-1 ④	2 ③	2-1 ①	3 ③	3-1 2	4 ①	4-1 20	5 ③	5-1 ④
	6 ④	6-1 ②	7 ④	7-1 ④	8 87	8-1 ③	9 ⑤	9-1 ③	10 ④	10-1 28
	11 ③	11-1 $\frac{7}{4}$	12 180	12-1 ⑤						
C	01 -1	02 ②	03 ⑤	04 ④	05 ③	06 -2	07 ②	08 ⑤	09 -32	10 ②
	11 ①	12 ③	13 ⑤	14 ②	15 18	16 ④	17 ①	18 29	19 ①	20 4
	21 ③	22 ⑤								

11. 도형의 이동 > 본문 104쪽

A	01 ①	02 ②	03 4	04 $-\frac{8}{15}$	05 2	06 ①	07 $\sqrt{85}$	08 ④		
B	1 26	1-1 ⑤	2 6	2-1 ③	3 128	3-1 ②	4 -2	4-1 ②	5 23	5-1 ②
	6 ①, ④	6-1 ④	7 3	7-1 ②	8 28	8-1 173	9 640	9-1 ③		
C	01 ②	02 ②	03 ③	04 ①	05 2	06 4	07 ④	08 ④	09 ③	10 5
	11 ②	12 20	13 ⑤	14 ③	15 ②	16 ②	17 2	18 ③	19 ②	20 125
	21 ③	22 ④								

I 다항식

01 다항식의 연산

A Step 1등급을 위한 고난도 빈출 & 핵심 문제

본문 7쪽

01 ②	02 ⑤	03 ③	04 ④	05 19
06 ⑤	07 6	08 ④		

01 $(1+2x+3x^2+\cdots+10x^9)^2$

$=(1+2x+3x^2+\cdots+10x^9)(1+2x+3x^2+\cdots+10x^9)$

의 전개식에서 x^3항은

$1\times4x^3+2x\times3x^2+3x^2\times2x+4x^3\times1$

$=4x^3+6x^3+6x^3+4x^3$

$=20x^3$

따라서 x^3의 계수는 20이다. 답 ②

참고 $(1+2x+3x^2+\cdots+10x^9)^2$의 전개식에서 x^3의 계수는 $(1+2x+3x^2+4x^3)^2$의 전개식에서 x^3의 계수와 같다.

02 $a+b+c=3$에서

$a+b=3-c,\ b+c=3-a,\ c+a=3-b$

이므로

$(a+b)(b+c)(c+a)$

$=(3-c)(3-a)(3-b)$

$=3^3-3^2(a+b+c)+3(ab+bc+ca)-abc$

$=3^3-3^3+3\times5-(-4)$

$=27-27+15+4$

$=19$ 답 ⑤

빠른풀이 $(a+b)(b+c)(c+a)=(a+b+c)(ab+bc+ca)-abc$

$=3\times5-(-4)=15+4=19$

03 $x^3+y^3=(x+y)^3-3xy(x+y)$이므로

$7=1^3-3xy,\ 3xy=-6$

$\therefore xy=-2$

또, $x^2+y^2=(x+y)^2-2xy$이므로

$x^2+y^2=1^2-2\times(-2)=5$

$\therefore x^5+y^5=(x^2+y^2)(x^3+y^3)-x^2y^2(x+y)$

$=5\times7-(-2)^2\times1$

$=35-4$

$=31$ 답 ③

04 $x>0$이므로 $x^2+2x-1=0$의 양변을 x로 나누면

$x+2-\dfrac{1}{x}=0$

$\therefore x-\dfrac{1}{x}=-2$

$x^3-\dfrac{1}{x^3}=\left(x-\dfrac{1}{x}\right)^3+3\left(x-\dfrac{1}{x}\right)=(-2)^3+3\times(-2)=-14$

$x^2+\dfrac{1}{x^2}=\left(x-\dfrac{1}{x}\right)^2+2=(-2)^2+2=6$

$\left(x+\dfrac{1}{x}\right)^2=\left(x-\dfrac{1}{x}\right)^2+4=(-2)^2+4=8$

이때 $x>0$이므로

$x+\dfrac{1}{x}=2\sqrt{2}$

$\therefore x^3+2x^2+3x+2+\dfrac{3}{x}+\dfrac{2}{x^2}-\dfrac{1}{x^3}$

$=\left(x^3-\dfrac{1}{x^3}\right)+2\left(x^2+\dfrac{1}{x^2}\right)+3\left(x+\dfrac{1}{x}\right)+2$

$=-14+2\times6+3\times2\sqrt{2}+2$

$=6\sqrt{2}$ 답 ④

05 $a+b=3,\ b+c=-2$를 변끼리 빼면

$a-c=5$

$\therefore a^2+b^2+c^2+ab+bc-ca$

$=\dfrac{1}{2}(2a^2+2b^2+2c^2+2ab+2bc-2ca)$

$=\dfrac{1}{2}\{(a^2+2ab+b^2)+(b^2+2bc+c^2)+(a^2-2ca+c^2)\}$

$=\dfrac{1}{2}\{(a+b)^2+(b+c)^2+(a-c)^2\}$

$=\dfrac{1}{2}\times\{3^2+(-2)^2+5^2\}$

$=\dfrac{1}{2}\times38=19$ 답 19

06 직육면체의 밑면의 가로의 길이, 세로의 길이, 높이를 각각 $a,\ b,\ c$라 하면 모든 모서리의 길이의 합이 44이므로

$4(a+b+c)=44$

$\therefore a+b+c=11$

또, 대각선의 길이가 $3\sqrt{5}$이므로

$\sqrt{a^2+b^2+c^2}=3\sqrt{5}$

$\therefore a^2+b^2+c^2=45$

따라서 직육면체의 겉넓이는

$2ab+2bc+2ca=(a+b+c)^2-(a^2+b^2+c^2)$

$=11^2-45=76$ 답 ⑤

참고 오른쪽 그림과 밑면의 가로의 길이, 세로의 길이, 높이가 각각 $a,\ b,\ c$인 직육면체에서

$\overline{EG}^2=\overline{FG}^2+\overline{EF}^2=a^2+b^2$,

$\overline{AG}^2=\overline{EG}^2+\overline{AE}^2=a^2+b^2+c^2$이므로

(1) 가로의 길이, 세로의 길이가 각각 $a,\ b$인 직사각형의 대각선의 길이는

$\sqrt{a^2+b^2}$

(2) 밑면의 가로의 길이, 세로의 길이, 높이가 각각 $a,\ b,\ c$인 직육면체의 대각선의 길이는

$\sqrt{a^2+b^2+c^2}$

07 $x^4-2x^3-3x^2+4x+5$를 x^2-3x+1로 나누면 다음과 같다.

$$\begin{array}{r} x^2+x-1 \\ x^2-3x+1 \enclose{longdiv}{x^4-2x^3-3x^2+4x+5} \\ \underline{x^4-3x^3+x^2 \qquad\qquad} \\ x^3-4x^2+4x+5 \\ \underline{x^3-3x^2+x \qquad} \\ -x^2+3x+5 \\ \underline{-x^2+3x-1} \\ 6 \end{array}$$

$\therefore x^4-2x^3-3x^2+4x+5=(x^2-3x+1)(x^2+x-1)+6$

$=6\ (\because x^2-3x+1=0)$

답 6

08 $P(x)=(3x-2)Q(x)+R$이므로

$xP(x)=x(3x-2)Q(x)+Rx$

$=3x\left(x-\frac{2}{3}\right)Q(x)+\left(x-\frac{2}{3}\right)R+\frac{2}{3}R$

$=\left(x-\frac{2}{3}\right)\{3xQ(x)+R\}+\frac{2}{3}R$

따라서 다항식 $xP(x)$를 $x-\frac{2}{3}$로 나누었을 때의 몫은

$3xQ(x)+R$, 나머지는 $\frac{2}{3}R$이다.

답 ④

B Step 1등급을 위한 고난도 기출 VS 변형 유형

본문 8~9쪽

1 4	**1-1** 6	**2** ②	**2-1** 50	**3** ②	**3-1** 22
4 16	**4-1** 18	**5** ④	**5-1** ②	**6** ③	**6-1** ②

1 전략 $\frac{1}{x}+\frac{1}{y}+\frac{1}{z}=\frac{1}{2}$에서 $xyz=2(xy+yz+zx)$임을 이용한다.

풀이 $\frac{1}{x}+\frac{1}{y}+\frac{1}{z}=\frac{xy+yz+zx}{xyz}=\frac{1}{2}$에서

$xyz=2(xy+yz+zx)$

$\therefore xyz-2(xy+yz+zx)=0$ ⋯⋯ ㉠

$\therefore (x-2)(y-2)(z-2)$

$=xyz-2(xy+yz+zx)+4(x+y+z)-8$

$=4(x+y+z)-8\ (\because$ ㉠$)$

$=4\times3-8=4$

답 4

1-1 전략 $\left(x+\frac{1}{y}\right)\left(y+\frac{1}{z}\right)\left(z+\frac{1}{x}\right)$을 전개하여 $\frac{1}{x}+\frac{1}{y}+\frac{1}{z}$의 값을 구한다.

풀이 $\left(x+\frac{1}{y}\right)\left(y+\frac{1}{z}\right)\left(z+\frac{1}{x}\right)$

$=xyz+(x+y+z)+\left(\frac{1}{x}+\frac{1}{y}+\frac{1}{z}\right)+\frac{1}{xyz}$

$=4+4+\left(\frac{1}{x}+\frac{1}{y}+\frac{1}{z}\right)+\frac{1}{4}$

$=\left(\frac{1}{x}+\frac{1}{y}+\frac{1}{z}\right)+\frac{33}{4}=\frac{39}{4}$

$\therefore \frac{1}{x}+\frac{1}{y}+\frac{1}{z}=\frac{3}{2}$

즉, $\frac{xy+yz+zx}{xyz}=\frac{3}{2}$

$\therefore xy+yz+zx=\frac{3}{2}xyz=\frac{3}{2}\times4=6$

답 6

다른풀이 $\left(x+\frac{1}{y}\right)\left(y+\frac{1}{z}\right)\left(z+\frac{1}{x}\right)$

$=\frac{xy+1}{y}\times\frac{yz+1}{z}\times\frac{zx+1}{x}$

$=\frac{(xy+1)(yz+1)(zx+1)}{xyz}$

$=\frac{1+(xy+yz+zx)+xyz(x+y+z)+(xyz)^2}{xyz}$

$=\frac{1+(xy+yz+zx)+4\times4+4^2}{4}=\frac{(xy+yz+zx)+33}{4}$

이때 $\left(x+\frac{1}{y}\right)\left(y+\frac{1}{z}\right)\left(z+\frac{1}{x}\right)=\frac{39}{4}$이므로

$\frac{(xy+yz+zx)+33}{4}=\frac{39}{4}$, $(xy+yz+zx)+33=39$

$\therefore xy+yz+zx=6$

2 전략 $f_{n+1}(x)=f_n(x+n)$에 $n=1, 2, 3, \cdots$을 차례대로 대입하여 다항식 $f_n(x)$의 규칙을 파악한다.

풀이 $f_1(x)=x^3+x^2+1$이므로

$f_2(x)=f_1(x+1)$

$=(x+1)^3+(x+1)^2+1$

$f_3(x)=f_2(x+2)$

$=(x+2+1)^3+(x+2+1)^2+1$

⋮

$f_{11}(x)=f_{10}(x+10)$

$=(x+10+9+\cdots+1)^3+(x+10+9+\cdots+1)^2+1$

$=(x+55)^3+(x+55)^2+1$

따라서 $(x+55)^3$의 x^2의 계수는 $3\times55=165$이고, $(x+55)^2$의 x^2의 계수는 1이므로 다항식 $f_{11}(x)$의 x^2의 계수는

$165+1=166$

답 ②

2-1 전략 자연수 k에 대하여 a_k의 값이 0 또는 1 또는 4임을 파악하고, 조건을 만족시키는 a_m, a_n의 값의 경우를 나누어 해결한다.

풀이 $a_k=\begin{cases} 1\ (k=5l-4 \text{ 또는 } k=5l-1) \\ 4\ (k=5l-3 \text{ 또는 } k=5l-2)\ (\text{단, } l\text{은 자연수}) \\ 0\ (k=5l) \end{cases}$

이므로 $f(x)=(1+a_mx+4x^2+a_nx^3+x^4)^2$

다항식 $f(x)$의 전개식에서 x^4의 계수가 26이므로

$1+a_ma_n+4^2+a_na_m+1=26$, $2a_ma_n=8$

$\therefore a_ma_n=4$

이때 자연수 k에 대하여 a_k의 값이 0 또는 1 또는 4이므로

$a_m=1$, $a_n=4$ 또는 $a_m=4$, $a_n=1$

(i) $a_m=1$, $a_n=4$일 때

$f(x)=(1+x+4x^2+4x^3+x^4)^2$이므로 다항식 $f(x)$의 전개식에서 x^5의 계수는

$1+4^2+4^2+1=34$

(ii) $a_m=4$, $a_n=1$일 때

$f(x)=(1+4x+4x^2+x^3+x^4)^2$이므로 다항식 $f(x)$의 전개식에서 x^5의 계수는

$4+4+4+4=16$

(i), (ii)에 의하여 다항식 $f(x)$의 전개식에서 가능한 모든 x^5의 계수의 합은

$34+16=50$ 답 50

참고 자연수 k에 대하여 k^2을 5로 나누었을 때의 나머지는 자연수 l에 대하여

(i) $k=5l-4$일 때

$k^2=5(5l^2-8l+3)+1$이므로 k^2을 5로 나누었을 때의 나머지는 1이다.

(ii) $k=5l-3$일 때

$k^2=5(5l^2-6l+1)+4$이므로 k^2을 5로 나누었을 때의 나머지는 4이다.

(iii) $k=5l-2$일 때

$k^2=5(5l^2-4l)+4$이므로 k^2을 5로 나누었을 때의 나머지는 4이다.

(iv) $k=5l-1$일 때

$k^2=5(5l^2-2l)+1$이므로 k^2을 5로 나누었을 때의 나머지는 1이다.

(v) $k=5l$일 때

$k^2=25l^2$이므로 k^2을 5로 나누었을 때의 나머지는 0이다.

(i)~(v)에 의하여 k^2을 5로 나누었을 때의 나머지는 0, 1, 4뿐이다.

3

전략 각 그림에서 큰 정사각형의 넓이와 쪼개어진 사각형의 넓이 사이의 관계를 파악한다.

풀이 주어진 그림에서 왼쪽의 큰 정사각형의 한 변의 길이는 $(a-b+c)+2b=a+b+c$이므로 다음 등식을 얻을 수 있다.

$(a+b+c)^2$

$=(2b)^2+(2c)^2+2(a+b-c)(a-b+c)-(a-b-c)^2$ …… ㉠

또, 오른쪽의 큰 정사각형의 한 변의 길이는

$(a-b+c)+(a+b-c)=2a$이므로 다음 등식을 얻을 수 있다.

$(2a)^2$

$=2(a+b-c)(a-b+c)+(a+b-c)^2+(a-b+c)^2$ …… ㉡

㉠−㉡을 하면

$(a+b+c)^2-4a^2$

$=4b^2+4c^2-(a-b-c)^2-(a+b-c)^2-(a-b+c)^2$

$\therefore (a+b+c)^2+(a-b+c)^2+(a+b-c)^2+(a-b-c)^2$

$=4(a^2+b^2+c^2)$ …… ㉢

㉢에 $a=100$, $b=2$, $c=n$을 대입하면

$(102+n)^2+(98+n)+(102-n)^2+(98-n)^2=4(100^2+2^2+n^2)$

따라서 주어진 등식에 의하여 $102+n=125$이므로

$n=23$ 답 ②

3-1

전략 큰 정사각형의 넓이와 쪼개어진 사각형의 넓이 사이의 관계를 파악한다.

풀이 주어진 그림에서 왼쪽의 큰 정사각형의 한 변의 길이는 $x^2+y^2+(x+y)^2$이므로 그 넓이는 $\{x^2+y^2+(x+y)^2\}^2$이다.

또, 오른쪽의 정사각형의 한 변의 길이는 $(x+y)^2$이므로 그 넓이는 $\{(x+y)^2\}^2=(x+y)^4$이다.

$\therefore \{x^2+y^2+(x+y)^2\}^2=2x^4+2y^4+2(x+y)^4$

$=2\{x^4+y^4+(x+y)^4\}$ …… ㉠

따라서 주어진 등식은 ㉠에 $x=10$, $y=12$를 대입한 것과 같으므로

$(10^2+12^2+22^2)^2=2(10^4+12^4+22^4)$

$\therefore n=22$ 답 22

참고 오른쪽의 정사각형의 넓이는 ①, ②, ③, ④, ⑤로 표시한 부분의 넓이의 합이므로 다음과 같이 유도할 수 있다.

$4x^2y^2+2xy(x^2+y^2)+(x^2+y^2)(x+y)^2$

$=(2xy)^2+2xy(x^2+y^2)+(x^2+y^2)(x+y)^2$

$=2xy(x^2+2xy+y^2)+(x^2+y^2)(x+y)^2$

$=2xy(x+y)^2+(x^2+y^2)(x+y)^2$

$=(x^2+2xy+y^2)(x+y)^2$

$=(x+y)^4$

4

전략 $\overline{AQ}=x$, $\overline{QB}=y$로 놓고, 원과 직각삼각형의 성질을 이용하여 $x-y$, xy의 값을 구한다.

풀이 오른쪽 그림과 같이

$\overline{AQ}=x$, $\overline{QB}=y$ $(x>y)$

로 놓으면

$\overline{AQ}-\overline{QB}=8\sqrt{3}$이므로

$x-y=8\sqrt{3}$ …… ㉠

선분 AB를 지름으로 하는 반원의 넓이는

$\pi\left(\frac{x+y}{2}\right)^2\times\frac{1}{2}=\frac{\pi}{8}(x+y)^2$

선분 AQ를 지름으로 하는 반원의 넓이는

$\pi\left(\frac{x}{2}\right)^2\times\frac{1}{2}=\frac{\pi}{8}x^2$

선분 QB를 지름으로 하는 반원의 넓이는

$\pi\left(\frac{y}{2}\right)^2\times\frac{1}{2}=\frac{\pi}{8}y^2$

이므로

$S_1=\frac{\pi}{8}(x+y)^2-\frac{\pi}{8}(x^2+y^2)$

$=\frac{\pi}{8}\times 2xy=\frac{\pi}{4}xy$

한편, 두 선분 AP, BP를 그으면

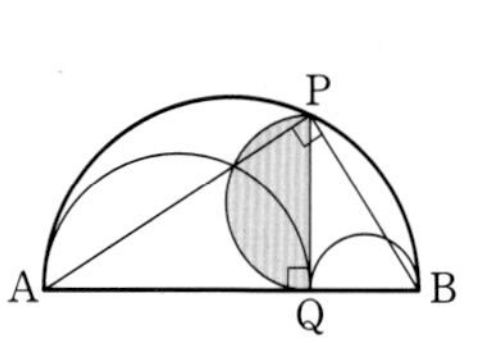

$\angle APB=90°$이므로

두 직각삼각형 APQ, PBQ가 닮음이다.

즉, $\overline{PQ}:\overline{AQ}=\overline{BQ}:\overline{PQ}$이므로

$\overline{PQ}^2=\overline{AQ}\times\overline{BQ}=xy$

따라서

$S_2=\pi\left(\frac{\overline{PQ}}{2}\right)^2\times\frac{1}{2}=\frac{\pi}{8}\overline{PQ}^2=\frac{\pi}{8}xy$

이때 $S_1-S_2=2\pi$이므로

$\frac{\pi}{4}xy-\frac{\pi}{8}xy=2\pi$, $\frac{\pi}{8}xy=2\pi$

$\therefore xy=16$ …… ㉡

㉠, ㉡에 의하여

$(x+y)^2=(x-y)^2+4xy$

$=(8\sqrt{3})^2+4\times16=16^2$

$\therefore x+y=16$ ($\because x>0, y>0$)

따라서 선분 AB의 길이는 16이다. 답 16

4-1 **전략** $\overline{AC}=x$, $\overline{BC}=y$로 놓고, 주어진 조건을 x, y에 대한 식으로 나타낸 후 $x^2+y^2=(x+y)^2-2xy$임을 이용한다.

풀이 오른쪽 그림과 같이 $\overline{AB}$, $\overline{AC}$, $\overline{BC}$의 중점을 각각 O, M, N이라 하면 직선 OM과 직선 ON은 각각 선분 AC, 선분 BC의 수직이등분선이고, 각각 원 O_1, 원 O_2를 이등분한다.

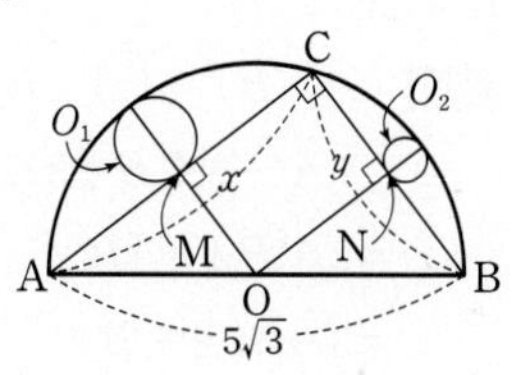

$\overline{AC}=x$, $\overline{BC}=y$로 놓으면 $\overline{OM}=\frac{1}{2}\overline{BC}=\frac{y}{2}$, $\overline{ON}=\frac{1}{2}\overline{AC}=\frac{x}{2}$이고,

$\angle ACB=90°$이므로 직각삼각형 ABC에서

$x^2+y^2=(5\sqrt{3})^2$

$\therefore x^2+y^2=75$ ······ ㉠

원 O_1의 지름의 길이는

$\frac{1}{2}\overline{AB}-\overline{OM}=\frac{5\sqrt{3}}{2}-\frac{y}{2}=\frac{1}{2}(5\sqrt{3}-y)$

즉, 원 O_1의 반지름의 길이는 $\frac{1}{4}(5\sqrt{3}-y)$

원 O_2의 지름의 길이는

$\frac{1}{2}\overline{AB}-\overline{ON}=\frac{5\sqrt{3}}{2}-\frac{x}{2}=\frac{1}{2}(5\sqrt{3}-x)$

즉, 원 O_2의 반지름의 길이는 $\frac{1}{4}(5\sqrt{3}-x)$

따라서 두 원 O_1, O_2의 넓이를 각각 S_1, S_2라 하면

$S_1=\pi\left(\frac{5\sqrt{3}-y}{4}\right)^2=\frac{\pi}{16}(5\sqrt{3}-y)^2$

$S_2=\pi\left(\frac{5\sqrt{3}-x}{4}\right)^2=\frac{\pi}{16}(5\sqrt{3}-x)^2$

두 원 O_1, O_2의 넓이의 합이 $\frac{15}{16}\pi$이므로 $S_1+S_2=\frac{15}{16}\pi$에서

$\frac{\pi}{16}(5\sqrt{3}-y)^2+\frac{\pi}{16}(5\sqrt{3}-x)^2=\frac{15}{16}\pi$

$(5\sqrt{3}-y)^2+(5\sqrt{3}-x)^2=15$

$(x^2+y^2)-10\sqrt{3}(x+y)+150=15$

$75-10\sqrt{3}(x+y)+150=15$ ($\because$ ㉠)

$10\sqrt{3}(x+y)=210$ $\quad\therefore x+y=7\sqrt{3}$ ······ ㉡

㉠, ㉡에 의하여

$xy=\frac{1}{2}\{(x+y)^2-(x^2+y^2)\}$

$=\frac{1}{2}\{(7\sqrt{3})^2-75\}=36$

따라서 직각삼각형 ABC의 넓이는

$\triangle ABC=\frac{1}{2}xy=\frac{1}{2}\times36=18$ **답** 18

개념 연계 중학 수학 **현의 수직이등분선**

(1) 원에서 현의 수직이등분선은 그 원의 중심을 지난다.

(2) 원의 중심에서 현에 내린 수선은 그 현을 수직이등분한다.

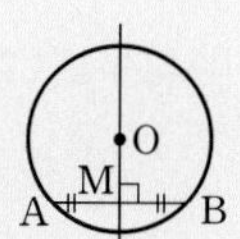

5 **전략** $f(x)=(x^2-1)(x^2-4)Q(x)+3x^2+ax+b$임을 이용한다.

풀이 다항식 $f(x)$를 $(x^2-1)(x^2-4)$로 나누었을 때의 몫을 $Q(x)$라 하면

$f(x)=(x^2-1)(x^2-4)Q(x)+3x^2+ax+b$

이므로

$f(x^3)=(x^6-1)(x^6-4)Q(x^3)+3x^6+ax^3+b$

$=(x^6-1)(x^6-4)Q(x^3)+3(x^6-1)+ax^3+b+3$

$=(x^6-1)\{(x^6-4)Q(x^3)+3\}+ax^3+b+3$

$\therefore R_1(x)=ax^3+b+3$

또,

$f(x^3)=(x^6-1)(x^6-4)Q(x^3)+3x^6+ax^3+b$

$=(x^6-4)(x^6-1)Q(x^3)+3(x^6-4)+ax^3+b+12$

$=(x^6-4)\{(x^6-1)Q(x^3)+3\}+ax^3+b+12$

$\therefore R_2(x)=ax^3+b+12$

$\therefore R_2(x)-R_1(x)=(ax^3+b+12)-(ax^3+b+3)=9$ **답** ④

참고 $f(x^3)=(x^6-1)(x^6-4)Q(x^3)+3x^6+ax^3+b$이므로
$R_1(x)$는 $3x^6+ax^3+b$를 x^6-1로 나누었을 때의 나머지와 같고,
$R_2(x)$는 $3x^6+ax^3+b$를 x^6-4로 나누었을 때의 나머지와 같다.

5-1 **전략** $f(x)=(x-1)(x^2+x+1)Q(x)+2x^2+x+a$임을 이용한다.

풀이 다항식 $f(x)$를 $(x-1)(x^2+x+1)$로 나누었을 때의 몫을 $Q(x)$라 하면

$f(x)=(x-1)(x^2+x+1)Q(x)+2x^2+x+a$ ······ ㉠

이때 $2x^2+x+a$를 $x-1$로 나누면 다음과 같다.

$$\begin{array}{r|l} & 2x+3 \\ x-1 & 2x^2+x+a \\ & 2x^2-2x \\ \hline & 3x+a \\ & 3x-3 \\ \hline & a+3 \end{array}$$

$\therefore 2x^2+x+a=(x-1)(2x+3)+a+3$ ······ ㉡

㉡을 ㉠에 대입하면

$f(x)=(x-1)(x^2+x+1)Q(x)+(x-1)(2x+3)+a+3$

$=(x-1)\{(x^2+x+1)Q(x)+2x+3\}+a+3$

따라서 다항식 $f(x)$를 $x-1$로 나누었을 때의 나머지는 $a+3$이다.

또, ㉠에 x 대신 x^2+1을 대입하면

$f(x^2+1)=\{(x^2+1)-1\}\{(x^2+1)^2+(x^2+1)+1\}Q(x^2+1)$
$+2(x^2+1)^2+(x^2+1)+a$

$=x^2(x^4+3x^2+3)Q(x^2+1)+2x^4+5x^2+a+3$

$=x^2\{(x^4+3x^2+3)Q(x^2+1)+2x^2+5\}+a+3$

따라서 다항식 $f(x^2+1)$을 x^2으로 나누었을 때의 나머지는 $a+3$이다.

다항식 $f(x)$를 $x-1$로 나누었을 때의 나머지와 다항식 $f(x^2+1)$을 x^2으로 나누었을 때의 나머지의 합이 10이므로

$(a+3)+(a+3)=10$, $a+3=5$

$\therefore a=2$ **답** ②

6 **전략** $(x-1)g(x)=x^7-1$임을 이용할 수 있도록 $g(x^7)$을 x^7-1이 포함된 식으로 변형한다.

풀이 다항식 $g(x)$에서 x 대신 x^7을 대입하면

$g(x^7)=x^{42}+x^{35}+x^{28}+x^{21}+x^{14}+x^7+1$ ······ ㉠

이때 $(x-1)g(x)=x^7-1$이므로 ㉠을 x^7-1에 대하여 정리하면

$$g(x^7)=x^{35}(x^7-1)+2x^{28}(x^7-1)+3x^{21}(x^7-1)+4x^{14}(x^7-1)+5x^7(x^7-1)+6(x^7-1)+7$$
$$=(x^7-1)(x^{35}+2x^{28}+3x^{21}+4x^{14}+5x^7+6)+7$$
$$=g(x)(x-1)(x^{35}+2x^{28}+3x^{21}+4x^{14}+5x^7+6)+7$$

따라서 $g(x^7)$을 $g(x)$로 나누었을 때의 나머지는

$R(x)=7$

$\therefore R(2)=7$

답 ③

1등급 노트 x^n-1, x^n+1에 대한 곱셈 공식

(1) 모든 자연수 n에 대하여

$(x-1)(x^{n-1}+x^{n-2}+x^{n-3}+\cdots+x+1)=x^n-1$

(2) 홀수인 자연수 n에 대하여

$(x+1)(x^{n-1}-x^{n-2}+x^{n-3}-\cdots-x+1)=x^n+1$

6-1 **전략** $(x-1)(x^{17}+x^{16}+x^{15}+\cdots+x+1)=x^{18}-1$임을 이용한다.

풀이 $(x-1)(x^{17}+x^{16}+x^{15}+\cdots+x+1)=x^{18}-1$이므로

$f(x)=x^{17}+x^{16}+x^{15}+\cdots+x+1$

다항식 $g(x)$를 $f(x)$로 나누었을 때의 몫을 $Q(x)$라 하면

$g(x)=f(x)Q(x)+x^{13}$ ...... ㉠

이때

$$f(x)=x^{17}+x^{16}+x^{15}+\cdots+x+1$$
$$=x^4(x^{13}+x^{12}+x^7+x^6+x+1)+x^2(x^{13}+x^{12}+x^7+x^6+x+1)+(x^{13}+x^{12}+x^7+x^6+x+1)$$
$$=x^4h(x)+x^2h(x)+h(x)$$
$$=h(x)(x^4+x^2+1)$$

이 식을 ㉠에 대입하면

$$g(x)=h(x)(x^4+x^2+1)Q(x)+x^{13}$$
$$=h(x)(x^4+x^2+1)Q(x)+h(x)-x^{12}-x^7-x^6-x-1$$
$$=h(x)\{(x^4+x^2+1)Q(x)+1\}-x^{12}-x^7-x^6-x-1$$

따라서 $g(x)$를 $h(x)$로 나누었을 때의 나머지는

$R(x)=-x^{12}-x^7-x^6-x-1$

$\therefore R(-1)=-1-(-1)-1-(-1)-1$
$=-1$

답 ②

C Step 1등급 완성 최고난도 예상 문제

본문 10~12쪽

01 ③	02 ⑤	03 ⑤	04 816	05 12
06 175	07 48	08 3	09 ②	10 ⑤
11 ①	12 ③			

1등급 뛰어넘기

13 ②	14 ③	15 97	16 ②

01 **전략** 먼저 구하는 식을 전개하여 간단히 정리한 후 두 다항식 A, B를 대입한다.

풀이
$$(A+B)^3-(A+B)(A^2-AB+B^2)$$
$$=(A^3+3A^2B+3AB^2+B^3)-(A^3+B^3)$$
$$=3A^2B+3AB^2$$
$$=3AB(A+B)$$
$$=3(x^3-x+4)(x-1)(x^3+3)$$
$$=3(x^3-x+4)(x^4-x^3+3x-3)$$

따라서 주어진 다항식의 전개식에서 x^4의 계수는

$3\times\{1\times3+(-1)\times(-1)+4\times1\}=24$

답 ③

02 **전략** 계산 순서에 주의하여 주어진 식을 간단히 정리한다.

풀이 $A\triangle B=AB-(A+B)=AB-A-B$이므로

$$(A\triangle B)\triangle C=(AB-A-B)\triangle C$$
$$=(AB-A-B)C-(AB-A-B)-C$$
$$=ABC-AC-BC-AB+A+B-C$$
$$A\triangle(B\triangle C)=A\triangle(BC-B-C)$$
$$=A(BC-B-C)-A-(BC-B-C)$$
$$=ABC-AB-AC-A-BC+B+C$$
$$\therefore (A\triangle B)\triangle C-A\triangle(B\triangle C)=2A-2C$$
$$=2(x^2+a)-2bx$$
$$=2x^2-2bx+2a$$

다항식 $2x^2-2bx+2a$의 모든 계수와 상수항의 합이 0이므로

$2-2b+2a=0$, $2a-2b=-2$

$\therefore a-b=-1$

답 ⑤

03 **전략** 곱셈 공식 $(x+1)(x^2-x+1)=x^3+1$을 이용한다.

풀이
$$(3^2-3+1)(3^6-3^3+1)(3^{18}-3^9+1)$$
$$=\frac{1}{4}(3+1)(3^2-3+1)(3^6-3^3+1)(3^{18}-3^9+1)$$
$$=\frac{1}{4}(3^3+1)\{(3^3)^2-3^3+1\}(3^{18}-3^9+1)$$
$$=\frac{1}{4}\{(3^3)^3+1\}(3^{18}-3^9+1)$$
$$=\frac{1}{4}(3^9+1)\{(3^9)^2-3^9+1\}$$
$$=\frac{1}{4}\{(3^9)^3+1\}=\frac{3^{27}+1}{4}$$

따라서 $m=4$, $n=27$이므로

$m+n=4+27=31$

답 ⑤

1등급 노트 곱셈 공식의 활용

(1) $(1+x)(1+x^2)\cdots(1+x^{2^n})$ 꼴이 있는 경우

$\frac{1-x}{1-x}$를 곱한 후 $(1-x)(1+x)=1-x^2$을 이용하여 과정을 반복하면 식을 간단히 할 수 있다.

(2) $(x^2-x+1)(x^6-x^3+1)\cdots\{(x^{3^n})^2-x^{3^n}+1\}$ 꼴이 있는 경우

$\frac{x+1}{x+1}$을 곱한 후 $(x+1)(x^2-x+1)=x^3+1$을 이용하여 과정을 반복하면 식을 간단히 할 수 있다.

04 전략 $(a^2+b^2)(b^2+c^2)(c^2+a^2)=(16-c^2)(16-a^2)(16-b^2)$임을 이용한다.

풀이 $a^2+b^2+c^2=(a+b+c)^2-2(ab+bc+ca)$이므로

$16=6^2-2(ab+bc+ca)$

$\therefore ab+bc+ca=10$

$a^2b^2+b^2c^2+c^2a^2=(ab+bc+ca)^2-2abc(a+b+c)$

$=10^2-2\times4\times6=52$

이때 $a^2+b^2+c^2=16$에서

$a^2+b^2=16-c^2$, $b^2+c^2=16-a^2$, $c^2+a^2=16-b^2$이므로

$(a^2+b^2)(b^2+c^2)(c^2+a^2)$

$=(16-c^2)(16-a^2)(16-b^2)$

$=16^3-16^2(a^2+b^2+c^2)+16(a^2b^2+b^2c^2+c^2a^2)-a^2b^2c^2$

$=16^3-16^3+16\times52-4^2=816$

답 816

다른풀이 $(a^2+b^2)(b^2+c^2)(c^2+a^2)$

$=(a^2+b^2+c^2)(a^2b^2+b^2c^2+c^2a^2)-a^2b^2c^2$

$=16\times52-4^2=816$

05 전략 $\frac{1}{2}\{(a-b)^2+(b-c)^2+(c-a)^2\}\ge0$임을 이용한다.

풀이 $(a+b+c)^2=a^2+b^2+c^2+2(ab+bc+ca)$이므로

$(a+b+c)^2-3(ab+bc+ca)$

$=a^2+b^2+c^2-(ab+bc+ca)$

$=\frac{1}{2}\{(a-b)^2+(b-c)^2+(c-a)^2\}\ge0$

(단, 등호는 $a=b=c$일 때 성립한다.)

즉, $(a+b+c)^2-3(ab+bc+ca)\ge0$

$\therefore ab+bc+ca\le\frac{1}{3}(a+b+c)^2=\frac{1}{3}\times6^2=12$

따라서 $ab+bc+ca$의 최댓값은 12이다.

답 12

06 전략 $(5-x)(5-y)(5-z)=0$임을 이용한다.

풀이 조건 (가)에 의하여

$(5-x)(5-y)(5-z)=0$

$\therefore 5^3-5^2(x+y+z)+5(xy+yz+zx)-xyz=0$

이때 조건 (나)에서 $x+y+z=9$이므로

$5^3-5^2\times9+5(xy+yz+zx)-xyz=0$

$\therefore 5(xy+yz+zx)-xyz=100$ ...... ㉠

조건 (다)에 의하여

$\frac{1}{x}+\frac{1}{y}+\frac{1}{z}=\frac{xy+yz+zx}{xyz}=1$이므로

$xy+yz+zx=xyz$ ...... ㉡

㉡을 ㉠에 대입하면

$5xyz-xyz=100$

$4xyz=100$ $\therefore xyz=25$

즉, $xy+yz+zx=xyz=25$

$\therefore x^2y^2+y^2z^2+z^2x^2=(xy+yz+zx)^2-2xyz(x+y+z)$

$=25^2-2\times25\times9$

$=25\times7=175$

답 175

07 전략 $abc=\frac{1}{abc}$이므로 $abc=1$ 또는 $abc=-1$인 경우로 나누어 생각한다.

풀이 $abc=\frac{1}{abc}$에서 $(abc)^2=1$

$\therefore abc=1$ 또는 $abc=-1$

(i) $abc=1$일 때

$\frac{1}{a}+\frac{1}{b}+\frac{1}{c}=\frac{ab+bc+ca}{abc}=ab+bc+ca=2$

$\therefore a^2+b^2+c^2=(a+b+c)^2-2(ab+bc+ca)$

$=2^2-2\times2=0$

이는 a, b, c가 0이 아닌 실수라는 조건을 만족시키지 않는다.

($\because a^2+b^2+c^2>0$)

(ii) $abc=-1$일 때

$\frac{1}{a}+\frac{1}{b}+\frac{1}{c}=\frac{ab+bc+ca}{abc}=-(ab+bc+ca)=2$

이므로

$ab+bc+ca=-2$

$\therefore a^2+b^2+c^2=(a+b+c)^2-2(ab+bc+ca)$

$=2^2-2\times(-2)=8$

$a^2b^2+b^2c^2+c^2a^2=(ab+bc+ca)^2-2abc(a+b+c)$

$=(-2)^2-2\times(-1)\times2=8$

(i), (ii)에 의하여 $abc=-1$이므로

$a^2+b^2+c^2=8$, $a^2b^2+b^2c^2+c^2a^2=8$

$\therefore a^4+b^4+c^4=(a^2+b^2+c^2)^2-2(a^2b^2+b^2c^2+c^2a^2)$

$=8^2-2\times8=48$

답 48

08 전략 $\overline{AB}=x$, $\overline{BC}=y$로 놓고 삼각형의 넓이와 피타고라스 정리를 이용하여 $x+y$의 값을 구한다.

풀이 $\overline{AB}=x$, $\overline{BC}=y$로 놓으면 삼각형 ABC의 넓이가 $\frac{15\sqrt{3}}{4}$이므로

$\frac{1}{2}\times x\times y\times\sin(180^\circ-120^\circ)=\frac{15\sqrt{3}}{4}$

$\frac{1}{2}\times x\times y\times\frac{\sqrt{3}}{2}=\frac{15\sqrt{3}}{4}$, $\frac{\sqrt{3}}{4}xy=\frac{15\sqrt{3}}{4}$

$\therefore xy=15$ ...... ㉠

또, 오른쪽 그림과 같이 점 A에서 선분 CB의 연장선에 내린 수선의 발을 H라 하면 $\angle ABH=60^\circ$이므로

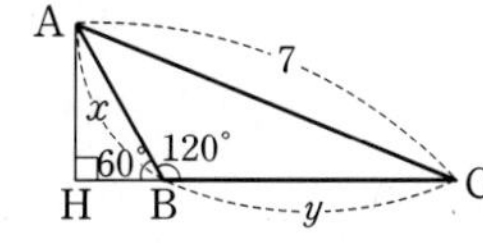

$\cos60^\circ=\frac{\overline{BH}}{x}$, 즉 $\frac{1}{2}=\frac{\overline{BH}}{x}$에서 $\overline{BH}=\frac{x}{2}$

$\sin60^\circ=\frac{\overline{AH}}{x}$, 즉 $\frac{\sqrt{3}}{2}=\frac{\overline{AH}}{x}$에서 $\overline{AH}=\frac{\sqrt{3}}{2}x$

이때 직각삼각형 AHC에서

$\left(\frac{\sqrt{3}}{2}x\right)^2+\left(\frac{x}{2}+y\right)^2=7^2$

$\frac{3}{4}x^2+\left(\frac{x^2}{4}+xy+y^2\right)=49$, $x^2+xy+y^2=49$

$\therefore x^2+y^2=34$ ($\because$ ㉠) ...... ㉡

㉠, ㉡에 의하여

$(x+y)^2=(x^2+y^2)+2xy=34+30=64$

$\therefore x+y=8$ ($\because x>0,\ y>0$)

삼각형 ABC의 내접원의 반지름의 길이를 r라 하면

$\triangle ABC=\frac{1}{2}r(\overline{AB}+\overline{BC}+\overline{CA})$

$\frac{r}{2}(x+y+7)=\frac{15\sqrt{3}}{4}$

$\frac{15}{2}r=\frac{15\sqrt{3}}{4}$

$\therefore r=\frac{\sqrt{3}}{2}$

따라서 $p=2,\ q=1$이므로

$p+q=2+1=3$

답 3

개념 연계 / 중학 수학 / 삼각형의 내접원

$\triangle ABC$의 내접원 I가 변 AB, BC, CA에 접하는 점을 각각 D, E, F 라 하고, 내접원의 반지름의 길이를 r라 하면

(1) $\overline{AD}=\overline{AF},\ \overline{BE}=\overline{BD},\ \overline{CF}=\overline{CE}$

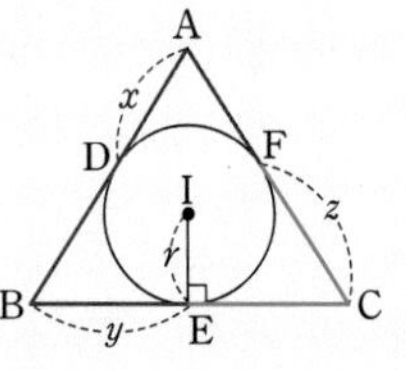

(2) $\triangle ABC$의 둘레의 길이

$\overline{AB}+\overline{BC}+\overline{CA}=2(x+y+z)$

(3) $\triangle ABC$의 넓이

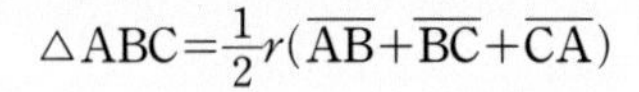

$\triangle ABC=\frac{1}{2}r(\overline{AB}+\overline{BC}+\overline{CA})$

09

전략 $\overline{AP}=x,\ \overline{BP}=y$로 놓고 원과 직각삼각형의 성질을 이용하여 $x+y,\ xy$의 값을 각각 구한다.

풀이 오른쪽 그림과 같이 $\overline{AP}=x,\ \overline{BP}=y$로 놓고 선분 DE의 중점을 O라 하면 이등변삼각형 ABC의 한 꼭짓점 A에서 변 BC에 내린 수선의 발이 점 O이다.

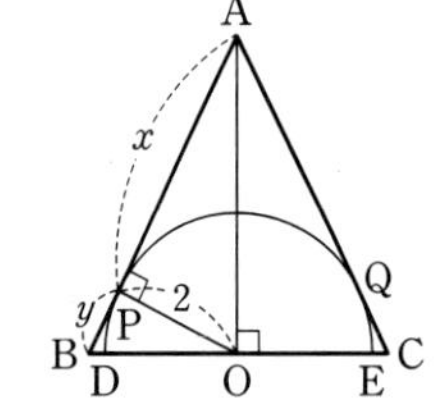

이때 $\overline{OP}=\frac{1}{2}\overline{DE}=2$이고, 두 직각삼각형 APO, OPB가 서로 닮음이므로

$\overline{AP}:\overline{OP}=\overline{PO}:\overline{PB}$

$x:2=2:y$

$\therefore xy=4$ …… ㉠

한편, 삼각형 ABC의 넓이가 10이므로

$\triangle ABC=2\times\triangle ABO$

$=2\times\left(\frac{1}{2}\times\overline{AB}\times\overline{OP}\right)$

$=2(x+y)$

즉, $2(x+y)=10$이므로

$x+y=5$ …… ㉡

㉠, ㉡에 의하여

$x^3+y^3=(x+y)^3-3xy(x+y)$

$=5^3-3\times4\times5=65$

$\therefore \frac{1}{\overline{AP}^3}+\frac{1}{\overline{BP}^3}=\frac{1}{x^3}+\frac{1}{y^3}$

$=\frac{x^3+y^3}{(xy)^3}$

$=\frac{65}{64}$

답 ②

10

전략 $f(x-1)=x^2(x+a)$ (a는 상수)로 놓고 $f(1)=16$임을 이용하여 a의 값을 구한다.

풀이 다항식 $f(x)$가 최고차항의 계수가 1인 삼차다항식이므로 $f(x-1)$도 최고차항의 계수가 1인 삼차다항식이다.

조건 (나)에 의하여

$f(x-1)=x^2(x+a)$ (a는 상수) …… ㉠

로 놓을 수 있다.

㉠의 양변에 $x=2$를 대입하면

$f(1)=4(2+a)$

조건 (가)에 의하여

$4(2+a)=16$

$a+2=4 \quad \therefore a=2$

즉, $f(x-1)=x^2(x+2)$이므로

$f(x)=(x+1)^2\{(x+1)+2\}$

$=x^3+5x^2+7x+3$

$=x^2(x+5)+7x+3$

따라서 다항식 $f(x)$를 x^2으로 나누었을 때의 나머지는 $7x+3$이므로

$p=7,\ q=3$

$\therefore p+q=7+3=10$

답 ⑤

11

전략 $f(x)=(x^2-x+1)Q(x)+2x-1$이므로 $x^6f(x)$를 x^2-x+1로 직접 나누어 $R(x)$를 구한다.

풀이 다항식 $f(x)$를 x^2-x+1로 나누었을 때의 몫을 $Q(x)$라 하면

$f(x)=(x^2-x+1)Q(x)+2x-1$

$\therefore x^6f(x)=(x^2-x+1)x^6Q(x)+2x^7-x^6$

이때 $2x^7-x^6$을 x^2-x+1로 나누면 다음과 같다.

$$
\begin{array}{r}
2x^5+x^4-x^3-2x^2-x+1 \\
x^2-x+1\ \big)\ 2x^7-x^6 \\
2x^7-2x^6+2x^5 \\ \hline
x^6-2x^5 \\
x^6-x^5+x^4 \\ \hline
-x^5-x^4 \\
-x^5+x^4-x^3 \\ \hline
-2x^4+x^3 \\
-2x^4+2x^3-2x^2 \\ \hline
-x^3+2x^2 \\
-x^3+x^2-x \\ \hline
x^2+x \\
x^2-x+1 \\ \hline
2x-1
\end{array}
$$

$Q_1(x)=2x^5+x^4-x^3-2x^2-x+1$로 놓으면

$2x^7-x^6=(x^2-x+1)Q_1(x)+2x-1$

$\therefore x^6f(x)=(x^2-x+1)x^6Q(x)+(x^2-x+1)Q_1(x)+2x-1$

$=(x^2-x+1)\{x^6Q(x)+Q_1(x)\}+2x-1$

따라서 다항식 $x^6f(x)$를 x^2-x+1로 나누었을 때의 나머지는

$R(x)=2x-1$

$\therefore R(-1)=-2-1=-3$

답 ①

다른풀이 $f(x)$를 x^2-x+1로 나누었을 때의 몫을 $Q(x)$라 하면

$f(x)=(x^2-x+1)Q(x)+2x-1$ ...... ㉠

이때

$x^6f(x)=(x^6-1)f(x)+f(x)$

$=(x^3+1)(x^3-1)f(x)+f(x)$

$=(x^2-x+1)(x+1)(x^3-1)f(x)+f(x)$ ...... ㉡

㉠을 ㉡에 대입하여 정리하면

$x^6f(x)=(x^2-x+1)(x+1)(x^3-1)f(x)$

$+(x^2-x+1)Q(x)+2x-1$

따라서 다항식 $x^6f(x)$를 x^2-x+1로 나누었을 때의 나머지는

$R(x)=2x-1$

$\therefore R(-1)=-2-1=-3$

12 전략 자연수 N이 $(n-2)^2$으로 나누어떨어짐을 이용하여 n의 최댓값을 구한다.

풀이 $N=(n+2)(n-2)(n^2+1)$

$=(n-2)(n+2)(n^2+1)$

$=(n-2)(n^3+2n^2+n+2)$

이때 n^3+2n^2+n+2를 $n-2$로 나누면 다음과 같다.

$$\begin{array}{r|l} & n^2+4n+9 \\ n-2 & n^3+2n^2+n+2 \\ & n^3-2n^2 \\ \hline & 4n^2+n+2 \\ & 4n^2-8n \\ \hline & 9n+2 \\ & 9n-18 \\ \hline & 20 \end{array}$$

즉, n^3+2n^2+n+2를 $n-2$로 나누었을 때의 몫은 n^2+4n+9, 나머지는 20이므로

$N=(n-2)\{(n-2)(n^2+4n+9)+20\}$

$=(n-2)^2(n^2+4n+9)+20(n-2)$

따라서 자연수 N이 $(n-2)^2$으로 나누어떨어지기 위해서는 $n-2$가 20의 약수가 되어야 한다.

즉, $n-2$의 값이 될 수 있는 수는 1, 2, 4, 5, 10, 20이므로 n의 최댓값은

$n-2=20$ $\quad\therefore n=22$

답 ③

13 전략 $a-b=\frac{1}{c}-\frac{1}{b}$, $b-c=\frac{1}{a}-\frac{1}{c}$, $c-a=\frac{1}{b}-\frac{1}{a}$임을 이용하여 abc의 값을 먼저 구한다.

풀이 $a+\frac{1}{b}=b+\frac{1}{c}$에서 $a-b=\frac{1}{c}-\frac{1}{b}=\frac{b-c}{bc}$

$b+\frac{1}{c}=c+\frac{1}{a}$에서 $b-c=\frac{1}{a}-\frac{1}{c}=\frac{c-a}{ac}$,

$c+\frac{1}{a}=a+\frac{1}{b}$에서 $c-a=\frac{1}{b}-\frac{1}{a}=\frac{a-b}{ab}$

$\therefore (a-b)(b-c)(c-a)=\frac{b-c}{bc}\times\frac{c-a}{ac}\times\frac{a-b}{ab}$

$=\frac{(a-b)(b-c)(c-a)}{(abc)^2}$

이때 $a\neq b$, $b\neq c$, $c\neq a$이므로 $(abc)^2=1$

$\therefore abc=-1$ 또는 $abc=1$ ...... ㉠

$a=k-\frac{1}{b}$, $b=k-\frac{1}{c}$, $c=k-\frac{1}{a}$이므로

$abc=\left(k-\frac{1}{a}\right)\left(k-\frac{1}{b}\right)\left(k-\frac{1}{c}\right)$

$=k^3-\left(\frac{1}{a}+\frac{1}{b}+\frac{1}{c}\right)k^2+\left(\frac{1}{ab}+\frac{1}{bc}+\frac{1}{ca}\right)k-\frac{1}{abc}$ ...... ㉡

또, $\frac{1}{a}=k-c$, $\frac{1}{b}=k-a$, $\frac{1}{c}=k-b$이므로

$\frac{1}{abc}=(k-a)(k-b)(k-c)$

$=k^3-(a+b+c)k^2+(ab+bc+ca)k-abc$ ...... ㉢

이때 $k=0$이면 ㉡, ㉢에서 $abc=-\frac{1}{abc}$이므로 ㉠을 만족시키지 않는다.

$\therefore k\neq 0$

㉠에 의하여 $abc=\frac{1}{abc}$이므로 ㉢$-$㉡을 하면

$0=\left\{-(a+b+c)+\left(\frac{1}{a}+\frac{1}{b}+\frac{1}{c}\right)\right\}k^2$

$+\left\{(ab+bc+ca)-\left(\frac{1}{ab}+\frac{1}{bc}+\frac{1}{ca}\right)\right\}k$

$\therefore k=\frac{\left(\frac{1}{ab}+\frac{1}{bc}+\frac{1}{ca}\right)-(ab+bc+ca)}{-(a+b+c)+\left(\frac{1}{a}+\frac{1}{b}+\frac{1}{c}\right)}$ ($\because k\neq 0$)

$=\frac{\frac{1}{abc}(a+b+c)-(ab+bc+ca)}{-(a+b+c)+\frac{1}{abc}(ab+bc+ca)}$

따라서 $abc=-1$일 때 $k=1$, $abc=1$일 때 $k=-1$이므로 가능한 k의 값은 -1, 1이다.

답 ②

14 전략 삼각형 ABC의 높이를 a, b, c에 대한 식으로 나타낸다.

풀이 오른쪽 그림과 같이 꼭짓점 C에서 변 AB에 내린 수선의 발을 H라 하고, $\overline{BH}=x$, $\overline{CH}=h$로 놓자.

직각삼각형 CHB에서

$h^2=a^2-x^2$ ...... ㉠

직각삼각형 CAH에서

$h^2=b^2-(c-x)^2$

이므로

$a^2-x^2=b^2-(c-x)^2$

$a^2-x^2=b^2-(c^2-2cx+x^2)$, $2cx=a^2-b^2+c^2$

$\therefore x=\frac{a^2-b^2+c^2}{2c}$ ...... ㉡

㉡을 ㉠에 대입하면

$h^2=a^2-\left(\frac{a^2-b^2+c^2}{2c}\right)^2$

$=\frac{4a^2c^2-(a^2-b^2+c^2)^2}{4c^2}$

$=\frac{2(a^2b^2+b^2c^2+c^2a^2)-(a^4+b^4+c^4)}{4c^2}$

$=\frac{(a^2+b^2+c^2)^2-2(a^4+b^4+c^4)}{4c^2}$

$=\dfrac{14^2-2(a^4+b^4+c^4)}{4c^2}$

$\therefore h=\dfrac{\sqrt{196-2(a^4+b^4+c^4)}}{2c}$ ($\because a^4+b^4+c^4<98$)

이때 삼각형 ABC의 넓이가 $\sqrt{3}$이므로

$\frac{1}{2}ch=\sqrt{3}$

$\therefore h=\dfrac{2\sqrt{3}}{c}$

즉, $\dfrac{\sqrt{196-2(a^4+b^4+c^4)}}{2c}=\dfrac{2\sqrt{3}}{c}$이므로

$\sqrt{196-2(a^4+b^4+c^4)}=4\sqrt{3}$

양변을 제곱하면

$196-2(a^4+b^4+c^4)=48$, $2(a^4+b^4+c^4)=148$

$\therefore a^4+b^4+c^4=74$ 답 ③

15 전략 n^3-n^2-n+3을 $n+1$로 나누었을 때의 몫을 이용하여 $f(3)$, $f(4)$의 값을 각각 구한다.

풀이 n^3-n^2-n+3을 $n+1$로 나누면 다음과 같다.

$$\begin{array}{r|l} & n^2-2n+1 \\ n+1 & n^3-n^2-n+3 \\ & n^3+n^2 \\ & -2n^2-n+3 \\ & -2n^2-2n \\ & n+3 \\ & n+1 \\ & 2 \end{array}$$

$\therefore n^3-n^2-n+3=(n+1)(n^2-2n+1)+2$
$=(n+1)(n-1)^2+2$

따라서 오른쪽 그림과 같이 정삼각형 ABC를 한 변의 길이가 $n+1$인 정삼각형으로 최대 $(n-1)^2$층까지 조각낼 수 있다.

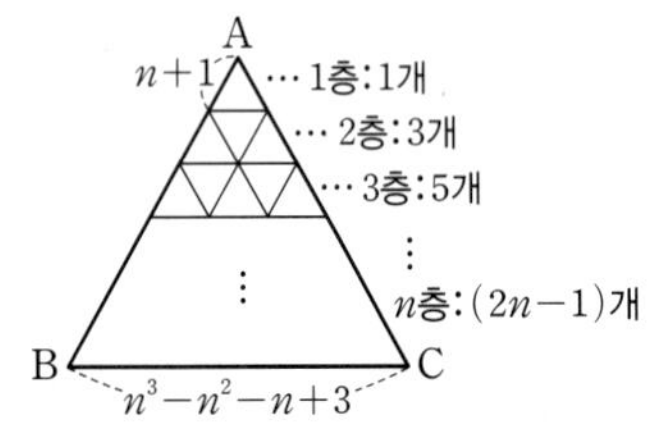

(i) $n=3$일 때

정삼각형 ABC를 최대 $(3-1)^2=4$(층)까지 조각낼 수 있으므로 한 변의 길이가 4인 정삼각형의 최대 개수 $f(3)$의 값은

$f(3)=1+3+5+7=16$

(ii) $n=4$일 때

정삼각형 ABC를 최대 $(4-1)^2=9$(층)까지 조각낼 수 있으므로 한 변의 길이가 5인 정삼각형의 최대 개수 $f(4)$의 값은

$f(4)=1+3+5+7+9+11+13+15+17=81$

(i), (ii)에 의하여

$f(3)+f(4)=16+81=97$ 답 97

다른풀이 (i) $n=3$일 때, $n^3-n^2-n+3=18$, $n+1=4$이므로

한 변의 길이가 18인 정삼각형을 한 변의 길이가 4인 정삼각형으로 조각낼 때, 조각낼 수 있는 정삼각형의 최대 개수가 $f(3)$이다.

이때 $18=4\times4+2$이므로

$f(3)=1+3+5+7=16$

(ii) $n=4$일 때, $n^3-n^2-n+3=47$, $n+1=5$이므로

한 변의 길이가 47인 정삼각형을 한 변의 길이가 5인 정삼각형으로 조각낼 때, 조각낼 수 있는 정삼각형의 최대 개수가 $f(4)$이다.

이때 $47=5\times9+2$이므로

$f(4)=1+3+5+7+9+11+13+15+17=81$

(i), (ii)에 의하여 $f(3)+f(4)=16+81=97$

16 전략 $f(x)+g(x)=h(x)Q_1(x)+R(x)$, $f(x)-g(x)=h(x)Q_2(x)+R(x)$임을 이용한다.

풀이 두 다항식 $f(x)+g(x)$, $f(x)-g(x)$를 $h(x)$로 나누었을 때의 몫을 각각 $Q_1(x)$, $Q_2(x)$라 하면

$f(x)+g(x)=h(x)Q_1(x)+R(x)$ ······ ㉠

$f(x)-g(x)=h(x)Q_2(x)+R(x)$ ······ ㉡

(단, ($R(x)$의 차수)$<$($h(x)$의 차수))

ㄱ. ㉠+㉡을 하면

$2f(x)=h(x)\{Q_1(x)+Q_2(x)\}+2R(x)$

$\therefore f(x)=\frac{1}{2}h(x)\{Q_1(x)+Q_2(x)\}+R(x)$

따라서 $f(x)$를 $h(x)$로 나누었을 때의 나머지는 $R(x)$이다. (참)

ㄴ. ㉠−㉡을 하면

$2g(x)=h(x)\{Q_1(x)-Q_2(x)\}$

$\therefore g(x)=\frac{1}{2}h(x)\{Q_1(x)-Q_2(x)\}$

따라서 $g(x)$가 $h(x)$로 나누어떨어지므로 $f(x)g(x)$도 $h(x)$로 나누어떨어진다. (참)

ㄷ. ㉠×㉡을 하면

$\{f(x)\}^2-\{g(x)\}^2$

$=\{h(x)Q_1(x)+R(x)\}\{h(x)Q_2(x)+R(x)\}$

$=\{h(x)\}^2Q_1(x)Q_2(x)+h(x)R(x)\{Q_1(x)+Q_2(x)\}+\{R(x)\}^2$

$=h(x)[h(x)Q_1(x)Q_2(x)+R(x)\{Q_1(x)+Q_2(x)\}]+\{R(x)\}^2$

이때 $h(x)$가 이차식이고 $R(x)$가 일차식이면 $\{R(x)\}^2$이 이차식이므로 $\{f(x)\}^2-\{g(x)\}^2$을 $h(x)$로 나누었을 때의 나머지는 $\{R(x)\}^2$이 될 수 없다. (거짓)

따라서 옳은 것은 ㄱ, ㄴ이다. 답 ②

참고 ㄷ. [반례] $f(x)=x^3+2x-1$, $g(x)=x^2$, $h(x)=x^2$으로 놓으면 두 다항식 $f(x)+g(x)$와 $f(x)-g(x)$를 $h(x)$로 나누었을 때의 나머지가 모두 $R(x)=2x-1$로 같지만, 다항식 $\{f(x)\}^2-\{g(x)\}^2$을 $h(x)$로 나누었을 때의 나머지는 $-4x+1$이다. 즉, 나머지는 $\{R(x)\}^2$이 아니다.

02 나머지정리

A Step 1등급을 위한 고난도 빈출 & 핵심 문제

본문 14쪽

01 ①	02 496	03 ③	04 ④	05 ③
06 11	07 ④	08 5		

01 $\frac{ax+4y-6}{2x-by+3}=k$ (k는 상수)로 놓으면

$ax+4y-6=k(2x-by+3)$

$\therefore (a-2k)x+(4+bk)y-6-3k=0$

이 등식이 x, y에 대한 항등식이므로

$a-2k=0$, $4+bk=0$, $-6-3k=0$

$\therefore k=-2$, $a=-4$, $b=2$

$\therefore a+b=-4+2=-2$

답 ①

02 주어진 등식의 양변에 $x=4$를 대입하면

$(16-20+2)^5=a_0+a_1+a_2+\cdots+a_9+a_{10}$

$\therefore a_0+a_1+a_2+\cdots+a_9+a_{10}=-32$ ...... ㉠

주어진 등식의 양변에 $x=2$를 대입하면

$(4-10+2)^5=a_0-a_1+a_2-\cdots-a_9+a_{10}$

$\therefore a_0-a_1+a_2-\cdots-a_9+a_{10}=-1024$ ...... ㉡

㉠−㉡을 하면

$2(a_1+a_3+a_5+a_7+a_9)=992$

$\therefore a_1+a_3+a_5+a_7+a_9=496$

답 496

03 $x^4+px^2+q=(x+2)(x^2-5)Q(x)$

양변에 $x=-2$를 대입하면

$16+4p+q=0$

$\therefore 4p+q=-16$ ...... ㉠

양변에 $x^2=5$를 대입하면

$25+5p+q=0$

$\therefore 5p+q=-25$ ...... ㉡

㉠, ㉡을 연립하여 풀면

$p=-9$, $q=20$

$\therefore x^4-9x^2+20=(x+2)(x^2-5)Q(x)$

양변에 $x=-3$을 대입하면

$81-81+20=(-1)\times4\times Q(-3)$

$-4Q(-3)=20$

$\therefore Q(-3)=-5$

답 ③

04 $f(x)$를 $(x+1)(x+3)$으로 나누었을 때의 몫을 $Q_1(x)$라 하면

$f(x)=(x+1)(x+3)Q_1(x)+2x+7$

양변에 $x=-1$, $x=-3$을 각각 대입하면

$f(-1)=5$, $f(-3)=1$ ...... ㉠

$f(x)$를 $(x+1)(x-2)$로 나누었을 때의 몫을 $Q_2(x)$라 하면

$f(x)=(x+1)(x-2)Q_2(x)+3x+k$

양변에 $x=-1$, $x=2$를 각각 대입하면

$f(-1)=-3+k$, $f(2)=6+k$ ...... ㉡

㉠, ㉡에 의하여

$f(-1)=-3+k=5$이므로

$k=8$

$\therefore f(-1)=5$, $f(-3)=1$, $f(2)=14$

$f(x)$를 $(x+1)(x+3)(x-2)$로 나누었을 때의 몫을 $Q(x)$라 하면 $R(x)$는 이차 이하의 다항식이므로

$R(x)=ax^2+bx+c$ (a, b, c는 상수)

로 놓을 수 있다.

$\therefore f(x)=(x+1)(x+3)(x-2)Q(x)+ax^2+bx+c$

양변에 $x=-1$, $x=-3$, $x=2$를 각각 대입하면

$f(-1)=a-b+c=5$

$f(-3)=9a-3b+c=1$

$f(2)=4a+2b+c=14$

위의 식을 연립하여 풀면

$a=\frac{1}{5}$, $b=\frac{14}{5}$, $c=\frac{38}{5}$

$\therefore R(x)=\frac{1}{5}x^2+\frac{14}{5}x+\frac{38}{5}$

$\therefore R(4)=\frac{16}{5}+\frac{56}{5}+\frac{38}{5}=22$

답 ④

다른풀이 $f(x)$를 $(x+1)(x+3)(x-2)$로 나누었을 때의 몫을 $Q(x)$라 하면

$f(x)=(x+1)(x+3)(x-2)Q(x)+R(x)$

이때 $f(x)$를 $(x+1)(x+3)$으로 나누었을 때의 나머지가 $2x+7$이므로 $R(x)$를 $(x+1)(x+3)$으로 나누었을 때의 나머지도 $2x+7$이다.

$\therefore R(x)=a(x+1)(x+3)+2x+7$ (단, a는 상수)

$\therefore f(x)$

$=(x+1)(x+3)(x-2)Q(x)+a(x+1)(x+3)+2x+7$

이때 $f(2)=14$이므로 양변에 $x=2$를 대입하면

$f(2)=15a+11=14$

$\therefore a=\frac{1}{5}$

$\therefore R(x)=\frac{1}{5}(x+1)(x+3)+2x+7$

05 나머지정리에 의하여

$f(1)+g(1)=-1$, $f(1)g(1)=-2$

이때 $R=f(1)-g(1)$이므로

$R^2=\{f(1)-g(1)\}^2$

$=\{f(1)+g(1)\}^2-4f(1)g(1)$

$=(-1)^2-4\times(-2)=9$

답 ③

06 삼차식 $f(x)+9$를 $(x-3)^2$으로 나누었을 때의 몫을 $ax+b$ (a, b는 상수, $a\neq0$)라 하면

$f(x)+9=(x-3)^2(ax+b)$ ...... ㉠

또, $f(x)+1$이 $x^2-3x+2=(x-1)(x-2)$로 나누어떨어지므로

$f(1)+1=0$, $f(2)+1=0$

$\therefore f(1)=-1$, $f(2)=-1$

㉠의 양변에 $x=1$을 대입하면

$f(1)+9=4(a+b)$, $8=4(a+b)$

$\therefore a+b=2$ …… ㉡

㉠의 양변에 $x=2$를 대입하면

$f(2)+9=2a+b$

$\therefore 2a+b=8$ …… ㉢

㉡, ㉢을 연립하여 풀면

$a=6$, $b=-4$

즉, $f(x)+9=(x-3)^2(6x-4)$이므로

$f(x)=(x-3)^2(6x-4)-9$

따라서 $f(x)$를 $x-4$로 나누었을 때의 나머지는 $f(4)$이므로

$f(4)=20-9=11$

답 11

07 조립제법을 이용하여 x^3-3x^2+2x-5를 $x-2$로 나누면

2	1	−3	2	−5
		2	−2	0
	1	−1	0	−5

이므로

$a=-2$, $b=-5$

$\therefore 2a-b=2\times(-2)-(-5)=1$

답 ④

08 $x^3+3x^2+ax+b=(x-1)(x^2+4x+8)+5$

$=x^3+3x^2+4x-3$

$\therefore a=4$, $b=-3$

조립제법을 이용하여 x^3+3x^2+4x-3을 $2x+1$로 나누면

$-\frac{1}{2}$	1	3	4	−3
		$-\frac{1}{2}$	$-\frac{5}{4}$	$-\frac{11}{8}$
	1	$\frac{5}{2}$	$\frac{11}{4}$	$-\frac{35}{8}$

$\therefore x^3+3x^2+4x-3=\left(x+\frac{1}{2}\right)\left(x^2+\frac{5}{2}x+\frac{11}{4}\right)-\frac{35}{8}$

$=(2x+1)\left(\frac{1}{2}x^2+\frac{5}{4}x+\frac{11}{8}\right)-\frac{35}{8}$

따라서 $Q(x)=\frac{1}{2}x^2+\frac{5}{4}x+\frac{11}{8}$이므로

$8Q(-1)=8\times\left(\frac{1}{2}-\frac{5}{4}+\frac{11}{8}\right)=8\times\frac{5}{8}=5$

답 5

B Step 1등급을 위한 고난도 기출 VS 변형 유형

본문 15~16쪽

1 10	**1-1** ①	**2** ②	**2-1** ③	**3** ①	**3-1** 35
4 74	**4-1** ⑤	**5** $\frac{11}{4}$	**5-1** 4	**6** 49	**6-1** ①

1 **전략** 항등식의 좌변과 우변의 차수를 비교하여 다항식 $f(x)$의 차수를 결정한다.

풀이 다항식 $f(x)$가 일차식이면 조건 (가)에 의하여 $(x-3)^2f(x)$는 최고차항의 계수가 1인 삼차식이므로 조건 (나)에 의하여 $g(x)$는 상수이다.

이는 $g(x)$가 일차 이상의 다항식이라는 조건을 만족시키지 않는다.

따라서 $f(x)$는 이차 이상의 다항식이고, 같은 방법으로 $g(x)$도 이차 이상의 다항식이다.

이때 조건 (가)에서 $f(x)$의 최고차항의 계수가 1이므로 조건 (나)에 의하여 두 다항식 $f(x)$, $g(x)$의 차수가 같고, $g(x)$의 최고차항의 계수는 -1이어야 한다.

다항식 $f(x)$의 차수가 가장 낮은 경우는 이차식일 때이므로

$f(x)=x^2+ax+b$, $g(x)=-x^2+cx+d$ (a, b, c, d는 상수)

로 놓으면

$x^3+7x^2+21x+9$

$=(x-3)^2f(x)+(x+3)^2g(x)$

$=(x-3)^2(x^2+ax+b)+(x+3)^2(-x^2+cx+d)$

$=(a+c-12)x^3+(-6a+b+6c+d)x^2$

$+(9a-6b+9c+6d)x+9b+9d$

이 등식이 x에 대한 항등식이므로

$a+c-12=1$에서 $a+c=13$ …… ㉠

$-6a+b+6c+d=7$에서 $-6(a-c)+(b+d)=7$ …… ㉡

$9a-6b+9c+6d=21$에서 $3(a+c)-2(b-d)=7$ …… ㉢

$9b+9d=9$에서 $b+d=1$ …… ㉣

㉠을 ㉢에 대입하면

$39-2(b-d)=7$

$\therefore b-d=16$ …… ㉤

㉣을 ㉡에 대입하면

$-6(a-c)+1=7$

$\therefore a-c=-1$ …… ㉥

㉠, ㉥을 연립하여 풀면

$a=6$, $c=7$

㉣, ㉤을 연립하여 풀면

$b=\frac{17}{2}$, $d=-\frac{15}{2}$

따라서 다항식 $f(x)$의 차수가 가장 낮을 때

$g(x)=-x^2+7x-\frac{15}{2}$

$\therefore 4g(2)=4\times\frac{5}{2}=10$

답 10

1-1 **전략** 항등식의 좌변과 우변의 차수를 비교하여 다항식 $f(x)$의 차수를 결정한다.

풀이 $f(x)$가 일차식이면 좌변은 이차식, 우변은 오차식이므로 등식이 성립하지 않는다.

$f(x)$가 이차식이면 좌변은 사차식, 우변은 오차식이므로 등식이 성립하지 않는다.

$n \geq 3$인 자연수 n에 대하여 $f(x)$의 차수를 n이라 하면 좌변과 우변의 차수는 각각 $2n$, $n+3$이므로

$2n=n+3$

$\therefore n=3$

즉, $f(x)$가 최고차항의 계수가 1인 삼차식이므로

$f(x)=x^3+ax^2+bx+c$ (a, b, c는 상수)

로 놓을 수 있다. 이때

$f(x^2)=x^6+ax^4+bx^2+c$,

$f(x-1)=(x-1)^3+a(x-1)^2+b(x-1)+c$

$\qquad =x^3+(a-3)x^2+(-2a+b+3)x+(a-b+c-1)$

이므로 $f(x^2)+2x^2=x^3f(x-1)+4x^5-4x^4$에서

$x^6+ax^4+(b+2)x^2+c$

$\qquad =x^6+(a+1)x^5+(-2a+b-1)x^4+(a-b+c-1)x^3$

이 등식이 x에 대한 항등식이므로

$a+1=0$, $-2a+b-1=a$, $a-b+c-1=0$, $b+2=0$, $c=0$

$\therefore a=-1$, $b=-2$, $c=0$

따라서 $f(x)=x^3-x^2-2x$이므로 다항식 $f(x)$의 모든 계수와 상수항의 합은

$1+(-1)+(-2)=-2$ 답 ①

빠른풀이 다항식 $f(x)$의 모든 계수와 상수항의 합은 $f(1)$이다.

주어진 등식이 x에 대한 항등식이므로 양변에

$x=0$을 대입하면

$f(0)=0$

$x=1$을 대입하면

$f(1)+2=f(0)$

$\therefore f(1)=-2$

따라서 다항식 $f(x)$의 모든 계수와 상수항의 합은 -2이다.

1등급 노트 다항식 $f(x)$의 계수와 상수항

다항식 $f(x)$에 대하여

(1) 모든 계수와 상수항의 합: $f(1)$

(2) 홀수 차수의 항의 계수의 합: $\dfrac{f(1)-f(-1)}{2}$

(3) 짝수 차수의 항의 계수와 상수항의 합: $\dfrac{f(1)+f(-1)}{2}$

2 전략 주어진 등식에 적당한 수를 대입하여 각 항의 계수 사이의 관계를 확인한다.

풀이 ㄱ. 주어진 등식에서 좌변의 최고차항은 x^{30}, 우변의 최고차항은 $a_{30}x^{30}$이므로

$a_{30}=1$ (참)

ㄴ. 주어진 등식의 양변에 $x=0$을 대입하면

$1=a_0-a_1+a_2-a_3+\cdots-a_{29}+a_{30}$

$\quad =(a_0+a_2+a_4+\cdots+a_{30})-(a_1+a_3+a_5+\cdots+a_{29})$

즉, $(a_0+a_2+a_4+\cdots+a_{30})-(a_1+a_3+a_5+\cdots+a_{29})>0$

이므로

$a_0+a_2+a_4+\cdots+a_{30}>a_1+a_3+a_5+\cdots+a_{29}$ (참)

ㄷ. 주어진 등식의 양변에 $x=\frac{1}{2}$을 대입하면

$\left(\frac{1}{2}\right)^{30}+1=a_0-\frac{a_1}{2}+\frac{a_2}{2^2}-\frac{a_3}{2^3}+\cdots+\frac{a_{30}}{2^{30}}$ ...... ㉠

주어진 등식의 양변에 $x=\frac{3}{2}$을 대입하면

$\left(\frac{3}{2}\right)^{30}+1=a_0+\frac{a_1}{2}+\frac{a_2}{2^2}+\cdots+\frac{a_{30}}{2^{30}}$ ...... ㉡

㉡$-$㉠을 하면

$\frac{3^{30}-1}{2^{30}}=2\left(\frac{a_1}{2}+\frac{a_3}{2^3}+\frac{a_5}{2^5}+\cdots+\frac{a_{29}}{2^{29}}\right)$

$\therefore \frac{a_1}{2}+\frac{a_3}{2^3}+\frac{a_5}{2^5}+\cdots+\frac{a_{29}}{2^{29}}=\frac{3^{30}-1}{2^{31}}$ (거짓)

따라서 옳은 것은 ㄱ, ㄴ이다. 답 ②

2-1 전략 주어진 등식에 적당한 수를 대입하여 a_0, a_1, a_2, $\cdots$, a_{15}에 대한 식을 구한다.

풀이 주어진 등식의 좌변 $(2x^3-x)^5$의 전개식에서 차수가 가장 낮은 항은 $-x^5$이므로

$a_0=a_1=a_2=a_3=a_4=0$, $a_5=-1$

$\therefore (2x^3-x)^5=-x^5+a_6x^6+\cdots+a_{15}x^{15}$ ...... ㉠

㉠의 양변에 $x=1$을 대입하면

$1=-1+a_6+a_7+\cdots+a_{14}+a_{15}$ ...... ㉡

㉠의 양변에 $x=-1$을 대입하면

$-1=1+a_6-a_7+\cdots+a_{14}-a_{15}$ ...... ㉢

㉡+㉢을 하면

$2(a_6+a_8+\cdots+a_{14})=0$

$\therefore a_6+a_8+\cdots+a_{14}=0$

$\therefore a_1+3a_3+5a_5-7(a_6+a_8+\cdots+a_{14})$

$\quad =5a_5=5\times(-1)$

$\quad =-5$ 답 ③

3 전략 다항식의 나눗셈을 이용하여 삼차다항식 $P(x)$의 식을 세운 후 적당한 수를 대입하여 $P(x)$의 식을 완성한다.

풀이 조건 (가)의 등식의 양변에 $x=1$을 대입하면

$0=-6P(1)$ $\quad\therefore P(1)=0$

조건 (가)의 등식의 양변에 $x=7$을 대입하면

$6P(5)=0$ $\quad\therefore P(5)=0$

조건 (나)에 의하여 삼차다항식 $P(x)$를 x^2-4x+2로 나누었을 때의 몫을 $ax+b$ (a, b는 상수)라 하면

$P(x)=(x^2-4x+2)(ax+b)+2x-10$ ...... ㉠

㉠의 양변에 $x=1$을 대입하면

$P(1)=-(a+b)-8=0$ $\quad\therefore a+b=-8$

㉠의 양변에 $x=5$를 대입하면

$P(5)=7(5a+b)=0$ $\quad\therefore 5a+b=0$

두 식을 연립하여 풀면 $a=2$, $b=-10$

따라서 $P(x)=(x^2-4x+2)(2x-10)+2x-10$이므로

$P(4)=2\times(-2)-2=-6$ 답 ①

3-1 **전략** 조건 (나)를 식으로 나타낸 후, 조건 (가), (나)에서 주어진 두 항등식에 적당한 수를 대입하여 $f(x)$, $g(x)$를 구한다.

풀이 조건 (가)의 등식의 양변에 $x=-5$를 대입하면

$0=-8f(-1)$ $\quad\therefore f(-1)=0$

조건 (가)의 등식의 양변에 $x=3$을 대입하면

$8f(3)=0$ $\quad\therefore f(3)=0$

이때 $f(x)=x^2+ax+b$ (a, b는 상수)로 놓으면

$f(-1)=1-a+b=0$에서

$a-b=1$

$f(3)=9+3a+b=0$에서

$3a+b=-9$

두 식을 연립하여 풀면

$a=-2$, $b=-3$

$\therefore f(x)=x^2-2x-3$

조건 (나)에서 $x^3-6x^2+8x+10$을 $f(x)$로 나누었을 때의 몫을 $Q(x)$라 하면

$x^3-6x^2+8x+10=f(x)Q(x)+g(x)$

양변에 $x=-1$을 대입하면

$g(-1)=-5$

양변에 $x=3$을 대입하면

$g(3)=7$

이때 $g(x)$는 일차 이하의 다항식이므로 $g(x)=cx+d$ (c, d는 상수)로 놓으면

$-c+d=-5$, $3c+d=7$

두 식을 연립하여 풀면

$c=3$, $d=-2$

$\therefore g(x)=3x-2$

$\therefore f(4)g(3)=5\times7=35$

답 35

빠른풀이 $f(x)$는 최고차항의 계수가 1인 이차식이고, 조건 (가)에서 $f(-1)=0$, $f(3)=0$이므로 인수정리에 의하여

$f(x)=(x+1)(x-3)=x^2-2x-3$

참고 $x^3-6x^2+8x+10$을 $f(x)=x^2-2x-3$으로 직접 나누면 오른쪽과 같다.

즉, $x^3-6x^2+8x+10$을 $f(x)$로 나누었을 때의 나머지는

$g(x)=3x-2$

$$\begin{array}{r|l} & x-4 \\ x^2-2x-3 & x^3-6x^2+8x+10 \\ & x^3-2x^2-3x \\ \hline & -4x^2+11x+10 \\ & -4x^2+8x+12 \\ \hline & 3x-2 \end{array}$$

4 **전략** 나머지의 차수는 나누는 식의 차수보다 작음을 이용하여 $g(x)$의 차수를 결정하여 식을 세우고, 나머지정리를 이용한다.

풀이 조건 (가)에서 최고차항의 계수가 1인 다항식 $f(x)$를 다항식 $g(x)$로 나눈 나머지가 $g(x)-2x^2$이고 나머지 $g(x)-2x^2$의 차수는 다항식 $g(x)$의 차수보다 작아야 하므로 다항식 $g(x)$는 최고차항의 계수가 2인 이차식이다. 즉,

$g(x)=2x^2+ax+b$ (a, b는 상수)

로 놓을 수 있다.

조건 (가)를 식으로 나타내면

$f(x)=g(x)\{g(x)-2x^2\}+g(x)-2x^2$

$\quad=\{g(x)+1\}\{g(x)-2x^2\}$

$\quad=(2x^2+ax+b+1)(ax+b)$

이때 $f(x)$의 최고차항의 계수가 1이므로

$a=\frac{1}{2}$

$\therefore f(x)=\left(2x^2+\frac{1}{2}x+b+1\right)\left(\frac{1}{2}x+b\right)$

조건 (나)에서 나머지정리에 의하여 $f(1)=-\frac{9}{4}$이므로

$f(1)=\left(2+\frac{1}{2}+b+1\right)\left(\frac{1}{2}+b\right)$

$\quad=\left(b+\frac{7}{2}\right)\left(b+\frac{1}{2}\right)$

$\quad=b^2+4b+\frac{7}{4}=-\frac{9}{4}$

$b^2+4b+4=0$, $(b+2)^2=0$

$\therefore b=-2$

따라서 $f(x)=\left(2x^2+\frac{1}{2}x-1\right)\left(\frac{1}{2}x-2\right)$이므로

$f(6)=(72+3-1)\times(3-2)=74$

답 74

4-1 **전략** $x^{12}+ax^{11}+bx^{10}$을 $(x-2)^2$으로 나누었을 때의 몫을 $Q(x)$라 하고 식을 세운 후, a, b의 값을 구한다.

풀이 $x^{12}+ax^{11}+bx^{10}$을 $(x-2)^2$으로 나누었을 때의 몫을 $Q(x)$라 하면

$x^{12}+ax^{11}+bx^{10}=(x-2)^2Q(x)+2^{10}(x-2)$

$\therefore x^{10}(x^2+ax+b)=(x-2)\{(x-2)Q(x)+2^{10}\}$ …… ㉠

㉠의 양변에 $x=2$를 대입하면

$2^{10}(4+2a+b)=0$

$4+2a+b=0$

$\therefore b=-2a-4$ …… ㉡

㉡을 ㉠에 대입하면

$x^{10}(x^2+ax-2a-4)=(x-2)\{(x-2)Q(x)+2^{10}\}$

$x^{10}(x-2)(x+a+2)=(x-2)\{(x-2)Q(x)+2^{10}\}$

위 등식은 x에 대한 항등식이므로

$x^{10}(x+a+2)=(x-2)Q(x)+2^{10}$ …… ㉢

㉢의 양변에 $x=2$를 대입하면

$2^{10}(a+4)=2^{10}$

즉, $a+4=1$이므로

$a=-3$

$a=-3$을 ㉡에 대입하면 $b=2$

이때 $f(x)=x^{12}-3x^{11}+2x^{10}$으로 놓으면 나머지정리에 의하여 $f(x)$를 $x+1$로 나누었을 때의 나머지는 $f(-1)$이므로

$f(-1)=1-(-3)+2=6$

답 ⑤

5 **전략** 다항식 $xf(x)-1$이 $x-n$을 인수로 가짐을 이용하여 $xf(x)-1$의 식을 구한다.

풀이 나머지정리에 의하여

$f(1)=\frac{1}{1},\ f(2)=\frac{1}{2},\ f(3)=\frac{1}{3},\ f(4)=\frac{1}{4},\ f(5)=\frac{1}{5}$

이므로

$f(1)-1=0,\ 2f(2)-1=0,\ 3f(3)-1=0,\ 4f(4)-1=0,$

$5f(5)-1=0$

따라서 $F(x)=xf(x)-1$로 놓으면 $F(x)$는 오차식이고,

$F(1)=F(2)=F(3)=F(4)=F(5)=0$이므로

$F(x)=a(x-1)(x-2)(x-3)(x-4)(x-5)$ (a는 상수) …… ㉠

로 놓을 수 있다.

이때 $F(x)=xf(x)-1$에서 $F(0)=-1$이므로 ㉠의 양변에 $x=0$을 대입하면

$-1=-120a \quad \therefore a=\frac{1}{120}$

$\therefore F(x)=\frac{1}{120}(x-1)(x-2)(x-3)(x-4)(x-5)$

$\therefore xf(x)-1=\frac{1}{120}(x-1)(x-2)(x-3)(x-4)(x-5)$ …… ㉡

$f(x)$를 $x-8$로 나누었을 때의 나머지는 $f(8)$이므로 ㉡의 양변에 $x=8$을 대입하면

$8f(8)-1=\frac{1}{120}\times7\times6\times5\times4\times3,\ 8f(8)=22$

$\therefore f(8)=\frac{11}{4}$ **답** $\frac{11}{4}$

5-1 **전략** 다항식 $f(x)-x$가 $x-1,\ x-2,\ x-3$을 인수로 가짐을 이용하여 $f(x)-x$의 식을 구한다.

풀이 $f(1)-1=0,\ f(2)-2=0,\ f(3)-3=0$이므로

$F(x)=f(x)-x$로 놓으면 $F(x)$는 최고차항의 계수가 $\frac{1}{6}$인 사차식이고, $F(1)=0,\ F(2)=0,\ F(3)=0$이므로

$F(x)=\frac{1}{6}(x-1)(x-2)(x-3)(x-k)$ (k는 상수)

로 놓을 수 있다.

$\therefore f(x)-x=\frac{1}{6}(x-1)(x-2)(x-3)(x-k)$ …… ㉠

이때 $f(4)=10$이므로 ㉠의 양변에 $x=4$를 대입하면

$f(4)-4=\frac{1}{6}\times3\times2\times1\times(4-k)$

$6=4-k$

$\therefore k=-2$

즉, $f(x)-x=\frac{1}{6}(x-1)(x-2)(x-3)(x+2)$이므로

$f(x)=\frac{1}{6}(x-2)(x+2)(x-1)(x-3)+x$

$\quad=\frac{1}{6}(x^2-4)(x-1)(x-3)+x$

따라서 $f(x)$를 x^2-4로 나누었을 때의 몫은

$Q(x)=\frac{1}{6}(x-1)(x-3)$, 나머지는 $R(x)=x$이므로

$Q(5)R(3)=\left(\frac{1}{6}\times4\times2\right)\times3=4$ **답** 4

6 **전략** 조립제법을 이용하여 다항식 $f(x)$를 $x-1$로 계속 나누어 $f(x)$를 $x-1$에 대한 내림차순으로 정리한다.

풀이 조립제법을 이용하여 다항식 $f(x)$를 $x-1$로 계속 나누면 다음과 같다.

1	1	-1	-4	5
		1	0	-4
1	1	0	-4	1 ← c
		1	1	
1	1	1	-3 ← b	
		1		
	1	2 ← a		

$\therefore f(x)=(x-1)^3+2(x-1)^2-3(x-1)+1$ …… ㉠

㉠의 양변에 $x=\frac{7}{8},\ x=\frac{9}{8}$를 각각 대입하면

$f\left(\frac{7}{8}\right)=\left(-\frac{1}{8}\right)^3+2\times\left(-\frac{1}{8}\right)^2-3\times\left(-\frac{1}{8}\right)+1$ …… ㉡

$f\left(\frac{9}{8}\right)=\left(\frac{1}{8}\right)^3+2\times\left(\frac{1}{8}\right)^2-3\times\frac{1}{8}+1$ …… ㉢

㉡+㉢을 하면

$f\left(\frac{7}{8}\right)+f\left(\frac{9}{8}\right)=4\times\left(\frac{1}{8}\right)^2+2=\frac{33}{16}$

따라서 $p=16,\ q=33$이므로

$p+q=16+33=49$ **답** 49

다른풀이 항등식의 성질을 이용하여 $a,\ b,\ c$의 값을 구할 수도 있다.

$x^3-x^2-4x+5=(x-1)^3+a(x-1)^2+b(x-1)+c$ …… ㉠

㉠의 양변에 $x=1$을 대입하면

$1=c$

㉠의 양변에 $x=0$을 대입하면

$5=-1+a-b+c \quad \therefore a-b=5$ …… ㉡

㉠의 양변에 $x=2$를 대입하면

$1=1+a+b+c \quad \therefore a+b=-1$ …… ㉢

㉡, ㉢을 연립하여 풀면 $a=2,\ b=-3$

6-1 **전략** $99+1=100$이므로 조립제법을 이용하여 다항식 $f(x)$를 $x+1$에 대한 내림차순으로 정리한다.

풀이 조립제법을 이용하여 다항식 $f(x)$를 $x+1$로 계속 나누면 다음과 같다.

-1	1	3	4	5
		-1	-2	-2
-1	1	2	2	3
		-1	-1	
-1	1	1	1	
		-1		
	1	0		

$\therefore f(x)=(x+1)^3+(x+1)+3$ …… ㉠

㉠의 양변에 $x=99$를 대입하면

$f(99)=100^3+100+3=1000103$

따라서 $f(99)$의 값의 각 자리의 숫자의 합은

$1+1+3=5$ **답** ①

다른풀이 $99=100-1=10^2-1$이므로

$$f(99)=f(10^2-1)=(10^2-1)^3+3(10^2-1)^2+4(10^2-1)+5$$
$$=10^6-3\times10^4+3\times10^2-1+3(10^4-2\times10^2+1)+4\times10^2-4+5$$
$$=10^6+10^2+3=1000103$$

C Step 1등급 완성 최고난도 예상 문제

본문 17~19쪽

01 32	02 ①	03 ①	04 39	05 ③
06 ②	07 19	08 ②	09 85	10 ⑤
11 ②	12 82	13 ②	14 ⑤	15 ⑤
16 17				

1등급 뛰어넘기

17 ③	18 ⑤

01 **전략** $f(x)$가 최고차항의 계수가 1인 이차식이므로 $f(x)=x^2+ax+b$로 놓고 주어진 등식에 대입한다.

풀이 $f(x)=x^2+ax+b$ (a, b는 상수)로 놓으면

$\{f(x)\}^2+kf(x)-x^4-4x^2=0$에서

$(x^2+ax+b)^2+k(x^2+ax+b)-x^4-4x^2=0$

$x^4+a^2x^2+b^2+2ax^3+2abx+2bx^2+kx^2+kax+kb-x^4-4x^2=0$

$\therefore 2ax^3+(a^2+2b+k-4)x^2+(2ab+ak)x+(b^2+bk)=0$

이 등식은 x에 대한 항등식이므로

$2a=0$, $a^2+2b+k-4=0$, $2ab+ak=0$, $b^2+bk=0$

$2a=0$에서 $a=0$ ...... ㉠

㉠을 $a^2+2b+k-4=0$에 대입하면

$2b+k-4=0$

$\therefore k=4-2b$ ...... ㉡

㉡을 $b^2+bk=0$에 대입하면

$b^2+b(4-2b)=0$

$b^2-4b=0$, $b(b-4)=0$

$\therefore b=0$ 또는 $b=4$

㉡에서 $b=0$이면 $k=4$, $b=4$이면 $k=-4$이므로

$\alpha=4$, $\beta=-4$ 또는 $\alpha=-4$, $\beta=4$

$\therefore \alpha^2+\beta^2=4^2+(-4)^2=32$ 답 32

02 **전략** 항등식의 좌변과 우변의 차수를 비교하여 다항식 $f(x)$의 차수를 파악한 후, $f(x)$에 대한 식을 세운다.

풀이 자연수 n에 대하여 $f(x)$의 차수를 n이라 하면 주어진 등식의 좌변과 우변의 차수는 각각 $2n$, $n+3$이므로

$2n=n+3$

$\therefore n=3$

즉, $f(x)$는 최고차항의 계수가 1인 삼차식이므로

$f(x)=x^3+ax^2+bx+c$ (a, b, c는 상수)

로 놓을 수 있다.

주어진 등식의 좌변을 정리하면

$f(x^2+1)+f(x^2-1)$

$=\{(x^2+1)^3+a(x^2+1)^2+b(x^2+1)+c\}+\{(x^2-1)^3+a(x^2-1)^2+b(x^2-1)+c\}$

$=\{x^6+(a+3)x^4+(2a+b+3)x^2+(a+b+c+1)\}+\{x^6+(a-3)x^4+(-2a+b+3)x^2+(a-b+c-1)\}$

$=2x^6+2ax^4+(2b+6)x^2+2(a+c)$

등식의 우변을 정리하면

$kx^3f(x)+6x^4=kx^3(x^3+ax^2+bx+c)+6x^4$

$=kx^6+akx^5+(bk+6)x^4+ckx^3$

이므로

$2x^6+2ax^4+(2b+6)x^2+2(a+c)=kx^6+akx^5+(bk+6)x^4+ckx^3$

위의 식은 x에 대한 항등식이므로

$2=k$, $0=ak$, $2a=bk+6$, $0=ck$, $2b+6=0$, $2(a+c)=0$

$\therefore k=2$, $a=0$, $b=-3$, $c=0$

따라서 $f(x)=x^3-3x$이므로

$f(k)=f(2)=2^3-3\times2=2$ 답 ①

참고 $f(x)$의 차수가 n일 때, $n\le1$, 즉 $f(x)$가 일차 이하의 다항식이면 주어진 등식에서 $kx^3f(x)+6x^4$의 차수는 4이다.
그런데 $f(x)$가 상수이면 주어진 등식의 좌변은 상수이므로 등식이 성립하지 않고, $f(x)$가 일차식이면 $n=1$이므로 $kx^3f(x)+6x^4$의 차수는 $n+3=4$이다.
따라서 자연수 n에 대하여 $f(x)$의 차수가 n일 때, $kx^3f(x)+6x^4$의 차수는 $(n+3)$으로 나타낼 수 있다.

03 **전략** 주어진 등식의 양변에 적당한 수를 대입하여 a_0, a_1, a_2, $\cdots$, a_6에 대한 식을 구한다.

풀이 주어진 등식의 양변에 $x=\frac{1}{2}$을 대입하면

$$\left(\frac{3}{2}\right)^6=a_0-\frac{a_1}{2}+\frac{a_2}{2^2}-\frac{a_3}{2^3}+\frac{a_4}{2^4}-\frac{a_5}{2^5}+\frac{a_6}{2^6} \quad \cdots\cdots ㉠$$

주어진 등식의 양변에 $x=\frac{3}{2}$을 대입하면

$$\left(\frac{5}{2}\right)^6=a_0+\frac{a_1}{2}+\frac{a_2}{2^2}+\frac{a_3}{2^3}+\frac{a_4}{2^4}+\frac{a_5}{2^5}+\frac{a_6}{2^6} \quad \cdots\cdots ㉡$$

㉠+㉡을 하면

$$2\left(a_0+\frac{a_2}{2^2}+\frac{a_4}{2^4}+\frac{a_6}{2^6}\right)=\frac{3^6+5^6}{2^6}$$

$$\therefore a_0+\frac{a_2}{2^2}+\frac{a_4}{2^4}+\frac{a_6}{2^6}=\frac{3^6+5^6}{2^7}$$

이때 주어진 등식에서 좌변의 최고차항은 x^6, 우변의 최고차항은 a_6x^6이므로 $a_6=1$

또, 주어진 등식의 양변에 $x=1$을 대입하면 $a_0=2^6$

$$\therefore \frac{a_2}{4}+\frac{a_4}{16}=\left(a_0+\frac{a_2}{2^2}+\frac{a_4}{2^4}+\frac{a_6}{2^6}\right)-\left(a_0+\frac{a_6}{2^6}\right)$$
$$=\frac{3^6+5^6}{2^7}-\left(2^6+\frac{1}{2^6}\right)$$
$$=\frac{3^6+5^6-2^{13}-2}{2^7}$$

따라서 $p=3$, $q=5$, $r=2$이므로

$pqr=3\times5\times2=30$ 답 ①

04 **전략** 다항식의 나눗셈을 이용하여 주어진 조건에서 $f(x)$에 대한 식의 값을 구한 후, $R(x)$의 식을 구한다.

풀이 다항식 $f(x)$를 $(x-1)(x-2)$로 나누었을 때의 몫을 $Q_1(x)$라 하면

$f(x)=(x-1)(x-2)Q_1(x)+9x-8$

$\therefore f(1)=1,\ f(2)=10$

또, 다항식 $f(x)$를 $(x+1)(x+2)$로 나누었을 때의 몫을 $Q_2(x)$라 하면

$f(x)=(x+1)(x+2)Q_2(x)+21x+16$

$\therefore f(-1)=-5,\ f(-2)=-26$

다항식 $f(x)$를 $(x^2-1)(x^2-4)$로 나누었을 때의 몫을 $Q(x)$라 하면 나머지 $R(x)$는 삼차 이하의 다항식이므로

$R(x)=ax^3+bx^2+cx+d$ (a, b, c, d는 상수)

로 놓으면

$f(x)=(x^2-1)(x^2-4)Q(x)+ax^3+bx^2+cx+d$

$\quad=(x+1)(x-1)(x+2)(x-2)Q(x)+ax^3+bx^2+cx+d$ …… ㉠

㉠의 양변에 $x=-1$을 대입하면

$-a+b-c+d=-5$

㉠의 양변에 $x=1$을 대입하면

$a+b+c+d=1$

$\therefore a+c=3,\ b+d=-2$ …… ㉡

㉠의 양변에 $x=-2$를 대입하면

$-8a+4b-2c+d=-26$

㉠의 양변에 $x=2$를 대입하면

$8a+4b+2c+d=10$

$\therefore 4a+c=9,\ 4b+d=-8$ …… ㉢

㉡, ㉢을 연립하여 풀면

$a=2,\ b=-2,\ c=1,\ d=0$

따라서 $R(x)=2x^3-2x^2+x$이므로

$R(3)=2\times3^3-2\times3^2+3=39$

답 39

05 **전략** 조건 (나)에 의하여 몫과 나머지가 일차식이므로 $f(x)=2(x+1)^2(ax+b)+ax+b$로 놓는다.

풀이 삼차식 $f(x)$를 $(x+1)^2$으로 나누었을 때의 몫은 일차식이므로 조건 (나)에 의하여 나머지도 일차식이다.

즉, 나머지를 $ax+b$ (a, b는 상수, $a\neq0$)로 놓으면 몫은 $2(ax+b)$이므로

$f(x)=2(x+1)^2(ax+b)+ax+b$ …… ㉠

조건 (가)에 의하여

$f(0)=2b+b=3,\ 3b=3$

$\therefore b=1$

$\therefore f(x)=2(x+1)^2(ax+1)+ax+1$

$\quad=2(x^2+2x+1)(ax+1)+ax+1$

$\quad=2ax^3+2(2a+1)x^2+(3a+4)x+3$

$\quad=x^2\{2ax+2(2a+1)\}+(3a+4)x+3$

즉, $f(x)$를 x^2으로 나누었을 때의 나머지는 $(3a+4)x+3$이다.

이때 조건 (다)에 의하여

$(3a+4)x+3=3$

위의 식은 x에 대한 항등식이므로

$3a+4=0 \qquad \therefore a=-\frac{4}{3}$

따라서 $f(x)=2(x+1)^2\left(-\frac{4}{3}x+1\right)-\frac{4}{3}x+1$이므로

$f(1)=2\times4\times\left(-\frac{1}{3}\right)-\frac{4}{3}+1=-3$

답 ③

06 **전략** $P(x)=(x-a)(x-b)$ (a, b는 상수)로 놓고 주어진 등식에 $P(x), P(2x)$를 대입하여 $P(x)$의 식을 완성한다.

풀이 $P(x)=(x-a)(x-b)$ (a, b는 상수, $a<b$)로 놓으면

$P(2x)=(2x-a)(2x-b)=4\left(x-\frac{a}{2}\right)\left(x-\frac{b}{2}\right)$

$\therefore P(x)P(2x)=4(x-a)(x-b)\left(x-\frac{a}{2}\right)\left(x-\frac{b}{2}\right)$

따라서

$4(x-a)(x-b)\left(x-\frac{a}{2}\right)\left(x-\frac{b}{2}\right)=4(x-1)(x-2)(x-3)(x-6)$

이므로

$a=2,\ b=6$

$\therefore P(x)=(x-2)(x-6),\ P(2x)=4(x-1)(x-3)$

이때 $P(2x)$를 $P(x)$로 나누었을 때의 몫을 $Q(x)$, 나머지를 $R(x)$라 하면 $P(x)$가 이차식이므로 $R(x)$는 일차 이하의 다항식이다.

따라서

$R(x)=px+q$ (p, q는 상수)

로 놓으면

$P(2x)=P(x)Q(x)+px+q$

$\therefore 4(x-1)(x-3)=(x-2)(x-6)Q(x)+px+q$ …… ㉠

㉠의 양변에 $x=2$를 대입하면

$2p+q=-4$ …… ㉡

㉠의 양변에 $x=6$을 대입하면

$6p+q=60$ …… ㉢

㉡, ㉢을 연립하여 풀면 $p=16,\ q=-36$

따라서 $R(x)=16x-36$이므로

$R(3)=16\times3-36=12$

답 ②

참고 $P(2x)$를 $P(x)$로 나누면 다음과 같다.

$P(2x)=4(x-1)(x-3)=4x^2-16x+12$,

$P(x)=(x-2)(x-6)=x^2-8x+12$

$$\begin{array}{r} 4 \\ x^2-8x+12\ \overline{)\ 4x^2-16x+12} \\ \underline{4x^2-32x+48} \\ 16x-36 \end{array}$$

$\therefore R(x)=16x-36$

07 **전략** $f(x)$를 $(x+1)(x-3)$으로 나누었을 때의 몫을 $Q'(x)$라 하면 $Q(x)$를 $Q'(x)$를 이용하여 나타낸다.

풀이 $f(x)$를 $(x+1)(x-3)$으로 나누었을 때의 몫을 $Q'(x)$라 하면 조건 (나)에 의하여

$f(x)=(x+1)(x-3)Q'(x)+2x-5$ …… ㉠

조건 (가)에서 나머지정리에 의하여

$f(2)=-7$

㉠의 양변에 $x=2$를 대입하면

$-7=-3Q'(2)-1$

$\therefore Q'(2)=2$

한편, ㉠의 양변에 x^2-1을 곱하면

$$(x^2-1)f(x)=(x^2-1)\{(x+1)(x-3)Q'(x)+2x-5\}$$
$$=(x+1)^2(x-3)(x-1)Q'(x)+(x^2-1)(2x-5) \quad \cdots\cdots ㉡$$

이때 $(x^2-1)(2x-5)=2x^3-5x^2-2x+5$를

$(x+1)^2(x-3)=x^3-x^2-5x-3$으로 나누면 다음과 같다.

$$\begin{array}{r|l} & 2 \\ x^3-x^2-5x-3 & 2x^3-5x^2-2x+5 \\ & 2x^3-2x^2-10x-6 \\ \hline & -3x^2+8x+11 \end{array}$$

$\therefore 2x^3-5x^2-2x+5=2(x^3-x^2-5x-3)-3x^2+8x+11$

즉, $(x^2-1)(2x-5)=2(x+1)^2(x-3)-3x^2+8x+11$이므로

㉡을 정리하면

$(x^2-1)f(x)$

$=(x+1)^2(x-3)(x-1)Q'(x)+2(x+1)^2(x-3)-3x^2+8x+11$

$=(x+1)^2(x-3)\{(x-1)Q'(x)+2\}-3x^2+8x+11$

이므로

$Q(x)=(x-1)Q'(x)+2,\ R(x)=-3x^2+8x+11$

따라서

$Q(2)=Q'(2)+2=4\ (\because Q'(2)=2),\ R(2)=-12+16+11=15$

이므로

$Q(2)+R(2)=4+15=19$

답 19

08 전략 $x^{15}-1$은 $x-1$을 인수로 가짐을 이용하여 $Q(x)$에 대한 식을 구한다.

풀이 $x^{15}-1$을 $(x-1)^2$으로 나누었을 때의 나머지는 일차 이하의 다항식이므로

$x^{15}-1=(x-1)^2Q(x)+ax+b$ (a, b는 상수) $\cdots\cdots$ ㉠

로 놓을 수 있다.

㉠의 양변에 $x=1$을 대입하면

$0=a+b$

$\therefore b=-a$

$b=-a$를 ㉠에 대입하면

$$x^{15}-1=(x-1)^2Q(x)+ax-a$$
$$=(x-1)^2Q(x)+a(x-1)$$
$$=(x-1)\{(x-1)Q(x)+a\}$$

이때

$x^{15}-1=(x-1)(x^{14}+x^{13}+x^{12}+\cdots+x+1)$

이므로

$(x-1)Q(x)+a=x^{14}+x^{13}+x^{12}+\cdots+x+1$ $\cdots\cdots$ ㉡

㉡의 양변에 $x=1$을 대입하면

$a=15$

$\therefore (x-1)Q(x)+15=x^{14}+x^{13}+x^{12}+\cdots+x+1$ $\cdots\cdots$ ㉢

이때 $Q(x)$를 $x+1$로 나누었을 때의 나머지는 $Q(-1)$이므로

㉢의 양변에 $x=-1$을 대입하면

$-2Q(-1)+15=1-1+1-1+\cdots+1-1+1=1$

즉, $-2Q(-1)=-14$이므로

$Q(-1)=7$

답 ②

09 전략 나머지정리를 이용하여 나머지를 구하고, x^9을 식으로 나타낸다.

풀이 $f(x)=x^9$으로 놓으면 $f(x)$를 $x+2$로 나누었을 때의 나머지는 나머지정리에 의하여

$f(-2)=(-2)^9=-512$

$\therefore f(x)=(x+2)Q(x)-512$

즉, $x^9+512=(x+2)(a_0+a_1x+a_2x^2+\cdots+a_8x^8)$ $\cdots\cdots$ ㉠

㉠의 양변에 $x=1$을 대입하면

$3(a_0+a_1+a_2+\cdots+a_8)=513$

$\therefore a_0+a_1+a_2+\cdots+a_8=171$ $\cdots\cdots$ ㉡

㉠의 양변에 $x=-1$을 대입하면

$a_0-a_1+a_2-a_3+\cdots-a_7+a_8=511$ $\cdots\cdots$ ㉢

㉡+㉢을 하면

$2(a_0+a_2+a_4+a_6+a_8)=682$

$\therefore a_0+a_2+a_4+a_6+a_8=341$

이때 ㉠의 양변에 $x=0$을 대입하면

$2a_0=512$

$\therefore a_0=256$

$$\therefore a_2+a_4+a_6+a_8=(a_0+a_2+a_4+a_6+a_8)-a_0$$
$$=341-256$$
$$=85$$

답 85

10 전략 $7^2=x$로 놓고 $7^{2022}+7^{2021}+7^{2020}-8$을 x에 대한 다항식으로 나타낸 후, 나머지정리를 이용한다.

풀이 $48=7^2-1,\ 50=7^2+1$이므로 $7^2=x$로 놓으면

$$7^{2022}+7^{2021}+7^{2020}-8=(7^2)^{1011}+7\times(7^2)^{1010}+(7^2)^{1010}-8$$
$$=x^{1011}+7x^{1010}+x^{1010}-8$$
$$=x^{1011}+8x^{1010}-8$$

$f(x)=x^{1011}+8x^{1010}-8$으로 놓으면 $f(x)$를 $x-1$로 나누었을 때의 나머지는 나머지정리에 의하여

$f(1)=1+8-8=1$

$\therefore R_1=1$

또, $f(x)$를 $x+1$로 나누었을 때의 나머지는 나머지정리에 의하여

$f(-1)=-1+8-8=-1$

이때 $0\le R_2<50$이어야 하므로

$R_2=49$

$\therefore R_1+R_2=1+49=50$

답 ⑤

주의 다항식의 나눗셈에서는 나머지가 음수가 될 수 있지만 수의 나눗셈에서는 $0\le$(나머지)$<$(나누는 수)이어야 함에 유의한다.

11 전략 조건 (가)에서 $f(x)$에 대한 식을 세운 후, 조건 (나)를 이용하여 $f(x)$의 식을 완성한다.

풀이 $f(x)$는 최고차항의 계수가 1인 사차식이므로 $(x-2)^3$으로 나누었을 때의 몫은 최고차항의 계수가 1인 일차식이다.

따라서 조건 (가)에서 $f(x)$를 $(x-2)^3$으로 나누었을 때의 몫을 $x+a$ (a는 상수)로 놓으면

$$f(x)=(x-2)^3(x+a)+x^2$$
$$=(x-2)^2(x-2)(x+a)+x^2$$
$$=(x-2)^2\{x^2+(a-2)x-2a\}+(x-2)^2+4x-4$$
$$=(x-2)^2\{x^2+(a-2)x-2a+1\}+4x-4$$

$\therefore Q(x)=x^2+(a-2)x-2a+1$

조건 (나)에서 $Q(x)$는 $x-1$로 나누어떨어지므로 $Q(1)=0$

$1+(a-2)-2a+1=0,\ -a=0$

$\therefore a=0$

따라서 $f(x)=x(x-2)^3+x^2$이므로

$f(3)=3\times1^3+3^2=12$ 답 ②

12 전략 인수정리를 이용하여 삼차식 $f(x)$를 구한다.

풀이 조건 (가)에서

$f(1)-2=0,\ f(-2)-2=0$

조건 (나)에서

$f(-2)-2=0,\ f(4)-2=0$

$F(x)=f(x)-2$로 놓으면

$F(-2)=0,\ F(1)=0,\ F(4)=0$

따라서 $F(x)$는 $x+2,\ x-1,\ x-4$를 인수로 갖고, 최고차항의 계수가 1인 삼차식이므로

$F(x)=(x+2)(x-1)(x-4)$

$f(x)-2=(x+2)(x-1)(x-4)$

$\therefore f(x)=(x+2)(x-1)(x-4)+2$

따라서 $f(3x)$를 $x-2$로 나누었을 때의 나머지는

$f(6)=8\times5\times2+2=82$ 답 82

> **1등급 노트 다항식과 인수정리**
>
> n차 다항식 $P(x)$가 n개의 서로 다른 실수 $a_1, a_2, \cdots, a_n$에 대하여
> $P(a_1)=P(a_2)=\cdots=P(a_n)=0$
> $\Longleftrightarrow P(x)$는 $x-a_1, x-a_2, \cdots, x-a_n$으로 나누어떨어진다.
> $\Longleftrightarrow P(x)=k(x-a_1)(x-a_2)\cdots(x-a_n)$ (단, $k\neq0$)

13 전략 인수정리를 이용하여 $f(x)$를 구한다.

풀이 조건 (가)에서 $n=0,\ 1,\ 2$일 때

$f(n)=n^2$

$\therefore f(n)-n^2=0$ (단, $n=0,\ 1,\ 2$)

즉, $f(0)-0=0,\ f(1)-1^2=0,\ f(2)-2^2=0$이므로

$F(x)=f(x)-x^2$으로 놓으면

$F(0)=0,\ F(1)=0,\ F(2)=0$

따라서 $F(x)$는 $x,\ x-1,\ x-2$를 인수로 갖고, 최고차항의 계수가 1인 삼차식이므로

$F(x)=x(x-1)(x-2)$

$f(x)-x^2=x(x-1)(x-2)$

$$\therefore f(x)=x(x-1)(x-2)+x^2$$
$$=x\{(x-1)(x-2)+x\}$$
$$=x(x^2-2x+2)$$

즉, $f(x)$는 최고차항의 계수가 1인 이차식 x^2-2x+2로 나누어떨어지므로 조건 (나)에 의하여

$g(x)=x^2-2x+2$

$\therefore g(2)=2^2-2\times2+2=2$ 답 ②

14 전략 인수정리를 이용하여 $Q(x)$, $R(x)$를 식으로 나타낸다.

풀이 최고차항의 계수가 1인 사차식 $f(x)$를 x^2-3x+2로 나누었을 때의 몫 $Q(x)$는 최고차항의 계수가 1인 이차식이고, 나머지 $R(x)$는 일차 이하의 다항식이다.

이때 $Q(1)=R(1)=0$에서 $Q(x)$와 $R(x)$는 $x-1$을 인수로 가지므로

$Q(x)=(x-1)(x-a),\ R(x)=b(x-1)$ (a, b는 상수)

로 놓을 수 있다.

$$\therefore f(x)=(x^2-3x+2)(x-1)(x-a)+b(x-1)$$
$$=(x-1)^2(x-2)(x-a)+b(x-1)$$
$$=(x-1)\{(x-1)(x-2)(x-a)+b\}$$

$\therefore g(x)=(x-1)(x-2)(x-a)+b$

이때 $g(3)=0$이므로

$2(3-a)+b=0$

$\therefore 2a-b=6$ ⋯⋯ ㉠

한편, $Q(0)=R(0)$이므로

$a=-b$ ⋯⋯ ㉡

㉠, ㉡을 연립하여 풀면 $a=2,\ b=-2$

따라서 $f(x)=(x-1)\{(x-1)(x-2)^2-2\}$이므로

$f(4)=3\times(3\times2^2-2)=30$ 답 ⑤

15 전략 주어진 조건에서 $f(x)$, $g(x)$의 인수를 각각 찾아본다.

풀이 조건 (가)에 의하여 $f(x)$, $g(x)$는 모두 $x-2$를 인수로 갖는다.

조건 (나)에서 $f(x)+g(x)$, $f(x)-g(x)$가 각각 $x+3$으로 나누어떨어지므로

$f(-3)+g(-3)=0,\ f(-3)-g(-3)=0$

위의 두 식을 연립하여 풀면 $f(-3)=0,\ g(-3)=0$

즉, $f(x)$, $g(x)$는 모두 $x+3$을 인수로 갖는다.

이때 $f(x)$, $g(x)$는 모두 최고항의 계수가 1이고 모든 계수가 정수인 삼차식이므로

$f(x)=(x-2)(x+3)(x+a),\ g(x)=(x-2)(x+3)(x+b)$

(a, b는 정수, $a\neq b$)로 놓으면

$f(0)=-6a,\ g(0)=-6b$

$\therefore f(0)g(0)=36ab$

$f(0)g(0)=144$이므로

$36ab=144$ $\therefore ab=4$

따라서 서로 다른 두 정수 a, b의 순서쌍 (a, b)는

$(1, 4)$, $(4, 1)$, $(-1, -4)$, $(-4, -1)$

이때 $f(0)+g(0)=-6(a+b)$이므로 $a+b$가 최소일 때

$f(0)+g(0)$의 값이 최대이다.

따라서 $a=-1$, $b=-4$ 또는 $a=-4$, $b=-1$일 때 $f(0)+g(0)$의 최댓값은

$-6(a+b)=-6\times(-5)=30$

답 ⑤

16 **전략** 조립제법을 이용하여 a, b, c의 값을 각각 구하고, $f(x)$를 $x-1$에 대한 내림차순으로 정리한다.

풀이 주어진 조립제법에서 $f(x)$를 $x-1$로 2번 반복하여 나누는 과정을 나타내면 다음과 같다.

1	1	a	b	c	2
		1	-4	$b-4$	$b+c-4$
1	1	-4	$b-4$	$b+c-4$	$b+c-2$
		1	-3	5	
	1	-3	5	4	

즉, $a+1=-4$, $b-4-3=5$, $b+c-4+5=4$이므로

$a=-5$, $b=12$, $c=-9$

$\therefore f(x)=x^4-5x^3+12x^2-9x+2$

따라서 $f(x)$를 $x-1$로 4번 반복하여 나누면 다음과 같다.

1	1	-5	12	-9	2
		1	-4	8	-1
1	1	-4	8	-1	1
		1	-3	5	
1	1	-3	5	4	
		1	-2		
1	1	-2	3		
		1			
	1	-1			

$\therefore f(x)=x^4-5x^3+12x^2-9x+2$

$=(x-1)^4-(x-1)^3+3(x-1)^2+4(x-1)+1$

$\therefore f(11)=10^4-10^3+3\times10^2+4\times10+1=9341$

따라서 $f(11)$의 값의 각 자리의 숫자의 합은

$9+3+4+1=17$

답 17

17 **전략** 주어진 두 항등식의 곱 또한 항등식임을 이용하여 적당한 수를 대입하고 보기의 참, 거짓을 판단한다.

풀이 $(x^2+x+1)^{10}=a_0+a_1x+a_2x^2+\cdots+a_{20}x^{20}$ …… ㉠

$(x^2-x+1)^{10}=b_0+b_1x+b_2x^2+\cdots+b_{20}x^{20}$ …… ㉡

ㄱ. ㉠, ㉡의 양변에 각각 $x=1$을 대입하면

$3^{10}=a_0+a_1+a_2+\cdots+a_{20}$ …… ㉢

$1=b_0+b_1+b_2+\cdots+b_{20}$ …… ㉣

$\therefore a_0+a_1+a_2+\cdots+a_{20}=3^{10}(b_0+b_1+b_2+\cdots+b_{20})$ (참)

ㄴ. ㉠, ㉡의 양변에 각각 $x=-1$을 대입하면

$1=a_0-a_1+a_2-a_3+\cdots-a_{19}+a_{20}$ …… ㉤

$3^{10}=b_0-b_1+b_2-b_3+\cdots-b_{19}+b_{20}$ …… ㉥

㉢$-$㉤을 하면

$3^{10}-1=2(a_1+a_3+a_5+\cdots+a_{19})$

$\therefore a_1+a_3+a_5+\cdots+a_{19}=\frac{3^{10}-1}{2}$

㉣$-$㉥을 하면

$1-3^{10}=2(b_1+b_3+b_5+\cdots+b_{19})$

$\therefore b_1+b_3+b_5+\cdots+b_{19}=-\frac{3^{10}-1}{2}$

$\therefore a_1+a_3+a_5+\cdots+a_{19}=-(b_1+b_3+b_5+\cdots+b_{19})$ (거짓)

ㄷ. $(x^2+x+1)(x^2-x+1)=x^4+x^2+1$

이므로 $(x^2+x+1)^{10}(x^2-x+1)^{10}=(x^4+x^2+1)^{10}$

한편, $(a_0+a_1x+\cdots+a_{20}x^{20})(b_0+b_1x+\cdots+b_{20}x^{20})$의 전개식에서 x^9항은

$a_0\times b_9x^9+a_1x\times b_8x^8+a_2x^2\times b_7x^7+\cdots+a_9x^9\times b_0$

$=(a_0b_9+a_1b_8+a_2b_7+\cdots+a_8b_1+a_9b_0)x^9$

이므로 $a_0b_9+a_1b_8+a_2b_7+\cdots+a_8b_1+a_9b_0$은

$(x^2+x+1)^{10}(x^2-x+1)^{10}$의 x^9의 계수이다.

이때 $(x^4+x^2+1)^{10}$의 전개식은 짝수 차수의 항과 상수항으로만 이루어져 있으므로 x^9의 계수는 0이다.

$\therefore a_0b_9+a_1b_8+a_2b_7+\cdots+a_8b_1+a_9b_0=0$ (참)

따라서 옳은 것은 ㄱ, ㄷ이다.

답 ③

18 **전략** $f(x)$를 $g(x)h(x)$로 나누었을 때의 나머지가 $R(x)$일 때, $f(x)$를 $g(x)$로 나누었을 때의 나머지는 $R(x)$를 $g(x)$로 나누었을 때의 나머지임을 이용한다.

풀이 $f(x)$를 $(x+2)(x^2-2x+4)$로 나누었을 때의 몫을 $Q(x)$, 나머지를 $R'(x)$라 하면

$f(x)=(x+2)(x^2-2x+4)Q(x)+R'(x)$ (단, $R'(x)$는 이차식)

이때 $f(x)$를 x^2-2x+4로 나누었을 때의 나머지가 $2x-1$이므로

$R'(x)$를 x^2-2x+4로 나누었을 때의 나머지도 $2x-1$이다.

따라서 $R'(x)=a(x^2-2x+4)+2x-1$ (a는 상수)로 놓을 수 있다.

또, $f(x)$를 $x+2$로 나누었을 때의 나머지가 3이므로

$f(-2)=R'(-2)=3$

$R'(-2)=12a-5=3$, $12a=8$

$\therefore a=\frac{2}{3}$

따라서 $R'(x)=\frac{2}{3}(x^2-2x+4)+2x-1$이므로

$f(x)=(x+2)(x^2-2x+4)Q(x)+\frac{2}{3}(x^2-2x+4)+2x-1$

$=(x^3+8)Q(x)+\frac{2}{3}x^2+\frac{2}{3}x+\frac{5}{3}$

$\therefore f(2x)=(8x^3+8)Q(2x)+\frac{8}{3}x^2+\frac{4}{3}x+\frac{5}{3}$

$=8(x^3+1)Q(2x)+\frac{8}{3}x^2+\frac{4}{3}x+\frac{5}{3}$

따라서 $R(x)=\frac{8}{3}x^2+\frac{4}{3}x+\frac{5}{3}$이므로

$R(2)=\frac{8}{3}\times4+\frac{4}{3}\times2+\frac{5}{3}=15$

답 ⑤

03 인수분해

Step A 1등급을 위한 고난도 빈출 & 핵심 문제

본문 21쪽

01 ②	02 7	03 49	04 ⑤	05 1
06 ③	07 ③	08 ⑤		

01 $3x^3+7x^2-7x-3$

$=(3x^3-3)+(7x^2-7x)$

$=3(x-1)(x^2+x+1)+7x(x-1)$

$=(x-1)(3x^2+10x+3)$

$=(x-1)(x+3)(3x+1)$

따라서 $a=1$, $b=3$, $c=1$이므로

$a+b+c=5$ 답 ②

02 $a^3+b^3+c^3=3abc$에서

$a^3+b^3+c^3-3abc$

$=(a+b+c)(a^2+b^2+c^2-ab-bc-ca)$

$=\frac{1}{2}(a+b+c)(2a^2+2b^2+2c^2-2ab-2bc-2ca)$

$=\frac{1}{2}(a+b+c)\{(a^2-2ab+b^2)+(b^2-2bc+c^2)+(c^2-2ca+a^2)\}$

$=\frac{1}{2}(a+b+c)\{(a-b)^2+(b-c)^2+(c-a)^2\}=0$

$\therefore a+b+c=0$ 또는 $a=b=c$

이때 a, b, c가 모두 양수이므로 $a+b+c\neq0$

$\therefore a=b=c$

$\therefore \frac{a}{b}+\frac{2b}{c}+\frac{4c}{a}=1+2+4=7$ 답 7

03 $(x+1)(x+3)(x-4)(x-6)+k$

$=\{(x+1)(x-4)\}\{(x+3)(x-6)\}+k$

$=(x^2-3x-4)(x^2-3x-18)+k$

$x^2-3x=X$로 놓으면

(주어진 식)$=(X-4)(X-18)+k$

$=X^2-22X+72+k$

이 식이 완전제곱식이 되려면

$72+k=121$ $\therefore k=49$ 답 49

참고 $k=49$일 때,

(주어진 식)$=X^2-22X+121$

$=(X-11)^2=(x^2-3x-11)^2$

04 $(x^2-4)^2=\{(x+2)(x-2)\}^2=(x+2)^2(x-2)^2$이므로

$x+2=A$, $x-2=B$로 놓으면

$(x+2)^4+(x^2-4)^2+(x-2)^4$

$=A^4+A^2B^2+B^4$

$=(A^4+2A^2B^2+B^4)-A^2B^2$

$=(A^2+B^2)^2-(AB)^2$

$=(A^2+AB+B^2)(A^2-AB+B^2)$

$=\{(x+2)^2+(x+2)(x-2)+(x-2)^2\}$

$\times\{(x+2)^2-(x+2)(x-2)+(x-2)^2\}$

$=(3x^2+4)(x^2+12)$

따라서 주어진 식의 인수인 것은 $3x^2+4$이다. 답 ⑤

05 주어진 식의 분자를 인수분해하면

$a(b^2-c^2)+b(c^2-a^2)+c(a^2-b^2)$

$=ab^2-ac^2+bc^2-a^2b+a^2c-b^2c$

$=(c-b)a^2-(c^2-b^2)a+bc^2-b^2c$

$=(c-b)a^2-(c+b)(c-b)a+bc(c-b)$

$=(c-b)\{a^2-ac-ab+bc\}$

$=(c-b)\{a(a-c)-b(a-c)\}$

$=(c-b)(a-b)(a-c)$

$=(a-b)(b-c)(c-a)$

$\therefore \frac{a(b^2-c^2)+b(c^2-a^2)+c(a^2-b^2)}{(a-b)(b-c)(c-a)}$

$=\frac{(a-b)(b-c)(c-a)}{(a-b)(b-c)(c-a)}=1$ 답 1

06 $f(x)=x^3-(a-5)x^2-(2a+3)x-18$로 놓으면

$f(-2)=-8-4(a-5)+2(2a+3)-18=0$

이므로 조립제법을 이용하여 $f(x)$를 인수분해하면 다음과 같다.

-2	1	$-a+5$	$-2a-3$	-18
		-2	$2a-6$	18
	1	$-a+3$	-9	0

$\therefore x^3-(a-5)x^2-(2a+3)x-18$

$=(x+2)\{x^2+(-a+3)x-9\}$

$f(x)$가 계수와 상수항이 모두 정수인 세 일차식의 곱으로 인수분해되려면 $x^2+(-a+3)x-9$가 계수와 상수항이 모두 정수인 두 일차식의 곱으로 인수분해되어야 한다.

(i) $x^2+(-a+3)x-9=(x+1)(x-9)$일 때

$-a+3=-8$ $\therefore a=11$

(ii) $x^2+(-a+3)x-9=(x+3)(x-3)$일 때

$-a+3=0$ $\therefore a=3$

(iii) $x^2+(-a+3)x-9=(x+9)(x-1)$일 때

$-a+3=8$ $\therefore a=-5$

(i), (ii), (iii)에 의하여 구하는 모든 정수 a의 값의 합은

$11+3+(-5)=9$ 답 ③

07 $2^{12}-1=(2^6)^2-1$

$=(2^6+1)(2^6-1)$

$=\{(2^2)^3+1\}\{(2^2)^3-1\}$

$=(2^2+1)\{(2^2)^2-2^2+1\}(2^2-1)\{(2^2)^2+2^2+1\}$

$=5\times13\times3\times21$

$=3^2\times5\times7\times13$

따라서 구하는 두 자연수는

$5\times7=35$, $3\times13=39$

이므로 두 수의 합은

$35+39=74$ 답 ③

08 주어진 식의 좌변을 인수분해하면

$c^3-(a+b)c^2-(a^2+b^2)c+a^3+b^3+a^2b+ab^2$

$=c^3-(a+b)c^2-(a^2+b^2)c+a^2(a+b)+b^2(a+b)$

$=c^3-(a+b)c^2-(a^2+b^2)c+(a^2+b^2)(a+b)$

$=c^2(c-a-b)-(a^2+b^2)(c-a-b)$

$=(c^2-a^2-b^2)(c-a-b)$

즉, $(c^2-a^2-b^2)(c-a-b)=0$이고 $c-a-b\neq0$이므로

$c^2-a^2-b^2=0$ $\quad\therefore c^2=a^2+b^2$

따라서 주어진 조건을 만족시키는 삼각형은 빗변의 길이가 c인 직각 삼각형이다. 답 ⑤

참고 a, b, c는 삼각형의 세 변의 길이이므로 $c\neq a+b$, 즉 $c-a-b\neq0$이다.

B Step 1등급을 위한 고난도 기출 VS 변형 유형

본문 22~24쪽

1 3	**1-1** ③	**2** 999	**2-1** ②	**3** 146	**3-1** ②
4 ④	**4-1** ②	**5** ③	**5-1** $\sqrt{3}$	**6** ①	**6-1** ③
7 ②	**7-1** 12	**8** ①	**8-1** 34	**9** ①	**9-1** ④

1 전략 $a^3-b^3=(a-b)(a^2+ab+b^2)$, $a^2+b^2+c^2=(a+b+c)^2-2(ab+bc+ca)$임을 이용한다.

풀이 $a^3+b^3-3(a^2+b^2)=b^3+c^3-3(b^2+c^2)$에서

$a^3-c^3=3(a^2-c^2)$

$(a-c)(a^2+ac+c^2)=3(a-c)(a+c)$

$\therefore a^2+c^2+ac=3(a+c)$ ($\because a\neq c$) …… ㉠

같은 방법으로 $a^3+b^3-3(a^2+b^2)=c^3+a^3-3(c^2+a^2)$에서

$b^2+c^2+bc=3(b+c)$ ($\because b\neq c$) …… ㉡

또, $b^3+c^3-3(b^2+c^2)=c^3+a^3-3(c^2+a^2)$에서

$a^2+b^2+ab=3(a+b)$ ($\because a\neq b$) …… ㉢

㉠+㉡+㉢을 하면

$2(a^2+b^2+c^2)+ab+bc+ca=6(a+b+c)$ …… ㉣

이때 ㉠−㉡을 하면

$a^2-b^2+ac-bc=3(a-b)$

$(a-b)(a+b)+c(a-b)=3(a-b)$

$(a-b)(a+b+c-3)=0$

$\therefore a+b+c=3$ ($\because a\neq b$)

$\therefore a^2+b^2+c^2=(a+b+c)^2-2(ab+bc+ca)$

$=9-2(ab+bc+ca)$

이 식을 ㉣에 대입하면

$2\{9-2(ab+bc+ca)\}+ab+bc+ca=6\times3$

$18-3(ab+bc+ca)=18$, $3(ab+bc+ca)=0$

$\therefore ab+bc+ca=0$

$\therefore a+b+c+ab+bc+ca=3+0=3$ 답 3

1-1 전략 주어진 등식을 변형한 후 인수분해하여 식의 값을 구한다.

풀이 주어진 등식의 좌변은

$(a+b+c)^3$

$=(a+b)^3+3(a+b)^2c+3(a+b)c^2+c^3$

$=a^3+b^3+c^3+3ab(a+b)+3(a+b)^2c+3(a+b)c^2$

$=a^3+b^3+c^3+(a+b)(3ab+3ca+3bc+3c^2)$

$=a^3+b^3+c^3+3(a+b)\{a(b+c)+c(b+c)\}$

$=a^3+b^3+c^3+3(a+b)(b+c)(c+a)$

이므로

$(a+b+c)^3-(a^3+b^3+c^3)=378$

$3(a+b)(b+c)(c+a)=378$

즉, $(a+b)(b+c)(c+a)=126$

$a+b=l$, $b+c=m$, $c+a=n$

(l, m, n은 2보다 큰 자연수, $l<m<n$)

으로 놓으면

$lmn=126=2\times3^2\times7$ …… ㉠

또, 위의 세 식을 모두 더하면

$a+b+c=\dfrac{l+m+n}{2}$ …… ㉡

따라서 ㉠, ㉡을 모두 만족시키려면

$l=3$, $m=6$, $n=7$

따라서 $a+b=3$, $b+c=6$, $c+a=7$을 연립하면

$a=2$, $b=1$, $c=5$

$\therefore a^2+b^2+c^2=4+1+25=30$ 답 ③

2 전략 $9=a$, $99=b$, $999=c$로 놓고 인수분해 공식을 이용하여 $A_1+A_2+A_3+1$을 a, b, c에 대한 식으로 나타낸다.

풀이 $9=a$, $99=b$, $999=c$로 놓으면

$A_1=a+b+c$, $A_2=ab+bc+ca$, $A_3=abc$이므로

$A_1+A_2+A_3+1=(a+b+c)+(ab+bc+ca)+abc+1$

$=(a+1)(b+1)(c+1)$

$\therefore A_1+A_2+A_3=(a+1)(b+1)(c+1)-1$

$=(9+1)\times(99+1)\times(999+1)-1$

$=10\times100\times1000-1$

$=1000\times1000+(-1000+999)$

$=1000\times(1000-1)+999$

$=1000\times999+999$

따라서 $A_1+A_2+A_3$의 값을 1000으로 나누었을 때의 나머지는 999이다. 답 999

2-1 전략 $2^4=x$로 놓고 인수분해 공식을 이용하여 P를 x에 대한 식으로 나타낸다.

풀이 $2^4=x$로 놓으면 주머니 A에는 1, x, x^2의 3개의 항이, 주머니 B에는 1, x^2, x^4의 3개의 항이 들어있는 것과 같다.

b \ a	1	x	x^2
1	1	x	x^2
x^2	x^2	x^3	x^4
x^4	x^4	x^5	x^6

위와 같이 ab의 값을 곱셈표로 구해보면 x^2과 x^4의 값이 중복된다.

$\therefore P=(x^2+x+1)(x^4+x^2+1)-x^4-x^2$

$=(x^2-x+1)(x^2+x+1)^2-x^4-x^2$ ...... ㉠

이때 $x^2-x+1=(2^4)^2-2^4+1=256-16+1=241$이므로 P를 241로 나누었을 때의 나머지는 x에 대한 다항식 ㉠을 x^2-x+1로 나누었을 때의 나머지와 같다.

또, 이는 다항식 $-x^4-x^2$을 x^2-x+1로 나누었을 때의 나머지와 같다.

$$\begin{array}{r|l} & -x^2-x-1 \\ x^2-x+1 & -x^4 \quad\quad -x^2 \\ & -x^4+x^3-x^2 \\ \hline & -x^3 \\ & -x^3+x^2-x \\ \hline & -x^2+x \\ & -x^2+x-1 \\ \hline & 1 \end{array}$$

따라서 P를 241로 나누었을 때의 나머지는 1이다. 답 ②

3 전략 $P(a)=0$임을 이용하여 a, b에 대한 식을 구한 후, $P(x)$를 인수분해한다.

풀이 다항식 $P(x)$가 일차식 $x-a$를 인수로 가지므로

$P(a)=0$

즉, $a^4-290a^2+b=0$이므로

$b=290a^2-a^4=a^2(290-a^2)$ ...... ㉠

㉠을 $P(x)$에 대입하면

$P(x)=x^4-290x^2+a^2(290-a^2)$

$=(x^2-a^2)\{x^2-(290-a^2)\}$

$=(x-a)(x+a)\{x^2-(290-a^2)\}$

이때 $P(x)$가 주어진 조건을 만족시키려면 $290-a^2$은 제곱수가 아닌 정수이어야 한다.

a, b가 자연수이므로 ㉠에서

$290-a^2>0$ $\quad\therefore a^2<290$

즉, 자연수 a의 값이 될 수 있는 수는 1, 2, 3, ⋯, 17이다.

이때 $a=1$, $a=11$, $a=13$, $a=17$이면 $290-a^2$은 제곱수가 되어 주어진 조건을 만족시키지 않는다.

따라서 자연수 a의 값의 개수는 $17-4=13$이므로 모든 다항식 $P(x)$의 개수도 13이다.

$\therefore p=13$

한편, $b=a^2(290-a^2)=-(a^2-145)^2+145^2$에서 a가 자연수이므로 b는 $a=12$일 때 최댓값

$q=-(12^2-145)^2+145^2=145^2-1$

을 갖는다.

$\therefore \dfrac{q}{(p-1)^2}=\dfrac{145^2-1}{(13-1)^2}=\dfrac{144\times146}{144}=146$ 답 146

참고 $290=1^2+17^2=11^2+13^2$이므로

$290-1^2=17^2$, $290-17^2=1^2$, $290-11^2=13^2$, $290-13^2=11^2$

따라서 $a=1$, $a=11$, $a=13$, $a=17$이면 $290-a^2$은 제곱수가 된다.

3-1 전략 다항식 $P(x)$가 짝수차수의 항으로만 이루어져 있으므로 $P(x)=(x-a)(x+a)(x-b)(x+b)$ (a, b는 정수)임을 이용한다.

풀이 다항식 $P(x)$는 사차식이므로 서로 다른 네 개의 다항식의 곱으로 인수분해되려면 서로 다른 네 개의 일차식의 곱으로 인수분해되어야 한다.

이때 $x^2=t$로 놓으면 $P(t)=t^2-kt+12^4$에서 $P(t)$는 t에 대한 두 일차식의 곱으로 인수분해되어야 하므로

$P(t)=(t-p)(t-q)$ (p, q는 상수), 즉 $P(x)=(x^2-p)(x^2-q)$ 꼴로 인수분해된다.

따라서 서로 다른 두 정수 a, b에 대하여

$P(x)=(x-a)(x+a)(x-b)(x+b)$

로 놓을 수 있다.

즉, $P(x)=x^4-(a^2+b^2)x^2+a^2b^2$이므로

$k=a^2+b^2$, $a^2b^2=12^4$

이때 $12^4=(2^2\times3)^4=2^8\times3^4$이므로 서로 다른 두 정수 a^2, b^2의 순서쌍 (a^2, b^2)은

$(1, 2^8\times3^4)$, $(2^2, 2^6\times3^4)$, $(2^4, 2^4\times3^4)$, $(2^6, 2^2\times3^4)$, $(2^8, 3^4)$, $(3^2, 2^8\times3^2)$, $(3^4, 2^8)$, $(2^2\times3^2, 2^6\times3^2)$, $(2^2\times3^4, 2^6)$, $(2^4\times3^4, 2^4)$, $(2^6\times3^2, 2^2\times3^2)$, $(2^6\times3^4, 2^2)$, $(2^8\times3^2, 3^2)$, $(2^8\times3^4, 1)$의 14개이다.

서로 다른 두 정수 a^2, b^2의 값이 정해지면 k의 값도 정해진다. 그런데 $a^2+b^2=b^2+a^2$이므로 순서쌍 (a^2, b^2)의 개수는 정수 k의 개수의 2배이다.

따라서 가능한 정수 k의 개수는 7이다. 답 ②

4 전략 주어진 등식을 한 문자에 대하여 내림차순으로 정리하여 인수분해한 후 a, b, c가 자연수임을 이용한다.

풀이 $a^4+b^4+c^4-2b^2c^2-2c^2a^2-2a^2b^2+3=0$을 a에 대한 내림차순으로 정리하면

$a^4-2(b^2+c^2)a^2+b^4+c^4-2b^2c^2=-3$

$a^4-2(b^2+c^2)a^2+(b^2-c^2)^2=-3$

$a^4-2(b^2+c^2)a^2+(b+c)^2(b-c)^2=-3$

$\therefore \{a^2-(b+c)^2\}\{a^2-(b-c)^2\}=-3$ ...... ㉠

이때 b, c가 자연수이므로 $(b+c)^2>(b-c)^2$

즉, $a^2-(b+c)^2<a^2-(b-c)^2$

따라서 ㉠이 성립하려면

$a^2-(b+c)^2=-1$, $a^2-(b-c)^2=3$ ...... ㉡

또는

$a^2-(b+c)^2=-3$, $a^2-(b-c)^2=1$ ...... ㉢

그런데 ㉡에서 두 식을 변끼리 빼면

$4bc=4$ $\quad\therefore bc=1$

이때 b, c는 자연수이므로 $b=1$, $c=1$

$b=1$, $c=1$을 ㉡에 대입하면

$a^2=3$이 되어 a가 자연수라는 조건을 만족시키지 않는다.

㉢에서 두 식을 변끼리 빼면

$4bc=4 \quad \therefore bc=1$

이때 b, c는 자연수이므로 $b=1$, $c=1$

$b=1$, $c=1$을 ㉢에 대입하면 $a^2=1$

$\therefore a=1$ ($\because a$는 자연수)

$\therefore a-b+c=1-1+1=1$ 답 ④

4-1 **전략** 주어진 등식을 한 문자에 대하여 내림차순으로 정리한 후 인수분해하고, a, b, c가 자연수임을 이용한다.

풀이 $a^3+a^2b+a^2c-b^2-c^2-ab-2bc-ca=5$를 a에 대한 내림차순으로 정리하면

$a^3+(b+c)a^2-(b+c)a-(b^2+2bc+c^2)=5$

$a^3+(b+c)a^2-(b+c)a-(b+c)^2=5$

$(a+b+c)a^2-(a+b+c)(b+c)=5$

$\therefore (a+b+c)(a^2-b-c)=5 \quad \cdots\cdots$ ㉠

이때 a, b, c가 자연수이므로 $a+b+c\geq 3$

따라서 ㉠이 성립하려면

$a+b+c=5$, $a^2-b-c=1$

위의 두 식을 더하면 $a^2+a=6$

$a^2+a-6=0$, $(a+3)(a-2)=0$

$\therefore a=2$ ($\because a$는 자연수)

$a=2$를 $a+b+c=5$에 대입하면

$2+b+c=5 \quad \therefore b+c=3$

$\therefore a-b-c=a-(b+c)=2-3=-1$ 답 ②

참고 주어진 등식을 b에 대한 내림차순으로 정리해도 ㉠과 같은 식을 얻을 수 있다.

$a^3+a^2b+a^2c-b^2-c^2-ab-2bc-ca=5$에서

$b^2-(a^2-a-2c)b-a^3-a^2c+ca+c^2=-5$

$b^2-(a^2-a-2c)b-a^2(a+c)+c(a+c)=-5$

$b^2-(a^2-a-2c)b-(a^2-c)(a+c)=-5$

$\{b-(a^2-c)\}\{b+(a+c)\}=-5$

$\therefore (a+b+c)(a^2-b-c)=5$

5 **전략** 보기의 각 등식을 한 문자에 대하여 내림차순으로 정리한 후 인수분해하여 a, b, c 사이의 관계를 파악한다.

풀이 ㄱ. $a^2(b-c)+b^2(c-a)+c^2(a-b)$

$=(b-c)a^2+(c^2-b^2)a+bc(b-c)$

$=(b-c)a^2-(b-c)(b+c)a+bc(b-c)$

$=(b-c)\{a^2-(b+c)a+bc\}$

$=(b-c)(a-b)(a-c)=0$

이므로 $a=b$ 또는 $b=c$ 또는 $c=a$

따라서 $\triangle ABC$는 이등변삼각형이다.

ㄴ. $c^3-(a+b)c^2-(a^2+b^2)c+a^3+b^3+a^2b+ab^2$

$=c^3-(a+b)c^2-(a^2+b^2)c+(a+b)(a^2+b^2)$

$=c^2\{c-(a+b)\}-(a^2+b^2)\{c-(a+b)\}$

$=(c-a-b)(c^2-a^2-b^2)=0$

에서 $c=a+b$ 또는 $c^2=a^2+b^2$

이때 a, b, c가 삼각형의 세 변의 길이이므로

$a+b>c \quad \therefore c^2=a^2+b^2$

따라서 $\triangle ABC$는 빗변의 길이가 c인 직각삼각형이다.

ㄷ. $a^3-ab^2-b^2c+a^2c+c^3+ac^2$

$=a^3+ca^2-(b^2-c^2)a-c(b^2-c^2)$

$=a^2(a+c)-(b^2-c^2)(a+c)$

$=(a+c)(a^2-b^2+c^2)=0$

$\therefore a^2+c^2=b^2$ ($\because a+c>0$)

따라서 $\triangle ABC$는 빗변의 길이가 b인 직각삼각형이다.

ㄹ. $a^3+b^3+c^3-3abc=(a+b+c)(a^2+b^2+c^2-ab-bc-ca)$

이므로

$a^2+b^2+c^2-ab-bc-ca=0$ ($\because a+b+c>0$)

$a^2+b^2+c^2-ab-bc-ca$

$=\frac{1}{2}(2a^2+2b^2+2c^2-2ab-2bc-2ca)$

$=\frac{1}{2}\{(a^2-2ab+b^2)+(b^2-2bc+c^2)+(c^2-2ca+a^2)\}$

$=\frac{1}{2}\{(a-b)^2+(b-c)^2+(c-a)^2\}=0$

이므로 $a-b=0$, $b-c=0$, $c-a=0$

$\therefore a=b=c$

따라서 $\triangle ABC$는 정삼각형이다.

따라서 $\triangle ABC$가 직각삼각형인 것은 ㄴ, ㄷ이다. 답 ③

1등급 노트 **세 변의 길이가 주어진 삼각형의 모양 결정하기**

삼각형의 세 변의 길이가 a, b, c ($a\leq b\leq c$)일 때

(1) $a=b$ 또는 $b=c$ 또는 $c=a$ ⇨ 이등변삼각형

(2) $a=b=c$ ⇨ 정삼각형

(3) $a^2+b^2=c^2$ ⇨ 빗변의 길이가 c인 직각삼각형

(4) $a^2+b^2>c^2$ ⇨ 예각삼각형

(5) $a^2+b^2<c^2$ ⇨ 둔각삼각형

5-1 **전략** 조건 (가)의 식을 인수분해하여 a, b, c 사이의 관계를 파악한다.

풀이 조건 (가)의 $a(b^2-c^2)=b(c^2-a^2)$에서

$ab^2-ac^2=bc^2-a^2b$, $(a+b)c^2-ab(a+b)=0$

$(a+b)(c^2-ab)=0$

$\therefore c^2-ab=0$ ($\because a+b>0$) $\quad \cdots\cdots$ ㉠

같은 방법으로 $b(c^2-a^2)=c(a^2-b^2)$에서

$a^2-bc=0$ ($\because b+c>0$) $\quad \cdots\cdots$ ㉡

또, $c(a^2-b^2)=a(b^2-c^2)$에서

$b^2-ca=0$ ($\because a+c>0$) $\quad \cdots\cdots$ ㉢

㉠, ㉡, ㉢을 변끼리 더하면

$a^2+b^2+c^2-ab-bc-ca=0$

$\frac{1}{2}(2a^2+2b^2+2c^2-2ab-2bc-2ca)=0$

$\frac{1}{2}\{(a-b)^2+(b-c)^2+(c-a)^2\}=0$

$\therefore a=b=c$

이때 조건 (나)에서 $a^2+b^2+c^2=12$이므로

$3a^2=12$, $a^2=4$ $\quad\therefore a=2\ (\because a>0)$

따라서 △ABC는 한 변의 길이가 2인 정삼각형이므로

$\triangle ABC=\frac{\sqrt{3}}{4}\times 2^2=\sqrt{3}$ 답 $\sqrt{3}$

6 **전략** 조건 (나)에서 $P(x)Q(x)$를 구한 후, 인수분해 공식을 이용하여 $P(x)$, $Q(x)$를 각각 구한다.

풀이 조건 (나)에서

$\{P(x)\}^3+\{Q(x)\}^3$

$=\{P(x)+Q(x)\}^3-3P(x)Q(x)\{P(x)+Q(x)\}$

이므로 조건 (가)에 의하여

$(-4)^3-3\times(-4)\times P(x)Q(x)=-12x^4-24x^3-12x^2-16$

$-64+12P(x)Q(x)=-12x^4-24x^3-12x^2-16$

$12P(x)Q(x)=-12x^4-24x^3-12x^2+48$

$\therefore P(x)Q(x)=-x^4-2x^3-x^2+4=-(x^4+2x^3+x^2-4)$

이때

$P(1)Q(1)=0$, $P(-2)Q(-2)=0$

이므로 조립제법을 이용하여 $x^4+2x^3+x^2-4$를 인수분해하면 다음과 같다.

1	1	2	1	0	−4
		1	3	4	4
−2	1	3	4	4	0
		−2	−2	−4	
	1	1	2	0	

$\therefore x^4+2x^3+x^2-4=(x-1)(x+2)(x^2+x+2)$

$=(x^2+x-2)(x^2+x+2)$

따라서 $P(x)Q(x)=-(x^2+x-2)(x^2+x+2)$이고, $Q(x)$의 이차항의 계수가 음수이므로

$Q(x)=-x^2-x+2$ 또는 $Q(x)=-x^2-x-2$

그런데 $Q(x)=-x^2-x+2$이면 $P(x)=x^2+x+2$이고

$P(x)+Q(x)=4$이므로 조건 (가)를 만족시키지 않는다.

따라서 $P(x)=x^2+x-2$, $Q(x)=-x^2-x-2$이므로

$P(3)+Q(2)=10+(-8)=2$ 답 ①

6-1 **전략** 인수정리를 이용하여 주어진 등식을 인수분해한 후 $P(x)$, $Q(x)$를 각각 구한다.

풀이 $R(x)=2x^3-x^2-20x+15$로 놓으면 $R(3)=0$이므로 조립제법을 이용하여 $R(x)$를 인수분해하면 다음과 같다.

3	2	−1	−20	15
		6	15	−15
	2	5	−5	0

$\therefore 2x^3-x^2-20x+15=(2x^2+5x-5)(x-3)$

이때

$\{P(x)\}^2-\{Q(x)\}^2=\{P(x)+Q(x)\}\{P(x)-Q(x)\}$

이고, 두 이차식 $P(x)$, $Q(x)$ 모두 최고차항의 계수가 1이므로

$P(x)+Q(x)=2x^2+5x-5$, $P(x)-Q(x)=x-3$

위의 두 식을 연립하면

$P(x)=x^2+3x-4$, $Q(x)=x^2+2x-1$

따라서

$P(x)Q(x)=(x^2+3x-4)(x^2+2x-1)$

이므로

다항식 $P(x)Q(x)$의 전개식에서 x^3의 계수는

$1\times2+3\times1=5$ 답 ③

7 **전략** 최고차항의 계수가 a인 이차식 $P(x)$가 두 개의 일차식의 곱으로 인수분해되면 $P(x)=(ax-\alpha)(x-\beta)$ (α, β는 실수)로 놓을 수 있음을 이용한다.

풀이 $f(k)=2k^3+ak^2-(a+6)k+4$로 놓으면 $f(1)=0$이므로 조립제법을 이용하여 인수분해하면 다음과 같다.

1	2	a	$-a-6$	4
		2	$a+2$	−4
	2	$a+2$	−4	0

$\therefore f(k)=2k^3+ak^2-(a+6)k+4$

$=(k-1)\{2k^2+(a+2)k-4\}$

이때 직육면체의 각 모서리의 길이는 계수와 상수항이 모두 정수인 k에 대한 일차식이므로

$2k^2+(a+2)k-4=(2k+\alpha)(k+\beta)$ (α, β는 정수)

로 인수분해되어야 한다.

위의 식에서 $\alpha\beta=-4$, $\alpha+2\beta=a+2$이고, α, β가 정수이므로

$\alpha=-4$, $\beta=1$ 또는 $\alpha=-2$, $\beta=2$ 또는 $\alpha=-1$, $\beta=4$ 또는

$\alpha=1$, $\beta=-4$ 또는 $\alpha=2$, $\beta=-2$ 또는 $\alpha=4$, $\beta=-1$

(i) $\alpha=-4$, $\beta=1$ 또는 $\alpha=2$, $\beta=-2$일 때

$a+2=\alpha+2\beta=-2$ $\quad\therefore a=-4$

(ii) $\alpha=-2$, $\beta=2$ 또는 $\alpha=4$, $\beta=-1$일 때

$a+2=\alpha+2\beta=2$ $\quad\therefore a=0$

(iii) $\alpha=-1$, $\beta=4$일 때

$a+2=\alpha+2\beta=7$ $\quad\therefore a=5$

(iv) $\alpha=1$, $\beta=-4$일 때

$a+2=\alpha+2\beta=-7$ $\quad\therefore a=-9$

(i)~(iv)에 의하여 상수 a의 최댓값은 5, 최솟값은 -9이므로 구하는 합은

$5+(-9)=-4$ 답 ②

7-1 **전략** $P(x)$에 적당한 수를 대입하여 인수를 찾아 조립제법을 이용하여 인수분해한다.

풀이 $P(x)=x^4+(a-3)x^3+(8-3a)x^2+2(a-9)x+12$

에서 $P(1)=0$, $P(2)=0$이므로 조립제법을 이용하여 인수분해하면 다음과 같다.

1	1	$a-3$	$8-3a$	$2a-18$	12
		1	$a-2$	$-2a+6$	−12
2	1	$a-2$	$-2a+6$	−12	0
		2	$2a$	12	
	1	a	6	0	

$\therefore P(x)=(x-1)(x-2)(x^2+ax+6)$

이때 $P(x)$가 계수와 상수항이 모두 정수인 서로 다른 네 개의 일차식의 곱으로 인수분해되므로

$x^2+ax+6=(x-\alpha)(x-\beta)$ ($\alpha<\beta$이고, α, β는 정수)

로 놓을 수 있다.

위의 식에서

$-(\alpha+\beta)=a$, $\alpha\beta=6$

이고, α, β가 정수이므로

$\alpha=-6$, $\beta=-1$ 또는 $\alpha=-3$, $\beta=-2$

(i) $\alpha=-6$, $\beta=-1$일 때

$a=-(-6-1)=7$

(ii) $\alpha=-3$, $\beta=-2$일 때

$a=-(-3-2)=5$

(i), (ii)에 의하여 모든 정수 a의 값의 합은

$7+5=12$ 답 12

참고 $P(x)$가 서로 다른 네 개의 일차식의 곱으로 인수분해되려면 $\alpha\neq1$, $\alpha\neq2$, $\beta\neq1$, $\beta\neq2$이다.

8 전략 $2018=x$, $3=y$로 놓고 주어진 수를 x, y에 대한 식으로 나타낸다.

풀이 $2018=x$, $3=y$로 놓으면

$2018^3-27=2018^3-3^3$

$=x^3-y^3=(x-y)(x^2+xy+y^2)$

$2018\times2021+9=2018\times(2018+3)+3^2$

$=x(x+y)+y^2$

$=x^2+xy+y^2$

따라서 2018^3-27을 $2018\times2021+9$로 나눈 몫은

$x-y=2018-3=2015$ 답 ①

8-1 전략 $102+\sqrt{98}=a$, $102-\sqrt{98}=b$로 놓고 주어진 수를 a, b에 대한 식으로 나타낸다.

풀이 $102+\sqrt{98}=a$, $102-\sqrt{98}=b$로 놓으면

$A=a^3+b^3$

$=(a+b)(a^2-ab+b^2)$

$=2\times102\times\{(102+\sqrt{98})^2-(102+\sqrt{98})(102-\sqrt{98})+(102-\sqrt{98})^2\}$

$=2\times102\times(102^2+3\times98)$ ⋯⋯ ㉠

이때 $100=x$로 놓으면 ㉠에서

$A=2(x+2)\{(x+2)^2+3(x-2)\}$

$=2(x+2)(x^2+7x-2)$

$=2(x^3+9x^2+12x-4)$

$=2x^3+18x^2+24x-8$

$=2\times100^3+18\times100^2+24\times100-8$

$=2182400-8$

$=2182392$

따라서 $n=7$, $S=2+1+8+2+3+9+2=27$이므로

$n+S=34$ 답 34

9 전략 주어진 입체의 부피를 다항식으로 나타내어 인수분해한다.

풀이 구하는 입체의 부피는 한 변의 길이가 x인 정육면체의 부피에서 구멍의 부피를 빼면 된다.

이때 구멍은 정사각기둥 모양이므로 구멍의 부피는

$3xy^2-2y^3$

따라서 구하는 입체의 부피는

$x^3-(3xy^2-2y^3)=x^3-3xy^2+2y^3$ ⋯⋯ ㉠

㉠에 $x=y$를 대입하면

$y^3-3y^3+2y^3=0$

이므로 다항식 ㉠은 $x-y$를 인수로 갖는다.

y를 상수로 생각하고 $x^3-3xy^2+2y^3$을 조립제법을 이용하여 인수분해하면 다음과 같다.

y	1	0	$-3y^2$	$2y^3$
		y	y^2	$-2y^3$
	1	y	$-2y^2$	0

$\therefore x^3-3xy^2+2y^3=(x-y)(x^2+xy-2y^2)$

$=(x-y)^2(x+2y)$ 답 ①

참고 구멍의 부피는 밑면이 한 변의 길이가 y인 정사각형이고 높이가 x인 사각기둥 3개의 부피에서 중복된 부분인 한 모서리의 길이가 y인 정육면체의 부피를 두 번 빼면 된다.

9-1 전략 주어진 다항식에서 y를 상수로 생각하고 다항식의 값이 0이 되는 x를 찾아 인수분해한다.

풀이 $x^3+(3y+2)x^2+8xy-4y^3+8y^2$ ⋯⋯ ㉠

㉠에 $x=-2y$를 대입하면

$-8y^3+(3y+2)\times4y^2+8\times(-2y)\times y-4y^3+8y^2$

$=-8y^3+12y^3+8y^2-16y^2-4y^3+8y^2=0$

이므로 다항식 ㉠은 $x+2y$를 인수로 갖는다.

y를 상수로 생각하고 다항식 ㉠을 조립제법을 이용하여 인수분해하면 다음과 같다.

$-2y$	1	$3y+2$	$8y$	$-4y^3+8y^2$
		$-2y$	$-2y^2-4y$	$4y^3-8y^2$
	1	$y+2$	$-2y^2+4y$	0

$\therefore x^3+(3y+2)x^2+8xy-4y^3+8y^2$

$=(x+2y)\{x^2+(y+2)x+(-2y^2+4y)\}$

$=(x+2y)\{x^2+(y+2)x+2y(-y+2)\}$

$=(x+2y)(x+2y)(x-y+2)$

$=(x+2y)^2(x-y+2)$

즉, 직육면체의 세 모서리의 길이가

$x+2y$, $x+2y$, $x-y+2$

이므로 직육면체의 겉넓이는

$2\{(x+2y)(x+2y)+(x+2y)(x-y+2)+(x+2y)(x-y+2)\}$

$=2\{(x+2y)^2+2(x+2y)(x-y+2)\}$

$=2\{(x^2+4xy+4y^2)+2(x^2+xy-2y^2+2x+4y)\}$

$=2(3x^2+6xy+4x+8y)$

따라서 구하는 모든 계수의 합은

$2(3+6+4+8)=42$ 답 ④

C Step 1등급 완성 최고난도 예상 문제 본문 25~27쪽

01 ①	02 ③	03 3	04 3	05 ④
06 ③	07 128	08 ①	09 ②	10 ④
11 4	12 ⑤	13 ②	14 ①	15 86
16 97	17 31	18 ⑤		

1등급 뛰어넘기

19 ⑤	20 19

01 전략 $f(x)$를 x^3+1로 나누었을 때의 몫을 $Q(x)$라 하고 식을 세운 후 x 대신 x^2+1을 대입한다.

풀이 $f(x)$를 x^3+1로 나누었을 때의 몫을 $Q(x)$라 하면

$f(x)=(x^3+1)Q(x)+3x^2-4x+1$
$=(x+1)(x^2-x+1)Q(x)+3x^2-4x+1$
$=(x^2-x+1)(x+1)Q(x)+3(x^2-x+1)-x-2$
$=(x^2-x+1)\{(x+1)Q(x)+3\}-x-2$ ...... ㉠

$\therefore R_1(x)=-x-2$

한편, ㉠에 x 대신 x^2+1을 대입하면

$f(x^2+1)$
$=\{(x^2+1)^2-(x^2+1)+1\}\times\{(x^2+2)Q(x^2+1)+3\}-(x^2+1)-2$
$=(x^4+x^2+1)\{(x^2+2)Q(x^2+1)+3\}-x^2-3$
$=(x^2-x+1)(x^2+x+1)\{(x^2+2)Q(x^2+1)+3\}-(x^2-x+1)-x-2$
$=(x^2-x+1)\{(x^2+x+1)(x^2+2)Q(x^2+1)+3x^2+3x+2\}-x-2$

$\therefore R_2(x)=-x-2$

$\therefore R_1(x)-R_2(x)=(-x-2)-(-x-2)=0$

답 ①

02 전략 주어진 등식의 좌변을 변형하여 a, b, c에 대한 일차식의 곱으로 나타낸다.

풀이 $abc-2(ab+bc+ca)+4(a+b+c)=12$에서

$abc-2(ab+bc+ca)+4(a+b+c)-8=12-8$

$\therefore (a-2)(b-2)(c-2)=4$

이때 a, b, c가 정수이므로 $a-2$, $b-2$, $c-2$도 정수이고 순서쌍 (a, b, c)의 개수는 순서쌍 $(a-2, b-2, c-2)$의 개수와 같다.

$(a-2)(b-2)(c-2)=4$에서

(i) $(a-2)(b-2)(c-2)=1\times1\times4$일 때
순서쌍 $(a-2, b-2, c-2)$는 3개

(ii) $(a-2)(b-2)(c-2)=1\times2\times2$일 때
순서쌍 $(a-2, b-2, c-2)$는 3개

(iii) $(a-2)(b-2)(c-2)=1\times(-1)\times(-4)$일 때
순서쌍 $(a-2, b-2, c-2)$는 6개

(iv) $(a-2)(b-2)(c-2)=1\times(-2)\times(-2)$일 때
순서쌍 $(a-2, b-2, c-2)$는 3개

(v) $(a-2)(b-2)(c-2)=(-1)\times(-1)\times4$일 때
순서쌍 $(a-2, b-2, c-2)$는 3개

(vi) $(a-2)(b-2)(c-2)=(-1)\times(-2)\times2$일 때
순서쌍 $(a-2, b-2, c-2)$는 6개

(i)~(vi)에 의하여 구하는 순서쌍의 개수는

$3+3+6+3+3+6=24$

답 ③

03 전략 인수분해 공식을 이용하여 $a^3+b^3+c^3=3abc$에서 a, b, c 사이의 관계를 파악한다.

풀이 $a^3+b^3+c^3=3abc$, 즉 $a^3+b^3+c^3-3abc=0$에서

$(a+b+c)(a^2+b^2+c^2-ab-bc-ca)=0$

$\frac{1}{2}(a+b+c)\{(a-b)^2+(b-c)^2+(c-a)^2\}=0$

$\therefore a+b+c=0$ 또는 $a=b=c$

(i) $a+b+c=0$일 때

$a=-b-c$, $b=-a-c$, $c=-a-b$이므로

$$\frac{2a^2}{b^2+c^2-a^2}=\frac{2a^2}{b^2+c^2-(-b-c)^2}=-\frac{2a^2}{2bc}=-\frac{a^2}{bc}$$

$$\frac{2b^2}{c^2+a^2-b^2}=\frac{2b^2}{c^2+a^2-(-a-c)^2}=-\frac{2b^2}{2ca}=-\frac{b^2}{ca}$$

$$\frac{2c^2}{a^2+b^2-c^2}=\frac{2c^2}{a^2+b^2-(-a-b)^2}=-\frac{2c^2}{2ab}=-\frac{c^2}{ab}$$

$$\therefore \frac{2a^2}{b^2+c^2-a^2}+\frac{2b^2}{c^2+a^2-b^2}+\frac{2c^2}{a^2+b^2-c^2}$$
$$=-\left(\frac{a^2}{bc}+\frac{b^2}{ca}+\frac{c^2}{ab}\right)=-\frac{a^3+b^3+c^3}{abc}=-\frac{3abc}{abc}=-3$$

(ii) $a=b=c$일 때

$$\frac{2a^2}{b^2+c^2-a^2}=\frac{2a^2}{a^2+a^2-a^2}=2$$

같은 방법으로

$$\frac{2b^2}{c^2+a^2-b^2}=2,\ \frac{2c^2}{a^2+b^2-c^2}=2$$

이므로

$$\frac{2a^2}{b^2+c^2-a^2}+\frac{2b^2}{c^2+a^2-b^2}+\frac{2c^2}{a^2+b^2-c^2}=2+2+2=6$$

(i), (ii)에 의하여 모든 $\frac{2a^2}{b^2+c^2-a^2}+\frac{2b^2}{c^2+a^2-b^2}+\frac{2c^2}{a^2+b^2-c^2}$의 값의 합은

$-3+6=3$

답 3

04 전략 $a^3+b^3+c^3-3abc$의 인수분해를 이용하여 $ab+bc+ca$의 값을 구한 후, $(a+b-c)(b+c-a)(c+a-b)$를 전개한다.

풀이 $a^3+b^3+c^3-3abc=(a+b+c)(a^2+b^2+c^2-ab-bc-ca)$이므로

$17-3\times4=5(a^2+b^2+c^2-ab-bc-ca)$

$\therefore a^2+b^2+c^2-ab-bc-ca=1$

즉, $(a+b+c)^2-3(ab+bc+ca)=1$이므로

$5^2-3(ab+bc+ca)=1$

$3(ab+bc+ca)=24$

$\therefore ab+bc+ca=8$

한편, $a+b+c=5$에서 $a+b=5-c$, $b+c=5-a$, $c+a=5-b$이므로

$(a+b-c)(b+c-a)(c+a-b)$
$=(5-2c)(5-2a)(5-2b)$
$=125-50(a+b+c)+20(ab+bc+ca)-8abc$
$=125-50\times5+20\times8-8\times4$
$=125-250+160-32=3$ 답 3

05 전략 $15=x$로 놓고 $17^4+17^2\times13^2+13^4$을 x에 대한 식으로 나타낸 후 인수분해한다.

풀이 $15=x$로 놓으면
$17^4+17^2\times13^2+13^4$
$=(x+2)^4+(x+2)^2(x-2)^2+(x-2)^4$
$=\{(x+2)^2+(x+2)(x-2)+(x-2)^2\}$
$\times\{(x+2)^2-(x+2)(x-2)+(x-2)^2\}$
$=(3x^2+4)(x^2+12)$
$=(3\times15^2+4)(15^2+12)$
$=679\times237$
$=(7\times97)\times(3\times79)$
$=3\times7\times79\times97$
$\therefore p+q+r+s=3+7+79+97=186$ 답 ④

06 전략 먼저 x^2+6x+5, $x^2+10x+21$을 각각 인수분해한 후, 공통부분이 나오도록 식을 전개한다.

풀이 $x^2+6x+5=(x+1)(x+5)$, $x^2+10x+21=(x+3)(x+7)$
이므로
$f(x)=(x+1)(x+5)(x+3)(x+7)+40$
$=\{(x+1)(x+7)\}\{(x+3)(x+5)\}+40$
$=(x^2+8x+7)(x^2+8x+15)+40$
$x^2+8x=X$로 놓으면
$f(x)=(X+7)(X+15)+40$
$=X^2+22X+145$
$=(X+11)^2+24$
$=(x^2+8x+11)^2+24$
따라서 함수 $f(x)$는 $x^2+8x+11=0$, 즉 $x=-4\pm\sqrt{5}$일 때 최솟값 24를 갖는다. 답 ③

07 전략 여러 개의 문자를 포함한 다항식은 차수가 가장 낮은 문자에 대하여 내림차순으로 정리한 후 인수분해한다.

풀이 주어진 식을 b에 대한 내림차순으로 정리하면
(주어진 식)
$=-b(a^3+3a^2c+3ac^2+c^3)+(a^4+3a^3c+3a^2c^2+ac^3)$
$=-b(a^3+3a^2c+3ac^2+c^3)+a(a^3+3a^2c+3ac^2+c^3)$
$=(a-b)(a^3+3a^2c+3ac^2+c^3)$
$=(a-b)(a+c)^3$
이때 $a-b=2$, $b+c=2$를 변끼리 더하면
$a+c=4$
따라서 구하는 값은
$(a-b)(a+c)^3=2\times4^3=128$ 답 128

08 전략 여러 개의 문자를 포함한 다항식은 한 문자에 대하여 내림차순으로 정리한 후 인수분해한다.

풀이 $f(x,\ y)=(x-y)(x^2+y^2)$
이므로
$f(a,\ b)+f(b,\ c)+f(c,\ a)$
$=(a-b)(a^2+b^2)+(b-c)(b^2+c^2)+(c-a)(c^2+a^2)$
$=(a^3+ab^2-a^2b-b^3)+(b^3+bc^2-b^2c-c^3)+(c^3+a^2c-ac^2-a^3)$
$=ab^2-a^2b+bc^2-b^2c+a^2c-ac^2$
$=(c-b)a^2-(c^2-b^2)a+(bc^2-b^2c)$
$=(c-b)a^2-(c-b)(c+b)a+bc(c-b)$
$=(c-b)(a^2-ab-ac+bc)$
$=(c-b)\{a(a-b)-c(a-b)\}$
$=(c-b)(a-b)(a-c)$
$=(a-b)(b-c)(c-a)$ 답 ①

09 전략 주어진 등식의 좌변을 전개한 후 한 문자에 대하여 내림차순으로 정리한 후 인수분해한다.

풀이 $(a+b+c)(ab+bc+ca)-abc$
$=a^2b+ca^2+ab^2+b^2c+bc^2+c^2a+2abc$
위의 식을 a에 대한 내림차순으로 정리하면
$(b+c)a^2+(b^2+2bc+c^2)a+b^2c+bc^2$
$=(b+c)a^2+(b+c)^2a+bc(b+c)$
$=(b+c)\{a^2+a(b+c)+bc\}$
$=(b+c)(a+b)(c+a)$
$=(a+b)(b+c)(c+a)$
즉, 주어진 등식은
$(a+b)(b+c)(c+a)=60$
이때 a, b, c가 자연수이므로 $60=2^2\times3\times5$에서 $a+b$, $b+c$, $c+a$의 값을 다음과 같이 나눌 수 있다.

(i) $(a+b)(b+c)(c+a)=2\times2\times15$일 때
$(a+b)+(b+c)+(c+a)=2+2+15$이므로
$2(a+b+c)=19$ $\therefore a+b+c=\frac{19}{2}$
이것은 a, b, c가 자연수라는 조건을 만족시키지 않는다.

(ii) $(a+b)(b+c)(c+a)=2\times3\times10$일 때
$(a+b)+(b+c)+(c+a)=2+3+10$이므로
$2(a+b+c)=15$ $\therefore a+b+c=\frac{15}{2}$
이것은 a, b, c가 자연수라는 조건을 만족시키지 않는다.

(iii) $(a+b)(b+c)(c+a)=2\times5\times6$일 때
$(a+b)+(b+c)+(c+a)=2+5+6$이므로
$2(a+b+c)=13$ $\therefore a+b+c=\frac{13}{2}$
이것은 a, b, c가 자연수라는 조건을 만족시키지 않는다.

(iv) $(a+b)(b+c)(c+a)=3\times4\times5$일 때
$(a+b)+(b+c)+(c+a)=3+4+5$이므로
$2(a+b+c)=12$ $\therefore a+b+c=6$

(i)~(iv)에 의하여 $a+b+c$의 값은 6이다. 답 ②

10 **전략** 주어진 식을 인수분해한 후 소수가 될 조건을 생각해 본다.

풀이 주어진 식을 x에 대한 내림차순으로 정리하면

$x^2+(7y-10)x+12y^2-43y-39$

$=x^2+(7y-10)x+(4y+3)(3y-13)$

$=(x+4y+3)(x+3y-13)$

따라서 다항식 $(x+4y+3)(x+3y-13)$이 소수가 되려면

$x+4y+3=1$ 또는 $x+3y-13=1$

이어야 한다.

그런데 x, y는 자연수이므로 $x+4y+3\neq1$

$\therefore x+3y-13=1$

즉, $x+3y=14$를 만족시키는 두 자연수 x, y의 순서쌍은

$(11, 1)$, $(8, 2)$, $(5, 3)$, $(2, 4)$이다.

(i) $(x, y)=(11, 1)$일 때

$x+4y+3=11+4+3=18$이므로 이는 소수가 아니다.

(ii) $(x, y)=(8, 2)$일 때

$x+4y+3=8+8+3=19$이고, 이는 소수이다.

(iii) $(x, y)=(5, 3)$일 때

$x+4y+3=5+12+3=20$이므로 이는 소수가 아니다.

(iv) $(x, y)=(2, 4)$일 때

$x+4y+3=2+16+3=21$이므로 이는 소수가 아니다.

(i)~(iv)에 의하여 $x=8$, $y=2$이므로

$x-y=8-2=6$

답 ④

11 **전략** 피타고라스 정리와 주어진 등식을 이용하여 xy의 값을 구한다.

풀이 주어진 삼각형이 빗변의 길이가 $2\sqrt{5}$인 직각삼각형이므로 피타고라스 정리에 의하여

$x^2+y^2=(2\sqrt{5})^2$

$\therefore x^2+y^2=20$ ...... ㉠

또, 주어진 등식을 x에 대한 내림차순으로 정리하면

$x^2+(-2y+1)x+y^2-y-6=0$

$x^2+(-2y+1)x+(y-3)(y+2)=0$

$(x-y-2)(x-y+3)=0$

$\therefore x=y+2$ 또는 $x=y-3$

이때 $x>y$이므로

$x=y+2 \qquad \therefore x-y=2$ ...... ㉡

㉠, ㉡에서

$x^2+y^2=(x-y)^2+2xy$

$20=2^2+2xy \qquad \therefore xy=8$

따라서 구하는 삼각형의 넓이는

$\frac{1}{2}xy=\frac{1}{2}\times8=4$

답 4

다른풀이 $x^2+y^2-2xy+x-y-6=0$에서

$(x-y)^2+(x-y)-6=0$

$x-y=X$로 놓으면

$X^2+X-6=0$, $(X+3)(X-2)=0$

$\therefore X=-3$ 또는 $X=2$

즉, $x-y=-3$ 또는 $x-y=2$

12 **전략** 조건 (나)의 등식의 좌변을 c에 대하여 내림차순으로 정리하여 인수분해한 후, 조건 (가)를 만족시키는 경우를 찾는다.

풀이 조건 (나)의 등식의 좌변을 c에 대한 내림차순으로 정리하면

$(b-a)c^2+a^3-a^2b+ab^2-b^3=0$

$(b-a)c^2+a^2(a-b)+b^2(a-b)=0$

$(a-b)(a^2+b^2-c^2)=0$

$\therefore a=b$ 또는 $a^2+b^2=c^2$

(i) $a=b$일 때

삼각형이 정의되려면

$c<a+b \qquad \therefore c<2a$

조건 (가)에 의하여 a, b, c는 5 이하의 자연수이므로 a, b, c의 순서쌍 (a, b, c)는

$(1, 1, 1)$, $(2, 2, 1)$, $(2, 2, 2)$, $(2, 2, 3)$, $(3, 3, 1)$, $(3, 3, 2)$, $(3, 3, 3)$, $(3, 3, 4)$, $(3, 3, 5)$, $(4, 4, 1)$, $(4, 4, 2)$, $(4, 4, 3)$, $(4, 4, 4)$, $(4, 4, 5)$, $(5, 5, 1)$, $(5, 5, 2)$, $(5, 5, 3)$, $(5, 5, 4)$, $(5, 5, 5)$의 19개이다.

따라서 서로 다른 삼각형 ABC의 개수는 19이다.

(ii) $a^2+b^2=c^2$일 때

조건 (가)에 의하여 a, b, c는 5 이하의 자연수이므로 a, b, c의 순서쌍 (a, b, c)는

$(3, 4, 5)$, $(4, 3, 5)$

이때 세 변의 길이가 3, 4, 5인 두 삼각형은 서로 합동이므로 서로 다른 삼각형 ABC의 개수는 1이다.

(i), (ii)에 의하여 서로 다른 삼각형 ABC의 개수는

$19+1=20$

답 ⑤

13 **전략** 주어진 등식을 인수분해하여 삼각형의 모양을 결정한다.

풀이 $a^3+b^3+c^3=a^2(c-b)+b^2(c-a)+c^2(a+b)$에서

$a^3+b^3+c^3-a^2c+a^2b-b^2c+ab^2-ac^2-bc^2=0$

$a^3+(b-c)a^2+(b^2-c^2)a+b^3+c^3-b^2c-bc^2=0$

$a^3+(b-c)a^2+(b-c)(b+c)a+b^2(b-c)-c^2(b-c)=0$

$a^3+(b-c)a^2+(b-c)(b+c)a+(b-c)^2(b+c)=0$

$a^2(a+b-c)+(b-c)(b+c)(a+b-c)=0$

$\therefore (a+b-c)(a^2+b^2-c^2)=0$

이때 a, b, c가 삼각형의 세 변의 길이이므로

$a+b>c$, 즉 $a+b-c>0$

따라서 $a^2+b^2=c^2$이므로 주어진 등식을 만족시키는 삼각형은 빗변의 길이가 c인 직각삼각형이다.

이 직각삼각형의 넓이가 16이므로

$\frac{1}{2}ab=16 \qquad \therefore ab=32$

답 ②

14 **전략** $P(x)Q(x)$의 값이 0이 되는 x의 값을 찾아 인수분해하여 $P(x)$, $Q(x)$를 각각 구한다.

풀이 $P(x)Q(x)=x^4-4x^2-12x-9$에서

$P(-1)Q(-1)=0$, $P(3)Q(3)=0$이므로 조립제법을 이용하여 $x^4-4x^2-12x-9$를 인수분해하면 다음과 같다.

$$\begin{array}{r|rrrr|r} -1 & 1 & 0 & -4 & -12 & -9 \\ & & -1 & 1 & 3 & 9 \\ \hline 3 & 1 & -1 & -3 & -9 & 0 \\ & & 3 & 6 & 9 & \\ \hline & 1 & 2 & 3 & 0 & \end{array}$$

$\therefore P(x)Q(x)=(x+1)(x-3)(x^2+2x+3)$
$=(x^2-2x-3)(x^2+2x+3)$

이때 $P(x)$, $Q(x)$는 모두 최고차항의 계수가 1인 이차식이므로

$P(x)=x^2-2x-3$, $Q(x)=x^2+2x+3$

또는 $P(x)=x^2+2x+3$, $Q(x)=x^2-2x-3$

$\therefore \{P(x)\}^3+\{Q(x)\}^3$
$=\{P(x)+Q(x)\}^3-3P(x)Q(x)\{P(x)+Q(x)\}$
$=(2x^2)^3-3(x^4-4x^2-12x-9)\times 2x^2$
$=8x^6-(6x^6-24x^4-72x^3-54x^2)$
$=2x^6+24x^4+72x^3+54x^2$

따라서 $\{P(x)\}^3+\{Q(x)\}^3$의 전개식의 모든 계수와 상수항의 합은

$2+24+72+54=152$

답 ①

빠른풀이 $\{P(x)\}^3+\{Q(x)\}^3$의 전개식의 모든 계수와 상수항의 합은

$\{P(1)\}^3+\{Q(1)\}^3=(-4)^3+6^3=-64+216=152$

15 전략 $f(x)=(x-3)^2Q(x)$이므로 $f(x)$와 $f(x)$를 $x-3$으로 나누었을 때의 몫은 각각 $x-3$을 인수로 가짐을 이용한다.

풀이 $f(x)=(x-3)^2Q(x)$이므로 $f(x)$는 $(x-3)^2$으로 나누어떨어진다.

즉, $f(3)=0$이므로

$3^4+3a+b=0 \quad \therefore b=-3a-81$ …… ㉠

이것을 $f(x)=x^4+ax+b$에 대입하면

$f(x)=x^4+ax-3a-81$
$=(x^4-81)+a(x-3)$
$=(x-3)(x+3)(x^2+9)+a(x-3)$
$=(x-3)(x^3+3x^2+9x+27+a)$ …… ㉡

$g(x)=x^3+3x^2+9x+27+a$로 놓으면 $f(x)$가 $(x-3)^2$으로 나누어떨어지므로 $g(x)$가 $x-3$으로 나누어떨어져야 한다.

즉, $g(3)=0$이므로

$27+27+27+27+a=0$

$\therefore a=-108$

$a=-108$을 ㉠에 대입하면

$b=-3\times(-108)-81=243$

$\therefore f(x)=x^4-108x+243$

$f(x)$가 $(x-3)^2$을 인수로 가지므로 조립제법을 이용하여 인수분해하면 다음과 같다.

$$\begin{array}{r|rrrr|r} 3 & 1 & 0 & 0 & -108 & 243 \\ & & 3 & 9 & 27 & -243 \\ \hline 3 & 1 & 3 & 9 & -81 & 0 \\ & & 3 & 18 & 81 & \\ \hline & 1 & 6 & 27 & 0 & \end{array}$$

따라서 $f(x)=(x-3)^2(x^2+6x+27)$이므로

$Q(x)=x^2+6x+27$

$\therefore f(2)+Q(2)=(-1)^2\times(2^2+6\times2+27)+(2^2+6\times2+27)$
$=43+43=86$

답 86

다른풀이 $f(x)=x^4+ax+b$를 $(x-3)^2$, 즉 x^2-6x+9로 나누면 다음과 같다.

$$\begin{array}{rl} & x^2+6x+27 \\ x^2-6x+9 \,\big)\!\! & x^4 \qquad\qquad\quad + \quad ax + \quad b \\ & x^4-6x^3+\ 9x^2 \\ \hline & \qquad 6x^3-\ 9x^2+ \quad ax+ \quad b \\ & \qquad 6x^3-36x^2+ \quad 54x \\ \hline & \qquad\qquad 27x^2+(a-54)x+ \quad b \\ & \qquad\qquad 27x^2- \quad 162x+ \quad 243 \\ \hline & \qquad\qquad (a+108)x+(b-243) \end{array}$$

이때 $f(x)$가 $(x-3)^2$으로 나누어떨어지므로

$(a+108)x+(b-243)=0$

위의 식은 x에 대한 항등식이므로

$a+108=0$, $b-243=0$

$\therefore a=-108$, $b=243$

따라서 $f(x)=x^4-108x+243$, $Q(x)=x^2+6x+27$이므로

$f(2)+Q(2)=86$

1등급 노트 인수정리를 이용한 인수분해

삼차 이상의 다항식 $f(x)$를 인수분해할 때 다음과 같은 순서로 인수분해할 수 있다.

(i) $f(\alpha)=0$을 만족시키는 상수 α의 값을 구한다.
(ii) 조립제법을 이용하여 $f(x)=(x-\alpha)Q(x)$ 꼴로 인수분해한다.
(iii) $Q(x)$가 더 이상 인수분해되지 않을 때까지 위의 순서를 반복한다.

16 전략 $99=x$로 놓고 A를 x에 대한 식으로 나타내어 인수분해한다.

풀이 $99=x$로 놓으면 공에 적혀 있는 수는 각각 1, x, x^2, x^4이므로

$A=x+x^2+x^4+x^3+x^5+x^6$
$=x(x^5+x^4+x^3+x^2+x+1)$ …… ㉠

$f(x)=x^5+x^4+x^3+x^2+x+1$로 놓으면 $f(-1)=0$이므로 조립제법을 이용하여 $f(x)$를 인수분해하면 다음과 같다.

$$\begin{array}{r|rrrrr|r} -1 & 1 & 1 & 1 & 1 & 1 & 1 \\ & & -1 & 0 & -1 & 0 & -1 \\ \hline & 1 & 0 & 1 & 0 & 1 & 0 \end{array}$$

$\therefore f(x)=x^5+x^4+x^3+x^2+x+1=(x+1)(x^4+x^2+1)$

위의 식을 ㉠에 대입하면

$A=x(x+1)(x^4+x^2+1)$

이때 Q는 A를 $x+1$로 나누었을 때의 몫과 같으므로

$Q=x(x^4+x^2+1)$ …… ㉡

Q를 100으로 나누었을 때의 나머지는 ㉡을 $x+1$로 나누었을 때의 나머지와 같으므로 나머지정리에 의하여 ㉡에 x 대신 -1을 대입한 값과 같다.

따라서 ㉡에 x 대신 -1을 대입하면

$(-1)\times\{(-1)^4+(-1)^2+1\}=(-1)\times 3=-3$

$=100\times(-1)+97$

이므로 Q를 100으로 나누었을 때의 나머지는 97이다. 답 97

참고 다항식의 나눗셈에서는 나머지가 음수일 수 있지만 자연수의 나눗셈에서는 나머지가 0 또는 자연수이다.

17

전략 p의 분모와 분자를 각각 인수분해한 후, p가 자연수이므로 분자가 분모를 인수로 가짐을 이용한다.

풀이 $p=\dfrac{2x^3-2x^2-36}{x^2-x-6}=\dfrac{2(x^3-x^2-18)}{(x-3)(x+2)}$

$f(x)=x^3-x^2-18$로 놓으면

$f(3)=0$

조립제법을 이용하여 $f(x)$를 인수분해하면 다음과 같다.

3	1	−1	0	−18
		3	6	18
	1	2	6	0

즉, $f(x)=(x-3)(x^2+2x+6)$이므로

$p=\dfrac{2(x^3-x^2-18)}{(x-3)(x+2)}=\dfrac{2(x-3)(x^2+2x+6)}{(x-3)(x+2)}$

$=\dfrac{2(x^2+2x+6)}{x+2}$ $(\because x>3)$

$=\dfrac{2\{x(x+2)+6\}}{x+2}$

$=2x+\dfrac{12}{x+2}$

이때 p가 자연수가 되려면 $x+2$가 12의 양의 약수이어야 한다.

x가 3보다 큰 자연수이므로

$x+2=6$ 또는 $x+2=12$

$\therefore x=4$ 또는 $x=10$

(i) $x=4$일 때, $p=2\times 4+\dfrac{12}{6}=10$

(ii) $x=10$일 때, $p=2\times 10+\dfrac{12}{12}=21$

(i), (ii)에 의하여 모든 자연수 p의 값의 합은

$10+21=31$ 답 31

18

전략 조건 (가)에서 다항식 $P(x)$의 인수를 찾아 $P(x)$의 식을 구한다.

풀이 조건 (가)에서

$P(2)=0$, $P(4)=0$

즉, $P(x)$는 $x-2$, $x-4$를 인수로 가지므로

$P(x)=(x-2)(x-4)(x-a)$ (a는 상수)

로 놓으면

$P(2x)=(2x-2)(2x-4)(2x-a)$

$=4(x-1)(x-2)(2x-a)$

$\therefore P(2x)-P(x)$

$=4(x-1)(x-2)(2x-a)-(x-2)(x-4)(x-a)$

$=(x-2)\{4(x-1)(2x-a)-(x-4)(x-a)\}$

$=(x-2)\{7x^2-(3a+4)x\}$

$=x(x-2)\{7x-(3a+4)\}$ ...... ㉠

조건 (나)에 의하여 ㉠이 x^2을 인수로 가져야 하므로 $7x-(3a+4)$가 x로 나누어떨어진다.

즉, $3a+4=0$이므로

$a=-\dfrac{4}{3}$

따라서 $P(x)=(x-2)(x-4)\left(x+\dfrac{4}{3}\right)$이므로

$P(5)=3\times 1\times\dfrac{19}{3}=19$ 답 ⑤

19

전략 $f(a, b, c)$에 적당한 수 또는 문자를 대입한 후 인수분해한다.

풀이 ㄱ. $f(7, 5, 3)=7\times(5^3-3^3)$

$=7\times(5-3)\times(5^2+5\times 3+3^2)$

$=7\times 2\times 49$

$=2\times 7^3$

이므로 $f(7, 5, 3)$의 양의 약수의 개수는

$(1+1)\times(3+1)=8$ (참)

ㄴ. $f(a^2, b^2, c^2)=a^2(b^6-c^6)$

$=a^2(b^3-c^3)(b^3+c^3)$

$=a(b^3-c^3)\times a(b^3+c^3)$

$=a(b^3-c^3)\times a\{b^3-(-c)^3\}$

$=f(a, b, c)\times f(a, b, -c)$ (참)

ㄷ. $f(a, b, c)+f(b, c, a)+f(c, a, b)$

$=a(b^3-c^3)+b(c^3-a^3)+c(a^3-b^3)$

$=ab^3-ac^3+bc^3-a^3b+a^3c-b^3c$

$=(c-b)a^3-(c^3-b^3)a+bc(c^2-b^2)$

$=(c-b)a^3-(c-b)(c^2+cb+b^2)a+bc(c-b)(c+b)$

$=(c-b)(a^3-ac^2-abc-ab^2+bc^2+b^2c)$

$=(c-b)\{c^2(b-a)+bc(b-a)-a(b^2-a^2)\}$

$=(c-b)\{c^2(b-a)+bc(b-a)-a(b-a)(b+a)\}$

$=(c-b)(b-a)(c^2+bc-ab-a^2)$

$=(c-b)(b-a)\{c^2-a^2+b(c-a)\}$

$=(c-b)(b-a)\{(c-a)(c+a)+b(c-a)\}$

$=(c-b)(b-a)(c-a)(a+b+c)$

이므로 $f(a, b, c)+f(b, c, a)+f(c, a, b)$는 $a+b+c$를 인수로 갖는다. (참)

따라서 ㄱ, ㄴ, ㄷ 모두 옳다. 답 ⑤

개념 연계 / 중학 수학 — 소인수분해를 이용하여 약수 구하기

자연수 N이 $N=a^m b^n$ (a, b는 서로 다른 소수, m, n은 자연수)으로 소인수분해될 때

(1) N의 약수 ⇨ (a^m의 약수)×(b^n의 약수)

(2) N의 약수의 개수 ⇨ $(m+1)\times(n+1)$

20 **전략** 조건 (나)의 등식의 좌변을 한 문자에 대하여 내림차순으로 정리한 후 인수분해하여 a, b, c 사이의 관계를 파악한다.

풀이 조건 (나)의 좌변을 c에 대한 내림차순으로 정리하면

$(b-a+2)c^2+a^3-(b+2)a^2+ab^2-b^3-2b^2=0$

$(b-a+2)c^2+(a-b-2)a^2+(a-b-2)b^2=0$

$\therefore (a-b-2)(a^2+b^2-c^2)=0$

이때 삼각형 ABC는 $\angle A=120^\circ$인 둔각삼각형이므로

$a^2+b^2-c^2\neq 0$

따라서 $a-b-2=0$이므로

$a=b+2$ …… ㉠

㉠을 조건 (가)의 $2b=a+c$에 대입하면

$2b=(b+2)+c \quad \therefore c=b-2$ …… ㉡

오른쪽 그림과 같이 점 B에서 선분 CA의 연장선 위에 내린 수선의 발을 H라 하면

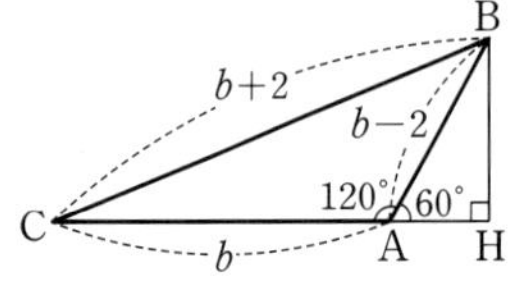

$\angle BAH=60^\circ$

$\cos 60^\circ=\dfrac{\overline{AH}}{\overline{AB}}$에서

$\overline{AH}=\overline{AB}\cos 60^\circ=\dfrac{b-2}{2}$

$\sin 60^\circ=\dfrac{\overline{BH}}{\overline{AB}}$에서

$\overline{BH}=\overline{AB}\sin 60^\circ=\dfrac{\sqrt{3}(b-2)}{2}$

또, 직각삼각형 BCH에서

$\overline{CH}=\overline{CA}+\overline{AH}=b+\dfrac{b-2}{2}=\dfrac{3}{2}b-1$

이므로 피타고라스 정리에 의하여

$\left(\dfrac{3}{2}b-1\right)^2+\left\{\dfrac{\sqrt{3}(b-2)}{2}\right\}^2=(b+2)^2$

$\left(\dfrac{9}{4}b^2-3b+1\right)+\left(\dfrac{3}{4}b^2-3b+3\right)=b^2+4b+4$

$2b^2-10b=0$, $b^2-5b=0$

$\therefore b(b-5)=0 \quad \therefore b=5\ (\because b>2)$

즉, $\overline{CA}=5$, $\overline{BH}=\dfrac{\sqrt{3}(5-2)}{2}=\dfrac{3\sqrt{3}}{2}$이므로

$\triangle ABC=\dfrac{1}{2}\times\overline{CA}\times\overline{BH}=\dfrac{1}{2}\times 5\times\dfrac{3\sqrt{3}}{2}=\dfrac{15}{4}\sqrt{3}$

따라서 $p=4$, $q=15$이므로

$p+q=4+15=19$ **답** 19

Ⅱ 방정식과 부등식

복소수

Step A 1등급을 위한 고난도 빈출 & 핵심 문제

본문 31쪽

01 ②	02 ①	03 ③	04 6	05 ①
06 ④	07 5	08 ②		

01 $z=(3-n-7i)^2$

$=(3-n)^2-14(3-n)i+49i^2$

$=n^2-6n-40+14(n-3)i$

$z^2<0$이려면 z는 순허수이어야 하므로

$n^2-6n-40=0$, $14(n-3)\neq 0$

$(n+4)(n-10)=0$, $n\neq 3$

$\therefore n=-4$ 또는 $n=10$

따라서 구하는 모든 정수 n의 값의 합은

$-4+10=6$ **답** ②

참고 **복소수가 실수가 되기 위한 조건**

복소수 $z=a+bi$ (a, b는 실수)에 대하여

① z^2이 실수 ⇨ z가 실수 또는 순허수

⇨ $a=0$ 또는 $b=0$

② z^2이 양의 실수 ⇨ z가 0이 아닌 실수

⇨ $a\neq 0$, $b=0$

③ z^2이 음의 실수 ⇨ z가 순허수

⇨ $a=0$, $b\neq 0$

02 $i+i^2+i^3=i-1-i=-1$이므로

$(i+i^2+i^3)+2(i^2+i^3+i^4)+3(i^3+i^4+i^5)$

$+\cdots+17(i^{17}+i^{18}+i^{19})$

$=(i+i^2+i^3)+2i(i+i^2+i^3)+3i^2(i+i^2+i^3)$

$+\cdots+17i^{16}(i+i^2+i^3)$

$=-(1+2i+3i^2+\cdots+17i^{16})$

$=-(1+2i-3-4i+5+6i+\cdots+17)$

$=-\{(1+2i-3-4i)+(5+6i-7-8i)$

$+\cdots+(13+14i-15-16i)+17\}$

$=-\{4(-2-2i)+17\}$

$=-(9-8i)=-9+8i$

따라서 $a=-9$, $b=8$이므로

$(a+b)^2=(-1)^2=1$ **답** ①

03 $z=a+bi$ (a, b는 실수, $b\neq 0$)로 놓으면

$z+\dfrac{1}{z}=a+bi+\dfrac{1}{a+bi}$

$=a+bi+\frac{a-bi}{(a+bi)(a-bi)}$

$=a+bi+\frac{a-bi}{a^2+b^2}$

$=\left(a+\frac{a}{a^2+b^2}\right)+\left(b-\frac{b}{a^2+b^2}\right)i$

이때 $z+\frac{1}{z}$이 실수이므로 $b-\frac{b}{a^2+b^2}=0$

$\therefore a^2+b^2=1$ ($\because b\neq0$) ...... ㉠

ㄱ. $z+\frac{1}{z}$이 실수이므로 $\bar{z}+\frac{1}{\bar{z}}=\overline{z+\frac{1}{z}}$도 실수이다. (참)

ㄴ. $z\bar{z}=(a+bi)(a-bi)=a^2+b^2=1$ ($\because$ ㉠) (참)

ㄷ. [반례] $z=i$이면

$z+\frac{1}{z}=i+\frac{1}{i}=i+(-i)=0$

으로 실수이지만

$z^2+\bar{z}^2=i^2+(-i)^2=-1+(-1)=-2$

즉, $z^2+\bar{z}^2=2$가 성립하지 않는다. (거짓)

따라서 옳은 것은 ㄱ, ㄴ이다. 답 ③

다른풀이 ㄷ. $z^2+\bar{z}^2=(a+bi)^2+(a-bi)^2=2a^2-2b^2$

이므로 $2a^2-2b^2=2$

$\therefore a^2-b^2=1$

이때 ㉠에 의하여 $a^2+b^2=a^2-b^2$이므로

$b^2=-b^2$ $\therefore b=0$

그런데 z는 실수가 아닌 복소수이므로 $b\neq0$

따라서 $z^2+\bar{z}^2=2$일 수 없다.

04 $\alpha\bar{\alpha}=\beta\bar{\beta}=5$에서 $\alpha=\frac{5}{\bar{\alpha}}$, $\beta=\frac{5}{\bar{\beta}}$

위의 식을 $\alpha+\beta=2i$에 대입하면 $\frac{5}{\bar{\alpha}}+\frac{5}{\bar{\beta}}=2i$

$\frac{5(\bar{\alpha}+\bar{\beta})}{\bar{\alpha}\times\bar{\beta}}=\frac{5(\overline{\alpha+\beta})}{\overline{\alpha\beta}}=2i$, $5(\overline{\alpha+\beta})=2i\overline{\alpha\beta}$

즉, $5\times\overline{2i}=2i\overline{\alpha\beta}$이므로

$-10i=2i\overline{\alpha\beta}$, $\overline{\alpha\beta}=-5$

$\therefore \alpha\beta=-5$

$\therefore \alpha^2+\beta^2=(\alpha+\beta)^2-2\alpha\beta$

$=(2i)^2-2\times(-5)=-4+10=6$ 답 6

05 $z=a+bi$ (a, b는 실수)로 놓으면

$z+\bar{z}=(a+bi)+(a-bi)=2a=6$

$\therefore a=3$

$z\bar{z}=(a+bi)(a-bi)=a^2+b^2=25$

$a=3$이므로 $b^2=16$

따라서 $z=3+bi$에서 $(z-3)^2=(bi)^2$

$z^2-6z+9=-b^2=-16$

$\therefore z^2-6z=-25$ 답 ①

빠른풀이 $z+\bar{z}=6$의 양변에 z를 곱하면

$z^2+z\bar{z}=6z$

$\therefore z^2-6z=-z\bar{z}=-25$

06 $z=\frac{1+2i}{3+i}=\frac{(1+2i)(3-i)}{(3+i)(3-i)}=\frac{5+5i}{10}=\frac{1+i}{2}$에서

$2z-1=i$

양변을 제곱하면

$4z^2-4z+1=-1$, $4z^2-4z+2=0$

$\therefore 2z^2-2z+1=0$

이때 $4z^3-2z^2+6z+3$을 $2z^2-2z+1$로 나누면 다음과 같다.

$$\begin{array}{r} 2z+1 \\ 2z^2-2z+1\overline{)4z^3-2z^2+6z+3} \\ \underline{4z^3-4z^2+2z} \\ 2z^2+4z+3 \\ \underline{2z^2-2z+1} \\ 6z+2 \end{array}$$

$\therefore 4z^3-2z^2+6z+3=(2z^2-2z+1)(2z+1)+6z+2$

$=6z+2$ ($\because 2z^2-2z+1=0$)

$=6\times\frac{1+i}{2}+2$

$=3+3i+2$

$=5+3i$ 답 ④

다른풀이 $z=\frac{1+2i}{3+i}=\frac{1+i}{2}$이므로

$z^2=\frac{i}{2}$, $z^3=\frac{-1+i}{4}$

$\therefore 4z^3-2z^2+6z+3=4\times\frac{-1+i}{4}-2\times\frac{i}{2}+6\times\frac{1+i}{2}+3$

$=-1+i-i+3+3i+3$

$=5+3i$

07 조건 (가)에서 $\frac{\sqrt{x+1}}{\sqrt{x-2}}=-\sqrt{\frac{x+1}{x-2}}$이므로

$x+1>0$, $x-2<0$ 또는 $x+1=0$, $x-2\neq0$

$\therefore -1\le x<2$ ...... ㉠

조건 (나)에서 $\sqrt{1-y}\sqrt{y-2}=-\sqrt{-y^2+3y-2}$이므로

$1-y<0$, $y-2<0$ 또는 $1-y=0$ 또는 $y-2=0$

$\therefore 1\le y\le2$ ...... ㉡

㉠에서 정수 x는 -1, 0, 1의 3개이므로

$m=3$

㉡에서 정수 y는 1, 2의 2개이므로

$n=2$

$\therefore m+n=3+2=5$ 답 5

08 $\sqrt{a}\sqrt{b}=-\sqrt{ab}$에서 $a<0$, $b<0$

$\frac{\sqrt{c}}{\sqrt{b}}=-\sqrt{\frac{c}{b}}$에서 $b<0$, $c>0$

따라서 $a-c<0$, $c-b>0$이므로

$\sqrt{(a-c)^2}+|c-b|-\sqrt{b^2}=-(a-c)+(c-b)-(-b)$

$=-a+c+c-b+b$

$=-a+2c$ 답 ②

B Step 1등급을 위한 고난도 기출 VS 변형 유형 본문 32~33쪽

1 ②	1-1 4	2 ④	2-1 $2i$	3 ③	3-1 192
4 24	4-1 67	5 44	5-1 14	6 ③	6-1 ④

1 전략 실수에서 성립하는 성질이 복소수에서는 성립하지 않는 경우가 있으므로 그 예를 찾아본다.

풀이 ㄱ. [반례] $z_1=1$, $z_2=i$이면 $z_1+z_2i=0$이지만 $z_1\neq0$이고 $z_2\neq0$이다. (거짓)

ㄴ. [반례] $z_1=1$, $z_2=i$이면 $z_1^2+z_2^2=0$이지만 $z_1\neq0$이고 $z_2\neq0$이다. (거짓)

ㄷ. $z_1=x+yi$ (x, y는 실수)로 놓으면 $z_1=\overline{z_1}$에서

$x+yi=x-yi$ $\quad\therefore y=0$

따라서 z_1은 실수이다. (참)

ㄹ. [반례] $z_1=1$, $z_2=2$이면 $z_1+z_2=3$, $z_1z_2=2$로 모두 실수이지만 $\overline{z_1}=1\neq z_2$이다. (거짓)

따라서 항상 참인 것은 ㄷ뿐이므로 옳은 것의 개수는 1이다. 답 ②

참고 ㄹ. $z_1=a+bi$, $z_2=c+di$ (a, b, c, d는 실수)로 놓으면

$z_1+z_2=a+bi+c+di=(a+c)+(b+d)i$가 실수이므로

$b+d=0$ …… ㉠

즉, $d=-b$이므로

$z_2=c-bi$

$z_1z_2=(a+bi)(c-bi)=(ac+b^2)+(bc-ab)i$가 실수이므로

$bc-ab=0$, $b(c-a)=0$

$b=0$ 또는 $c=a$ …… ㉡

㉠, ㉡에서

$b=0$, $d=0$ 또는 $c=a$, $d=-b$

즉, $z_1=a$, $z_2=c$ 또는 $\overline{z_1}=z_2$

따라서 $z_1=a$, $z_2=c$일 때 $\overline{z_1}=z_2$가 성립하지 않는다. (거짓)

1등급 노트 실수의 성질과 복소수의 성질의 차이점

실수 a, b에 대하여

(1) $a+bi=0$이면 $a=0$, $b=0$

(2) $a^2+b^2=0$이면 $a=0$, $b=0$

위의 두 성질은 a, b가 복소수일 때는 성립하지 않는다.

1-1 전략 $z_1=a+bi$, $z_2=c+di$로 놓고 복소수의 성질을 이용한다.

풀이 $z_1=a+bi$, $z_2=c+di$ (a, b, c, d는 실수)로 놓으면

$\overline{z_1}=a-bi$, $\overline{z_2}=c-di$

ㄱ. $z_1=\overline{z_2}$이므로 $a+bi=c-di$

$\therefore a=c$, $b=-d$

이때 $z_1+z_2=(a+c)+(b+d)i=2a$

따라서 z_1+z_2는 실수이다. (참)

ㄴ. $z_1=\overline{z_2}$이므로 $a=c$, $b=-d$ ($\because$ ㄱ)

또, $z_1z_2=(a+bi)(a-bi)=a^2+b^2$에서

$a^2+b^2=0$

$\therefore a=0$, $b=0$

$\therefore z_1=0$ (참)

ㄷ. $z_1+\overline{z_2}=(a+c)+(b-d)i=0$에서

$a+c=0$, $b-d=0$

$\therefore c=-a$, $d=b$

$\therefore \dfrac{\overline{z_1}}{z_2}=\dfrac{a-bi}{-a+bi}=-1$

즉, $\dfrac{\overline{z_1}}{z_2}$는 실수이다. (참)

ㄹ. $z_1+z_2=(a+c)+(b+d)i=0$에서

$a+c=0$, $b+d=0$

$\therefore c=-a$, $d=-b$

$\therefore z_1\overline{z_2}=(a+bi)\overline{(-a-bi)}$

$=(a+bi)(-a+bi)$

$=-b^2-a^2$

$=-(a^2+b^2)<0$ ($\because z_1\neq0$)

즉, $z_1\overline{z_2}$는 음의 실수이다. (참)

따라서 항상 참인 것은 ㄱ, ㄴ, ㄷ, ㄹ의 4개이다. 답 4

2 전략 $\alpha=a+bi$, $\beta=c+di$로 놓고 주어진 조건에서 a, b, c, d 사이의 관계식을 찾는다.

풀이 $\alpha=a+bi$ (a, b는 실수), $\beta=c+di$ (c, d는 실수)로 놓으면

$\overline{\alpha}=a-bi$, $\overline{\beta}=c-di$

조건 (가)에서

$\alpha\overline{\alpha}=a^2+b^2=1$, $\beta\overline{\beta}=c^2+d^2=1$ …… ㉠

조건 (나)에서

$\alpha^2-\beta^2=\alpha i-\beta i$, $(\alpha-\beta)(\alpha+\beta)=(\alpha-\beta)i$

$\therefore \alpha+\beta=i$ ($\because \alpha\neq\beta$)

즉, $\alpha+\beta=(a+c)+(b+d)i=i$이므로

$a+c=0$, $b+d=1$ …… ㉡

㉠, ㉡을 연립하여 풀면

$b=d=\frac{1}{2}$, $a=-\frac{\sqrt{3}}{2}$, $c=\frac{\sqrt{3}}{2}$ 또는 $b=d=\frac{1}{2}$, $a=\frac{\sqrt{3}}{2}$, $c=-\frac{\sqrt{3}}{2}$

즉, $\alpha=-\frac{\sqrt{3}}{2}+\frac{1}{2}i$, $\beta=\frac{\sqrt{3}}{2}+\frac{1}{2}i$ 또는

$\alpha=\frac{\sqrt{3}}{2}+\frac{1}{2}i$, $\beta=-\frac{\sqrt{3}}{2}+\frac{1}{2}i$이므로

$\alpha+\beta=i$, $\alpha\beta=-1$

$\therefore \alpha^2+\beta^2=(\alpha+\beta)^2-2\alpha\beta$

$=i^2-2\times(-1)=1$ 답 ④

2-1 전략 주어진 등식을 변형하여 x, y, z에 대한 식의 값을 구한다.

풀이 $x^2-yz=y^2-zx$에서

$x^2-y^2+zx-zy=0$

$(x-y)(x+y)+z(x-y)=0$

$(x-y)(x+y+z)=0$

$\therefore x+y+z=0$ ($\because x\neq y$) …… ㉠

또, $x^2-yz=2i$, $y^2-zx=2i$, $z^2-xy=2i$를 변끼리 더하면

$x^2+y^2+z^2-xy-yz-zx=6i$

$\therefore x^2+y^2+z^2=xy+yz+zx+6i$ …… ㉡

이때 $(x+y+z)^2=x^2+y^2+z^2+2(xy+yz+zx)$이므로 이 식에 ㉠, ㉡을 대입하면

$0=3(xy+yz+zx)+6i$

$\therefore xy+yz+zx=-2i$

구하는 식을 통분하면

$$\frac{x^4}{(x-y)(x-z)}+\frac{y^4}{(y-x)(y-z)}+\frac{z^4}{(z-x)(z-y)}$$
$$=\frac{-x^4(y-z)-y^4(z-x)-z^4(x-y)}{(x-y)(y-z)(z-x)}$$

이때 구하는 식의 분자는

$-x^4(y-z)-y^4(z-x)-z^4(x-y)$
$=-(y-z)x^4+(y^4-z^4)x-y^4z+yz^4$
$=-(y-z)x^4+(y^2-z^2)(y^2+z^2)x-yz(y^3-z^3)$
$=-(y-z)x^4+(y-z)(y+z)(y^2+z^2)x-yz(y-z)(y^2+yz+z^2)$
$=(y-z)\{-x^4+(y+z)(y^2+z^2)x-yz(y^2+yz+z^2)\}$
$=(y-z)\{-(z-x)y^3-(z-x)zy^2-(z-x)z^2y+x(z-x)(x^2+xz+z^2)\}$
$=(y-z)(z-x)\{-y^3-zy^2-z^2y+x(x^2+xz+z^2)\}$
$=(y-z)(z-x)\{(x-y)z^2+(x-y)(x+y)z+(x-y)(x^2+xy+y^2)\}$
$=(x-y)(y-z)(z-x)(x^2+y^2+z^2+xy+yz+zx)$

이므로

(구하는 식)$=x^2+y^2+z^2+xy+yz+zx$
$=(x+y+z)^2-(xy+yz+zx)$
$=0-(-2i)$
$=2i$

답 $2i$

참고 여러 개의 문자를 포함한 다항식의 인수분해는 차수가 가장 낮은 문자에 대하여 내림차순으로 정리한 후 인수분해한다.

3

전략 $\frac{z}{1+z^2}$, $\frac{1+z}{\bar{z}}$가 실수이려면 허수부분이 0임을 이용한다.

풀이 $z=a+bi$ (a, b는 실수, $b\neq0$)로 놓으면

$$\frac{z}{1+z^2}=\frac{a+bi}{1+(a+bi)^2}=\frac{a+bi}{(a^2-b^2+1)+2abi}$$
$$=\frac{(a+bi)\{(a^2-b^2+1)-2abi\}}{\{(a^2-b^2+1)+2abi\}\{(a^2-b^2+1)-2abi\}}$$
$$=\frac{a(a^2-b^2+1)+2ab^2+(-a^2b-b^3+b)i}{(a^2-b^2+1)^2+(2ab)^2}$$

$$\frac{1+z}{\bar{z}}=\frac{1+a+bi}{a-bi}=\frac{\{(1+a)+bi\}(a+bi)}{(a-bi)(a+bi)}$$
$$=\frac{a(1+a)-b^2+(b+2ab)i}{a^2+b^2}$$

$\frac{z}{1+z^2}$, $\frac{1+z}{\bar{z}}$가 모두 실수이므로 분자의 허수부분이 0이다.

즉, $-a^2b-b^3+b=0$, $b+2ab=0$

$-a^2-b^2+1=0$, $1+2a=0$ ($\because b\neq0$)

$\therefore a=-\frac{1}{2}$, $b^2=\frac{3}{4}$

ㄱ. $z\bar{z}=(a+bi)(a-bi)=a^2+b^2=\frac{1}{4}+\frac{3}{4}=1$ (참)

ㄴ. $\frac{1+z}{\bar{z}}=\frac{a+a^2-b^2}{a^2+b^2}$에 $a=-\frac{1}{2}$, $b^2=\frac{3}{4}$을 대입하면

$\frac{1+z}{\bar{z}}=-1$

즉, $1+z=-\bar{z}$이므로 $1+z=k\bar{z}$를 만족시키는 상수 k는 -1로 존재한다. (참)

ㄷ. $\frac{z}{1+z^2}=\frac{a(a^2-b^2+1)+2ab^2}{(a^2-b^2+1)^2+(2ab)^2}$에 $a=-\frac{1}{2}$, $b^2=\frac{3}{4}$을 대입하면

$$\frac{z}{1+z^2}=\frac{-\frac{1}{2}\left(\frac{1}{4}-\frac{3}{4}+1\right)+2\times\left(-\frac{1}{2}\right)\times\frac{3}{4}}{\left(\frac{1}{4}-\frac{3}{4}+1\right)^2+4\times\frac{1}{4}\times\frac{3}{4}}=-1$$

즉, $z=-(1+z^2)$이므로 $z^2+z+1=0$

양변에 $z-1$을 곱하면

$(z-1)(z^2+z+1)=0$, $z^3-1=0$

$\therefore z^3=1$ (거짓)

따라서 옳은 것은 ㄱ, ㄴ이다.

답 ③

3-1

전략 $\frac{z^2}{z+2}$, $\frac{z}{z^2+4}$의 허수부분이 0임을 이용하여 $f(n)$의 식을 간단히 한다.

풀이 $z=a+bi$ (a, b는 실수, $b\neq0$)로 놓으면

$$\frac{z^2}{z+2}=\frac{(a+bi)^2}{a+2+bi}$$
$$=\frac{\{(a^2-b^2)+2abi\}\{(a+2)-bi\}}{\{(a+2)+bi\}\{(a+2)-bi\}}$$
$$=\frac{a^3+2a^2+ab^2-2b^2+(a^2b+4ab+b^3)i}{(a+2)^2+b^2}$$

$$\frac{z}{z^2+4}=\frac{a+bi}{(a^2-b^2+4)+2abi}$$
$$=\frac{(a+bi)\{(a^2-b^2+4)-2abi\}}{\{(a^2-b^2+4)+2abi\}\{(a^2-b^2+4)-2abi\}}$$
$$=\frac{(a^3+ab^2+4a)+(-a^2b-b^3+4b)i}{(a^2-b^2+4)^2+(2ab)^2}$$

$\frac{z^2}{z+2}$, $\frac{z}{z^2+4}$가 모두 실수이므로 분자의 허수부분이 0이다.

즉, $a^2b+4ab+b^3=0$, $-a^2b-b^3+4b=0$

$a^2+b^2+4a=0$, $-a^2-b^2+4=0$ ($\because b\neq0$)

위의 두 식을 변끼리 더하면 $4a+4=0$

$\therefore a=-1$, $b^2=3$

따라서 $z=-1+bi$이므로

$z+1=bi$

양변을 제곱하면

$(z+1)^2=-b^2=-3$

$\therefore z^2+2z+4=0$

양변에 $z-2$를 곱하면

$(z-2)(z^2+2z+4)=0$, $z^3-8=0$

$\therefore z^3=8$

$z^2+2z+4=0$에서

$f(n)=(2z+4)^n+(z^2+4)^n+(z^2+2z)^n$
$=(-z^2)^n+(-2z)^n+(-4)^n$

이므로

$f(1)=-z^2-2z-4=-(z^2+2z+4)=0$

$f(2)=(-z^2)^2+(-2z)^2+(-4)^2$

$=z^4+4z^2+16=8z+4z^2+16$

$=4(z^2+2z+4)=0$

$f(3)=(-z^2)^3+(-2z)^3+(-4)^3$

$=-z^6-8z^3-64=-8^2-8^2-64$

$=-192$

$f(4)=(-z^2)^4+(-2z)^4+(-4)^4$

$=z^8+16z^4+256$

$=8^2z^2+16\times 8z+256$

$=64(z^2+2z+4)=0$

$f(5)=(-z^2)^5+(-2z)^5+(-4)^5$

$=-z^{10}-2^5z^5-4^5=-8^3z-2^5\times 8\times z^2-4^5$

$=-2^9z-2^8z^2-2^{10}$

$=-2^8(z^2+2z+4)=0$

$\therefore -f(1)+f(2)-f(3)+f(4)-f(5)=192$ 답 192

4 **전략** z_1과 z_2의 거듭제곱의 규칙을 찾고, $z_1^n=z_2^n$이 되는 경우를 구한다.

풀이 $z_1=\dfrac{\sqrt{2}}{1+i}$이므로

$z_1^2=\left(\dfrac{\sqrt{2}}{1+i}\right)^2=\dfrac{2}{2i}=\dfrac{1}{i}=-i$

$z_1^4=(z_1^2)^2=(-i)^2=-1$

$z_1^8=(z_1^4)^2=(-1)^2=1$

⋮

$z_2=\dfrac{-1+\sqrt{3}i}{2}$이므로

$z_2^2=\left(\dfrac{-1+\sqrt{3}i}{2}\right)^2=\dfrac{-2-2\sqrt{3}i}{4}=\dfrac{-1-\sqrt{3}i}{2}$

$z_2^3=z_2^2\times z_2=\dfrac{-1-\sqrt{3}i}{2}\times\dfrac{-1+\sqrt{3}i}{2}=1$

⋮

이때 $z_1^n=z_2^n$을 만족시키는 경우는 $z_1^n=z_2^n=1$일 때이므로 자연수 n은 8과 3의 공배수이다.

따라서 n의 최솟값은 8과 3의 최소공배수인 24이다. 답 24

4-1 **전략** ω의 거듭제곱의 규칙을 찾는다.

풀이 $\omega=\dfrac{2}{-1-\sqrt{3}i}=\dfrac{2(-1+\sqrt{3}i)}{(-1-\sqrt{3}i)(-1+\sqrt{3}i)}=\dfrac{-1+\sqrt{3}i}{2}$

$\omega^2=\left(\dfrac{-1+\sqrt{3}i}{2}\right)^2=\dfrac{-2-2\sqrt{3}i}{4}=\dfrac{-1-\sqrt{3}i}{2}$

$\omega+\omega^2=-1$이므로

$\omega^2+\omega+1=0$

양변에 $\omega-1$을 곱하면

$(\omega-1)(\omega^2+\omega+1)=0,\ \omega^3-1=0$

$\therefore \omega^3=1$

자연수 m에 대하여

(i) $n=3m-2$일 때

$\omega^{2n}+\omega^n+1=\omega^{2\times(3m-2)}+\omega^{3m-2}+1$

$=(\omega^3)^{2m-2}\times\omega^2+(\omega^3)^{m-1}\times\omega+1$

$=\omega^2+\omega+1=0$

(ii) $n=3m-1$일 때

$\omega^{2n}+\omega^n+1=\omega^{2\times(3m-1)}+\omega^{3m-1}+1$

$=(\omega^3)^{2m-1}\times\omega+(\omega^3)^{m-1}\times\omega^2+1$

$=\omega+\omega^2+1=0$

(iii) $n=3m$일 때

$\omega^{2n}+\omega^n+1=\omega^{2\times 3m}+\omega^{3m}+1$

$=(\omega^3)^{2m}+(\omega^3)^m+1$

$=1+1+1=3$

(i), (ii), (iii)에 의하여 $\omega^{2n}+\omega^n+1=0$을 만족시키는 n은 3의 배수가 아닌 자연수이다.

이때 100 이하의 자연수 중 3의 배수는 33개이므로 구하는 자연수 n의 개수는

$100-33=67$ 답 67

참고 $\omega^3=1$이므로 ω의 거듭제곱의 주기가 3임을 이용하여 자연수 n을 3으로 나누었을 때의 나머지가 0, 1, 2인 경우로 나누어 생각한다.

5 **전략** α와 β 사이의 관계를 파악하여 m, n 사이의 관계식을 구한다.

풀이 두 복소수 $\alpha=\dfrac{\sqrt{3}+i}{2}$, $\beta=\dfrac{1+\sqrt{3}i}{2}$에서

$\alpha^2=\left(\dfrac{\sqrt{3}+i}{2}\right)^2=\dfrac{1+\sqrt{3}i}{2}=\beta$

$\alpha^3=\alpha^2\times\alpha=\alpha\beta=\dfrac{\sqrt{3}+i}{2}\times\dfrac{1+\sqrt{3}i}{2}=i$

$\alpha^6=(\alpha^3)^2=i^2=-1,\ \alpha^{12}=(\alpha^6)^2=(-1)^2=1$

이므로 음이 아닌 정수 k에 대하여

$\alpha^{12k+3}=(\alpha^{12})^k\times\alpha^3=\alpha^3=i$ ...... ㉠

또, $\alpha^2=\beta$이므로 $\alpha^m\beta^n=i$에서

$\alpha^m\beta^n=\alpha^m\times(\alpha^2)^n=\alpha^{m+2n}=i$

이때 m, n은 10 이하의 자연수이므로

$3\le m+2n\le 30$

㉠에 의하여

$m+2n=12t+3$ (단, $t=0, 1, 2$)

위의 식을 만족시키는 10 이하의 서로 다른 자연수 m, n의 순서쌍 (m, n)은

$(1, 7), (3, 6), (7, 4), (7, 10), (9, 3)$

따라서 $m+2n$은 $m=7$, $n=10$일 때 최댓값 27을 갖는다.

즉, $a=7$, $b=10$, $c=27$이므로

$a+b+c=7+10+27=44$ 답 44

5-1 **전략** α와 β 사이의 관계를 파악하여 m, n 사이의 관계식을 구한다.

풀이 두 복소수 $\alpha=\dfrac{1-i}{\sqrt{2}}$, $\beta=\dfrac{1+i}{\sqrt{2}}$에서

$\alpha^2=\left(\frac{1-i}{\sqrt{2}}\right)^2=-i$

$\alpha^3=\alpha^2\times\alpha=\frac{-i(1-i)}{\sqrt{2}}=\frac{-1-i}{\sqrt{2}}=-\beta$

$\alpha^4=(\alpha^2)^2=(-i)^2=-1,\ \alpha^8=(\alpha^4)^2=(-1)^2=1$

이므로 음이 아닌 정수 k에 대하여

$\alpha^{8k}=1,\ \alpha^{8k+4}=-1$ …… ㉠

또, $\alpha^3=-\beta$이므로 $\alpha^m\beta^n=1$에서

$\alpha^m\beta^n=\alpha^m\times(-\alpha^3)^n=(-1)^n\times\alpha^{m+3n}=1$

(i) n이 홀수일 때

$\alpha^m\beta^n=-\alpha^{m+3n}=1$이므로

$\alpha^{m+3n}=-1$

이때 m, n은 10 이하의 자연수이므로

$4\le m+3n\le 40$

㉠에 의하여

$m+3n=8t+4$ (단, $t=0, 1, 2, 3, 4$)

위의 식을 만족시키는 10 이하의 자연수 m, n의 순서쌍 (m, n)은

$(1, 1), (1, 9), (3, 3), (5, 5), (7, 7), (9, 1), (9, 9)$

의 7개이다.

(ii) n이 짝수일 때

$\alpha^m\beta^n=\alpha^{m+3n}=1$

이때 m, n은 10 이하의 자연수이므로

$4\le m+3n\le 40$

㉠에 의하여

$m+3n=8t$ (단, $t=1, 2, 3, 4, 5$)

위의 식을 만족시키는 10 이하의 자연수 m, n의 순서쌍 (m, n)은

$(2, 2), (2, 10), (4, 4), (6, 6), (8, 8), (10, 2), (10, 10)$

의 7개이다.

(i), (ii)에 의하여 순서쌍 (m, n)의 개수는

$7+7=14$

답 14

6 전략 음수의 제곱근의 성질과 절댓값의 성질을 이용한다.

풀이 조건 (가)에서 $\frac{\sqrt{-a}}{\sqrt{b}}=-\sqrt{-\frac{a}{b}}$이므로

$-a>0,\ b<0$

$\therefore a<0,\ b<0$

조건 (나)에서 $|a+c|+|a-b-1|=0$이므로

$a+c=0,\ a-b-1=0$

$a+c=0$에서 $a=-c$

이때 $a<0$이므로 $c>0$

$\therefore c>a$

또, $a-b-1=0$에서 $a=b+1$이므로

$a>b$

$\therefore b<a<c$

답 ③

개념 연계 / 중학 수학 / 절댓값의 성질

실수 x, y에 대하여

$|x|+|y|=0 \Longleftrightarrow x=0,\ y=0$

6-1 전략 음수의 제곱근의 성질을 이용한다.

풀이 조건 (가)에서 $a<0,\ b<0$

조건 (나)에서 $b<0,\ c>0$

조건 (다)에서 $a-b+1=0$이므로

$a-b=-1<0,\ b-a=1>0$

$\therefore \frac{\sqrt{b-a}}{\sqrt{a-b}}+\frac{\sqrt{-a}}{\sqrt{a}}+\frac{\sqrt{b}}{\sqrt{-b}}+\frac{\sqrt{c}}{\sqrt{-c}}$

$=-\sqrt{\frac{b-a}{a-b}}-\sqrt{\frac{-a}{a}}+\sqrt{\frac{b}{-b}}-\sqrt{\frac{c}{-c}}$

$=-i-i+i-i=-2i$

답 ④

1등급 노트 음수의 제곱근의 성질

(1) $a<0,\ b<0$이면 $\sqrt{a}\sqrt{b}=-\sqrt{ab}$

$\sqrt{a}\sqrt{b}=-\sqrt{ab}$이면 $a<0,\ b<0$ 또는 $a=0$ 또는 $b=0$

또, $a<0,\ b<0$을 제외한 경우에는 $\sqrt{a}\sqrt{b}=\sqrt{ab}$가 성립한다.

(2) $a>0,\ b<0$이면 $\frac{\sqrt{a}}{\sqrt{b}}=-\sqrt{\frac{a}{b}}$

$\frac{\sqrt{a}}{\sqrt{b}}=-\sqrt{\frac{a}{b}}$이면 $a>0,\ b<0$ 또는 $a=0,\ b\neq 0$

또, $a>0,\ b<0$을 제외한 경우에는 $\frac{\sqrt{a}}{\sqrt{b}}=\sqrt{\frac{a}{b}}$가 성립한다.

C Step 1등급 완성 최고난도 예상 문제

본문 34~36쪽

01 ②	02 ③	03 17	04 30	05 ④
06 ④	07 ②	08 ②	09 ②	10 ⑤
11 ④	12 30	13 ①	14 ④	15 ①

1등급 뛰어넘기

16 −9	17 ④

01 전략 복소수 z에 대하여 $z^2<0$이려면 z가 순허수이어야 함을 이용한다.

풀이 $\left(\frac{z+9}{z-1}\right)^2$이 음의 실수이므로 $\frac{z+9}{z-1}$가 순허수이다.

즉, $\frac{z+9}{z-1}$의 실수부분이 0이다.

$\frac{z+9}{z-1}=\frac{(a+9)+bi}{(a-1)+bi}=\frac{\{(a+9)+bi\}\{(a-1)-bi\}}{\{(a-1)+bi\}\{(a-1)-bi\}}$

$=\frac{(a^2+8a-9+b^2)-10bi}{(a-1)^2+b^2}$

이므로 $a^2+8a-9+b^2=0$

$\therefore (a+4)^2+b^2=25$

답 ②

다른풀이 $\frac{z+9}{z-1}+\overline{\left(\frac{z+9}{z-1}\right)}=0$이므로

$\frac{z+9}{z-1}+\frac{\overline{z}+9}{\overline{z}-1}=0,\ \frac{2z\overline{z}+8(z+\overline{z})-18}{(z-1)(\overline{z}-1)}=0$

즉, $2z\overline{z}+8(z+\overline{z})-18=0$이므로

$z\overline{z}+4(z+\overline{z})-9=0$

이때 $z=a+bi$에서 $z\bar{z}=a^2+b^2$, $z+\bar{z}=2a$이므로

$a^2+b^2+4\times 2a-9=0$

$(a^2+8a+16)+b^2=9+16$

$\therefore (a+4)^2+b^2=25$

1등급 노트 복소수가 실수 또는 순허수가 될 조건

복소수 z에 대하여

(1) $\bar{z}=z \Longleftrightarrow z$는 실수

(2) $\bar{z}=-z \Longleftrightarrow z$는 순허수 또는 0

(3) $z^2\ge 0 \Longleftrightarrow z$는 실수

(4) $z^2<0 \Longleftrightarrow z$는 순허수

02

전략 주어진 등식에서 ω를 z에 대한 식으로 나타낸 후 켤레복소수의 성질을 이용한다.

풀이 $z=\dfrac{1+\sqrt{3}i}{2}$에서 $\bar{z}=\dfrac{1-\sqrt{3}i}{2}$이므로

$z+\bar{z}=1$, $z\bar{z}=1$

이때 $z\omega-2=\omega-z$에서

$(z-1)\omega=2-z$

$\therefore \omega=\dfrac{2-z}{z-1}$ ($\because z\ne 1$)

$$\therefore \omega+\bar{\omega}=\frac{2-z}{z-1}+\overline{\left(\frac{2-z}{z-1}\right)}=\frac{2-z}{z-1}+\frac{2-\bar{z}}{\bar{z}-1}$$

$$=\frac{(2-z)(\bar{z}-1)+(z-1)(2-\bar{z})}{(z-1)(\bar{z}-1)}$$

$$=\frac{3(z+\bar{z})-2z\bar{z}-4}{z\bar{z}-(z+\bar{z})+1}$$

$$=\frac{3\times 1-2\times 1-4}{1-1+1}=-3$$

답 ③

03

전략 $z=a+bi$ (a, b는 실수)로 놓고 조건을 만족시키는 z를 구한다.

풀이 $z=a+bi$ (a, b는 실수, $b\ne 0$)로 놓으면 $\bar{z}=a-bi$이므로

$$\frac{z-\bar{z}}{\bar{z}}=\frac{2bi}{a-bi}=\frac{2bi(a+bi)}{(a-bi)(a+bi)}=\frac{-2b^2+2abi}{a^2+b^2}$$

조건 (가)에서 $\dfrac{z-\bar{z}}{\bar{z}}$가 실수이므로

$2ab=0$

이때 $b\ne 0$이므로 $a=0$

$\therefore z=bi$

$$\frac{z+z^2}{z-\bar{z}}=\frac{bi-b^2}{2bi}=\frac{1}{2}-\frac{b}{2i}=\frac{1}{2}+\frac{b}{2}i$$

조건 (나)에서 $\dfrac{z+z^2}{z-\bar{z}}=\dfrac{1}{2}+2i$이므로

$\dfrac{b}{2}=2$ $\quad\therefore b=4$

따라서 $z=4i$이므로

$(z+1)(\bar{z}+1)=(4i+1)(-4i+1)=17$

답 17

04

전략 $z=a+bi$ (a, b는 실수)로 놓고 $z+\bar{z}=2a$, $z\bar{z}=a^2+b^2$임을 이용하여 $(z-1)^n=\left(\dfrac{\bar{z}}{z+\bar{z}}\right)^n$을 간단히 한다.

풀이 $z=a+bi$ (a, b는 실수, $b\ne 0$)로 놓으면 $\bar{z}=a-bi$이므로

$$\bar{z}^2+z=(a-bi)^2+(a+bi)$$

$$=(a^2-b^2+a)+(b-2ab)i$$

$\bar{z}^2+z=0$이므로

$a^2-b^2+a=0$, $b-2ab=0$

두 식을 연립하여 풀면

$a=\dfrac{1}{2}$, $b=-\dfrac{\sqrt{3}}{2}$ 또는 $a=\dfrac{1}{2}$, $b=\dfrac{\sqrt{3}}{2}$ ($\because b\ne 0$)

$\therefore z+\bar{z}=2a=1$

즉, $z-1=-\bar{z}$이므로

$$\left(\frac{\bar{z}}{z+\bar{z}}\right)^n=(\bar{z})^n=\{-(z-1)\}^n=(-1)^n\times(z-1)^n$$

따라서 $(z-1)^n=\left(\dfrac{\bar{z}}{z+\bar{z}}\right)^n$을 만족시키는 n은 60 이하의 짝수이므로 자연수 n의 개수는 30이다.

답 30

05

전략 복소수 z와 그 켤레복소수 $\bar{z}$에 대하여 $z+\bar{z}$, $z\bar{z}$는 실수이고, $z-\bar{z}$는 순허수임을 이용한다.

풀이 $z=a+bi$ (a, b는 실수)로 놓으면 $\bar{z}=a-bi$

ㄱ. $z^2+\bar{z}^2=(a+bi)^2+(a-bi)^2$

$=2(a^2-b^2)$

이므로 $z^2+\bar{z}^2=0$이면

$a^2-b^2=0$, $a^2=b^2$

따라서 $a=b$ 또는 $a=-b$이므로

$z=a+ai$ 또는 $z=a-ai$ (거짓)

ㄴ. $(z-1)^2$이 실수이면 그 켤레복소수 $\overline{(z-1)^2}$도 실수이다. 이때

$\overline{(z-1)^2}=\overline{(z-1)(z-1)}=\overline{z-1}\times\overline{z-1}$

$=(\bar{z}-1)(\bar{z}-1)$

$=(\bar{z}-1)^2$

이므로 $(\bar{z}-1)^2$은 실수이다. (참)

ㄷ. $\dfrac{zi+1}{z+1}=\omega$로 놓으면

$$\bar{\omega}=\overline{\left(\frac{zi+1}{z+1}\right)}=\frac{\overline{zi}+1}{\bar{z}+1}=\frac{-\bar{z}i+1}{\bar{z}+1}$$

$$\therefore \frac{zi+1}{z+1}-\frac{\bar{z}i-1}{\bar{z}+1}=\omega+\bar{\omega}=(\text{실수})$$

즉, $\dfrac{zi+1}{z+1}-\dfrac{\bar{z}i-1}{\bar{z}+1}$은 실수이다. (참)

따라서 옳은 것은 ㄴ, ㄷ이다.

답 ④

06

전략 $(\alpha+\beta)^2$의 값을 구하기 위해 먼저 $\alpha\beta$의 값을 구한다.

풀이 $\alpha^2=8i$, $\beta^2=-8i$이므로

$(\alpha\beta)^2=\alpha^2\beta^2=8i\times(-8i)=64$

$\therefore \alpha\beta=-8$ 또는 $\alpha\beta=8$

ㄱ. $(\alpha+\beta)^2=\alpha^2+2\alpha\beta+\beta^2=8i+2\alpha\beta-8i=2\alpha\beta$이므로

$(\alpha+\beta)^2=-16$ 또는 $(\alpha+\beta)^2=16$ (거짓)

ㄴ. $\alpha\beta=-8$ 또는 $\alpha\beta=8$이므로

$\overline{\alpha\beta}=-8$ 또는 $\overline{\alpha\beta}=8$

$\therefore (\bar{\alpha}\times\bar{\beta})^2=\overline{\alpha\beta}^2=64$ (참)

ㄷ. $\left(\frac{\alpha-\beta}{\alpha+\beta}\right)^2=\frac{(\alpha-\beta)^2}{(\alpha+\beta)^2}=\frac{\alpha^2-2\alpha\beta+\beta^2}{\alpha^2+2\alpha\beta+\beta^2}$

$=\frac{-2\alpha\beta}{2\alpha\beta}$ ($\because \alpha^2+\beta^2=0$)

$=-1$

$\therefore \frac{\alpha-\beta}{\alpha+\beta}=-i$ 또는 $\frac{\alpha-\beta}{\alpha+\beta}=i$

(i) $\frac{\alpha-\beta}{\alpha+\beta}=-i$일 때

$\frac{\alpha-\beta}{\alpha+\beta}\times\frac{\overline{\alpha}-\overline{\beta}}{\overline{\alpha}+\overline{\beta}}=\frac{\alpha-\beta}{\alpha+\beta}\times\overline{\left(\frac{\alpha-\beta}{\alpha+\beta}\right)}=-i\times i=1$

(ii) $\frac{\alpha-\beta}{\alpha+\beta}=i$일 때

$\frac{\alpha-\beta}{\alpha+\beta}\times\frac{\overline{\alpha}-\overline{\beta}}{\overline{\alpha}+\overline{\beta}}=\frac{\alpha-\beta}{\alpha+\beta}\times\overline{\left(\frac{\alpha-\beta}{\alpha+\beta}\right)}=i\times(-i)=1$

(i), (ii)에 의하여 $\frac{\alpha-\beta}{\alpha+\beta}\times\frac{\overline{\alpha}-\overline{\beta}}{\overline{\alpha}+\overline{\beta}}=1$ (참)

따라서 옳은 것은 ㄴ, ㄷ이다. 답 ④

참고 조건을 만족시키는 두 복소수 α, β를 각각 구할 수 있다.

$\alpha=a+bi$ (a, b는 실수)로 놓으면

$\alpha^2=(a+bi)^2=(a^2-b^2)+2abi=8i$

$\therefore a^2-b^2=0,\ 2ab=8$

이때 $a^2-b^2=0$에서 $(a+b)(a-b)=0$

$\therefore a=-b$ 또는 $a=b$

(i) $a=-b$일 때, $2ab=8$에서 $-2b^2=8$이므로 $b^2=-4$

이때 b는 실수이므로 $b^2=-4$가 될 수 없다.

(ii) $a=b$일 때, $2ab=8$에서 $2b^2=8$이므로 $b^2=4$

$\therefore b=-2$ 또는 $b=2$

(i), (ii)에 의하여 $\alpha=-2-2i$ 또는 $\alpha=2+2i$

같은 방법으로 $\beta=2-2i$ 또는 $\beta=-2+2i$

07

전략 $\frac{1+i}{\sqrt{2}}$의 거듭제곱의 규칙성을 파악하고, $f(n)$의 규칙성을 확인한다.

풀이 $z=\frac{1+i}{\sqrt{2}}$로 놓으면 $\overline{z}=\frac{1-i}{\sqrt{2}}$

$z^2=\left(\frac{1+i}{\sqrt{2}}\right)^2=i$

$z^3=z^2\times z=\frac{-1+i}{\sqrt{2}}=-\overline{z}$

$z^4=(z^2)^2=-1,\ z^5=z^4\times z=-z,\ z^6=z^4\times z^2=-i,\ z^7=z^4\times z^3=\overline{z},$

$z^8=(z^4)^2=1$

$\therefore z+z^2+z^3+\cdots+z^8$

$=z+i+(-\overline{z})+(-1)+(-z)+(-i)+\overline{z}+1=0$

따라서 복소수 z의 거듭제곱은 주기가 8이고, $z+z^2+z^3+\cdots+z^8=0$이므로 음이 아닌 정수 n, k에 대하여

$f(8n+k)=f(k),\ f(k)+f(k+4)=0$

$\therefore f(2)+f(6)+f(10)+f(14)+f(18)=f(18)=f(2)$

$=z^2+z^3+z^4+z^5$

$=i-\overline{z}-1-z$

$=i-\frac{1-i}{\sqrt{2}}-1-\frac{1+i}{\sqrt{2}}$

$=-1-\sqrt{2}+i$

따라서 $a=-1-\sqrt{2}$, $b=1$이므로

$(a+b)^2=(-\sqrt{2})^2=2$ 답 ②

08

전략 i의 거듭제곱의 지수를 4로 나누었을 때의 나머지를 이용하여 ㄷ의 식의 값을 구한다.

풀이 ㄱ. $f(1)f(2)=\frac{i}{1+i}\times\frac{i^2}{1+i}=\frac{i\times i^2}{(1+i)^2}=\frac{-i}{2i}=-\frac{1}{2}$ (참)

ㄴ. (i) $k=2,\ 4,\ 6,\ \cdots,\ 48$일 때

$100-2k$, $100+2k$는 4의 배수이므로

$f(100-2k)=f(100+2k)=f(4)$

(ii) $k=1,\ 3,\ 5,\ \cdots,\ 49$일 때

$100-2k$, $100+2k$는 4로 나누었을 때의 나머지가 2이므로

$f(100-2k)=f(100+2k)=f(2)$

(i), (ii)에 의하여 $f(100-2k)=f(100+2k)$ (참)

ㄷ. 자연수 n에 대하여

$f(n)f(n+1)=\frac{i^n}{1+i}\times\frac{i^{n+1}}{1+i}=\frac{(i^2)^n\times i}{2i}$

$=\frac{(-1)^n i}{2i}=\frac{(-1)^n}{2}$

즉, $f(n)f(n+1)=\begin{cases}-\frac{1}{2}\ (n\text{이 홀수})\\ \frac{1}{2}\ \ (n\text{이 짝수})\end{cases}$ 이므로

$f(1)f(2)+f(2)f(3)+f(3)f(4)-\cdots+f(49)f(50)$

$=-\frac{1}{2}+\frac{1}{2}-\frac{1}{2}+\frac{1}{2}-\cdots+\frac{1}{2}-\frac{1}{2}$

$=\left(-\frac{1}{2}+\frac{1}{2}\right)+\left(-\frac{1}{2}+\frac{1}{2}\right)+\cdots+\left(-\frac{1}{2}+\frac{1}{2}\right)-\frac{1}{2}$

$=-\frac{1}{2}$ (거짓)

따라서 옳은 것은 ㄱ, ㄴ이다. 답 ②

다른풀이 ㄴ. $k=1,\ 2,\ 3,\ \cdots,\ 49$에 대하여

$f(100-2k)=\frac{i^{100-2k}}{1+i}=\frac{i^{100}\times i^{-2k}}{1+i}=\frac{\left(\frac{1}{i^2}\right)^k}{1+i}=\frac{(-1)^k}{1+i}$

$f(100+2k)=\frac{i^{100+2k}}{1+i}=\frac{i^{100}\times i^{2k}}{1+i}=\frac{(-1)^k}{1+i}$

$\therefore f(100-2k)=f(100+2k)$ (참)

09

전략 i의 거듭제곱의 주기가 4임을 이용하여 4로 나누었을 때의 나머지가 같은 수들의 규칙을 파악한다.

풀이 $\frac{1+i}{1-i}=\frac{(1+i)^2}{(1-i)(1+i)}=\frac{2i}{2}=i,$

$\frac{1-i}{1+i}=\frac{(1-i)^2}{(1+i)(1-i)}=\frac{-2i}{2}=-i$이므로

$f(n)=i^n+n\times(-i)^n=i^n\{1+(-1)^n\times n\}$

자연수 k에 대하여

$n=4k-3$일 때, $f(n)=i\{1-(4k-3)\}=(-4k+4)i$

$n=4k-2$일 때, $f(n)=-(1+4k-2)=-4k+1$

$n=4k-1$일 때, $f(n)=-i\{1-(4k-1)\}=(4k-2)i$

$n=4k$일 때, $f(n)=1+4k=4k+1$

이므로

$f(4k-3)+f(4k-2)+f(4k-1)+f(4k)$
$=(-4k+4)i+(-4k+1)+(4k-2)i+(4k+1)=2+2i$

(i) $m=4k-3$일 때

$f(1)+f(2)+f(3)+\cdots+f(m)$
$=(k-1)(2+2i)+(-4k+4)i$
$=2k-2-(2k-2)i$

즉, $a=2k-2$, $b=-2k+2$이므로

$a+b=0$

(ii) $m=4k-2$일 때

$f(1)+f(2)+f(3)+\cdots+f(m)$
$=(k-1)(2+2i)+(-4k+4)i+(-4k+1)$
$=-2k-1-(2k-2)i$

즉, $a=-2k-1$, $b=-2k+2$이므로

$a+b=-4k+1$

(iii) $m=4k-1$일 때

$f(1)+f(2)+f(3)+\cdots+f(m)$
$=(k-1)(2+2i)+(-4k+4)i+(-4k+1)+(4k-2)i$
$=-2k-1+2ki$

즉, $a=-2k-1$, $b=2k$이므로

$a+b=-1$

(iv) $m=4k$일 때

$f(1)+f(2)+f(3)+\cdots+f(m)=k(2+2i)$
$=2k+2ki$

즉, $a=b=2k$이므로

$a+b=4k$

(i)~(iv)에 의하여 $a+b$는 $m=4k-2$일 때, 최솟값 $-4k+1$을 갖는다.

이때 m이 100 이하의 자연수이므로 $m=98$, 즉 $k=25$일 때 최솟값을 가지므로 $a+b$의 최솟값은

$-4\times25+1=-99$ 답 ②

10

전략 자연수의 양의 약수를 4로 나누었을 때의 나머지를 이용하여 $f(n)$의 값을 구한다.

풀이 ㄱ. 20의 양의 약수는 1, 2, 4, 5, 10, 20이므로

$f(20)=i+i^2+i^4+i^5+i^{10}+i^{20}$
$=i-1+1+i-1+1$
$=2i$ (참)

ㄴ. 2^{3m}의 양의 약수는 $1, 2, 2^2, \cdots, 2^{3m}$의 $(3m+1)$개이다.

이때 $2^2, 2^3, \cdots, 2^{3m}$은 4의 배수이므로

$f(2^{3m})=i+i^2+i^{2^2}+\cdots+i^{2^{3m}}$
$=i+i^2+(3m-1)i^4$
$=i-1+(3m-1)$
$=3m-2+i$ (참)

ㄷ. (i) $m=1$일 때

10의 양의 약수는 1, 2, 5, 10이므로

$f(10)=i+i^2+i^5+i^{10}=i-1+i-1=-2+2i$

이것은 $m^2-m-2+(m+1)i$에 $m=1$을 대입한 값과 같다.

(ii) $m\geq2$일 때

$10^m=2^m\times5^m$의 약수의 개수는 $(m+1)(m+1)$이다.

10^m의 양의 약수를 4로 나누었을 때의 나머지에 따라 분류하면 다음과 같다.

	나머지가 1	나머지가 2	4의 배수		
$(m+1)$개	1	2	2^2	$\cdots$	2^m
	5	2×5	$2^2\times5$	$\cdots$	$2^m\times5$
	5^2	2×5^2	$2^2\times5^2$	$\cdots$	$2^m\times5^2$
	$\vdots$	$\vdots$	$\vdots$	$\vdots$	$\vdots$
	5^m	2×5^m	$2^2\times5^m$	$\cdots$	$2^m\times5^m$

$\therefore f(10^m)=(m+1)i+(m+1)i^2+(m-1)(m+1)i^4$
$=(m+1)i-(m+1)+(m-1)(m+1)$
$=m^2-m-2+(m+1)i$

(i), (ii)에 의하여

$f(10^m)=m^2-m-2+(m+1)i$ (참)

따라서 ㄱ, ㄴ, ㄷ 모두 옳다. 답 ⑤

11

전략 $f(n)$과 $g(n)$ 사이의 관계를 파악한다.

풀이 $f(1)=\frac{\sqrt{2}i}{1-i}=\frac{-1+i}{\sqrt{2}}$, $g(1)=\frac{\sqrt{2}i}{1+i}=\frac{1+i}{\sqrt{2}}$에서

$f(2)=\{f(1)\}^2=\left(\frac{-1+i}{\sqrt{2}}\right)^2=\frac{-2i}{2}=-i$

$f(3)=\{f(1)\}^3=\{f(1)\}^2\times f(1)=-i\times\frac{-1+i}{\sqrt{2}}=\frac{1+i}{\sqrt{2}}=g(1)$

$f(4)=\{f(1)\}^4=\{f(2)\}^2=(-i)^2=-1$

$f(6)=\{f(1)\}^6=f(4)\times f(2)=i$

$f(8)=\{f(4)\}^2=(-1)^2=1, \cdots$

이므로

$f(a)g(b)=\{f(1)\}^a\times\{g(1)\}^b=\{f(1)\}^a\times\{f(1)\}^{3b}$
$=\{f(1)\}^{a+3b}=f(a+3b)=-1$

이때 a, b는 10 이하의 서로 다른 자연수이므로

$4\leq a+3b\leq40$

$\therefore a+3b=8k+4$ (단, $k=0, 1, 2, 3, 4$)

위의 식을 만족시키는 10 이하의 서로 다른 자연수 a, b의 순서쌍 (a, b)는

$(1, 9), (2, 6), (4, 8), (6, 2), (6, 10), (8, 4), (9, 1), (10, 6)$

이므로 $a+b$의 값이 될 수 있는 수는

8, 10, 12, 16 답 ④

12

전략 앞면이 나온 횟수를 x라 하면 뒷면이 나온 횟수는 $n-x$임을 이용하여 식을 세우고, 두 수 $2i$, $1+i$의 거듭제곱의 관계를 파악한다.

풀이 동전을 n번 던져서 앞면이 나온 횟수를 x $(0\leq x\leq n)$, $\alpha=2i$, $\beta=1+i$로 놓으면

$\alpha^x\beta^{n-x}=16$

이때 $\beta^2=(1+i)^2=2i=\alpha$, $\beta^4=(2i)^2=-4$, $\beta^8=(-4)^2=16$이므로

$\alpha^x\beta^{n-x}=(\beta^2)^x\times\beta^{n-x}=\beta^{x+n}=16$

$\therefore x+n=8$

이때 $0 \le x \le n$이므로 x, n으로 가능한 값을 표로 나타내면 다음과 같다.

x	0	1	2	3	4
n	8	7	6	5	4

즉, 가능한 n의 값은 4, 5, 6, 7, 8이므로 구하는 합은

$4+5+6+7+8=30$ 답 30

다른풀이 $(1+i)^2=2i$, $(1+i)^4=-4$, $(1+i)^6=-8i$, $(1+i)^8=16$, $\cdots$이고, $(2i)^4=16$이므로 동전을 n번 던져서 앞면이 나온 횟수를 x라 하면

$0 \le x \le 4$

(i) $x=4$일 때

$(2i)^4(1+i)^{n-4}=16$이므로

$16(1+i)^{n-4}=16$, $(1+i)^{n-4}=1$

즉, $n-4=0$이므로 $n=4$

(ii) $x=3$일 때

$(2i)^3 \times (1+i)^{n-3}=16$이므로

$-8i \times (1+i)^{n-3}=16$, $(1+i)^{n-3}=2i$

즉, $n-3=2$이므로 $n=5$

(iii) $x=2$일 때

$(2i)^2 \times (1+i)^{n-2}=16$이므로

$-4 \times (1+i)^{n-2}=16$, $(1+i)^{n-2}=-4$

즉, $n-2=4$이므로 $n=6$

(iv) $x=1$일 때

$2i \times (1+i)^{n-1}=16$이므로

$(1+i)^{n-1}=-8i$

즉, $n-1=6$이므로 $n=7$

(v) $x=0$일 때

$(1+i)^n=16$이므로 $n=8$

(i)~(v)에 의하여 가능한 n의 값은 4, 5, 6, 7, 8이므로 구하는 합은

$4+5+6+7+8=30$

13 전략 항등식의 성질을 이용하여 $\frac{b}{a}$, $\frac{a}{b}$의 값의 부호를 결정한다.

풀이 $(a+b-3)x+ab+1=0$이 x에 대한 항등식이므로

$a+b-3=0$, $ab+1=0$

$\therefore a+b=3$, $ab=-1$

이때 $ab=-1<0$에서 a, b의 부호가 서로 다르므로

$\frac{b}{a}<0$, $\frac{a}{b}<0$

$$\begin{aligned}\therefore \left(\sqrt{\frac{b}{a}}+\sqrt{\frac{a}{b}}\right)^2&=\frac{b}{a}+\frac{a}{b}+2\times\sqrt{\frac{b}{a}}\times\sqrt{\frac{a}{b}}\\&=\frac{b}{a}+\frac{a}{b}-2\times\sqrt{\frac{b}{a}\times\frac{a}{b}}\\&=\frac{b}{a}+\frac{a}{b}-2=\frac{a^2+b^2}{ab}-2\\&=\frac{(a+b)^2-2ab}{ab}-2\\&=\frac{3^2-2\times(-1)}{-1}-2=-13\end{aligned}$$

답 ①

개념 연계 수학상 / **항등식의 성질**

(1) 항등식

주어진 등식의 문자에 어떤 값을 대입하여도 항상 성립하는 등식

(2) 항등식의 성질

① $ax+by+c=0$이 x, y에 대한 항등식이면

$a=b=c=0$

② $ax+by+c=a'x+b'y+c'$이 x, y에 대한 항등식이면

$a=a'$, $b=b'$, $c=c'$

14 전략 음수의 제곱근의 성질을 이용한다.

풀이 $z=a+bi$이므로

$z^2=(a+bi)^2=a^2-b^2+2abi$

조건 (가)에서 $2z^2=-40+9i$이므로

$2(a^2-b^2+2abi)=-40+9i$

$2(a^2-b^2)+4abi=-40+9i$

이때 a, b가 실수이므로

$a^2-b^2=-20$, $4ab=9$

$\therefore (a-b)(a+b)=-20$, $ab=\frac{9}{4}$ ...... ㉠

조건 (나)에서

$\frac{z}{1-i}=\frac{a+bi}{1-i}=\frac{(a+bi)(1+i)}{(1-i)(1+i)}=\frac{(a-b)+(a+b)i}{2}$

이때 $\frac{z}{1-i}$의 실수부분이 2이므로

$\frac{a-b}{2}=2$ $\quad\therefore a-b=4$ ...... ㉡

㉠, ㉡에서 $a+b=-5$이므로

$a=-\frac{1}{2}$, $b=-\frac{9}{2}$

이때 $a<0$, $b<0$이므로

$\sqrt{a}\sqrt{b}=-\sqrt{ab}$

$$\begin{aligned}\therefore (\sqrt{a})^2+2\sqrt{a}\sqrt{b}+(\sqrt{b})^2&=a-2\sqrt{ab}+b\\&=-\frac{1}{2}-2\sqrt{\frac{9}{4}}-\frac{9}{2}\\&=-5-3=-8\end{aligned}$$

답 ④

참고 모든 실수 x에 대하여 $(\sqrt{x})^2=x$

15 전략 음수의 제곱근의 성질을 이용한다.

풀이
$$\begin{aligned}A_k&=\sqrt{a_1}\times\sqrt{a_2}\times\sqrt{a_3}\times\cdots\times\sqrt{a_{10}}\\&=\sqrt{|a_1|}\times\sqrt{|a_2|}\times\sqrt{|a_3|}\times\cdots\times\sqrt{|a_{10}|}\times i^k\\&=\sqrt{|a_1|\times|a_2|\times|a_3|\times\cdots\times|a_{10}|}\times i^k\\&=i^k\end{aligned}$$

$$\begin{aligned}\therefore A_1\times A_2\times\cdots\times A_{10}&=i\times i^2\times\cdots\times i^{10}\\&=i^{1+2+\cdots+10}\\&=i^{55}=i^{4\times13+3}\\&=(i^4)^{13}\times i^3\\&=i^3=-i\end{aligned}$$

답 ①

1등급 노트 음수의 제곱근의 성질의 확장

실수 $a_1, a_2, a_3, \cdots, a_n$ 중 음수의 개수가 k이면

$$\sqrt{a_1}\times\sqrt{a_2}\times\sqrt{a_3}\times\cdots\times\sqrt{a_n}$$
$$=\sqrt{|a_1|\times|a_2|\times|a_3|\times\cdots\times|a_n|}\times i^k$$

16 **전략** 복소수 $z=a+bi$ (a, b는 실수)에 대하여 $z+\bar{z}=2a$, $z\bar{z}=a^2+b^2$임을 이용한다.

풀이 $z=a+bi$ (a, b는 실수)로 놓으면 $\bar{z}=a-bi$이므로

$f(z)=(a+bi)(a-bi)+(a+bi)+(a-bi)+1$

$=a^2+2a+1+b^2$

$=(a+1)^2+b^2$

즉, $f(a+bi)=(a+1)^2+b^2$ ······ ㉠

이때 $f(\bar{z})=\bar{z}z+\bar{z}+z+1$이므로

$f(z)=f(\bar{z})=(a+1)^2+b^2$

$\therefore f(z)f(\bar{z})=\{(a+1)^2+b^2\}^2$

$z\bar{z}=(a+bi)(a-bi)=a^2+b^2$이므로

$f(z\bar{z})=f(a^2+b^2)=(a^2+b^2+1)^2$ ($\because$ ㉠)

조건 (가)에서 $f(z\bar{z})=f(z)f(\bar{z})$이므로

$(a^2+b^2+1)^2=\{(a+1)^2+b^2\}^2$

$a^3+a^2+a+ab^2=0$, $a(a^2+a+1+b^2)=0$

$a\left\{\left(a+\frac{1}{2}\right)^2+\frac{3}{4}+b^2\right\}=0$

$\therefore a=0 \left(\because \left(a+\frac{1}{2}\right)^2+\frac{3}{4}+b^2>0\right)$

$z+\bar{z}=2a=0$에서

$f(z+\bar{z})=f(0)=1$

$f(z)=f(\bar{z})=(a+1)^2+b^2=1+b^2$에서

$f(z)+f(\bar{z})=2+2b^2$

조건 (나)에서 $f(z+\bar{z})+19=f(z)+f(\bar{z})$이므로

$1+19=2+2b^2$, $b^2=9$

$\therefore b=-3$ 또는 $b=3$

따라서 $z=-3i$ 또는 $z=3i$이므로

$z^2=-9$

답 -9

17 **전략** $\frac{\sqrt{3}+i}{2}$의 거듭제곱의 규칙성을 찾아 z_n에 대응하는 점을 좌표평면에 나타낸다.

풀이 $z_1=\frac{\sqrt{3}+i}{2}$, $z_2=\left(\frac{\sqrt{3}+i}{2}\right)^2=\frac{1+\sqrt{3}i}{2}$, $z_3=\left(\frac{\sqrt{3}+i}{2}\right)^3=i$,

$z_4=\frac{-1+\sqrt{3}i}{2}$, $z_5=\frac{-\sqrt{3}+i}{2}$, $z_6=-1$, $z_{12}=1$

따라서 z_n ($n=1, 2, 3, \cdots, 12$)에 대응하는 점을 좌표평면에 나타내면 다음 그림과 같다.

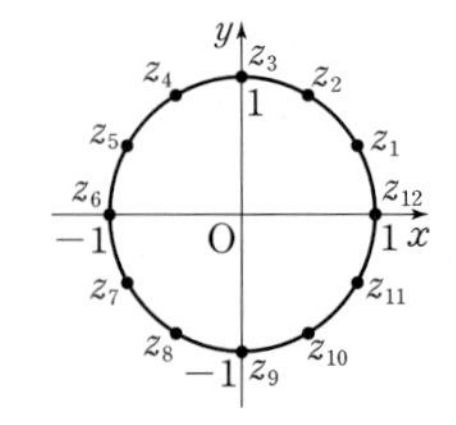

ㄱ. $z_6=-1$에 대응하는 점은 $(-1, 0)$으로 x축 위의 점이다. (거짓)

ㄴ. z_n, z_{n+6}에 대응하는 두 점은 원점에 대하여 대칭이므로 z_n, z_{n+6}에 대응하는 두 점을 잇는 선분의 길이는 2로 일정하다.

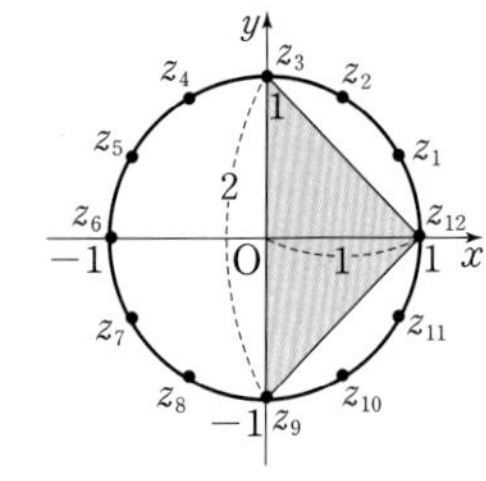

따라서 z_n, z_m, z_{n+6}에 대응하는 세 점으로 만들어지는 삼각형의 넓이가 최대이려면 $m=n+3$ 또는 $m=n+9$이어야 하므로 삼각형의 넓이의 최댓값은

$\frac{1}{2}\times2\times1=1$ (참)

ㄷ. 자연수 n에 대하여 서로 다른 z_n에 대응하는 점을 각각 좌표평면에 나타내어 선으로 이어 만든 다각형은 오른쪽 그림과 같이 정십이각형이다.

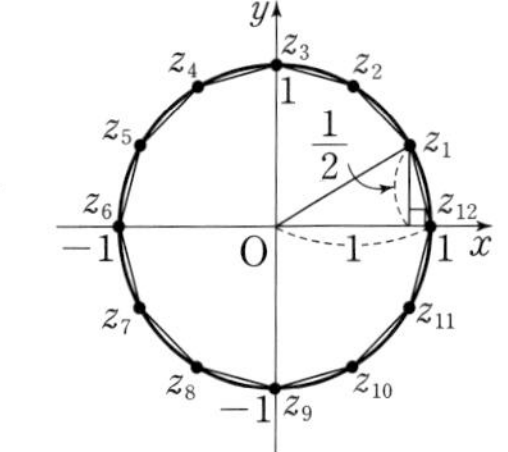

$z_1=\frac{\sqrt{3}+i}{2}$에 대응하는 점의 좌표는 $\left(\frac{\sqrt{3}}{2}, \frac{1}{2}\right)$이므로 원점과 z_1, z_{12}에 대응하는 두 점을 꼭짓점으로 하는 삼각형의 높이는 $\frac{1}{2}$이다.

따라서 정십이각형의 넓이는

$12\times\left(\frac{1}{2}\times1\times\frac{1}{2}\right)=12\times\frac{1}{4}=3$ (참)

따라서 옳은 것은 ㄴ, ㄷ이다.

답 ④

05 이차방정식

Step A 1등급을 위한 고난도 빈출 & 핵심 문제

본문 38~39쪽

01 ④	02 1	03 ③	04 ①	05 ⑤
06 ④	07 ⑤	08 ①	09 24	10 28
11 ②	12 ③	13 10	14 ⑤	

01 $a^2x+4=4x-2a$에서

$(a^2-4)x=-2(a+2)$

$(a+2)(a-2)x=-2(a+2)$

이 방정식의 해가 없으려면

$(a+2)(a-2)=0,\ -2(a+2)\neq 0$

$\therefore a=2$

답 ④

참고 x에 대한 방정식 $ax=b$에서

(1) 해가 무수히 많으려면 $a=0,\ b=0$

(2) 해가 없으려면 $a=0,\ b\neq 0$

02 $|3x-2|=4-\sqrt{(x+2)^2}$에서

$|3x-2|=4-|x+2|$

(i) $x<-2$일 때

$-(3x-2)=4-\{-(x+2)\}$

$-3x+2=4+x+2,\ -4x=4$

$\therefore x=-1$

그런데 $x<-2$이므로 $x=-1$은 주어진 방정식을 만족시키지 않는다.

(ii) $-2\le x<\frac{2}{3}$일 때

$-(3x-2)=4-(x+2)$

$-3x+2=4-x-2,\ -2x=0$

$\therefore x=0$

(iii) $x\ge\frac{2}{3}$일 때

$3x-2=4-(x+2)$

$3x-2=4-x-2,\ 4x=4$

$\therefore x=1$

(i), (ii), (iii)에 의하여 $x=0$ 또는 $x=1$

따라서 구하는 모든 x의 값의 합은

$0+1=1$

답 1

참고 절댓값 기호를 포함한 방정식을 풀 때는 절댓값 기호 안의 식의 값이 0이 되는 미지수의 값을 경계로 범위를 나눈다.

03 이차방정식 $2x^2-(k-1)x-5(2k-1)=0$의 한 근이 $k+1$이므로

$2(k+1)^2-(k-1)(k+1)-5(2k-1)=0$

$k^2-6k+8=0,\ (k-2)(k-4)=0$

$\therefore k=2$ 또는 $k=4$

(i) $k=2$일 때

$2x^2-x-15=0,\ (2x+5)(x-3)=0$

$\therefore x=-\frac{5}{2}$ 또는 $x=3$

(ii) $k=4$일 때

$2x^2-3x-35=0,\ (2x+7)(x-5)=0$

$\therefore x=-\frac{7}{2}$ 또는 $x=5$

(i), (ii)에 의하여 보기 중 이 이차방정식의 근이 될 수 없는 수는 $-\frac{3}{2}$이다.

답 ③

04 $x^2+|x+3|-2=\sqrt{(x-1)^2}+3$에서

$x^2+|x+3|-2=|x-1|+3$

$x^2+|x+3|-|x-1|-5=0$

(i) $x<-3$일 때

$x^2-(x+3)-\{-(x-1)\}-5=0$

$x^2-9=0,\ (x+3)(x-3)=0$

$\therefore x=\pm 3$

그런데 $x<-3$이므로 $x=\pm 3$은 주어진 방정식을 만족시키지 않는다.

(ii) $-3\le x<1$일 때

$x^2+(x+3)-\{-(x-1)\}-5=0$

$x^2+2x-3=0,\ (x+3)(x-1)=0$

$\therefore x=-3\ (\because -3\le x<1)$

(iii) $x\ge 1$일 때

$x^2+(x+3)-(x-1)-5=0$

$x^2-1=0,\ (x+1)(x-1)=0$

$\therefore x=1\ (\because x\ge 1)$

(i), (ii), (iii)에 의하여 주어진 방정식의 근은 $x=-3$ 또는 $x=1$

따라서 구하는 모든 근의 곱은

$-3\times 1=-3$

답 ①

참고 $|A|=\begin{cases}-A & (A<0)\\ A & (A\ge 0)\end{cases}$이고, $\sqrt{A^2}=|A|$임을 이용하여 방정식을 간단히 정리한다.

05 이차방정식 $x^2-ax+b-2=0$의 판별식을 D_1이라 하면

$D_1=(-a)^2-4(b-2)=0$

$\therefore a^2=4b-8$ ...... ㉠

이차방정식 $x^2-4ax+b^2+6b+9=0$의 판별식을 D_2라 하면

$\frac{D_2}{4}=(-2a)^2-(b^2+6b+9)$

$=4a^2-b^2-6b-9$

$=4(4b-8)-b^2-6b-9\ (\because ㉠)$

$=-b^2+10b-41$

$=-(b-5)^2-16<0$

따라서 이차방정식 $x^2-4ax+b^2+6b+9=0$은 서로 다른 두 허근을 갖는다.

답 ⑤

06 이차방정식 $x^2-(k-a)x+2a-15=0$의 판별식을 D라 하면

$D=\{-(k-a)\}^2-4(2a-15)\geq 0$

$(k-a)^2-4(2a-15)\geq 0$ …… ㉠

이때 $(k-a)^2\geq 0$이므로 ㉠이 k의 값에 관계없이 항상 성립하려면

$-4(2a-15)\geq 0$이어야 한다.

$2a-15\leq 0$

$\therefore a\leq \frac{15}{2}$

따라서 조건을 만족시키는 자연수 a는 1, 2, 3, …, 7의 7개이다.

답 ④

07 이차방정식 $x^2-8x+4=0$의 판별식을 D라 하면

$\frac{D}{4}=(-4)^2-4=12>0$

이므로 α, β는 모두 실근이다.

또, 이차방정식의 근과 계수의 관계에 의하여

$\alpha+\beta=8>0$, $\alpha\beta=4>0$

이므로

$\alpha>0$, $\beta>0$

$\alpha^2-8\alpha+4=0$, $\beta^2-8\beta+4=0$에서

$\alpha^2+4=8\alpha$, $\beta^2+4=8\beta$

$\therefore (\sqrt{\alpha^2+4}+\sqrt{\beta^2+4})^2=(\sqrt{8\alpha}+\sqrt{8\beta})^2$

$=8\alpha+8\beta+2\sqrt{8\alpha}\sqrt{8\beta}$

$=8(\alpha+\beta)+16\sqrt{\alpha\beta}$ ($\because \alpha>0$, $\beta>0$)

$=8\times 8+16\times 2=96$

$\therefore \sqrt{\alpha^2+4}+\sqrt{\beta^2+4}=4\sqrt{6}$ ($\because \sqrt{\alpha^2+4}+\sqrt{\beta^2+4}>0$)

답 ⑤

08 이차방정식 $x^2+(m^2+m-6)x+4m+3=0$의 두 실근을 α, $-\alpha$ $(\alpha\neq 0)$라 하면 근과 계수의 관계에 의하여

$\alpha+(-\alpha)=-(m^2+m-6)$ …… ㉠

$\alpha\times(-\alpha)=4m+3$ …… ㉡

㉠에서 $m^2+m-6=0$

$(m+3)(m-2)=0$

$\therefore m=-3$ 또는 $m=2$ …… ㉢

㉡에서 $4m+3=-\alpha^2<0$ ($\because \alpha$는 $\alpha\neq 0$인 실수)

$\therefore m<-\frac{3}{4}$ …… ㉣

㉢, ㉣에 의하여

$m=-3$

답 ①

1등급 노트 이차방정식의 실근의 부호

이차방정식의 두 근이 서로 다른 부호일 때

(1) (양수인 근의 절댓값)=(음수인 근의 절댓값)

⇨ (두 근의 합)=0, (두 근의 곱)<0

(2) (양수인 근의 절댓값)>(음수인 근의 절댓값)

⇨ (두 근의 합)>0, (두 근의 곱)<0

(3) (양수인 근의 절댓값)<(음수인 근의 절댓값)

⇨ (두 근의 합)<0, (두 근의 곱)<0

09 이차방정식 $ax^2+bx+c=0$의 근의 공식을

$x=\frac{-b\pm\sqrt{b^2-ac}}{2a}$로 잘못 적용하여 얻은 두 근이 2, 3이므로

$\frac{-b+\sqrt{b^2-ac}}{2a}+\frac{-b-\sqrt{b^2-ac}}{2a}=2+3$

즉, $-\frac{b}{a}=5$이므로

$b=-5a$ …… ㉠

$\frac{-b+\sqrt{b^2-ac}}{2a}\times\frac{-b-\sqrt{b^2-ac}}{2a}=2\times 3$

즉, $\frac{c}{4a}=6$이므로

$c=24a$ …… ㉡

㉠, ㉡을 $ax^2+bx+c=0$에 대입하면

$ax^2-5ax+24a=0$

따라서 근과 계수의 관계에 의하여 원래의 이차방정식의 두 근의 곱은

$\frac{24a}{a}=24$

답 24

다른풀이 이차방정식 $ax^2+bx+c=0$에서 근의 공식은

$x=\frac{-b\pm\sqrt{b^2-4ac}}{2a}$이므로 c의 값을 $\frac{1}{4}c$로 잘못 대입한 것과 같다.

이때 2, 3을 두 근으로 하고 x^2의 계수가 a인 이차방정식은

$a\{x^2-(2+3)x+2\times 3\}=0$, 즉 $ax^2-5ax+6a=0$

이므로 원래의 이차방정식의 상수항은

$6a\times 4=24a$

즉, 원래의 이차방정식은 $ax^2-5ax+24a=0$이므로 두 근의 곱은

$\frac{24a}{a}=24$

10 이차방정식 $f(x)=0$의 두 근 α, β에 대하여 $\alpha+\beta=4$, $\alpha\beta=-3$이므로

$f(x)=a(x^2-4x-3)$ $(a\neq 0)$

으로 놓을 수 있다.

$\therefore f(2x-5)=a\{(2x-5)^2-4(2x-5)-3\}$

$=4ax^2-28ax+42a$

이때 $f(2x-5)=0$의 두 근을 α_1, β_1이라 하면 이차방정식의 근과 계수의 관계에 의하여

$\alpha_1+\beta_1=\frac{28a}{4a}=7$, $\alpha_1\beta_1=\frac{42a}{4a}=\frac{21}{2}$

$\therefore {\alpha_1}^2+{\beta_1}^2=(\alpha_1+\beta_1)^2-2\alpha_1\beta_1=7^2-21=28$

답 28

다른풀이 $f(\alpha)=0$, $f(\beta)=0$이므로 $f(2x-5)=0$의 근은

$2x-5=\alpha$ 또는 $2x-5=\beta$

$\therefore x=\frac{\alpha+5}{2}$ 또는 $x=\frac{\beta+5}{2}$

따라서 이차방정식 $f(2x-5)=0$의 두 근의 제곱의 합은

$\left(\frac{\alpha+5}{2}\right)^2+\left(\frac{\beta+5}{2}\right)^2=\frac{\alpha^2+\beta^2+10\alpha+10\beta+50}{4}$

$=\frac{(\alpha+\beta)^2-2\alpha\beta+10(\alpha+\beta)+50}{4}$

$=\frac{4^2-2\times(-3)+10\times 4+50}{4}$

$=\frac{112}{4}=28$

11 $f(\alpha)=2$, $f(\beta)=2$에서 $f(\alpha)-2=0$, $f(\beta)-2=0$이므로
이차방정식 $f(x)-2=0$의 두 근은 α, β이다.
즉, $f(x)-2=x^2-5x+2$
$\therefore f(x)=x^2-5x+4$
따라서 $p=-5$, $q=4$이므로
$p+q=-5+4=-1$
답 ②

12 a, b가 실수이고 이차방정식 $x^2+ax+b=0$의 한 근이 $-1+3i$이므로 다른 한 근은 $-1-3i$이다.
이때 근과 계수의 관계에 의하여
$(-1+3i)+(-1-3i)=-a$, $(-1+3i)(-1-3i)=b$
이므로 $a=2$, $b=10$
$\therefore \frac{1}{a}+\frac{1}{b}=\frac{1}{2}+\frac{1}{10}=\frac{3}{5}$, $\frac{1}{a}\times\frac{1}{b}=\frac{1}{2}\times\frac{1}{10}=\frac{1}{20}$
즉, $\frac{1}{a}$, $\frac{1}{b}$을 두 근으로 하고 x^2의 계수가 20인 이차방정식은
$20\left(x^2-\frac{3}{5}x+\frac{1}{20}\right)=0$
$\therefore 20x^2-12x+1=0$
따라서 $m=-12$, $n=1$이므로
$m+n=-12+1=-11$
답 ③

13 처음 전자제품의 가격을 a라 하면 x % 인상한 전자제품의 가격은 $a\left(1+\frac{x}{100}\right)$
전자제품의 가격이 a일 때의 판매량을 b라 하면 $2x$ % 감소한 판매량은 $b\left(1-\frac{2x}{100}\right)$
총 판매금액이 12 % 감소하였으므로
$a\left(1+\frac{x}{100}\right)\times b\left(1-\frac{2x}{100}\right)=ab\left(1-\frac{12}{100}\right)$
$1-\frac{x}{100}-\frac{2x^2}{10000}=\frac{88}{100}$
양변에 10000을 곱하면
$10000-100x-2x^2=8800$
$2x^2+100x-1200=0$, $x^2+50x-600=0$
$(x+60)(x-10)=0$
$\therefore x=10$ ($\because x>0$)
답 10

14 정사각형 ABCD의 한 변의 길이를 x로 놓으면
□AECF=□ABCD−△ABE−△AFD
$=x^2-\frac{1}{2}\times x\times(x-7)-\frac{1}{2}\times x\times 6$
$=\frac{1}{2}x^2+\frac{1}{2}x$
이므로
$\frac{1}{2}x^2+\frac{1}{2}x=120$, $x^2+x-240=0$, $(x+16)(x-15)=0$
$x=15$ ($\because x>7$)
따라서 정사각형 ABCD의 넓이는
$x^2=15^2=225$
답 ⑤

B Step 1등급을 위한 고난도 기출 VS 변형 유형

본문 40~42쪽

1 1	**1-1** ④	**2** ④	**2-1** 83	**3** ③	**3-1** 4
4 104	**4-1** 14	**5** ②	**5-1** ④	**6** ③	**6-1** ①
7 ②	**7-1** ⑤	**8** ④	**8-1** ①	**9** ⑤	**9-1** 8

1 전략 이차방정식의 판별식으로 식을 세우고 항등식의 성질을 이용한다.
풀이 이차방정식 $x^2-2(k+2a)x+k^2+k+3b-2=0$이 실수 k의 값에 관계없이 중근을 가지므로 이 이차방정식의 판별식을 D라 하면
$\frac{D}{4}=\{-(k+2a)\}^2-(k^2+k+3b-2)=0$
$(4a-1)k+4a^2-3b+2=0$
위의 식이 실수 k의 값에 관계없이 성립해야 하므로
$4a-1=0$, $4a^2-3b+2=0$
$4a-1=0$에서 $a=\frac{1}{4}$
$a=\frac{1}{4}$을 $4a^2-3b+2=0$에 대입하면
$4\times\left(\frac{1}{4}\right)^2-3b+2=0$, $3b=\frac{9}{4}$
$\therefore b=\frac{3}{4}$
$\therefore a+b=\frac{1}{4}+\frac{3}{4}=1$
답 1

1등급 노트 항등식에 대한 여러 가지 표현
다음은 모두 실수 k에 대한 항등식을 나타내는 표현이다.
(1) 실수 k의 값에 관계없이 항상 성립한다.
(2) 모든 실수 k에 대하여 성립한다.
(3) 임의의 실수 k에 대하여 성립한다.

1-1 전략 이차항의 계수가 0인 경우와 0이 아닌 경우로 나누어 주어진 방정식의 해가 오직 한 개가 되도록 하는 k의 값을 구한다.
풀이 x에 대한 방정식 $(k-2)x^2-2\sqrt{3}x+k=0$에서 다음과 같이 두 가지 경우로 나누어 실수 k의 값을 구한다.
(i) $k-2=0$, 즉 $k=2$일 때
방정식 $-2\sqrt{3}x+2=0$에서
$x=\frac{2}{2\sqrt{3}}=\frac{\sqrt{3}}{3}$
따라서 주어진 방정식은 오직 한 개의 실근을 갖는다.
(ii) $k-2\neq 0$, 즉 $k\neq 2$일 때
이차방정식 $(k-2)x^2-2\sqrt{3}x+k=0$이 중근을 가져야 하므로
이 이차방정식의 판별식을 D라 하면
$\frac{D}{4}=(-\sqrt{3})^2-(k-2)\times k=0$
$k^2-2k-3=0$
$(k+1)(k-3)=0$
$\therefore k=-1$ 또는 $k=3$
(i), (ii)에 의하여 실수 k의 값은 -1, 2, 3이므로 구하는 합은
$-1+2+3=4$
답 ④

2 전략 이차방정식의 근과 계수의 관계를 이용하여 $\alpha_n+\beta_n$의 값을 구한다.

풀이 이차방정식의 근과 계수의 관계에 의하여

$$\alpha_n+\beta_n=\frac{\sqrt{n}}{n+\sqrt{n(n+1)}}$$
$$=\frac{\sqrt{n}\{n-\sqrt{n(n+1)}\}}{\{n+\sqrt{n(n+1)}\}\{n-\sqrt{n(n+1)}\}}$$
$$=\frac{n\sqrt{n}-n\sqrt{n+1}}{-n}=\sqrt{n+1}-\sqrt{n}$$

$\therefore (\alpha_6+\alpha_7+\alpha_8+\cdots+\alpha_{53})+(\beta_6+\beta_7+\beta_8+\cdots+\beta_{53})$
$=(\alpha_6+\beta_6)+(\alpha_7+\beta_7)+(\alpha_8+\beta_8)+\cdots+(\alpha_{53}+\beta_{53})$
$=(\sqrt{7}-\sqrt{6})+(\sqrt{8}-\sqrt{7})+(\sqrt{9}-\sqrt{8})+\cdots+(\sqrt{54}-\sqrt{53})$
$=\sqrt{54}-\sqrt{6}$
$=3\sqrt{6}-\sqrt{6}=2\sqrt{6}$

답 ④

2-1 전략 이차방정식의 근과 계수의 관계를 이용하여 $\alpha_n+\beta_n$, $\alpha_n\beta_n$을 구한 후, $(\alpha_n-1)(\beta_n-1)$을 전개한다.

풀이 이차방정식의 근과 계수의 관계에 의하여

$$\alpha_n+\beta_n=\frac{\sqrt{n+1}-\sqrt{n}}{\sqrt{n(n+1)}}=\frac{1}{\sqrt{n}}-\frac{1}{\sqrt{n+1}}$$

$$\alpha_n\beta_n=\frac{\frac{1}{\sqrt{n(n+1)}}}{\sqrt{n(n+1)}}=\frac{1}{n(n+1)}=\frac{1}{n}-\frac{1}{n+1}$$

이때 $(\alpha_n-1)(\beta_n-1)=\alpha_n\beta_n-(\alpha_n+\beta_n)+1$이므로

$(\alpha_1-1)(\beta_1-1)+(\alpha_2-1)(\beta_2-1)+(\alpha_3-1)(\beta_3-1)$
$+\cdots+(\alpha_8-1)(\beta_8-1)$
$=(\alpha_1\beta_1+\alpha_2\beta_2+\cdots+\alpha_8\beta_8)$
$-\{(\alpha_1+\beta_1)+(\alpha_2+\beta_2)+\cdots+(\alpha_8+\beta_8)\}+8$
$=\left\{\left(1-\frac{1}{2}\right)+\left(\frac{1}{2}-\frac{1}{3}\right)+\cdots+\left(\frac{1}{8}-\frac{1}{9}\right)\right\}$
$-\left\{\left(1-\frac{1}{\sqrt{2}}\right)+\left(\frac{1}{\sqrt{2}}-\frac{1}{\sqrt{3}}\right)+\cdots+\left(\frac{1}{\sqrt{8}}-\frac{1}{\sqrt{9}}\right)\right\}+8$
$=\left(1-\frac{1}{9}\right)-\left(1-\frac{1}{\sqrt{9}}\right)+8$
$=-\frac{1}{9}+\frac{1}{3}+8=\frac{74}{9}$

따라서 $p=9$, $q=74$이므로

$p+q=9+74=83$

답 83

3 전략 이차방정식의 근과 계수의 관계와 $|\alpha|+|\beta|=6$을 이용하여 a에 대한 이차방정식을 세운다.

풀이 이차방정식의 근과 계수의 관계에 의하여

$\alpha+\beta=a$, $\alpha\beta=-4a$

이때 $a>0$이므로 $\alpha\beta=-4a<0$

즉, α, β는 서로 부호가 다르므로

$(|\alpha|+|\beta|)^2=\alpha^2+\beta^2+2|\alpha||\beta|$
$=\alpha^2+\beta^2-2\alpha\beta$
$=(\alpha+\beta)^2-4\alpha\beta$
$=a^2-4\times(-4a)$
$=a^2+16a=36$

$a^2+16a-36=0$에서 $(a+18)(a-2)=0$

$\therefore a=2\ (\because a>0)$

따라서 $\alpha+\beta=2$, $\alpha\beta=-8$이므로

$\alpha^2+\beta^2=(\alpha+\beta)^2-2\alpha\beta$
$=2^2-2\times(-8)$
$=4+16=20$

답 ③

다른풀이 $\alpha<\beta$라 하면 $\alpha<0$, $\beta>0$이므로 $|\alpha|+|\beta|=6$에서

$-\alpha+\beta=6$ $\quad\therefore \beta=\alpha+6$

$\alpha+\beta=a$, $\alpha\beta=-4a$에서 $\alpha\beta=-4(\alpha+\beta)$이므로

$\alpha(\alpha+6)=-4\{\alpha+(\alpha+6)\}$

$\alpha^2+6\alpha=-8\alpha-24$, $\alpha^2+14\alpha+24=0$, $(\alpha+12)(\alpha+2)=0$

$\therefore \alpha=-12$ 또는 $\alpha=-2$

$\alpha=-12$이면 $\beta=-12+6=-6$

$\alpha=-2$이면 $\beta=-2+6=4$

이때 $\alpha<0$, $\beta>0$이므로 $\alpha=-2$, $\beta=4$

$\therefore \alpha^2+\beta^2=(-2)^2+4^2=20$

3-1 전략 이차방정식의 근과 계수의 관계를 이용하여 $|\alpha|+|\beta|$, $|\alpha||\beta|$를 a에 대한 식으로 나타낸다.

풀이 이차방정식 $x^2+ax-3a=0$에서 근과 계수의 관계에 의하여

$\alpha+\beta=-a$, $\alpha\beta=-3a$

이때 $a>0$이므로 $\alpha\beta=-3a<0$

즉, α, β는 서로 부호가 다르므로 $\alpha<0<\beta$라 하자.

$|\alpha|+|\beta|=-\alpha+\beta$, $|\alpha||\beta|=-\alpha\beta=3a$

따라서 이차방정식 $x^2-5ax+24a=0$이 $-\alpha+\beta$, $3a$를 두 근으로 가지므로 이차방정식의 근과 계수의 관계에 의하여

$-\alpha+\beta+3a=5a$, $3a(-\alpha+\beta)=24a$

$3a(-\alpha+\beta)=24a$에서 $-\alpha+\beta=8\ (\because a>0)$

$-\alpha+\beta+3a=5a$에서

$8+3a=5a$, $2a=8$

$\therefore a=4$

답 4

4 전략 $f(\alpha)=5$, $f(\beta)=5$에서 α, β는 방정식 $f(x)-5=0$의 근임을 이용한다.

풀이 $f(\alpha)=5$, $f(\beta)=5$이므로 $f(\alpha)-5=0$, $f(\beta)-5=0$

따라서 α, β는 이차방정식 $f(x)-5=0$, 즉 $x^2-3x-9=0$의 두 근이므로 근과 계수의 관계에 의하여

$\alpha\beta=-9$

$\therefore f(\alpha\beta)=f(-9)=(-9)^2-3\times(-9)-4$
$=81+27-4=104$

답 104

4-1 전략 이차방정식의 근과 계수의 관계와 $f(\alpha^2)=-2\alpha$, $f(\beta^2)=-2\beta$를 이용하여 $f(x)$의 식을 구한다.

풀이 이차방정식 $x^2+2x+4=0$의 두 근이 α, β이므로 근과 계수의 관계에 의하여

$\alpha+\beta=-2$, $\alpha\beta=4$ $\quad\cdots\cdots$ ㉠

또, $\alpha^2+2\alpha+4=0$, $\beta^2+2\beta+4=0$이므로
$\alpha^2=-2\alpha-4$, $\beta^2=-2\beta-4$
$f(\alpha^2)=-2\alpha$, $f(\beta^2)=-2\beta$에서
$f(-2\alpha-4)=-2\alpha$, $f(-2\beta-4)=-2\beta$
따라서 -2α, -2β는 이차방정식 $f(x-4)=x$의 두 근이다.
이차방정식 $f(x-4)=x$는
$(x-4)^2+m(x-4)+n=x$
$\therefore x^2+(m-9)x+16-4m+n=0$
이차방정식의 근과 계수의 관계에 의하여
$-2\alpha+(-2\beta)=-(m-9)$, $-2\alpha\times(-2\beta)=16-4m+n$
㉠에 의하여
$-(m-9)=4$, $16=16-4m+n$
$\therefore m=5$, $n=20$
따라서 $f(x)=x^2+5x+20$이므로
$f(\alpha+\beta)=f(-2)=4-10+20=14$

답 14

다른풀이 α가 이차방정식 $x^2+2x+4=0$의 근이므로
$\alpha^2+2\alpha+4=0$ $\quad\therefore \alpha^2=-2\alpha-4$
양변에 α를 곱하면
$\alpha^3=-2\alpha^2-4\alpha$ $\quad\therefore \alpha^3=-2(\alpha^2+2\alpha)$
이때 $\alpha^2+2\alpha+4=0$에서 $\alpha^2+2\alpha=-4$이므로
$\alpha^3=(-2)\times(-4)=8$
$f(\alpha^2)=-2\alpha$에서 $\alpha^4+m\alpha^2+n=-2\alpha$
$8\alpha+m\alpha^2+n=-2\alpha$
$\therefore m\alpha^2+10\alpha+n=0$
같은 방법으로 $m\beta^2+10\beta+n=0$
즉, 이차방정식 $mx^2+10x+n=0$의 두 근이 α, β이므로 근과 계수의 관계에 의하여
$\alpha+\beta=-\dfrac{10}{m}$, $\alpha\beta=\dfrac{n}{m}$
㉠에 의하여 $-\dfrac{10}{m}=-2$, $\dfrac{n}{m}=4$
$\therefore m=5$, $n=20$

5

전략 계수가 실수인 이차방정식이 허근 α를 가지면 $\bar{\alpha}$도 근임을 이용한다.

풀이 p가 실수이고, 이차방정식 $x^2-px+p+3=0$의 한 허근이 α이므로 다른 한 근은 $\bar{\alpha}$이다.
$\alpha=a+bi$ (a, b는 실수, $b\neq0$)로 놓으면 $\bar{\alpha}=a-bi$
이차방정식의 근과 계수의 관계에 의하여
$\alpha+\bar{\alpha}=p$, $\alpha\bar{\alpha}=p+3$
즉, $2a=p$, $a^2+b^2=p+3$
$\therefore a=\dfrac{p}{2}$, $b^2=-a^2+p+3=-\dfrac{p^2}{4}+p+3$ $\quad$ …… ㉠
이때 α^3이 실수이므로
$\alpha^3=(a+bi)^3=a^3+3a^2bi-3ab^2-b^3i$
$\quad=(a^3-3ab^2)+(3a^2b-b^3)i$
에서 $3a^2b-b^3=0$
$\therefore 3a^2-b^2=0$ ($\because b\neq0$) $\quad$ …… ㉡

㉠을 ㉡에 대입하면
$3\times\left(\dfrac{p}{2}\right)^2-\left(-\dfrac{p^2}{4}+p+3\right)=0$
$p^2-p-3=0$
$\therefore p=\dfrac{1\pm\sqrt{13}}{2}$
따라서 주어진 조건을 만족시키는 모든 실수 p의 값의 곱은
$\dfrac{1+\sqrt{13}}{2}\times\dfrac{1-\sqrt{13}}{2}=-3$

답 ②

다른풀이 이차방정식 $p^2-p-3=0$의 판별식을 D_1이라 하면
$D_1=(-1)^2-(-3)=4>0$
따라서 이차방정식 $p^2-p-3=0$은 서로 다른 두 실근을 갖는다.
이차방정식의 근과 계수의 관계에 의하여 모든 실수 p의 값의 곱은 -3

5-1

전략 복소수 α에 대하여 α^4이 실수가 되려면 α^2의 실수부분이 0이거나 허수부분이 0임을 이용한다.

풀이 k가 실수이고, 이차방정식 $2x^2-kx+2k+6=0$의 한 허근이 α이므로 다른 한 근은 $\bar{\alpha}$이다.
$\alpha=a+bi$ (a, b는 실수, $b\neq0$)로 놓으면 $\bar{\alpha}=a-bi$
이차방정식의 근과 계수의 관계에 의하여
$\alpha+\bar{\alpha}=\dfrac{k}{2}$, $\alpha\bar{\alpha}=\dfrac{2k+6}{2}=k+3$
$\therefore 2a=\dfrac{k}{2}$, $a^2+b^2=k+3$ $\quad$ …… ㉠
이때 α^4이 실수가 되려면 α^2의 실수부분이 0이거나 허수부분이 0이어야 하므로
$\alpha^2=(a+bi)^2=(a^2-b^2)+2abi$
에서 $a^2-b^2=0$ 또는 $2ab=0$
$\therefore a^2=b^2$ 또는 $a=0$ ($\because b\neq0$)
(i) $a^2=b^2$일 때
㉠에 $b^2=a^2$을 대입하면
$a=\dfrac{k}{4}$, $2a^2=k+3$
$a=\dfrac{k}{4}$를 $2a^2=k+3$에 대입하면
$2\times\left(\dfrac{k}{4}\right)^2=k+3$, $k^2-8k-24=0$
$\therefore k=4\pm2\sqrt{10}$
(ii) $a=0$일 때
㉠에 $a=0$을 대입하면 $k=0$
(i), (ii)에 의하여 조건을 만족시키는 실수 k의 값은 $k=4\pm2\sqrt{10}$ 또는 $k=0$의 3개이다.

답 ④

1등급 노트 복소수가 실수가 되기 위한 조건

복소수 z에 대하여 다음이 성립한다.
(1) z^2이 실수 ⇨ z는 실수 또는 순허수
(2) z^2이 양의 실수 ⇨ z가 0이 아닌 실수
(3) z^2이 음의 실수 ⇨ z는 순허수

6 **전략** α를 주어진 이차방정식에 대입한 후 a, b, c가 유리수임을 이용하여 이차방정식을 구한다.

풀이 $ax^2+\sqrt{3}bx+c=0$이 x에 대한 이차방정식이므로 $a\neq0$

이차방정식 $ax^2+\sqrt{3}bx+c=0$의 한 근이 $\alpha=2+\sqrt{3}$이므로

$a(2+\sqrt{3})^2+\sqrt{3}b(2+\sqrt{3})+c=0$

$a(7+4\sqrt{3})+2\sqrt{3}b+3b+c=0$

$\therefore (7a+3b+c)+(4a+2b)\sqrt{3}=0$

이때 a, b, c가 유리수이므로

$7a+3b+c=0$, $4a+2b=0$

$4a+2b=0$에서 $b=-2a$

$b=-2a$를 $7a+3b+c=0$에 대입하면

$7a-6a+c=0$

$\therefore c=-a$

따라서 주어진 이차방정식은

$ax^2-2\sqrt{3}ax-a=0$, 즉 $x^2-2\sqrt{3}x-1=0$ ($\because a\neq0$)

이므로

$x=\sqrt{3}\pm\sqrt{(\sqrt{3})^2-(-1)}$

$\therefore x=2+\sqrt{3}$ 또는 $x=-2+\sqrt{3}$

따라서 $\beta=-2+\sqrt{3}$이므로

$\alpha+\dfrac{1}{\beta}=2+\sqrt{3}+\dfrac{1}{-2+\sqrt{3}}=2+\sqrt{3}-(2+\sqrt{3})=0$ **답** ③

주의 주어진 이차방정식의 다른 한 근을 $2-\sqrt{3}$으로 생각해서는 안 된다. x의 계수 $\sqrt{3}b$가 무리수이므로 이차방정식의 켤레근의 성질을 이용할 수 없음에 유의한다.

6-1 **전략** $x=3+i$를 주어진 이차방정식에 대입한 후 a, b, c가 실수임을 이용하여 이차방정식을 구한다.

풀이 $ax^2+ibx+c=0$이 x에 대한 이차방정식이므로 $a\neq0$

이차방정식 $ax^2+ibx+c=0$의 한 근이 $3+i$이므로

$a(3+i)^2+ib(3+i)+c=0$

$a(9+6i-1)+b(3i-1)+c=0$

$\therefore 8a-b+c+(6a+3b)i=0$

이때 a, b, c가 실수이므로

$8a-b+c=0$, $6a+3b=0$

$\therefore b=-2a$, $c=-10a$ …… ㉠

ㄱ. ㉠에 의하여 $2a+b=2a+(-2a)=0$ (참)

ㄴ. ㉠에 의하여 $c=-10a$

이때 $a\neq0$이므로 $-10a\neq4a$ (거짓)

ㄷ. $ax^2+ibx+c=0$에 ㉠을 대입하면

$ax^2-2iax-10a=0$, $x^2-2ix-10=0$ ($\because a\neq0$)이므로

$x=i\pm\sqrt{-1+10}$

$\therefore x=i\pm3$

따라서 다른 한 근은 $i-3$이다. (거짓)

따라서 옳은 것은 ㄱ뿐이다. **답** ①

7 **전략** 3개의 양의 약수를 갖는 수는 소수의 제곱수임을 이용하여 c, d의 값이 될 수 있는 수를 구한다.

풀이 이차방정식 $x^2-ax+b=0$의 두 근이 c, d이므로 근과 계수의 관계에 의하여

$c+d=a$, $cd=b$ …… ㉠

조건 (나)에 의하여 c, d는 소수의 제곱수이고, 조건 (가)에 의하여 a, b, c, d는 100 이하의 서로 다른 자연수이므로 c, d가 될 수 있는 수는 4 또는 9 또는 25이다.

㉠에 의하여

$c=4$, $d=9$ 또는 $c=9$, $d=4$일 때,

$a=4+9=13$, $b=4\times9=36$

$c=4$, $d=25$ 또는 $c=25$, $d=4$일 때,

$a=4+25=29$, $b=4\times25=100$

따라서 순서쌍 (a, b)는 $(13, 36)$, $(29, 100)$의 2개이다. **답** ②

참고 25보다 큰 소수의 제곱수의 경우, 다른 소수의 제곱수와의 곱이 100을 넘는다.

따라서 c, d는 4, 9, 25 중 하나이다.

1등급 노트 양의 약수의 개수에 대한 조건이 주어진 수

(1) 양의 약수의 개수가 2인 수 ⇨ 소수

(2) 양이 약수의 개수가 홀수인 수 ⇨ 제곱수

(3) 양의 약수의 개수가 3인 수 ⇨ 소수의 제곱수

7-1 **전략** 주어진 조건에서 α, β의 값이 될 수 있는 수를 찾고, 이차방정식의 근과 계수의 관계를 이용하여 순서쌍 (a, b)를 구한다.

풀이 조건 (가), (나)에 의하여 α, β는 10 이하의 소수이므로 α, β의 값이 될 수 있는 수는

2 또는 3 또는 5 또는 7

이차방정식 $x^2-ax+b=0$의 서로 다른 두 근이 α, β이므로 근과 계수의 관계에 의하여

$\alpha+\beta=a$, $\alpha\beta=b$

따라서 순서쌍 (a, b)는

$(5, 6)$, $(7, 10)$, $(8, 15)$, $(9, 14)$, $(10, 21)$, $(12, 35)$

의 6개이다. **답** ⑤

8 **전략** 이차방정식의 근과 계수의 관계를 이용하여 α, β에 대한 식을 구한 후, α, β가 정수임을 이용하여 m의 값을 구한다.

풀이 이차방정식 $x^2-(m-2)x+3m-14=0$의 두 정수근을 α, β라 하면 근과 계수의 관계에 의하여

$\alpha+\beta=m-2$, $\alpha\beta=3m-14$

$\alpha+\beta=m-2$에서

$m=\alpha+\beta+2$

이를 $\alpha\beta=3m-14$에 대입하면

$\alpha\beta=3(\alpha+\beta+2)-14$

$\alpha\beta-3\alpha-3\beta=-8$, $\alpha(\beta-3)-3(\beta-3)=1$

$\therefore (\alpha-3)(\beta-3)=1$

이때 α, β는 정수이므로

$\alpha-3=1$, $\beta-3=1$ 또는 $\alpha-3=-1$, $\beta-3=-1$

(i) $\alpha-3=1$, $\beta-3=1$일 때

$\alpha=\beta=4$이므로 $m=4+4+2=10$

(ii) $\alpha-3=-1$, $\beta-3=-1$일 때

$\alpha=\beta=2$이므로 $m=2+2+2=6$

(i), (ii)에 의하여 모든 상수 m의 값의 합은

$10+6=16$ 답 ④

다른풀이 이차방정식 $x^2-(m-2)x+3m-14=0$에서

$$x=\frac{(m-2)\pm\sqrt{(m-2)^2-4(3m-14)}}{2}$$
$$=\frac{(m-2)\pm\sqrt{(m-6)(m-10)}}{2}$$

이므로 x의 값이 정수가 되기 위해서는

$(m-6)(m-10)$이 0 또는 제곱수가 되어야 한다.

그런데 $(m-6)(m-10)$은 제곱수가 될 수 없으므로

$(m-6)(m-10)=0$

$\therefore m=6$ 또는 $m=10$

(i) $m=6$일 때

주어진 이차방정식은 $x^2-4x+4=0$, 즉 $(x-2)^2=0$이므로

$x=2$ (정수)

(ii) $m=10$일 때

주어진 이차방정식은 $x^2-8x+16=0$, 즉 $(x-4)^2=0$이므로

$x=4$ (정수)

(i), (ii)에 의하여 모든 상수 m의 값의 합은

$6+10=16$

8-1 전략 이차방정식의 근과 계수의 관계를 이용하여 α, β에 대한 식을 구한 후, α, β가 자연수임을 이용하여 m의 값을 구한다.

풀이 이차방정식 $x^2-(m+1)x+2m-5=0$의 두 근이 α, β이므로 근과 계수의 관계에 의하여

$\alpha+\beta=m+1$, $\alpha\beta=2m-5$

$\alpha+\beta=m+1$에서 $m=\alpha+\beta-1$

이를 $\alpha\beta=2m-5$에 대입하면

$\alpha\beta=2(\alpha+\beta-1)-5$

$\alpha\beta-2\alpha-2\beta=-7$, $\alpha(\beta-2)-2(\beta-2)=-3$

$\therefore (\alpha-2)(\beta-2)=-3$

이때 α, β가 자연수이므로

$\alpha-2=-1$, $\beta-2=3$ 또는 $\alpha-2=3$, $\beta-2=-1$

(i) $\alpha-2=-1$, $\beta-2=3$일 때

$\alpha=1$, $\beta=5$이므로 $m=1+5-1=5$

$\therefore \alpha-\beta+m=1-5+5=1$

(ii) $\alpha-2=3$, $\beta-2=-1$일 때

$\alpha=5$, $\beta=1$이므로 $m=5+1-1=5$

$\therefore \alpha-\beta+m=5-1+5=9$

(i), (ii)에 의하여 $\alpha-\beta+m$의 최댓값은 9이다. 답 ①

9 전략 직각삼각형에 내접하는 정사각형의 한 변의 길이를 t로 놓고 삼각형의 닮음을 이용하여 t의 값을 구한다.

풀이 이차방정식 $x^2-4x+2=0$의 두 실근이 α, β이므로 근과 계수의 관계에 의하여

$\alpha+\beta=4$, $\alpha\beta=2$ ...... ㉠

다음 그림과 같이 직각삼각형 ABC에 내접하는 정사각형의 한 변의 길이를 t로 놓으면

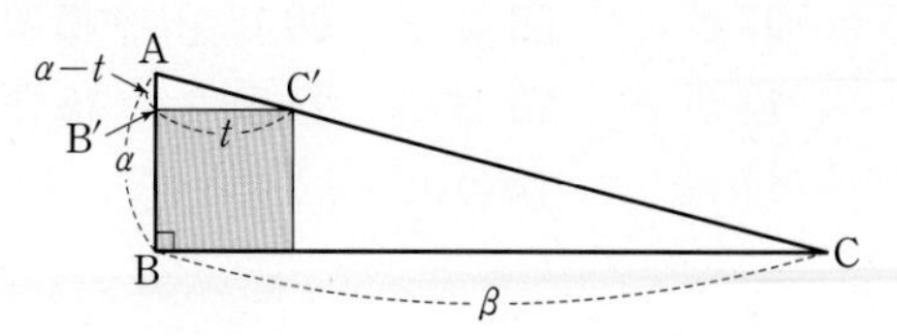

$\triangle AB'C' \backsim \triangle ABC$이므로

$\overline{AB'}:\overline{AB}=\overline{B'C'}:\overline{BC}$

즉, $(\alpha-t):\alpha=t:\beta$이므로

$\alpha t=\beta(\alpha-t)$, $(\alpha+\beta)t=\alpha\beta$

$\therefore t=\dfrac{\alpha\beta}{\alpha+\beta}=\dfrac{2}{4}=\dfrac{1}{2}$ ($\because$ ㉠)

이때 한 변의 길이가 $\frac{1}{2}$인 정사각형의 넓이는 $\left(\frac{1}{2}\right)^2=\frac{1}{4}$, 둘레의 길이는 $4\times\frac{1}{2}=2$이므로 $\frac{1}{4}$, 2를 두 근으로 하고 최고차항의 계수가 4인 이차방정식은

$4\left(x-\frac{1}{4}\right)(x-2)=0$

$\therefore 4x^2-9x+2=0$

따라서 $m=-9$, $n=2$이므로

$m+n=-9+2=-7$ 답 ⑤

9-1 전략 삼각형의 닮음을 이용하여 선분의 길이 사이의 관계를 파악한다.

풀이 □ABCD가 평행사변형이므로 $\triangle PAB \backsim \triangle PQD$에서

$\overline{PA}:\overline{PQ}=\overline{PB}:\overline{PD}$, $\overline{PA}:2=\alpha:\beta$

$\therefore 2\alpha=\beta\overline{PA}$ ...... ㉠

또, $\triangle PAD \backsim \triangle PRB$에서

$\overline{PA}:\overline{PR}=\overline{PD}:\overline{PB}$, $\overline{PA}:6=\beta:\alpha$

$\therefore 6\beta=\alpha\overline{PA}$ ...... ㉡

$\dfrac{㉡}{㉠}$을 하면

$\dfrac{3\beta}{\alpha}=\dfrac{\alpha}{\beta}$, $\alpha^2=3\beta^2$

$\therefore \alpha=\sqrt{3}\beta$ ($\because \alpha>0$, $\beta>0$)

이때 α, β를 두 근으로 하는 이차방정식이

$x^2-(a+b\sqrt{3})x+12\sqrt{3}=0$이므로 근과 계수의 관계에 의하여

$\alpha\beta=12\sqrt{3}$

$\alpha=\sqrt{3}\beta$이므로

$\sqrt{3}\beta^2=12\sqrt{3}$, $\beta^2=12$

$\therefore \beta=2\sqrt{3}$ ($\because \beta>0$)

$\therefore \alpha=\sqrt{3}\beta=6$

따라서 6, $2\sqrt{3}$을 두 근으로 하는 이차방정식이

$x^2-(a+b\sqrt{3})x+12\sqrt{3}=0$이므로 근과 계수의 관계에 의하여

$a+b\sqrt{3}=6+2\sqrt{3}$

이때 a, b는 유리수이므로

$a=6$, $b=2$

$\therefore a+b=6+2=8$ 답 8

C Step 1등급 완성 최고난도 예상 문제

본문 43~46쪽

01 ②	**02** ①	**03** 24	**04** ②	**05** ⑤
06 ②	**07** ①	**08** ⑤	**09** 12	**10** ⑤
11 ③	**12** ③	**13** 33	**14** ①	**15** ②
16 10	**17** 18	**18** ④		

1등급 뛰어넘기

19 3	**20** ④	**21** 400	**22** 128

01

전략 $1<x<2$, $2\le x<3$으로 x의 값의 범위를 나눈다.

풀이 $x^2+2[x]x-7=0$에서

(i) $1<x<2$일 때

$[x]=1$이므로

$x^2+2x-7=0 \quad \therefore x=-1\pm2\sqrt{2}$

그런데 $1<x<2$이므로 $x=-1+2\sqrt{2}$

(ii) $2\le x<3$일 때

$[x]=2$이므로

$x^2+4x-7=0 \quad \therefore x=-2\pm\sqrt{11}$

그런데 $2\le x<3$이므로 $x=-2\pm\sqrt{11}$은 주어진 방정식을 만족시키지 않는다.

(i), (ii)에 의하여 주어진 방정식의 서로 다른 근의 개수는 1이다.

답 ②

02

전략 이차식이 두 일차식의 곱으로 인수분해될 조건은 (이차식)$=0$의 판별식이 완전제곱식임을 이용한다.

풀이 x에 대한 이차방정식

$$x^2+(y-2a)x+\frac{1}{2}(a-1)y+a^2-\frac{1}{4}a-\frac{3}{4}=0$$

의 판별식을 D_1이라 하면 근의 공식에 의하여

$$x=\frac{-(y-2a)\pm\sqrt{D_1}}{2}$$

주어진 이차식이 두 일차식의 곱으로 인수분해되려면 D_1은 완전제곱식이어야 한다.

$$D_1=(y-2a)^2-4\left\{\frac{1}{2}(a-1)y+a^2-\frac{1}{4}a-\frac{3}{4}\right\}$$
$$=(y-2a)^2-2(a-1)y-4a^2+a+3$$
$$=y^2-2(3a-1)y+a+3$$

y에 대한 방정식 $D_1=0$의 판별식을 D_2라 하면, 이차식 D_1이 완전제곱식이어야 하므로

$$\frac{D_2}{4}=(3a-1)^2-(a+3)=0$$

$9a^2-7a-2=0$, $(9a+2)(a-1)=0$

$\therefore a=-\frac{2}{9}$ 또는 $a=1$

따라서 모든 실수 a의 값의 곱은

$-\frac{2}{9}\times1=-\frac{2}{9}$

답 ①

1등급 노트 이차식이 두 일차식의 곱으로 인수분해될 조건

(이차식)$=0$의 판별식 D에 대하여 이차방정식 $D=0$의 판별식이 0이다.

03

전략 이차방정식의 판별식을 이용하여 삼각형을 모양을 파악한다.

풀이 $b(x^2-1)+2ax+c(x^2+1)$을 x에 대한 내림차순으로 정리하면

$(b+c)x^2+2ax-b+c$

이 이차식이 완전제곱식이므로 이차방정식

$(b+c)x^2+2ax-b+c=0$이 중근을 가져야 한다.

이 이차방정식의 판별식을 D라 하면

$$\frac{D}{4}=a^2-(b+c)(-b+c)=0$$

$a^2+(b+c)(b-c)=0$, $a^2+b^2-c^2=0$

$\therefore a^2+b^2=c^2 \quad \cdots\cdots$ ㉠

즉, 자연수 a, b, c를 세 변의 길이로 하는 삼각형은 빗변의 길이가 c인 직각삼각형이다.

이때 $a^2+b^2+c^2=200$에 ㉠을 대입하면

$c^2+c^2=200$, $c^2=100 \quad \therefore c=\pm10$

그런데 c는 자연수이므로 $c=10$

$a^2+b^2=100$이고, a, b도 자연수이므로

$a=6$, $b=8$ 또는 $a=8$, $b=6$

따라서 구하는 삼각형의 넓이는

$\frac{1}{2}\times6\times8=24$

답 24

04

전략 이차방정식의 근과 계수의 관계와 주어진 조건을 이용하여 $f(x)$의 식을 구한다.

풀이 이차방정식 $x^2+5x-3=0$의 두 근이 α, β이므로 근과 계수의 관계에 의하여

$\alpha+\beta=-5$, $\alpha\beta=-3$

조건 (가)에서 $\alpha\beta f(\alpha)=\alpha$, $\beta\alpha f(\beta)=\beta$이므로

$-3f(\alpha)=\alpha$, $-3f(\beta)=\beta$

따라서 α, β는 이차방정식 $-3f(x)=x$, 즉 $3f(x)+x=0$의 두 근이다.

이차식 $3f(x)$의 최고차항의 계수를 k라 하면

$3f(x)+x=k(x^2+5x-3)$

양변에 $x=0$을 대입하면

$3f(0)=-3k$

조건 (나)에 의하여 $-3k=3$

$\therefore k=-1$

즉, $3f(x)+x=-(x^2+5x-3)$, $3f(x)=-x^2-6x+3$

$\therefore f(x)=-\frac{1}{3}x^2-2x+1$

이차방정식 $f(x)=0$, 즉 $-\frac{1}{3}x^2-2x+1=0$의 두 근이 p, q이므로

근과 계수의 관계에 의하여

$p+q=-6$, $pq=-3$

$\therefore \frac{1}{p}+\frac{1}{q}=\frac{p+q}{pq}=\frac{-6}{-3}=2$

답 ②

다른풀이 $\alpha+\beta=-5$, $\alpha\beta=-3 \quad \cdots\cdots$ ㉠

조건 (나)에서 $f(0)=1$이므로

$f(x)=ax^2+bx+1$ (a, b는 상수, $a\ne0$)

로 놓자.

조건 (가)에서 $f(\alpha)=\frac{1}{\beta}$, $f(\beta)=\frac{1}{\alpha}$ ($\because$ $\alpha\neq0$, $\beta\neq0$)

$\therefore$ $a\alpha^2+b\alpha+1=\frac{1}{\beta}$, $a\beta^2+b\beta+1=\frac{1}{\alpha}$ …… ㉡

㉡의 두 식을 더하면

$a(\alpha^2+\beta^2)+b(\alpha+\beta)+2=\frac{\alpha+\beta}{\alpha\beta}$

이때

$\alpha^2+\beta^2=(\alpha+\beta)^2-2\alpha\beta$

$=(-5)^2-2\times(-3)=31$ ($\because$ ㉠)

이므로

$31a-5b+2=\frac{-5}{-3}$

$\therefore$ $31a-5b=-\frac{1}{3}$ …… ㉢

㉡의 두 식을 빼면

$a(\alpha^2-\beta^2)+b(\alpha-\beta)=\frac{\alpha-\beta}{\alpha\beta}$

$a(\alpha+\beta)+b=\frac{1}{\alpha\beta}$ ($\because$ $\alpha\neq\beta$)

$\therefore$ $-5a+b=-\frac{1}{3}$ ($\because$ ㉠) …… ㉣

㉢, ㉣을 연립하여 풀면

$a=-\frac{1}{3}$, $b=-2$

$\therefore$ $f(x)=-\frac{1}{3}x^2-2x+1$

참고 이차방정식 $x^2+5x-3=0$의 판별식을 D라 하면

$D=5^2-4\times1\times(-3)=37>0$이므로 이차방정식 $x^2+5x-3=0$은 서로 다른 두 실근을 갖는다.

$\therefore$ $\alpha\neq\beta$

05

전략 세 방정식 $f(x)=0$, $f\left(\frac{1}{x}\right)=0$, $f\left(\frac{1}{2x-3}\right)=0$ 사이의 관계를 이용한다.

풀이 이차방정식 $f(x)=0$의 두 근을 α, β라 하면

$f(\alpha)=0$, $f(\beta)=0$

방정식 $f\left(\frac{1}{x}\right)=0$이 성립하려면 $\frac{1}{x}=\alpha$ 또는 $\frac{1}{x}=\beta$

즉, 방정식 $f\left(\frac{1}{x}\right)=0$의 두 근은 $\frac{1}{\alpha}$, $\frac{1}{\beta}$이다.

또, 방정식 $f\left(\frac{1}{2x-3}\right)=0$이 성립하려면

$\frac{1}{2x-3}=\alpha$ 또는 $\frac{1}{2x-3}=\beta$

즉, 방정식 $f\left(\frac{1}{2x-3}\right)=0$의 두 근은 $\frac{1}{2\alpha}+\frac{3}{2}$, $\frac{1}{2\beta}+\frac{3}{2}$이다.

이때 이차방정식 $f(x)=0$의 두 근의 합이 -5이므로

$\alpha+\beta=-5$

방정식 $f\left(\frac{1}{x}\right)=0$의 두 근의 곱이 -2이므로

$\frac{1}{\alpha\beta}=-2$ $\therefore$ $\alpha\beta=-\frac{1}{2}$

따라서 방정식 $f\left(\frac{1}{2x-3}\right)=0$의 두 근의 합과 곱은 각각

$m=\left(\frac{1}{2\alpha}+\frac{3}{2}\right)+\left(\frac{1}{2\beta}+\frac{3}{2}\right)$

$=\frac{\alpha+\beta}{2\alpha\beta}+3=\frac{-5}{-1}+3=8$

$n=\left(\frac{1}{2\alpha}+\frac{3}{2}\right)\times\left(\frac{1}{2\beta}+\frac{3}{2}\right)$

$=\frac{1}{4\alpha\beta}+\frac{3}{4}\left(\frac{1}{\alpha}+\frac{1}{\beta}\right)+\frac{9}{4}$

$=\frac{1}{4\alpha\beta}+\frac{3(\alpha+\beta)}{4\alpha\beta}+\frac{9}{4}$

$=-\frac{1}{2}+\frac{15}{2}+\frac{9}{4}=\frac{37}{4}$

$\therefore$ $m+n=8+\frac{37}{4}=\frac{69}{4}$ **답** ⑤

06

전략 $|x-1|=X$로 치환하여 이차방정식 $bX^2-aX-1=0$의 두 근을 구한다.

풀이 이차방정식의 근과 계수의 관계에 의하여

$\alpha\beta=-b<0$

이므로 α, β의 부호가 서로 다르다.

$\alpha<0<\beta$라 하면 α가 방정식 $x^2-ax-b=0$의 근이므로

$\alpha^2-a\alpha-b=0$

$\alpha\neq0$이므로 양변을 α^2으로 나누면

$1-\frac{a}{\alpha}-\frac{b}{\alpha^2}=0$ $\therefore$ $\frac{b}{\alpha^2}+\frac{a}{\alpha}-1=0$

같은 방법으로 $\frac{b}{\beta^2}+\frac{a}{\beta}-1=0$이다.

따라서 이차방정식 $bx^2-ax-1=0$의 두 근은 $-\frac{1}{\alpha}$, $-\frac{1}{\beta}$이다. …… ㉠

한편, $b(x-1)^2-a|x-1|-1=0$에서

$b|x-1|^2-a|x-1|-1=0$

$|x-1|=X$ $(X>0)$로 놓으면

$bX^2-aX-1=0$

$\therefore$ $X=-\frac{1}{\alpha}$ 또는 $X=-\frac{1}{\beta}$ ($\because$ ㉠)

이때 $\alpha<0<\beta$이므로 $X=-\frac{1}{\alpha}$ ($\because$ $X>0$)

즉, $|x-1|=-\frac{1}{\alpha}$이므로 $x-1=-\frac{1}{\alpha}$ 또는 $x-1=\frac{1}{\alpha}$

$\therefore$ $x=1-\frac{1}{\alpha}$ 또는 $x=1+\frac{1}{\alpha}$

따라서 두 근의 합은 $\left(1-\frac{1}{\alpha}\right)+\left(1+\frac{1}{\alpha}\right)=2$ **답** ②

1등급 노트 **두 수를 근으로 하는 이차방정식의 변형**

이차방정식 $ax^2+bx+c=0$의 두 근을 α, β라 하면 다음이 성립한다.

(1) $-\alpha$, $-\beta$를 두 근으로 하는 이차방정식은

$ax^2-bx+c=0$

(2) $\frac{1}{\alpha}$, $\frac{1}{\beta}$ $(\alpha\beta\neq0)$을 두 근으로 하는 이차방정식은

$cx^2+bx+a=0$

(3) $-\frac{1}{\alpha}$, $-\frac{1}{\beta}$ $(\alpha\beta\neq0)$을 두 근으로 하는 이차방정식은

$cx^2-bx+a=0$

07

전략 이차식 $f(x)$에 대하여 $f(\alpha)=a$, $f(\beta)=a$이면 $f(x)-a=k(x-\alpha)(x-\beta)$ (k는 0이 아닌 실수)임을 이용한다.

풀이 이차방정식 $x^2+px+q=0$의 두 실근이 α, β이므로

$\alpha^2+p\alpha+q=0$, $\beta^2+p\beta+q=0$

$\therefore \alpha^2=-p\alpha-q$, $\beta^2=-p\beta-q$ $\quad\cdots\cdots$ ㉠

또, 근과 계수의 관계에 의하여

$\alpha+\beta=-p$, $\alpha\beta=q$ $\quad\cdots\cdots$ ㉡

이차방정식 $x^2+px+q=0$이 서로 다른 두 실근을 가지므로 이 이차방정식의 판별식을 D라 하면

$D=p^2-4q>0$ $\quad\cdots\cdots$ ㉢

조건 (가)에 의하여

$f(\alpha^2)=-p^2\alpha-pq+9$

이때 $-p^2\alpha-pq+9=p(-p\alpha-q)+9=p\alpha^2+9$ ($\because$ ㉠)이므로

$f(\alpha^2)=p\alpha^2+9$

또, 조건 (나)에 의하여

$f(\beta^2)=f(-p\beta-q)$ ($\because$ ㉠)

$=p^3+p^2\alpha-pq+9$

$=p^2(p+\alpha)-pq+9$

$=-p^2\beta-pq+9$ ($\because$ ㉡)

$=p(-p\beta-q)+9$

$=p\beta^2+9$ ($\because$ ㉠)

즉, $f(\beta^2)=p\beta^2+9$

따라서 α^2, β^2은 이차방정식 $f(x)=px+9$, 즉 $f(x)-px-9=0$의 두 근이므로

$f(x)-px-9=(x-\alpha^2)(x-\beta^2)$

$f(x)=(x-\alpha^2)(x-\beta^2)+px+9$

$=x^2-(\alpha^2+\beta^2)x+\alpha^2\beta^2+px+9$

$=x^2-\{(\alpha+\beta)^2-2\alpha\beta\}x+\alpha^2\beta^2+px+9$

$=x^2-(p^2-2q)x+q^2+px+9$ ($\because$ ㉡)

$=x^2-(p^2-p-2q)x+q^2+9$

$f(x)=x^2-4px+6q$에서

$p^2-p-2q=4p$, $q^2+9=6q$

$q^2+9=6q$에서 $(q-3)^2=0$이므로

$q=3$

$p^2-p-2q=4p$에서

$p^2-5p-6=0$, $(p+1)(p-6)=0$

$\therefore p=6$ ($\because$ ㉢)

$\therefore p^2+q^2=6^2+3^2=45$

답 ①

08

전략 α, β를 두 근으로 하는 이차방정식을 찾고, 판별식을 이용한다.

풀이 ㄱ. $f(\alpha)=3\beta$, $f(\beta)=3\alpha$이므로

$\alpha^2+\alpha+k=3\beta$, $\beta^2+\beta+k=3\alpha$ $\quad\cdots\cdots$ ㉠

두 식을 변끼리 빼면

$(\alpha^2-\beta^2)+(\alpha-\beta)=3\beta-3\alpha$

$(\alpha-\beta)(\alpha+\beta)+4(\alpha-\beta)=0$, $(\alpha-\beta)(\alpha+\beta+4)=0$

$\therefore \alpha+\beta+4=0$ ($\because \alpha\neq\beta$) (참)

ㄴ. ㄱ에서 $\alpha=-\beta-4$, $\beta=-\alpha-4$이므로 ㉠에 대입하면

$\alpha^2+\alpha+k=3(-\alpha-4)$, $\beta^2+\beta+k=3(-\beta-4)$

$\therefore \alpha^2+4\alpha+k+12=0$, $\beta^2+4\beta+k+12=0$

따라서 α, β는 이차방정식 $x^2+4x+k+12=0$의 두 실근이므로

$g(x)=x^2+4x+k+12$

$\therefore g(1)=k+17$ (참)

ㄷ. ㄴ에서 이차방정식 $g(x)=0$, 즉 $x^2+4x+k+12=0$이 서로 다른 두 실근 α, β를 가지므로 이 이차방정식의 판별식을 D라 하면

$\frac{D}{4}=2^2-(k+12)>0$

$-k-8>0$

$\therefore k<-8$ (참)

따라서 ㄱ, ㄴ, ㄷ 모두 옳다.

답 ⑤

다른풀이 ㄴ. ㉠의 두 식을 변끼리 더하면

$(\alpha^2+\beta^2)+(\alpha+\beta)+2k=3(\alpha+\beta)$

$(\alpha+\beta)^2-2\alpha\beta-2(\alpha+\beta)+2k=0$

$16-2\alpha\beta+8+2k=0$ ($\because \alpha+\beta=-4$)

$24-2\alpha\beta+2k=0$

$\therefore \alpha\beta=k+12$

즉, $\alpha+\beta=-4$, $\alpha\beta=k+12$

따라서 α, β를 두 근으로 하고 x^2의 계수가 1인 이차방정식은

$x^2-(\alpha+\beta)x+\alpha\beta=0$, 즉 $x^2+4x+k+12=0$이다.

09

전략 자연수 n의 값에 따라 경우를 나누어 $f(x)$의 식을 구한다.

풀이 이차방정식 $x^2+x+1=0$의 두 근이 α, β이므로

$\alpha^2+\alpha+1=0$, $\beta^2+\beta+1=0$

$\therefore (\alpha-1)(\alpha^2+\alpha+1)=0$, $(\beta-1)(\beta^2+\beta+1)=0$

즉, $\alpha^3=1$, $\beta^3=1$ $\quad\cdots\cdots$ ㉠

또, 이차방정식의 근과 계수의 관계에 의하여

$\alpha+\beta=-1$, $\alpha\beta=1$

이때

$$\frac{1+\beta^n}{1+\alpha^n}=\frac{1+\left(\frac{1}{\alpha}\right)^n}{1+\alpha^n}=\frac{\alpha^n+1}{\alpha^n(1+\alpha^n)}=\frac{1}{\alpha^n}=\beta^n$$

$$\frac{1+\alpha^n}{1+\beta^n}=\frac{1+\alpha^n}{1+\left(\frac{1}{\alpha}\right)^n}=\frac{\alpha^n(1+\alpha^n)}{\alpha^n+1}=\alpha^n$$

즉, 이차방정식 $f(x)=0$의 두 근이 α^n, β^n이므로

$f(x)=a\{x^2-(\alpha^n+\beta^n)x+1\}$ (a는 $a\neq0$인 상수)

로 놓을 수 있다.

이때 $f(0)=3$이므로

$a=3$

$\therefore f(x)=3\{x^2-(\alpha^n+\beta^n)x+1\}$

자연수 k에 대하여

(i) $n=3k$일 때

$\alpha^n+\beta^n=(\alpha^3)^k+(\beta^3)^k=1+1=2$ ($\because$ ㉠)

따라서 $f(x)=3(x^2-2x+1)$이므로

$f(-1)=12$

(ii) $n=3k-1$일 때

$\alpha^n+\beta^n=(\alpha^3)^{k-1}\times\alpha^2+(\beta^3)^{k-1}\times\beta^2$

$=\alpha^2+\beta^2$ ($\because$ ㉠) $=(\alpha+\beta)^2-2\alpha\beta$

$=(-1)^2-2\times1=-1$

따라서 $f(x)=3(x^2+x+1)$이므로

$f(-1)=3$

(iii) $n=3k-2$일 때

$\alpha^n+\beta^n=(\alpha^3)^{k-1}\times\alpha+(\beta^3)^{k-1}\times\beta=\alpha+\beta$ ($\because$ ㉠) $=-1$

따라서 $f(x)=3(x^2+x+1)$이므로

$f(-1)=3$

(i), (ii), (iii)에 의하여 $f(-1)$의 최댓값은 12이다. 답 12

10 **전략** $\alpha=p+qi$, $\beta=r+si$ (p, q, r, s는 실수, $q\neq0$, $s\neq0$)로 놓고 $\alpha+\beta$와 $\bar{\alpha}\beta$가 실수임을 이용하여 α, β 사이의 관계를 파악한다.

풀이 $\alpha=p+qi$, $\beta=r+si$ (p, q, r, s는 실수, $q\neq0$, $s\neq0$)로 놓으면

$\alpha+\beta=p+r+(q+s)i$

$\bar{\alpha}\beta=(p-qi)(r+si)=pr+qs+(ps-qr)i$

$\alpha+\beta$와 $\bar{\alpha}\beta$가 모두 실수이므로

$q+s=0$, $ps-qr=0$

$q=-s$이므로 $ps-qr=0$에서

$s(p+r)=0$

$\therefore r=-p$ ($\because s\neq0$), $-s=q$

즉, $\alpha=p+qi$, $\beta=-p-qi$이므로

$\beta=-\alpha$

이차방정식 $x^2+ax+b=0$의 한 허근이 α이고 a, b가 실수이므로 다른 한 근은 $\bar{\alpha}$이다. 또, 이차방정식 $x^2+cx+d=0$의 한 허근이 $\beta=-\alpha$이고 c, d가 실수이므로 다른 한 근은 $\bar{\beta}=\overline{-\alpha}=-\bar{\alpha}$이다.

ㄱ. $\bar{\alpha}\beta=\bar{\alpha}\times(-\alpha)=-\alpha\bar{\alpha}$

$\alpha\bar{\beta}=\alpha\times(-\bar{\alpha})=-\alpha\bar{\alpha}$

$\therefore \bar{\alpha}\beta=\alpha\bar{\beta}$ (참)

ㄴ. 이차방정식 $x^2+ax+b=0$에서 근과 계수의 관계에 의하여

$\alpha+\bar{\alpha}=-a$ $\quad\therefore a=-\alpha-\bar{\alpha}$

또, 이차방정식 $x^2+cx+d=0$에서 근과 계수의 관계에 의하여

$-\alpha-\bar{\alpha}=-c$ $\quad\therefore c=\alpha+\bar{\alpha}$

$\therefore a+c=0$ (참)

ㄷ. 이차방정식 $x^2+ax+b=0$에서 근과 계수의 관계에 의하여

$b=\alpha\bar{\alpha}$

또, 이차방정식 $x^2+cx+d=0$에서 근과 계수의 관계에 의하여

$d=-\alpha\times(-\bar{\alpha})=\alpha\bar{\alpha}$

$\therefore b=d$ (참)

따라서 ㄱ, ㄴ, ㄷ 모두 옳다. 답 ⑤

11 **전략** 주어진 이차방정식의 다른 한 근이 $\bar{\omega}$임을 이용하여 보기의 참, 거짓을 판별한다.

풀이 이차방정식 $x^2-\sqrt{2}x+1=0$의 계수가 모두 실수이고 한 허근이 ω이므로 나머지 한 근은 $\bar{\omega}$이다.

따라서 이차방정식의 근과 계수의 관계에 의하여

$\omega+\bar{\omega}=\sqrt{2}$, $\omega\bar{\omega}=1$ $\quad\cdots\cdots$ ㉠

ㄱ. ㉠에 의하여

$\omega^3+\bar{\omega}^3=(\omega+\bar{\omega})^3-3\omega\bar{\omega}(\omega+\bar{\omega})$

$=(\sqrt{2})^3-3\times1\times\sqrt{2}=2\sqrt{2}-3\sqrt{2}=-\sqrt{2}$ (참)

ㄴ. ㉠에 의하여

$\omega^2+\bar{\omega}^2=(\omega+\bar{\omega})^2-2\omega\bar{\omega}=(\sqrt{2})^2-2\times1=0$

$\therefore \omega^2=-\bar{\omega}^2$ $\quad\cdots\cdots$ ㉡

또, ω는 이차방정식 $x^2-\sqrt{2}x+1=0$의 근이므로

$\omega^2-\sqrt{2}\omega+1=0$에서

$\omega^2+1=\sqrt{2}\omega$

양변을 제곱하면

$\omega^4+2\omega^2+1=2\omega^2$

$\therefore \omega^4=-1$, $\bar{\omega}^4=-1$

$\therefore \bar{\omega}^6=-\bar{\omega}^2=\omega^2$ ($\because$ ㉡)

$$\therefore \frac{1}{\omega^2-1}-\frac{1}{\bar{\omega}^6+1}=\frac{1}{\omega^2-1}-\frac{1}{\omega^2+1}$$

$$=\frac{\omega^2+1-(\omega^2-1)}{(\omega^2-1)(\omega^2+1)}$$

$$=\frac{2}{\omega^4-1}$$

$$=\frac{2}{-1-1}=-1 \text{ (참)}$$

ㄷ. ㄴ에서 $\omega^4=-1$이므로

$\omega+\omega^3+\omega^5+\omega^7+\omega^9$

$=\omega+\omega^3+\omega^4\times\omega+\omega^4\times\omega^3+(\omega^4)^2\times\omega$

$=\omega+\omega^3-\omega-\omega^3+\omega$

$=\omega$

$\omega^2+\omega^4+\omega^6+\omega^8+\omega^{10}$

$=\omega^2+\omega^4+\omega^4\times\omega^2+(\omega^4)^2+(\omega^4)^2\times\omega^2$

$=\omega^2-1-\omega^2+1+\omega^2$

$=\omega^2$

이고 $\omega^2\neq\omega$이므로

$\omega+\omega^3+\omega^5+\omega^7+\omega^9\neq\omega^2+\omega^4+\omega^6+\omega^8+\omega^{10}$ (거짓)

따라서 옳은 것은 ㄱ, ㄴ이다. 답 ③

12 **전략** 주어진 이차방정식의 계수가 실수임을 이용하여 나머지 한 근을 구한 후, ω^3이 실수임을 이용하여 k에 대한 식을 구한다.

풀이 이차방정식 $x^2+(1-2k)x+3k+4=0$의 계수가 모두 실수이고 허근 ω를 가지므로 $\bar{\omega}$도 이 이차방정식의 근이다.

$\omega=a+bi$ (a, b는 실수, $b\neq0$)로 놓으면 $\bar{\omega}=a-bi$

이차방정식의 근과 계수의 관계에 의하여

$\omega+\bar{\omega}=-(1-2k)$, $\omega\bar{\omega}=3k+4$

$\therefore 2a=2k-1$, $a^2+b^2=3k+4$ $\quad\cdots\cdots$ ㉠

이때 ω^3이 실수가 되려면

$\omega^3=(a+bi)^3=(a^3-3ab^2)+(3a^2b-b^3)i$

에서 $3a^2b-b^3=0$

$b(3a^2-b^2)=0$

$\therefore 3a^2=b^2\ (\because b\neq 0)$ ...... ㉡

㉠, ㉡에 의하여

$a^2+b^2=4a^2=3k+4,\ (2a)^2=(2k-1)^2$

즉, $(2k-1)^2=3k+4$이므로

$4k^2-7k-3=0$

따라서 이차방정식의 근과 계수의 관계에 의하여 모든 실수 k의 값의 합은 $m=\frac{7}{4}$, 곱은 $n=-\frac{3}{4}$이므로

$m+n=\frac{7}{4}+\left(-\frac{3}{4}\right)=1$ 답 ③

참고 이차방정식 $4k^2-7k-3=0$의 판별식을 D라 하면

$D=(-7)^2-4\times4\times(-3)=97>0$

이므로 이차방정식 $4k^2-7k-3=0$은 서로 다른 두 실근을 갖는다.

13

전략 이차방정식의 근과 계수의 관계를 이용하여 m, n에 대한 식을 세운 후, m, n이 20 이하의 자연수임을 이용하여 m, n의 값을 구한다.

풀이 이차방정식의 근과 계수의 관계에 의하여

$\alpha+\beta=-6m,\ \alpha\beta=5n$

$(\alpha+1)(\beta+1)=12$에서 $\alpha\beta+(\alpha+\beta)+1=12$이므로

$5n-6m=11,\ 5n=11+6m$

m, n이 20 이하의 자연수이므로

$m=4,\ n=7$ 또는 $m=9,\ n=13$ 또는 $m=14,\ n=19$

따라서 $m+n$은 $m=14,\ n=19$일 때 최댓값 $14+19=33$을 갖는다.

답 33

14

전략 $3\alpha\beta=4\alpha+\beta$를 변형하여 두 일차식의 곱으로 나타낸 후, α, β가 서로 다른 정수임을 이용한다.

풀이 $3\alpha\beta=4\alpha+\beta$에서 $3\alpha\beta-4\alpha=\beta$

$3\alpha\left(\beta-\frac{4}{3}\right)=\left(\beta-\frac{4}{3}\right)+\frac{4}{3},\ (3\alpha-1)\left(\beta-\frac{4}{3}\right)=\frac{4}{3}$

$\therefore (3\alpha-1)(3\beta-4)=4$

이때 $3\alpha-1$, $3\beta-4$도 정수이므로

$3\alpha-1$	-4	-2	-1	1	2	4
$3\beta-4$	-1	-2	-4	4	2	1

따라서 α, β의 값은

α	-1	$-\frac{1}{3}$	0	$\frac{2}{3}$	1	$\frac{5}{3}$
β	1	$\frac{2}{3}$	0	$\frac{8}{3}$	2	$\frac{5}{3}$

이때 α, β가 서로 다른 정수이므로

$\alpha=-1,\ \beta=1$ 또는 $\alpha=1,\ \beta=2$

이차방정식의 근과 계수의 관계에 의하여

$m=-(\alpha+\beta),\ n=\alpha\beta$

이므로

$\alpha=-1,\ \beta=1$이면 $m=0,\ n=-1$ $\therefore mn=0$

$\alpha=1,\ \beta=2$이면 $m=-3,\ n=2$ $\therefore mn=-6$

따라서 mn의 최솟값은 -6이다. 답 ①

15

전략 $f(\alpha)=0$이면 $f(x)$는 $x-\alpha$를 인수로 가짐으로 이용한다.

풀이 방정식 $f(x)=-g(x)$의 한 근이 -1이므로

$f(-1)=-g(-1)$ ...... ㉠

조건 (나)에서 방정식 $f(x)g(x)=0$의 한 근이 -1이므로

$f(-1)g(-1)=0$ ...... ㉡

㉠, ㉡을 연립하여 풀면

$f(-1)=0,\ g(-1)=0$

즉, $f(x)$와 $g(x)$는 모두 $x+1$을 인수로 가지므로 $f(x)g(x)$는 $(x+1)^2$을 인수로 갖는다.

한편, 조건 (가)에 의하여 $f(x)g(x)$는 최고차항의 계수가 1인 사차식이므로 조건 (나)에 의하여

$f(x)g(x)=(x+1)^2(x-5)(x-7)$

$\therefore f(x)=(x+1)(x-5),\ g(x)=(x+1)(x-7)$

또는 $f(x)=(x+1)(x-7),\ g(x)=(x+1)(x-5)$

$\therefore f(x)+g(x)=(x+1)(x-5)+(x+1)(x-7)$

$=(x+1)(2x-12)$

$=2(x+1)(x-6)$

따라서 방정식 $f(x)+g(x)=0$, 즉 $f(x)=-g(x)$의 근은

$x=-1$ 또는 $x=6$

이므로 다른 한 근은 6이다. 답 ②

16

전략 주어진 이차방정식의 실근의 존재 여부에 따라 경우를 나누어 a, b의 값을 구한다.

풀이 이차방정식 $x^2+m(x-1)+8=0$, 즉

$x^2+mx+8-m=0$이 실근을 갖는 경우와 실근을 갖지 않는 경우로 나누어 순서쌍 (a, b)를 구해 보자.

(i) $b=0$일 때

주어진 이차방정식은 정수 a를 근으로 갖고 m도 정수이므로 다른 한 근도 정수이다. 다른 한 정수인 근을 k라 하면 이차방정식의 근과 계수의 관계에 의하여

$a+k=-m,\ ak=8-m$

$a+k=-m$을 $ak=8-m$에 대입하면

$ak=8+a+k$

$ak-a-k=8,\ a(k-1)-(k-1)=9$

$\therefore (a-1)(k-1)=9$

이때 $a-1$, $k-1$도 정수이므로

$a-1$	-9	-3	-1	1	3	9
$k-1$	-1	-3	-9	9	3	1

따라서 a, k의 값은

a	-8	-2	0	2	4	10
k	0	-2	-8	10	4	2

즉, a의 값이 될 수 있는 수는 $-8,\ -2,\ 0,\ 2,\ 4,\ 10$이므로 순서쌍 (a, b)는

$(-8, 0),\ (-2, 0),\ (0, 0),\ (2, 0),\ (4, 0),\ (10, 0)$

의 6개이다.

(ii) $b \neq 0$일 때

주어진 이차방정식은 계수가 실수이고 $a+bi\ (b \neq 0)$를 근으로 가지므로 $a-bi$도 근이다.

이차방정식의 근과 계수의 관계에 의하여

$(a+bi)+(a-bi)=-m,\ (a+bi)(a-bi)=8-m$

즉, $2a=-m,\ a^2+b^2=8-m$

$2a=-m$을 $a^2+b^2=8-m$에 대입하면

$a^2+b^2=8+2a,\ a^2-2a+b^2=8$

$\therefore (a-1)^2+b^2=9$

이때 $a,\ b\ (b \neq 0)$는 정수이므로

$a-1=0,\ b=\pm 3$

$\therefore a=1,\ b=-3$ 또는 $a=1,\ b=3$

즉, 순서쌍 $(a,\ b)$는 $(1,\ -3),\ (1,\ 3)$의 2개이다.

(i), (ii)에 의하여 $p=6+2=8$이고, $a+b$는 $a=10,\ b=0$일 때 최댓값 10, $a=-8,\ b=0$일 때 최솟값 -8을 가지므로

$q=10,\ r=-8$

$\therefore p+q+r=8+10+(-8)=10$ 답 10

17 전략 삼각형의 닮음을 이용하여 각 삼각형의 넓이를 구하고, 사각형의 넓이가 5임을 이용하여 x에 대한 이차방정식을 세운다.

풀이 조건 (가)에서 $\overline{AD}$와 $\overline{BC}$가 평행하므로

$\triangle AOD \backsim \triangle COB$

조건 (다)에서 두 삼각형 AOD, COB의 넓이의 비가 $4 : x^2$, 즉 $2^2 : x^2$이므로 닮음비는

$\overline{AD} : \overline{CB}=2 : |x|$ …… ㉠

따라서 $\overline{AD}=2k,\ \overline{CB}=k|x|\ (k>0)$로 놓을 수 있다.

또, 삼각형 AOD의 넓이가 4이므로

$4=\frac{1}{2}\times 2k \times (\triangle AOD$의 높이$)$

$\therefore (\triangle AOD$의 높이$)=\frac{4}{k}$

㉠에 의하여

$(\triangle COB$의 높이$)=\frac{2|x|}{k}$

즉, □ABCD의 높이는

$\frac{4}{k}+\frac{2|x|}{k}=\frac{2}{k}(2+|x|)$

조건 (나)에서 사각형 ABCD의 넓이가 5이므로

$\frac{1}{2}\times(2k+k|x|)\times\frac{2}{k}(2+|x|)=5$

$(2+|x|)^2=5,\ x^2+4|x|+4=5$

$\therefore x^2+4|x|=1$

양변을 $|x|$로 나누면

$|x|+4=\frac{1}{|x|}$ $\quad\therefore |x|-\frac{1}{|x|}=-4$

양변을 제곱하면

$x^2-2+\frac{1}{x^2}=16$

$\therefore x^2+\frac{1}{x^2}=18$ 답 18

18 전략 정오각형의 성질을 이용하여 a, b의 값을 각각 구한 후, 이차방정식의 근과 계수의 관계를 이용한다.

풀이 $\triangle ABE,\ \triangle ABC$에서

$\angle BAE=\angle ABC=108°$,

$\angle ABE=\angle AEB=\angle BAC=\angle BCA=36°$

$\therefore \angle EAF=\angle EFA=72°$

따라서 $\triangle AFE$는 $\overline{AE}=\overline{FE}=a$인 이등변삼각형이므로

$\overline{BF}=6-a$

같은 방법으로

$\overline{EG}=6-a$

$\therefore b=a-(6-a)=2a-6$ …… ㉠

$\triangle AFG \backsim \triangle ACD$이므로

$\overline{AF} : \overline{AC}=\overline{FG} : \overline{CD}$

$(6-a) : 6=b : a$

$(6-a) : 6=(2a-6) : a\ (\because$ ㉠$)$

$a(6-a)=6(2a-6),\ a^2+6a-36=0$

$\therefore a=-3+3\sqrt{5}\ (\because a>0)$

㉠에 의하여

$b=2(-3+3\sqrt{5})-6=-12+6\sqrt{5}$

따라서 두 근이 $\alpha,\ \beta$인 이차방정식 $x^2+ax+b=0$에서 근과 계수의 관계에 의하여

$\alpha+\beta=-a=3-3\sqrt{5},\ \alpha\beta=b=-12+6\sqrt{5}$

$\therefore \alpha^2+\beta^2=(\alpha+\beta)^2-2\alpha\beta$

$=(3-3\sqrt{5})^2-2(-12+6\sqrt{5})$

$=78-30\sqrt{5}$ 답 ④

19 전략 x의 값의 범위에 따라 경우를 나누어 주어진 이차방정식의 해를 구한다.

풀이 (i) $1<x<2$일 때

$[x]=1$이므로 주어진 방정식은

$x^2+[x^2]-3-x=0$

$\therefore x^2+[x^2]=x+3$ …… ㉠

이때 $1<x<2$에서 $4<x+3<5$이므로

$4<x^2+[x^2]<5$

즉, $[x^2+[x^2]]=4$이므로

$[x^2]+[x^2]=4,\ 2[x^2]=4$

$\therefore [x^2]=2$

$[x^2]=2$를 ㉠에 대입하면

$x^2+2=x+3,\ x^2-x-1=0$

$\therefore x=\frac{1+\sqrt{5}}{2}\ (\because 1<x<2)$

(ii) $2 \le x<3$일 때

$[x]=2$이므로 주어진 방정식은

$x^2+[x^2]-6-x=0$

$\therefore x^2+[x^2]=x+6$ …… ㉡

이때 $2 \le x<3$에서 $8 \le x+6<9$이므로

$8 \le x^2+[x^2]<9$

즉, $[x^2+[x^2]]=8$이므로

$[x^2]+[x^2]=8$, $2[x^2]=8$

$\therefore [x^2]=4$

$[x^2]=4$를 ㉡에 대입하면

$x^2+4=x+6$, $x^2-x-2=0$

$(x+1)(x-2)=0$

$\therefore x=2$ ($\because 2\le x<3$)

(i), (ii)에 의하여 방정식 $x^2+[x^2]-3[x]-x=0$의 근은

$x=\frac{1+\sqrt{5}}{2}$ 또는 $x=2$

이므로 구하는 합은

$\frac{1+\sqrt{5}}{2}+2=\frac{5+\sqrt{5}}{2}$

따라서 $a=\frac{5}{2}$, $b=\frac{1}{2}$이므로

$a+b=\frac{5}{2}+\frac{1}{2}=3$ 답 3

참고

① $1<x<\sqrt{2}$일 때, $[x]=1$, $[x^2]=1$
② $\sqrt{2}\le x<\sqrt{3}$일 때, $[x]=1$, $[x^2]=2$
③ $\sqrt{3}\le x<2$일 때, $[x]=1$, $[x^2]=3$
④ $2\le x<\sqrt{5}$일 때, $[x]=2$, $[x^2]=4$
⑤ $\sqrt{5}\le x<\sqrt{6}$일 때, $[x]=2$, $[x^2]=5$
⑥ $\sqrt{6}\le x<\sqrt{7}$일 때, $[x]=2$, $[x^2]=6$
⑦ $\sqrt{7}\le x<\sqrt{8}$일 때, $[x]=2$, $[x^2]=7$
⑧ $\sqrt{8}\le x<3$일 때, $[x]=2$, $[x^2]=8$

20 **전략** $f(x)$를 두 이차식의 곱으로 나타낸 후 주어진 조건을 만족시키는 $f(x)$의 개수를 구한다.

풀이 조건 (나)에서 최고차항의 계수가 1이고 $-1+i$, $-1-i$를 근으로 하는 이차방정식은

$x^2+2x+2=0$

즉, 사차식 $f(x)$는 x^2+2x+2를 인수로 가지므로 조건 (나)에 의하여

$f(x)=(x^2+2x+2)(x^2+ax+b)$ (a, b는 상수)

로 놓을 수 있다.

조건 (다)에 의하여 방정식 $f(x)=0$의 서로 다른 허근의 개수가 2이므로 $x^2+ax+b=x^2+2x+2$ 또는 $x^2+ax+b=0$이 실근을 가져야 한다.

(i) $x^2+ax+b=x^2+2x+2$일 때

$f(x)=(x^2+2x+2)^2=x^4+4x^3+8x^2+8x+4$

이므로 주어진 조건을 만족시킨다.

즉, 조건을 만족시키고 방정식 $f(x)=0$이 허근 2개만을 갖는 $f(x)$는 1개뿐이다.

(ii) $x^2+ax+b=0$이 실근을 가질 때

이차방정식 $x^2+ax+b=0$의 판별식을 D라 하면

$D=a^2-4b\ge0$

$\therefore a^2\ge4b$ …… ㉠

이때

$f(x)=x^4+(a+2)x^3+(2a+b+2)x^2+2(a+b)x+2b$

이므로 조건 (가)에 의하여 $a+2$, $2a+b+2$, $2(a+b)$, $2b$는 10 이하의 자연수이어야 한다. …… ㉡

㉠, ㉡을 모두 만족시키는 a, b의 값은

① $b=1$일 때, $a=2$ 또는 $a=3$

② $b=2$일 때, $a=3$

③ $b\ge3$일 때, ㉠에 의하여 $a^2\ge12$이므로 $a\ge4$

즉, $2a+b+2\ge13$이 되어 ㉡을 만족시키지 않는다.

①, ②, ③에 의하여 조건을 만족시키는 a, b의 값은 $a=2$, $b=1$ 또는 $a=3$, $b=1$ 또는 $a=3$, $b=2$이다.

즉, 조건을 만족시키고 방정식 $f(x)=0$이 실근 2개, 허근 2개를 갖는 $f(x)$는 3개이다.

(i), (ii)에 의하여 사차식 $f(x)$의 개수는

$1+3=4$ 답 ④

21 **전략** 주어진 조건을 만족시키도록 점 X가 이동하는 경로를 직육면체의 전개도에 나타내어 최단 거리를 x에 대한 식으로 나타낸다.

풀이 주어진 조건을 만족시키면서 점 X가 이동하는 경로는 다음과 같이 두 가지만 고려하면 된다.

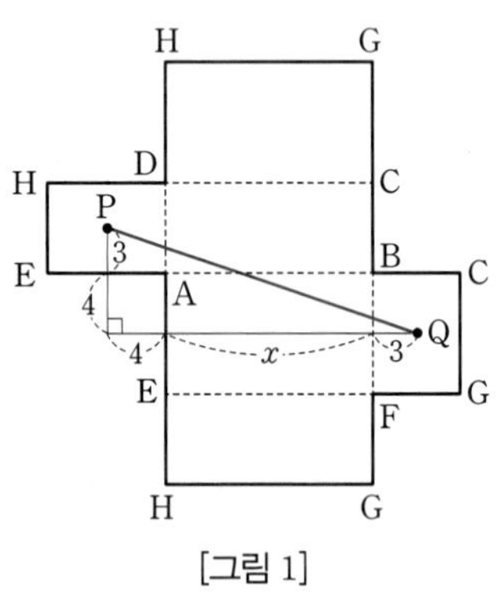

[그림 1]

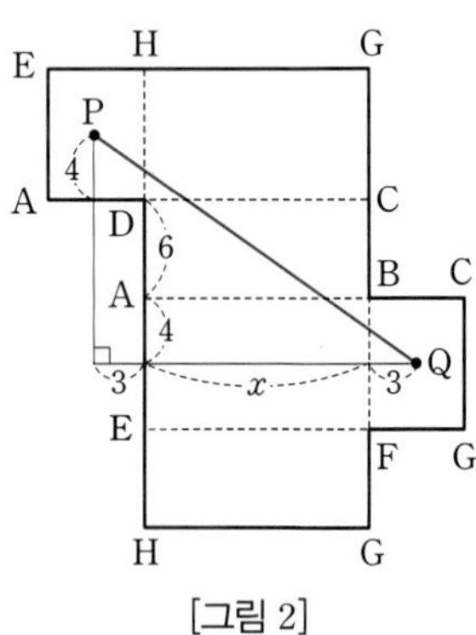

[그림 2]

[그림 1]에서 $\overline{PQ}^2=(x+7)^2+7^2=x^2+14x+98$

[그림 2]에서 $\overline{PQ}^2=(x+6)^2+14^2=x^2+12x+232$

$(x^2+14x+98)-(x^2+12x+232)=2x-134$

$=2(x-67)<0$ ($\because 0<x<60$)

즉, $x^2+14x+98<x^2+12x+232$

이므로 점 X가 이동하는 최단 거리는 $\sqrt{x^2+14x+98}$이다.

조건 (나)에 의하여

$\sqrt{x^2+14x+98}=7\sqrt{10}$

양변을 제곱하면

$x^2+14x+98=490$

$x^2+14x-392=0$, $(x+28)(x-14)=0$

$\therefore x=14$ ($\because 0<x<60$)

$\therefore (x+6)^2=(14+6)^2=400$ 답 400

22 **전략** 삼각형 ABC에 외접하는 원을 그려 서로 닮음인 두 삼각형을 찾아 $\overline{PB}\times\overline{PC}$의 값을 구한다.

풀이 다음 그림과 같이 삼각형 ABC의 외접원과 선분 PA가 만나는 점을 D라 하자.

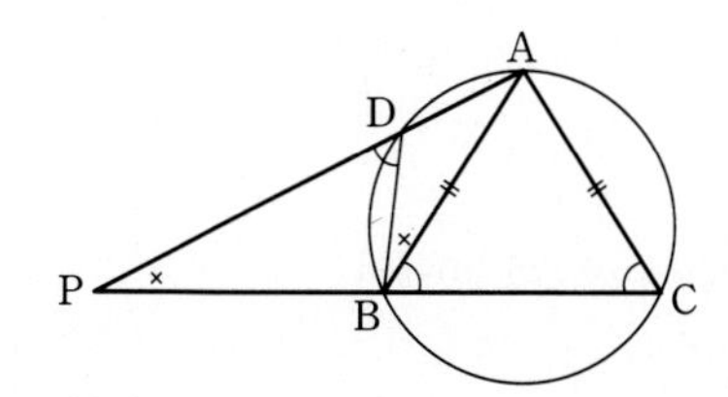

$\square$ADBC가 이 원에 내접하므로

$\angle PDB=\angle ACB$ ...... ㉠

이때 삼각형 ABC에서 $\overline{AB}=\overline{AC}$이므로

$\angle ABC=\angle ACB$ ...... ㉡

따라서 ㉠, ㉡에서

$\angle PDB=\angle ABC$ ...... ㉢

한편, 삼각형 PDB의 세 내각의 크기의 합은 $180°$이고,

$\angle ABC+\angle ABD+\angle DBP=180°$이므로

㉢에 의하여

$\angle ABD=\angle APB$

따라서 두 삼각형 ABD, APB에서

$\angle BAD=\angle PAB$, $\angle ABD=\angle APB$이므로

$\triangle ABD\backsim\triangle APB$ (AA 닮음)

즉, $\overline{AB}:\overline{AP}=\overline{DA}:\overline{BA}$에서

$\overline{AP}\times\overline{DA}=\overline{AB}^2$ ...... ㉣

또, 두 삼각형 PBD, PAC에서

$\angle DPB=\angle CPA$, $\angle PDB=\angle PCA$이므로

$\triangle PBD\backsim\triangle PAC$ (AA 닮음)

즉, $\overline{PB}:\overline{PA}=\overline{PD}:\overline{PC}$에서

$\overline{PD}\times\overline{PA}=\overline{PB}\times\overline{PC}$ ...... ㉤

이때

$\beta^2=\overline{PA}^2=\overline{PA}\times\overline{PA}$

$=(\overline{PD}+\overline{DA})\times\overline{PA}$

$=\overline{PD}\times\overline{PA}+\overline{DA}\times\overline{PA}$

$=\overline{PB}\times\overline{PC}+\overline{AB}^2$ ($\because$ ㉣, ㉤)

$=\overline{PB}\times\overline{PC}+\alpha^2$

$\therefore\ \overline{PB}\times\overline{PC}=\beta^2-\alpha^2=(\beta-\alpha)(\beta+\alpha)$

이때 이차방정식 $x^2-8x+14=0$의 두 실근이 α, β이므로 근과 계수의 관계에 의하여

$\alpha+\beta=8$, $\alpha\beta=14$

$(\beta-\alpha)^2=(\alpha+\beta)^2-4\alpha\beta$

$=8^2-4\times14=8$

$\therefore\ \beta-\alpha=2\sqrt{2}$ ($\because\ \beta>\alpha$)

즉, $\overline{PB}\times\overline{PC}=2\sqrt{2}\times8=16\sqrt{2}$

따라서 $\overline{PB}$와 $\overline{PC}$를 두 근으로 하는 이차방정식 $\frac{1}{2}x^2+mx+n=0$,

즉 $x^2+2mx+2n=0$에서 근과 계수의 관계에 의하여

$2n=\overline{PB}\times\overline{PC}$, $2n=16\sqrt{2}$, $n=8\sqrt{2}$

$\therefore\ n^2=128$

답 128

06 이차방정식과 이차함수

Step A 1등급을 위한 고난도 빈출 & 핵심 문제

본문 49~50쪽

01 ④	02 ①	03 12	04 ③	05 ⑤
06 ②	07 ⑤	08 ④	09 12	10 ③
11 35	12 ②	13 ⑤	14 ①	15 ④

01 이차함수 $y=ax^2+bx+c$의 그래프가 점 $(0, 3)$을 지나므로

$c=3$

$\therefore\ y=ax^2+bx+3$

이차방정식 $ax^2+bx+3=0$의 계수가 모두 유리수이므로 한 근이 $3-2\sqrt{3}$이면 다른 한 근은 $3+2\sqrt{3}$이다.

이차방정식의 근과 계수의 관계에 의하여

$(3-2\sqrt{3})+(3+2\sqrt{3})=-\frac{b}{a}$, $(3-2\sqrt{3})(3+2\sqrt{3})=\frac{3}{a}$

$6=-\frac{b}{a}$, $-3=\frac{3}{a}$

따라서 $a=-1$, $b=6$이므로

$a+b+c=-1+6+3=8$

답 ④

02 이차방정식 $2x^2-ax+3=0$의 두 근을 α, β라 하면 근과 계수의 관계에 의하여

$\alpha+\beta=\frac{a}{2}$, $\alpha\beta=\frac{3}{2}$ ...... ㉠

이때 주어진 이차함수의 그래프와 x축이 만나는 두 점 사이의 거리가 2이므로

$|\alpha-\beta|=2$

이때 $(\alpha-\beta)^2=(\alpha+\beta)^2-4\alpha\beta$이므로

$4=\left(\frac{a}{2}\right)^2-4\times\frac{3}{2}$ ($\because$ ㉠)

$\frac{a^2}{4}=10$, $a^2=40$

$\therefore\ a=\pm2\sqrt{10}$

따라서 구하는 모든 상수 a의 값의 곱은

$-2\sqrt{10}\times2\sqrt{10}=-40$

답 ①

03 이차함수 $y=x^2-2(a-k)x+k^2-8k+2b$의 그래프가 x축에 접하므로 이차방정식 $x^2-2(a-k)x+k^2-8k+2b=0$의 판별식을 D라 하면

$\frac{D}{4}=\{-(a-k)\}^2-(k^2-8k+2b)=0$

$a^2-2ak+k^2-k^2+8k-2b=0$

$(-2a+8)k+a^2-2b=0$

이 식이 k의 값에 관계없이 항상 성립하므로

$-2a+8=0$, $a^2-2b=0$

따라서 $a=4$, $b=8$이므로

$a+b=4+8=12$

답 12

04 이차함수 $y=x^2+2kx-5$의 그래프가 직선 $y=6x-k^2$보다 항상 위쪽에 있으려면 이차함수의 그래프와 직선이 만나지 않아야 하므로 방정식 $x^2+2kx-5=6x-k^2$, 즉 $x^2+2(k-3)x+k^2-5=0$의 판별식을 D라 하면

$\frac{D}{4}=(k-3)^2-(k^2-5)<0$

$k^2-6k+9-k^2+5<0$

$-6k+14<0 \quad \therefore k>\frac{7}{3}$

따라서 구하는 정수 k의 최솟값은 3이다. 답 ③

05 구하는 직선의 방정식을 $y=mx+n$으로 놓자.
이 직선이 이차함수 $y=x^2-2ax+a^2+4a$의 그래프와 접하므로 방정식 $x^2-2ax+a^2+4a=mx+n$, 즉
$x^2-(2a+m)x+a^2+4a-n=0$의 판별식을 D라 하면

$D=\{-(2a+m)\}^2-4(a^2+4a-n)=0$

$4a^2+4am+m^2-4a^2-16a+4n=0$

$\therefore 4(m-4)a+m^2+4n=0$

이 식이 a의 값에 관계없이 항상 성립하므로

$4(m-4)=0$, $m^2+4n=0$

$\therefore m=4$, $n=-4$

따라서 구하는 직선의 방정식은

$y=4x-4$ 답 ⑤

06 방정식 $x^2-4|x|+x-k=0$, 즉 $x^2-4|x|+x=k$의 실근의 개수는 함수 $y=x^2-4|x|+x$의 그래프와 직선 $y=k$의 교점의 개수와 같다.

$y=x^2-4|x|+x=\begin{cases} x^2-3x & (x\ge 0) \\ x^2+5x & (x<0) \end{cases}$

이때 교점이 4개이려면 오른쪽 그림과 같이 직선 $y=k$가 직선 $y=0$과 직선 $y=-\frac{9}{4}$ 사이에 있어야 한다.

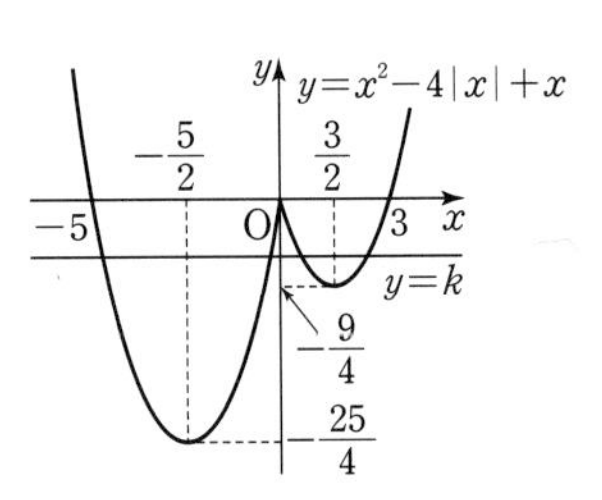

따라서 $-\frac{9}{4}<k<0$이므로 조건을 만족시키는 정수 k는 -2, -1의 2개이다. 답 ②

07 주어진 조건을 만족시키려면
$f(x)=x^2-kx+4$로 놓을 때, 함수 $y=f(x)$의 그래프가 오른쪽 그림과 같아야 한다.

$f(1)=1-k+4>0$에서 $k<5$

$f(2)=4-2k+4<0$에서 $k>4$

$\therefore 4<k<5$ 답 ⑤

08 주어진 조건을 만족시키려면
$f(x)=x^2-4mx+3m-25$로 놓을 때, 함수 $y=f(x)$의 그래프가 오른쪽 그림과 같아야 한다.

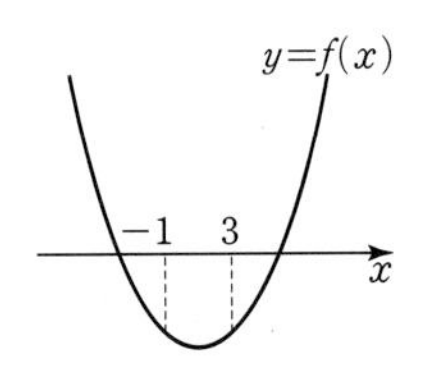

$f(-1)=1+4m+3m-25<0$에서

$m<\frac{24}{7}$

$f(3)=9-12m+3m-25<0$에서

$m>-\frac{16}{9}$

따라서 $-\frac{16}{9}<m<\frac{24}{7}$이므로 이를 만족시키는 정수 m은 -1, 0, 1, 2, 3이고, 그 합은

$-1+0+1+2+3=5$ 답 ④

09 $y=x^2-2ax+8a-4=(x-a)^2-a^2+8a-4$
이므로 주어진 이차함수의 최솟값은 $x=a$일 때 $-a^2+8a-4$이다.

$f(a)=-a^2+8a-4=-(a-4)^2+12$

따라서 $f(a)$의 최댓값은 $a=4$일 때 12이다. 답 12

10 $f(3-x)=f(3+x)$에서 함수 $y=f(x)$의 그래프는 직선 $x=3$에 대하여 대칭이므로

$f(x)=a(x-3)^2+b$ (a, b는 실수)

로 놓을 수 있다.

$f(x)=a(x-3)^2+b=ax^2-6ax+9a+b$

$f(x)$의 일차항의 계수와 상수항이 같으므로

$-6a=9a+b \quad \therefore b=-15a \quad \cdots\cdots$ ㉠

함수 $y=f(x)$의 그래프가 점 $(2, 7)$을 지나므로

$7=a+b \quad \cdots\cdots$ ㉡

㉠, ㉡을 연립하여 풀면 $a=-\frac{1}{2}$, $b=\frac{15}{2}$

따라서 $f(x)=-\frac{1}{2}(x-3)^2+\frac{15}{2}$이므로 $f(x)$의 최댓값은 $x=3$일 때 $\frac{15}{2}$이다. 답 ③

11 $x^2+2y^2+4z^2+2x-8y+16z+k$
$=(x+1)^2+2(y-2)^2+4(z+2)^2+k-25$

이때 x, y, z가 실수이므로

$(x+1)^2\ge 0$, $(y-2)^2\ge 0$, $(z+2)^2\ge 0$

$\therefore x^2+2y^2+4z^2+2x-8y+16z+k\ge k-25$

주어진 식의 최솟값은 $x=-1$, $y=2$, $z=-2$일 때 10이므로

$k-25=10 \quad \therefore k=35$ 답 35

12 $f(x)=-x^2-2mx+m=-(x+m)^2+m^2+m$

(i) $-m\le -1$, 즉 $m\ge 1$일 때

$f(x)$는 $x=-m$일 때 최댓값 m^2+m을 가지므로

$m^2+m=6$, $m^2+m-6=0$

$(m+3)(m-2)=0$

$\therefore m=2$ ($\because m\ge 1$)

(ii) $-m>-1$, 즉 $m<1$일 때

$f(x)$는 $x=-1$일 때 최댓값 $3m-1$을 가지므로

$3m-1=6 \quad \therefore m=\frac{7}{3}$

그런데 $m<1$이므로 조건을 만족시키는 m의 값은 존재하지 않는다.

(i), (ii)에 의하여 구하는 실수 m의 값은 2이다. 답 ②

13 $x^2+2x-1=t$로 놓으면

$t=(x+1)^2-2$

$-2\le x\le 1$에서 이 식은 $x=1$일 때 최댓값 2, $x=-1$일 때 최솟값 -2를 가지므로

$-2\le t\le 2$

이때 주어진 함수는

$y=2t^2-8t+k=2(t-2)^2+k-8$

$-2\le t\le 2$에서 이 식은 $t=-2$일 때 최댓값 $k+24$, $t=2$일 때 최솟값 $k-8$을 가지므로 최댓값과 최솟값의 곱은

$(k+24)(k-8)=33$

$k^2+16k-225=0$, $(k+25)(k-9)=0$

$\therefore k=9\ (\because k>0)$ 답 ⑤

14 점 A(0, −3), B(1, 0), C(3, 0)이고 점 P(a, b)가 점 A에서 출발하여 점 B를 거쳐 점 C까지 움직이므로

$0\le a\le 3$

또, 점 P(a, b)는 이차함수 $y=-x^2+4x-3$의 그래프 위의 점이므로

$b=-a^2+4a-3$

$\therefore 4a-2b-3=4a-2(-a^2+4a-3)-3$

$=2a^2-4a+3$

$=2(a-1)^2+1$

$0\le a\le 3$에서 위의 식은 $a=3$일 때 최댓값 9, $a=1$일 때 최솟값 1이므로 구하는 합은

$9+1=10$ 답 ①

15 오른쪽 그림과 같이 △ADG의 꼭짓점 A에서 밑변 DG에 내린 수선의 발을 H, $\overline{DG}=x$로 놓으면 △ABC∽△ADG이므로

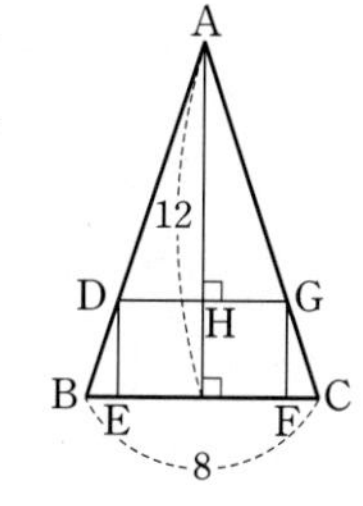

$12:\overline{AH}=8:x$

$\therefore \overline{AH}=\frac{3}{2}x$

이때 변의 길이는 양수이므로

$0<x<8$

직사각형 DEFG의 넓이는

$\overline{DG}\times\overline{DE}=x\left(12-\frac{3}{2}x\right)=-\frac{3}{2}x^2+12x$

$=-\frac{3}{2}(x-4)^2+24$

$0<x<8$에서 위의 식의 최댓값은 $x=4$일 때 24이다.

따라서 $\overline{DG}=4$일 때 $\overline{DE}=12-\frac{3}{2}\times 4=6$이므로 구하는 둘레의 길이는

$2(4+6)=20$ 답 ④

B Step 1등급을 위한 고난도 기출 VS 변형 유형

본문 51~53쪽

1 ⑤	1-1 ③	2 ③	2-1 ⑤	3 3	3-1 ①
4 ③	4-1 −15	5 3	5-1 11	6 ③	6-1 ⑤
7 11	7-1 5	8 $\frac{25}{3}$	8-1 5	9 $\frac{63}{2}$	9-1 6

1 전략 이차방정식과 이차함수 사이의 관계를 이용한다.

풀이 ㄱ. $\frac{c}{a}<0$이므로 $ac<0$

이때 이차방정식 $f(x)=0$, 즉 $ax^2+bx+c=0$의 판별식을 D라 하면

$D=b^2-4ac>0$

따라서 이차함수 $y=f(x)$의 그래프는 x축과 서로 다른 두 점에서 만난다. (참)

ㄴ. $f(x)=ax^2+bx+c=a\left(x+\frac{b}{2a}\right)^2-\frac{b^2-4ac}{4a}$

이때 $a>0$이므로 함수 $f(x)$의 최솟값은 $x=-\frac{b}{2a}$일 때, $f\left(-\frac{b}{2a}\right)$이다.

$\therefore f\left(-\frac{b}{2a}\right)<f\left(1-\frac{b}{2a}\right)$ (참)

ㄷ. $f(x^2)=ax^4+bx^2+c=0$에서 $x^2=t$로 놓으면

$f(t)=at^2+bt+c=0$

이 이차방정식의 판별식을 D라 하면

$D=b^2-4ac$

이때 $0<a<c<\frac{1}{2}b$에서 $b>2a$, $b>2c$이므로 $b^2>4ac$

$\therefore D=b^2-4ac>0$

즉, 이차방정식 $at^2+bt+c=0$은 서로 다른 두 실근을 갖는다.

이차방정식의 근과 계수의 관계에 의하여 두 근의 합은 $-\frac{b}{a}<0$, 두 근의 곱은 $\frac{c}{a}>0$이므로 이차방정식 $at^2+bt+c=0$은 서로 다른 두 음의 실근을 갖는다.

이때 $t=x^2\ge 0$이므로 방정식 $f(x^2)=0$은 실근을 갖지 않는다. (참)

따라서 ㄱ, ㄴ, ㄷ 모두 옳다. 답 ⑤

참고 ㄷ. 이차방정식 $at^2+bt+c=0$의 서로 다른 두 실근을 α, β라 하면 $\alpha<0$, $\beta<0$

이때 $t=x^2$이므로 방정식 $f(x^2)=0$, 즉 $ax^4+bx^2+c=0$의 근은 $x^2=\alpha<0$ 또는 $x^2=\beta<0$

그런데 $(\text{실수})^2\ge 0$이므로 $x^2=\alpha$ 또는 $x^2=\beta$를 만족시키는 실수가 존재하지 않는다. 따라서 방정식 $f(x^2)=0$은 실근을 갖지 않는다.

1-1 전략 이차함수 $y=f(x)$의 그래프가 직선 $x=-1$에 대하여 대칭임을 이용한다.

풀이 ㄱ. $f(x)=ax^2+bx+c=a\left(x+\frac{b}{2a}\right)^2-\frac{b^2-4ac}{4a}$

이때 모든 실수 x에 대하여 $f(-1-x)=f(-1+x)$가 성립하므로 함수 $y=f(x)$의 그래프는 직선 $x=-1$에 대하여

대칭이다.

즉, $-\frac{b}{2a}=-1$이므로 $b=2a$ (참)

ㄴ. ㄱ에서 $b=2a$이므로 $f(x)=ax^2+2ax+c$

이차방정식 $f(x)=0$, 즉 $ax^2+2ax+c=0$의 판별식을 D라 하면

$\frac{D}{4}=a^2-ac=a(a-c)$

이때 $a<0$, $a>c$이면 $\frac{D}{4}<0$이므로 이차방정식 $f(x)=0$은 서로 다른 두 허근을 갖는다. 즉, 함수 $y=f(x)$의 그래프가 x축과 만나지 않는다. (거짓)

ㄷ. 방정식 $|f(x)|-1=0$에서 $|f(x)|=1$

$\therefore f(x)=1$ 또는 $f(x)=-1$

이때 방정식 $|f(x)|-1=0$이 서로 다른 세 실근을 가지므로 이차방정식 $f(x)=1$과 $f(x)=-1$ 중 하나는 서로 다른 두 실근을 갖고, 나머지 하나는 중근을 갖는다.

(i) $f(x)=1$이 서로 다른 두 실근, $f(x)=-1$이 중근을 갖는 경우

함수 $y=f(x)$의 그래프는 아래로 볼록하고 함수 $f(x)$의 최솟값 $f(-1)$의 값이 -1이다.

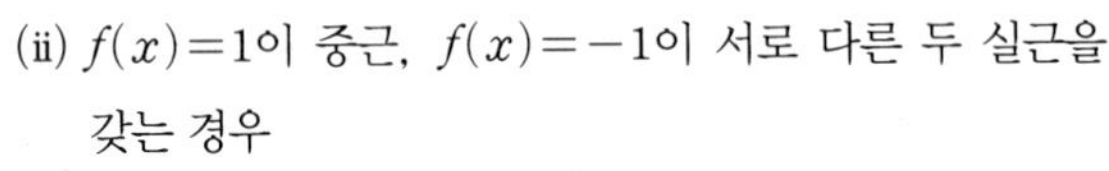

(ii) $f(x)=1$이 중근, $f(x)=-1$이 서로 다른 두 실근을 갖는 경우

함수 $y=f(x)$의 그래프는 위로 볼록하고 함수 $f(x)$의 최댓값 $f(-1)$의 값이 1이다.

(i), (ii)에 의하여 $f(-1)$의 최댓값은 1이다. (참)

따라서 옳은 것은 ㄱ, ㄷ이다. 답 ③

빠른풀이 ㄷ. 방정식 $|f(x)|-1=0$, 즉 $|f(x)|=1$이 서로 다른 세 실근을 가지므로 함수 $y=|f(x)|$의 그래프는 다음과 같다.

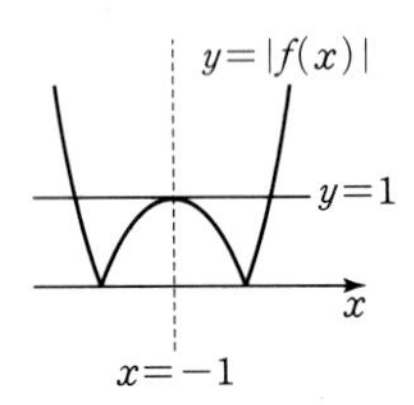

따라서 $|f(-1)|=1$이므로 $f(-1)$의 최댓값은 1이다.

1등급 노트 이차함수의 그래프의 대칭성

이차함수의 그래프는 축에 대하여 대칭이므로 다음이 성립한다.

(1) $f(x)=ax^2$

⇨ $f(-x)=f(x)$ → 직선 $x=0$에 대하여 대칭

(2) $f(x)=a(x-p)^2+q$

⇨ $f(p-x)=f(p+x)$ → 직선 $x=p$에 대하여 대칭

2

전략 자연수 k의 값의 범위를 구하여 자연수 a에 따른 $f(a)$의 값을 구한다.

풀이 이차함수 $y=x^2+2ax+a^2-10$의 그래프와 직선 $y=2x-k$가 서로 다른 두 점에서 만나려면 방정식

$x^2+2ax+a^2-10=2x-k$, 즉 $x^2+2(a-1)x+a^2+k-10=0$

이 서로 다른 두 실근을 가져야 한다.

이 이차방정식의 판별식을 D라 하면

$\frac{D}{4}=(a-1)^2-(a^2+k-10)>0$

$-2a-k+11>0$

$\therefore k<-2a+11$

즉, k는 $-2a+11$보다 작은 자연수이다.

ㄱ. $a=1$일 때, $k<9$이므로 자연수 k는 1, 2, 3, $\cdots$, 8의 8개이다.

$\therefore f(1)=8$ (참)

ㄴ. [반례] $a=5$일 때, $k<1$이므로 $f(5)=0$

$a=6$일 때, $k<-1$이므로 $f(6)=0$

$\therefore f(5)=f(6)$ (거짓)

ㄷ. ㄴ에 의하여 $n\geq5$이면 $f(n)=0$이므로 모든 자연수 n에 대하여

$f(1)+f(2)+f(3)+\cdots+f(n)\leq f(1)+f(2)+f(3)+f(4)$

이때 ㄱ에 의하여 $f(1)=8$이고,

$a=2$일 때, $k<7$이므로 $f(2)=6$

$a=3$일 때, $k<5$이므로 $f(3)=4$

$a=4$일 때, $k<3$이므로 $f(4)=2$

따라서 모든 자연수 n에 대하여

$f(1)+f(2)+f(3)+\cdots+f(n)\leq f(1)+f(2)+f(3)+f(4)$
$=8+6+4+2=20$ (참)

따라서 옳은 것은 ㄱ, ㄷ이다. 답 ③

참고 ㄴ. 자연수 n에 대하여 $f(n)$의 값은 $k<11-2n$을 만족시키는 자연수 k의 개수이고, $f(n+1)$의 값은 $k<11-2(n+1)$, 즉 $k<9-2n$을 만족시키는 자연수 k의 개수이다.

$n\geq5$이면 $11-2n\leq1$, $9-2n\leq-1$이므로 $f(n)=0$, $f(n+1)=0$

$\therefore f(n)=f(n+1)$

2-1

전략 b의 값의 범위를 구하여 자연수 a에 따른 정수 b의 최댓값을 구한다.

풀이 이차함수 $y=-x^2+6x-6$의 그래프와 직선 $y=ax+b$가 서로 다른 두 점에서 만나려면 방정식

$-x^2+6x-6=ax+b$, 즉 $x^2+(a-6)x+6+b=0$

이 서로 다른 두 실근을 가져야 한다.

이 이차방정식의 판별식을 D라 하면

$D=(a-6)^2-4(6+b)>0$

$(a-6)^2-24-4b>0$, $4b<(a-6)^2-24$

$\therefore b<\frac{(a-6)^2}{4}-6$ …… ㉠

ㄱ. ㉠에 a 대신 $6-a$를 대입하면 $b<\frac{a^2}{4}-6$

㉠에 a 대신 $6+a$를 대입하면 $b<\frac{a^2}{4}-6$

$\therefore f(6-a)=f(6+a)$ (참)

ㄴ. $f(a)>0$이려면 $\frac{(a-6)^2}{4}-6>1$

$\therefore (a-6)^2>28$

이때 a가 자연수이므로 $(a-6)^2\geq36$

$a-6\geq6$ $\therefore a\geq12$

따라서 주어진 조건을 만족시키는 a의 최솟값은 12이다. (참)

ㄷ. ㉠에서

$a=1$, 11일 때, $b<\frac{1}{4}$이므로 $f(1)=f(11)=0$

$a=2$, 10일 때, $b<-2$이므로 $f(2)=f(10)=-3$

$a=3$, 9일 때, $b<-\frac{15}{4}$이므로 $f(3)=f(9)=-4$

$a=4$, 8일 때, $b<-5$이므로 $f(4)=f(8)=-6$

$a=5$, 7일 때, $b<-\frac{23}{4}$이므로 $f(5)=f(7)=-6$

$a=6$일 때, $b<-6$이므로 $f(6)=-7$

$f(1)+f(2)+\cdots+f(11)=-7+2(-3-4-6-6)=-45$

$a=12$일 때, $b<3$이므로 $f(12)=2$

$a=13$일 때, $b<\frac{25}{4}$이므로 $f(13)=6$

$a=14$일 때, $b<10$이므로 $f(14)=9$

$a=15$일 때, $b<\frac{57}{4}$이므로 $f(15)=14$

$a=16$일 때, $b<19$이므로 $f(16)=18$

$f(12)+f(13)+f(14)+f(15)=31$

$f(12)+f(13)+f(14)+f(15)+f(16)=49$

따라서

$f(1)+f(2)+\cdots+f(15)<0$, $f(1)+f(2)+\cdots+f(16)>0$

이므로

$f(1)+f(2)+\cdots+f(n)>0$이 되도록 하는 자연수 n의 최솟값은 16이다. (참)

따라서 ㄱ, ㄴ, ㄷ 모두 옳다.

답 ⑤

3 **전략** 두 방정식 $f(x)=\frac{1}{2}x+1$, $g(x)=\frac{1}{2}x+1$을 각각 만족시키는 x의 값의 합을 이차방정식의 근과 계수의 관계를 이용하여 나타낸다.

풀이 함수 $y=g(x)$의 그래프는 함수 $f(x)=x^2$의 그래프를 x축의 방향으로 p만큼 평행이동한 것이므로

$g(x)=(x-p)^2$

오른쪽 그림과 같이 직선 $y=\frac{1}{2}x+1$과 두 함수 $y=f(x)$, $y=g(x)$의 그래프의 네 교점의 x좌표를 각각 x_1, x_2, x_3, x_4라 하면 x_1, x_2는 방정식

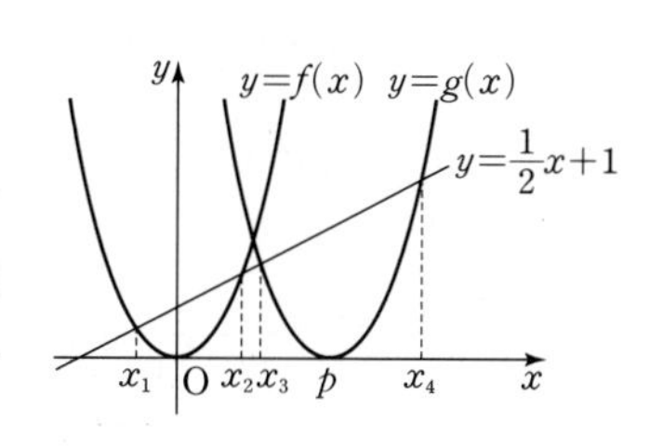

$x^2=\frac{1}{2}x+1$, 즉 $2x^2-x-2=0$의 서로 다른 두 실근이므로 이차방정식의 근과 계수의 관계에 의하여

$x_1+x_2=\frac{1}{2}$

또, x_3, x_4는 방정식 $(x-p)^2=\frac{1}{2}x+1$, 즉

$2x^2-(4p+1)x+2p^2-2=0$의 서로 다른 두 실근이므로 이차방정식의 근과 계수의 관계에 의하여

$x_3+x_4=\frac{4p+1}{2}=2p+\frac{1}{2}$

이때 네 교점의 x좌표의 합이 7이므로

$x_1+x_2+x_3+x_4=7$

$\frac{1}{2}+\left(2p+\frac{1}{2}\right)=7$, $2p=6$

$\therefore p=3$

답 3

3-1 **전략** $x<0$일 때 $f(|x|)=x+a$, $x\geq0$일 때 $f(|x|)=x+a$를 각각 만족시키는 x의 값의 곱을 이차방정식의 근과 계수의 관계를 이용하여 나타낸다.

풀이 $f(|x|)=\begin{cases} x^2-6x+5 & (x\geq0) \\ x^2+6x+5 & (x<0) \end{cases}$

이므로 오른쪽 그림과 같이 직선 $y=x+a$와 함수 $y=f(|x|)$의 그래프의 네 교점의 x좌표를 각각 x_1, x_2, x_3, x_4 $(x_1<x_2<x_3<x_4)$라 하자.

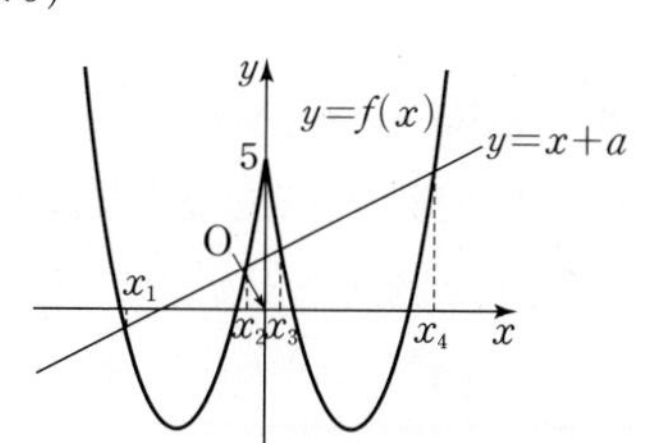

x_1, x_2는 방정식 $x^2+6x+5=x+a$, 즉 $x^2+5x+5-a=0$의 서로 다른 두 실근이므로 이차방정식의 근과 계수의 관계에 의하여

$x_1x_2=5-a$

또, x_3, x_4는 방정식 $x^2-6x+5=x+a$, 즉 $x^2-7x+5-a=0$의 서로 다른 두 실근이므로 이차방정식의 근과 계수의 관계에 의하여

$x_3x_4=5-a$

이때 네 교점의 x좌표의 곱이 16이므로

$x_1x_2x_3x_4=16$

$(5-a)^2=16$, $5-a=\pm4$

$\therefore a=1$ 또는 $a=9$

그런데 $a=9$이면 직선 $y=x+a$, 즉 $y=x+9$는 함수 $y=f(|x|)$의 그래프와 서로 다른 두 점에서 만나므로 조건을 만족시키지 않는다.

$\therefore a=1$

답 ①

1등급 노트 절댓값 기호를 포함한 식의 그래프

(1) $y=|f(x)|$의 그래프

$y=f(x)$의 그래프에서 $y\geq0$인 부분은 그대로 두고, $y<0$인 부분을 x축에 대하여 대칭이동한다.

(2) $y=f(|x|)$의 그래프

$y=f(x)$의 그래프에서 $x\geq0$인 부분은 그대로 두고, $x\geq0$인 부분을 y축에 대하여 대칭이동한다.

(3) $|y|=f(x)$의 그래프

$y=f(x)$의 그래프에서 $y\geq0$인 부분은 그대로 두고, $y\geq0$인 부분을 x축에 대하여 대칭이동한다.

(4) $|y|=f(|x|)$의 그래프

$y=f(x)$의 그래프에서 $x\geq0$, $y\geq0$인 부분은 그대로 두고, $x\geq0$, $y\geq0$인 부분을 x축, y축 및 원점에 대하여 각각 대칭이동한다.

4 **전략** 이차방정식의 판별식, 이차함수의 함숫값의 부호를 조사하여 k의 값의 범위를 구한다.

풀이 이차방정식 $x^2-2x+k-1=0$의 판별식을 D라 하면

$\frac{D}{4}=(-1)^2-(k-1)\geq0$

$1-k+1\geq0$ $\quad\therefore k\leq2$ $\quad\cdots\cdots$ ㉠

또, $f(x)=x^2-2x+k-1$로 놓으면 $f(-2)>0$이므로

$(-2)^2-2\times(-2)+k-1>0$

$\therefore k>-7$ …… ㉡

$f(x)=(x-1)^2+k-2$에서 이차함수 $y=f(x)$의 그래프의 대칭축은 $x=1$이고 $1>-2$는 항상 성립한다.

㉠, ㉡에 의하여 $-7<k\le2$

따라서 정수 k의 개수는

$2-(-7)=9$ 답 ③

4-1 **전략** $x\ge0$, $x<0$으로 x의 값의 범위를 나누어 주어진 방정식이 3개 이상의 실근을 갖기 위한 조건을 생각해 본다.

풀이 $f(x)=x^2-3|x|+k+6$으로 놓으면

$$f(x)=\begin{cases}x^2-3x+k+6 & (x\ge0)\\ x^2+3x+k+6 & (x<0)\end{cases}$$

이차함수 $y=f(x)$의 그래프는 y축에 대하여 대칭이므로 주어진 방정식의 서로 다른 실근이 3개 이상이려면 $x\ge0$에서 이차방정식 $x^2-3x+k+6=0$이 서로 다른 두 실근을 가져야 한다.

이 이차방정식의 판별식을 D라 하면

$D=(-3)^2-4(k+6)>0$

$-4k-15>0$

$\therefore k<-\frac{15}{4}$ …… ㉠

$f(0)\ge0$이므로 $k+6\ge0$

$\therefore k\ge-6$ …… ㉡

또, $x\ge0$에서

$f(x)=x^2-3x+k+6=\left(x-\frac{3}{2}\right)^2+k+\frac{15}{4}$

이므로 이차함수 $y=f(x)$의 그래프의 대칭축은 $x=\frac{3}{2}$이고 $\frac{3}{2}>0$은 항상 성립한다.

㉠, ㉡에 의하여 $-6\le k<-\frac{15}{4}$

따라서 정수 k는 -6, -5, -4이므로 그 합은

$-6+(-5)+(-4)=-15$ 답 -15

5 **전략** 두 함수 $y=f(x)$, $y=g(x)$의 그래프가 서로 접하면 방정식 $f(x)=g(x)$, 즉 $f(x)-g(x)=0$은 중근을 가짐을 이용한다.

풀이 두 함수 $y=f(x)$, $y=h(x)$의 그래프가 $x=\alpha$에서 접하므로 이차방정식 $f(x)=h(x)$, 즉 $f(x)-h(x)=0$은 $x=\alpha$를 중근으로 갖는다.

이때 조건 ㈎에서 이차함수 $f(x)$의 최고차항의 계수가 1이므로

$f(x)-h(x)=(x-\alpha)^2$

$\therefore f(x)=(x-\alpha)^2+h(x)$

마찬가지로 $g(x)-h(x)=4(x-\beta)^2$

$\therefore g(x)=4(x-\beta)^2+h(x)$

조건 ㈏에서 $\alpha:\beta=1:2$이므로 $\beta=2\alpha$

즉, $g(x)=4(x-2\alpha)^2+h(x)$

두 이차함수 $y=f(x)$와 $y=g(x)$의 그래프가 만나는 점의 x좌표가 t이므로 $f(t)=g(t)$에서

$(t-\alpha)^2+h(t)=4(t-2\alpha)^2+h(t)$

$3t^2-14\alpha t+15\alpha^2=0$, $(3t-5\alpha)(t-3\alpha)=0$

$\therefore t=\frac{5\alpha}{3}$ 또는 $t=3\alpha$

이때 $\alpha>0$에서 $\beta=2\alpha<3\alpha$이므로

$t=\frac{5\alpha}{3}$ ($\because \alpha<t<\beta$)

$\therefore \frac{5\alpha}{t}=3$ 답 3

5-1 **전략** 두 함수 $y=f(x)$, $y=g(x)$의 교점의 x좌표가 α이면 $f(\alpha)=g(\alpha)$가 성립함을 이용한다.

풀이 두 함수 $y=f(x)$, $y=g(x)$의 그래프의 교점의 x좌표가 α, β이므로 이차방정식 $f(x)=g(x)$, 즉 $f(x)-g(x)=0$은 $x=\alpha$ 또는 $x=\beta$를 근으로 갖는다.

이때 이차함수 $y=f(x)$의 최고차항의 계수가 1이므로

$f(x)-g(x)=(x-\alpha)(x-\beta)$ …… ㉠

또, 두 함수 $y=f(x)$, $y=h(x)$의 그래프가 $x=\gamma$에서 접하므로 이차방정식 $f(x)=h(x)$, 즉 $f(x)-h(x)=0$은 $x=\gamma$를 중근으로 갖는다.

이때 이차함수 $y=f(x)$의 최고차항의 계수가 1이므로

$f(x)-h(x)=(x-\gamma)^2$ …… ㉡

조건 ㈏에서

$\beta-\gamma=2\gamma-2\alpha$, $3\gamma=2\alpha+\beta$

$\therefore \gamma=\frac{2\alpha+\beta}{3}$ …… ㉢

㉡$-$㉠을 하면

$$\begin{aligned}g(x)-h(x)&=(x-\gamma)^2-(x-\alpha)(x-\beta)\\&=x^2-2\gamma x+\gamma^2-\{x^2-(\alpha+\beta)x+\alpha\beta\}\\&=(\alpha+\beta-2\gamma)x+\gamma^2-\alpha\beta\\&=\left(\alpha+\beta-\frac{4\alpha+2\beta}{3}\right)x+\left(\frac{2\alpha+\beta}{3}\right)^2-\alpha\beta\ (\because ㉢)\\&=\frac{\beta-\alpha}{3}x+\frac{4\alpha^2-5\alpha\beta+\beta^2}{9}\end{aligned}$$

이때 조건 ㈎에 의하여 $g(-1)=h(-1)$이므로

$g(-1)-h(-1)=0$

즉, $\frac{\alpha-\beta}{3}+\frac{4\alpha^2-5\alpha\beta+\beta^2}{9}=0$

$\frac{3(\alpha-\beta)}{9}+\frac{(4\alpha-\beta)(\alpha-\beta)}{9}=0$, $\frac{1}{9}(\alpha-\beta)(3+4\alpha-\beta)=0$

$\therefore \beta=4\alpha+3$ ($\because \alpha<\beta$)

$\therefore g(x)-h(x)=(\alpha+1)x+(\alpha+1)$

$\beta=4\alpha+3$을 ㉢에 대입하면

$\gamma=\frac{6\alpha+3}{3}=2\alpha+1$

또, 조건 ㈐에 의하여 일차함수 $y=g(x)-h(x)$, 즉 $y=(\alpha+1)x+(\alpha+1)$의 그래프의 기울기는 2 또는 -2이므로

$\alpha+1=2$ 또는 $\alpha+1=-2$

(i) $\alpha+1=2$, 즉 $\alpha=1$일 때

$\beta=4\alpha+3$에서 $\beta=7$

$\gamma=2\alpha+1$에서 $\gamma=3$

(ii) $\alpha+1=-2$, 즉 $\alpha=-3$일 때

$\beta=4\alpha+3$에서 $\beta=-9$

이때 $\alpha<\beta$를 만족시키지 않는다.

(i), (ii)에 의하여 $\alpha=1$, $\beta=7$, $\gamma=3$

$\therefore \alpha+\beta+\gamma=1+7+3=11$

답 11

6 전략 각 점의 좌표를 a에 대한 식으로 나타낸 후 S_1, S_2를 각각 구한다.

풀이 함수 $g(x)=ax+2a^2$의 그래프의 x절편은 $-2a$이고 y절편은 $2a^2$이므로

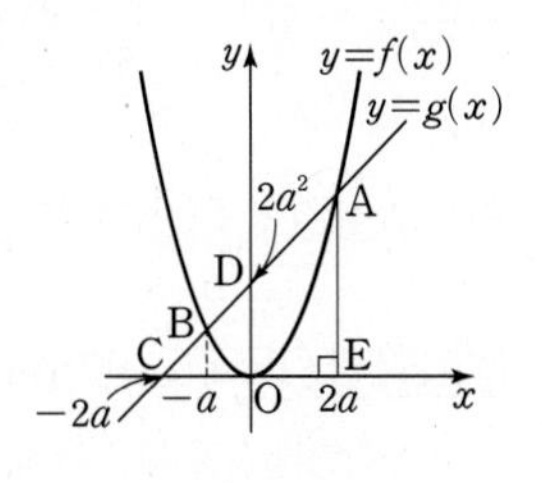

C$(-2a, 0)$, D$(0, 2a^2)$

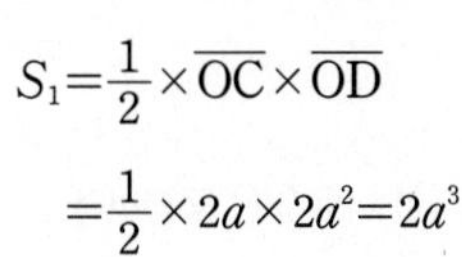

$S_1=\frac{1}{2}\times\overline{OC}\times\overline{OD}$

$=\frac{1}{2}\times 2a\times 2a^2=2a^3$

한편, 두 함수 $f(x)=x^2$, $g(x)=ax+2a^2$의 그래프가 만나는 점의 x좌표는 방정식 $f(x)=g(x)$의 실근이므로

$x^2=ax+2a^2$

$x^2-ax-2a^2=0$, $(x+a)(x-2a)=0$

$\therefore x=-a$ 또는 $x=2a$

이때 $a>0$이고 점 A가 제1사분면 위에 있으므로

A$(2a, 4a^2)$, E$(2a, 0)$

$S_2=\frac{1}{2}\times(\overline{OD}+\overline{AE})\times\overline{OE}$

$=\frac{1}{2}\times(2a^2+4a^2)\times 2a=6a^3$

따라서 $S_2=3S_1$이므로

$k=3$

답 ③

6-1 전략 두 점 A, B의 x좌표를 각각 a, b라 하고 S_1, S_2를 a, b에 대한 식으로 나타낸다.

풀이 오른쪽 그림과 같이 점 A의 x좌표를 a, 점 B의 x좌표를 b라 하면 $a<b$이므로

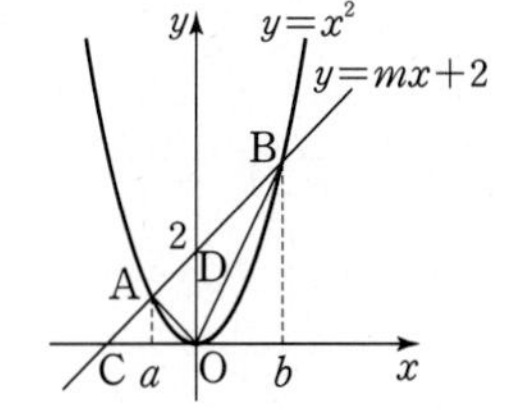

$a<0$, $b>0$

$S_1=\frac{1}{2}\times|a|\times\overline{OD}$

$=\frac{1}{2}\times|a|\times 2=|a|$

$S_2=\frac{1}{2}\times b\times\overline{OD}=\frac{1}{2}\times b\times 2=b$

ㄱ. $S_1<S_2$이면 $|a|<b$

직선 $y=mx+2$는 두 점 A(a, a^2), B(b, b^2)을 지나므로

$m=\frac{b^2-a^2}{b-a}=\frac{(b+a)(b-a)}{b-a}=b+a>0$ ($\because b>|a|$) (참)

ㄴ. $S_1 : S_2=1 : 2$이면 $|a| : b=1 : 2$

$\therefore b=2|a|$

ㄱ에서 $m=a+b$이므로

$m=a+2|a|=a-2a=-a$

두 함수 $y=x^2$, $y=mx+2$의 그래프가 만나는 점의 x좌표가 a이므로 a는 방정식 $x^2=mx+2$, 즉 $x^2-mx-2=0$의 근이다.

$a^2-ma-2=0$, $a^2-(-a)\times a-2=0$

$2a^2=2$, $a^2=1$

$\therefore a=-1$ ($\because a<0$)

따라서 $m=-a$에서 $m=1$ (참)

ㄷ. $S_1 : S_2=1 : k$이면 $|a| : b=1 : k$

$\therefore b=k|a|$

ㄱ에서 $m=a+b$이므로

$m=a+k|a|=a-ka=(1-k)a$

이때 직선 $y=mx+2$의 x절편은

$-\frac{2}{m}=-\frac{2}{(1-k)a}$

이므로 삼각형 ACO의 넓이를 T라 하면

$T=\frac{1}{2}\times a^2\times\overline{OC}=\frac{1}{2}\times a^2\times\frac{2}{(1-k)a}=\frac{a}{1-k}$

이고, $S_1=|a|=-a$이므로

$\overline{AC} : \overline{AD}=T : S_1=\frac{a}{1-k} : (-a)=1 : (k-1)$ (참)

따라서 ㄱ, ㄴ, ㄷ 모두 옳다.

답 ⑤

7 전략 주어진 조건을 만족시키는 이차함수 $f(x)$의 식을 세운 후 함수 $f(x)$의 최고차항의 계수의 부호에 따라 경우를 나눈다.

풀이 $f(0)=f(4)$에서 이차함수 $y=f(x)$의 그래프의 대칭축이 $x=2$이므로

$f(x)=a(x-2)^2+b$ (a, b는 상수)

로 놓을 수 있다.

$f(-1)+|f(4)|=0$에서 $|f(4)|\geq 0$이므로

$f(-1)\leq 0$

또, $|f(4)|=-f(-1)$에서

$f(4)=f(-1)$ 또는 $f(4)=-f(-1)$

$f(4)=f(-1)$이면 $f(0)=f(4)=f(-1)$이므로 $f(x)$가 이차함수라는 조건이 성립하지 않는다.

$\therefore f(4)=-f(-1)$

즉, $4a+b=-(9a+b)$ $\qquad\therefore b=-\frac{13}{2}a$

(i) $a>0$일 때

이차함수 $y=f(x)$의 그래프의 대칭축이 $x=2$이므로

$f(4)=f(0)<f(-1)\leq 0$

그런데 $f(4)=-f(-1)$에서 $f(4)\geq 0$이므로 위의 부등식은 성립하지 않는다.

(ii) $a<0$일 때

이차함수 $y=f(x)$의 그래프의 대칭축이 $x=2$이므로

$-2\leq x\leq 5$에서 함수 $f(x)$의 최솟값은 $f(-2)$이다.

즉, $f(-2)=-19$

$f(-2)=16a-\frac{13}{2}a=\frac{19}{2}a$에서

$\frac{19}{2}a=-19$ $\qquad\therefore a=-2$

따라서 $f(x)=-2(x-2)^2+13$이므로

$f(3)=-2+13=11$

답 11

7-1 **전략** 먼저 조건 (나)를 만족시키는 이차함수 $y=f(x)$의 그래프의 개형을 그린 후 나머지 조건을 이용하여 $f(x)$의 식을 완성한다.

풀이 조건 (나)에서 방정식 $f(x)-f(k)=0$이 서로 다른 두 실근을 갖는 k의 최솟값이 -1이므로 이차함수 $y=f(x)$의 그래프의 개형은 다음 그림과 같다.

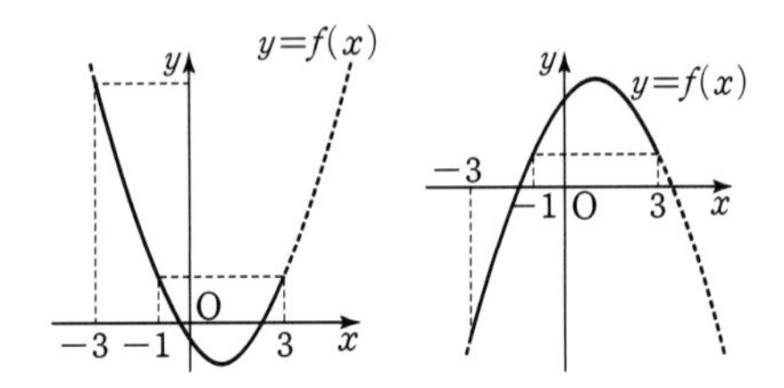

$\therefore f(-1)=f(3)$

즉, 이차함수 $y=f(x)$의 그래프의 대칭축은 $x=1$이므로

$f(x)=a(x-1)^2+b$ (a, b는 상수) …… ㉠

로 놓을 수 있다.

조건 (가)에서 $\{f(2)\}^2-\{f(-2)\}^2=0$이므로

$\{f(2)-f(-2)\}\{f(2)+f(-2)\}=0$

이때 함수 $y=f(x)$의 그래프가 직선 $x=1$에 대하여 대칭이므로

$f(2)\neq f(-2)$

$\therefore f(2)+f(-2)=0$

㉠에서 $f(2)=a+b$, $f(-2)=9a+b$이므로

$f(2)+f(-2)=10a+2b=0$

$\therefore b=-5a$

따라서 $f(x)=a(x-1)^2-5a$이므로

$f(3)=-a$

이때 $f(3)>0$이므로 $-a>0$

$\therefore a<0$

$-3\le x\le 3$에서 함수 $f(x)$의 최솟값은 $f(-3)$이므로 조건 (다)에 의하여

$f(-3)=-11$

즉, $f(-3)=16a-5a=11a=-11$이므로

$a=-1$

따라서 $f(x)=-(x-1)^2+5$이므로

$f(1)=5$

답 5

8 **전략** $\overline{BP}=x$로 놓고 삼각형의 닮음을 이용하여 두 선분 PQ와 PR의 길이를 구한다.

풀이 오른쪽 그림과 같이 두 점 A, D에서 변 BC에 내린 수선의 발을 각각 A′, D′이라 하면

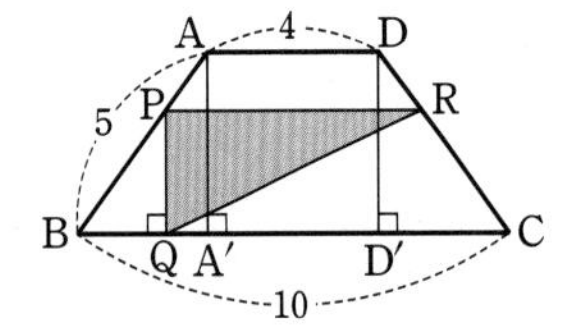

$\overline{A'D'}=4$

$\overline{BA'}=\overline{CD'}=\frac{1}{2}(10-4)=3$

따라서 직각삼각형 ABA′에서

$\overline{AA'}=\sqrt{\overline{AB}^2-\overline{BA'}^2}=\sqrt{5^2-3^2}=4$

이때 $\overline{BP}=x$ $(0<x<5)$로 놓으면 $\triangle$PBQ와 $\triangle$ABA′은 서로 닮음이므로 $x:5=\overline{PQ}:4=\overline{BQ}:3$에서

$\overline{PQ}=\frac{4}{5}x$, $\overline{BQ}=\frac{3}{5}x$

$\therefore \overline{PR}=10-2\overline{BQ}=10-2\times\frac{3}{5}x=10-\frac{6}{5}x$

따라서 삼각형 PQR의 넓이는

$$\frac{1}{2}\times\overline{PQ}\times\overline{PR}=\frac{1}{2}\times\frac{4}{5}x\times\left(10-\frac{6}{5}x\right)$$
$$=-\frac{12}{25}x^2+4x$$
$$=-\frac{12}{25}\left(x-\frac{25}{6}\right)^2+\frac{25}{3}$$

이므로 삼각형 PQR의 넓이의 최댓값은 $\frac{25}{3}$이다.

답 $\frac{25}{3}$

개념 연계 중학 수학 **삼각형의 닮음 조건**

두 삼각형은 다음 세 조건 중 어느 하나를 만족시키면 서로 닮은 도형이다.

(1) SSS 닮음: 세 쌍의 대응변의 길이의 비가 같다.
⇨ $a:a'=b:b'=c:c'$

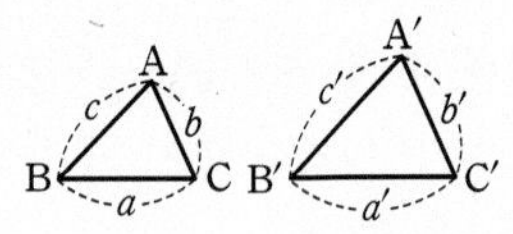

(2) SAS 닮음: 두 쌍의 대응변의 길이의 비가 같고 그 끼인각의 크기가 같다.
⇨ $a:a'=c:c'$, $\angle$B$=\angle$B′

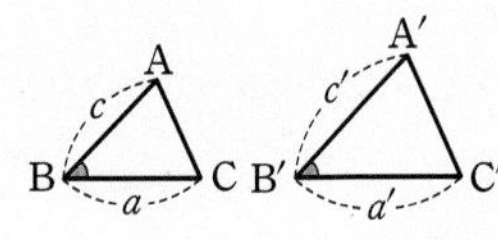

(3) AA 닮음: 두 쌍의 대응각의 크기가 각각 같다.
⇨ $\angle$B$=\angle$B′, $\angle$C$=\angle$C′

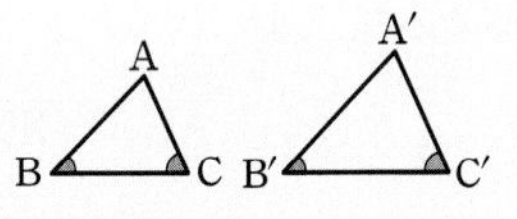

8-1 **전략** $\overline{PA}=x$로 놓고 $\overline{PC}^2$을 x에 대한 식으로 나타내어 $\overline{PA}^2+\overline{PC}^2$의 최솟값을 구한다.

풀이 오른쪽 그림과 같이 두 점 A, P에서 변 BC에 내린 수선의 발을 각각 M, N이라 하자.

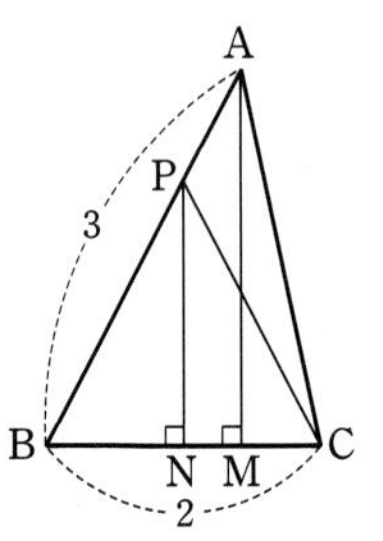

삼각형 ABC의 넓이가 $\frac{3\sqrt{3}}{2}$이므로

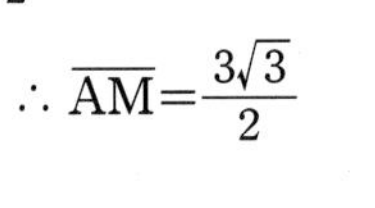

$\frac{1}{2}\times2\times\overline{AM}=\frac{3\sqrt{3}}{2}$ $\quad\therefore \overline{AM}=\frac{3\sqrt{3}}{2}$

직각삼각형 ABM에서

$\overline{BM}=\sqrt{\overline{AB}^2-\overline{AM}^2}=\sqrt{3^2-\left(\frac{3\sqrt{3}}{2}\right)^2}=\frac{3}{2}$

이때 $\overline{PA}=x$ $(0<x<3)$로 놓으면 $\overline{PB}=3-x$이고 두 직각삼각형 ABM, PBN은 서로 닮음이므로

$\overline{AB}:\overline{PB}=\overline{AM}:\overline{PN}=\overline{BM}:\overline{BN}$

즉, $3:(3-x)=\frac{3\sqrt{3}}{2}:\overline{PN}=\frac{3}{2}:\overline{BN}$에서

$\overline{PN}=\frac{\sqrt{3}(3-x)}{2}$, $\overline{BN}=\frac{3-x}{2}$

$\therefore \overline{NC}=\overline{BC}-\overline{BN}=2-\frac{3-x}{2}=\frac{1+x}{2}$

직각삼각형 PNC에서

$$\overline{PC}^2=\overline{PN}^2+\overline{NC}^2$$
$$=\left\{\frac{\sqrt{3}(3-x)}{2}\right\}^2+\left(\frac{1+x}{2}\right)^2=x^2-4x+7$$

이므로

$$\overline{PA}^2+\overline{PC}^2=x^2+(x^2-4x+7)$$
$$=2x^2-4x+7$$
$$=2(x-1)^2+5$$

따라서 $x=1$일 때 최솟값 5를 갖는다. 답 5

9 **전략** 삼각형 ABC의 넓이가 일정하므로 사각형 ABCD의 넓이가 최소가 되려면 삼각형 ACD의 넓이가 최소이어야 함을 이용하여 점 D의 좌표를 구한다.

풀이 이차방정식 $x^2+mx-8=0$의 두 근을 α, β $(\alpha<\beta)$라 하면 근과 계수의 관계에 의하여

$\alpha+\beta=-m$, $\alpha\beta=-8$

이때 $\overline{AB}=6$에서 $\beta-\alpha=6$이고, $(\alpha+\beta)^2=(\beta-\alpha)^2+4\alpha\beta$이므로

$m^2=6^2+4\times(-8)=4$

$\therefore m=-2$ $(\because m<0)$

이차함수 $y=x^2-2x-8=(x+2)(x-4)$에서

A$(-2, 0)$, B$(4, 0)$

이때 직선 $y=x+n$이 점 A$(-2, 0)$을 지나므로

$0=-2+n$ $\quad\therefore n=2$

따라서 $x^2-2x-8=x+2$에서

$x^2-3x-10=0$, $(x+2)(x-5)=0$

$\therefore x=-2$ 또는 $x=5$

즉, 점 C의 x좌표가 5이고 직선 $y=x+2$가 점 C를 지나므로

C$(5, 7)$

$\therefore \triangle ABC=\frac{1}{2}\times6\times7=21$

삼각형 ABC의 넓이가 일정하므로 사각형 ABCD의 넓이가 최소가 되려면 삼각형 ACD의 넓이가 최소이어야 한다.

즉, 점 D는 직선 AC와 평행하고 이차함수 $y=x^2+5x+9$의 그래프에 접하는 직선 위의 점이어야 한다.

직선 $y=x+2$와 평행하고 이차함수 $y=x^2+5x+9$의 그래프에 접하는 직선의 방정식을 $y=x+k$ (k는 상수)로 놓으면

$x^2+5x+9=x+k$에서

$x^2+4x+9-k=0$ …… ㉠

이차방정식 ㉠의 판별식을 D라 하면

$\frac{D}{4}=2^2-(9-k)=0$ $\quad\therefore k=5$

$k=5$를 ㉠에 대입하면

$x^2+4x+4=0$, $(x+2)^2=0$

$\therefore x=-2$ (중근)

즉, 점 D의 x좌표가 -2이고 직선 $y=x+5$가 점 D를 지나므로

D$(-2, 3)$

이때 점 C에서 x축에 내린 수선의 발을 E라 하면 E$(5, 0)$

따라서 사각형 ABCD의 넓이의 최솟값은

$$\square AECD-\triangle CBE=\frac{1}{2}\times(\overline{AD}+\overline{CE})\times\overline{AE}-\frac{1}{2}\times\overline{BE}\times\overline{CE}$$
$$=\frac{1}{2}\times(3+7)\times7-\frac{1}{2}\times1\times7$$
$$=\frac{63}{2}$$

답 $\frac{63}{2}$

9-1 **전략** 사각형 APBQ의 넓이가 최대가 되기 위한 두 점 P, Q의 좌표를 구한다.

풀이 두 점 A, B의 x좌표를 각각 α, β라 하면

A(α, α^2), B(β, β^2)

또, α, β는 방정식 $x^2=-x^2+4x+a$, 즉 $2x^2-4x-a=0$의 실근이므로 이차방정식의 근과 계수의 관계에 의하여

$\alpha+\beta=2$, $\alpha\beta=-\frac{a}{2}$ …… ㉠

직선 AB의 기울기는

$\frac{\beta^2-\alpha^2}{\beta-\alpha}=\frac{(\beta+\alpha)(\beta-\alpha)}{\beta-\alpha}=\beta+\alpha=2$ $(\because$ ㉠$)$

이므로 직선 AB의 방정식은

$y=2(x-\alpha)+\alpha^2$ …… ㉡

사각형 APBQ의 넓이가 최대이려면 두 삼각형 APB, AQB의 넓이가 최대이어야 한다. 삼각형 APB의 넓이가 최대이려면 점 P와 직선 AB 사이의 거리가 최대이어야 하므로 점 P는 직선 AB와 평행하고 이차함수 $y=x^2$의 그래프에 접하는 직선 위의 점이어야 한다.

직선 AB와 평행하고 함수 $y=x^2$의 그래프와 접하는 직선의 방정식을 $y=2x+k$ (k는 상수) $(\because$ ㉡$)$로 놓자.

$x^2=2x+k$에서

$x^2-2x-k=0$ …… ㉢

이차방정식 ㉢의 판별식을 D라 하면

$\frac{D}{4}=(-1)^2-(-k)=0$ $\quad\therefore k=-1$

$k=-1$을 ㉢에 대입하면

$x^2-2x+1=0$, $(x-1)^2=0$

$\therefore x=1$

따라서 점 P의 x좌표는 1이다.

또, 삼각형 AQB의 넓이가 최대이려면 점 Q와 직선 AB 사이의 거리가 최대이어야 하므로 같은 방법으로 점 Q의 x좌표도 1이다.

점 P는 함수 $y=x^2$의 그래프 위의 점, 점 Q는 함수 $y=-x^2+4x+a$의 그래프 위의 점이므로

P$(1, 1)$, Q$(1, a+3)$

이때 $\overline{PQ}=8$이므로

$(a+3)-1=8$

$\therefore a=6$

답 6

C Step 1등급 완성 최고난도 예상 문제 본문 54~57쪽

01 ④	02 ④	03 ④	04 ⑤	05 ②
06 ③	07 -2	08 ①	09 ⑤	10 ⑤
11 ①	12 ④	13 ③	14 ④	15 ②
16 -4	17 ①	18 ④		

1등급 뛰어넘기

19 ①	20 3	21 ②	22 9

01 전략 삼각형 ABC의 넓이는 선분 AB의 길이와 점 C의 y좌표를 이용하여 구할 수 있으므로 먼저 함수 $f(x)$의 식과 직선 AC의 방정식을 연립하여 점 C의 좌표를 구한다.

풀이 최고차항의 계수가 1인 이차함수 $y=f(x)$의 그래프가 두 점 $A(2, 0)$, $B(a, 0)$을 지나므로

$f(x)=(x-2)(x-a)$

또, 직선 AC는 점 $A(2, 0)$을 지나고 기울기가 m인 직선이므로 직선 AC의 방정식은

$y=m(x-2)$

$(x-2)(x-a)=m(x-2)$에서

$(x-2)(x-a-m)=0$

$\therefore x=2$ 또는 $x=a+m$

즉, $C(a+m,\ m(a+m-2))$이므로 점 C에서 x축에 내린 수선의 발을 H라 하면

$\overline{CH}=m(a+m-2)$

$\triangle ABC=\frac{1}{2}\times\overline{AB}\times\overline{CH}=\frac{1}{2}\times(a-2)\times m(a+m-2)=3$

$\therefore m(a-2)(a-2+m)=6$

이때 $a-2=X$로 놓으면 $2<a<2+m$에서

$0<X<m$

이고 $mX(X+m)=6$ …… ㉠

한편, m은 자연수이므로 6의 양의 약수인 1, 2, 3, 6 중 하나이고, $X>0$에서 $X+m>m$이므로 m의 값이 될 수 있는 수는 1 또는 2이다.

(i) $m=1$일 때

㉠에서 $X(X+1)=6$

$X^2+X-6=0$, $(X+3)(X-2)=0$

$\therefore X=2$ ($\because X>0$)

즉, $a-2=2$이므로 $a=4$

이것은 $2<a<2+m=3$이라는 조건을 만족시키지 않는다.

(ii) $m=2$일 때

㉠에서 $2X(X+2)=6$

$X^2+2X-3=0$, $(X+3)(X-1)=0$

$\therefore X=1$ ($\because X>0$)

즉, $a-2=1$이므로 $a=3$

이것은 $2<a<2+m=4$라는 조건을 만족시킨다.

(i), (ii)에 의하여 $a=3$, $m=2$이므로

$f(x)=(x-2)(x-3)$

$\therefore m+f(4)=2+2\times1=4$

답 ④

02 전략 $f(x)=ax^2+bx+c$로 놓고 이차방정식의 근과 계수의 관계와 $\overline{AB}=\sqrt{2}$, $\overline{CD}=\sqrt{3}$임을 이용하여 a, b, c의 값을 구한다.

풀이 $f(x)=ax^2+bx+c$ (a, b, c는 한 자리의 자연수)로 놓자.

두 점 A, B의 x좌표를 각각 α, β라 할 때, α, β는 이차방정식 $ax^2+bx+c=0$의 실근이므로 근과 계수의 관계에 의하여

$\alpha+\beta=-\frac{b}{a}$, $\alpha\beta=\frac{c}{a}$

이때 $\overline{AB}=\sqrt{2}$이므로 $|\beta-\alpha|=\sqrt{2}$

양변을 제곱하면

$(\beta-\alpha)^2=2$

이때 $(\alpha+\beta)^2-4\alpha\beta=(\beta-\alpha)^2$이므로

$\left(-\frac{b}{a}\right)^2-4\times\frac{c}{a}=2$

$\therefore \frac{b^2-4ac}{a^2}=2$ …… ㉠

또, 두 점 C, D의 x좌표를 각각 γ, ω라 할 때, γ, ω는 이차방정식 $ax^2+bx+c=1$, 즉 $ax^2+bx+c-1=0$의 실근이므로 근과 계수의 관계에 의하여

$\gamma+\omega=-\frac{b}{a}$, $\gamma\omega=\frac{c-1}{a}$

이때 $\overline{CD}=\sqrt{3}$이므로 $|\omega-\gamma|=\sqrt{3}$

위와 같은 방법으로

$\left(-\frac{b}{a}\right)^2-4\times\frac{c-1}{a}=3$

$\therefore \frac{b^2-4a(c-1)}{a^2}=3$ …… ㉡

㉠, ㉡을 연립하면 $\frac{4}{a}=1$

$\therefore a=4$

$a=4$를 ㉠에 대입하면

$\frac{b^2-16c}{16}=2$, $b^2-16c=32$

$\therefore b^2=16(c+2)$ …… ㉢

이때 b는 자연수이고 $16=4^2$이므로 $c+2$는 제곱수이어야 한다. 이때 c는 한 자리의 자연수이므로

$c+2=4$ 또는 $c+2=9$

$\therefore c=2$ 또는 $c=7$

㉢에서 $c=2$이면 $b=8$, $c=7$이면 $b=12$

b는 한 자리 자연수이므로 $b=8$, $c=2$

따라서 $a=4$, $b=8$, $c=2$이므로 $f(x)=4x^2+8x+2$

$\therefore f(1)=4+8+2=14$

답 ④

03 전략 $|\alpha|+|\beta|\le6$의 양변을 제곱한 후, 이차방정식의 근과 계수의 관계를 이용하여 a의 값의 범위를 구한다.

풀이 이차방정식 $x^2+4x-a+2=0$의 판별식을 D라 하면

$\frac{D}{4}=2^2-(-a+2)>0$

$a+2>0$ $\therefore a>-2$ …… ㉠

이차방정식 $x^2+4x-a+2=0$의 두 근이 α, β이므로 근과 계수의 관계에 의하여

$\alpha+\beta=-4$, $\alpha\beta=-a+2$

$|\alpha|+|\beta|\le6$에서 $(|\alpha|+|\beta|)^2\le36$

$(|\alpha|+|\beta|)^2=\alpha^2+2|\alpha\beta|+\beta^2$ ($\because |\alpha||\beta|=|\alpha\beta|$)

$=(\alpha+\beta)^2-2\alpha\beta+2|\alpha\beta|$

$=(-4)^2+2(|\alpha\beta|-\alpha\beta)\le36$

$2(|\alpha\beta|-\alpha\beta)\le20$, $|\alpha\beta|-\alpha\beta\le10$

$\therefore |-a+2|-(-a+2)\le10$

(i) $-a+2\geq 0$, 즉 $a\leq 2$일 때

$|-a+2|-(-a+2)=(-a+2)-(-a+2)=0$

즉, $0\leq 10$이므로 항상 성립한다.

(ii) $-a+2<0$, 즉 $a>2$일 때

$|-a+2|-(-a+2)=-(-a+2)-(-a+2)=2a-4$

이므로 $2a-4\leq 10$ $\therefore a\leq 7$

그런데 $a>2$이므로 $2<a\leq 7$

(i), (ii)에 의하여 $a\leq 7$ …… ㉡

㉠, ㉡에서 $-2<a\leq 7$

따라서 정수 a는 $-1, 0, 1, \cdots, 7$의 9개이다. 답 ④

참고 $D>0$에서 이차방정식 $x^2+4x-a+2=0$의 두 근 α, β가 실수이므로 실수의 절댓값의 성질에 의하여

$|\alpha||\beta|=|\alpha\beta|$

04

전략 두 점 A, B의 x좌표를 각각 α, β로 놓고 S_1, S_2를 α, β에 대한 식으로 나타낸 후, 이차방정식의 근과 계수의 관계를 이용하여 k의 값을 구한다.

풀이 두 점 A, B의 x좌표를 각각 α, β라 하면

$A(\alpha, 2\alpha)$, $B(\beta, 2\beta)$

두 점 A, B에서 x축에 내린 수선의 발을 각각 A′, B′이라 하면 두 직각삼각형 OAA′, OBB′에서

$\overline{OA}=\sqrt{\alpha^2+(2\alpha)^2}=\sqrt{5}|\alpha|$, $\overline{OB}=\sqrt{\beta^2+(2\beta)^2}=\sqrt{5}|\beta|$

따라서 $S_1=\frac{5}{4}\pi\alpha^2$, $S_2=\frac{5}{4}\pi\beta^2$이므로

$S_1+S_2=\frac{5}{4}\pi(\alpha^2+\beta^2)=30\pi$

$\therefore \alpha^2+\beta^2=24$

이때 α, β는 방정식 $x^2-2x+k^2+3k-14=2x$, 즉

$x^2-4x+k^2+3k-14=0$의 서로 다른 두 실근이므로 이차방정식의 근과 계수의 관계에 의하여

$\alpha+\beta=4$, $\alpha\beta=k^2+3k-14$

$\alpha^2+\beta^2=(\alpha+\beta)^2-2\alpha\beta$

$=4^2-2(k^2+3k-14)$

$=-2k^2-6k+44$

즉, $-2k^2-6k+44=24$에서

$2k^2+6k-20=0$

$k^2+3k-10=0$, $(k+5)(k-2)=0$

$\therefore k=2$ ($\because -3<k<3$) 답 ⑤

05

전략 방정식 $f(x)-g(x)=0$의 판별식의 부호를 이용하여 $h(n)$의 값을 구한다.

풀이 방정식 $f(x)-g(x)=0$, 즉 $x^2+(2-n)x+m-4n=0$의 판별식을 D라 하면

$D=(2-n)^2-4(m-4n)=n^2+12n+4-4m$

$=(n+6)^2-4(m+8)$

ㄱ. 함수 $h(n)$의 공역이 $\{0, 1, 2\}$이므로 $h(1)<h(2)<h(3)$이 성립하려면

$h(1)=0$, $h(2)=1$, $h(3)=2$

즉, $n=2$일 때 방정식 $f(x)-g(x)=0$이 중근을 가지므로

$D=8^2-4(m+8)=0$

$\therefore m=8$

따라서 $f(x)=x^2+2x+8$이므로

$f(2)=2^2+2\times 2+8=16$ (참)

ㄴ. $m=-8$이면 $D=(n+6)^2\geq 0$

즉, $n=-6$이면 $D=0$이므로

$h(n)=1$

$n\neq -6$이면 $D>0$이므로

$h(n)=2$

따라서 함수 $h(n)$의 치역의 원소의 개수는 2이다. (참)

ㄷ. $D=(n+6)^2-4(m+8)$에서 $m>-8$이면 $-4(m+8)<0$이므로 $D=0$이 되는 실수 n의 값이 2개 존재한다.

이때 $D=0$이 되는 n의 값을 α, β $(\alpha<\beta)$라 하자.

$n<\alpha$이면 $D>0$이므로 $h(n)=2$

$n=\alpha$이면 $D=0$이므로 $h(n)=1$

$\alpha<n<\beta$이면 $D<0$이므로 $h(n)=0$

$n=\beta$이면 $D=0$이므로 $h(n)=1$

$n>\beta$이면 $D>0$이므로 $h(n)=2$

따라서 $h(\alpha-1)>h(\alpha)$이므로 모든 실수 n에 대하여

$h(n)\leq h(n+1)$이 성립하지 않는다. (거짓)

따라서 옳은 것은 ㄱ, ㄴ이다. 답 ②

참고 ㄷ. $4(m+8)=\frac{1}{2}$, 즉 $m=-\frac{63}{8}$일 때

$D=(n+6)^2-4(m+8)=(n+6)^2-\frac{1}{2}$에서

$n=-7$이면 $D=(-1)^2-\frac{1}{2}=\frac{1}{2}>0$이므로 $h(-7)=2$

$n=-6$이면 $D=-\frac{1}{2}<0$이므로 $h(-6)=0$

즉, $h(-6)<h(-7)$이므로 ㄷ이 성립하지 않는다.

06

전략 접선의 방정식을 구하고 함수 $y=f(x)$의 그래프와 접선이 서로 접하므로 두 식을 연립한 이차방정식의 판별식이 0임을 이용한다.

풀이 점 $A(t, f(t))$에서의 접선의 방정식은

$y=m(x-t)+f(t)=mx-mt+f(t)$

함수 $y=f(x)$의 그래프와 직선 $y=mx-mt+f(t)$가 접하므로

$ax^2+bx+c=mx-mt+at^2+bt+c$에서

$ax^2+(b-m)x+mt-at^2-bt=0$

이 이차방정식의 판별식을 D라 하면

$D=(b-m)^2-4a(mt-at^2-bt)=0$

$m^2-2(2at+b)m+4a^2t^2+4abt+b^2=0$

$m^2-2(2at+b)m+(2at+b)^2=0$, $\{m-(2at+b)\}^2=0$

$\therefore m=2at+b$

따라서 접선의 방정식은

$y=(2at+b)x-(2at+b)t+at^2+bt+c$

$=(2at+b)x-at^2+c$

$\therefore g(t)=-at^2+c$

$g(-t)=-a\times(-t)^2+c=-at^2+c=g(t)$

따라서 모든 실수 t에 대하여 $g(t)=g(-t)$

이때 $g(1)=3$이므로 $g(-1)=g(1)=3$

$\therefore g(-1)+g(1)=3+3=6$

답 ③

1등급 노트 우함수와 기함수

(1) $y=f(x)$가 우함수

⇨ 정의역의 임의의 원소 x에 대하여 $f(-x)=f(x)$

⇨ 함수 $y=f(x)$의 그래프가 y축에 대하여 대칭이다.

(2) $y=f(x)$가 기함수

⇨ 정의역의 임의의 원소 x에 대하여 $f(-x)=-f(x)$

⇨ 함수 $y=f(x)$의 그래프가 원점에 대하여 대칭이다.

07

전략 $f(x)$의 최고차항의 계수의 부호에 따라 함수 $y=g(x)$의 그래프의 개형을 그린 후 주어진 조건을 만족시키는 $f(x)$의 식을 구한다.

풀이 모든 실수 x에 대하여 $f(2-x)=f(x)$, 즉

$f(1-x)=f(1+x)$이므로 이차함수 $y=f(x)$의 그래프는 직선 $x=1$에 대하여 대칭이다. 즉,

$f(x)=a(x-1)^2+b$ (a, b는 상수이고 $a\neq 0$)

로 놓을 수 있다.

함수 $g(x)=\begin{cases} 2f(x) & (f(x)\geq 0) \\ 0 & (f(x)<0) \end{cases}$이므로 조건 (가)에 의하여 함수 $y=f(x)$의 그래프는 x축과 서로 다른 두 점에서 만난다.

(i) $a>0$일 때, 함수 $y=g(x)$의 그래프의 개형은 오른쪽 그림과 같으므로 두 함수 $y=g(x)$, $y=k$의 그래프는 두 점에서 만난다. 따라서 조건 (나)를 만족시키지 않는다.

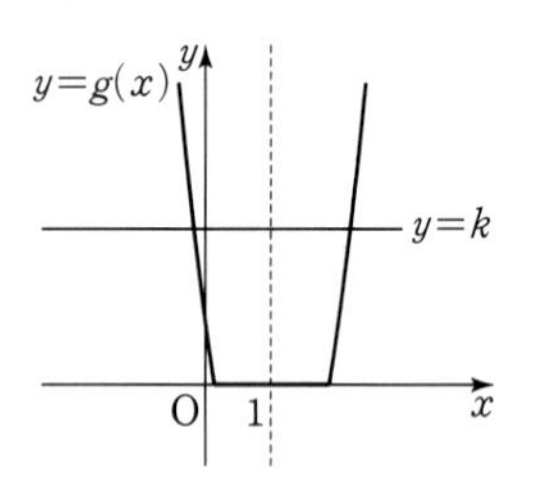

(ii) $a<0$일 때, 함수 $y=g(x)$의 그래프의 개형은 오른쪽 그림과 같으므로 조건 (나)에 의하여 $g(1)=4$

즉, $g(1)=2f(1)=4$이므로

$f(1)=2$

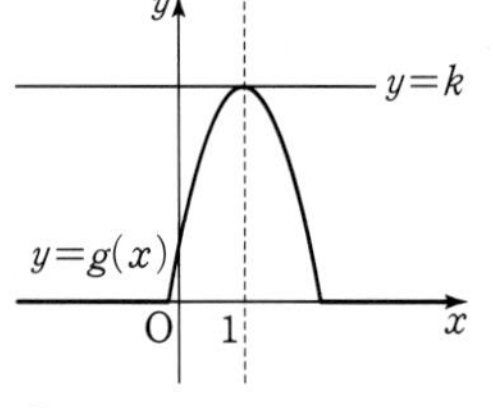

따라서 $f(x)=a(x-1)^2+2$에서 $f(2)=1$이므로

$a+2=1 \qquad \therefore a=-1$

즉, $f(x)=-(x-1)^2+2$이므로

$f(3)=-(3-1)^2+2=-2$

답 -2

08

전략 $x\geq 0$일 때와 $x<0$일 때로 나누어 함수 $y=f(x)$의 그래프에 접하고 기울기가 2인 두 직선의 식에서 α, β의 값을 구하고 네 점 A, B, C, D의 좌표를 구한다.

풀이 함수 $y=f(x)$의 그래프에 접하고 기울기가 2인 두 직선은 오른쪽 그림과 같다.

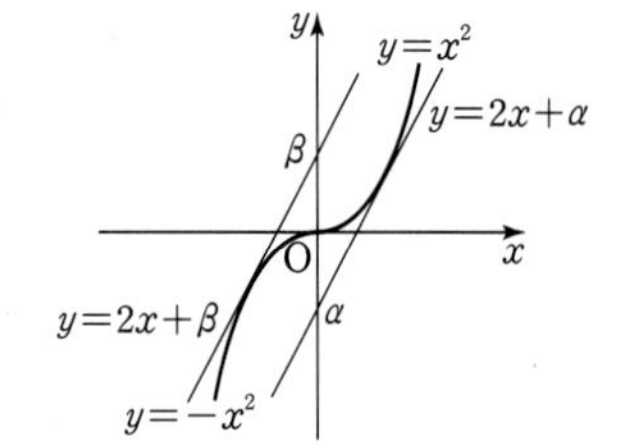

$x\geq 0$일 때, $f(x)=x^2$이므로

$y=f(x)$의 그래프와 직선 $y=2x+\alpha$가 접하려면 방정식 $x^2=2x+\alpha$, 즉 $x^2-2x-\alpha=0$이 중근을 가져야 한다.

이 이차방정식의 판별식을 D_1이라 하면

$\frac{D_1}{4}=(-1)^2-(-\alpha)=0$, $1+\alpha=0 \qquad \therefore \alpha=-1$

$x^2-2x+1=0$에서 $(x-1)^2=0$

$\therefore x=1$

즉, 점 A의 좌표는 $(1, 1)$이다.

$x<0$일 때, $f(x)=-x^2$이므로 $y=f(x)$의 그래프와 직선 $y=2x+\beta$가 접하려면 방정식 $-x^2=2x+\beta$, 즉 $x^2+2x+\beta=0$이 중근을 가져야 한다.

이 이차방정식의 판별식을 D_2라 하면

$\frac{D_2}{4}=1-\beta=0 \qquad \therefore \beta=1$

$x^2+2x+1=0$에서 $(x+1)^2=0$

$\therefore x=-1$

즉, 점 B의 좌표는 $(-1, -1)$이다.

한편, 점 D는 이차함수 $y=x^2$의 그래프와 직선 $y=2x+1$의 교점이므로

$x^2=2x+1$, $x^2-2x-1=0$

$\therefore x=1\pm\sqrt{2}$

$\therefore D(1+\sqrt{2}, 3+2\sqrt{2})$

이때 두 직선 $y=2x-1$, $y=2x+1$과 y축이 만나는 점을 각각 E, F라 하면

E$(0, -1)$, F$(0, 1)$

사각형 ADBC는 평행사변형이고

$\square ADBC=2\square ADFE$

$=2(\triangle AEF+\triangle ADF)$

삼각형 AEF는 두 점 A, F의 y좌표가 같으므로 $\angle F$가 직각인 직각삼각형이다.

$\triangle AEF=\frac{1}{2}\times\overline{AF}\times\overline{EF}=\frac{1}{2}\times 1\times 2=1$

또, 삼각형 ADF의 높이는 $(3+2\sqrt{2})-1=2+2\sqrt{2}$이므로

$\triangle ADF=\frac{1}{2}\times\overline{AF}\times(2+2\sqrt{2})$

$=\frac{1}{2}\times 1\times(2+2\sqrt{2})=1+\sqrt{2}$

$\square ADFE=\triangle AEF+\triangle ADF$

$=1+(1+\sqrt{2})=2+\sqrt{2}$

$\therefore S=2(2+\sqrt{2})=4+2\sqrt{2}$

$\therefore (\alpha^2+\beta^2)S=\{(-1)^2+1^2\}(4+2\sqrt{2})$

$=8+4\sqrt{2}$

답 ①

09

전략 함수 $y=|f(|x|)|$의 그래프를 그려 $f(x)$의 식을 구한 후, 방정식 $|f(|x|)|=k$가 서로 다른 네 개의 실근을 가지기 위한 k의 값을 구한다.

풀이 이차함수 $y=f(x)$의 그래프가 두 점 $(-2, 0)$, $(6, 0)$을 지나므로

$f(x)=a(x+2)(x-6)=a\{(x-2)^2-16\}$ $(a>0)$

으로 놓을 수 있다.

함수 $y=|f(|x|)|$의 그래프가 오른쪽 그림과 같고, 방정식 $|f(|x|)|=12$의 서로 다른 실근의 개수가 5이므로 $|f(0)|=12$이어야 한다.

주어진 그림에서 $f(0)<0$이므로

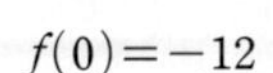

$f(0)=-12$

$f(x)=a(x+2)(x-6)$에서 $f(0)=-12a=-12$이므로

$a=1$

$\therefore f(x)=(x+2)(x-4)$

이때 방정식 $|f(|x|)|=k$가 서로 다른 네 개의 실근을 가지려면 함수 $y=|f(|x|)|$의 그래프와 직선 $y=k$가 서로 다른 네 점에서 만나야 하므로

$0<k<12$ 또는 $k=16$

따라서 자연수 k는 1, 2, 3, ⋯, 11, 16의 12개이다. 답 ⑤

10 **전략** 이차방정식 $x^2+2kx-k+6=0$의 실근의 개수에 따라 경우를 나누어 k의 값 또는 k의 값의 범위를 구한다.

풀이 이차방정식 $x^2+2kx-k+6=0$의 판별식을 D라 하면

$\frac{D}{4}=k^2-(-k+6)=k^2+k-6$

(i) $D=0$일 때

$k^2+k-6=0$에서 $(k+3)(k-2)=0$

$\therefore k=-3$ 또는 $k=2$

$k=-3$일 때, 주어진 이차방정식은

$x^2-6x+9=0$, $(x-3)^2=0$ $\quad\therefore x=3$ (중근)

즉, $-4\le x\le 0$에서 조건을 만족시키지 않는다.

$k=2$일 때, 주어진 이차방정식은

$x^2+4x+4=0$, $(x+2)^2=0$ $\quad\therefore x=-2$ (중근)

$\therefore k=2$

(ii) $D>0$일 때

$k^2+k-6>0$에서 $(k+3)(k-2)>0$

$\therefore k<-3$ 또는 $k>2$ ⋯⋯ ㉠

이차방정식 $x^2+2kx-k+6=0$이 서로 다른 두 실근을 가질 때, $-4\le x\le 0$에서 적어도 한 개의 실근을 갖기 위해서는 $-4\le x\le 0$에서 한 개의 실근을 갖거나 서로 다른 두 개의 실근을 가져야 한다.

① $-4\le x\le 0$에서 서로 다른 두 실근을 갖는 경우

$f(x)=x^2+2kx-k+6$

으로 놓으면

$f(x)=(x+k)^2-k^2-k+6$

이때 이차함수 $y=f(x)$의 그래프의 대칭축이 $x=-k$이므로 $-4\le -k\le 0$이고 $f(-4)\ge 0$, $f(0)\ge 0$이어야 한다.

$-4\le -k\le 0$에서

$0\le k\le 4$ ⋯⋯ ㉡

$f(-4)\ge 0$에서 $(-4)^2+2k\times(-4)-k+6\ge 0$

$-9k+22\ge 0$

$\therefore k\le \frac{22}{9}$ ⋯⋯ ㉢

$f(0)\ge 0$에서 $-k+6\ge 0$

$\therefore k\le 6$ ⋯⋯ ㉣

㉡, ㉢, ㉣에 의하여 $0\le k\le \frac{22}{9}$

② $-4\le x\le 0$에서 한 개의 실근을 갖는 경우

$f(-4)\ge 0$, $f(0)\le 0$ 또는 $f(-4)\le 0$, $f(0)\ge 0$

이어야 하므로

$f(-4)f(0)\le 0$

$(-9k+22)(-k+6)\le 0$, $(9k-22)(k-6)\le 0$

$\therefore \frac{22}{9}\le k\le 6$

①, ②에 의하여 $0\le k\le 6$

$\therefore 2<k\le 6$ ($\because$ ㉠)

(i), (ii)에 의하여 $2\le k\le 6$ 답 ⑤

11 **전략** $|\alpha+\beta-1|<|\alpha+2|+|\beta-3|$에서 $\alpha+2$와 $\beta-3$의 값의 부호에 따라 경우를 나누어 정수 k의 값을 구한다.

풀이 이차방정식 $x^2-2kx+k^2+2k-3=0$의 판별식을 D라 하면

$\frac{D}{4}=(-k)^2-(k^2+2k-3)>0$

$-2k+3>0$ $\quad\therefore k<\frac{3}{2}$ ⋯⋯ ㉠

한편, $|\alpha+\beta-1|<|\alpha+2|+|\beta-3|$에서

$|(\alpha+2)+(\beta-3)|<|\alpha+2|+|\beta-3|$

이므로 $(\alpha+2)(\beta-3)<0$

즉, $\alpha+2<0$, $\beta-3>0$ 또는 $\alpha+2>0$, $\beta-3<0$

$\therefore \alpha<-2$, $\beta>3$ 또는 $\alpha>-2$, $\beta<3$

$f(x)=x^2-2kx+k^2+2k-3$으로 놓으면

(i) $\alpha<-2$, $\beta>3$일 때

이차함수 $y=f(x)$의 그래프는 오른쪽 그림과 같으므로

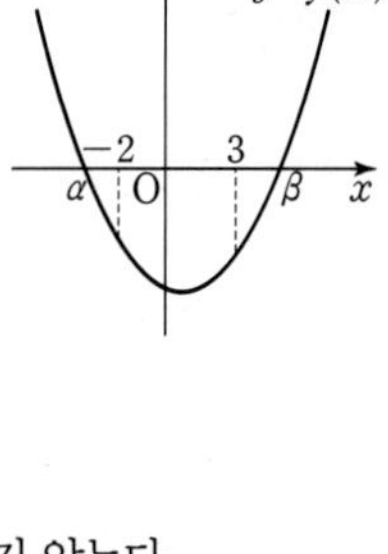

$f(-2)<0$, $f(3)<0$

이때 모든 실수 k에 대하여

$f(3)=9-6k+k^2+2k-3$

$=k^2-4k+6$

$=(k-2)^2+2>0$

이므로 조건을 만족시키는 실수 k는 존재하지 않는다.

(ii) $\alpha>-2$, $\beta<3$일 때

이차함수 $y=f(x)$의 그래프는 오른쪽 그림과 같으므로

$f(-2)>0$, $f(3)>0$

$f(x)=(x-k)^2+2k-3$에서 함수 $y=f(x)$의 그래프의 대칭축이 $x=k$이므로

$-2<k<3$ ⋯⋯ ㉡

㉠, ㉡에 의하여 $-2<k<\frac{3}{2}$

이때 k는 정수이므로 가능한 k의 값은 -1, 0, 1이다.

$f(x)=x^2-2kx+k^2+2k-3$에서

① $k=-1$일 때, $f(x)=x^2+2x-4$이므로

$f(-2)=-4<0$, $f(3)=11>0$

즉, 조건을 만족시키지 않는다.

② $k=0$일 때, $f(x)=x^2-3$이므로

$f(-2)=1>0$, $f(3)=6>0$

③ $k=1$일 때, $f(x)=x^2-2x$이므로

$f(-2)=8>0$, $f(3)=3>0$

따라서 정수 k의 값은 $k=0$ 또는 $k=1$

(i), (ii)에 의하여 $k=0$ 또는 $k=1$이므로 구하는 합은

$0+1=1$ 답 ①

참고 $|(\alpha+2)+(\beta-3)|<|\alpha+2|+|\beta-3|$에서 양변을 제곱하면

$(\alpha+2)^2+2(\alpha+2)(\beta-3)+(\beta-3)^2$

$<(\alpha+2)^2+2|(\alpha+2)(\beta-3)|+(\beta-3)^2$

$(\alpha+2)(\beta-3)<|(\alpha+2)(\beta-3)|$

$\therefore (\alpha+2)(\beta-3)<0$ ($\because |(\alpha+2)(\beta-3)|\ge 0$)

1등급 노트 절댓값의 성질

두 실수 x, y에 대하여

$|x|+|y|\ge|x+y|$, $|x|-|y|\le|x-y|$

(1) $|x|+|y|>|x+y| \iff xy<0$

(2) $|x|+|y|=|x+y| \iff xy\ge 0$

(3) $|x|-|y|<|x-y| \iff xy<0$

(4) $|x|-|y|=|x-y| \iff xy\ge 0$, $|x|\ge|y|$

12

전략 조건 (나)의 식을 간단히 정리하여 주어진 조건을 만족시키는 두 함수 $f(x)$, $g(x)$의 식을 구한다.

풀이 조건 (나)의 $f(x)g(x)-xg(x)-2f(x)=-2x$에서

$f(x)g(x)-xg(x)-2f(x)+2x=0$

$\{f(x)-x\}\{g(x)-2\}=0$

$\therefore f(x)-x=0$ 또는 $g(x)-2=0$

이때 일차함수 $y=g(x)$의 그래프는 x축과 반드시 한 점에서 만나므로 방정식 $g(x)-2=0$은 하나의 실근을 갖는다.

즉, 방정식 $g(x)-2=0$은 -1 또는 3 중 어느 하나를 실근으로 갖는다.

또, 조건 (다)에서 두 함수 $y=f(x)$, $y=x$가 접하므로 방정식 $f(x)-x=0$은 중근을 갖는다.

(i) 방정식 $g(x)-2=0$의 실근이 -1인 경우

조건 (가)에서 일차함수 $g(x)$의 최고차항의 계수가 1이므로

$g(x)-2=x+1$ $\therefore g(x)=x+3$

조건 (나)에 의하여

$f(x)-x=(x-3)^2=x^2-6x+9$

$\therefore f(x)=x^2-5x+9$

따라서 $f(x)-2g(x)=x^2-5x+9-2(x+3)=x^2-7x+3$

이므로 이차방정식의 근과 계수의 관계에 의하여 방정식 $f(x)-2g(x)=0$의 두 실근의 합은 7이다.

(ii) 방정식 $g(x)-2=0$의 실근이 3인 경우

조건 (가)에서 일차함수 $g(x)$의 최고차항의 계수가 1이므로

$g(x)-2=x-3$ $\therefore g(x)=x-1$

조건 (나)에 의하여

$f(x)-x=(x+1)^2=x^2+2x+1$

$\therefore f(x)=x^2+3x+1$

따라서

$f(x)-2g(x)=x^2+3x+1-2(x-1)=x^2+x+3$

이차방정식 $x^2+x+3=0$의 판별식을 D라 하면

$D=1-4\times3=-11<0$이므로 실근을 갖지 않는다.

(i), (ii)에 의하여 방정식 $f(x)-2g(x)=0$의 모든 실근의 합은 7이다. 답 ④

참고 이차방정식 $x^2-7x+3=0$의 판별식을 D라 하면

$D=(-7)^2-4\times1\times3=37>0$

이므로 이 이차방정식은 서로 다른 두 실근을 갖는다.

13

전략 함수 $f(x)$의 최고차항의 계수의 부호에 따라 $1\le x\le5$에서 $f(x)$의 최댓값 또는 최솟값을 구하여 주어진 조건을 만족시키는지 확인한다.

풀이 조건 (나)에서 함수 $y=f(x)$의 그래프와 직선 $y=2x-6$은 $x=3$인 점에서 접하므로

$f(x)-(2x-6)=a(x-3)^2$ $(a\ne0)$ ······ ㉠

으로 놓을 수 있다.

$f(x)=a(x-3)^2+(2x-6)$

$=ax^2-2(3a-1)x+9a-6$

$=a\left(x-\dfrac{3a-1}{a}\right)^2+9a-6-\dfrac{(3a-1)^2}{a}$

즉, 함수 $y=f(x)$의 그래프의 꼭짓점의 x좌표는

$\dfrac{3a-1}{a}=3-\dfrac{1}{a}$

(i) $a>0$일 때

$3-\dfrac{1}{a}<3$이므로 $1\le x\le5$에서 함수 $f(x)$의 최댓값은 $f(5)$이다.

조건 (가)에 의하여 $f(5)=8$

㉠에 $x=5$를 대입하면

$f(5)-4=4a$

$8-4=4a$, $4=4a$

$\therefore a=1$

따라서 $f(x)=(x-2)^2-1$이므로 $1\le x\le5$에서 함수 $f(x)$의 최솟값은 $f(2)=-1$이 되어 조건 (가)를 만족시킨다.

(ii) $a<0$일 때

$3-\dfrac{1}{a}>3$이므로 $1\le x\le5$에서 함수 $f(x)$의 최솟값은 $f(1)$이다.

조건 (가)에 의하여 $f(1)=-1$

㉠에 $x=1$을 대입하면

$f(1)-(-4)=4a$

$-1+4=4a$, $3=4a$

$\therefore a=\dfrac{3}{4}$

이것은 $a<0$이라는 조건을 만족시키지 않는다.

(i), (ii)에 의하여 $f(x)=(x-2)^2-1$이므로

$f(4)=2^2-1=3$ 답 ③

14 전략 $\frac{z}{3+z^2}$를 x, y에 대한 식으로 나타낸 후, 허수부분이 0임을 이용하여 $x+y+xy$의 최솟값을 구한다.

풀이 $z=x+yi$ $(y\neq0)$이므로

$$\frac{z}{3+z^2}=\frac{x+yi}{3+(x+yi)^2}=\frac{x+yi}{3+(x^2-y^2+2xyi)}$$
$$=\frac{(x+yi)(3+x^2-y^2-2xyi)}{(3+x^2-y^2)^2+4x^2y^2}$$
$$=\frac{(3x+x^3+xy^2)+(3y-y^3-x^2y)i}{(3+x^2-y^2)^2+4x^2y^2}$$

$\frac{z}{3+z^2}$가 실수이므로

$3y-y^3-x^2y=0$, $y(-x^2-y^2+3)=0$

$\therefore x^2+y^2=3$ ($\because y\neq0$) …… ㉠

이때 $x+y=a$로 놓으면

㉠에서 $x^2+(a-x)^2=3$, $2x^2-2ax+a^2-3=0$

이 이차방정식이 실근을 가져야 하므로

$(-a)^2-2(a^2-3)\geq0$, $-a^2+6\geq0$ $\quad\therefore -\sqrt{6}\leq a\leq\sqrt{6}$

또, $2xy=(x+y)^2-(x^2+y^2)=a^2-3$이므로 $xy=\frac{a^2-3}{2}$

$\therefore x+y+xy=a+\frac{a^2-3}{2}=\frac{1}{2}(a+1)^2-2$

$-\sqrt{6}\leq a\leq\sqrt{6}$에서 $\frac{1}{2}(a+1)^2-2$는 $a=-1$일 때 최솟값 -2를 갖는다.

따라서 $x+y+xy$의 최솟값은 $x+y=-1$일 때 -2이다. 답 ④

15 전략 함수 $y=f(x)$의 그래프의 대칭축의 위치에 따라 경우를 나누어 $f(x)$의 최댓값과 최솟값을 각각 구한다.

풀이 $f(x)=x^2-2ax+2a-4=(x-a)^2-a^2+2a-4$이므로 함수 $y=f(x)$의 그래프의 꼭짓점의 좌표는 $(a,\ -a^2+2a-4)$

(i) $a<-1$일 때

$-1\leq x\leq3$에서 $f(x)$의 최댓값은 $f(3)=-4a+5$, 최솟값은 $f(-1)=4a-3$이므로 $(4a-3)+(-4a+5)=2\neq0$

따라서 조건을 만족시키지 않는다.

(ii) $-1\leq a<1$일 때

$-1\leq x\leq3$에서 $f(x)$의 최댓값은 $f(3)=-4a+5$, 최솟값은 $f(a)=-a^2+2a-4$이므로 $(-4a+5)+(-a^2+2a-4)=0$

$-a^2-2a+1=0$, $a^2+2a-1=0$

$\therefore a=-1+\sqrt{2}$ ($\because -1\leq a<1$)

(iii) $1\leq a<3$일 때

$-1\leq x\leq3$에서 $f(x)$의 최댓값은 $f(-1)=4a-3$, 최솟값은 $f(a)=-a^2+2a-4$이므로 $(4a-3)+(-a^2+2a-4)=0$

$-a^2+6a-7=0$, $a^2-6a+7=0$

$\therefore a=3-\sqrt{2}$ ($\because 1\leq a<3$)

(iv) $a\geq3$일 때

$-1\leq x\leq3$에서 $f(x)$의 최댓값은 $f(-1)=4a-3$, 최솟값은 $f(3)=-4a+5$이므로 $(4a-3)+(-4a+5)=2\neq0$

따라서 조건을 만족시키지 않는다.

(i)~(iv)에 의하여 $a=-1+\sqrt{2}$ 또는 $a=3-\sqrt{2}$이므로 구하는 합은

$(-1+\sqrt{2})+(3-\sqrt{2})=2$ 답 ②

16 전략 $x^2+kx=X$로 놓고 $f(x)$를 X에 대한 이차식으로 나타내어 최댓값이 14, 최솟값이 -11이 되는 X의 값을 구한다.

풀이 $x^2+kx=X$로 놓으면

$$f(x)=-(X-1)^2+4X+6$$
$$=-X^2+6X+5$$
$$=-(X-3)^2+14$$

$f(x)$의 최댓값이 14일 때의 X의 값은 3이고, $f(x)$의 최솟값이 -11일 때의 X의 값은

$-(X-3)^2+14=-11$, $(X-3)^2=25$

$X-3=\pm5$

$\therefore X=-2$ 또는 $X=8$

이때 $g(x)=x^2+kx=\left(x+\frac{k}{2}\right)^2-\frac{k^2}{4}$으로 놓으면 $-2\leq x\leq2$에서 방정식 $x^2+kx=3$을 만족시키는 x의 값이 존재해야 하고, $g(x)$의 최솟값이 -2이거나 또는 $g(x)$의 최댓값이 8이어야 한다.

또, 이차함수 $y=g(x)$의 그래프의 대칭축은 직선 $x=-\frac{k}{2}$이다.

(i) $2<-\frac{k}{2}$, 즉 $k<-4$일 때

$g(x)$의 최댓값은 $x=-2$일 때 $g(-2)=4-2k$이고, $g(x)$의 최솟값은 $x=2$일 때 $g(2)=4+2k$이다.

$g(x)$의 최댓값이 8이면 $4-2k=8$, $4+2k\geq-2$이어야 하므로 이를 만족시키는 k의 값은 존재하지 않는다.

$g(x)$의 최솟값이 -2이면 $4-2k\leq8$, $4+2k=-2$이어야 하므로 이를 만족시키는 k의 값은 존재하지 않는다.

(ii) $0<-\frac{k}{2}\leq2$, 즉 $-4\leq k<0$일 때

$g(x)$의 최댓값은 $x=-2$일 때 $g(-2)=4-2k$이고, $g(x)$의 최솟값은 $x=-\frac{k}{2}$일 때 $g\left(-\frac{k}{2}\right)=-\frac{k^2}{4}$이다.

$g(x)$의 최댓값이 8이면 $4-2k=8$, $-\frac{k^2}{4}\geq-2$이어야 하므로

$k=-2$

$g(x)$의 최솟값이 -2이면 $4-2k\leq8$, $-\frac{k^2}{4}=-2$이어야 하므로

이를 만족시키는 k의 값은 존재하지 않는다.

(iii) $-2\leq-\frac{k}{2}<0$, 즉 $0<k\leq4$일 때

$g(x)$의 최댓값은 $x=2$일 때 $g(2)=4+2k$이고, $g(x)$의 최솟값은 $x=-\frac{k}{2}$일 때 $g\left(-\frac{k}{2}\right)=-\frac{k^2}{4}$이다.

$g(x)$의 최댓값이 8이면 $-\frac{k^2}{4}\geq-2$, $4+2k=8$이어야 하므로

$k=2$

$g(x)$의 최솟값이 -2이면 $-\frac{k^2}{4}=-2$, $4+2k\leq8$이어야 하므로

이를 만족시키는 k의 값은 존재하지 않는다.

(iv) $-\frac{k}{2}<-2$, 즉 $k>4$일 때

$g(x)$의 최댓값은 $x=2$일 때 $g(2)=4+2k$이고, $g(x)$의 최솟값은 $x=-2$일 때 $g(-2)=4-2k$이다.

$g(x)$의 최댓값이 8이면 $4+2k=8$, $4-2k\geq-2$이어야 하므로 이를 만족시키는 k의 값은 존재하지 않는다.

$g(x)$의 최솟값이 -2이면 $4+2k\leq8$, $4-2k=-2$이어야 하므로 이를 만족시키는 k의 값은 존재하지 않는다.

(i)~(iv)에 의하여 $k=-2$ 또는 $k=2$이므로 실수 k의 값의 곱은

$-2\times2=-4$ 답 -4

17 전략 $\overline{CQ}=a$, $\overline{CR}=b$로 놓고 세 원의 넓이의 합을 a, b에 대한 식으로 나타낸다.

풀이 선분 AB를 지름으로 하는 원의 반지름의 길이는 4이다.

$\overline{CQ}=a$, $\overline{CR}=b$로 놓으면 두 원 O_1, O_2의 지름은 각각 $4-a$, $4-b$이므로 두 원 O_1, O_2의 넓이는 각각 $\pi\left(\frac{4-a}{2}\right)^2$, $\pi\left(\frac{4-b}{2}\right)^2$이다.

한편, 점 Q는 선분 AP의 중점이고, 직사각형 PQCR에서

$\overline{PQ}=\overline{CR}=b$이므로

$\overline{AP}=2\overline{PQ}=2b$

마찬가지로 $\overline{BP}=2\overline{CQ}=2a$

이때 오른쪽 그림과 같이 원 O의 중심을 O, 반지름의 길이를 r라 하고 원 O가 세 변 AP, PB, AB와 접하는 점을 각각 D, E, F라 하자.

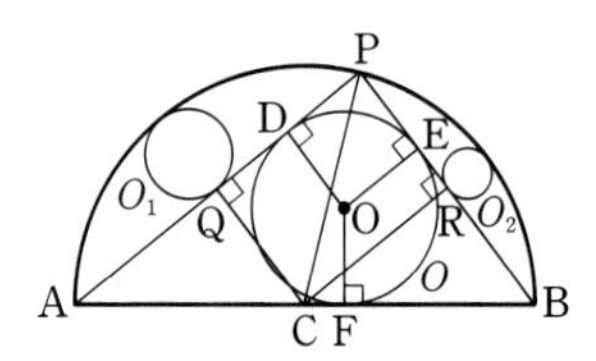

□OEPD는 정사각형이므로

$\overline{AF}=\overline{AD}=\overline{AP}-\overline{DP}=2b-r$

$\overline{BF}=\overline{BE}=\overline{BP}-\overline{EP}=2a-r$

$\overline{AB}=\overline{AF}+\overline{BF}=8$이므로

$(2b-r)+(2a-r)=8$, $2r=2a+2b-8$

$\therefore r=a+b-4$ ...... ㉠

따라서 원 O의 넓이는 $\pi(a+b-4)^2$이다.

또, 삼각형 ABP는 $\angle P=90°$인 직각삼각형이므로

$(2a)^2+(2b)^2=8^2$

$\therefore a^2+b^2=16$ ...... ㉡

세 원 O_1, O_2, O의 넓이의 합은

$\pi\left(\frac{4-a}{2}\right)^2+\pi\left(\frac{4-b}{2}\right)^2+\pi(a+b-4)^2$

$=\pi\left\{4-2a+\frac{a^2}{4}+4-2b+\frac{b^2}{4}+(a+b)^2-8(a+b)+16\right\}$

$=\pi\{(a+b)^2-10(a+b)+28\}$ ($\because$ ㉡)

이때 $a+b=X$로 놓으면

㉠에서 $r=X-4>0$ $\therefore X>4$

㉡에서 $a^2+(X-a)^2=16$, $2a^2-2Xa+X^2-16=0$

이 이차방정식이 실근을 가져야 하므로

$(-X)^2-2(X^2-16)\geq0$, $-X^2+32\geq0$

$\therefore -4\sqrt{2}\leq X\leq4\sqrt{2}$

즉, X의 값의 범위는 $4<X\leq4\sqrt{2}$

$\therefore \pi\{(a+b)^2-10(a+b)+28\}=\pi(X^2-10X+28)$

$=\pi\{(X-5)^2+3\}$

$4<X\leq4\sqrt{2}$에서 $(X-5)^2+3$은 $X=5$일 때 최솟값 3을 갖는다.

따라서 구하는 세 원의 넓이의 합의 최솟값은 $a+b=5$일 때 3π이다.

답 ①

개념 연계 중학 수학 **원의 성질**

(1) 원의 접선

원 밖의 한 점에서 그 원에 그은 두 접선의 길이는 같다. 즉,

$\overline{PA}=\overline{PB}$

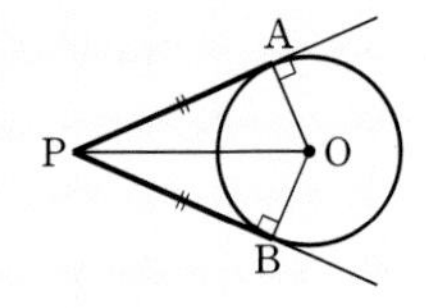

(2) 원주각의 성질

① 한 원에서 한 호에 대한 원주각의 크기는 모두 같다.

⇨ $\angle APB=\angle AQB=\angle ARB$

② 반원에 대한 원주각의 크기는 90°이다.

⇨ $\overline{AB}$가 원의 지름이면 $\angle APB=90°$

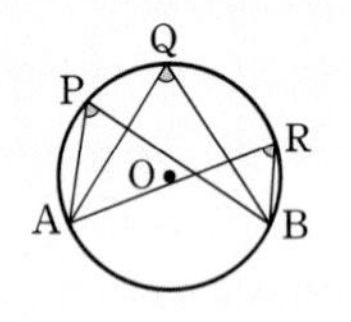

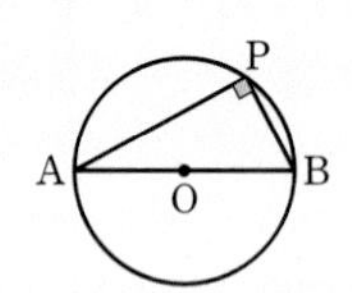

18 전략 두 함수 $y=f(x)$, $y=g(x)$의 그래프의 교점의 좌표를 구하고, 함수 $h(x)$의 최댓값이 될 수 있는 경우로 나누어 k의 값을 구한다.

풀이 $g(x)=x^2-2kx+k^2+k+2=(x-k)^2+k+2$

이므로 이차함수 $y=g(x)$의 그래프의 대칭축은 $x=k$이다.

이때 $k\leq0$이면 두 함수 $y=f(x)$, $y=g(x)$의 그래프는 오른쪽 그림과 같으므로 $-2\leq x\leq4$에서 $h(x)$의 최댓값은 $f(4)=18$

이것은 $h(x)$의 최댓값이 8이라는 조건을 만족시키지 않는다.

$\therefore k>0$

이때 두 함수 $y=f(x)$, $y=g(x)$의 그래프의 교점의 x좌표는

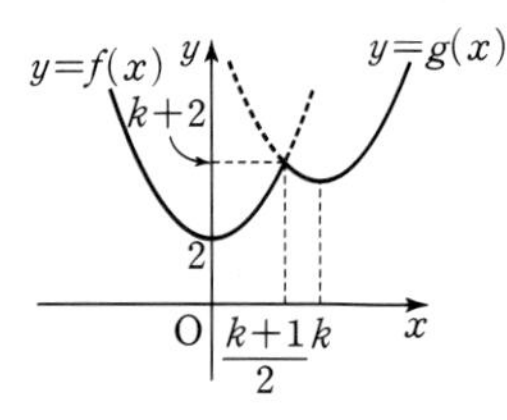

$x^2+2=x^2-2kx+k^2+k+2$에서

$2kx=k(k+1)$

$\therefore x=\frac{k+1}{2}$ ($\because k\neq0$)

즉, 두 함수 $y=f(x)$, $y=g(x)$의 그래프의 교점의 좌표는

$\left(\frac{k+1}{2}, \left(\frac{k+1}{2}\right)^2+2\right)$

이고, $-2\leq x\leq4$에서 $h(-2)=6$이므로 $h(x)$의 최댓값은

$h\left(\frac{k+1}{2}\right)$, $h(4)$ 중 하나이다.

(i) $h(x)$의 최댓값이 $h\left(\frac{k+1}{2}\right)$일 때

$h(x)$의 최댓값이 8이므로

$h\left(\frac{k+1}{2}\right)=f\left(\frac{k+1}{2}\right)=\left(\frac{k+1}{2}\right)^2+2=8$

$\left(\frac{k+1}{2}\right)^2=6$, $\frac{k+1}{2}=\pm\sqrt{6}$

$k+1=\pm2\sqrt{6}$

$\therefore k=-1\pm2\sqrt{6}$

이때 $k>0$이므로

$k=-1+2\sqrt{6}$

(ii) $h(x)$의 최댓값이 $h(4)$일 때

$h(x)$의 최댓값이 8이므로

$h(4)=g(4)=16-8k+k^2+k+2=8$

$k^2-7k+10=0$, $(k-2)(k-5)=0$

$\therefore k=2$ 또는 $k=5$

이때 $h(x)$의 최댓값이 $h(4)=8$이므로 두 함수 $y=f(x)$, $y=g(x)$의 그래프의 교점의 y좌표가 8보다 작아야 한다.

$k=2$일 때, 두 함수 $y=f(x)$, $y=g(x)$의 그래프의 교점의 y좌표는

$\left(\frac{2+1}{2}\right)^2+2=\frac{17}{4}<8$

$k=5$일 때, 두 함수 $y=f(x)$, $y=g(x)$의 그래프의 교점의 y좌표는

$\left(\frac{5+1}{2}\right)^2+2=11>8$

따라서 $h(x)$의 최댓값이 $h(4)$일 때의 k의 값은

$k=2$

(i), (ii)에 의하여 $k=-1+2\sqrt{6}$ 또는 $k=2$이므로 구하는 합은

$(-1+2\sqrt{6})+2=1+2\sqrt{6}$ 답 ④

다른풀이 두 함수 $y=f(x)$, $y=g(x)$의 그래프의 교점의 y좌표 $\left(\frac{k+1}{2}\right)^2+2$의 값이 $-2\le x\le4$에서 함수 $f(x)$의 양 끝 값과 일치할 때의 k의 값을 이용하여 구할 수도 있다.

$\left(\frac{k+1}{2}\right)^2+2=f(-2)$이면

$\frac{k^2+2k+1}{4}+2=6$

$k^2+2k-15=0$, $(k-3)(k+5)=0$

$\therefore k=3$ ($\because k>0$)

$\left(\frac{k+1}{2}\right)^2+2=f(4)$이면

$\frac{k^2+2k+1}{4}+2=18$

$k^2+2k-63=0$, $(k+9)(k-7)=0$

$\therefore k=7$ ($\because k>0$)

(i) $0<k<3$일 때

함수 $y=h(x)$의 그래프는 오른쪽 그림과 같으므로 최댓값은

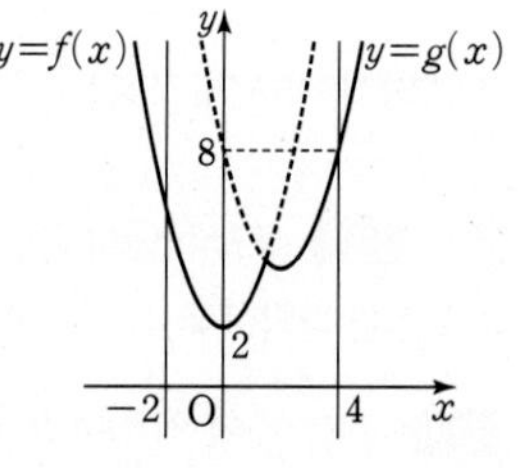

$h(4)=g(4)=8$

$16-8k+k^2+k+2=8$

$k^2-7k+10=0$, $(k-2)(k-5)=0$

$\therefore k=2$ ($\because 0<k<3$)

(ii) $3\le k<7$일 때

함수 $y=h(x)$의 그래프는 오른쪽 그림과 같으므로 최댓값은 두 함수 $y=f(x)$, $y=g(x)$의 그래프의 교점의 y좌표이다.

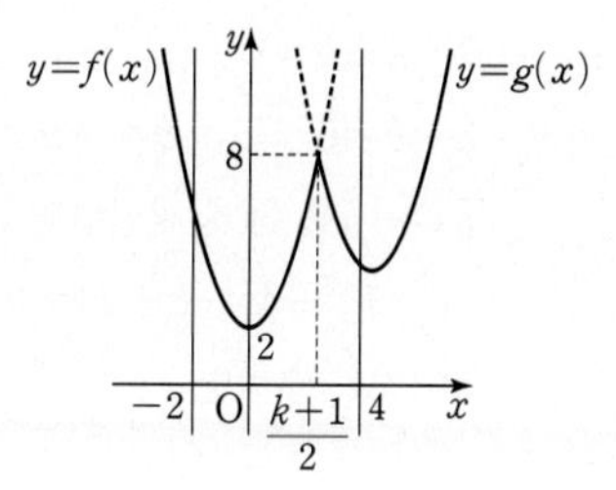

즉, $\left(\frac{k+1}{2}\right)^2+2=8$이므로

$\frac{k+1}{2}=\pm\sqrt{6}$

$k+1=\pm2\sqrt{6}$

$\therefore k=-1+2\sqrt{6}$ ($\because 3<k<7$)

19

전략 k의 값의 범위에 따라 함수 $y=f(x)$의 그래프와 직선 $y=kx-2$의 교점의 개수를 파악하여 함수 $y=g(x)$의 그래프와 직선 $y=kx-2$의 교점의 개수를 조사한다.

풀이 (i) $k=1$일 때

방정식 $x^2-2x+2=x-2$, 즉 $x^2-3x+4=0$의 판별식을 D라 하면

$D=(-3)^2-4\times4=9-16=-7<0$

즉, 이차함수 $f(x)=x^2-2x+2$의 그래프와 직선 $y=x-2$는 만나지 않는다.

이때 $h(1)=1$이므로 이차함수 $g(x)=x^2+ax+b$의 그래프와 직선 $y=x-2$가 접해야 한다.

방정식 $x^2+ax+b=x-2$, 즉 $x^2+(a-1)x+b+2=0$의 판별식을 D_1이라 하면

$D_1=(a-1)^2-4(b+2)=0$ ······ ㉠

(ii) $k=2$일 때

방정식 $x^2-2x+2=2x-2$, 즉 $x^2-4x+4=(x-2)^2=0$에서 이차함수 $f(x)=x^2-2x+2$의 그래프와 직선 $y=2x-2$는 접한다.

이때 $h(2)=3$이므로 이차함수 $g(x)=x^2+ax+b$의 그래프와 직선 $y=2x-2$는 서로 다른 두 점에서 만나야 한다.

방정식 $x^2+ax+b=2x-2$, 즉 $x^2+(a-2)x+b+2=0$의 판별식을 D_2라 하면

$D_2=(a-2)^2-4(b+2)>0$ ······ ㉡

㉠에서 $4(b+2)=(a-1)^2$이므로

$(a-2)^2-(a-1)^2>0$

$-2a+3>0$

$\therefore a<\frac{3}{2}$ ······ ㉢

(iii) $k=3$일 때

방정식 $x^2-2x+2=3x-2$, 즉 $x^2-5x+4=0$에서

$(x-1)(x-4)=0$

$\therefore x=1$ 또는 $x=4$

즉, 이차함수 $f(x)=x^2-2x+2$의 그래프와 직선 $y=3x-2$의 두 교점의 좌표는 각각 $(1, 1)$, $(4, 10)$이다.

이때 $h(3)=3$이므로 이차함수 $g(x)=x^2+ax+b$의 그래프는 점 $(1, 1)$ 또는 점 $(4, 10)$을 지나야 한다.

① $g(x)=x^2+ax+b$의 그래프가 점 $(1, 1)$을 지날 때

$1+a+b=1$

$a+b=0 \quad \therefore b=-a$

$b=-a$를 ㉠에 대입하면

$(a-1)^2-4(-a+2)=0$

$a^2+2a-7=0$

$\therefore a=-1-2\sqrt{2}$ ($\because$ ㉢)

$\therefore g(2)=4+2a+b=4+2a-a$ ($\because b=-a$)

$=a+4=3-2\sqrt{2}$

② $g(x)=x^2+ax+b$의 그래프가 점 $(4, 10)$을 지날 때

$16+4a+b=10$

$4a+b=-6$

$\therefore b=-4a-6$

$b=-4a-6$을 ㉠에 대입하면

$a^2+14a+17=0$

$\therefore a=-7-4\sqrt{2}$ 또는 $a=-7+4\sqrt{2}$ ($\because$ ㉢)

$g(2)=4+2a+b=4+2a+(-4a-6)=-2a-2$

$a=-7-4\sqrt{2}$일 때, $g(2)=12+8\sqrt{2}$

$a=-7+4\sqrt{2}$일 때, $g(2)=12-8\sqrt{2}$

따라서 $M=12+8\sqrt{2}$, $m=3-2\sqrt{2}$이므로

$M+4m=12+8\sqrt{2}+4(3-2\sqrt{2})=24$ 답 ①

참고 이차함수 $y=f(x)$의 그래프와 직선 $y=kx-2$의 교점의 개수를 $h_1(k)$, 이차함수 $y=g(x)$의 그래프와 직선 $y=kx-2$의 교점의 개수를 $h_2(k)$라 하면

$h_1(k)=\begin{cases} 0\ (0<k<2) \\ 1\ (k=2) \\ 2\ (k>2) \end{cases}$ 이고, 함수 $y=h(k)$의 그래프에 의하여

$h_2(k)=\begin{cases} 0\ (0<k<1) \\ 1\ (k=1) \\ 2\ (k>1) \end{cases}$ 이므로 두 함수 $y=f(x)$, $y=g(x)$의 그래프는

직선 $y=3x-2$와의 교점에서 만나야 한다.

20

전략 $x\geq1$에서 정의된 함수와 $x<1$에서 정의된 함수의 그래프의 개형을 이용하여 방정식 $f(x)=0$이 서로 다른 세 실근을 갖도록 하는 k의 값의 범위를 구한다.

풀이 방정식 $f(x)=0$이 서로 다른 세 실근을 가지려면 $x\geq1$에서의 방정식 $x^2-2kx+4=0$과 $x<1$에서의 방정식 $-x^2-2x+k-2=0$ 중 어느 하나는 반드시 서로 다른 두 실근을 가져야 한다.

$g(x)=x^2-2kx+4$, $h(x)=-x^2-2x+k-2$

로 놓자.

(i) $x\geq1$에서 방정식 $g(x)=0$이 서로 다른 두 실근을 가질 때

이차방정식 $g(x)=x^2-2kx+4=0$의 판별식을 D_1이라 하면

$\frac{D_1}{4}=(-k)^2-4>0$

$k^2-4>0$, $(k+2)(k-2)>0$

$\therefore k<-2$ 또는 $k>2$ …… ㉠

$g(x)=x^2-2kx+4=(x-k)^2+4-k^2$에서 이차함수 $y=g(x)$의 그래프의 대칭축은 직선 $x=k$이므로

$k>1$ …… ㉡

또, $g(1)\geq0$이므로

$1-2k+4>0 \quad \therefore k\leq\frac{5}{2}$ …… ㉢

㉠, ㉡, ㉢에 의하여 $2<k\leq\frac{5}{2}$ …… ㉣

이때 $h(x)=-x^2-2x+k-2=-(x+1)^2+k-1$에서

$k-1>0$ ($\because$ ㉡)이므로

방정식 $f(x)=0$이 서로 다른 세 실근을 가지려면 $h(1)>0$이어야 한다.

$-1-2+k-2>0$

$\therefore k>5$ …… ㉤

㉣, ㉤을 동시에 만족시키는 k의 값은 존재하지 않는다.

(ii) $x<1$에서 방정식 $h(x)=0$이 서로 다른 두 실근을 가질 때

방정식 $h(x)=-x^2-2x+k-2=0$의 판별식을 D_2라 하면

$\frac{D_2}{4}=(-1)^2+(k-2)>0$

$1+k-2>0$, $k-1>0$

$\therefore k>1$ …… ㉥

또, $h(1)<0$이므로

$-1-2+k-2<0$

$\therefore k<5$ …… ㉦

㉥, ㉦에서 $1<k<5$ …… ㉧

한편, 방정식 $x^2-2kx+4=0$은 중근을 갖거나 $x\geq1$에서 중근이 아닌 하나의 실근만 가져야 한다.

이차방정식 $x^2-2kx+4=0$의 판별식 D_1에 대하여

$\frac{D_1}{4}=(-k)^2-4=k^2-4=(k+2)(k-2)$

방정식 $x^2-2kx+4=0$이 중근을 가지면

$k=2$ ($\because$ ㉧) …… ㉨

방정식 $x^2-2kx+4=0$이 $x\geq1$에서 중근이 아닌 하나의 실근만 가지면 ㉧에서 $1<k<5$이므로 함수 $y=f(x)$의 그래프의 개형은 오른쪽 그림과 같아야 한다.

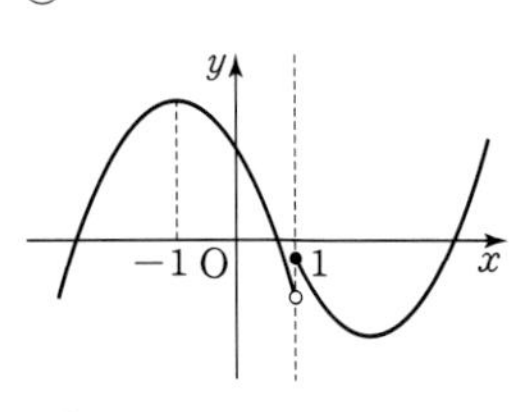

즉, ㉠을 만족시켜야 한다.

$g(1)<0$이므로

$1-2k+4<0 \quad \therefore k>\frac{5}{2}$ …… ㉩

㉠, ㉧, ㉨, ㉩에 의하여 $k=2$ 또는 $\frac{5}{2}<k<5$

(i), (ii)에 의하여 구하는 정수 k는 2, 3, 4의 3개이다. 답 3

21

전략 조건 (가)에서 함수 $h(x)$의 식을 구하고, 조건 (다)에서 함수 $g(x)$의 특징을 파악한 후, 조건 (나)를 이용하여 $g(x)$의 식을 구한다.

풀이 조건 (가)에 의하여 $h(x)=m\left(x+\frac{1}{2}\right)$ (m은 상수)로 놓으면

직선 $y=h(x)$가 이차함수 $y=f(x)$의 그래프에 접하므로 방정식

$x^2+2=m\left(x+\frac{1}{2}\right)$, 즉 $x^2-mx+2-\frac{m}{2}=0$은 중근을 갖는다.

이 이차방정식의 판별식을 D라 하면

$D=(-m)^2-4\times\left(2-\frac{m}{2}\right)=0$

$m^2+2m-8=0$, $(m+4)(m-2)=0$

$\therefore m=-4$ 또는 $m=2$

한편, 함수 $f(x)=x^2+2$는 $x=0$에서 최솟값 2를 가지므로

$f(x)\ge f(0)$

즉, 조건 ㈐에서 $\alpha=0$이므로 $\beta>0$이고 함수 $g(x)$는 $x=\beta$에서 최댓값 $g(\beta)$를 갖는다.

즉, 이차함수 $y=g(x)$의 최고차항의 계수는 음수이다.

이때 조건 ㈏에서 두 함수 $y=f(x)$, $y=g(x)$의 그래프는 한 점에서 만나므로 함수 $y=g(x)$의 그래프는 함수 $y=f(x)$의 그래프와 직선 $y=h(x)$의 교점에서 직선 $y=h(x)$와 접한다.

(i) $m=-4$일 때

$h(x)=-4\left(x+\frac{1}{2}\right)=-4x-2$이므로 함수 $y=f(x)$의 그래프와 직선 $y=h(x)$의 교점의 x좌표는

$x^2+2=-4x-2$

$x^2+4x+4=0$, $(x+2)^2=0$

$\therefore x=-2$

따라서 $g(x)-h(x)=a(x+2)^2$ $(a<0)$으로 놓을 수 있다.

이때 $g(0)=0$이고 $h(0)=-2$이므로

$0-(-2)=4a \qquad \therefore a=\frac{1}{2}$

이것은 $a<0$이라는 조건을 만족시키지 않는다.

(ii) $m=2$일 때

$h(x)=2\left(x+\frac{1}{2}\right)=2x+1$이므로 함수 $y=f(x)$의 그래프와 직선 $y=h(x)$의 교점의 x좌표는

$x^2+2=2x+1$, $x^2-2x+1=0$, $(x-1)^2=0$

$\therefore x=1$

즉, $g(x)-h(x)=a(x-1)^2$ $(a<0)$으로 놓을 수 있다.

이때 $g(0)=0$이고 $h(0)=1$이므로

$0-1=a \qquad \therefore a=-1$

(i), (ii)에 의하여 $g(x)=-(x-1)^2+2x+1=-x^2+4x$이므로

$g(2)=-4+8=4$

답 ②

참고 $h(x)=-4x-2$일 때, 세 함수 $y=f(x)$, $y=g(x)$, $y=h(x)$의 그래프는 다음 그림과 같으므로 $\beta>0$이라는 조건을 만족시키지 않는다.

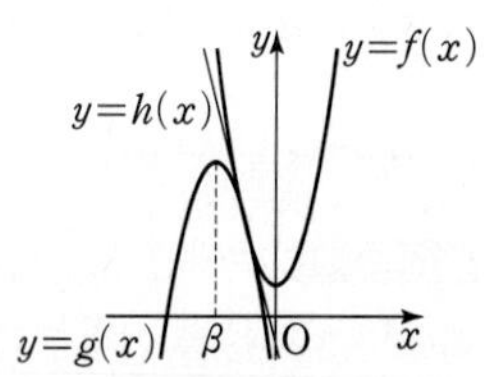

$h(x)=2x+1$일 때, 세 함수 $y=f(x)$, $y=g(x)$, $y=h(x)$의 그래프는 오른쪽 그림과 같으므로 주어진 조건을 모두 만족시킨다.

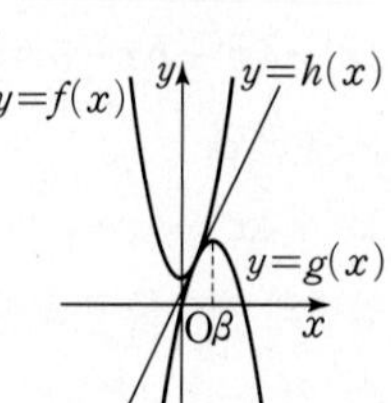

22 **전략** 방정식 $g(t)=k$의 서로 다른 실근의 개수는 함수 $y=g(t)$의 그래프와 직선 $y=k$의 교점의 개수와 같으므로 함수 $y=g(t)$의 그래프를 그려 본다.

풀이 다음 그림과 같이 실수 a $(0<a<1)$에 대하여 직선 $y=a$와 함수 $y=f(x)$의 그래프가 만나는 두 점 사이의 거리가 1이 될 때, 두 교점 중 왼쪽에 있는 점의 x좌표를 α라 하자.

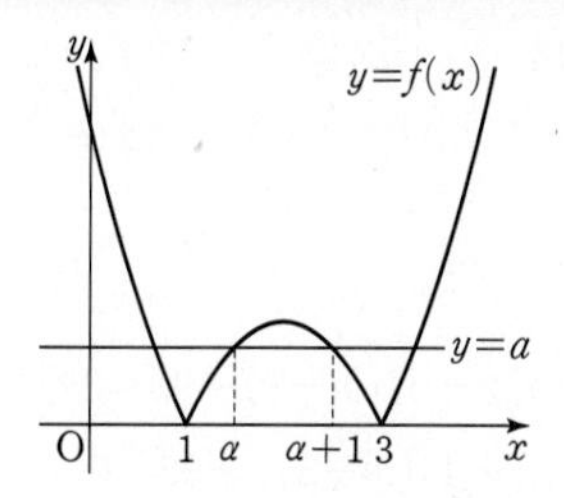

$$f(x)=\begin{cases}(x-1)(x-3) & (x<1 \text{ 또는 } x>3)\\ -(x-1)(x-3) & (1\le x\le 3)\end{cases}$$

이므로

$$g(t)=\begin{cases}f(t+1)=t(t-2) & (t<0)\\ 0 & (0\le t\le 1)\\ f(t)=-(t-1)(t-3) & (1\le t<\alpha)\\ f(t+1)=-t(t-2) & (\alpha\le t<2)\\ 0 & (2\le t\le 3)\\ f(t)=(t-1)(t-3) & (t>3)\end{cases}$$

이때 $f(\alpha)=f(\alpha+1)$에서

$-(\alpha-1)(\alpha-3)=-\alpha(\alpha-2)$

$2\alpha-3=0$

$\therefore \alpha=\frac{3}{2}$

$g\left(\frac{3}{2}\right)=-\frac{3}{2}\times\left(\frac{3}{2}-2\right)=\frac{3}{4}$

따라서 함수 $y=g(t)$의 그래프는 다음 그림과 같다.

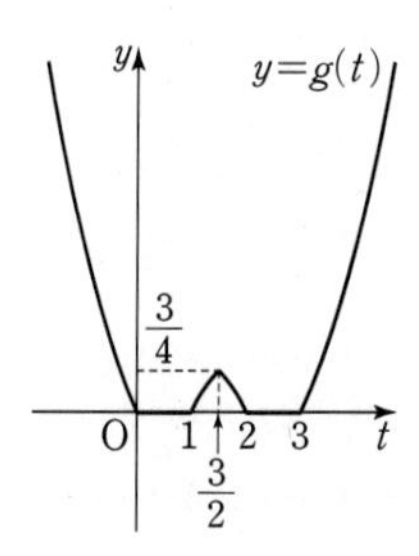

방정식 $g(t)=k$의 서로 다른 실근의 개수는 함수 $y=g(t)$의 그래프와 직선 $y=k$의 교점의 개수와 같다.

$0<k<\frac{3}{4}$에서 $h(k)=4$

$k=\frac{3}{4}$에서 $h(k)=3$

$k>\frac{3}{4}$에서 $h(k)=2$

$\therefore h\left(\frac{1}{2}\right)+h\left(\frac{3}{4}\right)+h(1)=4+3+2=9$

답 9

07 여러 가지 방정식

A Step 1등급을 위한 고난도 빈출 & 핵심 문제 　본문 59~60쪽

01 ⑤	02 ①	03 69	04 ④	05 10
06 ②	07 44	08 ④	09 13	10 ②
11 ⑤	12 3	13 7	14 ④	15 ①
16 ①				

01 $(x+2)(x+4)(x-6)(x-8)+99=0$에서

$\{(x+2)(x-6)\}\{(x+4)(x-8)\}+99=0$

$(x^2-4x-12)(x^2-4x-32)+99=0$

이때 $x^2-4x=X$로 놓으면

$(X-12)(X-32)+99=0$

$X^2-44X+483=0$, $(X-21)(X-23)=0$

$\therefore X=21$ 또는 $X=23$

(i) $X=21$일 때

$x^2-4x-21=0$, $(x+3)(x-7)=0$

$\therefore x=-3$ 또는 $x=7$

(ii) $X=23$일 때

$x^2-4x-23=0$

$\therefore x=2\pm3\sqrt{3}$

(i), (ii)에 의하여 주어진 사차방정식의 모든 실근의 합은

$-3+7+(2-3\sqrt{3})+(2+3\sqrt{3})=8$ 　답 ⑤

02 $x^4+2x^2+9=0$에서

$(x^4+6x^2+9)-4x^2=0$

$(x^2+3)^2-(2x)^2=0$, $(x^2+2x+3)(x^2-2x+3)=0$

이차방정식 $x^2+2x+3=0$의 두 근을 α, β라 하고 이차방정식 $x^2-2x+3=0$의 두 근을 γ, δ라 하면 이차방정식의 근과 계수의 관계에 의하여

$\alpha+\beta=-2$, $\alpha\beta=3$, $\gamma+\delta=2$, $\gamma\delta=3$

$\therefore \alpha^2+\beta^2+\gamma^2+\delta^2=(\alpha+\beta)^2-2\alpha\beta+(\gamma+\delta)^2-2\gamma\delta$

$=(-2)^2-2\times3+2^2-2\times3$

$=-4$ 　답 ①

다른풀이 $x^4+2x^2+9=0$에서 $x^2=X$로 놓으면

$X^2+2X+9=0$

방정식 $X^2+2X+9=0$의 두 근을 X_1, X_2라 하자.

방정식 $x^2=X_1$의 두 근을 α, β, 방정식 $x^2=X_2$의 두 근을 γ, δ라 하면 $\alpha^2=\beta^2=X_1$, $\gamma^2=\delta^2=X_2$이므로

$\alpha^2+\beta^2+\gamma^2+\delta^2=2(X_1+X_2)$

이때 X_1, X_2는 방정식 $X^2+2X+9=0$의 두 근이므로 이차방정식의 근과 계수의 관계에 의하여

$X_1+X_2=-2$

$\therefore \alpha^2+\beta^2+\gamma^2+\delta^2=2(X_1+X_2)=-4$

03 사차방정식 $x^4-3x^3-5x^2+9=0$의 네 근이 α, β, γ, δ이므로

$x^4-3x^3-5x^2+9=(x-\alpha)(x-\beta)(x-\gamma)(x-\delta)$

$=(\alpha-x)(\beta-x)(\gamma-x)(\delta-x)$ 　…… ㉠

이때 주어진 식의 값은 ㉠에 $x=2i$를 대입한 것과 같으므로

$(\alpha-2i)(\beta-2i)(\gamma-2i)(\delta-2i)$

$=(2i)^4-3\times(2i)^3-5\times(2i)^2+9$

$=16-3\times(-8i)-5\times(-4)+9$

$=45+24i$

따라서 $a=45$, $b=24$이므로

$a+b=45+24=69$ 　답 69

04 $f(x)=x^3-2(k-1)x^2+(k^2-k+6)x+2(k^2+3k+6)$으로 놓으면

$f(-2)=-8-8(k-1)-2(k^2-k+6)+2(k^2+3k+6)=0$

즉, 조립제법을 이용하여 $f(x)$를 인수분해하면

-2	1	$-2k+2$	k^2-k+6	$2k^2+6k+12$
		-2	$4k$	$-2k^2-6k-12$
	1	$-2k$	k^2+3k+6	0

$\therefore f(x)=(x+2)(x^2-2kx+k^2+3k+6)$

따라서 방정식 $f(x)=0$이 실근 $x=-2$를 가지므로 이차방정식 $x^2-2kx+k^2+3k+6=0$은 서로 다른 두 허근을 가져야 한다.

이차방정식 $x^2-2kx+k^2+3k+6=0$의 판별식을 D라 하면

$\frac{D}{4}=(-k)^2-(k^2+3k+6)<0$

$-3k-6<0$

$\therefore k>-2$

따라서 정수 k의 최솟값은 -1이다. 　답 ④

05 이차방정식 $x^2+3x-a=0$의 서로 다른 두 근을 α, β라 하면 이차방정식의 근과 계수의 관계에 의하여

$\alpha+\beta=-3$, $\alpha\beta=-a$ 　…… ㉠

α, β는 삼차방정식 $2x^3+4x^2+bx-5=0$의 근이므로 나머지 한 근을 γ라 하면 삼차방정식의 근과 계수의 관계에 의하여

$\alpha+\beta+\gamma=-2$, $\alpha\beta+\beta\gamma+\gamma\alpha=\frac{b}{2}$, $\alpha\beta\gamma=\frac{5}{2}$

㉠에 의하여

$-3+\gamma=-2$, $-a-3\gamma=\frac{b}{2}$, $-a\gamma=\frac{5}{2}$

$\therefore \gamma=1$, $a=-\frac{5}{2}$, $b=-1$

$\therefore 4ab=4\times\left(-\frac{5}{2}\right)\times(-1)=10$ 　답 10

다른풀이 주어진 조건에 의하여 삼차식 $2x^3+4x^2+bx-5$는 이차식 x^2+3x-a를 인수로 갖는다.

$2x^3+4x^2+bx-5=2(x^2+3x-a)(x-c)$ (c는 실수)

로 놓으면

$2x^3+4x^2+bx-5=2x^3+2(3-c)x^2-2(a+3c)x+2ac$

양변의 계수를 비교하면

$4=2(3-c)$, $b=-2(a+3c)$, $-5=2ac$

따라서 $a=-\frac{5}{2}$, $b=-1$, $c=1$이므로

$4ab=4\times\left(-\frac{5}{2}\right)\times(-1)=10$

06 $f(-3)=f(-1)=f(1)=5$에서

$f(-3)-5=f(-1)-5=f(1)-5=0$

즉, x^3의 계수가 1인 삼차방정식 $f(x)-5=0$의 세 근이 -3, -1, 1이므로

$f(x)-5=(x+3)(x+1)(x-1)$

$=x^3+3x^2-x-3$

$\therefore f(x)=x^3+3x^2-x+2$

삼차방정식 $f(x)=0$의 세 근을 α, β, γ라 하면 근과 계수의 관계에 의하여

$\alpha+\beta+\gamma=-3$, $\alpha\beta+\beta\gamma+\gamma\alpha=-1$

$\therefore \alpha^2+\beta^2+\gamma^2=(\alpha+\beta+\gamma)^2-2(\alpha\beta+\beta\gamma+\gamma\alpha)$

$=(-3)^2-2\times(-1)$

$=9+2=11$

답 ②

07 계수가 실수인 삼차방정식 $f(x)=0$에서 $-3+\sqrt{2}i$가 근이므로 $-3-\sqrt{2}i$도 근이다.

나머지 한 근을 α라 하면 삼차방정식의 근과 계수의 관계에 의하여

$\alpha+(-3+\sqrt{2}i)+(-3-\sqrt{2}i)=-a$

$\therefore \alpha-6=-a$ …… ㉠

$\alpha(-3+\sqrt{2}i)+\alpha(-3-\sqrt{2}i)+(-3+\sqrt{2}i)(-3-\sqrt{2}i)=b$

$\therefore -6\alpha+11=b$ …… ㉡

$\alpha(-3+\sqrt{2}i)(-3-\sqrt{2}i)=a$

$\therefore 11\alpha=a$ …… ㉢

㉠, ㉢을 연립하여 풀면

$\alpha=\frac{1}{2}$, $a=\frac{11}{2}$, $b=8$ ($\because$ ㉡)

즉, 삼차방정식 $f(x)=0$의 세 근이 $-3+\sqrt{2}i$, $-3-\sqrt{2}i$, $\frac{1}{2}$이므로

삼차방정식 $f\left(\frac{x}{2}\right)=0$의 해는

$\frac{x}{2}=-3+\sqrt{2}i$ 또는 $\frac{x}{2}=-3-\sqrt{2}i$ 또는 $\frac{x}{2}=\frac{1}{2}$

$\therefore x=-6+2\sqrt{2}i$ 또는 $x=-6-2\sqrt{2}i$ 또는 $x=1$

따라서 삼차방정식 $f\left(\frac{x}{2}\right)=0$의 세 근의 곱은

$(-6+2\sqrt{2}i)\times(-6-2\sqrt{2}i)\times1=44$

답 44

08 $x^3+1=0$에서 $(x+1)(x^2-x+1)=0$

즉, ω는 방정식 $x^2-x+1=0$의 한 허근이므로 ω의 켤레복소수 $\overline{\omega}$도 방정식 $x^2-x+1=0$의 허근이다.

따라서 $\omega^2-\omega+1=0$, $\omega^3=-1$이고 이차방정식의 근과 계수의 관계에 의하여

$\omega+\overline{\omega}=1$, $\omega\overline{\omega}=1$

ㄱ. $\omega^2+\overline{\omega}^2=(\omega+\overline{\omega})^2-2\omega\overline{\omega}=1^2-2\times1=-1$

그런데 $\omega+\overline{\omega}=1$이므로

$\omega^2+\overline{\omega}^2\neq\omega+\overline{\omega}$ (거짓)

ㄴ. $\omega^{20}=(\omega^3)^6\times\omega^2=\omega^2$이므로

$\omega^{20}+\frac{1}{\omega^{20}}=\omega^2+\frac{1}{\omega^2}=\frac{\omega^4+1}{\omega^2}=\frac{-\omega+1}{\omega^2}$

$=\frac{-\omega^2}{\omega^2}=-1$ (참)

ㄷ. $\frac{1}{1-\omega}+\frac{1}{1-\overline{\omega}}=\frac{1-\overline{\omega}+1-\omega}{(1-\omega)(1-\overline{\omega})}=\frac{2-(\omega+\overline{\omega})}{1-(\omega+\overline{\omega})+\omega\overline{\omega}}$

$=\frac{2-1}{1-1+1}=1$ (참)

따라서 옳은 것은 ㄴ, ㄷ이다.

답 ④

09 방정식 $x+\frac{1}{x}=-1$의 한 근이 ω이므로

$\omega+\frac{1}{\omega}=-1$

$\therefore \omega^2+\omega+1=0$

양변에 $\omega-1$을 곱하면

$(\omega-1)(\omega^2+\omega+1)=0$

$\therefore \omega^3=1$

즉, $\omega^2=-\omega-1$, $\omega^3=1$이므로

$f(1)+f(2)+\cdots+f(7)=\omega+3\omega^2+5\omega^3+7\omega^4+9\omega^5+11\omega^6+13\omega^7$

$=\omega+3\omega^2+5+7\omega+9\omega^2+11+13\omega$

$=16+21\omega+12\omega^2$

$=16+21\omega+12(-\omega-1)$

$=9\omega+4$

따라서 $a=9$, $b=4$이므로

$a+b=9+4=13$

답 13

10 두 연립방정식의 공통인 해는 연립방정식

$\begin{cases} x+y=1 & \cdots\cdots ㉠ \\ x^2+3y^2=13 & \cdots\cdots ㉡ \end{cases}$

의 해와 같다.

㉠에서 $y=-x+1$ …… ㉢

㉢을 ㉡에 대입하면

$x^2+3(-x+1)^2=13$

$2x^2-3x-5=0$, $(x+1)(2x-5)=0$

$\therefore x=-1$ 또는 $x=\frac{5}{2}$

이것을 ㉢에 대입하면 위의 연립방정식의 해는

$x=-1$, $y=2$ 또는 $x=\frac{5}{2}$, $y=-\frac{3}{2}$

(i) $x=-1$, $y=2$일 때

$ax^2+y^2=7$, $4x-by=-12$에 $x=-1$, $y=2$를 각각 대입하면

$a+4=7$, $-4-2b=-12$

$\therefore a=3$, $b=4$

(ii) $x=\frac{5}{2}$, $y=-\frac{3}{2}$일 때

$ax^2+y^2=7$, $4x-by=-12$에 $x=\frac{5}{2}$, $y=-\frac{3}{2}$을 각각 대입하면

$\frac{25}{4}a+\frac{9}{4}=7$, $10+\frac{3}{2}b=-12$

$\therefore a=\frac{19}{25}$, $b=-\frac{44}{3}$

(i), (ii)에 의하여 자연수 a, b의 값은 $a=3$, $b=4$이므로

$a+b=3+4=7$ 답 ②

11 $\begin{cases} x^2-xy=12 & \cdots\cdots ㉠ \\ xy-y^2=3 & \cdots\cdots ㉡ \end{cases}$

㉠$-$㉡$\times 4$를 하면

$x^2-5xy+4y^2=0$, $(x-y)(x-4y)=0$

$\therefore x=y$ 또는 $x=4y$

(i) $x=y$일 때

$x=y$를 ㉡에 대입하면

$y^2-y^2=3$ $\therefore 0=3$

이를 만족시키는 실수 x, y는 존재하지 않는다.

(ii) $x=4y$일 때

$x=4y$를 ㉡에 대입하면

$4y^2-y^2=3$, $3y^2=3$, $y^2=1$

$\therefore y=\pm1$, $x=\pm4$ (복호동순)

$\therefore x^2+y^2=17$

(i), (ii)에 의하여 $x^2+y^2=17$ 답 ⑤

다른풀이 ㉠+㉡을 하면

$x^2-y^2=15$

$\therefore (x+y)(x-y)=15$ $\cdots\cdots$ ㉢

㉠$-$㉡을 하면

$x^2-2xy+y^2=9$, $(x-y)^2=9$

$\therefore x-y=3$ 또는 $x-y=-3$

(i) $x-y=3$일 때

$x-y=3$을 ㉢에 대입하면

$3(x+y)=15$

$\therefore x+y=5$

위의 두 식을 연립하여 풀면

$x=4$, $y=1$

$\therefore x^2+y^2=4^2+1^2=17$

(ii) $x-y=-3$일 때

$x-y=-3$을 ㉢에 대입하면

$-3(x+y)=15$

$\therefore x+y=-5$

위의 두 식을 연립하여 풀면

$x=-4$, $y=-1$

$\therefore x^2+y^2=(-4)^2+(-1)^2=17$

(i), (ii)에 의하여 $x^2+y^2=17$

12 $\begin{cases} x^2+y^2=2a^2-16a+28 & \cdots\cdots ㉠ \\ xy=(a-2)^2 & \cdots\cdots ㉡ \end{cases}$

㉠에서

$(x+y)^2-2xy=2a^2-16a+28$ $\cdots\cdots$ ㉢

㉡을 ㉢에 대입하면

$(x+y)^2-2(a-2)^2=2a^2-16a+28$

즉, $(x+y)^2=4a^2-24a+36=4(a-3)^2$이므로

$x+y=2(a-3)$ 또는 $x+y=-2(a-3)$

주어진 연립방정식을 만족시키는 실수 x, y는 t에 대한 이차방정식

$t^2-2(a-3)t+(a-2)^2=0$ 또는 $t^2+2(a-3)t+(a-2)^2=0$

의 두 실근이므로 두 이차방정식의 판별식을 D라 하면

$\frac{D}{4}=\{\pm(a-3)\}^2-(a-2)^2\geq0$

$-2a+5\geq0$ $\therefore a\leq\frac{5}{2}$

따라서 구하는 자연수 a는 1, 2이므로 그 합은

$1+2=3$ 답 3

13 $f(x)=x^3-(k+1)x^2+3kx-18$로 놓으면

$f(3)=27-9(k+1)+9k-18=0$

즉, 조립제법을 이용하여 $f(x)$를 인수분해하면

3	1	$-k-1$	$3k$	-18
		3	$-3k+6$	18
	1	$-k+2$	6	0

$\therefore f(x)=(x-3)\{x^2-(k-2)x+6\}$

한편, 직육면체 모양의 상자의 밑면이 정사각형이므로 부피 $f(x)$에 대하여 방정식 $f(x)=0$은 중근을 가져야 한다.

따라서 이차방정식 $x^2-(k-2)x+6=0$이 $x=3$을 근으로 갖거나 $x\neq3$인 중근을 가져야 한다.

(i) 방정식 $x^2-(k-2)x+6=0$이 $x=3$을 근으로 가질 때

$9-3(k-2)+6=0$, $-3k+21=0$

$\therefore k=7$

(ii) 방정식 $x^2-(k-2)x+6=0$이 $x\neq3$인 중근을 가질 때

이 이차방정식의 판별식을 D라 하면

$D=\{-(k-2)\}^2-4\times1\times6=0$

$k^2-4k-20=0$

$\therefore k=2\pm2\sqrt{6}$

(i), (ii)에 의하여 실수 k의 최댓값은 7이다. 답 7

14 한 변의 길이가 15 cm인 마름모의 두 대각선의 길이를 각각 x cm, y cm라 하면

$\left(\frac{1}{2}x\right)^2+\left(\frac{1}{2}y\right)^2=15^2$

$\therefore x^2+y^2=900$ $\cdots\cdots$ ㉠

또, 두 대각선의 길이를 각각 2 cm만큼 늘이면 넓이가 처음 마름모의 넓이보다 44 cm^{2}만큼 증가하므로

$\frac{1}{2}(x+2)(y+2)=\frac{1}{2}xy+44$

$\therefore y=-x+42$ $\cdots\cdots$ ㉡

㉡을 ㉠에 대입하면

$x^2+(-x+42)^2=900$

$x^2-42x+432=0$, $(x-18)(x-24)=0$

$\therefore x=18$ 또는 $x=24$

$x=18$을 ㉡에 대입하면 $y=24$

$x=24$를 ㉡에 대입하면 $y=18$

따라서 처음 마름모의 두 대각선의 길이는 18 cm, 24 cm이므로 그 차는

$24-18=6$(cm) 답 ④

15 이차방정식 $x^2-4mx+3m=0$의 자연수인 두 근을 α, β $(\alpha\le\beta)$라 하면 근과 계수의 관계에 의하여

$\alpha+\beta=4m$, $\alpha\beta=3m$

$m=\dfrac{\alpha+\beta}{4}$를 $\alpha\beta=3m$에 대입하면

$\alpha\beta=\dfrac{3}{4}(\alpha+\beta)$, $4\alpha\beta-3\alpha-3\beta=0$

양변에 4를 곱하면

$16\alpha\beta-12\alpha-12\beta=0$

$\therefore (4\alpha-3)(4\beta-3)=9$

이때 α, β가 자연수이므로 두 수 $4\alpha-3$, $4\beta-3$도 자연수이다.

(i) $4\alpha-3=1$, $4\beta-3=9$, 즉 $\alpha=1$, $\beta=3$일 때

$m=\dfrac{1+3}{4}=1$

(ii) $4\alpha-3=3$, $4\beta-3=3$, 즉 $\alpha=\dfrac{3}{2}$, $\beta=\dfrac{3}{2}$일 때

α, β가 자연수라는 조건을 만족시키지 않는다.

(i), (ii)에 의하여 구하는 정수 m의 값은 1이다. 답 ①

16 $3x^2+y^2+2xy-8y+24=0$에서

$3x^2+2xy+\dfrac{1}{3}y^2+\dfrac{2}{3}y^2-8y+24=0$

$3\left(x^2+\dfrac{2}{3}xy+\dfrac{1}{9}y^2\right)+\dfrac{2}{3}(y^2-12y+36)=0$

$3\left(x+\dfrac{1}{3}y\right)^2+\dfrac{2}{3}(y-6)^2=0$

이때 x, y가 실수이므로

$x+\dfrac{1}{3}y=0$, $y-6=0$

따라서 $x=-2$, $y=6$이므로

$xy=-12$ 답 ①

다른풀이 주어진 방정식을 x에 대한 내림차순으로 정리하면

$3x^2+2yx+y^2-8y+24=0$ ⋯⋯ ㉠

x가 실수이므로 x에 대한 이차방정식 ㉠은 실근을 가져야 한다.

이차방정식 ㉠의 판별식을 D라 하면

$\dfrac{D}{4}=y^2-3(y^2-8y+24)\ge0$

$y^2-12y+36\le0$, $(y-6)^2\le0$

이때 y도 실수이므로 $y=6$

$y=6$을 ㉠에 대입하면

$3x^2+12x+12=0$, $x^2+4x+4=0$

$(x+2)^2=0$ $\therefore x=-2$

$\therefore xy=(-2)\times6=-12$

B Step 1등급을 위한 고난도 기출 VS 변형 유형

본문 61~63쪽

1 ④	1-1 3	2 10	2-1 ④	3 ⑤	3-1 ②
4 ⑤	4-1 ④	5 ⑤	5-1 14	6 ⑤	6-1 ⑤
7 ④	7-1 ②	8 ③	8-1 ③	9 46	9-1 38

1 **전략** 이차함수 $y=f(x)$의 그래프와 직선 $y=x+2$의 위치 관계를 이용한다.

풀이 $\{f(x)-x\}^3-6\{f(x)-x\}^2+11\{f(x)-x\}-6=0$에서

$f(x)-x=t$로 놓으면

$t^3-6t^2+11t-6=0$

$(t-1)(t-2)(t-3)=0$

즉, $t=1$ 또는 $t=2$ 또는 $t=3$이므로

$f(x)-x=1$ 또는 $f(x)-x=2$ 또는 $f(x)-x=3$

$\therefore f(x)=x+1$ 또는 $f(x)=x+2$ 또는 $f(x)=x+3$

따라서 주어진 방정식의 해는 세 방정식

$f(x)=x+1$ 또는 $f(x)=x+2$ 또는 $f(x)=x+3$

을 만족시키는 x의 값과 같다.

이때 이차함수 $f(x)=-x^2+ax+b$의 그래프와 직선 $y=x+2$가 접하므로 그 위치 관계는 오른쪽 그림과 같다.

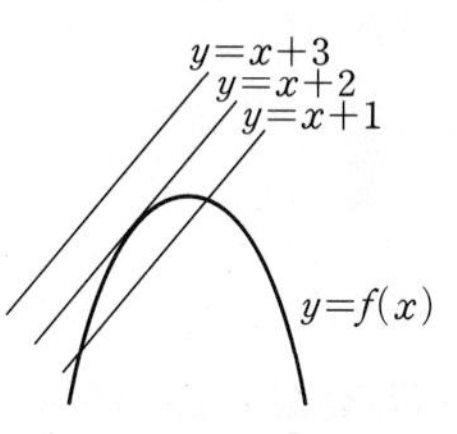

따라서 이차함수 $y=f(x)$의 그래프와 직선 $y=x+1$의 교점의 개수는 2, 직선 $y=x+2$의 교점의 개수는 1, 직선 $y=x+3$의 교점의 개수는 0이므로 주어진 방정식을 만족시키는 서로 다른 실수 x의 개수는

$2+1+0=3$ 답 ④

1-1 **전략** 이차함수 $y=f(x)$의 그래프와 직선 $y=2x+1$의 위치 관계를 이용한다.

풀이 방정식 $\{f(x)-2x\}^3-2\{f(x)-2x\}^2=f(x)-2x-2$에서

$f(x)-2x=X$로 놓으면

$X^3-2X^2=X-2$, $X^3-2X^2-X+2=0$

$(X+1)(X-1)(X-2)=0$

즉, $X=-1$ 또는 $X=1$ 또는 $X=2$이므로

$f(x)-2x=-1$ 또는 $f(x)-2x=1$ 또는 $f(x)-2x=2$

$\therefore f(x)=2x-1$ 또는 $f(x)=2x+1$ 또는 $f(x)=2x+2$

따라서 주어진 방정식의 해는 세 방정식

$f(x)=2x-1$ 또는 $f(x)=2x+1$ 또는 $f(x)=2x+2$

를 만족시키는 x의 값과 같다.

이때 이차함수 $y=f(x)$의 그래프와 직선 $y=2x+1$이 서로 다른 두 점에서 만나고 이차함수 $f(x)$의 최고차항의 계수가 양수이므로 이차함수 $y=f(x)$의 그래프와 직선 $y=2x+2$도 서로 다른 두 점에서 만난다.

또, 주어진 방정식이 서로 다른 5개의 실근을 가지므로 이차함수 $y=f(x)$의 그래프와 직선 $y=2x-1$은 한 점에서 만나야 한다.

$\therefore g(k)=\begin{cases} 0\ (k<-1) \\ 1\ (k=-1) \\ 2\ (k>-1) \end{cases}$

$\therefore g(-2)+g(-1)+g(0)=0+1+2=3$ 답 3

2 전략 삼차방정식의 근과 계수의 관계를 이용하여 $\frac{\beta+\gamma}{\alpha}$, $\frac{\gamma+\alpha}{\beta}$, $\frac{\alpha+\beta}{\gamma}$를 각각 간단한 꼴로 변형한다.

풀이 삼차방정식 $x^3-2x^2-4x+1=0$의 서로 다른 세 실근이 α, β, γ이므로 근과 계수의 관계에 의하여

$\alpha+\beta+\gamma=2$, $\alpha\beta+\beta\gamma+\gamma\alpha=-4$, $\alpha\beta\gamma=-1$ …… ㉠

$\alpha+\beta+\gamma=2$에서

$\beta+\gamma=2-\alpha$, $\gamma+\alpha=2-\beta$, $\alpha+\beta=2-\gamma$

즉, $f\left(\frac{\beta+\gamma}{\alpha}\right)=f\left(\frac{\gamma+\alpha}{\beta}\right)=f\left(\frac{\alpha+\beta}{\gamma}\right)=2$에서

$f\left(\frac{2}{\alpha}-1\right)=f\left(\frac{2}{\beta}-1\right)=f\left(\frac{2}{\gamma}-1\right)=2$

이므로 방정식 $f\left(\frac{2}{x}-1\right)=2$의 서로 다른 세 실근이 α, β, γ이다.

한편, $f(x)=(x+1)^3+a(x+1)^2+b(x+1)+c$에서

$f\left(\frac{2}{x}-1\right)=\left(\frac{2}{x}\right)^3+a\left(\frac{2}{x}\right)^2+b\left(\frac{2}{x}\right)+c$

$=\frac{8}{x^3}+\frac{4a}{x^2}+\frac{2b}{x}+c$

즉, 방정식 $\frac{8}{x^3}+\frac{4a}{x^2}+\frac{2b}{x}+c=2$에서

$\frac{8}{x^3}+\frac{4a}{x^2}+\frac{2b}{x}+c-2=0$

양변에 x^3을 곱하면

$(c-2)x^3+2bx^2+4ax+8=0$

이 방정식의 세 실근이 α, β, γ이므로 근과 계수의 관계에 의하여

$\alpha+\beta+\gamma=\frac{-2b}{c-2}$, $\alpha\beta+\beta\gamma+\gamma\alpha=\frac{4a}{c-2}$, $\alpha\beta\gamma=\frac{-8}{c-2}$ …… ㉡

㉠, ㉡에 의하여

$a=-8$, $b=-8$, $c=10$

$\therefore a-b+c=-8-(-8)+10=10$ 답 10

다른풀이 삼차방정식 $x^3-2x^2-4x+1=0$에서 근과 계수의 관계에 의하여 $\alpha+\beta+\gamma=2$이므로

$\beta+\gamma=2-\alpha$

이때 $f\left(\frac{\beta+\gamma}{\alpha}\right)=2$에서 $f\left(\frac{2}{\alpha}-1\right)=2$

$x=\frac{2}{\alpha}-1$을 $f(x)$에 대입하면

$f\left(\frac{2}{\alpha}-1\right)=\left(\frac{2}{\alpha}\right)^3+a\left(\frac{2}{\alpha}\right)^2+b\left(\frac{2}{\alpha}\right)+c$

즉, $f\left(\frac{2}{\alpha}-1\right)=2$에서

$\left(\frac{2}{\alpha}\right)^3+a\left(\frac{2}{\alpha}\right)^2+b\left(\frac{2}{\alpha}\right)+c-2=0$

양변에 α^3을 곱하면

$8+4a\alpha+2b\alpha^2+(c-2)\alpha^3=0$

위의 식의 상수항이 1이 되도록 양변을 8로 나누고 α에 대하여 내림차순으로 정리하면

$\frac{(c-2)}{8}\alpha^3+\frac{b}{4}\alpha^2+\frac{a}{2}\alpha+1=0$ …… ㉠

또, α는 방정식 $x^3-2x^2-4x+1=0$의 근이므로

$\alpha^3-2\alpha^2-4\alpha+1=0$ …… ㉡

두 방정식 ㉠, ㉡은 일치하므로 계수를 비교하면

$a=-8$, $b=-8$, $c=10$

$\therefore a-b+c=-8-(-8)+10=10$

2-1 전략 삼차방정식의 근과 계수의 관계를 이용하여 $\frac{\alpha+\beta}{\alpha\beta}$, $\frac{\beta+\gamma}{\beta\gamma}$, $\frac{\gamma+\alpha}{\gamma\alpha}$의 합과 곱을 계산한다.

풀이 $x^3+ax^2+bx+c=0$의 서로 다른 세 실근이 α, β, γ이므로 삼차방정식의 근과 계수의 관계에 의하여

$\alpha+\beta+\gamma=-a$, $\alpha\beta+\beta\gamma+\gamma\alpha=b$, $\alpha\beta\gamma=-c$

방정식 $x^3-8x^2+14x+7=0$의 서로 다른 세 실근이

$\frac{\alpha+\beta}{\alpha\beta}$, $\frac{\beta+\gamma}{\beta\gamma}$, $\frac{\gamma+\alpha}{\gamma\alpha}$

이므로 근과 계수의 관계에 의하여

$\frac{\alpha+\beta}{\alpha\beta}+\frac{\beta+\gamma}{\beta\gamma}+\frac{\gamma+\alpha}{\gamma\alpha}=\frac{\gamma(\alpha+\beta)+\alpha(\beta+\gamma)+\beta(\gamma+\alpha)}{\alpha\beta\gamma}$

$=\frac{2(\alpha\beta+\beta\gamma+\gamma\alpha)}{\alpha\beta\gamma}$

$=-\frac{2b}{c}=8$

$\therefore b=-4c$ …… ㉠

$\frac{\alpha+\beta}{\alpha\beta}\times\frac{\beta+\gamma}{\beta\gamma}+\frac{\beta+\gamma}{\beta\gamma}\times\frac{\gamma+\alpha}{\gamma\alpha}+\frac{\gamma+\alpha}{\gamma\alpha}\times\frac{\alpha+\beta}{\alpha\beta}$

$=\frac{(\alpha+\beta)(\beta+\gamma)}{\alpha\beta^2\gamma}+\frac{(\beta+\gamma)(\gamma+\alpha)}{\beta\gamma^2\alpha}+\frac{(\gamma+\alpha)(\alpha+\beta)}{\gamma\alpha^2\beta}$

$=\frac{\alpha\gamma(\alpha+\beta)(\beta+\gamma)}{\alpha^2\beta^2\gamma^2}+\frac{\beta\alpha(\beta+\gamma)(\gamma+\alpha)}{\alpha^2\beta^2\gamma^2}+\frac{\gamma\beta(\gamma+\alpha)(\alpha+\beta)}{\alpha^2\beta^2\gamma^2}$

$=\frac{3\alpha\beta\gamma(\alpha+\beta+\gamma)+(\alpha^2\beta^2+\beta^2\gamma^2+\gamma^2\alpha^2)}{\alpha^2\beta^2\gamma^2}$

$=\frac{(\alpha\beta+\beta\gamma+\gamma\alpha)^2+\alpha\beta\gamma(\alpha+\beta+\gamma)}{(\alpha\beta\gamma)^2}$

$=\frac{b^2+(-c)\times(-a)}{(-c)^2}=\frac{b^2+ac}{c^2}=14$ …… ㉡

$\frac{\alpha+\beta}{\alpha\beta}\times\frac{\beta+\gamma}{\beta\gamma}\times\frac{\gamma+\alpha}{\gamma\alpha}$

$=\frac{(-a-\gamma)(-a-\alpha)(-a-\beta)}{(\alpha\beta\gamma)^2}$ ($\because \alpha+\beta+\gamma=-a$)

$=\frac{-a^3-(\alpha+\beta+\gamma)a^2-(\alpha\beta+\beta\gamma+\gamma\alpha)a-\alpha\beta\gamma}{(\alpha\beta\gamma)^2}$

$=\frac{-ab+c}{c^2}=-7$ …… ㉢

㉠을 ㉡에 대입하면

$\frac{16c^2+ac}{c^2}=14$, $\frac{a}{c}=-2$

$\therefore a=-2c$ …… ㉣

㉠, ㉣을 ㉢에 대입하면

$\frac{-8c^2+c}{c^2}=-7$

$-8c^2+c=-7c^2$, $c^2-c=0$, $c(c-1)=0$

$\therefore c=1$ ($\because \alpha\beta\gamma\neq0$에서 $c\neq0$)

따라서 ㉣에서 $a=-2$, ㉠에서 $b=-4$이므로

$abc=(-2)\times(-4)\times1=8$ 답 ④

3 전략 $x^3-n^3=(x-n)(x^2+nx+n^2)$이므로 $\omega_n{}^3=n^3$, $\omega_n{}^2+n\omega_n+n^2=0$임을 이용한다.

풀이 $x^3-n^3=(x-n)(x^2+nx+n^2)$이므로 방정식 $x^3-n^3=0$의 허근 ω_n은 이차방정식 $x^2+nx+n^2=0$의 근이다.

근의 공식에 의하여

$$x=\frac{-n\pm\sqrt{n^2-4n^2}}{2}=\frac{n(-1\pm\sqrt{3}i)}{2}$$

이때 $\frac{-1\pm\sqrt{3}i}{2}$는 방정식 $x^2+x+1=0$의 허근이다.

따라서 방정식 $x^2+x+1=0$의 한 허근을 ω라 하면

$\omega_n=n\omega$, $\omega^3=1$, $\omega^2+\omega+1=0$

ㄱ. $\left(\frac{\omega_{2013}}{2013}\right)^{2013}+\left(\frac{\omega_{2014}}{2014}\right)^{2014}+\left(\frac{\omega_{2015}}{2015}\right)^{2015}$

$=\left(\frac{2013\omega}{2013}\right)^{2013}+\left(\frac{2014\omega}{2014}\right)^{2014}+\left(\frac{2015\omega}{2015}\right)^{2015}$

$=\omega^{2013}+\omega^{2014}+\omega^{2015}$

$=(\omega^3)^{671}+(\omega^3)^{671}\times\omega+(\omega^3)^{671}\times\omega^2$

$=1+\omega+\omega^2=0$ (참)

ㄴ. $\omega_n{}^{2015}+n\omega_n{}^{2014}+n^2\omega_n{}^{2013}+\cdots+n^{2013}\omega_n{}^2+n^{2014}\omega_n+n^{2015}$

$=(n\omega)^{2015}+n(n\omega)^{2014}+n^2(n\omega)^{2013}+\cdots+n^{2015}$

$=n^{2015}(\omega^{2015}+\omega^{2014}+\omega^{2013}+\cdots+\omega+1)$

$=n^{2015}\times672\times(\omega^2+\omega+1)$ ($\because$ $\omega^3=1$)

$=0$ (참)

ㄷ. $\omega_1\times\omega_2\times\omega_3\times\cdots\times\omega_{n-1}\times\omega_n=\omega\times2\omega\times3\omega\times\cdots\times n\omega$

$=(1\times2\times3\times\cdots\times n)\omega^n$

이때 자연수 n에 대하여 $1\times2\times\cdots\times n$의 값은 실수이므로 주어진 식의 값이 실수이려면 ω^n의 값이 실수이면 된다.

$\therefore$ $n=3k$ (단, k는 자연수)

따라서 주어진 식의 값이 실수가 되도록 하는 100 이하의 자연수 n의 개수는 33이다. (참)

따라서 ㄱ, ㄴ, ㄷ 모두 옳다. 답 ⑤

참고 ㄴ에서

$\omega^{2015}+\omega^{2014}+\omega^{2013}+\omega^{2012}+\cdots+\omega^3+\omega^2+\omega+1$

$=(\omega^3)^{671}\times\omega^2+(\omega^3)^{671}\times\omega+(\omega^3)^{671}+(\omega^3)^{670}\times\omega^2+\cdots+\omega^3+\omega^2+\omega+1$

$=\omega^2+\omega+1+\omega^2+\cdots+1+\omega^2+\omega+1$

$=\underbrace{(\omega^2+\omega+1)+(\omega^2+\omega+1)+(\omega^2+\omega+1)+\cdots+\omega^2+\omega+1}_{672개}$

$=672\times(\omega^2+\omega+1)$

$=0$

3-1 전략 $x^n-1=(x-1)(x^{n-1}+x^{n-2}+\cdots+x+1)$이므로 방정식 $x^n=1$의 허근 $\omega_1, \omega_2, \cdots, \omega_{n-1}$은 방정식 $x^{n-1}+x^{n-2}+\cdots+x+1=0$의 근임을 이용한다.

풀이 $x^n-1=(x-1)(x^{n-1}+x^{n-2}+\cdots+x+1)$이므로

$1\le m\le n-1$인 자연수 m에 대하여

$\omega_m{}^{n-1}+\omega_m{}^{n-2}+\cdots+\omega_m+1=0$

ㄱ. $1\le m\le n-1$인 자연수 m에 대하여 $\omega_m{}^n=1$이므로

$\left(\frac{1}{\omega_m}\right)^n=1$

따라서 $\frac{1}{\omega_m}$은 방정식 $x^n-1=0$의 근이고 $\frac{1}{\omega_m}\neq1$이므로 $\frac{1}{\omega_m}$은 방정식 $x^{n-1}+x^{n-2}+\cdots+x+1=0$의 근이다.

$x^{n-1}+x^{n-2}+\cdots+x+1$

$=\left(x-\frac{1}{\omega_1}\right)\left(x-\frac{1}{\omega_2}\right)\cdots\left(x-\frac{1}{\omega_{n-1}}\right)$ …… ㉠

또, $\omega_m{}^n=1$에서 $\omega_m{}^{n-1}=\frac{1}{\omega_m}$이므로

$\omega_1{}^{n-1}+\omega_2{}^{n-1}+\omega_3{}^{n-1}+\cdots+\omega_{n-1}{}^{n-1}$

$=\frac{1}{\omega_1}+\frac{1}{\omega_2}+\frac{1}{\omega_3}+\cdots+\frac{1}{\omega_{n-1}}$

㉠에서 근과 계수의 관계에 의하여

$\frac{1}{\omega_1}+\frac{1}{\omega_2}+\frac{1}{\omega_3}+\cdots+\frac{1}{\omega_{n-1}}=-1$이므로

$\omega_1{}^{n-1}+\omega_2{}^{n-1}+\omega_3{}^{n-1}+\cdots+\omega_{n-1}{}^{n-1}=-1$ (참)

ㄴ. $\omega_1, \omega_2, \cdots, \omega_{n-1}$은 방정식 $x^{n-1}+x^{n-2}+\cdots+x+1=0$의 근이므로

$x^{n-1}+x^{n-2}+\cdots+x+1$

$=(x-\omega_1)(x-\omega_2)\cdots(x-\omega_{n-1})$ …… ㉡

㉡의 양변에 $x=1$을 대입하면

$\underbrace{1+1+\cdots+1+1}_{n개}=(1-\omega_1)(1-\omega_2)\cdots(1-\omega_{n-1})$

즉, $n=(1-\omega_1)(1-\omega_2)\cdots(1-\omega_{n-1})$

양변에 $(-1)^{n-1}$을 곱하면

$(-1)^{n-1}\times n=(\omega_1-1)(\omega_2-1)\cdots(\omega_{n-1}-1)$ …… ㉢

㉡의 양변에 $x=0$을 대입하면

$0+0+\cdots+0+1=(0-\omega_1)(0-\omega_2)\cdots(0-\omega_{n-1})$

즉, $1=(-\omega_1)\times(-\omega_2)\times\cdots\times(-\omega_{n-1})$이므로

$1=(-1)^{n-1}\times\omega_1\omega_2\cdots\omega_{n-1}$

즉, $\omega_1\omega_2\cdots\omega_{n-1}=(-1)^{n-1}$ …… ㉣

$\therefore$ $\frac{\omega_1-1}{\omega_1}\times\frac{\omega_2-1}{\omega_2}\times\frac{\omega_3-1}{\omega_3}\times\cdots\times\frac{\omega_{n-1}-1}{\omega_{n-1}}$

$=\frac{(\omega_1-1)(\omega_2-1)(\omega_3-1)\cdots(\omega_{n-1}-1)}{\omega_1\omega_2\omega_3\cdots\omega_{n-1}}$

$=\frac{(-1)^{n-1}\times n}{(-1)^{n-1}}$ ($\because$ ㉢, ㉣)

$=n$ (참)

ㄷ. ㉡의 양변에 $x=-1$을 대입하면

$(-1)^{n-1}+(-1)^{n-2}+\cdots+(-1)+1$

$=(-1)^{n-1}(1+\omega_1)(1+\omega_2)\cdots(1+\omega_{n-1})$

$\therefore$ $(\omega_1+1)(\omega_2+1)(\omega_3+1)\cdots(\omega_{n-1}+1)$

$=1+(-1)+1+\cdots+(-1)^{n-2}+(-1)^{n-1}$

즉, n이 짝수이면

$(\omega_1+1)(\omega_2+1)(\omega_3+1)\cdots(\omega_{n-1}+1)=0$

이고, n이 홀수이면

$(\omega_1+1)(\omega_2+1)(\omega_3+1)\cdots(\omega_{n-1}+1)=1$이다. (거짓)

따라서 옳은 것은 ㄱ, ㄴ이다. 답 ②

1등급 노트 고차방정식의 근과 계수의 관계

방정식 $a_nx^n+a_{n-1}x^{n-1}+\cdots+a_1x+a_0=0\ (a_n\neq0)$의 n개의 근을 $b_1, b_2, \cdots, b_n$이라 할 때

(1) $b_1+b_2+b_3+\cdots+b_n=-\frac{a_{n-1}}{a_n}$

(2) $b_1b_2+b_2b_3+\cdots+b_{n-1}b_n=\frac{a_{n-2}}{a_n}$

(3) $b_1\times b_2\times b_3\times\cdots\times b_n=(-1)^n\times\frac{a_0}{a_n}$

4 **전략** 방정식 $f(x)=0$의 모든 근이 방정식 $g(x)=0$의 근이면 $f(x)$는 $g(x)$의 인수임을 이용한다.

풀이 방정식 $2x^3-x^2+6x-10=0$의 세 근이 방정식 $(x^2+2x+2)f(x)-24=0$의 근이므로 다항식 $(x^2+2x+2)f(x)-24$는 $2x^3-x^2+6x-10$을 인수로 갖는다.

즉, 다항식 $Q(x)$에 대하여

$(x^2+2x+2)f(x)-24=(2x^3-x^2+6x-10)Q(x)$ …… ㉠

로 놓을 수 있다.

(i) $f(x)$가 일차식일 때

$f(x)=ax+b$ (a, b는 상수, $a\neq0$)

로 놓을 수 있다.

이때 $Q(x)$는 상수이고 ㉠에서 좌변의 최고차항의 계수가 a이므로

$Q(x)=\frac{1}{2}a$

즉, ㉠에서

$(x^2+2x+2)(ax+b)-24=\frac{1}{2}a(2x^3-x^2+6x-10)$

$\therefore ax^3+(2a+b)x^2+(2a+2b)x+2b-24$

$=ax^3-\frac{1}{2}ax^2+3ax-5a$

이 등식이 항상 성립하려면

$2a+b=-\frac{1}{2}a$, $2a+2b=3a$, $2b-24=-5a$

이어야 한다. 그런데 세 등식을 모두 만족시키는 a, b는 존재하지 않으므로 $f(x)$는 일차식이 아니다.

(ii) $f(x)$가 이차식일 때

$f(x)=ax^2+bx+c$ (a, b, c는 상수, $a\neq0$)

로 놓을 수 있다.

이때 $Q(x)$는 일차식이고 ㉠에서 좌변의 최고차항의 계수가 a이므로

$Q(x)=\frac{1}{2}ax+m$ (m은 실수)으로 놓을 수 있다.

즉, ㉠에서

$(x^2+2x+2)(ax^2+bx+c)-24$

$=(2x^3-x^2+6x-10)\left(\frac{1}{2}ax+m\right)$

$\therefore ax^4+(2a+b)x^3+(2a+2b+c)x^2+(2b+2c)x+2c-24$

$=ax^4+\left(2m-\frac{1}{2}a\right)x^3+(3a-m)x^2+(6m-5a)x-10m$

이 등식이 항상 성립하려면

$2a+b=2m-\frac{1}{2}a$에서

$5a+2b=4m$ …… ㉡

$2a+2b+c=3a-m$에서

$a-2b-c=m$ …… ㉢

$2b+2c=6m-5a$에서

$5a+2b+2c=6m$ …… ㉣

$2c-24=-10m$에서

$c=-5m+12$ …… ㉤

㉣$-$㉡을 하면

$2c=2m\quad \therefore c=m$

$c=m$을 ㉤에 대입하면

$m=-5m+12\quad \therefore m=2$

$m=c=2$를 ㉢, ㉣에 각각 대입한 후 두 식을 연립하여 풀면

$a=2$, $b=-1$

$\therefore f(x)=2x^2-x+2$

(i), (ii)에 의하여 $f(x)=2x^2-x+2$이므로

$f(1)=2-1+2=3$

답 ⑤

4-1 **전략** $x^3+2x^2+2x+1=(x+1)(x^2+x+1)$이므로 α는 방정식 $x^2+x+1=0$의 허근임을 이용한다.

풀이 $x^3+2x^2+2x+1=(x+1)(x^2+x+1)$이므로 주어진 삼차방정식의 허근 α는 이차방정식 $x^2+x+1=0$의 근이다.

이때 이차방정식 $x^2+x+1=0$의 두 근은 α, $\bar{\alpha}$이므로 근과 계수의 관계에 의하여

$\alpha+\bar{\alpha}=-1$

$\therefore \bar{\alpha}=-1-\alpha=\alpha^2$ ($\because \alpha^2+\alpha+1=0$)

즉, 조건 (가)에서 $f(\bar{\alpha})=2(-1-\bar{\alpha})$

$\therefore f(\bar{\alpha})=-2\bar{\alpha}-2$

즉, $\bar{\alpha}$는 계수가 실수인 방정식 $f(x)=-2x-2$의 근이므로 α도 이 방정식의 근이다.

따라서 방정식 $x^2+x+1=0$의 모든 근은 방정식 $f(x)+2x+2=0$의 근이므로 $f(x)+2x+2$는 x^2+x+1을 인수로 갖는다.

또, $f(x)$는 최고차항의 계수가 1인 삼차식이므로

$f(x)+2x+2=(x^2+x+1)(x+a)$ (a는 상수)

로 놓을 수 있다.

조건 (나)에 의하여 $f(1)=5$이므로

$5+4=3(1+a)\quad \therefore a=2$

따라서 $f(x)=(x^2+x+1)(x+2)-2x-2=x^3+3x^2+x$이므로

$f(2)=8+12+2=22$

답 ④

다른풀이 이때 $(x-1)(x^2+x+1)=0$이므로 방정식 $x^2+x+1=0$의 허근 α는 방정식 $x^3-1=0$의 근이다.

즉, $\alpha^3=1$에서 $\alpha\times\alpha^2=1$이므로 α, α^2은 모두 이차방정식 $x^2+x+1=0$의 근이고, 서로 켤레복소수이다.

이를 이용하면 조건 (가)의 $f(\alpha^2)=2\alpha$에서 $f(\alpha)=2\alpha^2$이 성립하므로 α, α^2은 모두 방정식 $f(x)=2x^2$, 즉 $f(x)-2x^2=0$의 근이다.

$f(x)-2x^2=(x^2+x+1)(x+a)$ (a는 상수)로 놓으면 조건 (나)에 의하여

$5-2=3(1+a) \qquad \therefore a=0$

$\therefore f(x)=x(x^2+x+1)+2x^2=x^3+3x^2+x$

5 **전략** 계수가 실수인 방정식 $f(x)=0$이 허근 α를 가지면 $\overline{\alpha}$도 이 방정식의 근임을 이용한다.

풀이 계수가 실수인 사차방정식 $x^4+ax^3+bx^2+11x-78=0$의 한 근이 $2-3i$이므로 $2+3i$도 이 방정식의 근이다.

이때

$(2+3i)+(2-3i)=4,\ (2+3i)(2-3i)=13$

이므로 $2+3i,\ 2-3i$를 두 근으로 갖고 이차항의 계수가 1인 이차방정식은

$x^2-4x+13=0$

즉, $x^4+ax^3+bx^2+11x-78$은 $x^2-4x+13$을 인수로 갖고 상수항이 -78이므로

$x^4+ax^3+bx^2+11x-78=(x^2-4x+13)(x^2+Ax-6)$

(A는 실수) …… ㉠

으로 놓을 수 있다.

이때 ㉠의 우변을 전개하면

$(x^2-4x+13)(x^2+Ax-6)$

$=x^4+(A-4)x^3+(-4A+7)x^2+(13A+24)x-78$

이므로 ㉠의 양변의 계수를 비교하면

$a=A-4,\ b=-4A+7,\ 11=13A+24$

$\therefore A=-1,\ a=-5,\ b=11$

$\therefore x^4+ax^3+bx^2+11x-78=(x^2-4x+13)(x^2-x-6)$

$=(x^2-4x+13)(x+2)(x-3)$

따라서 주어진 방정식의 나머지 세 근은 $2+3i,\ -2,\ 3$이므로

$a+b+\alpha+\beta+\gamma=-5+11+(2+3i)+(-2)+3$

$=9+3i$

답 ⑤

5-1 **전략** 계수가 실수인 방정식 $f(x)=0$이 허근 α를 가지면 $\overline{\alpha}$도 이 방정식의 근임을 이용한다.

풀이 $f(1-\sqrt{2}i)=2$이므로 $1-\sqrt{2}i$는 방정식 $f(x)=2$, 즉 $f(x)-2=0$의 근이다.

계수가 실수인 방정식 $f(x)-2=0$의 한 근이 $1-\sqrt{2}i$이므로 $1+\sqrt{2}i$도 이 방정식의 근이다.

이때

$(1+\sqrt{2}i)+(1-\sqrt{2}i)=2,\ (1+\sqrt{2}i)(1-\sqrt{2}i)=3$

이므로 $1+\sqrt{2}i,\ 1-\sqrt{2}i$를 두 근으로 갖고 이차항의 계수가 1인 이차방정식은

$x^2-2x+3=0$

즉, $f(x)-2=x^4+2x^3+ax^2+bx+3$은 x^2-2x+3을 인수로 갖고 상수항이 3이므로

$x^4+2x^3+ax^2+bx+3=(x^2-2x+3)(x^2+cx+1)$ (c는 실수)

…… ㉠

로 놓을 수 있다.

이때 ㉠의 우변을 전개하면

$(x^2-2x+3)(x^2+cx+1)$

$=x^4+(c-2)x^3+(-2c+4)x^2+(3c-2)x+3$

이므로 ㉠의 양변의 계수를 비교하면

$2=c-2,\ a=-2c+4,\ b=3c-2$

$\therefore c=4,\ a=-4,\ b=10$

$\therefore b-a=10-(-4)=14$

답 14

6 **전략** 삼차방정식 $x^3-px^2-px+1=0$의 실근 α를 먼저 구한다.

풀이 삼차방정식 $x^3-px^2-px+1=0$에서

$(x+1)\{x^2-(p+1)x+1\}=0$

$\therefore x=-1$ 또는 $x^2-(p+1)x+1=0$

이때 이차방정식 $x^2-(p+1)x+1=0$의 판별식을 D라 하면

$D=(p+1)^2-4<0$ ($\because -1<p<1$)

즉, 이차방정식 $x^2-(p+1)x+1=0$은 허근을 가지므로 조건 (가)에서 두 삼차방정식의 공통근 α는

$\alpha=-1$

따라서 삼차방정식 $x^3+6x^2+mx+n=0$의 한 근이 -1이므로

$-1+6-m+n=0$

$\therefore n=m-5$ …… ㉠

$\therefore x^3+6x^2+mx+n=x^3+6x^2+mx+m-5$

$=(x+1)(x^2+5x+m-5)$

또, 조건 (나)에서 두 삼차방정식 $x^3+6x^2+mx+n=0$과 $x^3+7x^2-kx+m-6=0$이 $\alpha=-1$이 아닌 두 개의 공통근을 가지므로 이차방정식 $x^2+5x^2+m-5=0$의 두 근은 삼차방정식 $x^3+7x^2-kx+m-6=0$의 근이다.

즉, $x^3+7x^2-kx+m-6$은 $x^2+5x+m-5$를 인수로 가지므로 실수 a에 대하여

$x^3+7x^2-kx+m-6=(x^2+5x+m-5)(x+a)$ …… ㉡

로 놓을 수 있다.

이때 ㉡의 우변을 전개하면

$(x^2+5x+m-5)(x+a)$

$=x^3+(a+5)x+(5a+m-5)x+a(m-5)$

이므로 ㉡의 양변의 계수를 비교하면

$7=a+5,\ -k=5a+m-5,\ m-6=ma-5a$

$\therefore a=2,\ k=-9,\ m=4,\ n=-1$ ($\because$ ㉠)

$\therefore m+n-k=4+(-1)-(-9)=12$

답 ⑤

6-1 **전략** 계수가 실수인 이차방정식의 한 근 ω가 허근이면 $\overline{\omega}$도 그 방정식의 근임을 이용한다.

풀이 계수가 실수인 이차방정식 $x^2+qx+p=0$의 한 허근이 ω이므로 $\overline{\omega}$도 이 이차방정식의 허근이다.

또, 허근 ω가 계수가 실수인 삼차방정식 $x^3+ax^2+bx+c=0$의 근이므로 $\overline{\omega}$도 이 삼차방정식의 허근이다.

즉, 이차방정식 $x^2+px+q=0$의 두 근 중 1개와 이차방정식 $x^2+qx+p=0$의 서로 다른 두 허근이 삼차방정식 $x^3+ax^2+bx+c=0$의 세 근이다.

ㄱ. 이차방정식 $x^2+px+q=0$의 두 근 중 오직 한 개의 근만이 삼차방정식 $x^3+ax^2+bx+c=0$의 근이므로 그 근은 실근이어야 한다.

즉, 이차방정식 $x^2+px+q=0$은 서로 다른 두 실근을 갖는다. (거짓)

ㄴ. 삼차방정식 $x^3+ax^2+bx+c=0$이 ω, $\overline{\omega}$를 모두 근으로 가지므로 다항식 x^3+ax^2+bx+c는 x^2+qx+p를 인수로 갖는다.

즉, 다항식 x^3+ax^2+bx+c는 다항식 x^2+qx+p로 나누어떨어진다. (참)

ㄷ. $c=p$이면 ㄴ에 의하여

$x^3+ax^2+bx+p=(x^2+qx+p)(x+1)$ …… ㉠

$=x^3+(1+q)x^2+(p+q)x+p$

$\therefore b=p+q$

또, ㉠에서 삼차방정식 $x^3+ax^2+bx+p=0$의 세 근은 ω, $\overline{\omega}$, -1이다.

즉, -1은 이차방정식 $x^2+px+q=0$의 근이므로

$1-p+q=0$ $\quad\therefore q=p-1$

$\therefore b=p+q=2p-1$ (참)

따라서 옳은 것은 ㄴ, ㄷ이다. 답 ⑤

참고 ㄱ에서 방정식 $x^2+px+q=0$이 허근 α를 갖는다고 하면 $\overline{\alpha}$도 근으로 갖는다.
따라서 삼차방정식 $x^3+ax^2+bx+c=0$이 이차방정식 $x^2+px+q=0$의 한 근을 가지면 다른 한 근도 삼차방정식의 근이 되므로 조건을 만족시키지 않는다.

7 **전략** 주어진 삼차방정식의 좌변을 인수분해하여 세 실근을 찾고 피타고라스 정리를 이용한다.

풀이 삼차방정식 $2x^3-5x^2+(k+3)x-k=0$에서

$(x-1)(2x^2-3x+k)=0$

$\therefore x=1$ 또는 $2x^2-3x+k=0$

이차방정식 $2x^2-3x+k=0$의 두 실근을 α, β $(\alpha<\beta)$, 판별식을 D라 하면

$\alpha+\beta=\frac{3}{2}$, $\alpha\beta=\frac{k}{2}$ …… ㉠

$D=(-3)^2-4\times2\times k>0$

$9-8k>0$

$\therefore k<\frac{9}{8}$ …… ㉡

이때 삼차방정식 $2x^3-5x^2+(k+3)x-k=0$의 세 근은 1, α, β이므로 빗변의 길이에 따라 다음과 같이 경우를 나누어 생각할 수 있다.

(i) 빗변의 길이가 1일 때

피타고라스 정리에 의하여 $\alpha^2+\beta^2=1$이므로

$(\alpha+\beta)^2-2\alpha\beta=1$

$\left(\frac{3}{2}\right)^2-k=1$ ($\because$ ㉠)

$\therefore k=\frac{5}{4}$

이는 ㉡을 만족시키지 않는다.

(ii) 빗변의 길이가 β일 때

피타고라스 정리에 의하여 $1+\alpha^2=\beta^2$이므로

$\alpha^2-\beta^2=-1$, $(\alpha+\beta)(\alpha-\beta)=-1$

$\frac{3}{2}(\alpha-\beta)=-1$ ($\because$ ㉠)

$\therefore \alpha-\beta=-\frac{2}{3}$

이때 $(\alpha-\beta)^2=(\alpha+\beta)^2-4\alpha\beta$이므로

$\frac{4}{9}=\frac{9}{4}-2k$ ($\because$ ㉠), $2k=\frac{65}{36}$

$\therefore k=\frac{65}{72}$

(i), (ii)에 의하여 $k=\frac{65}{72}$ 답 ④

7-1 **전략** 점 A의 좌표를 $(a, f(a))$로 놓고 다른 점의 좌표를 a에 대한 식으로 나타낸다.

풀이 점 A의 좌표를 $(a, f(a))$ $(a<0)$로 놓자.

직선 AA′이 y축과 평행하므로

$A'(a, g(a))$

두 점 A, B는 이차함수

$f(x)=-x^2+2x+15=-(x-1)^2+16$

의 그래프 위에 있고 선분 AB는 x축과 평행하므로 두 점 A, B는 직선 $x=1$에 대하여 대칭이다.

즉, 점 B의 좌표는

$(2-a, f(2-a))$

또, 직선 BB′이 y축과 평행하므로

$B'(2-a, g(2-a))$

이때 사각형 AA′B′B는 사다리꼴이고

$\overline{AB}=2-2a$, $\overline{AA'}=f(a)-g(a)=-2a^2+2a+24$,

$\overline{BB'}=f(2-a)-g(2-a)=-2a^2+6a+20$

이므로

$\square AA'B'B=\frac{1}{2}\times(\overline{AA'}+\overline{BB'})\times\overline{AB}$

$=\frac{1}{2}\times(-2a^2+2a+24-2a^2+6a+20)\times(2-2a)$

$=4(a-1)(a^2-2a-11)$

즉, $4(a-1)(a^2-2a-11)=64$이므로

$a^3-3a^2-9a-5=0$

$(a+1)^2(a-5)=0$

$\therefore a=-1$ ($\because a<0$)

따라서 점 A의 y좌표는

$f(-1)=-1-2+15=12$ 답 ②

8 **전략** 연립방정식을 풀어 $[x]$, $[y]$의 값을 구하고 x, y의 값의 범위를 구한다.

풀이 $\begin{cases}[x]+[y]=2 & \cdots\cdots ㉠\\ 2[x]-3[y]=-6 & \cdots\cdots ㉡\end{cases}$

㉠×2−㉡을 하면

$5[y]=10$

$\therefore [y]=2$, $[x]=0$

즉, $0\le x<1$, $2\le y<3$에서 $0\le 2x<2$, $-9<-3y\le -6$이므로

$-9<2x-3y<-4$

$\therefore [2x-3y]=-9, -8, -7, -6, -5$

따라서 $[2x-3y]$의 최댓값은 -5이다. 답 ③

8-1 전략 $x^2-4[x]+3=0$을 만족시키는 정수 $[x]$의 값을 찾는다.

풀이 $x^2-4[x]+3=0$에서 $[x]=n$ (n은 정수)으로 놓으면

$x^2-4n+3=0 \quad \therefore x^2=4n-3$

$[x]=n$에서 $n\le x<n+1$

이때 $n<0$이면 $(n+1)^2<x^2\le n^2$

$\therefore (n+1)^2<4n-3\le n^2 \quad \cdots\cdots ㉠$

그런데 음수인 모든 정수 n에 대하여 $4n-3<0$이고 $(n+1)^2\ge 0$이므로 ㉠을 만족시키는 음의 정수 n은 존재하지 않는다.

따라서 $n\ge 0$이어야 한다.

$n\ge 0$일 때, $n\le x<n+1$에서 $n^2\le x^2<(n+1)^2$이므로

$n^2\le 4n-3<(n+1)^2$

$n^2\le 4n-3$에서 $n^2-4n+3\le 0$

$(n-1)(n-3)\le 0 \quad \therefore 1\le n\le 3$

$4n-3<(n+1)^2$에서 $4n-3<n^2+2n+1$

$n^2-2n+4>0$, $(n-1)^2+3>0$

이 부등식은 항상 성립하므로 $n^2\le 4n-3<(n+1)^2$을 만족시키는 n의 값의 범위는

$1\le n\le 3$

따라서 정수 n의 값은 1 또는 2 또는 3이므로

$[x]=1$ 또는 $[x]=2$ 또는 $[x]=3$

(i) $[x]=1$, 즉 $1\le x<2$일 때

주어진 연립방정식은 $\begin{cases} x^2+y^2=16 \\ x^2-1=0 \end{cases}$

이때 $1\le x<2$이므로 해는

$\begin{cases} x=1 \\ y=\sqrt{15} \end{cases}$ 또는 $\begin{cases} x=1 \\ y=-\sqrt{15} \end{cases}$

(ii) $[x]=2$, 즉 $2\le x<3$일 때

주어진 연립방정식은 $\begin{cases} x^2+y^2=16 \\ x^2-5=0 \end{cases}$

이때 $2\le x<3$이므로 해는

$\begin{cases} x=\sqrt{5} \\ y=\sqrt{11} \end{cases}$ 또는 $\begin{cases} x=\sqrt{5} \\ y=-\sqrt{11} \end{cases}$

(iii) $[x]=3$, 즉 $3\le x<4$일 때

주어진 연립방정식은 $\begin{cases} x^2+y^2=16 \\ x^2-9=0 \end{cases}$

이때 $3\le x<4$이므로 해는

$\begin{cases} x=3 \\ y=\sqrt{7} \end{cases}$ 또는 $\begin{cases} x=3 \\ y=-\sqrt{7} \end{cases}$

(i), (ii), (iii)에 의하여 $x+y^2$의 최댓값은 16이고 $x-y^2$의 최솟값은 -14이다.

따라서 $M=16$, $m=-14$이므로

$M-m=16-(-14)=30$ 답 ③

9 전략 서로 다른 두 정수의 곱이 주어질 때, 두 정수로 가능한 경우를 생각해 본다.

풀이 삼차방정식 $ax^3+2bx^2+4bx+8a=0$에서

$(x+2)\{ax^2-2(a-b)x+4a\}=0$

$\therefore x=-2$ 또는 $ax^2-2(a-b)x+4a=0$

이때 이차방정식 $ax^2-2(a-b)x+4a=0$의 서로 다른 두 정수근을 α, β $(\alpha<\beta)$라 하면 $a\ne 0$이고 근과 계수의 관계에 의하여

$\alpha+\beta=\dfrac{2(a-b)}{a}$, $\alpha\beta=\dfrac{4a}{a}=4$

$\alpha\beta=4$에서 서로 다른 두 정수인 근으로 가능한 경우는 $\alpha=1$, $\beta=4$ 또는 $\alpha=-4$, $\beta=-1$이다.

(i) $\alpha=1$, $\beta=4$일 때

$1+4=\dfrac{2(a-b)}{a}$에서

$b=-\dfrac{3}{2}a$

$|a|\le 50$, $|b|\le 50$인 정수 a, b에 대하여 $b=-\dfrac{3}{2}a$를 만족시키려면 $|a|$는 0이 아닌 짝수이어야 한다. 즉, 순서쌍 (a, b)는

$(-32, 48), (-30, 45), \cdots, (-2, 3),$

$(2, -3), (4, -6), \cdots, (32, -48)$

이므로 그 개수는 32이다.

(ii) $\alpha=-4$, $\beta=-1$일 때

$-4+(-1)=\dfrac{2(a-b)}{a}$에서

$b=\dfrac{7}{2}a$

$|a|\le 50$, $|b|\le 50$인 정수 a, b에 대하여 $b=\dfrac{7}{2}a$를 만족시키려면 $|a|$는 0이 아닌 짝수이어야 한다. 즉, 순서쌍 (a, b)는

$(-14, -49), (-12, -42), \cdots, (-2, -7),$

$(2, 7), (4, 14), \cdots, (14, 49)$

이므로 그 개수는 14이다.

(i), (ii)에 의하여 구하는 순서쌍 (a, b)의 개수는

$32+14=46$ 답 46

9-1 전략 곱하여 6이 되는 서로 다른 세 정수로 가능한 경우를 생각해 본다.

풀이 조건 (가)에 의하여 삼차방정식 $ax^3+2bx^2-4ax+c=0$의 서로 다른 세 정수근을 α, β, γ $(\alpha<\beta<\gamma)$라 하면 $a\ne 0$이고

$f(x)=ax^3+2bx^2-4ax+c$

$=a(x-\alpha)(x-\beta)(x-\gamma)$

이때 삼차방정식의 근과 계수의 관계에 의하여

$\alpha+\beta+\gamma=-\dfrac{2b}{a} \quad \cdots\cdots ㉠$

$\alpha\beta+\beta\gamma+\gamma\alpha=-4 \quad \cdots\cdots ㉡$

$\alpha\beta\gamma=-\dfrac{c}{a} \quad \cdots\cdots ㉢$

조건 (나)에 의하여

$f(1)=a(1-\alpha)(1-\beta)(1-\gamma)=-6a$

$(1-\alpha)(1-\beta)(1-\gamma)=-6$ ($\because a\neq0$)

$\therefore (\alpha-1)(\beta-1)(\gamma-1)=6$ ...... ㉣

즉, $\alpha<\beta<\gamma$를 만족시키는 세 정수 α, β, γ에 대하여

$\alpha-1<\beta-1<\gamma-1$이므로 ㉣을 만족시키는 서로 다른 세 정수

$\alpha-1$, $\beta-1$, $\gamma-1$의 값은 다음과 같이 5가지 경우가 존재한다.

(i) $\alpha-1=1$, $\beta-1=2$, $\gamma-1=3$일 때

$\alpha=2$, $\beta=3$, $\gamma=4$이므로 $\alpha\beta+\beta\gamma+\gamma\alpha=26$

이는 ㉡을 만족시키지 않는다.

(ii) $\alpha-1=-3$, $\beta-1=-2$, $\gamma-1=1$일 때

$\alpha=-2$, $\beta=-1$, $\gamma=2$이므로 $\alpha\beta+\beta\gamma+\gamma\alpha=-4$

이는 ㉡을 만족시킨다.

이때 ㉠에서 $-\frac{2b}{a}=-1$이므로 $a=2b$

또, ㉢에서 $-\frac{c}{a}=4$이므로 $c=-4a=-8b$

즉, 순서쌍 (a, b, c)는 $(2b, b, -8b)$이므로 순서쌍 (a, b, c)의 개수는 정수 b의 개수와 같다.

그런데 조건 (다)에 의하여 $|ab|\leq300$이므로

$2b^2\leq300$

$\therefore b^2\leq150$

이때 $12^2=144$, $13^2=169$이고 b는 0이 아닌 정수이므로

$b=\pm1, \pm2, \pm3, \cdots, \pm12$

따라서 정수 b의 개수는 24이므로 순서쌍 (a, b, c)의 개수도 24이다.

(iii) $\alpha-1=-3$, $\beta-1=-1$, $\gamma-1=2$일 때

$\alpha=-2$, $\beta=0$, $\gamma=3$이므로 $\alpha\beta+\beta\gamma+\gamma\alpha=-6$

이는 ㉡을 만족시키지 않는다.

(iv) $\alpha-1=-2$, $\beta-1=-1$, $\gamma-1=3$일 때

$\alpha=-1$, $\beta=0$, $\gamma=4$이므로 $\alpha\beta+\beta\gamma+\gamma\alpha=-4$

이는 ㉡을 만족시킨다.

이때 ㉠에서 $-\frac{2b}{a}=3$이므로 $a=-\frac{2}{3}b$

또, ㉢에서 $-\frac{c}{a}=0$이므로 $c=0$

즉, 순서쌍 (a, b, c)는 $\left(-\frac{2}{3}b, b, 0\right)$이므로 순서쌍 (a, b, c)의 개수는 정수 b의 개수와 같다.

그런데 조건 (다)에 의하여 $|ab|\leq300$이므로

$\frac{2}{3}b^2\leq300$ $\quad\therefore b^2\leq450$

이때 $21^2=441$, $22^2=484$이고 b는 0이 아닌 정수이며 $|b|$는 3의 배수이므로

$b=\pm3, \pm6, \pm9, \cdots, \pm21$

따라서 정수 b의 개수는 14이므로 순서쌍 (a, b, c)의 개수도 14이다.

(v) $\alpha-1=-6$, $\beta-1=-1$, $\gamma-1=1$일 때

$\alpha=-5$, $\beta=0$, $\gamma=2$이므로 $\alpha\beta+\beta\gamma+\gamma\alpha=-10$

이는 ㉡을 만족시키지 않는다.

(i)~(v)에 의하여 순서쌍 (a, b, c)의 개수는

$24+14=38$ **답** 38

참고 곱하여 6이 되는 세 자연수로 가능한 경우는 1, 2, 3 또는 1, 1, 6의 2가지가 있다.

즉, 곱하여 6이 되는 세 정수로 가능한 경우는

1, 2, 3 　　 −1, −2, 3 　　 1, −2, −3

−1, 2, −3 　　 1, 1, 6 　　 −1, −1, 6

1, −1, −6

의 7가지가 가능하다.

그런데 이 문제에서는 서로 다른 세 정수의 곱이 6이므로 그 정수로 가능한 경우는

1, 2, 3 　　 −1, −2, 3 　　 1, −2, −3

−1, 2, −3 　　 1, −1, −6

의 5가지만 존재함을 알 수 있다.

C Step 1등급 완성 최고난도 예상 문제

본문 64~67쪽

01 ⑤	02 ③	03 ④	04 ①	05 73
06 ②	07 32	08 512	09 ④	10 ①
11 ③	12 ②	13 ⑤	14 ②	15 ③
16 52	17 ④	18 5		

1등급 뛰어넘기

19 ①	20 ⑤	21 ①	22 72

01 **전략** 인수정리를 이용하여 삼차방정식을 풀고, 이차방정식의 근과 계수의 관계를 이용하여 주어진 식의 값을 간단히 한다.

풀이 삼차방정식 $x^3+3x^2-6x+2=0$에서

$(x-1)(x^2+4x-2)=0$

$\therefore x=1$ 또는 $x^2+4x-2=0$

즉, 주어진 삼차방정식의 세 근 α, β, γ 중 $\alpha=1$이라 하면 나머지 두 근 β, γ는 이차방정식 $x^2+4x-2=0$의 근이다.

$\therefore \beta^2+4\beta-2=0$, $\gamma^2+4\gamma-2=0$ ...... ㉠

또, 이차방정식의 근과 계수의 관계에 의하여

$\beta+\gamma=-4$, $\beta\gamma=-2$ ...... ㉡

$\therefore (\alpha^2+\alpha+2)(\beta^2+\beta+2)(\gamma^2+\gamma+2)$

$=(1+1+2)(4-3\beta)(4-3\gamma)$ ($\because \alpha=1$, ㉠)

$=4\times\{9\beta\gamma-12(\beta+\gamma)+16\}$

$=4\times\{9\times(-2)-12\times(-4)+16\}$ ($\because$ ㉡)

$=184$ **답** ⑤

02 **전략** 계수가 대칭인 사차방정식은 양변을 x^2으로 나누어 치환을 이용한다.

풀이 주어진 방정식에 $x=0$을 대입하면 성립하지 않으므로

$x\neq0$

주어진 방정식의 양변을 x^2으로 나누면

$4x^2+8x+3+\frac{8}{x}+\frac{4}{x^2}=0$

$4\left(x^2+\frac{1}{x^2}\right)+8\left(x+\frac{1}{x}\right)+3=0,\ 4\left(x+\frac{1}{x}\right)^2+8\left(x+\frac{1}{x}\right)-5=0$

이때 $x+\frac{1}{x}=X$로 놓으면

$4X^2+8X-5=0,\ (2X+5)(2X-1)=0$

$\therefore X=-\frac{5}{2}$ 또는 $X=\frac{1}{2}$

(i) $X=-\frac{5}{2}$일 때

$x+\frac{1}{x}=-\frac{5}{2}$에서 $2x^2+5x+2=0$

이 이차방정식의 판별식을 D_1이라 하면

$D_1=5^2-4\times2\times2=9>0$

즉, 방정식 $2x^2+5x+2=0$은 서로 다른 두 실근을 갖는다.

(ii) $X=\frac{1}{2}$일 때

$x+\frac{1}{x}=\frac{1}{2}$에서 $2x^2-x+2=0$

이 이차방정식의 판별식을 D_2라 하면

$D_2=(-1)^2-4\times2\times2=-15<0$

즉, 이차방정식 $2x^2-x+2=0$은 서로 다른 두 허근을 갖는다.

(i), (ii)에 의하여 α는 이차방정식 $2x^2-x+2=0$의 한 허근이므로

$2\alpha^2-\alpha+2=0$

양변을 2α로 나누면

$\alpha-\frac{1}{2}+\frac{1}{\alpha}=0 \qquad \therefore \alpha+\frac{1}{\alpha}=\frac{1}{2}$

답 ③

03 **전략** 네 실근을 갖는 사차방정식 $f(x)=0$의 두 실근의 합이 2이면 이차식 x^2-2x+a (a는 실수)는 $f(x)$의 인수임을 이용한다.

풀이 $f(x)=x^4-4x^3-2(k^2-2)x^2+12kx+45$로 놓자.

방정식 $f(x)=0$의 네 실근 중 두 실근의 합이 2이므로 $f(x)$는 이차식 x^2-2x+a (a는 실수)를 인수로 갖는다.

$\therefore x^4-4x^3-2(k^2-2)x^2+12kx+45$

$=(x^2-2x+a)(x^2+bx+c)$ (단, a, b, c는 실수)

$=x^4+(b-2)x^3+(a-2b+c)x^2+(ab-2c)x+ac$

양변의 계수를 비교하면

$b-2=-4,\ a-2b+c=-2(k^2-2),\ ab-2c=12k,\ ac=45$

$b-2=-4$에서 $b=-2$이므로

$a+4+c=-2(k^2-2)$

$\therefore a+c=-2k^2$ …… ㉠

$-2a-2c=12k$

$\therefore a+c=-6k$ …… ㉡

㉠, ㉡을 연립하면

$-2k^2=-6k,\ k^2-3k=0,\ k(k-3)=0$

$\therefore k=0$ 또는 $k=3$

(i) $k=0$일 때

$a+c=0,\ ac=45$를 동시에 만족시키는 실수 a, c는 존재하지 않는다.

(ii) $k=3$일 때

$a+c=-18,\ ac=45$이므로 a, c는 t에 대한 이차방정식 $t^2+18t+45=0$의 두 근이다.

$t^2+18t+45=(t+3)(t+15)=0$

$\therefore t=-3$ 또는 $t=-15$

즉, $a=-3,\ c=-15$ 또는 $a=-15,\ c=-3$이므로

$f(x)=(x^2-2x-3)(x^2-2x-15)$

$=(x+1)(x-3)(x+3)(x-5)$

따라서 사차방정식 $f(x)=0$은 서로 다른 네 실근을 갖는다.

(i), (ii)에 의하여 조건을 만족시키는 k의 값은

$k=3$

답 ④

04 **전략** 이차함수의 그래프와 직선의 위치 관계를 이용한다.

풀이 방정식 $\{f(x)\}^2-(2x-4)f(x)-8x=0$에서

$\{f(x)-2x\}\{f(x)+4\}=0$

$\therefore f(x)=2x$ 또는 $f(x)=-4$

주어진 방정식의 서로 다른 실근의 개수가 3이므로 최고차항의 계수가 1인 이차함수 $y=f(x)$의 그래프와 두 직선 $y=2x$, $y=-4$의 위치 관계는 다음과 같이 두 가지로 생각할 수 있다.

(i) 함수 $y=f(x)$의 그래프와 직선 $y=-4$가 접할 때

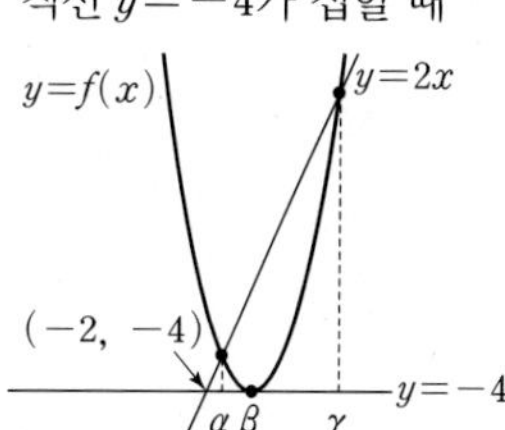

(ii) 함수 $y=f(x)$의 그래프와 직선 $y=2x$가 접할 때

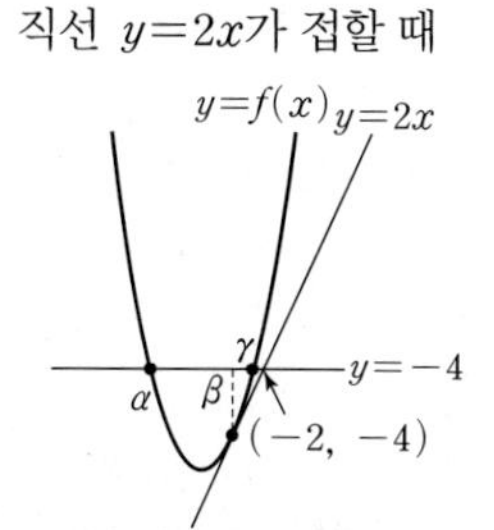

조건 (가)에 의하여 이차함수 $y=f(x)$의 그래프와 두 직선 $y=2x$, $y=-4$의 위치 관계로 가능한 것은 (i)이다.

따라서 이차함수 $y=f(x)$의 그래프의 꼭짓점의 좌표는 $(\beta,\ -4)$이므로

$f(x)=(x-\beta)^2-4$ …… ㉠

로 놓을 수 있다.

또, 이차함수 $y=f(x)$의 그래프와 직선 $y=2x$가 $x=\alpha$, $x=\gamma$에서 만나므로

$f(x)-2x=(x-\alpha)(x-\gamma)$ …… ㉡

로 놓을 수 있다.

㉠, ㉡에 의하여

$(x-\beta)^2-4=(x-\alpha)(x-\gamma)+2x$

$\therefore x^2-2\beta x+\beta^2-4=x^2-(\alpha+\gamma-2)x+\alpha\gamma$

위의 등식이 x에 대한 항등식이므로

$2\beta=\alpha+\gamma-2,\ \beta^2-4=\alpha\gamma$

이때 조건 (나)에 의하여 $\alpha+\gamma=11-\beta$이므로

$2\beta=\alpha+\gamma-2$에서 $2\beta=9-\beta$

$3\beta=9 \qquad \therefore \beta=3$

따라서 ㉠에서 $f(x)=(x-3)^2-4$이므로

$f(6)=3^2-4=5$

답 ①

05 전략 삼차방정식의 근과 계수의 관계 및 곱셈 공식의 변형을 이용하여 식의 값을 구한다.

풀이 삼차방정식 $x^3+ax^2+2ax+4a=0$의 0이 아닌 서로 다른 세 근이 α, β, γ이므로 삼차방정식의 근과 계수의 관계에 의하여

$\alpha+\beta+\gamma=-a$ …… ㉠

$\alpha\beta+\beta\gamma+\gamma\alpha=2a$ …… ㉡

$\alpha\beta\gamma=-4a$ …… ㉢

$\frac{1}{\alpha}+\frac{1}{\beta}=\frac{1}{\gamma}$이므로

$\frac{1}{\alpha}+\frac{1}{\beta}-\frac{1}{\gamma}=0$, $\frac{\beta\gamma+\gamma\alpha-\alpha\beta}{\alpha\beta\gamma}=0$

$\therefore \alpha\beta=\beta\gamma+\gamma\alpha$ ($\because \alpha\beta\gamma\neq0$)

위의 식을 ㉡에 대입하면

$2\alpha\beta=2a$ $\quad\therefore \alpha\beta=a$

$\alpha\beta=a$를 ㉢에 대입하면

$a\gamma=-4a$ $\quad\therefore \gamma=-4$

$\gamma=-4$를 ㉠에 대입하면

$\alpha+\beta=4-a$

한편, ㉡에서

$\alpha\beta+\gamma(\alpha+\beta)=2a$

$\alpha\beta=a$, $\gamma=-4$, $\alpha+\beta=4-a$를 위의 식에 대입하면

$a-4(4-a)=2a$, $5a-16=2a$, $3a=16$

$\therefore a=\frac{16}{3}$

$\therefore \alpha^2+\beta^2+\gamma^2=(\alpha+\beta+\gamma)^2-2(\alpha\beta+\beta\gamma+\gamma\alpha)$

$=(-a)^2-2\times2a$

$=a^2-4a$

$=\left(-\frac{16}{3}\right)^2-4\times\frac{16}{3}$

$=\frac{64}{9}$

따라서 $p=9$, $q=64$이므로

$p+q=9+64=73$ 답 73

참고 $a=0$이면 주어진 방정식은 $x^3=0$

따라서 0이 아닌 세 근 α, β, γ를 갖기 위해서는 $a\neq0$이어야 한다.

06 전략 $\alpha^3=2\alpha^2-3\alpha+4$, $\beta^3=2\beta^2-3\beta+4$, $\gamma^3=2\gamma^2-3\gamma+4$의 양변에 각각 α^n, β^n, γ^n을 곱하여 $f(n)$ 사이의 관계식을 구한다.

풀이 ㄱ. 삼차방정식의 근과 계수의 관계에 의하여

$\alpha+\beta+\gamma=2$, $\alpha\beta+\beta\gamma+\gamma\alpha=3$, $\alpha\beta\gamma=4$

이므로

$f(1)=\alpha+\beta+\gamma=2$

$f(2)=\alpha^2+\beta^2+\gamma^2$

$=(\alpha+\beta+\gamma)^2-2(\alpha\beta+\beta\gamma+\gamma\alpha)$

$=2^2-2\times3=-2$

$\therefore f(1)+f(2)=0$ (참)

ㄴ. 삼차방정식 $x^3-2x^2+3x-4=0$의 세 근이 α, β, γ이므로

$\alpha^3=2\alpha^2-3\alpha+4$, $\beta^3=2\beta^2-3\beta+4$, $\gamma^3=2\gamma^2-3\gamma+4$

자연수 n에 대하여 위의 식의 양변에 각각 α^n, β^n, γ^n을 곱하면

$\alpha^{n+3}=2\alpha^{n+2}-3\alpha^{n+1}+4\alpha^n$ …… ㉠

$\beta^{n+3}=2\beta^{n+2}-3\beta^{n+1}+4\beta^n$ …… ㉡

$\gamma^{n+3}=2\gamma^{n+2}-3\gamma^{n+1}+4\gamma^n$ …… ㉢

이므로 ㉠+㉡+㉢을 하면

$\alpha^{n+3}+\beta^{n+3}+\gamma^{n+3}$

$=2(\alpha^{n+2}+\beta^{n+2}+\gamma^{n+2})-3(\alpha^{n+1}+\beta^{n+1}+\gamma^{n+1})+4(\alpha^n+\beta^n+\gamma^n)$

$\therefore f(n+3)=2f(n+2)-3f(n+1)+4f(n)$ (참)

ㄷ. ㄴ에 의하여 $f(4)=2f(3)-3f(2)+4f(1)$

이때 ㄱ에 의하여 $f(1)=2$, $f(2)=-2$이므로

$f(3)=\alpha^3+\beta^3+\gamma^3$

$=(2\alpha^2-3\alpha+4)+(2\beta^2-3\beta+4)+(2\gamma^2-3\gamma+4)$

$=2(\alpha^2+\beta^2+\gamma^2)-3(\alpha+\beta+\gamma)+3\times4$

$=2f(2)-3f(1)+12$

$=2\times(-2)-3\times2+12=2$

$\therefore f(4)=2\times2-3\times(-2)+4\times2=18$ (거짓)

따라서 옳은 것은 ㄱ, ㄴ이다. 답 ②

주의 ㄴ의 식은 자연수 n에 대해서만 성립하므로

$f(3)\neq2f(2)-3f(1)+4f(0)$임에 주의한다.

$f(3)$의 값은 α^3, β^3, γ^3을 실제로 더해서 구해야 함에 유의하자.

07 전략 방정식 $x^3=1$의 한 허근이 ω이므로 $\omega^3=1$, $\omega^2+\omega+1=0$임을 이용한다.

풀이 삼차방정식 $x^3=1$의 한 허근을 ω라 하면 $\omega^3=1$

$\omega^3-1=0$, $(\omega-1)(\omega^2+\omega+1)=0$

$\therefore \omega^2+\omega+1=0$

즉, $\omega^2=-1-\omega$, $\omega^3=1$이므로

$f(1)=\omega$

$f(2)=\omega-\omega^2=\omega-(-1-\omega)=1+2\omega$

$f(3)=f(2)+\omega^3=f(2)+1=2+2\omega$

$f(4)=f(3)-\omega^4=f(3)-\omega=2+\omega$

$f(5)=f(4)+\omega^5=f(4)+\omega^2=f(4)-1-\omega=1$

$f(6)=f(5)-\omega^6=f(5)-1=0$

$f(7)=f(6)+\omega^7=f(6)+\omega=\omega$

$\vdots$

따라서 자연수 k에 대하여

$f(6k-5)=f(1)$, $f(6k-4)=f(2)$, $\cdots$, $f(6k-1)=f(5)$, $f(6k)=f(6)$

이 성립한다.

$f(1)=\omega$

$f(1)-f(2)=-1-\omega$

$f(1)-f(2)+f(3)=1+\omega$

$f(1)-f(2)+f(3)-f(4)=-1$

$f(1)-f(2)+f(3)-f(4)+f(5)=0$

$f(1)-f(2)+f(3)-f(4)+f(5)-f(6)=0$

$f(1)-f(2)+f(3)-f(4)+f(5)-f(6)+f(7)=f(7)=f(1)$

$\vdots$

이와 같이 계속되므로 $n=6k-1$ 또는 $n=6k$일 때

$f(1)-f(2)+f(3)-f(4)+\cdots+(-1)^{n+1}f(n)=0$

이 성립한다.

$n=6k-1$인 100 이하의 자연수는 5, 11, 17, …, 95의 16개,

$n=6k$인 100 이하의 자연수는 6, 12, 18, …, 96의 16개이다.

따라서 조건을 만족시키는 100 이하의 자연수 n의 개수는

$16+16=32$ 답 32

08 전략 이차방정식 $x^2+px+p=0$의 근과 같은 근을 갖는 이차방정식을 찾는다.

풀이 0이 아닌 실수 a에 대하여 $\omega^3=a^3$이라 하면

$\omega^3-a^3=0$, $(\omega-a)(\omega^2+a\omega+a^2)=0$

즉, 허근 ω는 이차방정식 $x^2+ax+a^2=0$의 근이어야 한다.

이때 두 이차방정식 $x^2+px+p=0$과 $x^2+ax+a^2=0$은 같은 허근 ω를 가지고 a, p가 모두 실수이므로 같은 방정식이다. 두 이차방정식의 각 항의 계수를 비교하면

$p=a=a^2 \qquad \therefore a=1\ (\because a\neq 0)$

$\therefore p=1$

따라서 ω는 이차방정식 $x^2+x+1=0$의 허근이므로

$\omega^2+\omega+1=0$

$(\omega-1)(\omega^2+\omega+1)=0$, $\omega^3-1=0$

$\therefore \omega^3=1$

이때 $f(n)=\dfrac{1+\omega^n}{\omega^{n+1}}$이므로

$f(1)=\dfrac{1+\omega}{\omega^2}=\dfrac{1+\omega}{-(1+\omega)}=-1$

$f(2)=\dfrac{1+\omega^2}{\omega^3}=1+\omega^2=-\omega$

$f(3)=\dfrac{1+\omega^3}{\omega^4}=\dfrac{2}{\omega}$

$f(4)=\dfrac{1+\omega^4}{\omega^5}=\dfrac{1+\omega}{\omega^2}=f(1)$

⋮

$\therefore f(1)\times f(2)\times f(3)\times\cdots\times f(27)$

$=\{f(1)\times f(2)\times f(3)\}\times\{f(4)\times f(5)\times f(6)\}\times\cdots\times\{f(25)\times f(26)\times f(27)\}$

$=\{f(1)\times f(2)\times f(3)\}\times\{f(1)\times f(2)\times f(3)\}\times\cdots\times\{f(1)\times f(2)\times f(3)\}$

$=\{f(1)\times f(2)\times f(3)\}^9$

$=\left\{(-1)\times(-\omega)\times\dfrac{2}{\omega}\right\}^9=2^9=512$ 답 512

09 전략 조립제법을 이용하여 주어진 삼차방정식의 좌변을 인수분해한다.

풀이 $x^3-(m+2n)x^2+(2n^2+2mn-5)x-2mn^2+5m=0$에서

$(x-m)(x^2-2nx+2n^2-5)=0$

$\therefore x=m$ 또는 $x^2-2nx+2n^2-5=0$

이때 주어진 삼차방정식이 서로 다른 두 실근을 가지므로 이차방정식 $x^2-2nx+2n^2-5=0$은 $x=m$, $x=a\ (a\neq m)$를 근으로 갖거나 $x\neq m$인 중근을 가져야 한다. 이 이차방정식의 판별식을 D라 하면

$\dfrac{D}{4}=(-n)^2-(2n^2-5)\geq 0$, $n^2\leq 5$

$\therefore -\sqrt{5}\leq n\leq\sqrt{5}$

이를 만족시키는 정수 n은 -2, -1, 0, 1, 2이다.

(i) $n=-2$일 때

$(x-m)(x^2+4x+3)=0$에서 $(x-m)(x+1)(x+3)=0$

이 삼차방정식이 서로 다른 두 실근을 갖기 위해서는

$m=-3$ 또는 $m=-1$

(ii) $n=-1$일 때

$(x-m)(x^2+2x-3)=0$에서 $(x-m)(x+3)(x-1)=0$

이 삼차방정식이 서로 다른 두 실근을 갖기 위해서는

$m=-3$ 또는 $m=1$

(iii) $n=0$일 때

$(x-m)(x^2-5)=0$에서 $(x-m)(x+\sqrt{5})(x-\sqrt{5})=0$

이 삼차방정식이 서로 다른 두 실근을 갖기 위해서는

$m=-\sqrt{5}$ 또는 $m=\sqrt{5}$

즉, 조건을 만족시키는 정수 m은 없다.

(iv) $n=1$일 때

$(x-m)(x^2-2x-3)=0$에서 $(x-m)(x+1)(x-3)=0$

이 삼차방정식이 서로 다른 두 실근을 갖기 위해서는

$m=-1$ 또는 $m=3$

(v) $n=2$일 때

$(x-m)(x^2-4x+3)=0$에서 $(x-m)(x-1)(x-3)=0$

이 삼차방정식이 서로 다른 두 실근을 갖기 위해서는

$m=1$ 또는 $m=3$

(i)~(v)에 의하여 조건을 만족시키는 두 정수 m, n의 순서쌍 (m, n)은

$(-3, -2)$, $(-1, -2)$, $(-3, -1)$, $(1, -1)$, $(-1, 1)$, $(3, 1)$, $(1, 2)$, $(3, 2)$

의 8개이다.

답 ④

다른풀이 $\dfrac{D}{4}=5-n^2$이므로 $\dfrac{D}{4}=0$을 만족시키는 정수 n은 존재하지 않는다.

따라서 이차방정식 $x^2-2nx+2n^2-5=0$은 $x=m$을 근으로 가져야 한다.

$m^2-2mn+2n^2-5=0$에서 $(m-n)^2+n^2-5=0$

$\therefore (m-n)^2+n^2=5$

이때 $m-n$, n이 정수이므로 위의 식을 만족시키는 n^2의 값은 1 또는 4이다.

(i) $n^2=1$일 때

$n=1$이면 $(m-1)^2=4$에서 $m=-1$ 또는 $m=3$

$n=-1$이면 $(m+1)^2=4$에서 $m=-3$ 또는 $m=1$

(ii) $n^2=4$일 때

$n=2$이면 $(m-2)^2=1$에서 $m=1$ 또는 $m=3$

$n=-2$이면 $(m+2)^2=1$에서 $m=-3$ 또는 $m=-1$

(i), (ii)에 의하여 조건을 만족시키는 정수 m, n의 순서쌍의 개수는 8이다.

10 **전략** 삼차방정식의 켤레근과 근과 계수의 관계를 이용한다.

풀이 계수가 실수인 삼차방정식 $x^3-4x^2+ax+b=0$의 두 허근이 β, $1-\frac{\beta^2}{2}$이므로 $\overline{\beta}=1-\frac{\beta^2}{2}$

$\beta=c+di$ (c, d는 실수, $d\neq0$)으로 놓으면 $\overline{\beta}=c-di$이므로

$1-\frac{\beta^2}{2}=1-\frac{c^2-d^2}{2}-cdi$에서

$c=1-\frac{c^2-d^2}{2}$, $-d=-cd$

이때 $d\neq0$이므로

$c=1$, $d=\pm1$

따라서 주어진 삼차방정식의 두 허근은 $1+i$, $1-i$이다.

삼차방정식 $x^3-4x^2+ax+b=0$의 세 근이 α, $1+i$, $1-i$이므로 근과 계수의 관계에 의하여

$\alpha+(1+i)+(1-i)=4$ $\therefore \alpha=2$

$2(1+i)+2(1-i)+(1+i)(1-i)=a$ $\therefore a=6$

$2(1+i)(1-i)=-b$ $\therefore b=-4$

$\therefore \alpha+a+b=2+6+(-4)=4$ 답 ①

다른풀이 계수가 실수인 삼차방정식 $x^3-4x^2+ax+b=0$의 두 허근이 β, $1-\frac{\beta^2}{2}$이므로

$\overline{\beta}=1-\frac{\beta^2}{2}$

$\beta+\overline{\beta}=c$ (c는 실수)로 놓으면 $\beta+1-\frac{\beta^2}{2}=c$에서

$\beta^2-2\beta+2c-2=0$

β는 이차방정식 $x^2-2x+2c-2=0$의 허근이므로 $\overline{\beta}$도 이 이차방정식의 근이다.

따라서 이차방정식의 근과 계수의 관계에 의하여

$\beta+\overline{\beta}=2$ $\therefore c=2$

즉, β, $\overline{\beta}$는 이차방정식 $x^2-2x+2=0$의 근이다.

이때 삼차방정식 $x^3-4x^2+ax+b=0$의 근이 α, β, $\overline{\beta}$이므로 근과 계수의 관계에 의하여

$\alpha+\beta+\overline{\beta}=4$, $\alpha+2=4$ $\therefore \alpha=2$

따라서 $x^3-4x^2+ax+b=(x-2)(x^2-2x+2)$이므로 양변의 계수를 비교하면

$a=6$, $b=-4$

$\therefore \alpha+a+b=2+6+(-4)=4$

11 **전략** 계수가 실수인 삼차방정식의 두 근에 대하여 두 근의 합이 실수가 아닌 복소수이면 한 근은 실근, 한 근은 허근임을 이용한다.

풀이 계수가 실수인 삼차방정식 $x^3+ax^2+bx+c=0$의 두 근 α, β에 대하여 $\alpha+\beta=2+i$이므로 α, β 중 한 근은 실근이고 한 근은 허근이다.

이때 한 실근을 α라 하면 $\beta=(2-\alpha)+i$이므로 그 켤레근 $\overline{\beta}=(2-\alpha)-i$도 주어진 삼차방정식의 근이다.

삼차방정식의 근과 계수의 관계에 의하여

$a=-(\alpha+\beta+\overline{\beta})=\alpha-4$

$b=\alpha\beta+\beta\overline{\beta}+\overline{\beta}\alpha=5-\alpha^2$

$c=-\alpha\beta\overline{\beta}=-\alpha^3+4\alpha^2-5\alpha$

또, $2a+2b+c=0$이므로

$-\alpha^3+2\alpha^2-3\alpha+2=0$

$\alpha^3-2\alpha^2+3\alpha-2=0$, $(\alpha-1)(\alpha^2-\alpha+2)=0$

이때 α는 실수이므로

$\alpha=1$, $\beta=(2-1)+i=1+i$

$\therefore \alpha^4+\beta^4=1+(1+i)^4=1+(-4)=-3$ 답 ③

참고 계수가 실수인 삼차방정식의 두 근 α, β가 모두 허근이면 $\beta=\overline{\alpha}$이므로 $\alpha+\beta=\alpha+\overline{\alpha}=$(실수)이다. 따라서 $\alpha+\beta=2+i$이려면 α, β 중 한 근은 실근이고, 한 근은 허근이어야 한다.

12 **전략** 계수가 실수인 삼차방정식의 한 허근이 α이면 $\overline{\alpha}$도 근임을 이용한다.

풀이 계수가 실수인 삼차방정식 $x^3+ax^2+bx-4=0$의 한 허근이 α이므로 $\overline{\alpha}$도 이 방정식의 근이다.

조건 (나)에서 $\left(\frac{\overline{\alpha}}{\alpha}\right)^3=1$이므로

$\alpha^3=\overline{\alpha}^3$

$\alpha^3-\overline{\alpha}^3=0$, $(\alpha-\overline{\alpha})(\alpha^2+\alpha\overline{\alpha}+\overline{\alpha}^2)=0$

이때 $\alpha\neq\overline{\alpha}$이므로

$\alpha^2+\alpha\overline{\alpha}+\overline{\alpha}^2=0$

즉, $(\alpha+\overline{\alpha})^2-\alpha\overline{\alpha}=0$에서 $\alpha\overline{\alpha}=(\alpha+\overline{\alpha})^2$

이때 조건 (가)에서 $2(\alpha+\overline{\alpha})=\alpha\overline{\alpha}$이므로

$2(\alpha+\overline{\alpha})=(\alpha+\overline{\alpha})^2$

$\therefore \alpha+\overline{\alpha}=2$ ($\because \alpha+\overline{\alpha}\neq0$), $\alpha\overline{\alpha}=(\alpha+\overline{\alpha})^2=4$

따라서 α, $\overline{\alpha}$를 두 근으로 갖고 x^2의 계수가 1인 이차방정식은

$x^2-2x+4=0$

즉, x^3+ax^2+bx-4는 x^2-2x+4를 인수로 갖는다.

주어진 삼차방정식의 나머지 한 실근은 c이므로

$x^3+ax^2+bx-4=(x^2-2x+4)(x-c)$

$=x^3-(c+2)x^2+(2c+4)x-4c$

양변의 계수를 비교하면

$a=-(c+2)$, $b=2c+4$, $-4=-4c$

따라서 $c=1$, $a=-3$, $b=6$이므로

$a+b+c=-3+6+1=4$ 답 ②

참고 $\alpha+\overline{\alpha}=0$이면 조건 (가)에 의하여 $\alpha\overline{\alpha}=0$ $\therefore \alpha=0$

이는 α가 허근이라는 사실에 모순되므로 $\alpha+\overline{\alpha}\neq0$

13 **전략** 계수가 실수인 방정식 $f(x)=0$이 허근 α를 가지면 $\overline{\alpha}$도 이 방정식의 근임을 이용한다.

풀이 조건 (가)에서 삼차방정식 $x^3+ax^2+bx+c=0$의 한 허근이 $-1+\sqrt{3}i$이므로 $-1-\sqrt{3}i$도 이 방정식의 근이다.

이 방정식의 나머지 한 근을 α (α는 실수)라 하면 삼차방정식의 근과 계수의 관계에 의하여

$\alpha+(-1+\sqrt{3}i)+(-1-\sqrt{3}i)=-a \qquad \therefore a=2-\alpha$

$\alpha(-1+\sqrt{3}i)+\alpha(-1-\sqrt{3}i)+(-1+\sqrt{3}i)(-1-\sqrt{3}i)=b$

$\therefore b=-2\alpha+4$

$\alpha(-1+\sqrt{3}i)(-1-\sqrt{3}i)=-c \qquad \therefore c=-4\alpha$

한편, 조건 (나)에 의하여 방정식 $x^2+6x+b=0$은 α를 근으로 가지므로

$\alpha^2+6\alpha-2\alpha+4=0\ (\because b=-2\alpha+4)$

$\alpha^2+4\alpha+4=0,\ (\alpha+2)^2=0$

$\therefore \alpha=-2$

따라서 $a=2-\alpha=2-(-2)=4$,

$b=-2\alpha+4=-2\times(-2)+4=8,\ c=-4\alpha=-4\times(-2)=8$

이므로

$a+b+c=4+8+8=20$

답 ⑤

14 **전략** 방정식 $f(x)=0$의 한 실근을 $\alpha\ (\alpha>0)$라 하면 $\alpha,\ -\alpha$는 모두 방정식 $f(|x|)=0$의 실근임을 이용한다.

풀이 $f(x)=x^3+(k+1)x^2+3x-k+3$에서 $f(-1)=0$이므로

$f(x)=(x+1)(x^2+kx-k+3) \qquad \cdots\cdots$ ㉠

즉, 방정식 $f(x)=0$에서

$x=-1$ 또는 $x^2+kx-k+3=0 \qquad \cdots\cdots$ ㉡

ㄱ. $k=3$이면 ㉠에서

$f(x)=(x+1)(x^2+3x)=x(x+1)(x+3)$

이므로 방정식 $f(x)=0$의 실근은 $x=-3$ 또는 $x=-1$ 또는 $x=0$이다.

이때 $|x|\ge0$이므로 방정식 $f(|x|)=0$의 실근은 $x=0$의 1개이다.

$\therefore g(3)=1$ (참)

ㄴ. $x>0$인 범위에서 방정식 $f(x)=0$의 실근을 $\alpha\ (\alpha>0)$라 하면 α와 $-\alpha$는 모두 방정식 $f(|x|)=0$의 실근이다.

즉, 방정식 $f(x)=0$의 실근 α가 존재할 때, $g(k)=3$이 되려면 $f(0)=0$이어야 한다.

이때 $f(0)=0$이면 ㉠에서

$-k+3=0 \qquad \therefore k=3$

그런데 ㄱ에 의하여 $g(3)=1$이므로 $k=3$은 조건을 만족시키지 않는다.

따라서 $g(k)=3$이 되는 실수 k는 존재하지 않는다. (참)

ㄷ. $g(k)=2$가 되려면 $x>0$인 범위에서 방정식 $f(x)=0$의 실근이 1개만 존재해야 하므로 ㉡에서 이차방정식 $x^2+kx-k+3=0$이 양의 중근을 갖거나 양근 1개, 음근 1개를 가져야 한다.

(i) 이차방정식 $x^2+kx-k+3=0$이 양의 중근을 가질 때

위의 이차방정식의 판별식을 D라 하면

$D=k^2+4k-12=0$

$(k+6)(k-2)=0 \qquad \therefore k=-6$ 또는 $k=2$

$k=2$이면 이 이차방정식은 $x^2+2x+1=0$

$(x+1)^2=0 \qquad \therefore x=-1$

$k=-6$이면 이 이차방정식은 $x^2-6x+9=0$

$(x-3)^2=0 \qquad \therefore x=3$

즉, 양의 중근을 갖도록 하는 실수 k의 값은

$k=-6$

(ii) 이차방정식 $x^2+kx-k+3=0$의 두 실근의 부호가 서로 다를 때

두 근의 곱이 음수이어야 하므로 근과 계수의 관계에 의하여

$-k+3<0 \qquad \therefore k>3$

(i), (ii)에 의하여 $g(k)=2$가 되도록 하는 모든 실수 k의 값 또는 범위는

$k=-6$ 또는 $k>3$ (거짓)

따라서 옳은 것은 ㄱ, ㄴ이다.

답 ②

15 **전략** 두 이차식 $g(x),\ h(x)$에 대하여 사차방정식 $g(x)h(x)=0$이 서로 다른 2개의 실근을 가질 조건을 생각해 본다.

풀이 사차방정식 $x^4+2x^3+(2k-3)x^2+2kx+k^2=0$에서

$x=0$이면

$k^2=0 \qquad \therefore k=0$

즉, 주어진 사차방정식은 $x^4+2x^3-3x^2=0$

$x^2(x+3)(x-1)=0$

$\therefore x=-3$ 또는 $x=0$ 또는 $x=1$

이는 서로 다른 2개의 실근을 갖는다는 조건을 만족시키지 않으므로

$x\ne0,\ k\ne0$

사차방정식 $x^4+2x^3+(2k-3)x^2+2kx+k^2=0$의 양변을 x^2으로 나누면

$$x^2+2x+(2k-3)+\frac{2k}{x}+\frac{k^2}{x^2}=0$$

$$\left(x^2+\frac{k^2}{x^2}\right)+2\left(x+\frac{k}{x}\right)+2k-3=0$$

$$\left(x+\frac{k}{x}\right)^2+2\left(x+\frac{k}{x}\right)-3=0,\ \left(x+\frac{k}{x}+3\right)\left(x+\frac{k}{x}-1\right)=0$$

양변에 다시 x^2을 곱하여 정리하면

$(x^2+3x+k)(x^2-x+k)=0$

따라서 주어진 사차방정식이 서로 다른 2개의 실근을 갖기 위해서는 두 이차방정식 $x^2+3x+k=0,\ x^2-x+k=0$의 판별식을 각각 $D_1,\ D_2$라 할 때, $D_1=0,\ D_2=0$ 또는 $D_1D_2<0$을 만족시켜야 한다.

(i) $D_1=0,\ D_2=0$일 때

$D_1=9-4k=0 \qquad \therefore k=\frac{9}{4}$

$D_2=1-4k=0 \qquad \therefore k=\frac{1}{4}$

즉, $D_1=0,\ D_2=0$을 동시에 만족시키는 k의 값은 존재하지 않는다.

(ii) $D_1D_2<0$일 때

$D_1=9-4k,\ D_2=1-4k$이므로

$(9-4k)(1-4k)<0,\ (4k-9)(4k-1)<0$

$\therefore \frac{1}{4}<k<\frac{9}{4}$

(i), (ii)에 의하여 $\frac{1}{4}<k<\frac{9}{4}$

따라서 조건을 만족시키는 정수 k는 1, 2이므로 그 합은

$1+2=3$

답 ③

16 전략 x, y의 부호가 각각 양수, 음수일 때로 경우를 나누어 연립방정식을 푼다.

풀이 $x\ge0$일 때,

$x^2+y^2-2|x|y+|x|-y-2=x^2-(2y-1)x+y^2-y-2$
$=(x-y+2)(x-y-1)$

$x<0$일 때,

$x^2+y^2-2|x|y+|x|-y-2=x^2+(2y-1)x+y^2-y-2$
$=(x+y-2)(x+y+1)$

$y\ge0$일 때,

$4x^2+y^2-4x|y|-2x+|y|-2=y^2-(4x-1)y+4x^2-2x-2$
$=(y-2x-1)(y-2x+2)$

$y<0$일 때,

$4x^2+y^2-4x|y|-2x+|y|-2=y^2+(4x-1)y+4x^2-2x-2$
$=(y+2x+1)(y+2x-2)$

(i) $x\ge0$, $y\ge0$일 때

주어진 연립방정식은

$\begin{cases}(x-y+2)(x-y-1)=0\\(y-2x-1)(y-2x+2)=0\end{cases}$

$\begin{cases}x-y+2=0\\y-2x-1=0\end{cases}$ 에서 $x=1$, $y=3$

$\begin{cases}x-y+2=0\\y-2x+2=0\end{cases}$ 에서 $x=4$, $y=6$

$\begin{cases}x-y-1=0\\y-2x-1=0\end{cases}$ 에서 $x=-2$, $y=-3$

$\begin{cases}x-y-1=0\\y-2x+2=0\end{cases}$ 에서 $x=1$, $y=0$

이때 $x\ge0$, $y\ge0$이므로 연립방정식의 해는

$x=1$, $y=3$ 또는 $x=4$, $y=6$ 또는 $x=1$, $y=0$

(ii) $x\ge0$, $y<0$일 때

주어진 연립방정식은

$\begin{cases}(x-y+2)(x-y-1)=0\\(y+2x+1)(y+2x-2)=0\end{cases}$

$\begin{cases}x-y+2=0\\y+2x+1=0\end{cases}$ 에서 $x=-1$, $y=1$

$\begin{cases}x-y+2=0\\y+2x-2=0\end{cases}$ 에서 $x=0$, $y=2$

$\begin{cases}x-y-1=0\\y+2x+1=0\end{cases}$ 에서 $x=0$, $y=-1$

$\begin{cases}x-y-1=0\\y+2x-2=0\end{cases}$ 에서 $x=1$, $y=0$

이때 $x\ge0$, $y<0$이므로 연립방정식의 해는

$x=0$, $y=-1$

(iii) $x<0$, $y\ge0$일 때

주어진 연립방정식은

$\begin{cases}(x+y-2)(x+y+1)=0\\(y-2x-1)(y-2x+2)=0\end{cases}$

$\begin{cases}x+y-2=0\\y-2x-1=0\end{cases}$ 에서 $x=\frac{1}{3}$, $y=\frac{5}{3}$

$\begin{cases}x+y-2=0\\y-2x+2=0\end{cases}$ 에서 $x=\frac{4}{3}$, $y=\frac{2}{3}$

$\begin{cases}x+y+1=0\\y-2x-1=0\end{cases}$ 에서 $x=-\frac{2}{3}$, $y=-\frac{1}{3}$

$\begin{cases}x+y+1=0\\y-2x+2=0\end{cases}$ 에서 $x=\frac{1}{3}$, $y=-\frac{4}{3}$

이때 $x<0$, $y\ge0$이므로 연립방정식의 해는 존재하지 않는다.

(iv) $x<0$, $y<0$일 때

주어진 연립방정식은

$\begin{cases}(x+y-2)(x+y+1)=0\\(y+2x+1)(y+2x-2)=0\end{cases}$

$\begin{cases}x+y-2=0\\y+2x+1=0\end{cases}$ 에서 $x=-3$, $y=5$

$\begin{cases}x+y-2=0\\y+2x-2=0\end{cases}$ 에서 $x=0$, $y=2$

$\begin{cases}x+y+1=0\\y+2x+1=0\end{cases}$ 에서 $x=0$, $y=-1$

$\begin{cases}x+y+1=0\\y+2x-2=0\end{cases}$ 에서 $x=3$, $y=-4$

이때 $x<0$, $y<0$이므로 연립방정식의 해는 존재하지 않는다.

(i)~(iv)에 의하여 주어진 연립방정식의 해는

$x=1$, $y=3$ 또는 $x=4$, $y=6$ 또는 $x=1$, $y=0$ 또는 $x=0$, $y=-1$

이고 각 경우에 x^2+y^2의 값은 순서대로

$1^2+3^2=10$, $4^2+6^2=52$, $1^2+0^2=1$, $0^2+(-1)^2=1$

따라서 x^2+y^2의 최댓값은 52이다. 답 52

17 전략 $2x+y=X$, $xy=Y$로 치환하여 연립방정식을 푼다.

풀이 주어진 연립방정식 $\begin{cases}2x+y+xy=-k\\4x^2+y^2+2xy+2x+y=2k+4\end{cases}$ 에서

$2x+y=X$, $xy=Y$로 놓으면

$\begin{cases}X+Y=-k & \cdots\cdots ㉠\\X^2+X-2Y=2k+4 & \cdots\cdots ㉡\end{cases}$

㉠에서 $Y=-k-X$를 ㉡에 대입하여 정리하면

$X^2+3X-4=0$, $(X+4)(X-1)=0$

$\therefore X=-4$ 또는 $X=1$

(i) $X=-4$일 때, $Y=4-k$

즉, $2x+y=-4$이고 $xy=4-k$에서 $2x\times y=2(4-k)$이므로 두 수 $2x$, y를 두 근으로 갖고, t^2의 계수가 1인 t에 대한 이차방정식은

$t^2+4t+2(4-k)=0$

이 이차방정식의 실근이 존재해야 하므로 판별식을 D라 하면

$\frac{D}{4}=4-2(4-k)\ge0$, $-4+2k\ge0$

$\therefore k\ge2$

(ii) $X=1$일 때, $Y=-1-k$

즉, $2x+y=1$이고 $xy=-1-k$에서 $2x\times y=2(-1-k)$이므로 두 수 $2x$, y를 두 근으로 갖고, t^2의 계수가 1인 t에 대한 이차방정식은

$t^2-t+2(-1-k)=0$

이 이차방정식의 실근이 존재해야 하므로 판별식을 D'이라 하면

$D'=1+8(1+k)\geq 0$, $9+8k\geq 0$

$\therefore k\geq -\frac{9}{8}$

(i), (ii)에 의하여 주어진 연립방정식을 만족시키는 실수 x, y의 순서쌍 (x, y)가 존재하도록 하는 실수 k의 값의 범위는

$k\geq -\frac{9}{8}$

따라서 구하는 실수 k의 최솟값은 $-\frac{9}{8}$이다. 답 ④

18 전략 삼차방정식의 근과 계수의 관계를 이용하여 자연수 α, β, γ에 대한 관계식을 구한다.

풀이 삼차방정식 $x^3+ax^2+bx+a=0$의 세 근이 α, β, γ이므로 근과 계수의 관계에 의하여

$-a=\alpha+\beta+\gamma$, $b=\alpha\beta+\beta\gamma+\gamma\alpha$, $-a=\alpha\beta\gamma$

즉, $\alpha+\beta+\gamma=\alpha\beta\gamma$이므로 양변을 $\alpha\beta\gamma$로 나누면

$\frac{1}{\alpha\beta}+\frac{1}{\beta\gamma}+\frac{1}{\gamma\alpha}=1$ ($\because$ α, β, γ는 자연수) ······ ㉠

이때 $\alpha\leq\beta\leq\gamma$라 하면 $\alpha\beta\leq\gamma\alpha\leq\beta\gamma$이므로

$\frac{1}{\beta\gamma}\leq\frac{1}{\gamma\alpha}\leq\frac{1}{\alpha\beta}$

즉, $\frac{1}{\alpha\beta}+\frac{1}{\beta\gamma}+\frac{1}{\gamma\alpha}\leq\frac{3}{\alpha\beta}$이므로 $\frac{3}{\alpha\beta}\geq 1$ ($\because$ ㉠)

$\therefore \alpha\beta\leq 3$

따라서 가능한 $\alpha\beta$의 값은 1 또는 2 또는 3이다.

(i) $\alpha\beta=1$, 즉 $\alpha=1$, $\beta=1$일 때

$\alpha+\beta+\gamma=\alpha\beta\gamma$에서 $2+\gamma=\gamma$를 만족시키는 자연수 γ는 존재하지 않는다.

(ii) $\alpha\beta=2$, 즉 $\alpha=1$, $\beta=2$일 때

$\alpha+\beta+\gamma=\alpha\beta\gamma$에서 $3+\gamma=2\gamma$이므로 $\gamma=3$

$\therefore \alpha=1$, $\beta=2$, $\gamma=3$

(iii) $\alpha\beta=3$, 즉 $\alpha=1$, $\beta=3$일 때

$\alpha+\beta+\gamma=\alpha\beta\gamma$에서 $4+\gamma=3\gamma$이므로 $\gamma=2$

이는 $\alpha\leq\beta\leq\gamma$를 만족시키지 않는다.

(i), (ii), (iii)에 의하여 주어진 삼차방정식의 세 근은 1, 2, 3이므로

$a=-(1+2+3)=-6$, $b=2+6+3=11$

$\therefore a+b=-6+11=5$ 답 5

19 전략 조립제법을 이용하여 삼차방정식을 인수분해하고 세 근이 모두 정수가 되는 조건을 따져 본다.

풀이 삼차방정식 $2x^3+2(k-7)x^2+(k^2-4k+20)x-2k^2=0$에서

$(x-2)\{2x^2+(2k-10)x+k^2\}=0$

$\therefore x=2$ 또는 $2x^2+2(k-5)x+k^2=0$

즉, 주어진 삼차방정식의 세 근이 모두 정수이려면 이차방정식 $2x^2+2(k-5)x+k^2=0$의 두 근이 정수이어야 한다.

이차방정식 $2x^2+2(k-5)x+k^2=0$의 두 근을 α, β (α, β는 정수)라 하면 근과 계수의 관계에 의하여

$\alpha+\beta=5-k$, $\alpha\beta=\frac{k^2}{2}$

$\alpha+\beta=5-k$에서

$k=5-(\alpha+\beta)$ ······ ㉠

㉠을 $\alpha\beta=\frac{k^2}{2}$, 즉 $2\alpha\beta=k^2$에 대입하면

$2\alpha\beta=\{5-(\alpha+\beta)\}^2=25-10(\alpha+\beta)+\alpha^2+2\alpha\beta+\beta^2$

$\alpha^2+\beta^2-10\alpha-10\beta+25=0$

$\therefore (\alpha-5)^2+(\beta-5)^2=25$ ······ ㉡

이때 $\alpha-5$, $\beta-5$도 정수이므로 위의 식을 만족시키는 $(\alpha-5)^2$의 값은 0, 9, 16, 25이다.

(i) $(\alpha-5)^2=0$, 즉 $\alpha=5$일 때

㉡에서 $(\beta-5)^2=25$이므로 $\beta=0$ 또는 $\beta=10$

따라서 정수 α, β의 순서쌍 (α, β)는 $(5, 0)$, $(5, 10)$

$\therefore k=0$ 또는 $k=-10$ ($\because$ ㉠)

(ii) $(\alpha-5)^2=9$, 즉 $\alpha=2$ 또는 $\alpha=8$일 때

㉡에서 $(\beta-5)^2=16$이므로 $\beta=1$ 또는 $\beta=9$

따라서 정수 α, β의 순서쌍 (α, β)는

$(2, 1)$, $(2, 9)$, $(8, 1)$, $(8, 9)$

$\therefore k=2$ 또는 $k=-6$ 또는 $k=-4$ 또는 $k=-12$ ($\because$ ㉠)

(iii) $(\alpha-5)^2=16$일 때

(ii)의 경우에서 α, β 순서만 다르므로

$k=2$ 또는 $k=-6$ 또는 $k=-4$ 또는 $k=-12$

(iv) $(\alpha-5)^2=25$일 때

(i)의 경우에서 α, β 순서만 다르므로

$k=0$ 또는 $k=-10$

(i)~(iv)에 의하여 구하는 합은

$-12+(-10)+(-6)+(-4)+0+2=-30$

답 ①

다른풀이 이 이차방정식의 두 근의 합 $5-k$, 두 근의 곱 $\frac{k^2}{2}$도 모두 정수이므로 $k=2p$ (p는 정수)의 꼴이어야 한다.

이때 이차방정식 $2x^2+2(k-5)x+k^2=0$의 두 근은

$x=\frac{5-k\pm\sqrt{(k-5)^2-2k^2}}{2}=\frac{5-k\pm\sqrt{-k^2-10k+25}}{2}$

즉, 이차방정식의 두 근이 모두 정수가 되려면 근호 안의 식 $-k^2-10k+25$의 값이 홀수의 제곱수가 되어야 한다.

$-k^2-10k+25=n^2$ (n은 홀수)로 놓으면

$n^2+k^2+10k-25=0$, $n^2+k^2+10k+25=50$

$\therefore n^2+(k+5)^2=50$ ······ ㉠

(i) $n^2=1^2=1$일 때

㉠에서 $(k+5)^2=49$이므로

$k^2+10k-24=0$, $(k+12)(k-2)=0$

$\therefore k=-12$ 또는 $k=2$

(ii) $n^2=3^2=9$일 때

㉠에서 $(k+5)^2=41$을 만족시키는 정수 k는 존재하지 않는다.

(iii) $n^2=5^2=25$일 때

㉠에서 $(k+5)^2=25$이므로

$k^2+10k=0$, $k(k+10)=0$

$\therefore k=-10$ 또는 $k=0$

(iv) $n^2=7^2=49$일 때

㉠에서 $(k+5)^2=1$이므로

$k^2+10k+24=0$, $(k+6)(k+4)=0$

$\therefore k=-6$ 또는 $k=-4$

(v) $n^2>50$일 때

㉠을 만족시키는 정수 k는 존재하지 않는다.

(i)~(v)에 의하여 조건을 만족시키는 정수 k는

$-12, -10, -6, -4, 0, 2$

이므로 그 합은

$-12+(-10)+(-6)+(-4)+0+2=-30$

참고 정수 k가 $k=2p$ (p는 정수) 꼴이므로 $5-k=2q+1$ (q는 정수)의 꼴이다.

즉, $\dfrac{5-k+\sqrt{-k^2-10k+25}}{2}$, $\dfrac{5-k-\sqrt{-k^2-10k+25}}{2}$의 값이 모두 정수가 되려면

$\sqrt{-k^2-10k+25}=2r+1$ (r는 정수)

의 꼴이어야 한다. 따라서 $-k^2-10k+25$의 값이 홀수의 제곱수가 되어야 한다.

20

전략 $x^7-1=(x-1)(x^6+x^5+\cdots+x+1)$이므로 $x^6+x^5+\cdots+1=0$에서 $x+\dfrac{1}{x}=t$로 치환하여 삼차방정식으로 변형한다.

풀이 $x^7-1=0$에서

$(x-1)(x^6+x^5+x^4+x^3+x^2+x+1)=0$

$\therefore x=1$ 또는 $x^6+x^5+x^4+x^3+x^2+x+1=0$

이때 $\omega_1, \omega_2, \cdots, \omega_6$은 방정식 $x^7=1$의 근 중에서 1이 아닌 근이므로 방정식 $x^6+x^5+x^4+x^3+x^2+x+1=0$의 근이다.

위의 방정식에 $x=0$을 대입하면 성립하지 않으므로

$x\neq 0$

방정식 $x^6+x^5+x^4+x^3+x^2+x+1=0$의 양변을 x^3으로 나누면

$x^3+x^2+x+1+\dfrac{1}{x}+\dfrac{1}{x^2}+\dfrac{1}{x^3}=0$

$\left(x^3+\dfrac{1}{x^3}\right)+\left(x^2+\dfrac{1}{x^2}\right)+\left(x+\dfrac{1}{x}\right)+1=0$

$\left\{\left(x+\dfrac{1}{x}\right)^3-3\left(x+\dfrac{1}{x}\right)\right\}+\left\{\left(x+\dfrac{1}{x}\right)^2-2\right\}+\left(x+\dfrac{1}{x}\right)+1=0$

$\therefore \left(x+\dfrac{1}{x}\right)^3+\left(x+\dfrac{1}{x}\right)^2-2\left(x+\dfrac{1}{x}\right)-1=0$

이때 $x+\dfrac{1}{x}=t$로 놓으면 위의 방정식은

$t^3+t^2-2t-1=0$

t에 대한 위의 방정식의 세 근을 t_1, t_2, t_3이라 하면 삼차방정식의 근과 계수의 관계에 의하여

$t_1+t_2+t_3=-1$, $t_1t_2+t_2t_3+t_3t_1=-2$, $t_1t_2t_3=1$ ...... ㉠

또, 세 방정식 $x+\dfrac{1}{x}=t_1$, $x+\dfrac{1}{x}=t_2$, $x+\dfrac{1}{x}=t_3$을 만족시키는 x의 값은 각각 2개씩이므로

$\omega_1+\dfrac{1}{\omega_1}=t_1$, $\omega_2+\dfrac{1}{\omega_2}=t_1$, $\omega_3+\dfrac{1}{\omega_3}=t_2$, $\omega_4+\dfrac{1}{\omega_4}=t_2$,

$\omega_5+\dfrac{1}{\omega_5}=t_3$, $\omega_6+\dfrac{1}{\omega_6}=t_3$

으로 놓고 풀어도 일반성을 잃지 않는다.

ㄱ. $\dfrac{1+\omega_1^2}{\omega_1}+\dfrac{1+\omega_2^2}{\omega_2}+\dfrac{1+\omega_3^2}{\omega_3}+\cdots+\dfrac{1+\omega_6^2}{\omega_6}$

$=\left(\omega_1+\dfrac{1}{\omega_1}\right)+\left(\omega_2+\dfrac{1}{\omega_2}\right)+\left(\omega_3+\dfrac{1}{\omega_3}\right)+\cdots+\left(\omega_6+\dfrac{1}{\omega_6}\right)$

$=t_1+t_1+t_2+t_2+t_3+t_3$

$=2(t_1+t_2+t_3)=-2$ ($\because$ ㉠) (참)

ㄴ. $\dfrac{1+\omega_1^2}{\omega_1}\times\dfrac{1+\omega_2^2}{\omega_2}\times\dfrac{1+\omega_3^2}{\omega_3}\times\cdots\times\dfrac{1+\omega_6^2}{\omega_6}$

$=\left(\omega_1+\dfrac{1}{\omega_1}\right)\times\left(\omega_2+\dfrac{1}{\omega_2}\right)\times\left(\omega_3+\dfrac{1}{\omega_3}\right)\times\cdots\times\left(\omega_6+\dfrac{1}{\omega_6}\right)$

$=t_1\times t_1\times t_2\times t_2\times t_3\times t_3$

$=(t_1t_2t_3)^2=1$ ($\because$ ㉠) (참)

ㄷ. $\dfrac{\omega_1}{1+\omega_1^2}+\dfrac{\omega_2}{1+\omega_2^2}+\dfrac{\omega_3}{1+\omega_3^2}+\cdots+\dfrac{\omega_6}{1+\omega_6^2}$

$=\dfrac{1}{\dfrac{1+\omega_1^2}{\omega_1}}+\dfrac{1}{\dfrac{1+\omega_2^2}{\omega_2}}+\dfrac{1}{\dfrac{1+\omega_3^2}{\omega_3}}+\cdots+\dfrac{1}{\dfrac{1+\omega_6^2}{\omega_6}}$

$=\dfrac{1}{\omega_1+\dfrac{1}{\omega_1}}+\dfrac{1}{\omega_2+\dfrac{1}{\omega_2}}+\dfrac{1}{\omega_3+\dfrac{1}{\omega_3}}+\cdots+\dfrac{1}{\omega_6+\dfrac{1}{\omega_6}}$

$=\dfrac{1}{t_1}+\dfrac{1}{t_1}+\dfrac{1}{t_2}+\dfrac{1}{t_2}+\dfrac{1}{t_3}+\dfrac{1}{t_3}$

$=2\left(\dfrac{1}{t_1}+\dfrac{1}{t_2}+\dfrac{1}{t_3}\right)$

$=\dfrac{2(t_1t_2+t_2t_3+t_3t_1)}{t_1t_2t_3}=-4$ ($\because$ ㉠) (참)

따라서 ㄱ, ㄴ, ㄷ 모두 옳다.

답 ⑤

21

전략 $[x]=n$ (n은 정수)로 놓고 y, $[y]$를 n을 이용하여 나타낸다.

풀이 $\begin{cases} y-[x]=3 & \cdots\cdots ㉠ \\ [y]^2-[y]x+x^2=7 & \cdots\cdots ㉡ \end{cases}$

$[x]=n$ (n은 정수)로 놓으면 ㉠에서

$y-n=3$

$\therefore y=n+3$

이때 n은 정수이므로 y도 정수이고

$[y]=[n+3]=n+3$

이를 ㉡에 대입하면

$(n+3)^2-(n+3)x+x^2=7$

$\therefore x^2-(n+3)x+n^2+6n+2=0$ ...... ㉢

한편, $[x]=n$에서 $n\le x<n+1$이므로 주어진 연립방정식의 실근이 존재하려면 $n\le x<n+1$의 범위에서 이차방정식 ㉢을 만족시키는 실수 x가 존재해야 한다.

우선, $f(x)=x^2-(n+3)x+n^2+6n+2$로 놓고 이를 만족시키는 정수 n의 값의 범위를 구해 보자.

(i) $n=0$일 때

$0\le x<1$이고 $f(x)=x^2-3x+2$

$f(x)=0$에서 $(x-1)(x-2)=0$

$\therefore x=1$ 또는 $x=2$

즉, $0\le x<1$인 해는 존재하지 않는다.

(ii) $n>0$일 때

이차방정식 $f(x)=0$의 판별식을 D라 하면

$D=(n+3)^2-4(n^2+6n+2)=-3n^2-18n+1$

이때 $n>0$인 정수 n에 대하여 $D<0$이므로 방정식 $f(x)=0$을 만족시키는 실수 x의 값이 존재하지 않는다.

(i), (ii)에 의하여 $n<0$이어야 한다.

이때 함수 $y=f(x)$의 그래프의 대칭축의 방정식은 $x=\frac{n+3}{2}$

그런데 $n<0$인 정수 n에 대하여

$n+1<\frac{n+3}{2}$이므로 이차방정식 $f(x)=0$을 만족시키는 실수 x의 값이 $n\le x<n+1$의 범위에 존재하려면

$f(n)\ge 0$, $f(n+1)<0$

이어야 한다.

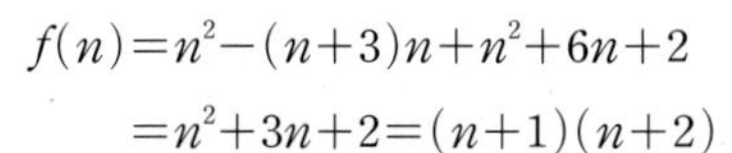

$f(n)=n^2-(n+3)n+n^2+6n+2$

$\quad=n^2+3n+2=(n+1)(n+2)$

이므로 $f(n)\ge 0$을 만족시키는 n의 값의 범위는

$n\le -2$ 또는 $n\ge -1$ ...... ㉣

$f(n+1)=(n+1)^2-(n+3)(n+1)+n^2+6n+2$

$\quad=n^2+4n=n(n+4)$

이므로 $f(n+1)<0$을 만족시키는 n의 값의 범위는

$-4<n<0$ ...... ㉤

㉣, ㉤의 공통부분은

$-4<n\le -2$ 또는 $-1\le n<0$

이를 만족시키는 정수 n의 값은 -3, -2, -1이다.

$n=-3$일 때, $[x]=-3$이므로 ㉠에서 $y=0$

이를 ㉡에 대입하면 $x^2=7$

$\therefore x=-\sqrt{7}$ ($\because [x]=-3$)

이때 x^2+y의 값은 $(-\sqrt{7})^2+0=7$

$n=-2$일 때, $[x]=-2$이므로 ㉠에서 $y=1$

이를 ㉡에 대입하면 $x^2-x+1=7$

$x^2-x-6=0$, $(x+2)(x-3)=0$

$\therefore x=-2$ ($\because [x]=-2$)

이때 x^2+y의 값은 $(-2)^2+1=5$

$n=-1$일 때, $[x]=-1$이므로 ㉠에서 $y=2$

이를 ㉡에 대입하면 $x^2-2x+4=7$

$x^2-2x-3=0$, $(x+1)(x-3)=0$

$\therefore x=-1$ ($\because [x]=-1$)

이때 x^2+y의 값은 $(-1)^2+2=3$

따라서 x^2+y의 최댓값 $M=7$, 최솟값 $m=3$이므로

$M+m=7+3=10$ 답 ①

22 **전략** 직각삼각형의 직각을 낀 두 변의 길이를 각각 x, y로 놓고 조건을 만족시키는 연립방정식을 세운다.

풀이 주어진 직각삼각형 ABC에서 직각을 낀 두 변의 길이를 각각 $\overline{BC}=x$, $\overline{AC}=y$로 놓으면 빗변의 길이가 $\overline{AB}=k$이므로

$\begin{cases} x+y=6-k & \cdots\cdots ㉠ \\ x^2+y^2=k^2 & \cdots\cdots ㉡ \end{cases}$

이때 k, x, y는 모두 변의 길이이므로

$k>0$, $x>0$, $y>0$

즉, 위의 연립방정식은 $x>0$, $y>0$인 실근을 가져야 한다.

㉡에서 $(x+y)^2-2xy=k^2$이므로 이 식에 ㉠을 대입하면

$(6-k)^2-2xy=k^2$

$\therefore xy=18-6k$ ...... ㉢

따라서 ㉠, ㉢에 의하여 두 양수 x, y를 두 근으로 갖고 t^2의 계수가 1인 t에 대한 이차방정식은

$t^2-(6-k)t+18-6k=0$ ...... ㉣

(i) t에 대한 이차방정식 ㉣이 실근을 가져야 하므로 판별식을 D라 하면

$D=\{-(6-k)\}^2-4(18-6k)\ge 0$

$k^2+12k-36\ge 0$, $(k+6)^2\ge 72$

$\therefore k\ge -6+6\sqrt{2}$ ($\because k>0$)

(ii) t에 대한 이차방정식 ㉣의 두 실근이 모두 양수이어야 하므로 근과 계수의 관계에 의하여

(두 근의 합)$=6-k>0$ $\quad\therefore k<6$

(두 근의 곱)$=18-6k>0$ $\quad\therefore k<3$

$\therefore k<3$

(i), (ii)에 의하여 조건을 만족시키는 실수 k의 값의 범위는

$-6+6\sqrt{2}\le k<3$

따라서 실수 k의 최솟값은 $-6+6\sqrt{2}$이므로

$a=-6$, $b=6$

$\therefore a^2+b^2=(-6)^2+6^2=72$ 답 72

08 여러 가지 부등식

Step A 1등급을 위한 고난도 빈출 & 핵심 문제

본문 69~70쪽

01 ②	02 ③	03 2	04 ①	05 10
06 ①	07 ⑤	08 ④	09 ③	10 ⑤
11 ②	12 ③	13 ⑤	14 5	15 ④
16 2				

01 ㄱ. $ab>0$이므로 $a<b$의 양변을 ab로 나누면

$\frac{1}{b}<\frac{1}{a}$ (거짓)

ㄴ. $1<a<b$이므로 $a^2<b^2$

$ab>0$이므로 위의 식의 양변을 ab로 나누면

$\frac{a}{b}<\frac{b}{a}$ (참)

ㄷ. $ab+1-(a+b)=a(b-1)-(b-1)=(a-1)(b-1)$

이때 $a-1>0$, $b-1>0$이므로 $(a-1)(b-1)>0$

즉, $ab-a-b+1>0$이므로

$ab+1>a+b$ (거짓)

따라서 옳은 것은 ㄴ뿐이다. 답 ②

02 $a(x-1)\le 2b(x+2)$에서

$ax-a\le 2bx+4b$, $(a-2b)x\le a+4b$

이 부등식의 해가 없으므로

$a-2b=0$, $a+4b<0$

$\therefore a=2b$, $a<-4b$

따라서 $2b<-4b$, $6b<0$이므로 $b<0$

$a=2b$를 $(3a-b)x+2a+b>0$에 대입하면

$5bx+5b>0$, $5bx>-5b$

이때 $b<0$이므로 양변을 $5b$로 나누면

$x<-1$ 답 ③

03 $|ax-2|<b$에서 $b\le 0$이면 부등식의 해가 존재하지 않으므로 $b>0$이다.

$|ax-2|<b$에서 $-b<ax-2<b$

$\therefore -b+2<ax<b+2$ ······ ㉠

주어진 부등식의 해가 $-3<x<1$이므로 $a\neq 0$

(i) $a>0$일 때

㉠에서 $\frac{-b+2}{a}<x<\frac{b+2}{a}$

주어진 부등식의 해가 $-3<x<1$이므로

$\frac{-b+2}{a}=-3$, $\frac{b+2}{a}=1$

$\therefore 3a-b=-2$, $a-b=2$

위의 두 식을 연립하여 풀면

$a=-2$, $b=-4$

그런데 $a>0$이므로 조건을 만족시키지 않는다.

(ii) $a<0$일 때

㉠에서 $\frac{b+2}{a}<x<\frac{-b+2}{a}$

주어진 부등식의 해가 $-3<x<1$이므로

$\frac{b+2}{a}=-3$, $\frac{-b+2}{a}=1$

$\therefore 3a+b=-2$, $a+b=2$

위의 두 식을 연립하여 풀면

$a=-2$, $b=4$

(i), (ii)에 의하여 $a=-2$, $b=4$

$\therefore a+b=-2+4=2$ 답 2

04 $||x+1|-4|\le 5$에서

$-5\le |x+1|-4\le 5$, 즉 $-1\le |x+1|\le 9$

그런데 $|x+1|\ge 0$이므로 $0\le |x+1|\le 9$

$-9\le x+1\le 9$ $\therefore -10\le x\le 8$

따라서 주어진 부등식을 만족시키는 모든 정수 x의 값의 합은

$(-10)+(-9)+(-8)+\cdots+7+8=-19$ 답 ①

05 $-3x+a\le 2x+7$에서

$-5x\le -a+7$ $\therefore x\ge\frac{a-7}{5}$

이때 연립부등식 $\begin{cases}-3x+a\le 2x+7\\2x+7\le bx+16\end{cases}$의 해가 $-2\le x\le 3$이므로

$\frac{a-7}{5}=-2$ ······ ㉠

이고, 부등식 $2x+7\le bx+16$의 해는 $x\le 3$이다.

$2x+7\le bx+16$에서 $(2-b)x\le 9$

이 부등식의 해가 $x\le 3$이므로 $2-b>0$이어야 한다.

$\therefore x\le\frac{9}{2-b}$

즉, $\frac{9}{2-b}=3$ ······ ㉡

㉠, ㉡에 의하여

$a-7=-10$, $2-b=3$

따라서 $a=-3$, $b=-1$이므로

$a^2+b^2=(-3)^2+(-1)^2=10$ 답 10

06 $4x-3\le 6x+1$에서 $-2x\le 4$

$\therefore x\ge -2$ ······ ㉠

$3x-1\le 2(x-a)$에서 $3x-1\le 2x-2a$

$\therefore x\le 1-2a$ ······ ㉡

이때 ㉠, ㉡을 모두 만족시키는 자연수 x가 2개이므로 다음 그림에서

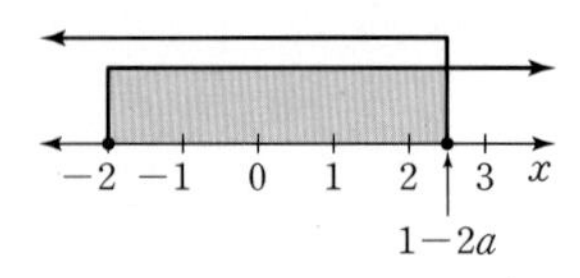

$2\le 1-2a<3$, $1\le -2a<2$

$\therefore -1<a\le -\frac{1}{2}$ 답 ①

07 의자의 개수를 x라 하면 학생 수는 $8x+7$이므로

$9(x-4)<8x+7\le 9(x-3)$

$9(x-4)<8x+7$에서

$9x-36<8x+7$ $\quad\therefore x<43$ $\quad\cdots\cdots$ ㉠

$8x+7\le 9(x-3)$에서

$8x+7\le 9x-27$ $\quad\therefore x\ge 34$ $\quad\cdots\cdots$ ㉡

㉠, ㉡을 모두 만족시켜야 하므로

$34\le x<43$

따라서 의자의 개수가 될 수 없는 것은 43이다. 답 ⑤

참고 학생들이 긴 의자에 앉을 때, 의자의 개수를 x라 하면

① (전체 학생 수)=(한 의자에 앉는 학생 수)$\times x+$(남은 학생 수)

② a명씩 앉을 때 의자가 n개 남는 경우

$a(x-n-1)<$(전체 학생 수)$\le a(x-n)$

08 $ax^2+bx+c>0$의 해가 $\frac{1}{4}<x<1$이므로 $a<0$

해가 $\frac{1}{4}<x<1$이고 x^2의 계수가 1인 이차부등식은

$\left(x-\frac{1}{4}\right)(x-1)<0$, 즉 $x^2-\frac{5}{4}x+\frac{1}{4}<0$

양변에 a를 곱하면

$ax^2-\frac{5}{4}ax+\frac{1}{4}a>0$ ($\because a<0$)

이 부등식이 $ax^2+bx+c>0$과 같으므로

$b=-\frac{5}{4}a,\ c=\frac{1}{4}a$ $\quad\cdots\cdots$ ㉠

㉠을 $cx^2-ax+b>0$에 대입하면

$\frac{1}{4}ax^2-ax-\frac{5}{4}a>0$

$x^2-4x-5<0$ ($\because a<0$), $(x+1)(x-5)<0$

$\therefore -1<x<5$ 답 ④

09 $x^2-x-(k^2+5k+6)<0$에서

$x^2-x-(k+2)(k+3)<0$

$(x+k+2)(x-k-3)<0$

$\therefore -k-2<x<k+3$ ($\because k>0$) $\quad\cdots\cdots$ ㉠

이때 $k>0$에서 $-k-2<-2$, $k+3>3$이므로 주어진 이차부등식의 정수인 해의 합이 5이려면

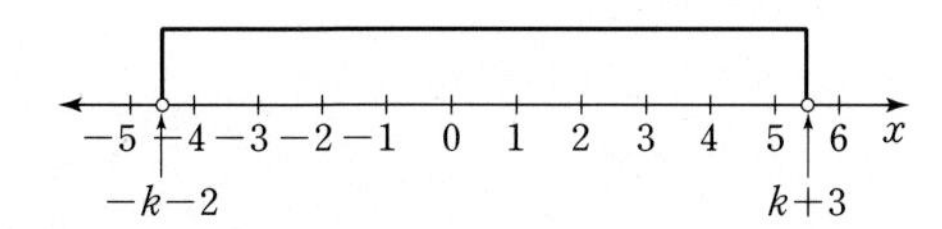

위의 그림과 같이 부등식 ㉠의 정수인 해가

$-4, -3, -2, -1, 0, 1, 2, 3, 4, 5$

이어야 한다.

따라서 $-5\le -k-2<-4$, $5<k+3\le 6$을 만족시켜야 한다.

$-5\le -k-2<-4$에서

$-3\le -k<-2$ $\quad\therefore 2<k\le 3$

$5<k+3\le 6$에서

$2<k\le 3$

$\therefore 2<k\le 3$ 답 ③

10 부등식 $(a-5)x^2-2(a-5)x+4<0$에서

(i) $a=5$일 때

$4<0$이므로 주어진 부등식의 해는 존재하지 않는다.

(ii) $a\ne 5$일 때

이차방정식 $(a-5)x^2-2(a-5)x+4=0$의 판별식을 D라 할 때, 주어진 이차부등식의 해가 존재하려면 $a-5>0$, $D>0$이거나 $a-5<0$이어야 한다.

① $a-5>0$, $D>0$일 때

$\frac{D}{4}=\{-(a-5)\}^2-4(a-5)>0$

$(a-5)(a-9)>0$ $\quad\therefore a<5$ 또는 $a>9$

그런데 $a>5$이므로 $a>9$

② $a-5<0$일 때, $a<5$

①, ②에 의하여 $a<5$ 또는 $a>9$

(i), (ii)에 의하여 주어진 부등식의 해가 존재하도록 하는 a의 값의 범위는

$a<5$ 또는 $a>9$

따라서 a의 값으로 가능한 것은 10이다. 답 ⑤

11 부등식 $(m+3)x^2-2(m+3)x+5>0$에서

(i) $m=-3$일 때

$5>0$이므로 주어진 부등식은 모든 실수 x에 대하여 성립한다.

(ii) $m\ne -3$일 때

이차방정식 $(m+3)x^2-2(m+3)x+5=0$의 판별식을 D라 할 때, 이차부등식 $(m+3)x^2-2(m+3)x+5>0$이 모든 실수 x에 대하여 성립하려면 $m+3>0$, $D<0$이어야 한다.

$m+3>0$에서 $m>-3$ $\quad\cdots\cdots$ ㉠

$\frac{D}{4}=\{-(m+3)\}^2-5(m+3)<0$에서

$(m+3)(m-2)<0$

$\therefore -3<m<2$ $\quad\cdots\cdots$ ㉡

㉠, ㉡을 모두 만족시켜야 하므로

$-3<m<2$

(i), (ii)에 의하여 $-3\le m<2$ 답 ②

12 함수 $y=(a-4)x^2-8x$의 그래프가 직선 $y=-2ax+3$보다 항상 아래쪽에 있으려면 모든 실수 x에 대하여

$(a-4)x^2-8x<-2ax+3$, 즉

$(a-4)x^2+2(a-4)x-3<0$ $\quad\cdots\cdots$ ㉠

이 성립해야 한다.

(i) $a=4$일 때

$-3<0$이므로 모든 실수 x에 대하여 부등식 ㉠이 성립한다.

(ii) $a\ne 4$일 때

이차방정식 $(a-4)x^2+2(a-4)x-3=0$의 판별식을 D라 할 때, 이차부등식 ㉠이 모든 실수 x에 대하여 성립하려면

$a-4<0$, $D<0$이어야 한다.

$a-4<0$에서 $a<4$ $\quad\cdots\cdots$ ㉡

$\frac{D}{4}=(a-4)^2+3(a-4)<0$에서

$(a-1)(a-4)<0$

$\therefore 1<a<4$ ...... ㉢

㉡, ㉢을 모두 만족시켜야 하므로

$1<a<4$

(i), (ii)에 의하여 $1<a\leq 4$이므로 모든 정수 a의 값의 합은

$2+3+4=9$ 답 ③

13 이차방정식 $x^2+4(k-1)x+k^2-ak+1=0$이 실근을 가져야 하므로 이 이차방정식의 판별식을 D_1이라 하면

$\frac{D_1}{4}=\{2(k-1)\}^2-(k^2-ak+1)\geq 0$

$3k^2+(a-8)k+3\geq 0$

위의 부등식이 실수 k의 값에 관계없이 항상 성립해야 하므로 k에 대한 이차방정식 $3k^2+(a-8)k+3=0$의 판별식을 D_2라 하면

$D_2=(a-8)^2-4\times 3\times 3\leq 0$

$a^2-16a+28\leq 0$, $(a-2)(a-14)\leq 0$

$\therefore 2\leq a\leq 14$

따라서 실수 a의 최댓값은 14, 최솟값은 2이므로 구하는 곱은

$14\times 2=28$ 답 ⑤

14 $x^2-(a+b)x+ab<0$에서

$(x-a)(x-b)<0$

$\therefore a<x<b$ ($\because a<b$) ...... ㉠

$x^2+(b+c)x+bc\geq 0$에서

$(x+c)(x+b)\geq 0$

$\therefore x\leq -c$ 또는 $x\geq -b$ ($\because -c<-b$) ...... ㉡

㉠, ㉡의 공통부분이 $-4<x\leq -2$ 또는 $-1\leq x<1$이므로

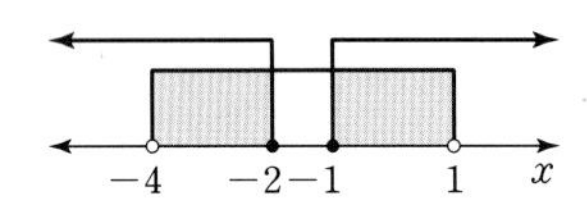

$a=-4$, $b=1$, $c=2$

즉, $x^2+(a-b)x-3bc\leq 0$에서 $x^2-5x-6\leq 0$

$(x+1)(x-6)\leq 0$

$\therefore -1\leq x\leq 6$

따라서 x의 최댓값은 6, 최솟값은 -1이므로 구하는 합은

$6+(-1)=5$ 답 5

15 $x^2-2|x|-3<0$에서 $x\geq 0$일 때, $x^2-2x-3<0$

$(x+1)(x-3)<0$

$\therefore -1<x<3$

그런데 $x\geq 0$이므로 $0\leq x<3$ ...... ㉠

$x^2-2|x|-3<0$에서 $x<0$일 때, $x^2+2x-3<0$

$(x+3)(x-1)<0$

$\therefore -3<x<1$

그런데 $x<0$이므로 $-3<x<0$ ...... ㉡

㉠, ㉡에서 부등식 $x^2-2|x|-3<0$의 해는

$-3<x<3$ ...... ㉢

$x^2+(1-k)x-k<0$에서 $(x+1)(x-k)<0$

(i) $k>-1$일 때

$(x+1)(x-k)<0$에서 $-1<x<k$ ...... ㉣

㉢, ㉣을 동시에 만족시키는 정수 x가 오직 한 개이려면 오른쪽 그림에서

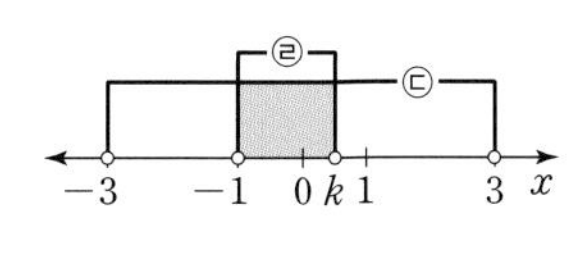

$0<k\leq 1$

(ii) $k<-1$일 때

$(x+1)(x-k)<0$에서 $k<x<-1$ ...... ㉤

㉢, ㉤을 동시에 만족시키는 정수 x가 오직 한 개이려면 오른쪽 그림에서

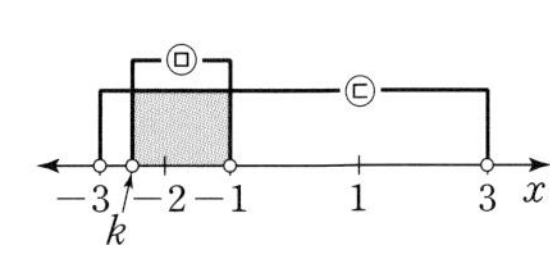

$k<-2$

(i), (ii)에 의하여 $k<-2$ 또는 $0<k\leq 1$

따라서 실수 k의 최댓값은 1이다. 답 ④

16 $x-2>0$, $x>0$, $x+2>0$에서 $x>2$

세 변 중 가장 긴 변의 길이는 $x+2$이므로 주어진 삼각형이 예각삼각형이 되려면

$(x+2)^2<(x-2)^2+x^2$

$x^2-8x>0$, $x(x-8)>0$

$\therefore x<0$ 또는 $x>8$

$\therefore x>8$ ($\because x>2$)

따라서 주어진 조건을 만족시키는 10 이하의 자연수 x는 9, 10의 2개이다. 답 2

참고 세 변의 길이가 a, b, c ($a\leq b\leq c$)인 삼각형이 $c^2<a^2+b^2$을 만족시킬 때

$c^2<a^2+b^2<a^2+b^2+2ab=(a+b)^2$

따라서 $c^2<a^2+b^2$을 만족시키면 $c<a+b$도 만족시키므로 삼각형의 결정 조건인 $c<a+b$는 항상 성립한다.

개념 연계 / 중학 수학 / 삼각형의 변의 길이와 모양

삼각형의 세 변의 길이가 a, b, c ($a\leq b\leq c$)일 때

(1) $c^2<a^2+b^2$ ⇨ 예각삼각형

(2) $c^2=a^2+b^2$ ⇨ 빗변의 길이가 c인 직각삼각형

(3) $c^2>a^2+b^2$ ⇨ 둔각삼각형

B Step 1등급을 위한 고난도 기출 Vs 변형 유형 본문 71~73쪽

1 71	1-1 ①	2 59	2-1 ③	3 ④	3-1 ⑤
4 2	4-1 ③	5 ⑤	5-1 ①	6 12	6-1 ④
7 ①	7-1 ④	8 ②	8-1 ①	9 ⑤	9-1 43

1 **전략** 부등식 $|x-a|<b$의 해는 $a-b<x<a+b$임을 이용한다.

풀이 $|x-a[a]|<b[b]$에서 $-b[b]<x-a[a]<b[b]$

$\therefore a[a]-b[b]<x<a[a]+b[b]$

이때 주어진 부등식의 해가 $8<x<30$이므로

$a[a]-b[b]=8,\ a[a]+b[b]=30$

위의 두 식을 연립하여 풀면

$a[a]=19,\ b[b]=11$ ...... ㉠

$[a], [b]$는 정수이고, $4^2<19<5^2,\ 3^2<11<4^2$이므로

$4<a<5,\ 3<b<4$

$\therefore [a]=4,\ [b]=3$

따라서 ㉠에서 $4a=19,\ 3b=11$이므로

$8a+9b=2\times19+3\times11=71$ 답 71

1-1 **전략** a가 정수일 때 $[x-a]=[x]-a$임을 이용한다.

풀이 $|[x-a]-2|\le b$에서 $2-b\le[x-a]\le2+b$

a가 정수이므로

$2-b\le[x]-a\le2+b$

$\therefore 2+a-b\le[x]\le2+a+b$

이때 주어진 부등식의 해가 $-1\le x<4$이므로 가능한 $[x]$의 값은 $-1, 0, 1, 2, 3$이다.

즉, $-1\le[x]\le3$이고 a, b는 정수이므로

$2+a-b=-1,\ 2+a+b=3$

$\therefore a-b=-3,\ a+b=1$

위의 두 식을 연립하여 풀면

$a=-1,\ b=2$

$\therefore 2a+b=-2+2=0$ 답 ①

2 **전략** 상자의 개수를 x라 하고 초콜릿의 개수를 x에 대한 식으로 나타내어 연립부등식을 세운다.

풀이 상자의 개수를 x라 하면 초콜릿을 모든 상자에 10개씩 담으면 42개가 남게 되므로 초콜릿의 개수는

$10x+42$

또, 한 상자에 초콜릿을 13개씩 담으면 빈 상자가 3개 남고, 한 상자는 13개가 채워지지 않으므로 $(x-4)$개의 상자에는 초콜릿이 13개씩 담겨 있고 13개보다 적은 초콜릿이 남아있으므로 초콜릿의 개수는

$13(x-4)<10x+42<13(x-3)$

$13(x-4)<10x+42$에서

$13x-52<10x+42,\ 3x<94$

$\therefore x<\frac{94}{3}$ ...... ㉠

$10x+42<13(x-3)$에서

$10x+42<13x-39,\ 3x>81$

$\therefore x>27$ ...... ㉡

㉠, ㉡을 모두 만족시켜야 하므로

$27<x<\frac{94}{3}$

따라서 상자의 개수의 최댓값 $M=31$, 최솟값 $m=28$이므로

$M+m=31+28=59$ 답 59

2-1 **전략** A의 위치를 수직선의 원점으로 놓고 B와 C의 위치도 수직선 위에 표현하여 연립부등식을 세운다.

풀이 세 치킨 가게 A, B, C가 같은 직선 도로 위에 있으므로 A를 수직선의 원점에 놓으면 B의 좌표는 10, C의 좌표는 25이다.

정육 공장의 좌표를 x라 하면 A로 납품하는 데 소요되는 비용은

$|x|\times20\times200=4000|x|$

B로 납품하는 데 소요되는 비용은

$|x-10|\times20\times300=6000|x-10|$

C로 납품하는 데 소요되는 비용은

$|x-25|\times20\times150=3000|x-25|$

이때 소요되는 총 비용이 100000원 이상 120000원 이하이므로

$100000\le4000|x|+6000|x-10|+3000|x-25|\le120000$

$\therefore 100\le4|x|+6|x-10|+3|x-25|\le120$

(i) $x<0$일 때

$100\le-4x-6(x-10)-3(x-25)\le120$

$100\le-13x+135\le120$ $\therefore \frac{15}{13}\le x\le\frac{35}{13}$

그런데 $x<0$이므로 만족시키는 실수 x가 존재하지 않는다.

(ii) $0\le x<10$일 때

$100\le4x-6(x-10)-3(x-25)\le120$

$100\le-5x+135\le120$ $\therefore 3\le x\le7$

그런데 $0\le x<10$이므로

$3\le x\le7$

(iii) $10\le x<25$일 때

$100\le4x+6(x-10)-3(x-25)\le120$

$100\le7x+15\le120$ $\therefore \frac{85}{7}\le x\le15$

그런데 $10\le x<25$이므로

$\frac{85}{7}\le x\le15$

(iv) $x\ge25$일 때

$100\le4x+6(x-10)+3(x-25)\le120$

$100\le13x-135\le120$ $\therefore \frac{235}{13}\le x\le\frac{255}{13}$

그런데 $x\ge25$이므로 만족시키는 실수 x가 존재하지 않는다.

(i)~(iv)에 의하여 $3\le x\le7$ 또는 $\frac{85}{7}\le x\le15$

따라서 A로부터 최대 15 km까지 떨어져 있을 수 있다. 답 ③

3 **전략** 실수 p가 양수인 경우와 음수인 경우를 나누어 생각한다.

풀이 $f(x)=x^2+px+p=\left(x+\frac{p}{2}\right)^2-\frac{p^2}{4}+p$

이므로

$A\left(-\frac{p}{2}, -\frac{p^2}{4}+p\right)$, $B(0, p)$

두 점 A, B를 지나는 직선 l의 기울기는

$$\frac{p-\left(-\frac{p^2}{4}+p\right)}{0-\left(-\frac{p}{2}\right)}=\frac{\frac{p^2}{4}}{\frac{p}{2}}=\frac{p}{2}$$

$\therefore g(x)=\frac{p}{2}x+p$

부등식 $f(x)-g(x)\le 0$에서

$x^2+px+p-\left(\frac{p}{2}x+p\right)\le 0$

$\therefore x\left(x+\frac{p}{2}\right)\le 0$ …… ㉠

(i) $p>0$일 때, ㉠에서 $-\frac{p}{2}\le x\le 0$

이 부등식을 만족시키는 정수 x의 개수가 10이 되려면

$-10<-\frac{p}{2}\le -9$

$\therefore 18\le p<20$

(ii) $p<0$일 때, ㉠에서 $0\le x\le -\frac{p}{2}$

이 부등식을 만족시키는 정수 x의 개수가 10이 되려면

$9\le -\frac{p}{2}<10$

$\therefore -20<p\le -18$

(i), (ii)에 의하여

$-20<p\le -18$ 또는 $18\le p<20$

이므로 정수 p의 최댓값은 19, 최솟값은 -19이다.

$\therefore M-m=19-(-19)=38$ 답 ④

3-1 전략 세 점 $(-2, 0)$, $(-p+2, 0)$, $(0, 2p-4)$에서 세 수 -2, $-p+2$, $2p-4$의 대소 관계에 따라 이차함수의 그래프가 달라짐을 이용한다.

풀이 $f(x)=x^2+px+2p-4=(x+2)(x+p-2)$이므로 이차함수 $f(x)$의 그래프와 x축의 두 교점의 좌표는

$(-2, 0)$, $(2-p, 0)$

이차함수 $f(x)$의 그래프와 y축의 교점의 좌표는

$C(0, 2p-4)$

또, 이차함수 $f(x)=x^2+px+2p-4$의 그래프와 x축이 서로 다른 두 점에서 만나므로 이차방정식 $x^2+px+2p-4=0$의 판별식을 D라 할 때,

$D=p^2-4(2p-4)=(p-4)^2>0$

따라서 p는 $p\ne 4$인 모든 실수이다.

(i) $p>4$일 때

$2-p<-2$이므로

$A(2-p, 0)$, $B(-2, 0)$

또, $2p-4>4$이므로 세 함수 $y=f(x)$, $y=g(x)$, $y=h(x)$의 그래프는 오른쪽 그림과 같다.

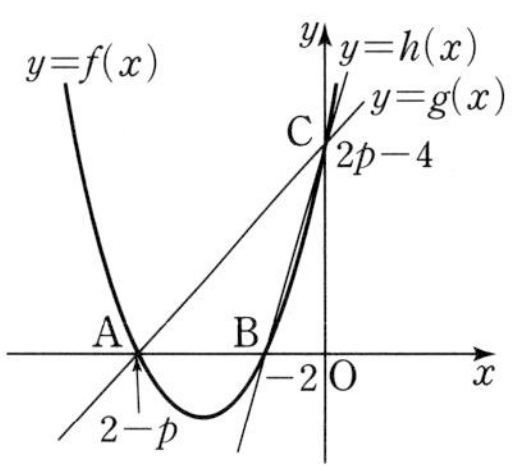

그래프에서 부등식 $f(x)-g(x)<0$, 즉 $f(x)<g(x)$의 해는

$2-p<x<0$

부등식 $f(x)-h(x)<0$, 즉 $f(x)<h(x)$의 해는

$-2<x<0$ $\therefore n_2=1$

따라서 $n_1+n_2=10$이 되려면 $n_1=9$이어야 하므로

$-10\le 2-p<-9$

$\therefore 11<p\le 12$

(ii) $2<p<4$일 때

$-2<2-p<0$이므로

$A(-2, 0)$, $B(2-p, 0)$

또, $2p-4>0$이므로 세 함수 $y=f(x)$, $y=g(x)$, $y=h(x)$의 그래프는 오른쪽 그림과 같다.

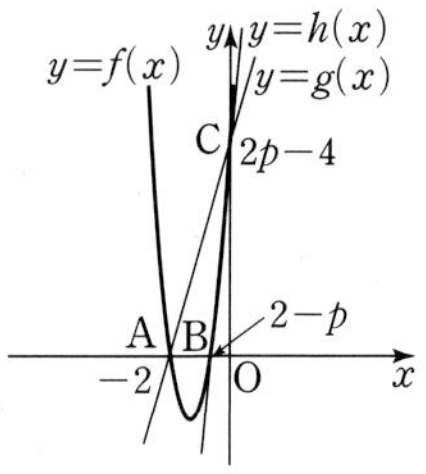

그래프에서 부등식 $f(x)-g(x)<0$, 즉 $f(x)<g(x)$의 해는

$-2<x<0$ $\therefore n_1=1$

부등식 $f(x)-h(x)<0$, 즉 $f(x)<h(x)$의 해는

$2-p<x<0$

따라서 $n_1+n_2=10$이 되려면 $n_2=9$이어야 하므로

$-10\le 2-p<-9$

그런데 $-2<2-p<0$이므로 이를 만족시키지 않는다.

(iii) $p<2$일 때

$2-p>0$이므로

$A(-2, 0)$, $B(2-p, 0)$

또, $2p-4<0$이므로 세 함수 $y=f(x)$, $y=g(x)$, $y=h(x)$의 그래프는 오른쪽 그림과 같다.

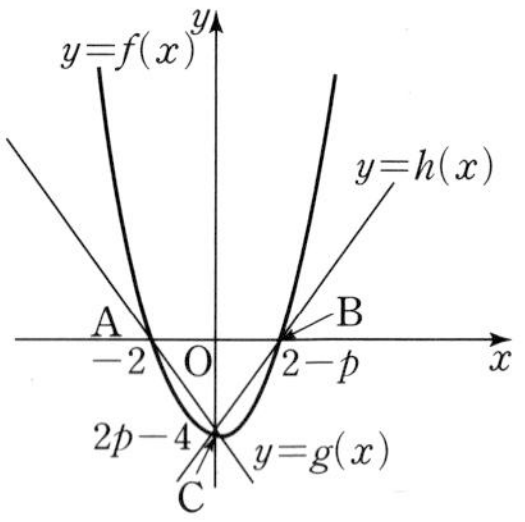

그래프에서 부등식 $f(x)-g(x)<0$, 즉 $f(x)<g(x)$의 해는

$-2<x<0$ $\therefore n_1=1$

부등식 $f(x)-h(x)<0$, 즉 $f(x)<h(x)$의 해는

$0<x<2-p$

따라서 $n_1+n_2=10$이 되려면 $n_2=9$이어야 하므로

$9<2-p\le 10$

$\therefore -8\le p<-7$

(i), (ii), (iii)에 의하여 $-8\le p<-7$ 또는 $11<p\le 12$이므로 실수 p의 최댓값과 최솟값의 합은

$12+(-8)=4$ 답 ⑤

4 전략 함수 $y=\frac{|f(x)|}{3}-f(x)$의 그래프와 직선 $y=m(x-2)$의 위치 관계를 이용한다.

풀이 $f(x)=x^2+2x-8=(x+4)(x-2)$

이므로

$$|f(x)|=\begin{cases} f(x) & (x\le -4 \text{ 또는 } x\ge 2) \\ -f(x) & (-4<x<2) \end{cases}$$

이때 $g(x)=\frac{|f(x)|}{3}-f(x)$로 놓으면

$$g(x)=\begin{cases} -\frac{2}{3}f(x) & (x\le -4 \text{ 또는 } x\ge 2) \\ -\frac{4}{3}f(x) & (-4<x<2) \end{cases}$$

$$=\begin{cases} -\frac{2}{3}(x^2+2x-8) & (x\le -4 \text{ 또는 } x\ge 2) \\ -\frac{4}{3}(x^2+2x-8) & (-4<x<2) \end{cases}$$

따라서 함수 $y=g(x)$의 그래프는 오른쪽 그림과 같다.

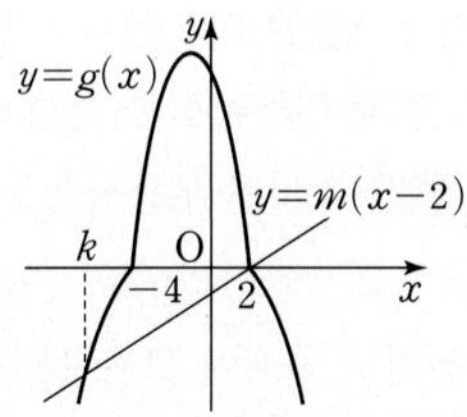

또, 함수 $y=m(x-2)$의 그래프는 기울기가 m이고 점 (2, 0)을 지나는 직선이다.

두 함수 $y=g(x)$, $y=m(x-2)$의 그래프는 점 (2, 0)에서 만나므로 다른 한 교점의 x좌표를 k라 하면 부등식

$\frac{|f(x)|}{3}-f(x)\geq m(x-2)$

의 해는

$k\leq x\leq 2$

이때 $k\leq x\leq 2$를 만족시키는 정수 x의 개수가 10이 되어야 하므로

$-8<k\leq -7$

(i) $k=-7$일 때

$f(-7)=(-3)\times(-9)=27$에서

$g(-7)=-\frac{2}{3}f(-7)=-18$

이때 m의 값은 두 점 (2, 0), (−7, −18)을 지나는 직선의 기울기이므로

$m=\frac{0-(-18)}{2-(-7)}=2$

(ii) $k=-8$일 때

$f(-8)=(-4)\times(-10)=40$에서

$g(-8)=-\frac{2}{3}f(-8)=-\frac{80}{3}$

이때 m의 값은 두 점 (2, 0), $\left(-8, -\frac{80}{3}\right)$을 지나는 직선의 기울기이므로

$m=\frac{0-\left(-\frac{80}{3}\right)}{2-(-8)}=\frac{8}{3}$

(i), (ii)에 의하여 $2\leq m<\frac{8}{3}$

따라서 양수 m의 최솟값은 2이다. 답 2

4-1 전략 직선 $y=mx$가 함수 $y=|f(x)|$의 그래프 위의 점 중 x좌표가 정수인 점을 지날 때의 기울기를 비교하여 $g(m)$의 값을 파악한다.

풀이 $f(x)=x^2-6x+5=(x-1)(x-5)$이므로 함수 $y=|f(x)|$의 그래프는 다음 그림과 같다.

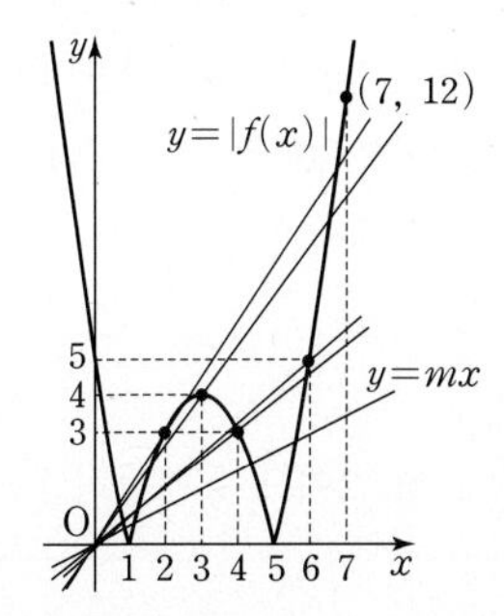

ㄱ. $f(1)=0$, $f(5)=0$이므로 모든 양수 m에 대하여 부등식 $|f(x)|\leq mx$의 해는 $x=1$, $x=5$를 포함한다.

$\therefore g(m)\geq 2$ (참)

ㄴ. 직선 $y=mx$가 점 (4, 3)을 지날 때, 즉 $m=\frac{3}{4}$일 때, 부등식 $|f(x)|\leq mx$를 만족시키는 정수 x가 1, 4, 5의 3개이므로

$g\left(\frac{3}{4}\right)=3$

직선 $y=mx$가 점 (6, 5)를 지날 때, 즉 $m=\frac{5}{6}$일 때, 부등식 $|f(x)|\leq mx$를 만족시키는 정수 x가 1, 4, 5, 6의 4개이므로

$g\left(\frac{5}{6}\right)=4$

따라서 $g(m)=3$이 되도록 하는 m의 값의 범위는

$\frac{3}{4}\leq m<\frac{5}{6}$ (거짓)

ㄷ. 직선 $y=mx$가 점 (2, 3)을 지날 때, 즉 $m=\frac{3}{2}$일 때, 부등식 $|f(x)|\leq mx$를 만족시키는 정수 x가 1, 2, 3, 4, 5, 6의 6개이므로

$g\left(\frac{3}{2}\right)=6$

즉, $g(m)=6$이 되도록 하는 m의 최솟값은 $\frac{3}{2}$이다. (참)

따라서 옳은 것은 ㄱ, ㄷ이다. 답 ③

참고 ㄷ. 함수 $y=|f(x)|$의 그래프는 점 (7, 12)를 지나고 두 점 (0, 0), (7, 12)를 지나는 직선의 기울기는 $\frac{12}{7}>\frac{3}{2}$이므로 $g(m)=6$이 되도록 하는 m의 최솟값은 $\frac{3}{2}$이다.

5 전략 부등식 $f\left(\frac{1-x}{4}\right)\leq 0$에서 $\frac{1-x}{4}=t$로 치환하여 t에 대한 이차부등식 $f(t)\leq 0$의 해를 구한다.

풀이 $\frac{1-x}{4}=t$로 놓으면

$x=1-4t$

조건 ㈎에서 부등식 $f\left(\frac{1-x}{4}\right)\leq 0$의 해가 $-7\leq x\leq 9$이므로

$-7\leq 1-4t\leq 9$, $-8\leq -4t\leq 8$

$\therefore -2\leq t\leq 2$

즉, 이차부등식 $f(t)\leq 0$의 해가 $-2\leq t\leq 2$이므로

$f(x)=k(x+2)(x-2)=kx^2-4k$ $(k>0)$

로 놓을 수 있다.

조건 ㈏에서 부등식 $f(x)\geq 2x-\frac{13}{3}$은

$kx^2-4k\geq 2x-\frac{13}{3}$

$\therefore kx^2-2x-4k+\frac{13}{3}\geq 0$ ...... ㉠

모든 실수 x에 대하여 부등식 ㉠이 성립해야 하므로 $k>0$이고, 이차방정식 $kx^2-2x-4k+\frac{13}{3}=0$의 판별식을 D라 하면

$\frac{D}{4}=(-1)^2-k\left(-4k+\frac{13}{3}\right)\leq 0$

$4k^2-\frac{13}{3}k+1\leq 0$, $12k^2-13k+3\leq 0$, $(3k-1)(4k-3)\leq 0$

$\therefore \frac{1}{3}\leq k\leq \frac{3}{4}$

따라서 조건을 만족시키는 이차함수 $f(x)$는

$f(x)=kx^2-4k\left(단,\ \frac{1}{3}\le k\le\frac{3}{4}\right)$

이때 $f(3)=9k-4k=5k$이고, $\frac{1}{3}\le k\le\frac{4}{3}$이므로

$\frac{5}{3}\le f(3)\le\frac{15}{4}$

따라서 $f(3)$의 최댓값 $M=\frac{15}{4}$, 최솟값 $m=\frac{5}{3}$이므로

$M-m=\frac{15}{4}-\frac{5}{3}=\frac{25}{12}$ 답 ⑤

5-1 **전략** 부등식 $f(x)\le0$의 해가 $\alpha\le x\le\beta$이면 부등식 $f\left(\frac{k-x}{2}\right)\le0$의 해는 $\alpha\le\frac{k-x}{2}\le\beta$임을 이용한다.

풀이 이차식 $f(x)$에 대하여 부등식 $f\left(\frac{k-x}{2}\right)\le0$의 해가 $2k\le x\le k^2-4$이므로 $f(x)$의 최고차항의 계수는 양수이다.

이때 $\alpha<\beta$이므로 부등식 $f(x)\le0$의 해는 $\alpha\le x\le\beta$

따라서 부등식 $f\left(\frac{k-x}{2}\right)\le0$의 해는

$\alpha\le\frac{k-x}{2}\le\beta$, 즉 $k-2\beta\le x\le k-2\alpha$

이므로

$2k=k-2\beta$, $k^2-4=k-2\alpha$

$\therefore \alpha=\frac{-k^2+k+4}{2}$, $\beta=-\frac{k}{2}$ …… ㉠

이때 $\alpha+\beta=0$이므로

$\frac{-k^2+4}{2}=0$, $k^2-4=0$

$\therefore k=-2$ 또는 $k=2$

그런데 $2k<k^2-4$이어야 하므로

$k=-2$

$k=-2$를 ㉠에 대입하면

$\alpha=-1$, $\beta=1$

따라서 부등식 $f(x)\le0$의 해가 $-1\le x\le1$이므로 이를 만족시키는 정수 x의 개수는

$1-(-1)+1=3$ 답 ①

6 **전략** 여러 문자가 있는 부등식은 한 문자에 대하여 내림차순으로 정리한 후 이차부등식이 항상 성립할 조건을 이용한다.

풀이 주어진 부등식을 x에 대한 내림차순으로 정리하면

$x^2+4(y+1)x+4y^2+ay+b\ge0$

위의 부등식이 모든 실수 x에 대하여 성립해야 하므로 x에 대한 이차방정식 $x^2+4(y+1)x+4y^2+ay+b=0$의 판별식을 D라 하면

$\frac{D}{4}=4(y+1)^2-(4y^2+ay+b)\le0$

$(8-a)y+4-b\le0$

위의 부등식이 모든 실수 y에 대하여 성립해야 하므로

$8-a=0$, $4-b\le0$

$\therefore a=8$, $b\ge4$

따라서 $a+b$는 $a=8$, $b=4$일 때 최솟값 $8+4=12$를 갖는다. 답 12

6-1 **전략** 여러 문자가 있는 부등식은 한 문자에 대하여 내림차순으로 정리한 후 이차부등식이 항상 성립할 조건을 이용한다.

풀이 주어진 부등식을 x에 대한 내림차순으로 정리하면

$x^2-2(y+1)x+2y^2-2ay+4a-b^2+1\ge0$

위의 부등식이 모든 실수 x에 대하여 성립해야 하므로 x에 대한 이차방정식 $x^2-2(y+1)x+2y^2-2ay+4a-b^2+1=0$의 판별식을 D라 하면

$\frac{D}{4}=(y+1)^2-(2y^2-2ay+4a-b^2+1)\le0$

$-y^2+2(a+1)y-4a+b^2\le0$

위의 부등식이 모든 실수 y에 대하여 성립해야 하므로 y에 대한 이차방정식 $-y^2+2(a+1)y-4a+b^2=0$의 판별식을 D'이라 하면

$\frac{D'}{4}=(a+1)^2-4a+b^2\le0$

즉, $(a-1)^2+b^2\le0$이므로

$a=1$, $b=0$

$\therefore a+b=1+0=1$ 답 ④

7 **전략** $[x]$의 값에 따른 x의 값의 범위를 나누어 연립부등식을 푼다.

풀이 $x^2-3x-10=(x+2)(x-5)\le0$에서

$-2\le x\le5$

이때 $4<x<6$이므로 $4<x\le5$

(i) $4<x<5$일 때

$[x]=4$이므로 $x^2-[x]x-14>0$에서

$x^2-4x-14>0$

$\therefore x<2-3\sqrt{2}$ 또는 $x>2+3\sqrt{2}$

그런데 $4<x<5$이므로 주어진 부등식을 만족시키는 x의 값은 없다.

(ii) $x=5$일 때

$[x]=5$이므로

$25-25-14=-14<0$

이는 주어진 부등식을 만족시키지 않는다.

(i), (ii)에 의하여 주어진 연립부등식의 해는 없다. 답 ①

참고 (i)에서 $4<3\sqrt{2}<5$이므로 $2-3\sqrt{2}<-2$, $2+3\sqrt{2}>6$

따라서 $4<x<5$, $x<2-3\sqrt{2}$ 또는 $x>2+3\sqrt{2}$를 모두 만족시키는 x의 값은 없다.

7-1 **전략** 부등식 $[x]^2-[x]-2<0$의 해를 먼저 구하고 그 범위에서 부등식 $x^2-2x+a-4>0$의 해가 존재하도록 하는 a의 값의 범위를 구한다.

풀이 부등식 $[x]^2-[x]-2<0$에서 $([x]+1)([x]-2)<0$

$\therefore -1<[x]<2$

$[x]$는 정수이므로

$[x]=0$ 또는 $[x]=1$

즉, $0\le x<1$ 또는 $1\le x<2$이므로 부등식 $[x]^2-[x]-2<0$의 해는

$0\le x<2$ …… ㉠

따라서 주어진 연립부등식을 만족시키는 실수 x가 존재하려면 ㉠의 범위에서 부등식 $x^2-2x+a-4>0$의 해가 존재해야 한다.

이때 $f(x)=x^2-2x+a-4=(x-1)^2+a-5$로 놓으면 함수 $y=f(x)$의 그래프의 대칭축이 $x=1$이므로 부등식 $f(x)>0$의 해가 존재하려면 $f(1)\ge 0$이거나 $f(1)<0$, $f(0)>0$이어야 한다.

(i) $f(1)\ge 0$일 때

$a-5\ge 0 \quad \therefore a\ge 5$

(ii) $f(1)<0$, $f(0)>0$일 때

$a-5<0,\ a-4>0 \quad \therefore 4<a<5$

(i), (ii)에 의하여 $a>4$

답 ④

8 전략 $A<B<C$ 꼴의 부등식은 연립부등식 $\begin{cases} A<B \\ B<C \end{cases}$ 꼴로 변형한 후 각각의 부등식이 항상 성립할 조건을 이용한다.

풀이 $-5\le (a-3)x+b\le x^2-x$에서

$\begin{cases} -5\le (a-3)x+b \\ (a-3)x+b\le x^2-x \end{cases}$

모든 실수 x에 대하여

$-5\le (a-3)x+b$, 즉 $(a-3)x+b+5\ge 0$

이 성립하므로

$a-3=0,\ b+5\ge 0$

$\therefore a=3,\ b\ge -5$ …… ㉠

또, 모든 실수 x에 대하여

$(a-3)x+b\le x^2-x$, 즉 $x^2+(2-a)x-b\ge 0$

이 성립하므로 이차방정식 $x^2+(2-a)x-b=0$의 판별식을 D라 하면

$D=(2-a)^2+4b\le 0$

이때 ㉠에서 $a=3$이므로

$1+4b\le 0 \quad \therefore b\le -\frac{1}{4}$ …… ㉡

㉠, ㉡을 모두 만족시켜야 하므로

$a=3,\ -5\le b\le -\frac{1}{4}$

따라서 점 $(a,\ b)$가 나타내는 도형은 두 점 $(3,\ -5)$, $\left(3,\ -\frac{1}{4}\right)$을 이은 선분이므로 그 길이는

$\left(-\frac{1}{4}\right)-(-5)=\frac{19}{4}$

따라서 $p=4,\ q=19$이므로

$p+q=4+19=23$

답 ②

8-1 전략 최고차항의 계수가 양수인 이차함수 $f(x)$와 최고차항의 계수가 음수인 이차함수 $g(x)$에 대하여 두 함수가 직선 $h(x)$와 만나지 않으려면 모든 실수 x에 대하여 $g(x)<h(x)<f(x)$이어야 함을 이용한다.

풀이 두 이차함수 $f(x)=x^2-3x+2$, $g(x)=-x^2+x-2$의 그래프와 직선 $y=mx+n$이 항상 만나지 않으므로 모든 실수 x에 대하여

$-x^2+x-2<mx+n<x^2-3x+2$

가 성립해야 한다.

$-x^2+x-2<mx+n,\ mx+n<x^2-3x+2$

$\therefore x^2+(m-1)x+n+2>0,\ x^2-(m+3)x+2-n>0$

두 이차방정식

$x^2+(m-1)x+n+2=0,\ x^2-(m+3)x+2-n=0$

의 판별식을 각각 D_1, D_2라 하면

$D_1=(m-1)^2-4(n+2)=m^2-2m-4n-7<0$ …… ㉠

$D_2=(m+3)^2-4(2-n)=m^2+6m+4n+1<0$ …… ㉡

㉠+㉡을 하면 $2m^2+4m-6<0$

$m^2+2m-3<0,\ (m+3)(m-1)<0$

$\therefore -3<m<1$

이때 m은 정수이므로

$m=-2$ 또는 $m=-1$ 또는 $m=0$

(i) $m=-2$일 때

$m=-2$를 ㉠, ㉡에 각각 대입하면

$-4n+1<0,\ 4n-7<0$

$1<4n<7 \quad \therefore \frac{1}{4}<n<\frac{7}{4}$

따라서 만족시키는 정수 n은 1이다.

(ii) $m=-1$일 때

$m=-1$을 ㉠, ㉡에 각각 대입하면

$-4n-4<0,\ 4n-4<0$

$-4<4n<4 \quad \therefore -1<n<1$

따라서 만족시키는 정수 n은 0이다.

(iii) $m=0$일 때

$m=0$을 ㉠, ㉡에 각각 대입하면

$-4n-7<0,\ 4n+1<0$

$-7<4n<-1 \quad \therefore -\frac{7}{4}<n<-\frac{1}{4}$

따라서 만족시키는 정수 n은 -1이다.

(i), (ii), (iii)에 의하여 주어진 조건을 만족시키는 순서쌍 $(m,\ n)$은 $(-2,\ 1)$, $(-1,\ 0)$, $(0,\ -1)$의 3개이다.

답 ①

9 전략 소수점 아래 첫째 자리에서 반올림한 값은 정수임을 이용한다.

풀이 $2x+6$이 정수이므로 $2x$도 정수이다.

따라서 $x=\frac{n}{2}$ (n은 정수)으로 놓으면

$-\frac{1}{2}\le (x-2)(x-5)-(2x+6)<\frac{1}{2}$

이므로

$-\frac{1}{2}\le \left(\frac{n}{2}-2\right)\left(\frac{n}{2}-5\right)-(n+6)<\frac{1}{2}$

$-2\le (n-4)(n-10)-4(n+6)<2$

$\therefore -2\le n^2-18n+16<2$

$-2\le n^2-18n+16$에서 $n^2-18n+18\ge 0$

$\therefore n\le 9-3\sqrt{7}$ 또는 $n\ge 9+3\sqrt{7}$ …… ㉠

$n^2-18n+16<2$에서 $n^2-18n+14<0$

$\therefore 9-\sqrt{67}<n<9+\sqrt{67}$ …… ㉡

㉠, ㉡을 모두 만족시켜야 하므로

$9-\sqrt{67}<n\le 9-3\sqrt{7}$ 또는 $9+3\sqrt{7}\le n<9+\sqrt{67}$

이때 n은 정수이므로 $n=1$ 또는 $n=17$

따라서 $x=\frac{1}{2}$ 또는 $x=\frac{17}{2}$이므로 그 합은

$\frac{1}{2}+\frac{17}{2}=9$

답 ⑤

9-1 **전략** 가장 긴 변의 길이가 $x+5$일 때와 $2x+1$일 때로 나누어 x의 값을 구한다.

풀이 세 변 중 가장 긴 변의 길이가 될 수 있는 것은 $x+5$ 또는 $2x+1$이다.

(i) $x+5=2x+1$, 즉 $x=4$일 때

$x=4$이므로 삼각형의 세 변의 길이는 4, 9, 9이다.

이때 $9^2<9^2+4^2$이므로 이 삼각형은 예각삼각형이다.

(ii) $x+5>2x+1$, 즉 $x<4$일 때

삼각형의 결정 조건에 의하여

$x+5<(2x+1)+x$, $x+5<3x+1$ $\quad \therefore x>2$

이때 $x<4$이므로 $2<x<4$ $\quad$ …… ㉠

x가 자연수이므로 $x=3$

따라서 삼각형의 세 변의 길이는 3, 7, 8이다.

이때 $8^2>3^2+7^2$이므로 이 삼각형은 둔각삼각형이다.

$\therefore x=3$

(iii) $x+5<2x+1$, 즉 $x>4$일 때

삼각형의 결정 조건에 의하여

$2x+1<(x+5)+x$, $2x+1<2x+5$

이므로 모든 x에 대하여 성립한다.

$\therefore x>4$ $\quad$ …… ㉡

또, 이 삼각형이 둔각삼각형이어야 하므로

$(2x+1)^2>(x+5)^2+x^2$

$2x^2-6x-24>0$ $\quad \therefore x^2-3x-12>0$ $\quad$ …… ㉢

㉡을 만족시키는 10 이하의 자연수 x에 대하여 부등식 ㉢을 만족시키는 자연수 x는 6, 7, 8, 9, 10이다.

(i), (ii), (iii)에 의하여 주어진 조건을 만족시키는 자연수 x의 값의 합은

$3+6+7+8+9+10=43$ **답** 43

C Step 1등급 완성 최고난도 예상 문제

본문 74~77쪽

01 ④	**02** ③	**03** ⑤	**04** ②	**05** ①
06 ③	**07** ③	**08** 12	**09** ②	**10** 1083
11 ⑤	**12** ③	**13** ④	**14** ④	**15** ③
16 ③	**17** ②	**18** ④		

1등급 뛰어넘기

19 116	**20** ③	**21** ③	**22** ②

01 **전략** $\overline{AC}=|x+4|$, $\overline{BC}=|x-4|$이므로 x의 값의 범위를 나누어 부등식의 해를 구한다.

풀이 $\overline{AC}=|x+4|$, $\overline{BC}=|x-4|$이므로 $2\overline{AC}+\overline{BC}\le k$에서

$2|x+4|+|x-4|\le k$

(i) $x<-4$일 때

$-2(x+4)-(x-4)\le k$, $-3x-4\le k$

$\therefore x\ge -\dfrac{k+4}{3}$

(ii) $-4\le x<4$일 때

$2(x+4)-(x-4)\le k$, $x+12\le k$

$\therefore x\le k-12$

(iii) $x\ge 4$일 때

$2(x+4)+(x-4)\le k$, $3x+4\le k$

$\therefore x\le \dfrac{k-4}{3}$

이때 부등식 $2\overline{AC}+\overline{BC}\le k$의 해가 존재하려면 (i) 또는 (ii) 또는 (iii)에서 해가 존재해야 한다.

(i)에서 해가 존재하려면

$-\dfrac{k+4}{3}<-4$, $k+4>12$

$\therefore k>8$ $\quad$ …… ㉠

(ii)에서 해가 존재하려면

$k-12\ge -4$

$\therefore k\ge 8$ $\quad$ …… ㉡

(iii)에서 해가 존재하려면

$\dfrac{k-4}{3}\ge 4$, $k-4\ge 12$

$\therefore k\ge 16$ $\quad$ …… ㉢

㉠, ㉡, ㉢에 의하여 실수 k의 값의 범위는

$k\ge 8$ **답** ④

다른풀이 $f(x)=2|x+4|+|x-4|$

로 놓으면

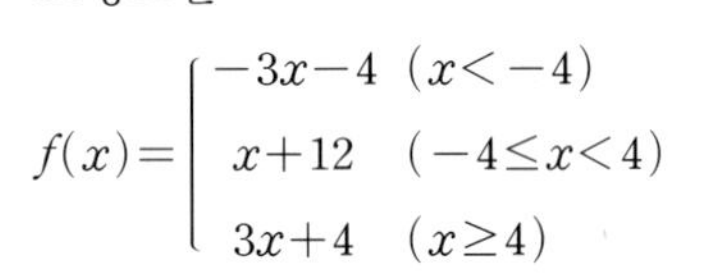

$$f(x)=\begin{cases} -3x-4 & (x<-4) \\ x+12 & (-4\le x<4) \\ 3x+4 & (x\ge 4) \end{cases}$$

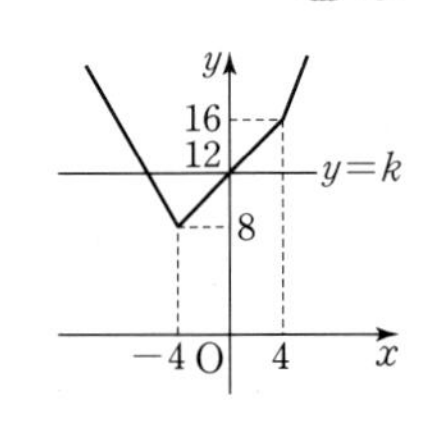

따라서 부등식 $f(x)\le k$의 해가 존재하려면 $k\ge 8$이어야 한다.

02 **전략** $[x]=n$으로 놓고 $2x-1\le [x]+1$의 해가 존재할 조건을 구한다.

풀이 부등식 $|x-2|\le 2x-1\le [x]+1$에서

$$\begin{cases} |x-2|\le 2x-1 \\ 2x-1\le [x]+1 \end{cases}$$

(i) $|x-2|\le 2x-1$에서

① $x<2$일 때, $-x+2\le 2x-1$, $3x\ge 3$, $x\ge 1$

$\therefore 1\le x<2$

② $x\ge 2$일 때, $x-2\le 2x-1$, $x\ge -1$

$\therefore x\ge 2$

①, ②에 의하여

$x\ge 1$ $\quad$ …… ㉠

(ii) $2x-1\le [x]+1$에서

$[x]=n$ (n은 정수)으로 놓으면

$n\le x<n+1$ $\quad$ …… ㉡

이고 $2x-1\le n+1$, $2x\le n+2$

$\therefore x\le \dfrac{n+2}{2}$ $\quad$ …… ㉢

이때 부등식 (ii)의 해가 존재해야 하므로

$\frac{n+2}{2} \ge n$, $n+2 \ge 2n$

$\therefore n \le 2$

이때 ㉠에 의하여 $n \ge 1$이므로

$n=1$ 또는 $n=2$

$n=1$일 때, ㉡, ㉢에서 $1 \le x < 2$, $x \le \frac{3}{2}$이므로 부등식의 해는

$1 \le x \le \frac{3}{2}$

$n=2$일 때, ㉡, ㉢에서 $2 \le x < 3$, $x \le 2$이므로 부등식의 해는

$x=2$

따라서 부등식의 해는 $1 \le x \le \frac{3}{2}$ 또는 $x=2$이므로 정수 x의 값의 합은

$1+2=3$

답 ③

03 **전략** 주어진 조건을 이용하여 함수 $f(x)-g(x)$의 식을 구한다.

풀이 조건 ㈎에 의하여 $f(x)-g(x)$의 최고차항의 계수는 음수이고, 방정식 $f(x)-g(x)=0$의 해가 $x=-2$ 또는 $x=4$이므로

$f(x)-g(x)=a(x+2)(x-4)=ax^2-2ax-8a \ (a<0)$

로 놓을 수 있다.

또, 조건 ㈏에 의하여 모든 실수 x에 대하여 부등식

$f(x)-g(x)-18 \le 0$이 성립하므로 이차방정식

$f(x)-g(x)-18=0$, 즉 $ax^2-2ax-8a-18=0$

의 판별식을 D라 하면

$\frac{D}{4}=(-a)^2-a(-8a-18)=9a^2+18a \le 0$

$9a(a+2) \le 0$

$\therefore -2 \le a < 0 \ (\because a<0)$ ...... ㉠

이때 $f(2)-g(2)=-8a$이므로

$0 < -8a \le 16 \ (\because$ ㉠$)$

따라서 $0 < f(2)-g(2) \le 16$이므로 최댓값은 16이다.

답 ⑤

04 **전략** 부등식 $f(x)<0$을 만족시키는 정수 x 중 가장 작은 값을 d라 하면 이 부등식의 정수인 해는 d, $d+1$, $d+2$, $d+3$, $d+4$, $d+5$임을 이용한다.

풀이 이차방정식 $f(x)=0$의 두 근을 α, $\beta \ (\alpha<\beta)$라 하면 부등식 $f(x)<0$의 해는

$\alpha < x < \beta$

부등식 $f(x)<0$을 만족시키는 정수 x 중 가장 작은 값을 d라 하면

$d+(d+1)+(d+2)+(d+3)+(d+4)+(d+5)=9$

$6d+15=9$

$\therefore d=-1$

즉, 부등식 $f(x)<0$을 만족시키는 정수인 해는

$x=-1, 0, 1, 2, 3, 4$

$\therefore -2 \le \alpha < -1$, $4 < \beta \le 5$

이때 α, β는 정수가 아니므로

$-2 < \alpha < -1$, $4 < \beta < 5$

$\therefore 2 < \alpha+\beta < 4$, $-10 < \alpha\beta < -4$

이차방정식의 근과 계수의 관계에 의하여 $\alpha+\beta=a$, $\alpha\beta=b$이므로

$2 < a < 4$, $-10 < b < -4$

이때 a, b는 정수이므로

$a=3$이고, $b=-9, -8, \cdots, -5$

따라서 $f(1)=1-a+b$의 최댓값은 $a=3$, $b=-5$일 때

$1-3-5=-7$

답 ②

05 **전략** 조건 ㈎를 만족시키기 위한 함수 $y=f(x)-2x$의 그래프와 두 직선 $y=1$, $y=2$의 위치 관계를 이용한다.

풀이 $f(x)-2x=X$로 놓으면 조건 ㈎에서

$X^2-3X+2=(X-1)(X-2) \le 0$

$\therefore 1 \le X \le 2$

즉, 부등식 $1 \le f(x)-2x \le 2$의 해가 $1 \le x \le 3$이다.

이때 $a<0$이면 조건 ㈏에 의하여 모든 실수 x에 대하여 $f(x)<0$

그런데 부등식 $1 \le f(x)-2x \le 2$에서 $2x+1 \le f(x) \le 2x+2$의 해가 $1 \le x \le 3$이면 $3 \le f(x) \le 8$이 되므로 주어진 조건을 만족시킬 수 없다. 즉, $a>0$이어야 한다.

따라서 주어진 조건을 만족시키는 함수 $y=f(x)-2x$의 그래프와 두 직선 $y=1$, $y=2$의 위치 관계는 오른쪽 그림과 같아야 한다.

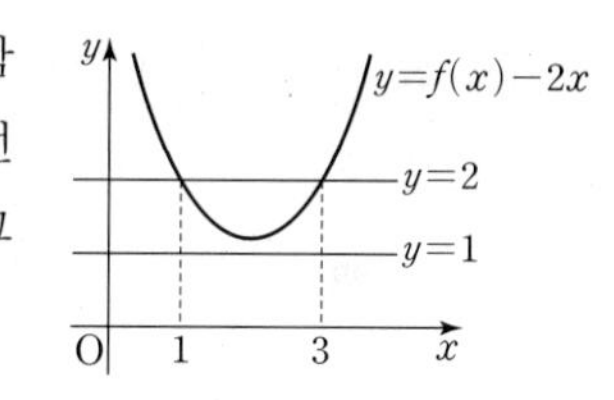

$\therefore f(x)-2x-2$

$=a(x-1)(x-3)=ax^2-4ax+3a$

이때 모든 실수 x에 대하여 $f(x)-2x \ge 1$이어야 하므로

$ax^2-4ax+3a+2 \ge 1$

즉, 모든 실수 x에 대하여 $ax^2-4ax+3a+1 \ge 0$이 성립해야 한다.

이차방정식 $ax^2-4ax+3a+1=0$의 판별식을 D라 하면

$\frac{D}{4}=(2a)^2-a(3a+1) \le 0$

$a^2-a \le 0$, $a(a-1) \le 0$

$\therefore 0 < a \le 1 \ (\because a>0)$ ...... ㉠

또, 조건 ㈏에 의하여 모든 실수 x에 대하여 $f(x)>0$이므로

$f(x)=ax^2-2(2a-1)x+3a+2$에서 이차방정식

$ax^2-2(2a-1)x+3a+2=0$의 판별식을 D'이라 하면

$\frac{D'}{4}=(2a-1)^2-a(3a+2)<0$

$a^2-6a+1<0$

$\therefore 3-2\sqrt{2} < a < 3+2\sqrt{2}$ ...... ㉡

㉠, ㉡을 모두 만족시켜야 하므로

$3-2\sqrt{2} < a \le 1$

따라서 $\alpha=3-2\sqrt{2}$, $\beta=1$이므로

$\beta-\alpha=1-(3-2\sqrt{2})=-2+2\sqrt{2}$

답 ①

06 **전략** a의 값의 부호에 따라 조건을 만족시키는 함수 $y=f(x)$의 그래프의 개형을 추론한다.

풀이 조건을 만족시키기 위한 함수 $y=f(x)$의 그래프의 개형을 다음과 같이 두 가지로 생각할 수 있다.

(i) $a>0$일 때

오른쪽 그림과 같이 $f(1)\le 0$, $f(2)\le 0$, $f(3)>0$이어야 한다.

$f(1)\le 0$에서 $a-1\le 0$

$\therefore a\le 1$ ...... ㉠

$f(2)\le 0$에서

$-a^2+3a-2\le 0$, $(a-1)(a-2)\ge 0$

$\therefore a\le 1$ 또는 $a\ge 2$ ...... ㉡

$f(3)>0$에서

$-2a^2+7a-3>0$, $(2a-1)(a-3)<0$

$\therefore \frac{1}{2}<a<3$ ...... ㉢

㉠, ㉡, ㉢에서 $\frac{1}{2}<a\le 1$

(ii) $a<0$일 때

오른쪽 그림과 같이 $f(2)\le 0$, $f(3)>0$이어야 한다.

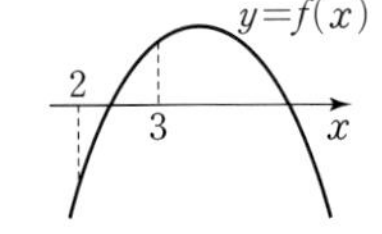

이때 (i)의 ㉡, ㉢에 의하여

$\frac{1}{2}<a\le 1$ 또는 $2\le a<3$

그런데 $a<0$이므로 조건을 만족시키는 a의 값은 없다.

(i), (ii)에 의하여 $\frac{1}{2}<a\le 1$이므로 $\alpha=\frac{1}{2}$, $\beta=1$

$\therefore \alpha+\beta=\frac{1}{2}+1=\frac{3}{2}$

답 ③

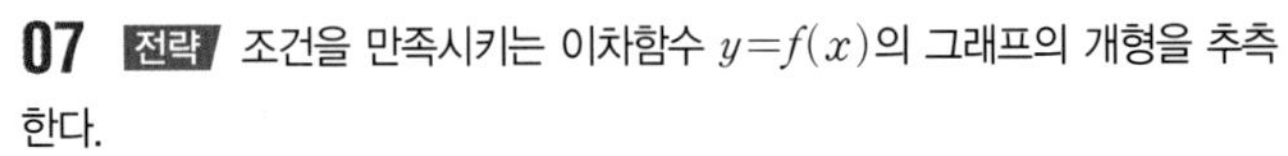

07 전략 조건을 만족시키는 이차함수 $y=f(x)$의 그래프의 개형을 추측한다.

풀이 조건 (가)의 $-1\le x\le 5$에서 $-3\le x-2\le 3$이므로 부등식 $f(|x|)\le 0$의 해는

$-3\le x\le 3$

따라서 조건 (가), (나)에 의하여 함수 $y=f(x)$의 그래프의 개형은 다음과 같아야 한다.

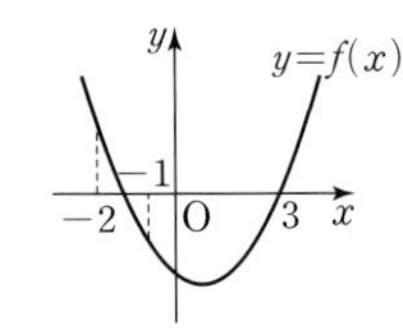

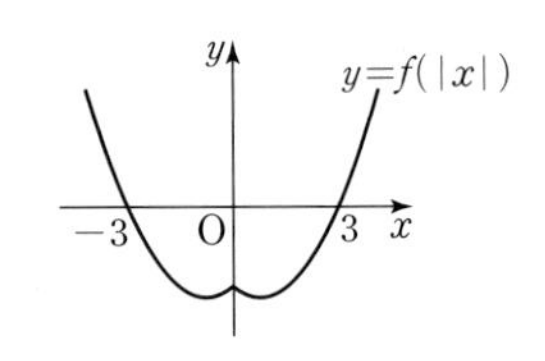

즉, $f(3)=0$이어야 하고 $-2\le \alpha<-1$인 실수 α에 대하여

$f(x)=(x-3)(x-\alpha)$

이때 $f(4)=4-\alpha$이고 $-2\le \alpha<-1$이므로

$5<f(4)\le 6$

따라서 $f(4)$의 최댓값은 6이다.

답 ③

08 전략 $f(x)=x^2-ax-b$로 놓고 부등식 $f(|x|)\le 0$을 만족시키는 정수 x의 개수가 7이 되도록 하는 함수 $y=f(x)$의 그래프의 개형을 추측한다.

풀이 $f(x)=x^2-ax-b$로 놓으면 b가 자연수이므로

$f(0)=-b\le -1$

이때 부등식 $f|(x)|\le 0$을 만족시키는 정수 x의 개수가 7이 되어야 하므로 함수 $y=f(x)$의 그래프의 개형은 다음 그림과 같아야 한다.

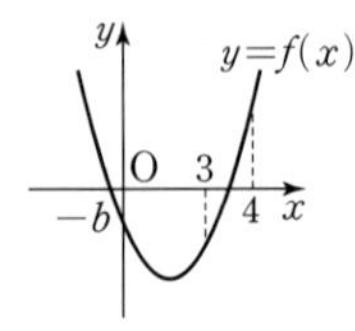

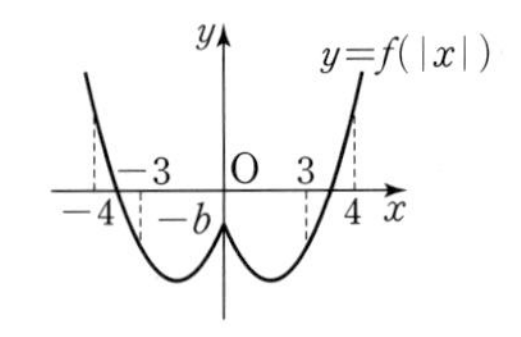

즉, 부등식 $f(|x|)\le 0$을 만족시키는 정수 x는 -3, -2, -1, 0, 1, 2, 3이다.

따라서 $f(3)\le 0$, $f(4)>0$을 만족시켜야 한다.

(i) $f(3)\le 0$에서 $9-3a-b\le 0$

$\therefore b\ge 9-3a$

(ii) $f(4)>0$에서 $16-4a-b>0$

$\therefore b<16-4a$

(i), (ii)를 모두 만족시켜야 하므로

$9-3a\le b<16-4a$

이때 이 부등식을 만족시키는 한 자리 자연수 a, b는

$a=1$일 때, $6\le b<12$ $\therefore b=6, 7, 8, 9$

$a=2$일 때, $3\le b<8$ $\therefore b=3, 4, 5, 6, 7$

$a=3$일 때, $0\le b<4$ $\therefore b=1, 2, 3$

따라서 a, b의 순서쌍 (a, b)의 개수는

$4+5+3=12$

답 12

1등급 노트 절댓값 기호를 포함한 식의 그래프

(1) $y=|f(x)|$의 그래프

$y=f(x)$의 그래프에서 $y\ge 0$인 부분은 남기고 $y<0$인 부분을 x축에 대하여 대칭이동한다.

(2) $y=f(|x|)$의 그래프

$y=f(x)$의 그래프에서 $x\ge 0$인 부분은 남기고 $x\ge 0$인 부분을 y축에 대하여 대칭이동한다.

(3) $|y|=f(x)$의 그래프

$y=f(x)$의 그래프에서 $y\ge 0$인 부분은 남기고 $y\ge 0$인 부분을 x축에 대하여 대칭이동한다.

(4) $|y|=f(|x|)$의 그래프

$y=f(x)$의 그래프에서 $x\ge 0$, $y\ge 0$인 부분은 남기고 $x\ge 0$, $y\ge 0$인 부분을 x축, y축 및 원점에 대하여 각각 대칭이동한다.

09 전략 $0<x<2$에서 $[x^2]$과 $\left[x-\frac{1}{2}\right]$의 값을 구하고 주어진 부등식을 만족시키는 경우에 대한 x의 값의 범위를 구한다.

풀이 $0<x<2$에서

$0<x^2<4$, $-\frac{1}{2}<x-\frac{1}{2}<\frac{3}{2}$

이므로

$[x^2]=0, 1, 2, 3$, $\left[x-\frac{1}{2}\right]=-1, 0, 1$

따라서 부등식 $[x^2]\le\left[x-\frac{1}{2}\right]$이 성립하는 경우는

$[x^2]=0$, $\left[x-\frac{1}{2}\right]=0$ 또는 $[x^2]=0$, $\left[x-\frac{1}{2}\right]=1$

또는 $[x^2]=1$, $\left[x-\frac{1}{2}\right]=1$

(ⅰ) $[x^2]=0$, $\left[x-\frac{1}{2}\right]=0$일 때

$[x^2]=0$에서 $0\le x^2<1$

$\therefore 0<x<1$ ($\because 0<x<2$) ...... ㉠

$\left[x-\frac{1}{2}\right]=0$에서 $0\le x-\frac{1}{2}<1$

$\therefore \frac{1}{2}\le x<\frac{3}{2}$ ...... ㉡

㉠, ㉡을 동시에 만족시켜야 하므로

$\frac{1}{2}\le x<1$

(ⅱ) $[x^2]=0$, $\left[x-\frac{1}{2}\right]=1$일 때

$\left[x-\frac{1}{2}\right]=1$에서 $1\le x-\frac{1}{2}<2$, $\frac{3}{2}\le x<\frac{5}{2}$

$\therefore \frac{3}{2}\le x<2$ ($\because 0<x<2$) ...... ㉢

이때 ㉠, ㉢을 동시에 만족시키는 x의 값은 존재하지 않는다.

(ⅲ) $[x^2]=1$, $\left[x-\frac{1}{2}\right]=1$일 때

$[x^2]=1$에서 $1\le x^2<2$

$\therefore 1\le x<\sqrt{2}$ ($\because 0<x<2$) ...... ㉣

이때 ㉢, ㉣을 동시에 만족시키는 x의 값은 존재하지 않는다.

(ⅰ), (ⅱ), (ⅲ)에 의하여 $\frac{1}{2}\le x<1$ 답 ②

10 전략 이차함수 $y=|f(x)|$에서 x의 값이 정수일 때의 함숫값을 구하여 k의 값의 범위에 따라 함수 $y=|f(x)|$의 그래프와 직선 $y=k$의 위치 관계를 확인한다.

풀이 $|f(x)|=|a(x+2)(x-4)|=|a(x^2-2x-8)|$

$=|a(x-1)^2-9a|$

이므로 함수 $y=|f(x)|$의 그래프는 오른쪽 그림과 같다.

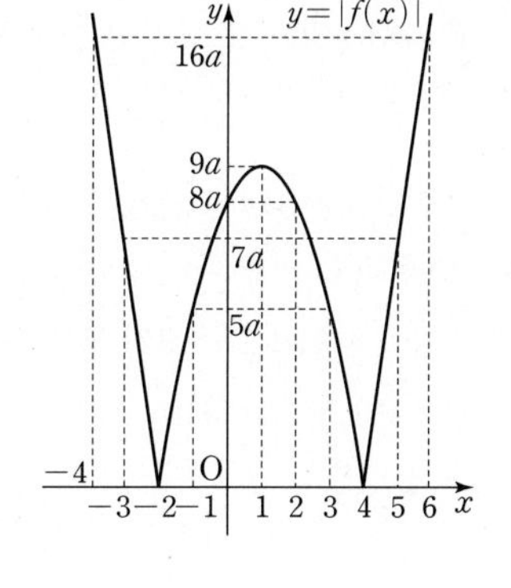

(ⅰ) $0\le k<5a$일 때

등식 $|f(x)|\le k$를 만족시키는 정수는 $x=-2$, 4이므로

$g(k)=2$

(ⅱ) $5a\le k<7a$일 때

부등식 $|f(x)|\le k$를 만족시키는 정수는 $x=-2$, -1, 3, 4이므로 $g(k)=4$

(ⅲ) $7a\le k<8a$일 때

부등식 $|f(x)|\le k$를 만족시키는 정수는 $x=-3$, -2, -1, 3, 4, 5이므로 $g(k)=6$

(ⅳ) $8a\le k<9a$일 때

부등식 $|f(x)|\le k$를 만족시키는 정수는 $x=-3$, -2, -1, 0, 2, 3, 4, 5이므로 $g(k)=8$

(ⅴ) $9a\le k<16a$일 때

부등식 $|f(x)|\le k$를 만족시키는 정수는 $x=-3$, -2, -1, 0, 1, 2, 3, 4, 5이므로 $g(k)=9$

⋮

(ⅰ)~(ⅴ)에 의하여

$g(k)=\begin{cases} \text{짝수 } (k<9a) \\ \text{홀수 } (k\ge 9a) \end{cases}$

가 된다. 즉, $g(k)$의 값이 홀수가 되도록 하는 k의 최솟값은 $9a$이다.

따라서 $9a=18$이므로 $a=2$

또, $|f(-5)|=|f(7)|=27a=54$, $|f(-6)|=|f(8)|=40a=80$, $|f(-7)|=|f(9)|=55a=110$이다.

따라서 $0\le k<10$일 때 $g(k)=2$, $10\le k<14$일 때 $g(k)=4$

$14\le k<16$일 때 $g(k)=6$, $16\le k<18$일 때 $g(k)=8$

$18\le k<32$일 때 $g(k)=9$, $32\le k<54$일 때 $g(k)=11$

$54\le k<80$일 때 $g(k)=13$, $80\le k<110$일 때 $g(k)=15$

$\therefore g(1)+g(2)+\cdots+g(100)$

$=9\times 2+4\times 4+2\times 6+2\times 8+14\times 9$

$+22\times 11+26\times 13+21\times 15$

$=18+16+12+16+126+242+338+315=1083$ 답 1083

참고 $a<0$일 때에도 함수 $y=|f(x)|$의 그래프는 $a>0$일 때의 그래프와 같다.

11 전략 이차방정식의 근과 계수의 관계를 이용하여 주어진 부등식을 k에 대한 이차부등식으로 표현한다.

풀이 이차방정식 $x^2-kx+2k-5=0$의 서로 다른 두 실근이 α, β이므로 근과 계수의 관계에 의하여

$\alpha+\beta=k$, $\alpha\beta=2k-5$

$\therefore \alpha^2+\beta^2=(\alpha+\beta)^2-2\alpha\beta=k^2-2(2k-5)=k^2-4k+10$

부등식 $m(\alpha+\beta)^2\le\alpha^2+\beta^2$에서

$mk^2\le k^2-4k+10$

$\therefore (1-m)k^2-4k+10\ge 0$

모든 실수 k에 대하여 위의 부등식이 성립해야 하므로

$1-m>0$ $\therefore m<1$ ...... ㉠

또, 이차방정식 $(1-m)k^2-4k+10=0$의 판별식을 D라 하면

$\frac{D}{4}=(-2)^2-10(1-m)\le 0$, $10m-6\le 0$

$\therefore m\le\frac{3}{5}$ ...... ㉡

㉠, ㉡을 모두 만족시켜야 하므로 $m\le\frac{3}{5}$

따라서 주어진 부등식을 만족시키는 실수 m의 최댓값은 $\frac{3}{5}$이다.

답 ⑤

12 전략 $0\le x\le 2$에서 부등식 $f(x)\ge g(x)$가 항상 성립하려면 $0\le x\le 2$에서 ($f(x)-g(x)$의 최솟값)≥ 0임을 이용한다.

풀이 $h(x)=f(x)-g(x)$로 놓으면 $0\le x\le 2$에서 부등식 $h(x)\ge 0$이 항상 성립해야 한다.

$h(x)=x^2-ax+8-(-x^2+ax-2a)$

$=2x^2-2ax+8+2a$

$=2\left(x-\frac{a}{2}\right)^2-\frac{a^2}{2}+2a+8$

이므로 함수 $y=h(x)$의 그래프의 대칭축은 $x=\frac{a}{2}$이다.

(i) $\frac{a}{2}<0$, 즉 $a<0$일 때

$0\le x\le 2$에서 함수 $h(x)$의 최솟값은 $h(0)$이므로

$h(0)=2a+8\ge 0$

$\therefore a\ge -4$

그런데 $a<0$이므로 $-4\le a<0$

(ii) $0\le\frac{a}{2}\le 2$, 즉 $0\le a\le 4$일 때

$0\le x\le 2$에서 함수 $h(x)$의 최솟값은 $h\left(\frac{a}{2}\right)$이므로

$h\left(\frac{a}{2}\right)=-\frac{a^2}{2}+2a+8\ge 0$

$a^2-4a-16\le 0$

$\therefore 2-2\sqrt{5}\le a\le 2+2\sqrt{5}$

그런데 $0\le a\le 4$이므로 $0\le a\le 4$

(iii) $\frac{a}{2}>2$, 즉 $a>4$일 때

$0\le x\le 2$에서 함수 $h(x)$의 최솟값은 $h(2)$이므로

$h(2)=-2a+16\ge 0$

$\therefore a\le 8$

그런데 $a>4$이므로 $4<a\le 8$

(i), (ii), (iii)에 의하여 $-4\le a\le 8$이므로 $M=8$, $m=-4$

$\therefore M-m=8-(-4)=12$ 답 ③

13 **전략** 모든 실수 x에 대하여 부등식 $ax^2+bx+c\le 0$이 성립하기 위해서는 $a<0$, $b^2-4ac\le 0$임을 이용한다.

풀이 모든 실수 x에 대하여 부등식 $ax^2+4bx+4c\le 0$이 성립하므로

$a<0$, $(2b)^2-4ac\le 0$

$\therefore a<0$, $b^2-ac\le 0$

같은 방법으로

$bx^2+4cx+4a\le 0$에서 $b<0$, $c^2-ab\le 0$

$cx^2+4ax+4b\le 0$에서 $c<0$, $a^2-bc\le 0$

이때 세 부등식 $a^2-bc\le 0$, $b^2-ac\le 0$, $c^2-ab\le 0$을 변끼리 더하면

$a^2+b^2+c^2-ab-bc-ca\le 0$

$\frac{1}{2}\{(a-b)^2+(b-c)^2+(c-a)^2\}\le 0$

따라서 $\frac{1}{2}\{(a-b)^2+(b-c)^2+(c-a)^2\}=0$이므로

$a=b=c$

이차부등식 $ax^2-2bx-8c\ge 0$에서

$ax^2-2ax-8a\ge 0$

$x^2-2x-8\le 0$ ($\because a<0$), $(x+2)(x-4)\le 0$

$\therefore -2\le x\le 4$

따라서 주어진 부등식을 만족시키는 정수 x는 -2, -1, 0, $\cdots$, 4의 7개이다. 답 ④

14 **전략** 문자가 여러 개인 이차부등식이 항상 성립하려면 순차적으로 한 문자에 대하여 내림차순으로 정리한 후 이차부등식이 항상 성립할 조건을 이용한다.

풀이 주어진 이차방정식을 x에 대한 내림차순으로 정리하면

$x^2-2(m-n)x-4m+an-b=0$ …… ㉠

이차방정식 ㉠이 항상 실근을 가져야 하므로 이차방정식 ㉠의 판별식을 D라 하면

$\frac{D}{4}=(m-n)^2-(-4m+an-b)\ge 0$

$m^2-2mn+n^2+4m-an+b\ge 0$

$\therefore m^2-2(n-2)m+n^2-an+b\ge 0$

위의 부등식이 모든 실수 m에 대하여 성립해야 하므로 이 이차방정식 $m^2-2(n-2)m+n^2-an+b=0$의 판별식을 D'이라 하면

$\frac{D'}{4}=(n-2)^2-(n^2-an+b)\le 0$

$-4n+4+an-b\le 0$

$\therefore (a-4)n+4-b\le 0$

위의 부등식이 모든 실수 n에 대하여 성립해야 하므로

$a-4=0$, $4-b\le 0$

$\therefore a=4$, $b\ge 4$

따라서 $a+b$는 $a=4$, $b=4$일 때 최솟값 $4+4=8$을 갖는다. 답 ④

참고 부등식 $m^2-2(n-2)m+n^2-an+b\ge 0$을 모든 실수 n에 대하여 성립함을 이용하여 풀이해도 결과는 동일하다.

15 **전략** 여러 문자가 있는 부등식은 한 문자에 대하여 내림차순으로 정리한 후 모든 실수 또는 제한된 범위에서 이차부등식이 항상 성립할 조건을 이용한다.

풀이 주어진 부등식을 x에 대한 내림차순으로 정리하면

$yx^2+2(y-1)x+2y+1-k\ge 0$ …… ㉠

부등식 ㉠이 모든 실수 x에 대하여 성립해야 하므로

$y>0$

또, x에 대한 이차방정식 $yx^2+2(y-1)x+2y+1-k=0$의 판별식을 D라 하면

$\frac{D}{4}=(y-1)^2-y(2y+1-k)\le 0$

$-y^2+(k-3)y+1\le 0$

$\therefore y^2-(k-3)y-1\ge 0$ …… ㉡

부등식 ㉡이 $1\le y\le 3$인 모든 실수 y에 대하여 성립해야 하므로

$f(y)=y^2-(k-3)y-1$

로 놓으면 $1\le y\le 3$에서 $(f(y)$의 최솟값$)\ge 0$이어야 한다.

$f(y)=\left(y-\frac{k-3}{2}\right)^2-\frac{(k-3)^2}{4}-1$

이므로 함수 $f(y)$의 그래프의 대칭축은 $y=\frac{k-3}{2}$이다.

(i) $\frac{k-3}{2}<1$, 즉 $k<5$일 때

$1\le y\le 3$에서 $f(y)$의 최솟값은 $f(1)$이므로

$f(1)=3-k\ge 0$

$\therefore k\le 3$

(ii) $1\le\frac{k-3}{2}\le 3$, 즉 $5\le k\le 9$일 때

$1\le y\le 3$에서 $f(y)$의 최솟값은 $f\left(\frac{k-3}{2}\right)$이므로

$f\left(\frac{k-3}{2}\right)=-\frac{(k-3)^2}{4}-1\ge 0$

따라서 실수 k는 존재하지 않는다. $\left(\because -\frac{1}{4}(k-3)^2-1<0\right)$

(iii) $\frac{k-3}{2}>3$, 즉 $k>9$일 때

$1\le y\le 3$에서 $f(y)$의 최솟값은 $f(3)$이므로

$f(3)=-3k+17\ge 0$

$\therefore k\le\frac{17}{3}$

그런데 $k>9$이므로 실수 k는 존재하지 않는다.

(i), (ii), (iii)에 의하여 $k\le 3$

따라서 실수 k의 최댓값은 3이다. 답 ③

16 전략 부등호의 등호 여부에 따라 바르게 보고 푼 부등식을 이용하여 a, b의 값을 구한다.

풀이 a의 값을 잘못 보고 해를 구한 경우 부등식 $x^2+2bx+b^2-1>0$은 바르게 보고 풀었으므로 $x=2$가 이차방정식 $x^2+2bx+b^2-1=0$의 해이다.

$\therefore 2^2+4b+b^2-1=0$

$b^2+4b+3=0$, $(b+3)(b+1)=0$

$\therefore b=-3$ 또는 $b=-1$

그런데 $b=-1$이면 부등식 $x^2-2x>0$의 해가 $x<0$ 또는 $x>2$이므로 연립부등식의 해가 $1\le x<2$가 될 수 없다.

$\therefore b=-3$

한편, b의 값을 잘못 보고 해를 구한 경우 부등식 $x^2-2ax+a^2-1\le 0$은 바르게 보고 풀었으므로 $x=4$가 이차방정식 $x^2-2ax+a^2-1=0$의 해이다.

$\therefore 4^2-8a+a^2-1=0$

$a^2-8a+15=0$, $(a-3)(a-5)=0$

$\therefore a=3$ 또는 $a=5$

그런데 $a=5$이면 부등식 $x^2-10x+24\le 0$의 해가 $4\le x\le 6$이므로 연립부등식의 해가 $3<x\le 4$가 될 수 없다.

$\therefore a=3$

따라서 $a=3$, $b=-3$이므로

$a+b=3+(-3)=0$ 답 ③

17 전략 $[y^2-1]$은 정수임을 이용한다.

풀이 $|x-1|<2$에서 $-2<x-1<2$

$\therefore -1<x<3$ ...... ㉠

$-2<[y^2-1]\le 3$에서 $[y^2-1]$은 정수이므로

$[y^2-1]=-1, 0, 1, 2, 3$

즉, $-1\le y^2-1<4$이므로 $0\le y^2<5$

$\therefore -\sqrt{5}<y<\sqrt{5}$ ...... ㉡

㉠, ㉡에 의하여

$-3-\sqrt{5}<y-x<1+\sqrt{5}$

이때 $-3-\sqrt{5}=-5.\times\times\times$, $1+\sqrt{5}=3.\times\times\times$이므로

$[y-x]$의 최댓값 $M=3$, 최솟값 $m=-6$이다.

$\therefore M+m=3+(-6)=-3$ 답 ②

18 전략 $f(x)=x^2+4|x-2|$로 놓고 이차함수 $y=f(x)$의 그래프와 직선 $y=-k$의 위치 관계를 이용한다.

풀이 부등식 $|x-1|x-x-3\le 0$에서

(i) $x<1$일 때, $-(x-1)x-x-3\le 0$, $-x^2-3\le 0$, $x^2\ge -3$

이 부등식은 모든 실수 x에 대하여 성립하므로

$x<1$

(ii) $x\ge 1$일 때, $(x-1)x-x-3\le 0$

$x^2-2x-3\le 0$, $(x+1)(x-3)\le 0$ $\therefore -1\le x\le 3$

그런데 $x\ge 1$이므로 $1\le x\le 3$

(i), (ii)에 의하여 $x\le 3$ ...... ㉠

부등식 $x^2+4|x-2|+k\le 0$에서 $x^2+4|x-2|\le -k$

이때 $f(x)=x^2+4|x-2|$로 놓으면

$$f(x)=\begin{cases}x^2-4x+8\ (x<2)\\ x^2+4x-8\ (x\ge 2)\end{cases}$$

이므로 함수 $y=f(x)$의 그래프는 오른쪽 그림과 같다.

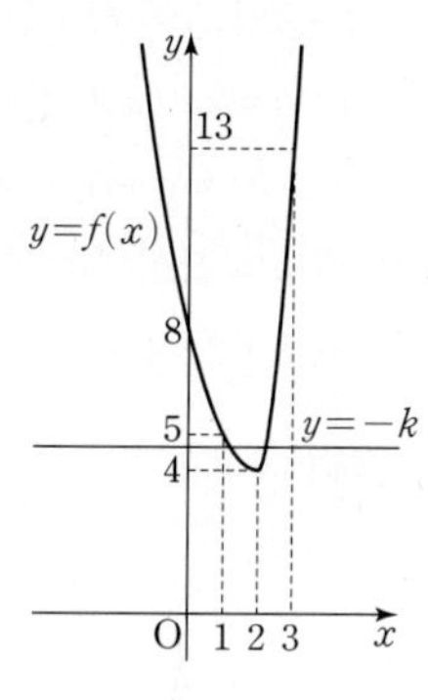

따라서 연립부등식의 정수인 해가 오직 하나이기 위해서는 ㉠에서 부등식 $f(x)\le -k$를 만족시키는 정수 x가 $x=2$뿐이어야 한다.

즉, $4\le -k<5$이어야 한다.

$\therefore -5<k\le -4$ 답 ④

19 전략 함수 $y=|x-a|+|x-b|$의 그래프와 직선 $y=10$의 위치 관계를 이용하여 $f(a, b)$의 값을 구한다.

풀이 $a<b$라 하면 함수 $y=|x-a|+|x-b|$의 그래프는 다음 그림과 같다.

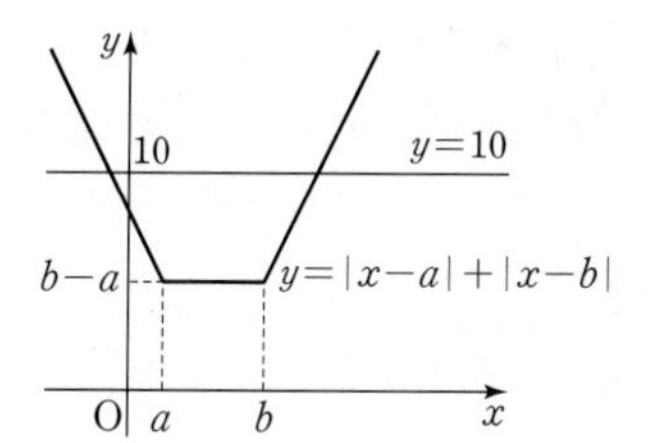

이때 $b-a>10$이면 함수 $y=|x-a|+|x-b|$의 그래프와 직선 $y=10$이 만나지 않으므로 $f(a, b)=0$이다.

따라서 $b-a\le 10$인 경우에 대해서만 생각하면 된다.

부등식 $|x-a|+|x-b|\le 10$에서

(i) $x<a$일 때

$-x+a-x+b\le 10$, $x\ge\frac{a+b-10}{2}$

이때 $b-a\le 10$에서 $b-10\le a$이므로

$\frac{a+b-10}{2}\le\frac{a+a}{2}$

즉, $\frac{a+b-10}{2}\le a$이므로

$\frac{a+b-10}{2}\le x<a$ $(\because x<a)$

(ii) $a\le x<b$일 때

$x-a-x+b\le 10$ $\therefore b-a\le 10$

즉, $a\le x<b$에서 주어진 부등식이 항상 성립한다.

(iii) $x \ge b$일 때

$x-a+x-b \le 10$, $x \le \dfrac{a+b+10}{2}$

이때 $b-a \le 10$에서 $a+10 \ge b$이므로

$\dfrac{a+b+10}{2} \ge \dfrac{b+b}{2}$

즉, $\dfrac{a+b+10}{2} \ge b$이므로

$b \le x \le \dfrac{a+b+10}{2}$ ($\because x \ge b$)

(i), (ii), (iii)에 의하여 주어진 부등식을 만족시키는 x의 값의 범위는

$\dfrac{a+b-10}{2} \le x \le \dfrac{a+b+10}{2}$ …… ㉠

① $a+b$의 값이 짝수일 때

$a+b=2\alpha$ (α는 정수)라 하면 ㉠에서 $\alpha-5 \le x \le \alpha+5$이므로

$f(a, b)=\alpha+5-(\alpha-5)+1=11$

② $a+b$의 값이 홀수일 때

$a+b=2\beta+1$(β는 정수)이라 하면 ㉠에서

$\beta+\dfrac{1}{2}-5 \le x \le \beta+\dfrac{1}{2}+5$이므로

$f(a, b)=\beta+5-(\beta-5)=10$

한편, $m>10$인 정수 m에 대하여

$f(0, m)=f(1, m)=\cdots=f(m-11, m)=0$

이므로

$f(0, m)+f(1, m)+\cdots+f(m, m)$

$=f(m-10, m)+f(m-9, m)+\cdots+f(m, m)$

$=11+10+\cdots+11$ ($\because$ ①, ②)

$=11\times6+10\times5=116$

답 116

1등급 노트 절댓값 기호를 2개 포함한 부등식의 풀이

부등식 $|x-a|+|x-b|<c$ $(a<b, c>0)$는 절댓값 기호 안의 식의 값이 0이 되는 x의 값, 즉 $x=a$, $x=b$를 기준으로 다음과 같이 x의 값의 범위를 나누어 푼다.

(i) $x<a$ (ii) $a \le x<b$ (iii) $x \ge b$

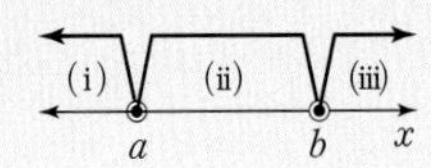

20

전략 부등식 $(a-2)x<3a+2$를 $a>2$, $a=2$, $a<2$인 경우로 나누어 푼다.

풀이 부등식 $|x-a| \le 3$에서 $a-3 \le x \le a+3$

이때 a가 정수이면 $a-3$, $a+3$도 정수이므로 부등식 $|x-a| \le 3$의 정수인 해의 개수는

$a+3-(a-3)+1=7$

따라서 $f(a)=7$이 되려면 부등식 $(a-2)x<3a+2$의 해의 범위가 $a-3 \le x \le a+3$을 포함해야 한다. …… ㉠

부등식 $(a-2)x<3a+2$에서

(i) $a>2$일 때, $x<\dfrac{3a+2}{a-2}$

따라서 ㉠이 성립하려면

$a+3<\dfrac{3a+2}{a-2}$

$(a-2)(a+3)<3a+2$ ($\because a>2$)

$a^2-2a-8<0$, $(a+2)(a-4)<0$

$\therefore -2<a<4$

그런데 $a>2$이므로 $2<a<4$

(ii) $a=2$일 때, $0\times x<8$이므로 x는 모든 실수이다.

따라서 ㉠이 성립하므로 $a=2$

(iii) $a<2$일 때, $x>\dfrac{3a+2}{a-2}$

따라서 ㉠이 성립하려면

$\dfrac{3a+2}{a-2}<a-3$

$(a-2)(a-3)<3a+2$ ($\because a<2$)

$a^2-8a+4<0$

$\therefore 4-2\sqrt{3}<a<4+2\sqrt{3}$

그런데 $a<2$이므로

$4-2\sqrt{3}<a<2$

(i), (ii), (iii)에 의하여 $4-2\sqrt{3}<a<4$

따라서 $f(a)=7$을 만족시키는 정수 a의 값은 1, 2, 3이므로 그 합은

$1+2+3=6$

답 ③

21

전략 주어진 조건을 만족시키는 함수 $h(x)$의 그래프의 개형을 찾기 위해 두 함수 $f(x)$, $g(x)$의 그래프의 위치 관계에 따라 경우를 나누어 생각한다.

풀이 조건 (가)에 의하여 모든 실수 x에 대하여 $f(1+x)=f(1-x)$이므로 이차함수 $y=f(x)$의 그래프의 대칭축은 $x=1$이다.

따라서 $f(x)=a(x-1)^2+c$ (a, c는 상수)로 놓을 수 있다.

함수 $y=h(x)$의 그래프의 개형을 찾기 위해 a의 값의 부호와 두 함수 $y=f(x)$, $y=g(x)$의 그래프의 위치 관계에 따라 경우를 나누어 보자.

방정식 $f(x)=g(x)$의 판별식을 D라 하면

(i) $a<0$일 때

① $D \le 0$인 경우

모든 실수 x에 대하여 $h(x)=g(x)$이므로 조건 (나)를 만족시키지 않는다.

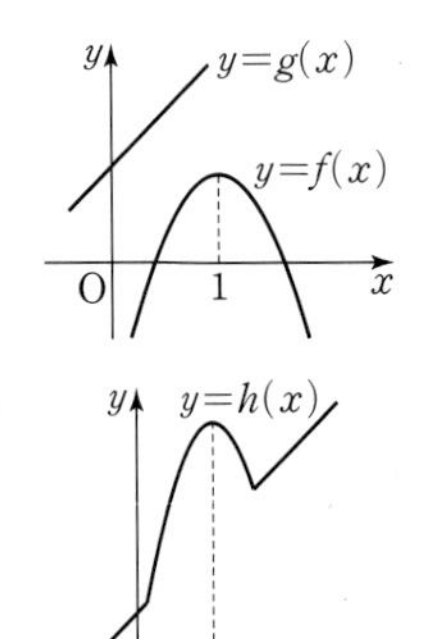

② $D>0$인 경우

함수 $y=h(x)$의 그래프의 개형은 오른쪽 그림과 같다.

이 경우는 조건 (나)를 만족시키지 않는다.

(ii) $a>0$일 때

③ $D \le 0$인 경우

모든 실수 x에 대해 $h(x)=f(x)$

이때 이차함수 $y=f(x)$의 그래프의 대칭축이 $x=1$이므로 부등식 $h(x) \le 3$의 해의 최댓값과 최솟값이 직선 $x=1$에 대하여 대칭이어야 한다.

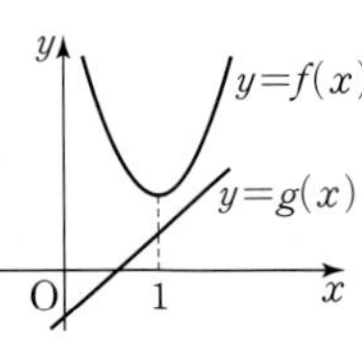

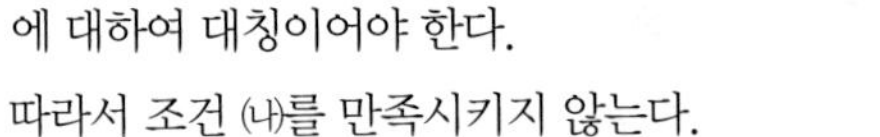

따라서 조건 (나)를 만족시키지 않는다.

④ $D>0$인 경우

함수 $y=h(x)$의 그래프의 개형은 오른쪽 그림과 같다. 이때 조건 ㈏를 만족시키려면 $f(-1)=3$, $g(1)=3$이어야 한다.

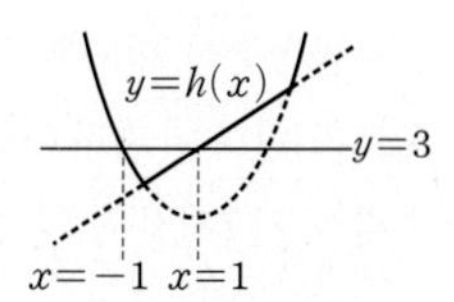

$f(-1)=4a+c=3$, $g(1)=2+b=3$

$\therefore c=3-4a$, $b=1$

(i), (ii)에 의하여 $b=1$이고,

$f(x)=a(x-1)^2+3-4a=ax^2-2ax-3a+3$ (단, $a>0$)

따라서 모든 실수 x에 대하여 $f(x)\geq 0$이 성립하려면 이차방정식 $f(x)=0$의 판별식을 D라 할 때

$\frac{D}{4}=(-a)^2-a(-3a+3)\leq 0$

$4a^2-3a\leq 0$, $a(4a-3)\leq 0$

$\therefore 0<a\leq \frac{3}{4}$ ($\because a>0$)

따라서 $0<a\leq \frac{3}{4}$, $b=1$이므로 $a+b$의 최댓값은

$\frac{3}{4}+1=\frac{7}{4}$

답 ③

22 전략 $3x^2-2(2a-1)x+a^2-1=(3x-a-1)(x-a+1)$에서 두 근 $\frac{a+1}{3}$, $a-1$의 대소 관계를 파악하여 경우를 나눈다.

풀이 $x^2+x-2>0$에서

$(x+2)(x-1)>0$

$\therefore x<-2$ 또는 $x>1$ ...... ㉠

한편, $3x^2-2(2a-1)x+a^2-1=(3x-a-1)(x-a+1)$이므로 방정식 $3x^2-2(2a-1)x+a^2-1=0$의 두 근은

$\frac{a+1}{3}$, $a-1$

부등식 $3x^2-2(2a-1)x+a^2-1<0$에서

(i) $\frac{a+1}{3}=a-1$, 즉 $a=2$일 때

$3x^2-2(2a-1)x+a^2-1=3(x-a+1)^2\geq 0$

따라서 부등식 $3x^2-2(2a-1)x+a^2-1<0$을 만족시키는 해가 없다.

(ii) $\frac{a+1}{3}<a-1$, 즉 $a>2$일 때

부등식 $3x^2-2(2a-1)x+a^2-1<0$의 해는

$\frac{a+1}{3}<x<a-1$ ...... ㉡

이때 $a>2$에서 $\frac{a+1}{3}>1$, $a-1>1$이므로 ㉠, ㉡에서 주어진 연립부등식의 해는

$\frac{a+1}{3}<x<a-1$

이를 만족시키는 정수인 해를 n $(n>1)$이라 하면

$n-1\leq \frac{a+1}{3}<n$, $n<a-1\leq n+1$

$\therefore 3n-4\leq a<3n-1$, $n+1<a\leq n+2$ ...... ㉢

이때 $n>1$이므로

$3n-1-(n+1)=2n-2>0$

즉, $3n-1>n+1$

따라서 ㉢의 해가 존재하려면

$3n-4\leq n+2$, $2n\leq 6$

$\therefore n\leq 3$

n은 1보다 큰 정수이므로 $n=2$ 또는 $n=3$

① $n=2$일 때, ㉢에서 $2\leq a<5$, $3<a\leq 4$이므로

$3<a\leq 4$

② $n=3$일 때, ㉢에서 $5\leq a<8$, $4<a\leq 5$이므로

$a=5$

①, ②에 의하여 $3<a\leq 4$ 또는 $a=5$

(iii) $\frac{a+1}{3}>a-1$, 즉 $a<2$일 때

부등식 $3x^2-2(2a-1)x+a^2-1<0$의 해는

$a-1<x<\frac{a+1}{3}$ ...... ㉣

이때 $\frac{a+1}{3}>-2$, 즉 $a>-7$이면 ㉠, ㉣에서 주어진 연립부등식의 해는

$a-1<x<-2$

위의 식을 만족시키는 정수 x의 개수가 1이므로

$-4\leq a-1<-3$ $\quad\therefore -3\leq a<-2$

또, $\frac{a+1}{3}<-2$, 즉 $a<-7$이면 ㉠, ㉣에서 주어진 연립부등식의 해는

$a-1<x<\frac{a+1}{3}$

이를 만족시키는 정수인 해를 m $(m<-2)$이라 하면

③ $m=-3$일 때, $-4\leq a-1<-3$, $-3<\frac{a+1}{3}<1$

$-3\leq a<-2$, $-10<a<2$

$\therefore -3\leq a<-2$

④ $m\leq -4$일 때, $m-1\leq a-1<m$, $m<\frac{a+1}{3}\leq m+1$

$\therefore m\leq a<m+1$, $3m-1<a\leq 3m+2$ ...... ㉤

이때 $m<-2$이므로

$3m-1-(m+1)=2m-2<0$

즉, $3m-1<m+1$

따라서 ㉤의 해가 존재하려면

$m\leq 3m+2$, $-2m\leq 2$

$\therefore m\geq -1$

이것은 $m\leq -4$를 만족시키지 않는다.

③, ④에 의하여 $-3\leq a<-2$

(i), (ii), (iii)에 의하여 실수 a의 값의 범위는

$-3\leq a<-2$ 또는 $3<a\leq 4$ 또는 $a=5$

이므로 실수 a의 최댓값 $M=5$, 최솟값 $m=-3$

$\therefore M+m=5+(-3)=2$

답 ②

Ⅲ 도형의 방정식

09 점과 직선

Step A 1등급을 위한 고난도 빈출 & 핵심 문제 본문 82~83쪽

01 $4\sqrt{2}$	02 13	03 ④	04 ②	05 -14
06 17	07 -8	08 ③	09 $-\frac{6}{7}$	10 5
11 ④	12 $-\frac{1}{7}$	13 ①	14 ③	15 ③
16 $\frac{2}{3}$				

01 x축 위의 점 P의 좌표를 $(a, 0)$이라 하면 $\overline{AP}=\overline{BP}$에서 $\overline{AP}^2=\overline{BP}^2$이므로

$(a-2)^2+(0-1)^2=(a-5)^2+\{0-(-2)\}^2$

$a^2-4a+5=a^2-10a+29$, $6a=24$

$\therefore a=4 \quad \therefore P(4, 0)$

y축 위의 점 Q의 좌표를 $(0, b)$라 하면 $\overline{AQ}=\overline{BQ}$에서 $\overline{AQ}^2=\overline{BQ}^2$이므로

$(0-2)^2+(b-1)^2=(0-5)^2+\{b-(-2)\}^2$

$b^2-2b+5=b^2+4b+29$, $6b=-24$

$\therefore b=-4 \quad \therefore Q(0, -4)$

따라서 선분 PQ의 길이는

$\sqrt{(-4)^2+(-4)^2}=4\sqrt{2}$ 답 $4\sqrt{2}$

02 $\overline{AB}=\sqrt{\{4-(-2)\}^2+(5-1)^2}=\sqrt{36+16}=2\sqrt{13}$

$\overline{BC}=\sqrt{(3-4)^2+(0-5)^2}=\sqrt{1+25}=\sqrt{26}$

$\overline{CA}=\sqrt{(-2-3)^2+(1-0)^2}=\sqrt{25+1}=\sqrt{26}$

따라서 $\overline{AB}^2=\overline{BC}^2+\overline{CA}^2$이므로 삼각형 ABC는 $\angle C=90°$인 직각삼각형이다.

$$\therefore \triangle ABC=\frac{1}{2}\times\overline{BC}\times\overline{CA}=\frac{1}{2}\times\sqrt{26}\times\sqrt{26}=\frac{1}{2}\times 26=13$$

답 13

빠른풀이 삼각형 ABC에서 세 꼭짓점의 좌표가 주어졌으므로 삼각형 ABC의 넓이는

$$\triangle ABC=\frac{1}{2}\times|(-2-4)\times 0+(4-3)\times 1+\{3-(-2)\}\times 5|=\frac{1}{2}\times|1+25|=\frac{1}{2}\times 26=13$$

참고 좌표평면 위의 서로 다른 세 점 (x_1, y_1), (x_2, y_2), (x_3, y_3)을 꼭짓점으로 하는 삼각형의 넓이는

$$\frac{1}{2}|(x_1-x_2)y_3+(x_2-x_3)y_1+(x_3-x_1)y_2|$$

03 지안이가 움직이는 직선 도로를 x축, 지훈이가 움직이는 직선 도로를 y축이 되도록 두 직선 도로를 좌표평면 위에 놓으면 두 직선 도로가 만나는 지점 O는 원점이다.

출발한 지 t시간 후의 지훈이와 지안이의 위치를 각각 좌표평면 위의 두 점 P, Q라 하면

$P(0, 5-3t)$, $Q(4t, 0)$

$$\overline{PQ}=\sqrt{(4t)^2+(-5+3t)^2}=\sqrt{25t^2-30t+25}=\sqrt{25\left(t-\frac{3}{5}\right)^2+16}$$

즉, $\overline{PQ}$의 길이는 $t=\frac{3}{5}$일 때, 최솟값 4를 갖는다.

따라서 두 사람 사이의 거리가 가장 가까워지는 것은 36분 후이다.

답 ④

04 수직선 위의 네 점 A, B, P, Q의 좌표를 각각 a, b, p, q라 하면

$p=\frac{3b+a}{3+1}=\frac{a+3b}{4}$, $q=\frac{3b-a}{3-1}=\frac{-a+3b}{2}$

ㄱ. 선분 AQ의 중점의 좌표는

$$\frac{a+q}{2}=\frac{a+\frac{-a+3b}{2}}{2}=\frac{a+3b}{4}$$

따라서 점 P는 선분 AQ의 중점이다. (참)

ㄴ. 선분 PQ를 1 : 2로 외분하는 점의 좌표는

$$\frac{q-2p}{1-2}=\frac{\frac{-a+3b}{2}-2\times\frac{a+3b}{4}}{1-2}=a$$

따라서 점 A는 선분 PQ를 1 : 2로 외분하는 점이다. (참)

ㄷ. 선분 AQ를 3 : 2로 내분하는 점의 좌표는

$$\frac{3q+2a}{3+2}=\frac{3\times\frac{-a+3b}{2}+2a}{3+2}=\frac{a+9b}{10}$$

즉, 점 B는 선분 AQ를 3 : 2로 내분하는 점이 아니다. (거짓)

따라서 옳은 것은 ㄱ, ㄴ이다. 답 ②

다른풀이 조건을 만족시키는 수직선 위의 네 점 A, B, P, Q는 다음 그림과 같다.

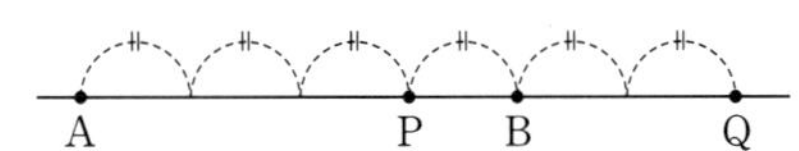

ㄱ. $\overline{PA}=\overline{PQ}$이므로 점 P는 선분 AQ의 중점이다. (참)

ㄴ. $\overline{AP} : \overline{AQ}=1 : 2$이므로 점 A는 선분 PQ를 1 : 2로 외분하는 점이다. (참)

ㄷ. $\overline{AB} : \overline{BQ}=2 : 1$이므로 점 B는 선분 AQ를 2 : 1로 내분하는 점이다. (거짓)

05 $\triangle OBP=3\triangle OAB$에서

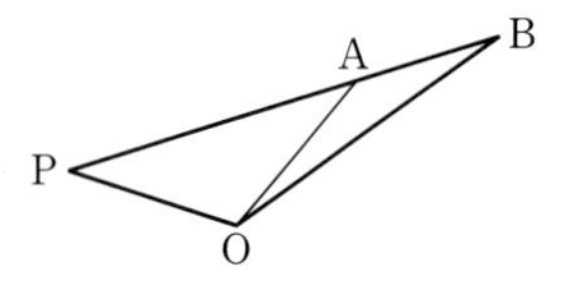

$\overline{BP}=3\overline{AB}$

즉, 점 P는 선분 AB를 2 : 3으로 외분하는 점이므로

$P\left(\frac{2\times5-3\times2}{2-3}, \frac{2\times8-3\times2}{2-3}\right)$, 즉 $P(-4, -10)$

따라서 $p=-4$, $q=-10$이므로

$p+q=-4+(-10)=-14$ 답 -14

06 삼각형 ABC에서 각의 이등분선의 성질에 의하여

$\overline{AB} : \overline{AC} = \overline{BP} : \overline{CP}$

$\overline{AB} = \sqrt{(4-9)^2+(0-12)^2} = 13$, $\overline{AC} = \sqrt{(13-9)^2+(9-12)^2} = 5$

이므로 $\overline{BP} : \overline{CP} = 13 : 5$

즉, 점 P는 변 BC를 13 : 5로 내분하는 점이므로

$P\left(\frac{13\times13+5\times4}{13+5}, \frac{13\times9+5\times0}{13+5}\right)$, 즉 $P\left(\frac{21}{2}, \frac{13}{2}\right)$

따라서 $a=\frac{21}{2}$, $b=\frac{13}{2}$이므로

$a+b=\frac{21}{2}+\frac{13}{2}=\frac{34}{2}=17$ 답 17

개념 연계 중학 수학 **내각의 이등분선의 성질**

삼각형 ABC에서 ∠A의 이등분선이 변 BC와 만나는 점을 M이라 하면

$\overline{AB} : \overline{AC} = \overline{BM} : \overline{CM}$

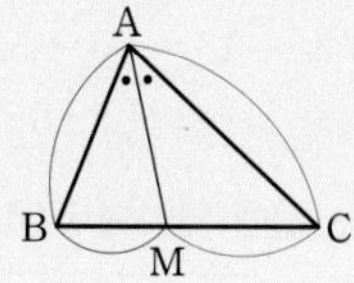

07 점 E는 변 BC를 2 : 1로 내분하는 점이므로

$\frac{2a-1}{2+1}=3$, $\frac{2b+4}{2+1}=-2$

$2a-1=9$, $2b+4=-6$

$\therefore a=5, b=-5$

점 D는 변 AB를 2 : 1로 내분하는 점이므로

$D\left(\frac{2\times(-1)+1\times2}{2+1}, \frac{2\times4+1\times(-3)}{2+1}\right)$, 즉 $D\left(0, \frac{5}{3}\right)$

점 F는 변 CA를 2 : 1로 내분하는 점이므로

$F\left(\frac{2\times2+1\times5}{2+1}, \frac{2\times(-3)+1\times(-5)}{2+1}\right)$, 즉 $F\left(3, -\frac{11}{3}\right)$

따라서 삼각형 DEF의 무게중심의 좌표는

$\left(\frac{0+3+3}{3}, \frac{\frac{5}{3}+(-2)+\left(-\frac{11}{3}\right)}{3}\right)$, 즉 $\left(2, -\frac{4}{3}\right)$

따라서 $m=2$, $n=-\frac{4}{3}$이므로

$3mn=3\times2\times\left(-\frac{4}{3}\right)=-8$ 답 -8

빠른풀이 A(2, −3), B(−1, 4), C(5, −5)이므로 삼각형 ABC의 무게중심의 좌표는

$\left(\frac{2+(-1)+5}{3}, \frac{(-3)+4+(-5)}{3}\right)$, 즉 $\left(2, -\frac{4}{3}\right)$

이때 삼각형 DEF의 무게중심은 삼각형 ABC의 무게중심과 일치하므로 삼각형 DEF의 무게중심의 좌표도 $\left(2, -\frac{4}{3}\right)$이다.

참고 삼각형 ABC의 세 변 AB, BC, CA를 각각 $m : n$으로 내분(또는 외분)하는 점을 D, E, F라 할 때, 삼각형 DEF의 무게중심은 삼각형 ABC의 무게중심과 일치한다.

08 직선 $y=ax+3a+1$, 즉 $a(x+3)-y+1=0$은 a의 값에 관계없이 점 $(-3, 1)$, 즉 점 A를 지난다.

따라서 직선 $y=ax+3a+1$은 꼭짓점 A를 지나면서 삼각형 ABC의 넓이를 이등분하므로 변 BC의 중점을 지나야 한다.

변 BC의 중점의 좌표는

$\left(\frac{0+4}{2}, \frac{(-3)+(-1)}{2}\right)$, 즉 $(2, -2)$

이므로 이 점의 좌표를 $y=ax+3a+1$에 대입하면

$-2=2a+3a+1$, $5a=-3$

$\therefore a=-\frac{3}{5}$ 답 ③

09 직선 $x-y+4=0$의 x절편은 -4, y절편은 4이다.

직선 $mx-y-3m+1=0$은 $m(x-3)-y+1=0$이므로 m의 값에 관계없이 점 A(3, 1)을 지난다.

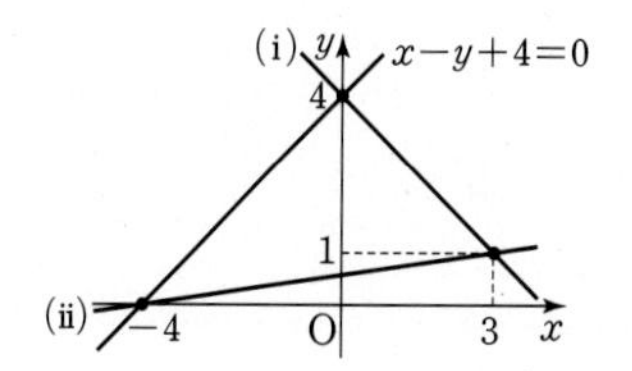

위의 그림에서

(i) 직선 $mx-y-3m+1=0$이 점 $(0, 4)$를 지날 때

$-4-3m+1=0$

$\therefore m=-1$

(ii) 직선 $mx-y-3m+1=0$이 점 $(-4, 0)$을 지날 때

$-4m-3m+1=0$

$\therefore m=\frac{1}{7}$

(i), (ii)에 의하여 두 직선 $x-y+4=0$, $mx-y-3m+1=0$이 제2사분면에서 만나도록 하는 실수 m의 값의 범위는

$-1<m<\frac{1}{7}$

따라서 $\alpha=-1$, $\beta=\frac{1}{7}$이므로

$\alpha+\beta=-1+\frac{1}{7}=-\frac{6}{7}$ 답 $-\frac{6}{7}$

10 $(k+1)x-(k-1)y-k-3=0$을 k에 대하여 정리하면

$(x-y-1)k+x+y-3=0$

위의 식이 실수 k의 값에 관계없이 성립하므로

$x-y-1=0$, $x+y-3=0$

위의 두 식을 연립하여 풀면

$x=2$, $y=1$

$\therefore$ A(2, 1)

점 A를 지나고 직선 $y=3x-2$에 수직인 직선은 점 A(2, 1)을 지나고 기울기가 $-\frac{1}{3}$인 직선이므로 구하는 직선의 방정식은

$y=-\frac{1}{3}(x-2)+1$

$\therefore y=-\frac{1}{3}x+\frac{5}{3}$

위의 식에 $y=0$을 대입하면

$0=-\frac{1}{3}x+\frac{5}{3}$ $\therefore x=5$

따라서 구하는 직선의 x절편은 5이다. 답 5

11 서로 다른 세 직선이 좌표평면을 4개의 영역으로 나누는 경우는 세 직선이 모두 평행할 때이다.
두 직선 $x+3y-3=0$, $ax-y-2=0$이 평행하려면
$\frac{a}{1}=\frac{-1}{3}\neq\frac{-2}{-3}$ $\quad\therefore a=-\frac{1}{3}$
두 직선 $x+3y-3=0$, $x+2by+1=0$이 평행하려면
$\frac{1}{1}=\frac{2b}{3}\neq\frac{1}{-3}$ $\quad\therefore b=\frac{3}{2}$
$\therefore ab=\left(-\frac{1}{3}\right)\times\frac{3}{2}=-\frac{1}{2}$

답 ④

12 직선 $2x-y-5=0$이 선분 AB의 중점 $\left(\frac{a+5}{2}, \frac{b-3}{2}\right)$을 지나므로
$2\times\frac{a+5}{2}-\frac{b-3}{2}-5=0$
$\therefore 2a-b=-3$ $\quad\cdots\cdots$ ㉠
또, 직선 AB의 기울기는 $\frac{-3-b}{5-a}$이고, 직선 AB와 직선 $2x-y-5=0$, 즉 $y=2x-5$가 수직이므로
$\frac{-3-b}{5-a}\times2=-1$
$a-5=-2b-6$ $\quad\therefore a+2b=-1$ $\quad\cdots\cdots$ ㉡
㉠, ㉡을 연립하여 풀면
$a=-\frac{7}{5}$, $b=\frac{1}{5}$
$\therefore \mathrm{A}\left(-\frac{7}{5}, \frac{1}{5}\right)$
따라서 직선 OA의 기울기는
$\frac{\frac{1}{5}}{-\frac{7}{5}}=-\frac{1}{7}$

답 $-\frac{1}{7}$

13 두 직선 $2x-y+1=0$, $3x+y+4=0$을 연립하여 풀면
$x=-1$, $y=-1$
이므로 두 직선 $2x-y+1=0$, $3x+y+4=0$의 교점의 좌표는 $(-1, -1)$
이때 점 $(-1, -1)$을 지나는 직선 중에서 점 $(3, 1)$과의 거리가 최대인 직선은 두 점 $(-1, -1)$, $(3, 1)$을 지나는 직선과 수직인 직선이다.
두 점 $(-1, -1)$, $(3, 1)$을 지나는 직선의 기울기는
$\frac{1-(-1)}{3-(-1)}=\frac{1}{2}$
이므로 이 직선과 수직인 직선의 기울기는 -2이다.
점 $(-1, -1)$을 지나고 기울기가 -2인 직선의 방정식은
$y-(-1)=-2\{x-(-1)\}$
$y+1=-2(x+1)$ $\quad\therefore y=-2x-3$
따라서 구하는 직선의 y절편은 -3이다.

답 ①

14 두 직선의 방정식 $2x+y-3=0$, $x-2y+1=0$을 연립하여 풀면
$x=1$, $y=1$ $\quad\therefore \mathrm{A}(1, 1)$
점 P의 좌표를 (a, b)라 하면 점 P는 직선 $3x-y-12=0$ 위의 점이므로
$3a-b-12=0$, 즉 $b=3a-12$
점 $\mathrm{P}(a, 3a-12)$에서 두 직선 $2x+y-3=0$, $x-2y+1=0$까지의 거리가 서로 같으므로
$\frac{|2a+(3a-12)-3|}{\sqrt{2^2+1^2}}=\frac{|a-2(3a-12)+1|}{\sqrt{1^2+(-2)^2}}$
$\frac{|5a-15|}{\sqrt{5}}=\frac{|-5a+25|}{\sqrt{5}}$, $|5a-15|=|-5a+25|$
$\therefore 5a-15=-5a+25$ 또는 $5a-15=-(-5a+25)$
(i) $5a-15=-5a+25$일 때
$10a=40$에서 $a=4$
(ii) $5a-15=-(-5a+25)$일 때
$5a-15=5a-25$에서 이를 만족시키는 a는 없다.
(i), (ii)에 의하여 $\mathrm{P}(4, 0)$이므로
$\overline{\mathrm{AP}}=\sqrt{(4-1)^2+(0-1)^2}=\sqrt{10}$

답 ③

15 오른쪽 그림과 같이 두 직선 $y=x$, $2x+3y=15$의 교점을 A, 두 직선 $y=\frac{1}{3}x$, $2x+3y=15$의 교점을 B라 하자.
두 직선 $y=x$, $2x+3y=15$를 연립하여 풀면
$x=3$, $y=3$ $\quad\therefore \mathrm{A}(3, 3)$
두 직선 $y=\frac{1}{3}x$, $2x+3y=15$를 연립하여 풀면
$x=5$, $y=\frac{5}{3}$ $\quad\therefore \mathrm{B}\left(5, \frac{5}{3}\right)$
$\overline{\mathrm{AB}}=\sqrt{(5-3)^2+\left(\frac{5}{3}-3\right)^2}=\frac{2\sqrt{13}}{3}$
원점 O와 직선 $2x+3y=15$, 즉 $2x+3y-15=0$ 사이의 거리는
$\frac{|-15|}{\sqrt{2^2+3^2}}=\frac{15}{\sqrt{13}}$
$\therefore \triangle\mathrm{AOB}=\frac{1}{2}\times\frac{2\sqrt{13}}{3}\times\frac{15}{\sqrt{13}}=5$

답 ③

빠른풀이 삼각형 AOB의 세 꼭짓점의 좌표가 $\mathrm{O}(0, 0)$, $\mathrm{A}(3, 3)$, $\mathrm{B}\left(5, \frac{5}{3}\right)$이므로
$\triangle\mathrm{AOB}=\frac{1}{2}\times\left|(0-3)\times\frac{5}{3}+(3-5)\times0+(5-0)\times3\right|$
$=\frac{1}{2}\times|-5+15|=\frac{1}{2}\times10=5$

16 두 직선 $2x+y-1=0$, $x-2y+1=0$이 이루는 각의 이등분선 위의 점 P의 좌표를 (x, y)로 놓으면 점 $\mathrm{P}(x, y)$에서 두 직선까지의 거리가 같으므로
$\frac{|2x+y-1|}{\sqrt{2^2+1^2}}=\frac{|x-2y+1|}{\sqrt{1^2+(-2)^2}}$
$|2x+y-1|=|x-2y+1|$에서
$2x+y-1=x-2y+1$ 또는 $2x+y-1=-(x-2y+1)$
$\therefore x+3y-2=0$ 또는 $3x-y=0$

이때 기울기가 음수인 직선의 방정식은

$x+3y-2=0$

이고, 이 직선의 x절편은 2, y절편은 $\frac{2}{3}$이다.

따라서 구하는 도형의 넓이는

$\frac{1}{2}\times2\times\frac{2}{3}=\frac{2}{3}$ 답 $\frac{2}{3}$

B Step 1등급을 위한 고난도 기출 VS 변형 유형

본문 84~87쪽

1 ⑤	1-1 ②	2 ⑤	2-1 ①	3 20	3-1 ⑤
4 7	4-1 ⑤	5 ④	5-1 ①	6 ②	6-1 ⑤
7 −2	7-1 171	8 ④	8-1 1	9 ⑤	9-1 ③
10 ②	10-1 ④	11 ④	11-1 ①	12 ③	12-1 ②

1 전략 주어진 조건을 만족시키는 정사각형 ABCD를 좌표평면 위에 놓고 점 A, B, C, D의 좌표를 정한다.

풀이 점 A를 원점, 직선 AB와 직선 AD가 각각 x축, y축 위에 오도록 정사각형 ABCD를 좌표평면 위에 놓으면 오른쪽 그림과 같다.

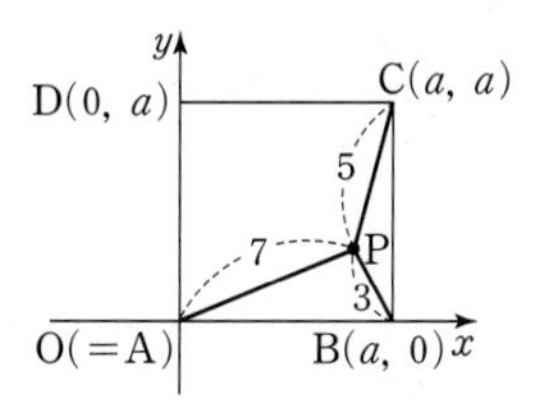

점 B의 좌표를 $(a, 0)$으로 놓으면

C(a, a), D$(0, a)$

이때 점 P의 좌표를 (x, y)로 놓으면

$\overline{\text{AP}}=\sqrt{x^2+y^2}=7$에서

$x^2+y^2=49$ …… ㉠

$\overline{\text{BP}}=\sqrt{(x-a)^2+y^2}=3$에서

$(x-a)^2+y^2=9$ …… ㉡

$\overline{\text{CP}}=\sqrt{(x-a)^2+(y-a)^2}=5$에서

$(x-a)^2+(y-a)^2=25$ …… ㉢

㉠−㉡을 하면

$2ax-a^2=40$, 즉 $x=\frac{a^2+40}{2a}$ …… ㉣

㉡−㉢을 하면

$2ay-a^2=-16$, 즉 $y=\frac{a^2-16}{2a}$ …… ㉤

㉣, ㉤을 ㉠에 대입하여 정리하면

$\frac{(a^2+40)^2}{4a^2}+\frac{(a^2-16)^2}{4a^2}=49$

$a^4-74a^2+928=0$, $(a^2-58)(a^2-16)=0$

$a^2=58$ 또는 $a^2=16$

이때 △PAB에서 $a>7$이므로

$a^2=58$ $\therefore a=\sqrt{58}$

따라서 정사각형 ABCD의 둘레의 길이는 $4\sqrt{58}$이다. 답 ⑤

1-1 전략 주어진 조건을 만족시키는 정삼각형 ABC를 좌표평면 위에 놓고, 점 A, B, C의 좌표를 정한다.

풀이 선분 BC의 중점이 원점, 선분 BC가 x축 위에 오도록 삼각형 ABC를 좌표평면 위에 놓으면 오른쪽 그림과 같다.

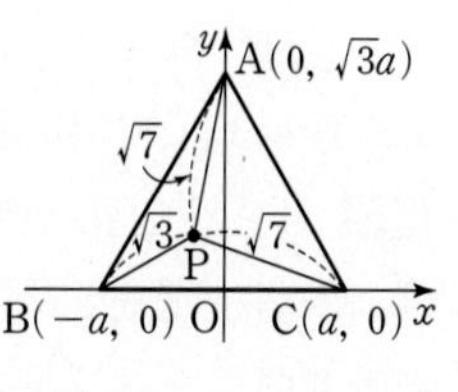

정삼각형 ABC의 한 변의 길이를 $2a$라 하면 A$(0, \sqrt{3}a)$, B$(-a, 0)$, C$(a, 0)$이다.

이때 점 P의 좌표를 (x, y)로 놓으면

$\overline{\text{AP}}^2=x^2+(y-\sqrt{3}a)^2=7$ …… ㉠

$\overline{\text{BP}}^2=(x+a)^2+y^2=3$ …… ㉡

$\overline{\text{CP}}^2=(x-a)^2+y^2=7$ …… ㉢

㉡−㉢을 하면 $4ax=-4$ $\therefore x=-\frac{1}{a}$ ($\because a\neq0$) …… ㉣

㉡−㉠을 하면 $2ax+a^2+2\sqrt{3}ay-3a^2=-4$

위의 식에 ㉣을 대입하면 $-2+2\sqrt{3}ay-2a^2=-4$

$\therefore y=\frac{a^2-1}{\sqrt{3}a}$ …… ㉤

㉣, ㉤을 ㉢에 대입하면 $\left(-\frac{1}{a}-a\right)^2+\left(\frac{a^2-1}{\sqrt{3}a}\right)^2=7$

$\frac{a^2+1}{a^2}+\frac{(a^2-1)^2}{3a^2}=7$, $3(a^4+2a^2+1)+(a^4-2a^2+1)=21a^2$

$4a^4-17a^2+4=0$, $(4a^2-1)(a^2-4)=0$

$\therefore a=\frac{1}{2}$ 또는 $a=2$ ($\because a>0$)

(i) $a=\frac{1}{2}$일 때

$a=\frac{1}{2}$을 ㉣, ㉤에 대입하면 $x=-2$, $y=-\frac{\sqrt{3}}{2}$

즉, 점 P$\left(-2, -\frac{\sqrt{3}}{2}\right)$은 정삼각형 ABC의 외부에 있으므로 주어진 조건을 만족시키지 않는다.

(ii) $a=2$일 때

$a=2$를 ㉣, ㉤에 대입하면 $x=-\frac{1}{2}$, $y=\frac{\sqrt{3}}{2}$

즉, 점 P$\left(-\frac{1}{2}, \frac{\sqrt{3}}{2}\right)$은 정삼각형 ABC의 내부에 있으므로 주어진 조건을 만족시킨다.

(i), (ii)에 의하여 정삼각형 ABC의 한 변의 길이는 $2a=2\times2=4$이므로 정삼각형 ABC의 넓이는

$\frac{\sqrt{3}}{4}\times4^2=4\sqrt{3}$ 답 ②

참고 한 변의 길이가 a인 정삼각형의 높이는 $\frac{\sqrt{3}}{2}a$이고, 넓이는 $\frac{\sqrt{3}}{4}a^2$이다.

2 전략 점 P의 좌표를 (x, y)로 놓고, 두 점 사이의 거리를 이용하여 $\overline{\text{OP}}^2+\overline{\text{AP}}^2+\overline{\text{BP}}^2$을 x, y에 대한 식으로 나타낸다.

풀이 점 P의 좌표를 (x, y)로 놓으면

$\overline{\text{OP}}^2+\overline{\text{AP}}^2+\overline{\text{BP}}^2$

$=(x^2+y^2)+\{(x-3)^2+y^2\}+\{x^2+(y-6)^2\}$

$=3x^2+3y^2-6x-12y+45$

$=3(x-1)^2+3(y-2)^2+30$

따라서 $x=1$, $y=2$일 때 $\overline{\text{OP}}^2+\overline{\text{AP}}^2+\overline{\text{BP}}^2$의 최솟값은 30이다.

답 ⑤

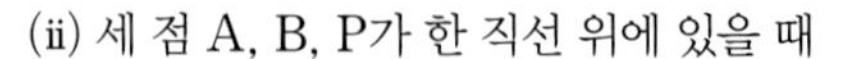

2-1 **전략** 주어진 조건을 만족시키는 이등변삼각형 ABC를 좌표평면 위에 놓고 점 A, B, C의 좌표를 정한다.

풀이 점 A가 원점, 선분 AB가 x축 위에 오도록 이등변삼각형 ABC를 좌표평면 위에 놓으면 오른쪽 그림과 같다.

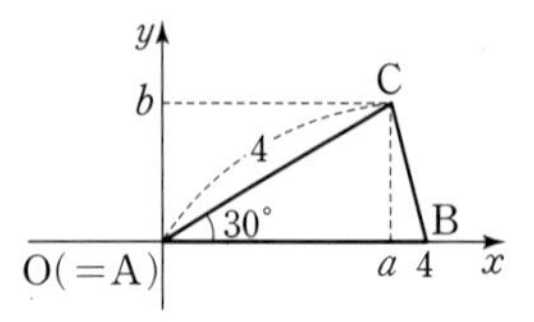

이때 $\overline{AB}=4$이므로 점 B의 좌표는 $(4,\ 0)$이고, 점 C의 좌표를 $(a,\ b)$로 놓으면

$a=\overline{AC}\times\cos A=4\cos 30^\circ=4\times\dfrac{\sqrt{3}}{2}=2\sqrt{3}$

$b=\overline{AC}\times\sin A=4\sin 30^\circ=4\times\dfrac{1}{2}=2$

$\therefore\ C(2\sqrt{3},\ 2)$

점 P는 선분 AB, 즉 x축 위의 점이므로 $P(t,\ 0)\ (0\le t\le 4)$로 놓으면

$\overline{PB}^2+\overline{PC}^2=(t-4)^2+\{(t-2\sqrt{3})^2+(0-2)^2\}$

$=(t^2-8t+16)+\{(t^2-4\sqrt{3}t+12)+4\}$

$=2t^2-4(2+\sqrt{3})t+32$

$=2(t-2-\sqrt{3})^2+18-8\sqrt{3}$

따라서 $t=2+\sqrt{3}$일 때, $\overline{PB}^2+\overline{PC}^2$의 최솟값은 $18-8\sqrt{3}$이다.

답 ①

3 **전략** 삼각형의 세 변의 길이 사이의 관계를 이용한다.

풀이 (i) 세 점 A, B, P가 한 직선 위에 있지 않을 때

점 $P(a,\ -1)$은 직선 $y=-1$ 위의 점이므로 삼각형 ABP에서 $\overline{PB}$가 가장 긴 변이다.

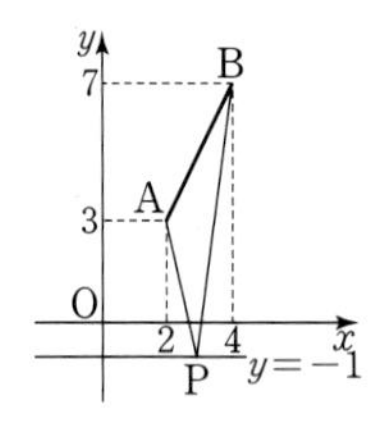

삼각형의 세 변의 길이 사이의 관계에 의하여

$\overline{PA}+\overline{AB}>\overline{PB}$, $\overline{PB}+\overline{AB}>\overline{PA}$이므로

$-\overline{AB}<\overline{PB}-\overline{PA}<\overline{AB}$

즉, $|\overline{PB}-\overline{PA}|<\overline{AB}$

(ii) 세 점 A, B, P가 한 직선 위에 있을 때

$|\overline{PB}-\overline{PA}|=\overline{AB}$

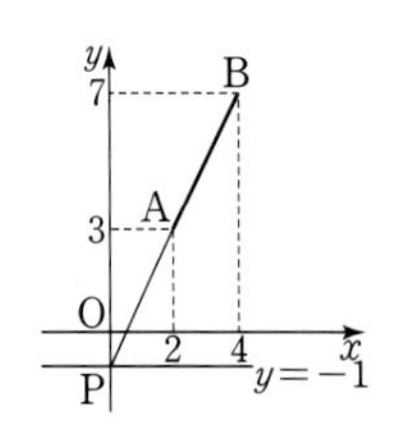

(i), (ii)에 의하여 $|\overline{PB}-\overline{PA}|\le\overline{AB}$

이때 $\overline{AB}=\sqrt{(4-2)^2+(7-3)^2}=2\sqrt{5}$이므로

$|\overline{PB}-\overline{PA}|^2\le\overline{AB}^2=20$

따라서 $|\overline{PB}-\overline{PA}|^2$의 최댓값은 20이다.

답 20

3-1 **전략** 삼각형의 세 변의 길이 사이의 관계를 이용한다.

풀이 (i) 세 점 A, B, P가 한 직선 위에 있지 않을 때

점 P가 x축 위의 점이므로 삼각형 ABP에서 $\overline{AP}$가 가장 긴 변이다.

삼각형의 세 변의 길이 사이의 관계에 의하여

$\overline{BP}+\overline{AB}>\overline{AP}$, $\overline{BP}<\overline{AP}+\overline{AB}$이므로

$-\overline{AB}<\overline{AP}-\overline{BP}<\overline{AB}$

즉, $|\overline{AP}-\overline{BP}|<\overline{AB}$

(ii) 세 점 A, B, P가 한 직선 위에 있을 때

$|\overline{AP}-\overline{BP}|=\overline{AB}$

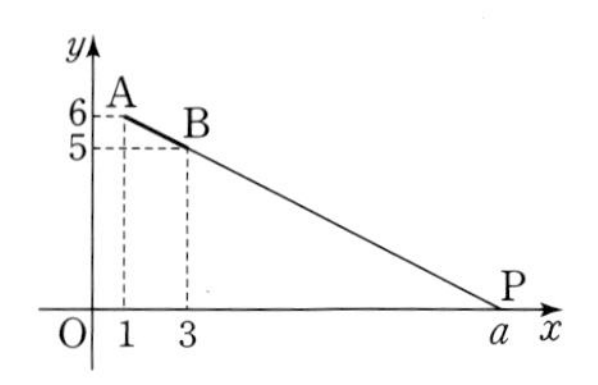

(i), (ii)에 의하여 $\overline{AP}-\overline{BP}\le\overline{AB}$

따라서 $\overline{AP}-\overline{BP}$의 값이 최대일 때는 점 P가 직선 AB 위에 있을 때이다.

직선 AB의 방정식은

$y-6=\dfrac{5-6}{3-1}(x-1)$, 즉 $y=-\dfrac{1}{2}x+\dfrac{13}{2}$

이때 점 $P(a,\ 0)$은 직선 AB 위의 점이므로

$0=-\dfrac{1}{2}a+\dfrac{13}{2}$

$\therefore\ a=13$

답 ⑤

4 **전략** 주어진 조건을 만족시키는 직각이등변삼각형 ABC를 좌표평면 위에 놓고, 외분점, 내분점의 좌표를 구한다.

풀이 오른쪽 그림과 같이 점 B를 원점, 직선 BC와 직선 AB가 각각 x축, y축 위에 오도록 직각이등변삼각형 ABC를 좌표평면 위에 놓으면 두 점 A, C의 좌표는 각각 $(0,\ 6)$, $(6,\ 0)$이다.

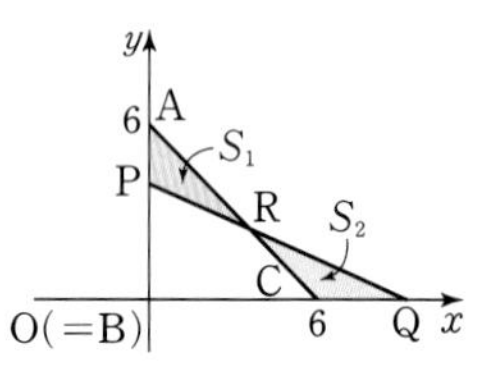

y축 위의 점 P가 선분 AB를 $n:m$으로 내분하므로

$P\left(0,\ \dfrac{6m}{m+n}\right)$, 즉 $P(0,\ 6m)\ (\because\ m+n=1)$

x축 위의 점 Q가 선분 BC를 $m:n$으로 외분하므로

$Q\left(\dfrac{6m}{m-n},\ 0\right)$, 즉 $Q\left(\dfrac{6m}{2m-1},\ 0\right)\ (\because\ m+n=1)$

직선 PQ의 방정식은

$y-6m=\dfrac{0-6m}{\dfrac{6m}{2m-1}-0}x\qquad\therefore\ y=(1-2m)x+6m\qquad\cdots\cdots$ ㉠

직선 AC의 방정식은

$\dfrac{x}{6}+\dfrac{y}{6}=1\qquad\therefore\ x+y=6\qquad\cdots\cdots$ ㉡

㉠, ㉡을 연립하여 풀면

$x=3,\ y=3\qquad\therefore\ R(3,\ 3)$

$S_1=\dfrac{1}{2}\times\overline{AP}\times3=\dfrac{1}{2}\times(6-6m)\times3=9(1-m)$

$S_2=\dfrac{1}{2}\times\overline{CQ}\times3=\dfrac{1}{2}\times\left(\dfrac{6m}{2m-1}-6\right)\times3=\dfrac{9(1-m)}{2m-1}$

이때 $S_1+\dfrac{1}{S_2}=\dfrac{16}{9}$이므로

$9(1-m)+\dfrac{2m-1}{9(1-m)}=\dfrac{16}{9}$

$81(1-m)^2+2m-1=16(1-m)$

$81m^2-144m+64=0,\ (9m-8)^2=0\qquad\therefore\ m=\dfrac{8}{9}$

또, $m+n=1$이므로 $n=\dfrac{1}{9}$

$\therefore\ 9(m-n)=9\times\dfrac{7}{9}=7$

답 7

4-1 전략 넓이의 비를 이용하여 점 C가 $\overline{OB}$를 $3:2$로 외분하는 점임을 이용한다.

풀이 두 삼각형 OAB, OAC의 높이가 서로 같으므로

$S_1 : S_2 = \overline{OB} : \overline{OC} = 1 : 3$

즉, 점 C는 $\overline{OB}$를 $3:2$로 외분하는 점이므로

$C\left(\frac{3\times(-1)-2\times0}{3-2}, \frac{3\times3-2\times0}{3-2}\right)$, 즉 $C(-3, 9)$

직선 OA의 방정식은 $y=x$

이때 직선 $x+y-6=0$과 직선 OA의 교점을 M이라 하면

$x+y-6=x-y$에서 $y=x=3$

$\therefore M(3, 3)$

또, 점 C는 직선 $x+y-6=0$ 위의 점이므로 삼각형 OAC의 넓이는 $\overline{OM} : \overline{AM}$으로 나누어진다.

$\overline{OM}=\sqrt{3^2+3^2}=3\sqrt{2}$, $\overline{AM}=\sqrt{4^2+4^2}=4\sqrt{2}$

따라서 $\overline{OM} : \overline{AM}=3\sqrt{2} : 4\sqrt{2}=3:4$이므로

$m=3, n=4$

$\therefore m+n=3+4=7$

답 ⑤

5 전략 점 E가 삼각형 OCD의 무게중심임을 이용한다.

풀이 두 점 A, B의 좌표를 각각 (x_1, y_1), (x_2, y_2)로 놓으면 삼각형 OAB의 무게중심의 좌표가 $(5, 4)$이므로

$\frac{0+x_1+x_2}{3}=5$, $\frac{0+y_1+y_2}{3}=4$

$\therefore x_1+x_2=15$, $y_1+y_2=12$

두 점 C, D는 각각 선분 OA, OB를 $2:1$로 외분하므로

$C\left(\frac{2x_1-0}{2-1}, \frac{2y_1-0}{2-1}\right)$, 즉 $C(2x_1, 2y_1)$

$D\left(\frac{2x_2-0}{2-1}, \frac{2y_2-0}{2-1}\right)$, 즉 $D(2x_2, 2y_2)$

두 점 A, B는 각각 선분 OC, OD의 중점이므로 두 선분 AD, BC는 삼각형 OCD의 중선이다.

즉, 선분 AD, BC의 교점 $E(p, q)$는 삼각형 OCD의 무게중심이다.

$\therefore p=\frac{0+2x_1+2x_2}{3}=\frac{2}{3}\times15=10$

$q=\frac{0+2y_1+2y_2}{3}=\frac{2}{3}\times12=8$

$\therefore p+q=10+8=18$

답 ④

참고 삼각형의 세 중선은 한 점에서 만나므로 두 중선의 교점이 삼각형의 무게중심이다.

5-1 전략 두 점 A, C에서 직선 PQ에 각각 수선의 발을 내린 후 닮음인 삼각형을 찾는다.

풀이 오른쪽 그림과 같이 두 점 A, C에서 직선 PQ에 내린 수선의 발을 각각 A′, C′이라 하면 $\overline{AA'}=2\overline{CC'}$이므로 삼각형 PAA′과 삼각형 PCC′은 닮음이고 닮음비는 $2:1$이다.

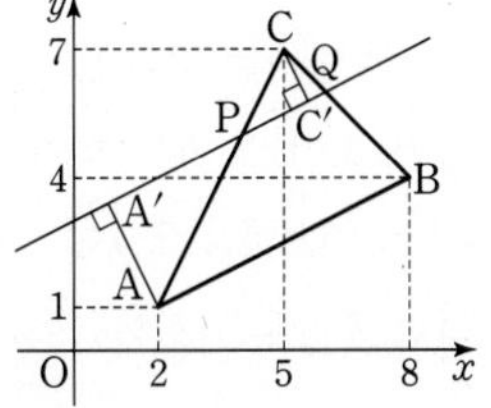

따라서 점 P가 선분 AC를 $2:1$로 내분하므로

$P\left(\frac{2\times5+1\times2}{2+1}, \frac{2\times7+1\times1}{2+1}\right)$, 즉 $P(4, 5)$

같은 방법으로 점 Q가 선분 BC를 $2:1$로 내분하므로

$Q\left(\frac{2\times5+1\times8}{2+1}, \frac{2\times7+1\times4}{2+1}\right)$, 즉 $Q(6, 6)$

또, 점 R는 선분 AB를 $1:2$로 내분하는 점이므로

$R\left(\frac{1\times8+2\times2}{1+2}, \frac{1\times4+2\times1}{1+2}\right)$, 즉 $R(4, 2)$

삼각형 PQR의 무게중심의 좌표는

$\left(\frac{4+6+4}{3}, \frac{5+6+2}{3}\right)$, 즉 $\left(\frac{14}{3}, \frac{13}{3}\right)$

따라서 $a=\frac{14}{3}$, $b=\frac{13}{3}$이므로

$a+b=\frac{14}{3}+\frac{13}{3}=\frac{27}{3}=9$

답 ①

참고 점 B, C에서 직선 PQ에 내린 수선의 발을 각각 B′, C′이라 하면 두 삼각형 BB′Q, CC′Q가 닮음이고 닮음비는 $2:1$이므로 점 Q는 선분 BC를 $2:1$로 내분하는 점이다.

6 전략 $\overline{AR}=\frac{1}{2}\overline{AB}$, $\overline{BP}=\frac{1}{2}\overline{BC}$, $\overline{CQ}=\frac{1}{2}\overline{CA}$와 삼각형의 중선정리를 이용하여 주어진 식의 값을 구한다.

풀이 삼각형의 중선정리에 의하여

$\overline{AB}^2+\overline{CA}^2=2(\overline{AP}^2+\overline{BP}^2)$

$\overline{BC}^2+\overline{AB}^2=2(\overline{BQ}^2+\overline{CQ}^2)$

$\overline{CA}^2+\overline{BC}^2=2(\overline{CR}^2+\overline{AR}^2)$

위의 세 식을 각 변끼리 더하면

$2(\overline{AB}^2+\overline{BC}^2+\overline{CA}^2)=2(\overline{AP}^2+\overline{BQ}^2+\overline{CR}^2+\overline{BP}^2+\overline{CQ}^2+\overline{AR}^2)$

$=2(60+\overline{AR}^2+\overline{BP}^2+\overline{CQ}^2)$ …… ㉠

이때 세 점 P, Q, R가 각각 세 선분 BC, CA, AB의 중점이므로

$\overline{AR}^2+\overline{BP}^2+\overline{CQ}^2=\left(\frac{1}{2}\overline{AB}\right)^2+\left(\frac{1}{2}\overline{BC}\right)^2+\left(\frac{1}{2}\overline{CA}\right)^2$

$=\frac{1}{4}(\overline{AB}^2+\overline{BC}^2+\overline{CA}^2)$ …… ㉡

$\overline{AB}^2+\overline{BC}^2+\overline{CA}^2=x$로 놓으면 ㉠, ㉡에서

$2x=2\left(60+\frac{1}{4}x\right)$

$2x=120+\frac{1}{2}x$, $\frac{3}{2}x=120$

$\therefore x=80$

답 ②

1등급 노트 삼각형의 중선정리

삼각형 ABC에서 변 BC의 중점을 M이라 할 때

$\overline{AB}^2+\overline{CA}^2=2(\overline{AM}^2+\overline{BM}^2)$

이 성립한다.

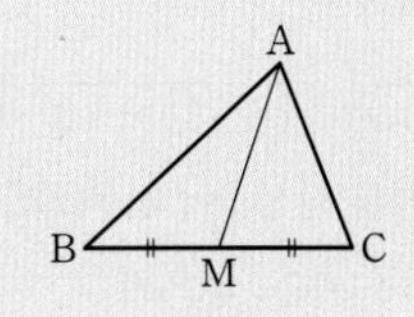

6-1 전략 세 변 BC, CA, AB의 중점을 각각 P, Q, R라 할 때, $\overline{AG}=\frac{2}{3}\overline{AP}$, $\overline{BG}=\frac{2}{3}\overline{BQ}$, $\overline{CG}=\frac{2}{3}\overline{CR}$임과 삼각형의 중선정리를 이용하여 주어진 식의 값을 구한다.

풀이 삼각형 ABC의 세 변 BC, CA, AB의 중점을 각각 P, Q, R라 하면 삼각형의 중선정리에 의하여

$\overline{AB}^2+\overline{CA}^2=2(\overline{AP}^2+\overline{BP}^2)$

$\overline{BC}^2+\overline{AB}^2=2(\overline{BQ}^2+\overline{CQ}^2)$

$\overline{CA}^2+\overline{BC}^2=2(\overline{CR}^2+\overline{AR}^2)$

위의 세 식을 각 변끼리 더하면

$2(\overline{AB}^2+\overline{BC}^2+\overline{CA}^2)$

$=2(\overline{AP}^2+\overline{BQ}^2+\overline{CR}^2+\overline{AR}^2+\overline{BP}^2+\overline{CQ}^2)$ …… ㉠

이때 $\overline{AR}=\frac{1}{2}\overline{AB}$, $\overline{BP}=\frac{1}{2}\overline{BC}$, $\overline{CQ}=\frac{1}{2}\overline{CA}$ …… ㉡

이고 점 G가 삼각형 ABC의 무게중심이므로

$\overline{AG}=\frac{2}{3}\overline{AP}$, $\overline{BG}=\frac{2}{3}\overline{BQ}$, $\overline{CG}=\frac{2}{3}\overline{CR}$

즉, $\overline{AP}=\frac{3}{2}\overline{AG}$, $\overline{BQ}=\frac{3}{2}\overline{BG}$, $\overline{CR}=\frac{3}{2}\overline{CG}$ …… ㉢

㉠에 ㉡, ㉢을 대입하면

$2(\overline{AB}^2+\overline{BC}^2+\overline{CA}^2)$

$=2\left\{\frac{9}{4}(\overline{AG}^2+\overline{BG}^2+\overline{CG}^2)+\frac{1}{4}(\overline{AB}^2+\overline{BC}^2+\overline{CA}^2)\right\}$

$\frac{9}{2}(\overline{AG}^2+\overline{BG}^2+\overline{CG}^2)=\frac{3}{2}(\overline{AB}^2+\overline{BC}^2+\overline{CA}^2)$

$\therefore \overline{AG}^2+\overline{BG}^2+\overline{CG}^2=\frac{1}{3}(\overline{AB}^2+\overline{BC}^2+\overline{CA}^2)$

$=\frac{1}{3}\times(8^2+10^2+16^2)$

$=\frac{1}{3}\times 420=140$

답 ⑤

7 **전략** 두 직선 AD, BC의 기울기를 각각 구하여 사각형 ABCD가 사다리꼴임을 알고, 사다리꼴의 넓이를 이등분할 조건을 이용한다.

풀이 직선 AD의 기울기는 $\frac{0-4}{3-1}=\frac{-4}{2}=-2$이고, 직선 BC의 기울기는 $\frac{0-6}{6-3}=\frac{-6}{3}=-2$이므로 두 직선 AD, BC는 평행하다.

즉, 사각형 ABCD는 사다리꼴이다.

오른쪽 그림과 같이 선분 AD를 1 : 3으로 내분하는 점을 E라 하면

$E\left(\frac{1\times1+3\times3}{1+3}, \frac{1\times4+3\times0}{1+3}\right)$, 즉 $E\left(\frac{5}{2}, 1\right)$

$\overline{AD}=\sqrt{(3-1)^2+(0-4)^2}=2\sqrt{5}$이므로

$\overline{AE}=\frac{1}{4}\times2\sqrt{5}=\frac{\sqrt{5}}{2}$, $\overline{DE}=\frac{3}{4}\times2\sqrt{5}=\frac{3\sqrt{5}}{2}$

$\overline{BC}=\sqrt{(6-3)^2+(0-6)^2}=3\sqrt{5}$

이때 직선 l이 선분 BC와 만나는 점을 F라 하자.

$\overline{BF}=k$로 놓으면

$\overline{CF}=3\sqrt{5}-k$

두 직선 AD, BC 사이의 거리를 h라 하면

$\square ABFE=\frac{1}{2}\times(\overline{AE}+\overline{BF})\times h=\frac{1}{2}\left(\frac{\sqrt{5}}{2}+k\right)h$

$\square CDEF=\frac{1}{2}\times(\overline{DE}+\overline{CF})\times h=\frac{1}{2}\left(\frac{3\sqrt{5}}{2}+3\sqrt{5}-k\right)h$

이때 □ABFE와 □CDEF의 넓이가 같으므로

$\frac{1}{2}\left(\frac{\sqrt{5}}{2}+k\right)h=\frac{1}{2}\left(\frac{3\sqrt{5}}{2}+3\sqrt{5}-k\right)h$

$\frac{\sqrt{5}}{2}+k=\frac{3\sqrt{5}}{2}+3\sqrt{5}-k$, $2k=4\sqrt{5}$

$\therefore k=2\sqrt{5}$

따라서 $\overline{CF}=3\sqrt{5}-2\sqrt{5}=\sqrt{5}$이므로

$\overline{BF}:\overline{FC}=2:1$

즉, 점 F가 선분 BC를 2 : 1로 내분하므로

$F\left(\frac{2\times3+1\times6}{2+1}, \frac{2\times6+1\times0}{2+1}\right)$, 즉 $F(4, 4)$

이때 두 점 $E\left(\frac{5}{2}, 1\right)$, $F(4, 4)$를 지나는 직선 l의 방정식은

$y-1=\frac{4-1}{4-\frac{5}{2}}\left(x-\frac{5}{2}\right)$, 즉 $y=2x-4$

따라서 $a=2$, $b=-4$이므로

$a+b=2+(-4)=-2$

답 -2

7-1 **전략** 두 직선 AD, BC의 기울기를 각각 구하여 사각형 ABCD가 사다리꼴임을 알고, 사다리꼴의 넓이를 이등분할 조건을 이용한다.

풀이 직선 AD의 기울기는 $\frac{4-2}{4-0}=\frac{2}{4}=\frac{1}{2}$이고, 직선 BC의 기울기는 $\frac{1-0}{5-3}=\frac{1}{2}$이므로 두 직선 AD, BC는 평행하다.

즉, 사각형 ABCD는 사다리꼴이다.

이때 오른쪽 그림과 같이 직선 $y=-x+k$가 선분 AD, BC와 만나는 점을 각각 P, Q라 하면 두 사각형 ABQP, CDPQ도 사다리꼴이다.

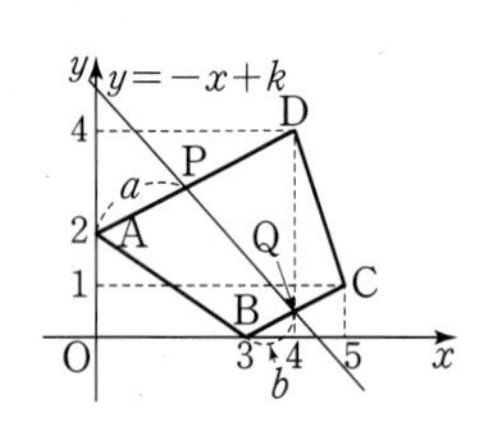

$\overline{AD}=\sqrt{(4-0)^2+(4-2)^2}=\sqrt{20}$

$=2\sqrt{5}$

$\overline{BC}=\sqrt{(5-3)^2+(1-0)^2}=\sqrt{5}$

이므로 $\overline{AP}=a$, $\overline{BQ}=b$로 놓으면

$\overline{DP}=2\sqrt{5}-a$, $\overline{CQ}=\sqrt{5}-b$

두 직선 AD, BC 사이의 거리를 h라 하면

$\square ABQP=\frac{1}{2}\times(\overline{AP}+\overline{BQ})\times h=\frac{1}{2}(a+b)h$

$\square CDPQ=\frac{1}{2}\times(\overline{DP}+\overline{CQ})\times h=\frac{1}{2}\{(2\sqrt{5}-a)+(\sqrt{5}-b)\}h$

□ABQP와 □CDPQ의 넓이가 같으므로

$\frac{1}{2}(a+b)h=\frac{1}{2}\{(2\sqrt{5}-a)+(\sqrt{5}-b)\}h$

$a+b=2\sqrt{5}-a+\sqrt{5}-b$, $2(a+b)=3\sqrt{5}$

$\therefore a+b=\frac{3\sqrt{5}}{2}$ …… ㉠

이때 점 B(3, 0)을 지나고 직선 $y=-x+k$에 평행한 직선이 직선 AD와 만나는 점을 E라 하자.

점 B(3, 0)을 지나고 기울기가 -1인 직선의 방정식은

$y=-(x-3)$, 즉 $y=-x+3$ …… ㉡

직선 AD는 기울기가 $\frac{1}{2}$이고 점 A(0, 2)를 지나므로 직선 AD의 방정식은

$y=\frac{1}{2}x+2$ …… ㉢

㉡, ㉢을 연립하여 풀면

$x=\frac{2}{3}$, $y=\frac{7}{3}$ $\quad\therefore$ $E\left(\frac{2}{3}, \frac{7}{3}\right)$

따라서 $\overline{AE}=\sqrt{\left(\frac{2}{3}-0\right)^2+\left(\frac{7}{3}-2\right)^2}=\sqrt{\frac{5}{9}}=\frac{\sqrt{5}}{3}$이고,

$\overline{AP}=\overline{AE}+\overline{EP}=\overline{AE}+\overline{BQ}$이므로

$a=\frac{\sqrt{5}}{3}+b$, 즉 $a-b=\frac{\sqrt{5}}{3}$ ...... ㉣

㉠, ㉣을 연립하여 풀면

$a=\frac{11\sqrt{5}}{12}$, $b=\frac{7\sqrt{5}}{12}$

$\overline{CQ}=\sqrt{5}-b$에서 $\overline{CQ}=\sqrt{5}-\frac{7\sqrt{5}}{12}=\frac{5\sqrt{5}}{12}$

즉, 점 Q는 선분 BC를 7 : 5로 내분하므로

$Q\left(\frac{7\times5+5\times3}{7+5}, \frac{7\times1+5\times0}{7+5}\right)$, 즉 $Q\left(\frac{25}{6}, \frac{7}{12}\right)$

점 Q가 직선 $y=-x+k$ 위의 점이므로

$\frac{7}{12}=-\frac{25}{6}+k$ $\quad\therefore k=\frac{19}{4}$

$\therefore 36k=36\times\frac{19}{4}=9\times19=171$ 답 171

8 전략 직각삼각형 ABC를 좌표평면 위에 놓고, △ABC의 무게중심과 각 변을 내분하는 점들을 연결한 △DEF의 무게중심이 같음을 이용한다.

풀이 오른쪽 그림과 같이 점 B를 원점, 직선 AB를 x축, 직선 CB를 y축 위에 오도록 직각삼각형 ABC를 좌표평면 위에 놓으면 네 점 A, B, C, D의 좌표는

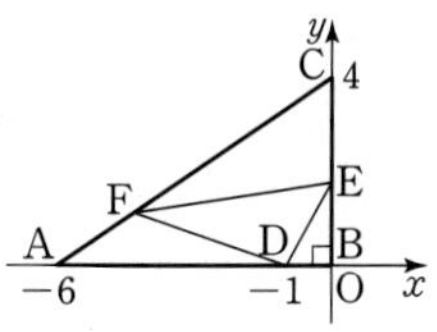

$A(-6, 0)$, $B(0, 0)$, $C(0, 4)$, $D(-1, 0)$이다.

삼각형 ABC의 무게중심의 좌표는

$\left(\frac{-6+0+0}{3}, \frac{0+0+4}{3}\right)$, 즉 $\left(-2, \frac{4}{3}\right)$

직선 AC의 방정식은 $\frac{x}{-6}+\frac{y}{4}=1$, 즉 $y=\frac{2}{3}x+4$

점 E는 y축 위의 점이고, 점 F는 직선 AC 위의 점이므로

$E(0, a)$, $F(3b, 2b+4)$ (a, b는 실수)

로 놓으면 삼각형 DEF의 무게중심의 좌표는

$\left(\frac{-1+0+3b}{3}, \frac{0+a+2b+4}{3}\right)$, 즉 $\left(\frac{3b-1}{3}, \frac{a+2b+4}{3}\right)$

이때 두 삼각형 ABC, DEF의 무게중심이 일치하므로

$\frac{3b-1}{3}=-2$, $\frac{a+2b+4}{3}=\frac{4}{3}$

$\frac{3b-1}{3}=-2$에서

$3b-1=-6$, $3b=-5$ $\quad\therefore b=-\frac{5}{3}$

$\frac{a+2b+4}{3}=\frac{4}{3}$에서

$a+2b+4=4$ $\quad\therefore a=-2b=\frac{10}{3}$

따라서 $a=\frac{10}{3}$, $b=-\frac{5}{3}$이므로

$E\left(0, \frac{10}{3}\right)$, $F\left(-5, \frac{2}{3}\right)$

$\therefore \overline{EF}=\sqrt{(-5-0)^2+\left(\frac{2}{3}-\frac{10}{3}\right)^2}=\sqrt{\frac{289}{9}}=\frac{17}{3}$ 답 ④

1등급 노트 삼각형의 각 변을 내분(외분)하는 점을 연결한 삼각형의 무게중심

삼각형 ABC의 세 변 AB, BC, CA를 각각 $m:n\ (m>0,\ n>0)$으로 내분하는 점을 D, E, F라 하면 삼각형 DEF의 무게중심은 삼각형 ABC의 무게중심과 일치한다.

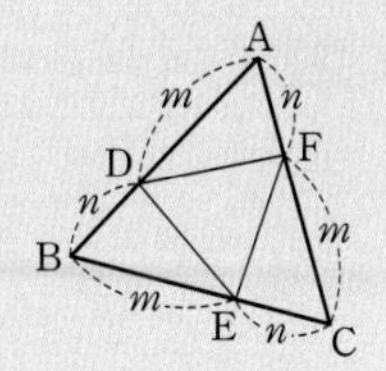

마찬가지로 세 변 AB, BC, CA를 각각 $m:n\ (m>0,\ n>0,\ m\neq n)$으로 외분하는 점을 연결한 삼각형의 무게중심도 삼각형 ABC의 무게중심과 일치한다.

8-1 전략 삼각형의 내심은 세 내각의 이등분선의 교점임을 이용한다.

풀이 세 직선 l, m, n에 대하여 다음 그림과 같이 세 직선의 각 교점을 A, B, C라 하고 삼각형 ABC에서 ∠A의 이등분선과 $\overline{BC}$의 교점을 P, ∠C의 이등분선과 $\overline{AB}$의 교점을 Q라 하자.

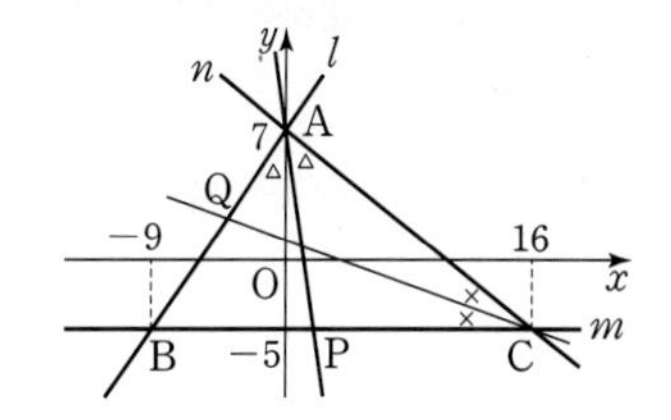

l: $4x-3y+21=0$, n: $3x+4y-28=0$을 연립하여 풀면

$x=0$, $y=7$ $\quad\therefore A(0, 7)$

l: $4x-3y+21=0$, m: $y+5=0$을 연립하여 풀면

$x=-9$, $y=-5$ $\quad\therefore B(-9, -5)$

m: $y+5=0$, n: $3x+4y-28=0$을 연립하여 풀면

$x=16$, $y=-5$ $\quad\therefore C(16, -5)$

$\overline{AB}=\sqrt{(-9-0)^2+(-5-7)^2}=\sqrt{81+144}=\sqrt{225}=15$

$\overline{CA}=\sqrt{(16-0)^2+(-5-7)^2}=\sqrt{256+144}=\sqrt{400}=20$

$\overline{BC}=|16-(-9)|=25$

$\overline{AB}:\overline{CA}=15:20=3:4$이므로 점 P는 변 BC를 3 : 4로 내분하는 점이다.

$P\left(\frac{3\times16+4\times(-9)}{3+4}, \frac{3\times(-5)+4\times(-5)}{3+4}\right)$, 즉 $P\left(\frac{12}{7}, -5\right)$

$\overline{CA}:\overline{BC}=20:25=4:5$이므로 점 Q는 변 AB를 4 : 5로 내분하는 점이다.

$Q\left(\frac{4\times(-9)+5\times0}{4+5}, \frac{4\times(-5)+5\times7}{4+5}\right)$, 즉 $Q\left(-4, \frac{5}{3}\right)$

직선 AP의 방정식은

$y=\frac{-5-7}{\frac{12}{7}-0}x+7$, 즉 $y=-7x+7$ ...... ㉠

직선 CQ의 방정식은

$y-\frac{5}{3}=\frac{-5-\frac{5}{3}}{16-(-4)}(x+4)$, 즉 $y=-\frac{1}{3}x+\frac{1}{3}$ ...... ㉡

삼각형 ABC의 내심은 두 직선 AP, CQ의 교점이므로

㉠을 ㉡에 대입하면

$-7x+7=-\frac{1}{3}x+\frac{1}{3}$, $\frac{20}{3}x=\frac{20}{3}$ $\quad\therefore x=1$

$x=1$을 ㉠에 대입하면 $y=0$

따라서 삼각형 ABC의 내심의 좌표는 $(1, 0)$이므로

$a+b=1+0=1$ 답 1

개념 연계 / 중학 수학 / 내각의 이등분선의 성질

삼각형 ABC에서 $\angle A$의 이등분선이 변 BC와 만나는 점을 M이라 하면

$\overline{AB} : \overline{AC} = \overline{BM} : \overline{CM}$

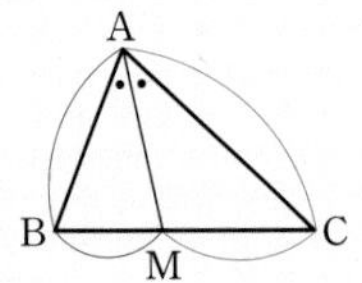

9 **전략** 함수의 식을 k에 대하여 정리하면 주어진 함수가 k의 값에 관계없이 지나는 점을 찾을 수 있다.

풀이 이차함수 $f(x)=k(x-1)^2-4k+2$에 대하여 꼭짓점 A의 좌표는 $(1, -4k+2)$, y축과 만나는 점 B의 좌표는 $(0, -3k+2)$이다.

ㄱ. $k=1$일 때 $A(1, -2)$

$\therefore \overline{OA}=\sqrt{1^2+(-2)^2}=\sqrt{5}$ (참)

ㄴ. $y=k(x-1)^2-4k+2$를 k에 대하여 정리하면

$(x^2-2x-3)k+(2-y)=0$

위의 식이 0이 아닌 실수 k의 값에 관계없이 항상 성립하므로

$x^2-2x-3=0$, $2-y=0$

$x^2-2x-3=0$에서 $(x+1)(x-3)=0$

$\therefore x=-1$ 또는 $x=3$

$2-y=0$에서 $y=2$

따라서 곡선 $y=f(x)$는 0이 아닌 실수 k의 값에 관계없이 항상 두 점 $(-1, 2)$, $(3, 2)$를 지난다. (참)

ㄷ. 직선 AB의 방정식은

$y=\dfrac{(-4k+2)-(-3k+2)}{1-0}x-3k+2$, 즉 $y=-kx-3k+2$

이 식을 k에 대하여 정리하면

$(x+3)k+y-2=0$

위의 식이 0이 아닌 실수 k의 값에 관계없이 항상 성립하므로

$x+3=0$, $y-2=0$ $\quad\therefore x=-3$, $y=2$

따라서 0이 아닌 실수 k의 값에 관계없이 직선 AB는 항상 점 $(-3, 2)$를 지난다. (참)

따라서 ㄱ, ㄴ, ㄷ 모두 옳다. 답 ⑤

9-1 **전략** 함수의 식을 k에 대하여 정리하면 주어진 함수가 k의 값에 관계없이 지나는 점을 찾을 수 있다.

풀이 $y=kx^2-4kx+3k-8$을 k에 대하여 정리하면

$(x^2-4x+3)k-8-y=0$

위의 식이 0이 아닌 실수 k의 값에 관계없이 항상 성립하므로

$x^2-4x+3=0$, $-8-y=0$

$x^2-4x+3=0$에서 $(x-1)(x-3)=0$

$\therefore x=1$ 또는 $x=3$

$-8-y=0$에서 $y=-8$

따라서 곡선 $y=f(x)$는 0이 아닌 실수 k의 값에 관계없이 두 점 $(1, -8)$, $(3, -8)$을 항상 지나고, 이 두 점 사이의 거리는 2이다.

답 ③

10 **전략** 서로 다른 세 직선이 평면을 6개의 영역으로 나누는 경우는 세 직선이 한 점에서 만나거나 두 직선이 평행할 때이다.

풀이 서로 다른 세 직선

$kx+4y+4=0$ …… ㉠

$x+ky+2=0$ …… ㉡

$kx-3y+1=0$ …… ㉢

에 대하여 이 세 직선이 평면을 6개의 영역으로 나누는 경우는 다음과 같다.

(i) 세 직선이 한 점에서 만날 때

㉠−㉢을 하면

$7y+3=0$ $\quad\therefore y=-\dfrac{3}{7}$

$y=-\dfrac{3}{7}$을 ㉠에 대입하면

$kx-\dfrac{12}{7}+4=0$ $\quad\therefore x=-\dfrac{16}{7k}$

즉, 두 직선 ㉠, ㉢의 교점의 좌표는 $\left(-\dfrac{16}{7k}, -\dfrac{3}{7}\right)$이다.

직선 ㉡이 이 점을 지나야 하므로

$-\dfrac{16}{7k}-\dfrac{3}{7}k+2=0$

$3k^2-14k+16=0$, $(3k-8)(k-2)=0$

$\therefore k=\dfrac{8}{3}$ 또는 $k=2$

이때 $k=2$이면 두 직선 ㉠, ㉡이 일치하므로 조건을 만족시키지 않는다.

$\therefore k=\dfrac{8}{3}$

(ii) 두 직선이 평행할 때

① 두 직선 ㉠, ㉡이 평행할 때

$\dfrac{k}{1}=\dfrac{4}{k}\neq\dfrac{4}{2}$, $k^2=4$

$\therefore k=-2$ ($\because k\neq 2$)

② 두 직선 ㉠, ㉢이 평행할 때

$-\dfrac{k}{4}=\dfrac{k}{3}$

$\therefore k=0$

③ 두 직선 ㉡, ㉢이 평행할 때

$\dfrac{k}{1}=\dfrac{-3}{k}\neq\dfrac{1}{2}$, $k^2=-3$

이를 만족시키는 실수 k는 존재하지 않는다.

①, ②, ③에 의하여 $k=-2$ 또는 $k=0$

(i), (ii)에 의하여 조건을 만족시키는 모든 실수 k의 값의 합은

$\dfrac{8}{3}+(-2)+0=\dfrac{2}{3}$ 답 ②

10-1 **전략** 서로 다른 세 직선이 삼각형을 만들지 못하는 경우는 세 직선이 한 점에서 만나거나 두 직선이 평행할 때이다.

풀이 서로 다른 세 직선

$x+2ky-4=0$ …… ㉠

$3x+2(k+4)y-4=0$ …… ㉡

$(k-1)x+2y-8=0$ …… ㉢

에 대하여 이 세 직선이 삼각형을 만들지 못하는 경우는 다음과 같다.

(i) 세 직선이 한 점에서 만날 때

㉡−㉠을 하면

$2x+8y=0$, 즉 $x=-4y$ …… ㉣

㉣을 ㉠에 대입하면 $(2k-4)y=4$ $\therefore y=\frac{2}{k-2}$

$y=\frac{2}{k-2}$를 ㉣에 대입하면 $x=-\frac{8}{k-2}$

즉, 두 직선 ㉠, ㉡의 교점의 좌표는 $\left(-\frac{8}{k-2}, \frac{2}{k-2}\right)$이다.

직선 ㉢이 이 점을 지나야 하므로

$-\frac{8(k-1)}{k-2}+\frac{4}{k-2}-8=0$

$-8(k-1)+4-8(k-2)=0$, $-16k+28=0$

$\therefore k=\frac{7}{4}$

(ii) 두 직선이 평행할 때

① 두 직선 ㉠, ㉡이 평행할 때

$\frac{1}{3}=\frac{2k}{2(k+4)}\neq\frac{-4}{-4}$, $k+4=3k$ $\therefore k=2$

② 두 직선 ㉠, ㉢이 평행할 때

$\frac{1}{k-1}=\frac{2k}{2}\neq\frac{-4}{-8}$, $k(k-1)=1$, $k^2-k-1=0$

$\therefore k=\frac{1\pm\sqrt{5}}{2}$

③ 두 직선 ㉡, ㉢이 평행할 때

$\frac{3}{k-1}=\frac{2(k+4)}{2}\neq\frac{-4}{-8}$

$(k-1)(k+4)=3$, $k^2+3k-7=0$

$\therefore k=\frac{-3\pm\sqrt{37}}{2}$

①, ②, ③에 의하여

$k=2$ 또는 $k=\frac{1\pm\sqrt{5}}{2}$ 또는 $k=\frac{-3\pm\sqrt{37}}{2}$

(i), (ii)에 의하여 조건을 만족시키는 모든 실수 k의 값의 합은

$\frac{7}{4}+2+2\times\frac{1}{2}+2\times\left(-\frac{3}{2}\right)=\frac{7}{4}$

답 ④

11 **전략** 좌표평면 위에서 삼각형의 높이는 삼각형의 한 꼭짓점에서 삼각형의 밑변을 포함하는 직선까지의 거리임을 이용한다.

풀이 삼각형 ABC의 무게중심 G의 좌표는

$\left(\frac{1+0+5}{3}, \frac{1+(-3)+2}{3}\right)$, 즉 $(2, 0)$

이고, 선분 BC를 $2:1$로 외분하는 점 D의 좌표는

$\left(\frac{2\times5-1\times0}{2-1}, \frac{2\times2-1\times(-3)}{2-1}\right)$, 즉 $(10, 7)$

두 점 G, D를 지나는 직선의 방정식은

$y-0=\frac{7-0}{10-2}(x-2)$, 즉 $7x-8y-14=0$

점 C(5, 2)와 직선 $7x-8y-14=0$ 사이의 거리는

$\frac{|35-16-14|}{\sqrt{7^2+(-8)^2}}=\frac{5}{\sqrt{113}}$

$\therefore \triangle GCP=\frac{1}{2}\times\overline{GP}\times\frac{5}{\sqrt{113}}$ …… ㉠

이때 $\overline{AB}=\sqrt{(1-0)^2+\{1-(-3)\}^2}=\sqrt{17}$이고 두 점 A, B를 지나는 직선의 방정식은

$y+3=\frac{1-(-3)}{1-0}x$, 즉 $4x-y-3=0$

점 C(5, 2)와 직선 $4x-y-3=0$ 사이의 거리는

$\frac{|20-2-3|}{\sqrt{4^2+(-1)^2}}=\frac{15}{\sqrt{17}}$

$\therefore \triangle ABC=\frac{1}{2}\times\sqrt{17}\times\frac{15}{\sqrt{17}}=\frac{15}{2}$

이때 $\triangle GCP=\frac{1}{5}\triangle ABC$이므로 ㉠에서

$\frac{1}{2}\times\overline{GP}\times\frac{5}{\sqrt{113}}=\frac{1}{5}\times\frac{15}{2}$, $\frac{\overline{GP}}{\sqrt{113}}=\frac{3}{5}$

$\therefore \overline{GP}=\frac{3\sqrt{113}}{5}$

이때 $\overline{GD}=\sqrt{(10-2)^2+(7-0)^2}=\sqrt{113}$이므로

$\overline{PD}=\overline{GD}-\overline{GP}=\sqrt{113}-\frac{3\sqrt{113}}{5}=\frac{2\sqrt{113}}{5}$

즉, $\overline{GP}:\overline{PD}=\frac{3\sqrt{113}}{5}:\frac{2\sqrt{113}}{5}=3:2$이므로 점 P는 $\overline{GD}$를 $3:2$로 내분하는 점이다.

$\therefore P\left(\frac{3\times10+2\times2}{3+2}, \frac{3\times7+2\times0}{3+2}\right)$, 즉 $P\left(\frac{34}{5}, \frac{21}{5}\right)$

따라서 $a=\frac{34}{5}$, $b=\frac{21}{5}$이므로

$a+b=\frac{34}{5}+\frac{21}{5}=11$

답 ④

11-1 **전략** 주어진 조건을 만족시키는 네 직선을 좌표평면 위에 나타낸다.

풀이 네 직선

㉠: $2x+5y-15=0$, ㉡: $x-y-4=0$

㉢: $4x-y+3=0$, ㉣: $x+ay+a+1=0$

에 대하여 ㉠, ㉡을 연립하여 풀면

$x=5$, $y=1$ $\therefore$ A(5, 1)

㉠, ㉢을 연립하여 풀면

$x=0$, $y=3$ $\therefore$ B(0, 3)

$x+ay+a+1=0$을 a에 대하여 정리하면

$(y+1)a+x+1=0$

이므로 직선 ㉣은 a의 값에 관계없이 점 $(-1, -1)$을 지난다.

이때 점 $(-1, -1)$은 직선 ㉢ 위의 점이므로

Q$(-1, -1)$

또, 직선 PQ가 선분 AB와 만나지 않으므로 네 직선을 좌표평면 위에 나타내면 다음 그림과 같아야 한다.

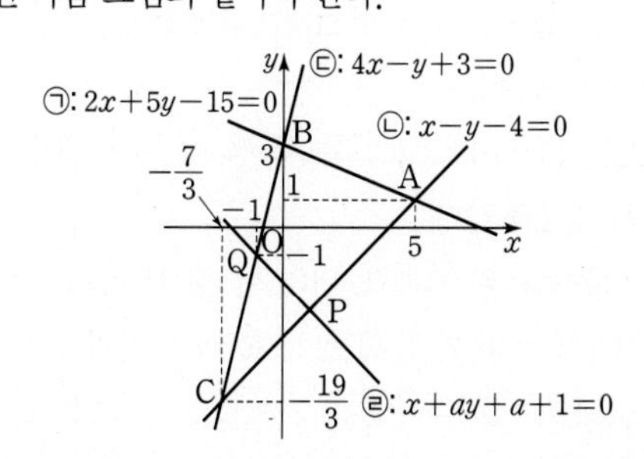

두 직선 ㉡, ㉢의 교점을 C라 하자.

㉡, ㉢을 연립하여 풀면

$x=-\frac{7}{3},\ y=-\frac{19}{3}$

$\therefore C\left(-\frac{7}{3},\ -\frac{19}{3}\right)$

$\overline{AC}=\sqrt{\left(5+\frac{7}{3}\right)^2+\left(1+\frac{19}{3}\right)^2}=\sqrt{\left(\frac{22}{3}\right)^2+\left(\frac{22}{3}\right)^2}=\frac{22\sqrt{2}}{3}$

점 B(0, 3)과 직선 ㉡ 사이의 거리를 h_1이라 하면

$h_1=\frac{|0-3-4|}{\sqrt{1^2+(-1)^2}}=\frac{7}{\sqrt{2}}$

$\therefore \triangle ABC=\frac{1}{2}\times\overline{AC}\times h_1=\frac{1}{2}\times\frac{22\sqrt{2}}{3}\times\frac{7}{\sqrt{2}}=\frac{77}{3}$

이때 $\triangle CPQ=\triangle ABC-\square ABQP$이고 $\square ABQP=17$이므로

$\triangle CPQ=\frac{77}{3}-17=\frac{26}{3}$

점 Q(−1, −1)과 직선 ㉡: $x-y-4=0$ 사이의 거리를 h_2라 하면

$h_2=\frac{|-1-(-1)-4|}{\sqrt{1^2+(-1)^2}}=\frac{4}{\sqrt{2}}=2\sqrt{2}$

$\triangle CPQ=\frac{1}{2}\times\overline{CP}\times h_2=\frac{1}{2}\times\overline{CP}\times 2\sqrt{2}=\sqrt{2}\,\overline{CP}$

이므로 $\triangle CPQ=\frac{26}{3}$에서

$\sqrt{2}\,\overline{CP}=\frac{26}{3}\qquad\therefore \overline{CP}=\frac{13\sqrt{2}}{3}$ …… ㉤

점 P는 직선 ㉡ 위의 점이므로 점 P의 좌표를 $(k,\ k-4)$ (k는 실수)로 놓으면

$\overline{CP}=\sqrt{\left\{k-\left(-\frac{7}{3}\right)\right\}^2+\left\{k-4-\left(-\frac{19}{3}\right)\right\}^2}=\sqrt{2\left(k+\frac{7}{3}\right)^2}$

즉, $\sqrt{2\left(k+\frac{7}{3}\right)^2}=\frac{13\sqrt{2}}{3}$ ($\because$ ㉤)이므로

$\left(k+\frac{7}{3}\right)^2=\left(\frac{13}{3}\right)^2,\ k+\frac{7}{3}=\pm\frac{13}{3}$

$\therefore k=-\frac{20}{3}$ 또는 $k=2$

이때 점 P의 x좌표는 점 C의 x좌표보다 커야 하므로

$k>-\frac{7}{3}$

$\therefore k=2$

$\therefore P(2,\ -2)$

따라서 점 P가 직선 $x+ay+a+1=0$ 위의 점이므로

$2-2a+a+1=0$

$\therefore a=3$

답 ①

12 **전략** $(a-b)^2+(|a+3|+b^2)^2$은 함수 $y=|x+3|$의 그래프 위의 점 $(a,\ |a+3|)$과 함수 $y=-x^2$의 그래프 위의 점 $(b,\ -b^2)$ 사이의 거리의 제곱과 같음을 이용한다.

풀이 $(a-b)^2+(|a+3|+b^2)^2$은 두 점 $(a,\ |a+3|)$, $(b,\ -b^2)$ 사이의 거리의 제곱과 같다.

즉, 함수 $y=|x+3|$의 그래프 위의 한 점 $P(a, |a+3|)$과 함수 $y=-x^2$의 그래프 위의 한 점 $Q(b,\ -b^2)$에 대하여

$(a-b)^2+(|a+3|+b^2)^2=\overline{PQ}^2$

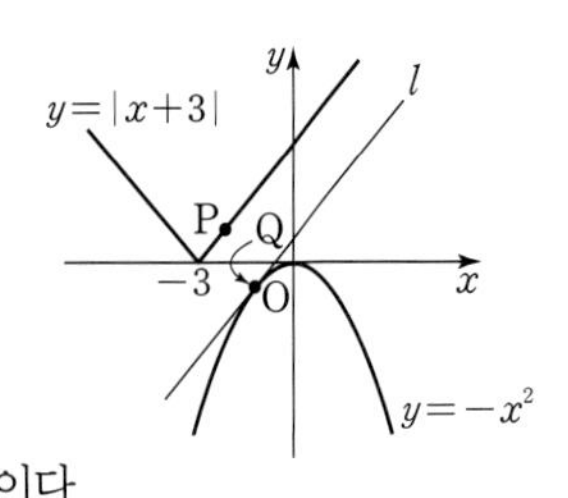

오른쪽 그림과 같이 기울기가 1이고 함수 $y=-x^2$의 그래프에 접하는 직선을 l이라 하면 $\overline{PQ}$가 최소가 되는 경우는 점 P가 함수 $y=|x+3|$ $(x\ge-3)$의 그래프 위에 있고 점 Q가 접선 l의 접점이며, 직선 PQ가 직선 l과 수직일 때이다.

직선 l의 방정식을 $y=x+k$ (k는 실수)로 놓으면 직선 l은 곡선 $y=-x^2$에 접하므로

$x+k=-x^2,\ x^2+x+k=0$ …… ㉠

이차방정식 ㉠의 판별식을 D라 하면

$D=1-4k=0\qquad\therefore k=\frac{1}{4}$

$\therefore l: y=x+\frac{1}{4}$, 즉 $4x-4y+1=0$

두 직선 $y=|x+3|$ $(x\ge-3)$, l이 평행하므로 $\overline{PQ}$의 길이의 최솟값은 직선 $y=x+3$ 위의 점 (0, 3)과 직선 l, 즉 $4x-4y+1=0$ 사이의 거리와 같다.

즉, $\overline{PQ}$의 길이의 최솟값은

$\frac{|-12+1|}{\sqrt{4^2+(-4)^2}}=\frac{11}{4\sqrt{2}}$

따라서 $(a-b)^2+(|a+3|+b^2)^2$의 최솟값은

$\overline{PQ}^2=\left(\frac{11}{4\sqrt{2}}\right)^2=\frac{121}{32}$

이므로 $m=32,\ n=121$

$\therefore m+n=32+121=153$

답 ③

12-1 **전략** $(x_2-x_1)^2+(y_2-y_1)^2$은 두 점 $(x_1,\ y_1)$, $(x_2,\ y_2)$ 사이의 거리의 제곱과 같음을 이용한다.

풀이 $(x_2-x_1)^2+(y_2-y_1)^2$은 두 점 $(x_1,\ y_1)$, $(x_2,\ y_2)$ 사이의 거리의 제곱과 같다.

즉, 곡선 $|x|+|y|=2$ 위의 한 점 $P(x_1,\ y_1)$과 곡선 $y=x^2-8x+18$ 위의 한 점 $Q(x_2,\ y_2)$에 대하여

$(x_2-x_1)^2+(y_2-y_1)^2=\overline{PQ}^2$

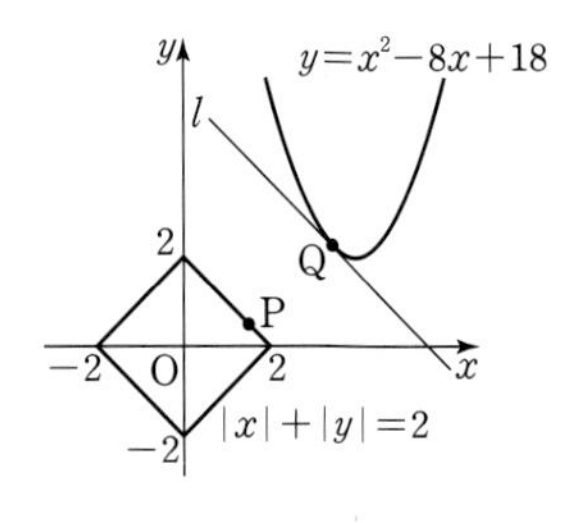

오른쪽 그림과 같이 기울기가 −1이고 함수 $y=x^2-8x+18$의 그래프에 접하는 직선을 l이라 하면 $\overline{PQ}$가 최소가 되는 경우는 점 P가 곡선 $|x|+|y|=2$ $(x\ge0,\ y\ge0)$ 위에 있고, 점 Q는 접선 l의 접점이며, 직선 PQ가 직선 l과 수직일 때이다.

직선 l의 방정식을 $y=-x+k$ (k는 실수)로 놓으면 직선 l은 곡선 $y=x^2-8x+18$에 접하므로

$-x+k=x^2-8x+18,\ x^2-7x+18-k=0$ …… ㉠

이차방정식 ㉠의 판별식을 D라 하면

$D=(-7)^2-4(18-k)=4k-23=0\qquad\therefore k=\frac{23}{4}$

$\therefore l: y=-x+\frac{23}{4}$

또, $k=\frac{23}{4}$을 ㉠에 대입하면

$x^2-7x+\frac{49}{4}=0$, $\left(x-\frac{7}{2}\right)^2=0$ $\therefore x=\frac{7}{2}$

$x=\frac{7}{2}$을 $l: y=-x+\frac{23}{4}$에 대입하면

$y=-\frac{7}{2}+\frac{23}{4}=\frac{9}{4}$ $\therefore Q\left(\frac{7}{2}, \frac{9}{4}\right)$

$\therefore x_2=\frac{7}{2}$, $y_2=\frac{9}{4}$

직선 PQ가 직선 l과 수직일 때, $\overline{PQ}$가 최소이므로 직선 PQ의 기울기는 1이고 점 Q를 지난다.

따라서 직선 PQ의 방정식은

$y-\frac{9}{4}=x-\frac{7}{2}$, 즉 $y=x-\frac{5}{4}$

또, 점 P는 두 직선 $y=x-\frac{5}{4}$, $y=-x+2$의 교점이므로

$x-\frac{5}{4}=-x+2$에서 $x=\frac{13}{8}$

$x=\frac{13}{8}$을 $y=-x+2$에 대입하면

$y=-\frac{13}{8}+2=\frac{3}{8}$ $\therefore P\left(\frac{13}{8}, \frac{3}{8}\right)$

$\therefore x_1=\frac{13}{8}$, $y_1=\frac{3}{8}$

$\therefore x_1+x_2=\frac{13}{8}+\frac{7}{2}=\frac{41}{8}$

답 ②

C Step 1등급 완성 최고난도 예상 문제

본문 88~91쪽

01 ①	02 ②	03 108	04 ③	05 ②
06 12	07 ②	08 9	09 ④	10 ③
11 ④	12 ④	13 8	14 ④	15 −10
16 ②	17 24	18 ②		

1등급 뛰어넘기

19 ④	20 ②	21 3	22 ①

01 전략 이차방정식의 근과 계수의 관계를 이용하여 선분 AB의 길이를 a에 대한 식으로 나타낸다.

풀이 이차함수 $f(x)=x^2+ax$의 그래프와 직선 $y=x+2$의 두 교점을 $A(\alpha, \alpha+2)$, $B(\beta, \beta+2)$로 놓으면 α, β는 이차방정식 $x^2+ax=x+2$, 즉 $x^2+(a-1)x-2=0$의 서로 다른 두 실근이므로 근과 계수의 관계에 의하여

$\alpha+\beta=-(a-1)$, $\alpha\beta=-2$ …… ㉠

$\overline{AB}=\sqrt{(\beta-\alpha)^2+\{(\beta+2)-(\alpha+2)\}^2}$

$=\sqrt{2(\beta-\alpha)^2}$

$=\sqrt{2\{(\alpha+\beta)^2-4\alpha\beta\}}$

$=\sqrt{2\{(a-1)^2+8\}}$ ($\because$ ㉠)

따라서 선분 AB의 길이는 $a=1$일 때 최소이므로 $a_1=1$이고 그때의 선분 AB의 길이의 최솟값 m은

$m=\sqrt{16}=4$

$\therefore m+a_1=4+1=5$

답 ①

02 전략 주어진 식을 두 점 사이의 거리를 이용하여 표현한다.

풀이 $\sqrt{4x^2+4y^2+16x+16}+\sqrt{4x^2+4y^2-24x-40y+136}$

$=\sqrt{4\{(x^2+4x+4)+y^2\}}+\sqrt{4\{(x^2-6x+9)+(y^2-10y+25)\}}$

$=2\sqrt{(x+2)^2+y^2}+2\sqrt{(x-3)^2+(y-5)^2}$

이때 좌표평면 위의 세 점 A, B, P의 좌표를 각각 $(-2, 0)$, $(3, 5)$, (x, y)로 놓으면

$\overline{AP}=\sqrt{(x+2)^2+y^2}$, $\overline{BP}=\sqrt{(x-3)^2+(y-5)^2}$

이므로 주어진 식은 $2(\overline{AP}+\overline{BP})$이다.

$\overline{AP}+\overline{BP}\ge\overline{AB}$이므로 점 P가 선분 AB 위에 있을 때, $\overline{AP}+\overline{BP}$의 값이 최소가 된다.

$\overline{AP}+\overline{BP}\ge\overline{AB}=\sqrt{\{3-(-2)\}^2+(5-0)^2}=5\sqrt{2}$

$\therefore 2(\overline{AP}+\overline{BP})\ge10\sqrt{2}$

따라서 $m=10\sqrt{2}$이므로

$m^2=200$

답 ②

03 전략 정삼각형의 넓이의 비는 한 변의 길이의 제곱의 비와 같음을 이용한다.

풀이 네 정삼각형 OA_1B_1, $A_1A_2B_2$, $A_2A_3B_3$, $A_3A_4B_4$의 한 변의 길이를 각각 a_1, a_2, a_3, a_4라 하면 $S_4=4S_3=16S_2=64S_1$에서

$a_4=2a_3=4a_2=8a_1$ …… ㉠

네 점 B_1, B_2, B_3, B_4에서 x축에 내린 수선의 발을 각각 H_1, H_2, H_3, H_4라 하자.

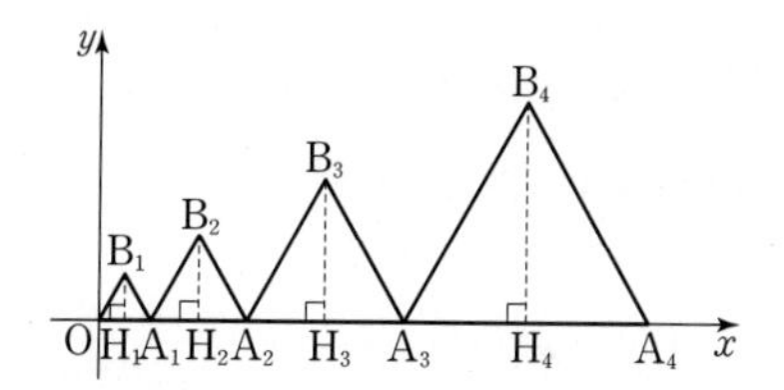

$\overline{A_3H_4}=\frac{1}{2}\overline{A_3A_4}=\frac{1}{2}a_4$이므로 점 B_4의 x좌표는

$a_1+a_2+a_3+\frac{1}{2}a_4=a_1+2a_1+4a_1+\frac{1}{2}\times8a_1=11a_1$ ($\because$ ㉠)

$11a_1=33$에서 $a_1=3$

$\therefore a_1=3$, $a_2=6$, $a_3=12$, $a_4=24$

따라서 두 점 B_2, B_3의 x좌표는 각각

$\overline{OH_2}=a_1+\frac{1}{2}a_2=3+\frac{1}{2}\times6=6$,

$\overline{OH_3}=a_1+a_2+\frac{1}{2}a_3=3+6+\frac{1}{2}\times12=15$

이고, 두 점 B_2, B_3의 y좌표는 각각

$\overline{B_2H_2}=\frac{\sqrt{3}}{2}a_2=\frac{\sqrt{3}}{2}\times6=3\sqrt{3}$, $\overline{B_3H_3}=\frac{\sqrt{3}}{2}a_3=\frac{\sqrt{3}}{2}\times12=6\sqrt{3}$

이므로

$B_2(6, 3\sqrt{3})$, $B_3(15, 6\sqrt{3})$

$\therefore \overline{B_2B_3}^2=(15-6)^2+(6\sqrt{3}-3\sqrt{3})^2$

$=9^2+(3\sqrt{3})^2$

$=81+27=108$

답 108

04 전략 각의 이등분선의 성질을 이용하여 두 점 B, C의 내분점 P와 두 점 C, E의 내분점 Q의 좌표를 각각 구한다.

풀이 직사각형 OABC에서 $\overline{EO}=\overline{EA}=\overline{EB}=\overline{EC}$

즉, 점 E는 선분 OB의 중점이므로

$E\left(2, \frac{3}{2}\right)$

$\triangle OBC$에서 $\overline{OB}=\sqrt{4^2+3^2}=5$이고, $\overline{OP}$는 $\angle COB$의 이등분선이므로

$\overline{PC} : \overline{PB}=\overline{OC} : \overline{OB}=3 : 5$

즉, 점 P는 선분 CB를 $3 : 5$로 내분하는 점이므로

$P\left(\frac{3\times4+5\times0}{3+5}, \frac{3\times3+5\times3}{3+5}\right)$, 즉 $P\left(\frac{3}{2}, 3\right)$

$\triangle OEC$에서 $\overline{OE}=\frac{1}{2}\overline{OB}=\frac{5}{2}$이고, $\overline{OQ}$는 $\angle COE$의 이등분선이므로

$\overline{QC} : \overline{QE}=\overline{OC} : \overline{OE}=3 : \frac{5}{2}=6 : 5$

즉, 점 Q는 선분 CE를 $6 : 5$로 내분하는 점이므로

$Q\left(\frac{6\times2+5\times0}{6+5}, \frac{6\times\frac{3}{2}+5\times3}{6+5}\right)$, 즉 $Q\left(\frac{12}{11}, \frac{24}{11}\right)$

따라서 삼각형 PQE의 무게중심의 좌표는

$\left(\frac{\frac{3}{2}+\frac{12}{11}+2}{3}, \frac{3+\frac{24}{11}+\frac{3}{2}}{3}\right)$, 즉 $\left(\frac{101}{66}, \frac{147}{66}\right)$

따라서 $a=\frac{101}{66}$, $b=\frac{147}{66}$이므로

$b-a=\frac{147}{66}-\frac{101}{66}=\frac{46}{66}=\frac{23}{33}$ 답 ③

개념 연계 / 중학 수학 / 내각의 이등분선의 성질

삼각형 ABC에서 $\angle A$의 이등분선이 변 BC와 만나는 점을 M이라 하면

$\overline{AB} : \overline{AC}=\overline{BM} : \overline{CM}$

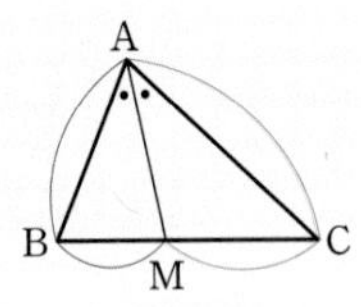

05 **전략** 주어진 조건을 만족시키는 정삼각형 ABC를 좌표평면 위에 놓고, 세 점 A, B, C의 좌표를 정한다.

풀이 오른쪽 그림과 같이 선분 AB의 중점이 원점 O, 선분 AB가 x축 위에 오도록 정삼각형 ABC를 좌표평면 위에 놓으면 세 점 A, B, C의 좌표는 각각 $(-2, 0)$, $(2, 0)$, $(0, 2\sqrt{3})$이다.

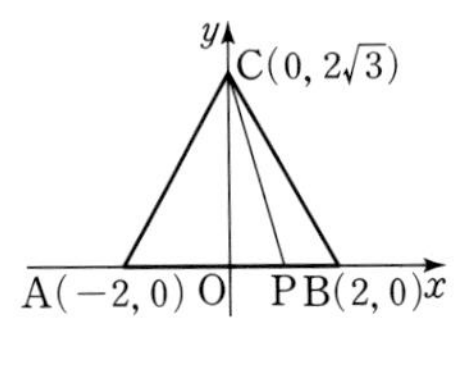

점 P는 x축 위의 점이므로 $P(a, 0)$ $(-2<a<2)$로 놓으면

$$\begin{aligned}\overline{PB}^2+\overline{PC}^2&=(a-2)^2+\{a^2+(2\sqrt{3})^2\}\\&=(a^2-4a+4)+(a^2+12)\\&=2a^2-4a+16\\&=2(a-1)^2+14\end{aligned}$$

이므로 $\overline{PB}^2+\overline{PC}^2$의 값은 $a=1$일 때 최소이다.

즉, 점 $P(1, 0)$은 선분 AB를 $3 : 1$로 내분하는 점이므로

$m=3$, $n=1$

따라서 선분 AP를 $3 : 1$로 외분하는 점 Q의 좌표는

$\left(\frac{3\times1-1\times(-2)}{3-1}, 0\right)$, 즉 $\left(\frac{5}{2}, 0\right)$

$\therefore \overline{AQ}=\frac{5}{2}-(-2)=\frac{9}{2}$ 답 ②

06 **전략** 주어진 조건을 만족시키는 삼각형 ABC를 좌표평면 위에 놓고, 세 점 A, B, C의 좌표를 정한다.

풀이 오른쪽 그림과 같이 직선 AB를 x축, 직선 AC를 y축에 오도록 삼각형 ABC를 좌표평면 위에 놓으면 세 점 A, B, C의 좌표는 각각 $(0, 0)$, $(9, 0)$, $(0, 6)$이다.

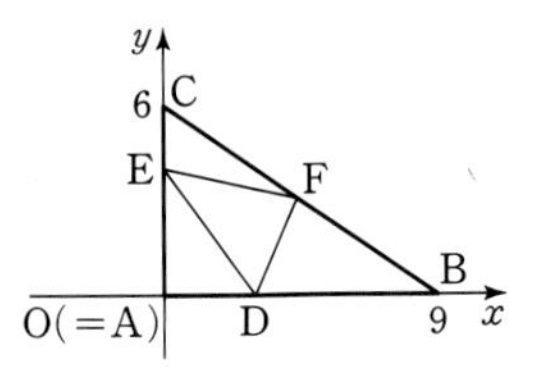

삼각형 ABC의 무게중심의 좌표는

$\left(\frac{0+9+0}{3}, \frac{0+0+6}{3}\right)$, 즉 $(3, 2)$

점 D는 선분 AB를 $1 : 2$로 내분하는 점이므로 $D(3, 0)$

또, 점 E는 선분 CA를 $1 : 2$로 내분하는 점이므로 $E(0, 4)$

이때 점 F의 좌표를 (a, b)로 놓으면 삼각형 DEF의 무게중심의 좌표는

$\left(\frac{3+0+a}{3}, \frac{0+4+b}{3}\right)$, 즉 $\left(\frac{a+3}{3}, \frac{b+4}{3}\right)$

삼각형 DEF와 삼각형 ABC의 무게중심이 일치하므로

$\frac{a+3}{3}=3$, $\frac{b+4}{3}=2$ $\therefore a=6, b=2$

따라서 $F(6, 2)$이므로

$\overline{AF}=\sqrt{(6-0)^2+(2-0)^2}=2\sqrt{10}$

$\overline{CF}=\sqrt{(6-0)^2+(2-6)^2}=2\sqrt{13}$

$\therefore \overline{CF}^2-\overline{AF}^2=52-40=12$ 답 12

07 **전략** 두 직선 AG, BG의 교점이 무게중심 G임을 이용하여 점 G의 좌표를 구한다.

풀이 두 직선 AG, BG의 교점이 삼각형 ABC의 무게중심 G이므로 두 직선 $4x-y-8=0$, $x+4y-2=0$을 연립하여 풀면

$x=2$, $y=0$ $\therefore G(2, 0)$

두 점 A, B는 각각 직선 $4x-y-8=0$, $x+4y-2=0$ 위의 점이므로 $A(a, 4a-8)$, $B\left(b, \frac{-b+2}{4}\right)$로 놓으면 점 $G(2, 0)$이 삼각형 ABC의 무게중심이므로

$\frac{a+b+5}{3}=2$, $\frac{(4a-8)+\frac{-b+2}{4}+(-5)}{3}=0$

즉, $a+b=1$, $16a-b=50$

위의 두 식을 연립하여 풀면 $a=3$, $b=-2$

따라서 $A(3, 4)$, $B(-2, 1)$이므로

$\overline{AB}=\sqrt{(-2-3)^2+(1-4)^2}=\sqrt{34}$ 답 ②

08 **전략** 주어진 조건을 만족시키는 삼각형 ABC를 좌표평면 위에 놓고, 세 점 A, B, C의 좌표를 정한다.

풀이 다음 그림과 같이 점 B를 원점, 직선 BC가 x축, 직선 AB가 y축에 오도록 삼각형 ABC를 좌표평면 위에 놓으면 세 점 A, B, C의 좌표는 각각 $(0, 6)$, $(0, 0)$, $(6, 0)$이다.

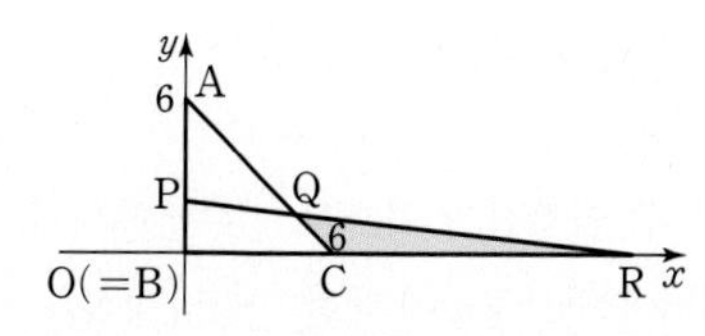

점 P는 선분 AB를 2 : 1로 내분하는 점이므로 점 P의 좌표는 (0, 2)

$\triangle APQ=\frac{2}{3}\triangle ABQ$ ······ ㉠

점 Q가 선분 AC를 $t:(1-t)$ $(0<t<1)$로 내분한다고 하면

$\triangle ABQ=t\triangle ABC$ ······ ㉡

또, 직선 PQ가 삼각형 ABC의 넓이를 이등분하므로

$\triangle APQ=\frac{1}{2}\triangle ABC$ ······ ㉢

㉠, ㉡, ㉢에서

$\frac{2}{3}t\triangle ABC=\frac{1}{2}\triangle ABC$

이므로

$\frac{2}{3}t=\frac{1}{2}$ $\quad\therefore t=\frac{3}{4}$

따라서 점 Q는 선분 AC를 3 : 1로 내분하는 점이므로

$Q\left(\frac{3\times6+1\times0}{3+1}, \frac{3\times0+1\times6}{3+1}\right)$, 즉 $Q\left(\frac{9}{2}, \frac{3}{2}\right)$

직선 PQ의 방정식은

$y=\frac{\frac{3}{2}-2}{\frac{9}{2}-0}x+2$, 즉 $y=-\frac{1}{9}x+2$

이고 점 R는 직선 PQ가 x축과 만나는 점이므로

$y=-\frac{1}{9}x+2$에 $y=0$을 대입하면

$0=-\frac{1}{9}x+2$ $\quad\therefore x=18$

$\therefore R(18, 0)$

따라서 $\overline{CR}=12$이고 삼각형 QCR의 높이는 점 Q의 y좌표인 $\frac{3}{2}$이므로

$\triangle QCR=\frac{1}{2}\times12\times\frac{3}{2}=9$ 답 9

다른풀이 점 P를 지나는 직선의 방정식을 $y=mx+2$로 놓고, 이 직선과 직선 AC, 즉 $x+y-6=0$의 교점을 $Q(a, b)$로 놓으면

$a+b-6=0$ ······ ㉠

이때 $\triangle APQ=\frac{1}{2}\triangle ABC$이므로

$\frac{1}{2}\times4\times a=\frac{1}{2}\times\frac{1}{2}\times6\times6$, $2a=9$에서 $a=\frac{9}{2}$ ······ ㉡

㉡을 ㉠에 대입하면

$\frac{9}{2}+b-6=0$ $\quad\therefore b=\frac{3}{2}$

$\therefore Q\left(\frac{9}{2}, \frac{3}{2}\right)$

이때 점 Q는 직선 $y=mx+2$ 위의 점이므로

$\frac{3}{2}=\frac{9}{2}m+2$ $\quad\therefore m=-\frac{1}{9}$

즉, 점 R는 직선 $y=-\frac{1}{9}x+2$가 x축과 만나는 점이므로

$R(18, 0)$

09 전략 선분 AB를 내분하는 점 P가 주어진 삼각형의 내부에 있으려면 점 P는 원점과 두 직선 AB, $y=-x+6$의 교점 사이에 위치해야 함을 이용한다.

풀이 두 점 $A(-2, -1)$, $B(8, 4)$를 잇는 선분 AB를 $t:(1-t)$로 내분하는 점을 $P(x, y)$로 놓으면

$x=\frac{8t-2(1-t)}{t+(1-t)}=10t-2$, $y=\frac{4t-(1-t)}{t+(1-t)}=5t-1$

$\therefore P(10t-2, 5t-1)$

직선 AB의 방정식은

$y+1=\frac{4-(-1)}{8-(-2)}(x+2)$, 즉 $y=\frac{1}{2}x$

이므로 직선 AB는 원점을 지난다.

이때 점 P가 x축, y축 및 직선 $y=-x+6$으로 둘러싸인 삼각형의 내부에 있으려면 오른쪽 그림과 같이 점 P는 선분 AB 위에 있으면서 원점과 두 직선 AB, $y=-x+6$의 교점 사이에 위치해야 한다.

(i) 점 P가 원점일 때

$10t-2=0$, $5t-1=0$ $\quad\therefore t=\frac{1}{5}$

(ii) 점 P가 두 직선 AB, 즉 $y=\frac{1}{2}x$와 $y=-x+6$의 교점일 때

$\frac{1}{2}x=-x+6$에서 $x=4$, $y=2$

즉, 두 직선 $y=\frac{1}{2}x$, $y=-x+6$의 교점의 좌표가 (4, 2)이므로

$10t-2=4$, $5t-1=2$ $\quad\therefore t=\frac{3}{5}$

(i), (ii)에 의하여 $\frac{1}{5}<t<\frac{3}{5}$일 때, 점 P는 x축, y축 및 직선 $y=-x+6$으로 둘러싸인 삼각형의 내부에 존재한다.

따라서 $a=\frac{1}{5}$, $b=\frac{3}{5}$이므로 $b-a=\frac{3}{5}-\frac{1}{5}=\frac{2}{5}$ 답 ④

10 전략 $\overline{PA}+\overline{PB}+\overline{PC}+\overline{PD}$의 값이 최소가 되게 하는 점 P는 두 직선 AC, BD의 교점에 위치할 때임을 이용한다.

풀이 사각형 ABCD의 내부의 한 점 P에 대하여 $\overline{PA}+\overline{PC}\geq\overline{AC}$, $\overline{PB}+\overline{PD}\geq\overline{BD}$이므로 점 P가 두 직선 AC, BD의 교점 P′에 있을 때 $\overline{PA}+\overline{PB}+\overline{PC}+\overline{PD}$의 값이 최소이다.

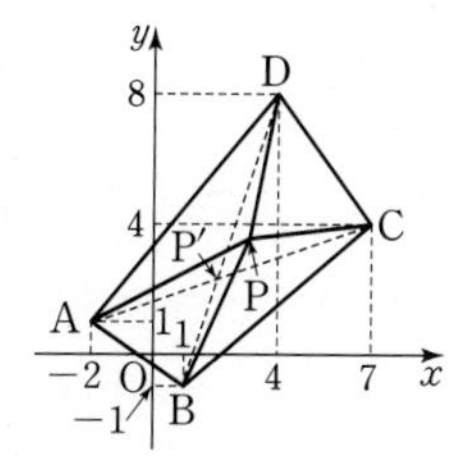

직선 AC의 방정식은

$y-1=\frac{4-1}{7+2}(x+2)$, 즉 $y=\frac{1}{3}x+\frac{5}{3}$ ······ ㉠

직선 BD의 방정식은

$y+1=\frac{8+1}{4-1}(x-1)$, 즉 $y=3x-4$ ······ ㉡

㉠, ㉡을 연립하여 풀면

$x=\frac{17}{8}$, $y=\frac{19}{8}$ $\quad\therefore P\left(\frac{17}{8}, \frac{19}{8}\right)$

따라서 $a=\frac{17}{8}$, $b=\frac{19}{8}$이므로

$a+b=\frac{17}{8}+\frac{19}{8}=\frac{36}{8}=\frac{9}{2}$ 답 ③

11 전략 마름모의 성질을 이용하여 a, b, c, d에 대한 관계식을 세운다.

풀이 조건 (나)에 의하여 사각형 ABCD가 마름모이므로 직선 AB와 CD, 직선 AD와 BC는 서로 평행하다.

$\overline{AB}\,/\!/\,\overline{DC}$에서

$b=d$ ...... ㉠

$\overline{AD}\,/\!/\,\overline{BC}$에서

$\frac{d-1}{c+1}=\frac{b-1}{a-1}$ ...... ㉡

㉠을 ㉡에 대입하면

$c+1=a-1$, 즉 $c=a-2$ ...... ㉢

사각형 ABCD가 마름모이므로 $\overline{BC}^2=\overline{AB}^2$에서

$(a-1)^2+(b-1)^2=2^2$ ...... ㉣

선분 BC의 중점을 M이라 하면

$M\left(\frac{a+1}{2}, \frac{b+1}{2}\right)$

조건 (가)에 의하여 직선 DM과 직선 BC가 서로 수직이므로

$$\frac{\frac{b+1}{2}-d}{\frac{a+1}{2}-c}\times\frac{b-1}{a-1}=-1,\ \frac{b+1-2d}{a+1-2c}\times\frac{b-1}{a-1}=-1$$

위의 식에 ㉠, ㉢을 대입하면

$$\frac{b+1-2b}{a+1-2(a-2)}\times\frac{b-1}{a-1}=-1$$

$$\frac{-(b-1)}{-(a-5)}\times\frac{b-1}{a-1}=-1,\ \frac{(b-1)^2}{(a-5)(a-1)}=-1$$

$(b-1)^2=-(a-5)(a-1)$ ...... ㉤

㉣에서 $(b-1)^2=4-(a-1)^2$을 ㉤에 대입하면

$4-(a-1)^2=-(a-5)(a-1)$

$-a^2+2a+3=-a^2+6a-5$, $4a=8$

$\therefore a=2$

따라서 ㉢에서 $c=0$이고, ㉣에서 $(b-1)^2=3$이므로

$b=1\pm\sqrt{3}$

$\therefore b=1+\sqrt{3}$ ($\because b>0$)

또, ㉠에서 $d=1+\sqrt{3}$이므로

$a+b+c+d=2+(1+\sqrt{3})+0+(1+\sqrt{3})$

$=4+2\sqrt{3}$ 답 ④

12 전략 두 직선을 나타내는 방정식 $2x^2-2y^2+3xy+10y+a=0$을 두 일차식의 곱으로 나타낼 수 있음을 이용한다.

풀이 $2x^2-2y^2+3xy+10y+a=0$을 x에 대한 내림차순으로 정리하면

$2x^2+3xy-2y^2+10y+a=0$ ...... ㉠

x에 대한 이차방정식 ㉠의 판별식을 D_1이라 하면

$D_1=(3y)^2-4\times2(-2y^2+10y+a)$

$=25y^2-80y-8a$ ...... ㉡

이차방정식 ㉠이 두 일차식의 곱으로 인수분해되기 위해서는 ㉡이 완전제곱식이 되어야 하므로 y에 대한 이차방정식

$25y^2-80y-8a=0$의 판별식을 D_2라 하면

$\frac{D_2}{4}=(-40)^2-25\times(-8a)=0$

$200(8+a)=0$ $\therefore a=-8$

위의 식을 ㉠에 대입하면

$2x^2+3xy-2y^2+10y-8=0$

$2x^2+3xy-2(y-1)(y-4)=0$, $(2x-y+4)(x+2y-2)=0$

$\therefore 2x-y+4=0$ 또는 $x+2y-2=0$

기울기가 양수인 직선이 l_1, 기울기가 음수인 직선이 l_2이므로

l_1: $2x-y+4=0$, l_2: $x+2y-2=0$

점 A는 직선 l_1이 y축과 만나는 점이므로 $2x-y+4=0$에 $x=0$을 대입하면

$y=4$ $\therefore A(0, 4)$

점 B는 직선 l_2가 x축과 만나는 점이므로 $x+2y-2=0$에 $y=0$을 대입하면

$x=2$ $\therefore B(2, 0)$

점 C는 두 직선 l_1, l_2의 교점이므로 $2x-y+4=0$, $x+2y-2=0$을 연립하여 풀면

$x=-\frac{6}{5}$, $y=\frac{8}{5}$ $\therefore C\left(-\frac{6}{5}, \frac{8}{5}\right)$

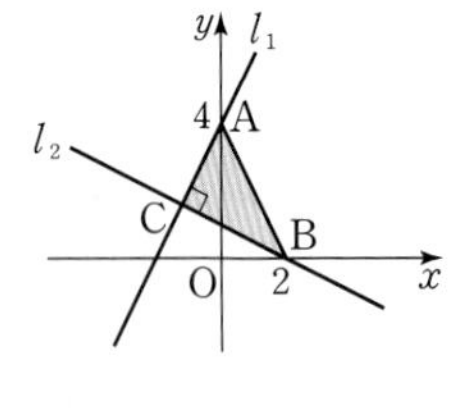

이때 두 직선 l_1, l_2의 기울기가 각각 2, $-\frac{1}{2}$이므로 두 직선은 서로 수직이다.

즉, 삼각형 ABC는 $\angle C=90°$인 직각삼각형이다.

$\overline{AC}=\sqrt{\left\{0-\left(-\frac{6}{5}\right)\right\}^2+\left(4-\frac{8}{5}\right)^2}=\frac{6\sqrt{5}}{5}$

$\overline{BC}=\sqrt{\left\{2-\left(-\frac{6}{5}\right)\right\}^2+\left(0-\frac{8}{5}\right)^2}=\frac{8\sqrt{5}}{5}$

따라서 삼각형 ABC의 넓이는

$\frac{1}{2}\times\overline{AC}\times\overline{BC}=\frac{1}{2}\times\frac{6\sqrt{5}}{5}\times\frac{8\sqrt{5}}{5}=\frac{24}{5}$ 답 ④

13 전략 직선 PQ는 두 선분 OO′과 FF′의 수직이등분선임을 이용한다.

풀이 $\overline{CO'}=a$로 놓으면 $O'(a, 12)$

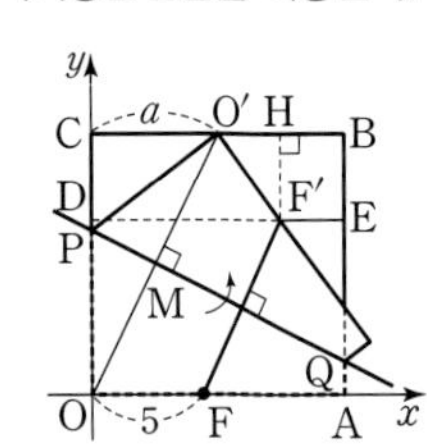

점 D는 선분 OC를 2 : 1로 내분하는 점이므로 점 D의 좌표는 (0, 8)

또, 점 F′에서 선분 O′B에 내린 수선의 발을 H라 하면

$\overline{F'H}=\overline{CD}=12-8=4$, $\overline{O'F'}=\overline{OF}=5$

이므로 $\triangle O'F'H$에서

$\overline{O'H}=\sqrt{5^2-4^2}=3$

$\therefore F'(a+3, 8)$

직선 PQ는 두 선분 OO′과 FF′의 수직이등분선이므로 두 직선 OO′, FF′은 서로 평행하다.

직선 OO′의 기울기는 $\frac{12}{a}$, 직선 FF′의 기울기는 $\frac{8}{a+3-5}=\frac{8}{a-2}$ 이므로

$\frac{12}{a}=\frac{8}{a-2}$

$8a=12a-24$, $4a=24$

$\therefore a=6$

따라서 직선 OO′의 기울기는 $\frac{12}{6}=2$이고, $\overline{OO'}$의 중점을 M이라 하면

M(3, 6)

따라서 직선 PQ는 직선 OO′과 수직이고 점 M을 지나는 직선이므로 직선 PQ의 방정식은

$y-6=-\frac{1}{2}(x-3)$, $y=-\frac{1}{2}x+\frac{15}{2}$

따라서 $m=-\frac{1}{2}$, $n=\frac{15}{2}$이므로

$n-m=\frac{15}{2}-\left(-\frac{1}{2}\right)=8$ 답 8

14 전략 직선 $kx+y-2k-3=0$이 k의 값에 관계없이 지나는 점을 먼저 찾는다.

풀이 직선 $x+2y+8=0$, 즉 $y=-\frac{1}{2}x-4$는 기울기가 $-\frac{1}{2}$이므로 이 직선에 수직인 직선의 기울기는 2이다.

기울기가 2이고 점 $(-1, 3)$을 지나는 직선의 방정식은

$y-3=2(x+1)$, 즉 $y=2x+5$ …… ㉠

직선 ㉠과 x축, y축의 교점을 각각 A, B라 하면

$A\left(-\frac{5}{2}, 0\right)$, B(0, 5)

또, 직선 $kx+y-2k-3=0$을 k에 대하여 정리하면

$(x-2)k+(y-3)=0$ …… ㉡

이므로 이 직선은 k의 값에 관계없이 항상 점 (2, 3)을 지난다.

두 직선 ㉠, ㉡이 제2사분면에서 만나려면 오른쪽 그림과 같이 두 직선 ㉠, ㉡의 교점이 선분 AB 위에 있어야 한다.

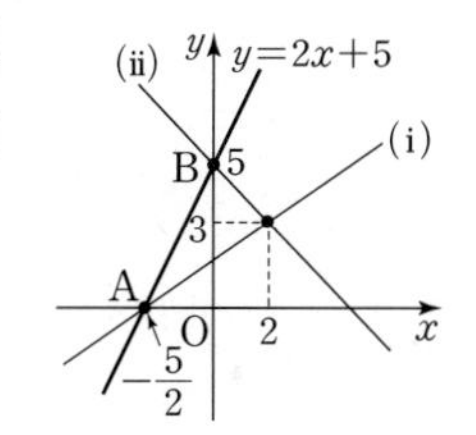

(i) 직선 ㉡이 점 $A\left(-\frac{5}{2}, 0\right)$을 지날 때

$-\frac{9}{2}k-3=0$ $\therefore k=-\frac{2}{3}$

(ii) 직선 ㉡이 점 B(0, 5)를 지날 때

$-2k+2=0$ $\therefore k=1$

(i), (ii)에서 k의 값의 범위는

$-\frac{2}{3}<k<1$

따라서 $\alpha=-\frac{2}{3}$, $\beta=1$이므로

$\alpha+\beta=-\frac{2}{3}+1=\frac{1}{3}$ 답 ④

15 전략 직선 $ax+by+c+k(a'x+b'y+c')=0$은 실수 k의 값에 관계없이 두 직선 $ax+by+c=0$, $a'x+b'y+c'=0$의 교점을 지난다.

풀이 l: $(-x+y)h+4kx+4x-2ky+6y-1=0$에서 이 식이 h의 값에 관계없이 항상 성립해야 하므로

$-x+y=0$, $4kx+4x-2ky+6y-1=0$

$\therefore x=\frac{1}{2k+10}$, $y=\frac{1}{2k+10}$

즉, 직선 l은 h의 값에 관계없이 항상 점 $P\left(\frac{1}{2k+10}, \frac{1}{2k+10}\right)$을 지난다.

이때 점 P는 직선 $y=x$ 위의 점이므로 직선 l이 h의 값에 관계없이 선분 OA와 만나려면 점 P가 선분 OA 위에 있어야 한다.

$\therefore 0\le\frac{1}{2k+10}\le2$

(i) $0\le\frac{1}{2k+10}$에서 $k>-5$

(ii) $\frac{1}{2k+10}\le2$에서 $2k+10\ge\frac{1}{2}$ $\therefore k\ge-\frac{19}{4}$

(i), (ii)에 의하여 $k\ge-\frac{19}{4}$

따라서 이를 만족시키는 음의 정수 k의 값은 -4, -3, -2, -1이므로 그 합은

$-4+(-3)+(-2)+(-1)=-10$ 답 -10

1등급 노트 두 직선의 교점을 지나는 직선

두 직선 $ax+by+c=0$, $a'x+b'y+c'=0$의 교점을 지나는 직선의 방정식

⇨ $(ax+by+c)+k(a'x+b'y+c')=0$ (단, k는 실수)

16 전략 두 식을 이용하여 a 또는 b에 대한 식으로 정리하여 점 Q의 좌표를 구한다.

풀이 $x-2y-k=0$ …… ㉠

$ax+(b-1)y-4b=0$ …… ㉡

점 $P(a, b)$가 직선 ㉠ 위의 점이므로

$a-2b-k=0$, 즉 $a=2b+k$ …… ㉢

㉢을 ㉡에 대입하면

$(2b+k)x+(b-1)y-4b=0$

위 식을 b에 대하여 정리하면

$(2x+y-4)b+kx-y=0$

위 식이 b의 값에 관계없이 항상 성립해야 하므로

$2x+y-4=0$, $kx-y=0$

$\therefore x=\frac{4}{k+2}$, $y=\frac{4k}{k+2}$

따라서 $k\neq-2$일 때, 직선 ㉡은 항상 점 $Q\left(\frac{4}{k+2}, \frac{4k}{k+2}\right)$를 지난다.

이때 $\overline{OQ}\le2$에서 $\overline{OQ}^2\le4$이므로

$\left(\frac{4}{k+2}\right)^2+\left(\frac{4k}{k+2}\right)^2\le4$

$16+16k^2\le4(k+2)^2$, $3k^2-4k\le0$, $k(3k-4)\le0$

$\therefore 0\le k\le\frac{4}{3}$

따라서 $\alpha=0$, $\beta=\frac{4}{3}$이므로

$\beta-\alpha=\frac{4}{3}-0=\frac{4}{3}$ 답 ②

17 전략 $\triangle ABC$의 무게중심과 세 변의 중점을 연결한 $\triangle PQR$의 무게중심이 같음을 이용한다.

풀이 점 G가 $\triangle ABC$의 무게중심이므로 $\triangle ABC$의 각 변의 중점을 연결한 $\triangle PQR$의 무게중심도 점 G이다.

$\therefore G\left(\frac{2+4+a}{3}, \frac{1+(-1)+b}{3}\right)$, 즉 $G\left(\frac{6+a}{3}, \frac{b}{3}\right)$

이때 점 G는 제1 사분면의 점이므로

$\frac{6+a}{3}>0$, $\frac{b}{3}>0$

$\therefore a>-6, b>0$ …… ㉠

직선 PQ의 방정식은

$y-1=\frac{-1-1}{4-2}(x-2)$, 즉 $y=-x+3$

점 $G\left(\frac{6+a}{3}, \frac{b}{3}\right)$와 직선 $y=-x+3$, 즉 $x+y-3=0$ 사이의 거리가 $2\sqrt{2}$이므로

$\frac{\left|\frac{6+a}{3}+\frac{b}{3}-3\right|}{\sqrt{1^2+1^2}}=2\sqrt{2}$, $\left|\frac{a+b-3}{3}\right|=4$

$|a+b-3|=12$, $a+b-3=\pm12$

$\therefore a+b=15$ ($\because$ ㉠) …… ㉡

점 G는 직선 BR 위의 점이므로 직선 BR, 즉 직선 GR와 직선 PQ가 수직이다. 따라서 직선 GR의 기울기가 1이므로

$\frac{b-\frac{b}{3}}{a-\frac{6+a}{3}}=1$, $\frac{2b}{3}=\frac{2a-6}{3}$

$\therefore a-b=3$ …… ㉢

㉡, ㉢을 연립하여 풀면 $a=9$, $b=6$

$\therefore 2a+b=2\times9+6=24$

답 24

18 전략 평행한 두 직선 사이의 거리는 한 직선 위의 한 점에서 다른 직선까지의 거리와 같음을 이용하여 $\overline{PQ}$의 길이를 구한다.

풀이 두 직선 $y=2x+6$, $y=2x-4$ 사이의 거리는 직선 $y=2x+6$ 위의 한 점 $(0, 6)$과 직선 $2x-y-4=0$ 사이의 거리이므로

$\frac{|-6-4|}{\sqrt{2^2+(-1)^2}}=2\sqrt{5}$

$\therefore \overline{PQ}=2\sqrt{5}$

또, 원점 O와 직선 PQ, 즉 $y=ax+b$ 사이의 거리는

$\frac{|b|}{\sqrt{a^2+1}}$

이때 삼각형 OPQ의 넓이가 20이므로

$\frac{1}{2}\times\overline{PQ}\times\frac{|b|}{\sqrt{a^2+1}}=20$에서

$\frac{1}{2}\times2\sqrt{5}\times\frac{|b|}{\sqrt{a^2+1}}=20$

$\therefore \frac{|b|}{\sqrt{a^2+1}}=4\sqrt{5}$ …… ㉠

직선 PQ가 두 직선 $y=2x+6$, $y=2x-4$와 서로 수직이므로

$2\times a=-1$에서 $a=-\frac{1}{2}$ …… ㉡

㉡을 ㉠에 대입하면

$\frac{|b|}{\sqrt{\frac{1}{4}+1}}=4\sqrt{5}$, $|b|=10$ $\therefore b=\pm10$

이때 두 점 P, Q가 제1 사분면 위의 점이므로

$b=10$

$\therefore ab=\left(-\frac{1}{2}\right)\times10=-5$

답 ②

19 전략 수직선 위의 두 점 $A(a)$, $B(b)$ 사이의 거리는 $|a-b|$임을 이용한다.

풀이 $\overline{AP}=|x+3|$, $\overline{BP}=|x-5|$이므로 $\overline{AP}+3\overline{BP}\le n$에서

$|x+3|+3|x-5|\le n$ …… ㉠

(i) $x<-3$일 때

$|x+3|+3|x-5|=-(x+3)-3(x-5)=-4x+12$

$-4x+12\le n$ $\therefore x\ge3-\frac{n}{4}$

$-3=3-\frac{n}{4}$에서 $n=24$이므로

① $n\le24$이면 해가 없다.

② $n>24$이면 $3-\frac{n}{4}\le x<-3$

(ii) $-3\le x<5$일 때

$|x+3|+3|x-5|=(x+3)-3(x-5)=-2x+18$

$-2x+18\le n$ $\therefore x\ge9-\frac{n}{2}$

$-3=9-\frac{n}{2}$에서 $n=24$, $5=9-\frac{n}{2}$에서 $n=8$이므로

① $n\le8$이면 해가 없다.

② $8<n\le24$이면 $9-\frac{n}{2}\le x<5$

③ $n>24$이면 $-3\le x<5$

(iii) $x\ge5$일 때

$|x+3|+3|x-5|=(x+3)+3(x-5)=4x-12$

$4x-12\le n$ $\therefore x\le\frac{n}{4}+3$

$5=\frac{n}{4}+3$에서 $n=8$이므로

① $n<8$이면 해가 없다.

② $n\ge8$이면 $5\le x\le\frac{n}{4}+3$

(i), (ii), (iii)에 의하여 부등식 ㉠의 해는

$n<8$이면 해가 없다.

$8\le n\le24$이면 $9-\frac{n}{2}\le x\le\frac{n}{4}+3$

$n>24$이면 $3-\frac{n}{4}\le x\le\frac{n}{4}+3$

따라서 부등식의 정수해가 10개이기 위해서는

$8\le n\le24$일 때, $10\le\left(\frac{n}{4}+3\right)-\left(9-\frac{n}{2}\right)+1<11$이므로

$10\le\frac{3}{4}n-5<11$ $\therefore 20\le n<\frac{64}{3}$

이를 만족시키는 자연수 n의 값은 20, 21이다.

$n>24$일 때, $10\le\left(\frac{n}{4}+3\right)-\left(3-\frac{n}{4}\right)+1<11$이므로

$10\le \frac{n}{2}+1<11$ $\therefore 18\le n<20$

그런데 $n>24$이므로 이를 만족시키는 자연수 n의 값은 없다.

따라서 구하는 자연수 n의 값은 20, 21이므로 그 합은

$20+21=41$ 답 ④

20 전략 △ABC를 좌표평면 위에 나타낸 후 정삼각형 ABC의 한 변의 길이를 구하여 넓이를 구한다.

풀이 직선 l_3을 x축, 직선 l_3에 수직이고 점 A를 지나는 직선이 y축에 오도록 세 직선 l_1, l_2, l_3과 삼각형 ABC를 좌표평면 위에 나타내면 오른쪽 그림과 같다.

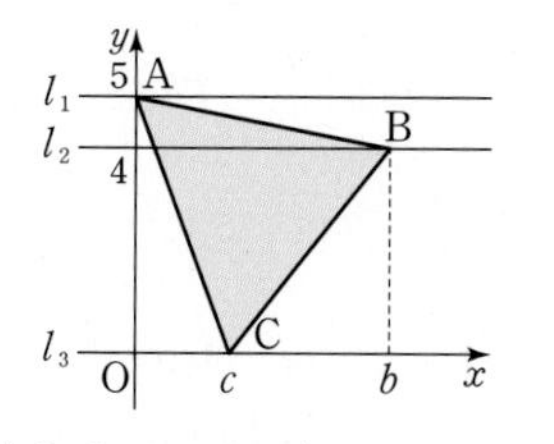

점 A의 좌표는 (0, 5)이고, 두 점 B, C의 좌표를 각각 $(b, 4)$, $(c, 0)$이라 하자. (단, $b>0$, $c>0$)

$\overline{AB}=\sqrt{(b-0)^2+(4-5)^2}=\sqrt{b^2+1}$

$\overline{BC}=\sqrt{(b-c)^2+(4-0)^2}=\sqrt{(b-c)^2+16}$

$\overline{CA}=\sqrt{(c-0)^2+(0-5)^2}=\sqrt{c^2+25}$

삼각형 ABC가 정삼각형이므로 $\overline{AB}=\overline{BC}=\overline{CA}$

$\overline{AB}^2=\overline{BC}^2$에서

$b^2+1=(b-c)^2+16$, $b^2+1=b^2-2bc+c^2+16$

$2bc=c^2+15$

$\therefore b=\frac{c^2+15}{2c}$ ($\because c>0$) ...... ㉠

$\overline{AB}^2=\overline{CA}^2$에서

$b^2+1=c^2+25$

$\therefore b^2-c^2=24$ ...... ㉡

㉠을 ㉡에 대입하면

$\left(\frac{c^2+15}{2c}\right)^2-c^2=24$

$(c^2+15)^2-4c^4=96c^2$, $c^4+30c^2+225-4c^4=96c^2$

$3c^4+66c^2-225=0$, $c^4+22c^2-75=0$

$(c^2+25)(c^2-3)=0$

$\therefore c=\sqrt{3}$ ($\because c>0$)

$c=\sqrt{3}$을 ㉡에 대입하면

$b^2-3=24$, $b^2=27$

$\therefore b=3\sqrt{3}$ ($\because b>0$)

$\overline{AB}=\sqrt{(3\sqrt{3})^2+1}=\sqrt{28}=2\sqrt{7}$이므로 정삼각형 ABC의 한 변의 길이는 $2\sqrt{7}$이다.

따라서 구하는 넓이는

$\frac{\sqrt{3}}{4}\times(2\sqrt{7})^2=\frac{\sqrt{3}}{4}\times 28=7\sqrt{3}$ 답 ②

21 전략 직사각형의 넓이를 이등분하는 직선은 두 대각선의 교점을 지남을 이용하여 직선 l의 방정식을 세운다.

풀이 직사각형 OABC의 넓이를 이등분하는 직선 l은 두 대각선 OB, AC의 교점 $(-1, -2)$를 지나므로 직선 l의 기울기를 a라 하면 직선 l의 방정식은

$y-(-2)=a\{x-(-1)\}$, 즉 $y=ax+a-2$ ...... ㉠

또, 오른쪽 그림과 같이 직선 l이 x축과 만나는 점을 Q라 하면 점 Q의 x좌표는 $0=ax+a-2$에서

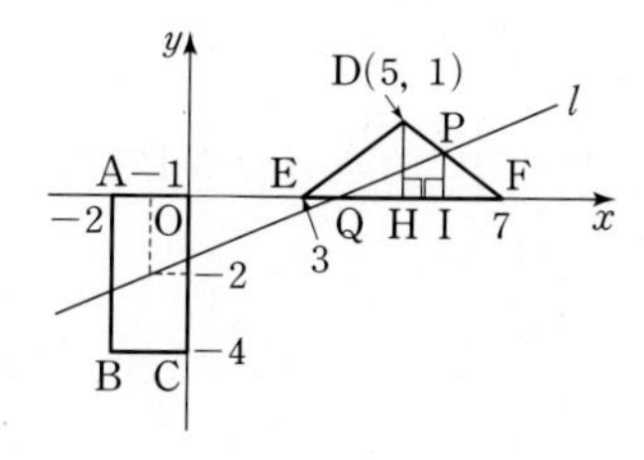

$x=\frac{2-a}{a}$

$\therefore \overline{QF}=7-\frac{2-a}{a}=\frac{2(4a-1)}{a}$

직선 DF의 방정식은

$y=\frac{0-1}{7-5}(x-7)$, 즉 $y=-\frac{1}{2}x+\frac{7}{2}$ ...... ㉡

㉠과 ㉡을 연립하여 풀면

$x=\frac{-2a+11}{2a+1}$, $y=\frac{2(4a-1)}{2a+1}$

$\therefore P\left(\frac{-2a+11}{2a+1}, \frac{2(4a-1)}{2a+1}\right)$ ...... ㉢

두 점 D, P에서 x축에 내린 수선의 발을 각각 H, I라 하면

$\triangle PQF=\frac{1}{2}\times\overline{QF}\times\overline{PI}=\frac{1}{2}\times\frac{2(4a-1)}{a}\times\frac{2(4a-1)}{2a+1}$

$=\frac{2(4a-1)^2}{a(2a+1)}$

$\triangle DEF=\frac{1}{2}\times\overline{EF}\times\overline{DH}=\frac{1}{2}\times(7-3)\times 1=2$

이때 △PQF의 넓이는 △DEF의 넓이의 $\frac{1}{2}$이므로

$\frac{2(4a-1)^2}{a(2a+1)}=\frac{1}{2}\times 2=1$

$2(4a-1)^2=2a^2+a$, $32a^2-16a+2=2a^2+a$

$30a^2-17a+2=0$, $(5a-2)(6a-1)=0$

$\therefore a=\frac{2}{5}$ 또는 $a=\frac{1}{6}$

이때 직선 l의 기울기는 두 점 $(-1, -2)$, F(7, 0)을 지나는 직선의 기울기보다 커야 하므로

$a>\frac{0-(-2)}{7-(-1)}=\frac{1}{4}$ $\therefore a=\frac{2}{5}$

$\therefore P\left(\frac{17}{3}, \frac{2}{3}\right)$ ($\because$ ㉢)

△DHF와 △PIF는 닮음이므로

$\overline{DP}:\overline{PF}=\overline{HI}:\overline{IF}=\left(\frac{17}{3}-5\right):\left(7-\frac{17}{3}\right)=\frac{2}{3}:\frac{4}{3}=1:2$

즉, 점 P는 $\overline{DF}$를 1 : 2로 내분하는 점이다.

따라서 $m=1$, $n=2$이므로

$m+n=3$ 답 3

22 전략 $\overline{AO}=\overline{BO}=\overline{CO}$이므로 점 O는 △ABC의 외심이면서 무게중심이다. 즉, △ABC는 정삼각형임을 이용한다.

풀이 (i) 두 반직선 BB′, CC′과 선분 BC에 동시에 접하는 원의 중심이 P일 때

$\overline{BC}$의 중점을 M이라 하면 점 O가 △ABC의 무게중심이므로 반직선 AO와 선분 BC의 교점이 M이다. 이때 $\overline{OB}=\overline{OC}$이므로 반직선 AO는 $\overline{BC}$의 수직이등분선이다. 또, $\overline{AO}=\overline{BO}=\overline{CO}$이고, 무게중심은 중선을 2 : 1로 내분하므로 △ABC는 정삼각형이다.

$\overline{AO} : \overline{OM} = 2 : 1$이므로 $\overline{OM} = \frac{1}{2}\overline{AO} = \frac{1}{2} \times 1 = \frac{1}{2}$

다음 그림과 같이 점 P에서 반직선 BB′에 내린 수선의 발을 H라 하자.

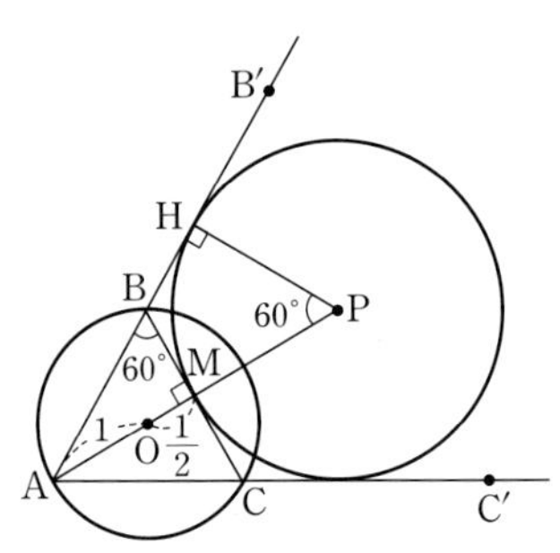

두 직각삼각형 AMB, AHP가 서로 닮음이므로

$\angle APH = \angle ABM = 60°$

삼각형 AHP에서

$\overline{PH} : \overline{PA} = 1 : 2$

이때 $\overline{PA} = \overline{PM} + \overline{MA} = \overline{PH} + (\overline{AO} + \overline{OM}) = \overline{PH} + \frac{3}{2}$이므로

$\overline{PH} : \overline{PA} = \overline{PH} : \left(\overline{PH} + \frac{3}{2}\right) = 1 : 2$

$2\overline{PH} = \overline{PH} + \frac{3}{2}$ $\quad \therefore \overline{PH} = \frac{3}{2}$

$\therefore \overline{PO} = \overline{PM} + \overline{MO} = \overline{PH} + \overline{MO} = \frac{3}{2} + \frac{1}{2} = 2$

(ii) 두 반직선 DD′, EE′과 선분 DE에 동시에 접하는 원의 중심이 Q일 때

오른쪽 그림과 같이 $\overline{ED}$의 중점을 N, 점 Q에서 반직선 DD′에 내린 수선의 발을 I라 하면

△OED가 정삼각형이므로 두 직각삼각형 OND, OIQ가 서로 닮음이다.

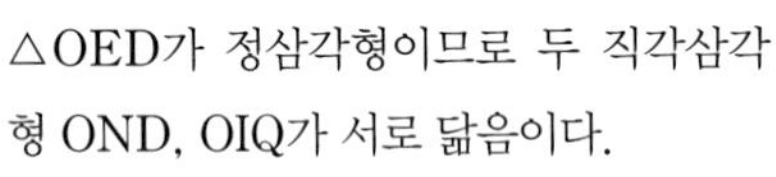

$\angle OQI = \angle ODN = 60°$

삼각형 OND에서

$\overline{ON} : \overline{OD} = \sqrt{3} : 2$이므로 $\overline{ON} : 1 = \sqrt{3} : 2$

$\therefore \overline{ON} = \frac{\sqrt{3}}{2}$

삼각형 OQI에서

$\overline{QI} : \overline{QO} = 1 : 2$

이때 $\overline{QO} = \overline{QN} + \overline{NO} = \overline{QI} + \frac{\sqrt{3}}{2}$이므로

$\overline{QI} : \overline{QO} = \overline{QI} : \left(\overline{QI} + \frac{\sqrt{3}}{2}\right) = 1 : 2$

$2\overline{QI} = \overline{QI} + \frac{\sqrt{3}}{2}$ $\quad \therefore \overline{QI} = \frac{\sqrt{3}}{2}$

$\therefore \overline{QO} = \overline{QN} + \overline{ON} = \overline{QI} + \overline{ON} = \frac{\sqrt{3}}{2} + \frac{\sqrt{3}}{2} = \sqrt{3}$

(i), (ii)에 의하여 $\overline{PQ}$가 최소일 때는 O, Q, P의 순서로 세 점이 일직선 상에 위치할 때이고, $\overline{PQ} = \overline{PO} - \overline{QO} = 2 - \sqrt{3}$이다.

또, $\overline{PQ}$가 최대일 때는 P, O, Q의 순서로 세 점이 일직선 상에 위치할 때이고, $\overline{PQ} = \overline{PO} + \overline{QO} = 2 + \sqrt{3}$이다.

따라서 $\overline{PQ}$의 최댓값과 최솟값의 곱은

$(2+\sqrt{3})(2-\sqrt{3}) = 4 - 3 = 1$

답 ①

10 원의 방정식

Step A 1등급을 위한 고난도 빈출 & 핵심 문제

본문 93~94쪽

01 ③	02 ②	03 ⑤	04 12	05 ⑤
06 ②	07 $\frac{3}{4}$	08 ②	09 ⑤	10 84
11 ④	12 $\frac{5}{8}$	13 50	14 ①	15 12
16 ③				

01 $x^2+y^2-4ax-2ay+10a+15=0$에서

$(x-2a)^2+(y-a)^2=5a^2-10a-15$

이 방정식이 원이 되려면

$5a^2-10a-15>0$

$a^2-2a-3>0$, $(a+1)(a-3)>0$

$\therefore a<-1$ 또는 $a>3$

따라서 자연수 a의 최솟값은 4이다.

답 ③

02 두 직선 $y=0$, $x-y+3=0$의 교점의 좌표는 $(-3, 0)$

두 직선 $y=0$, $2x+3y-4=0$의 교점의 좌표는 $(2, 0)$

두 직선 $x-y+3=0$, $2x+3y-4=0$의 교점의 좌표는 $(-1, 2)$

따라서 세 점 $(-3, 0)$, $(2, 0)$, $(-1, 2)$를 지나는 원의 방정식을

$x^2+y^2+ax+by+c=0$ (a, b, c는 상수)

로 놓으면

$9-3a+c=0$ …… ㉠

$4+2a+c=0$ …… ㉡

$5-a+2b+c=0$ …… ㉢

㉠, ㉡을 연립하여 풀면

$a=1$, $c=-6$

이것을 ㉢에 대입하면

$b=1$

즉, 세 직선으로 만들어지는 삼각형의 외접원의 방정식은

$x^2+y^2+x+y-6=0$

$\therefore \left(x+\frac{1}{2}\right)^2+\left(y+\frac{1}{2}\right)^2=\frac{13}{2}$

따라서 구하는 외접원의 넓이는 $\frac{13}{2}\pi$이다.

답 ②

다른풀이 세 직선의 교점을 각각 $A(-3, 0)$, $B(2, 0)$, $C(-1, 2)$라 하고 삼각형 ABC의 외접원의 중심을 $O(x, y)$라 하면

$\overline{OA}^2=\overline{OB}^2=\overline{OC}^2$

$(x+3)^2+y^2=(x-2)^2+y^2=(x+1)^2+(y-2)^2$

이 방정식을 풀면 $x=-\frac{1}{2}$, $y=-\frac{1}{2}$

$\therefore O\left(-\frac{1}{2}, -\frac{1}{2}\right)$

따라서 외접원의 반지름의 길이는

$\overline{OA}=\sqrt{\left(-\frac{1}{2}+3\right)^2+\left(-\frac{1}{2}-0\right)^2}=\frac{\sqrt{26}}{2}$

이므로 구하는 외접원의 넓이는

$\pi\times\left(\frac{\sqrt{26}}{2}\right)^2=\frac{13}{2}\pi$

03 원 $x^2+y^2=1$ 위의 점 P의 좌표를 (a, b)라 하면

$a^2+b^2=1$ $\cdots\cdots$ ㉠

$\therefore \overline{AP}^2+\overline{BP}^2=(a+2)^2+(b-3)^2+(a-2)^2+(b-5)^2$

$=2(a^2+b^2)-16b+42$

$=2-16b+42$ ($\because$ ㉠)

$=-16b+44$

이때 $-1\le b\le 1$이므로

$28\le -16b+44\le 60$

따라서 $\overline{AP}^2+\overline{BP}^2$의 최솟값은 28이다. 답 ⑤

다른풀이 선분 AB의 중점을 M이라 하면 M(0, 4)

삼각형 PAB에서 파푸스의 정리에 의하여

$\overline{AP}^2+\overline{BP}^2=2(\overline{AM}^2+\overline{PM}^2)$

이때 $\overline{AM}^2=2^2+1^2=5$로 일정하므로 $\overline{PM}^2$의 값이 최소일 때, $\overline{AP}^2+\overline{BP}^2$의 값이 최소이다.

원 $x^2+y^2=1$의 중심 O(0, 0)에 대하여 $\overline{PM}$의 최솟값은

$\overline{OM}-1=4-1=3$

따라서 구하는 최솟값은

$2\times(5+3^2)=28$

04 $x^2+y^2-4x+6y=0$에서

$(x-2)^2+(y+3)^2=13$

따라서 원의 중심의 좌표는 $(2, -3)$이므로 원의 중심과 점 $A(-1, 1)$ 사이의 거리는

$\sqrt{(2+1)^2+(-3-1)^2}=5$

이때 원의 반지름의 길이가 $\sqrt{13}$이므로

$M=5+\sqrt{13}$, $m=5-\sqrt{13}$

$\therefore Mm=(5+\sqrt{13})(5-\sqrt{13})$

$=25-13=12$ 답 12

05 중심이 직선 $y=2x-4$ 위에 있으므로 이 원의 중심의 좌표를 $(a, 2a-4)$로 놓자.

이 원이 x축, y축에 동시에 접하므로 원의 반지름의 길이 r는

$r=|a|=|2a-4|$

$\therefore 2a-4=\pm a$

$\therefore a=4$ 또는 $a=\frac{4}{3}$

따라서 두 원의 넓이는 각각

$\pi\times4^2=16\pi$, $\pi\times\left(\frac{4}{3}\right)^2=\frac{16}{9}\pi$

이므로 구하는 넓이의 합은

$16\pi+\frac{16}{9}\pi=\frac{160}{9}\pi$ 답 ⑤

1등급 노트 x축 또는 y축에 접하는 원의 방정식

원 $(x-a)^2+(y-b)^2=r^2$이

(1) x축에 접할 때

(반지름의 길이)$=|$(중심의 y좌표)$|$ ⇨ $r=|b|$

(2) y축에 접할 때

(반지름의 길이)$=|$(중심의 x좌표)$|$ ⇨ $r=|a|$

(3) x축, y축에 동시에 접할 때

(반지름의 길이)$=|$(중심의 x좌표)$|=|$(중심의 y좌표)$|$

⇨ $r=|a|=|b|$

06 $x^2+y^2-(k-2)x-ky=0$에서

$\left(x-\frac{k-2}{2}\right)^2+\left(y-\frac{k}{2}\right)^2=\frac{k^2-2k+2}{2}$ $\cdots\cdots$ ㉠

ㄱ. ㉠에서 원의 넓이는 $\frac{k^2-2k+2}{2}\pi=\frac{\pi}{2}\{(k-1)^2+1\}$이므로

$k=1$일 때 최솟값 $\frac{\pi}{2}$를 갖는다. (거짓)

ㄴ. 원의 중심의 좌표는 $\left(\frac{k-2}{2}, \frac{k}{2}\right)$이므로

$\frac{k-2}{2}+1=\frac{k}{2}$

즉, 원의 중심은 직선 $y=x+1$ 위에 있다. (참)

ㄷ. 원이 x축과 접하려면

$\left|\frac{k}{2}\right|=\sqrt{\frac{k^2-2k+2}{2}}$

양변을 제곱하면

$\frac{k^2}{4}=\frac{k^2-2k+2}{2}$

$k^2-4k+4=0$, $(k-2)^2=0$

$\therefore k=2$

따라서 원이 x축과 접하도록 하는 실수 k의 개수는 1이다. (거짓)

따라서 옳은 것은 ㄴ뿐이다. 답 ②

07 $x^2+y^2-6x-2y-15=0$에서 $(x-3)^2+(y-1)^2=25$

직선 l의 기울기를 m $(m>0)$이라 하면 직선 l의 방정식은

$y-3=m(x+1)$

$\therefore mx-y+m+3=0$

오른쪽 그림과 같이 원의 중심 C에서 직선 l에 내린 수선의 발을 H라 하면

$\overline{CH}=\sqrt{5^2-3^2}=4$

즉, 원의 중심 C와 직선 l 사이의 거리가 4이므로

$\frac{|4m+2|}{\sqrt{m^2+1}}=4$, $|4m+2|=4\sqrt{m^2+1}$

양변을 제곱하면

$(4m+2)^2=16(m^2+1)$

$16m+4=16$

$\therefore m=\frac{3}{4}$ 답 $\frac{3}{4}$

08 삼각형 ABC의 넓이가 최대이려면 점 A와 직선 $x+y+4=0$ 사이의 거리가 최대이어야 한다.
원 $x^2+y^2=2$의 중심인 원점과 직선 $x+y+4=0$ 사이의 거리는
$\frac{4}{\sqrt{1^2+1^2}}=2\sqrt{2}$
이고 원의 반지름의 길이가 $\sqrt{2}$이므로 점 A와 직선 $x+y+4=0$ 사이의 거리의 최댓값은
$2\sqrt{2}+\sqrt{2}=3\sqrt{2}$
즉, 정삼각형 ABC의 높이가 $3\sqrt{2}$이므로 정삼각형의 한 변의 길이를 a라 하면
$\frac{\sqrt{3}}{2}a=3\sqrt{2}$ $\quad\therefore a=2\sqrt{6}$
따라서 정삼각형 ABC의 넓이의 최댓값은
$\frac{\sqrt{3}}{4}\times(2\sqrt{6})^2=6\sqrt{3}$

답 ②

참고 한 변의 길이가 a인 정삼각형의 높이는 $\frac{\sqrt{3}}{2}a$, 넓이는 $\frac{\sqrt{3}}{4}a^2$이다.

09 원 $x^2+y^2=9$ 위의 점 $(2\sqrt{2}, 1)$에서의 접선의 방정식은
$2\sqrt{2}x+y=9$
이 직선이 원 $(x-3)^2+(y-9)^2=k$와 접하므로 원의 중심 $(3, 9)$와 직선 $2\sqrt{2}x+y=9$, 즉 $2\sqrt{2}x+y-9=0$ 사이의 거리는 원의 반지름의 길이인 $\sqrt{k}$이다.
$\frac{|6\sqrt{2}+9-9|}{\sqrt{(2\sqrt{2})^2+1^2}}=\sqrt{k}$, $2\sqrt{2}=\sqrt{k}$
$\therefore k=(2\sqrt{2})^2=8$

답 ⑤

10 삼각형 PAB의 넓이가 최대이려면 점 P에서의 접선이 직선 AB, 즉 $x-2y-2=0$과 평행해야 한다.
$x-2y-2=0$에서 $y=\frac{1}{2}x-1$
따라서 점 P에서의 접선의 기울기가 $\frac{1}{2}$이므로 접선의 방정식은
$y=\frac{1}{2}x\pm4\sqrt{\left(\frac{1}{2}\right)^2+1}$
$\therefore y=\frac{1}{2}x\pm2\sqrt{5}$

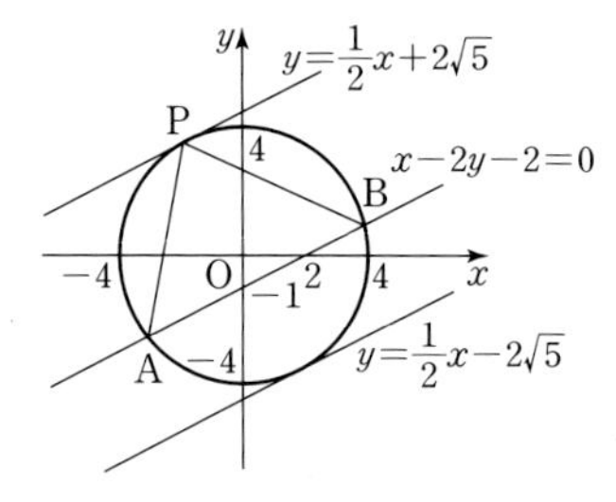

이때 삼각형 PAB의 넓이가 최대이려면 직선 $x-2y-2=0$과 접선 사이의 거리가 최대이어야 하므로 점 P에서의 접선의 방정식은
$y=\frac{1}{2}x+2\sqrt{5}$, 즉 $x-2y+4\sqrt{5}=0$
따라서 $a=-2$, $b=4\sqrt{5}$이므로
$a^2+b^2=(-2)^2+(4\sqrt{5})^2$
$\quad=4+80=84$

답 84

11 접점의 좌표를 (a, b)라 하면
$a^2+b^2=1$ $\quad\cdots\cdots$ ㉠
점 (a, b)에서의 접선의 방정식은
$ax+by=1$
이 직선이 점 $\mathrm{P}(1, 2)$를 지나므로
$a+2b=1$ $\quad\cdots\cdots$ ㉡
㉠, ㉡을 연립하여 풀면
$a=1$, $b=0$ 또는 $a=-\frac{3}{5}$, $b=\frac{4}{5}$
따라서 접점 A, B의 좌표가 각각 $(1, 0)$, $\left(-\frac{3}{5}, \frac{4}{5}\right)$이므로 삼각형 PAB의 넓이는
$\frac{1}{2}\times2\times\left\{1-\left(-\frac{3}{5}\right)\right\}=\frac{1}{2}\times2\times\frac{8}{5}=\frac{8}{5}$

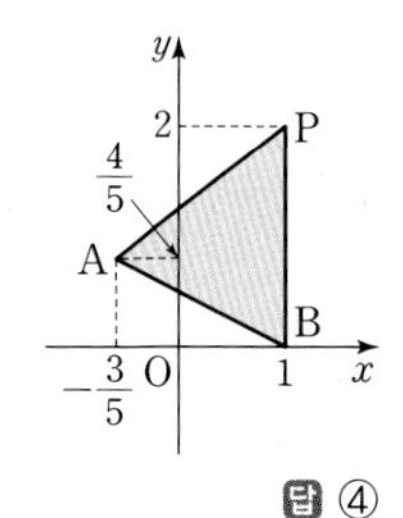

답 ④

12 접점 (x_n, y_n)이 원 $x^2+y^2=1$ 위의 점이므로
${x_n}^2+{y_n}^2=1$ $\quad\cdots\cdots$ ㉠
점 (x_n, y_n)에서의 접선의 방정식은
$x_nx+y_ny=1$
이 직선이 점 $(0, n)$을 지나므로
$ny_n=1$ $\quad\therefore y_n=\frac{1}{n}$
이것을 ㉠에 대입하면
${x_n}^2=1-\frac{1}{n^2}=\frac{n^2-1}{n^2}$
$\therefore {x_2}^2\times{x_3}^2\times{x_4}^2=\frac{3}{4}\times\frac{8}{9}\times\frac{15}{16}=\frac{5}{8}$

답 $\frac{5}{8}$

13 직선 l의 방정식을 $y=-x+k$ $(k>0)$, 즉 $x+y-k=0$으로 놓으면 원 $(x+2)^2+(y-1)^2=18$과 직선 l이 접하므로 원의 중심 $(-2, 1)$과 직선 l 사이의 거리는 원의 반지름의 길이인 $3\sqrt{2}$와 같다. 즉,
$\frac{|-2+1-k|}{\sqrt{1^2+1^2}}=3\sqrt{2}$
$|k+1|=6$, $k+1=\pm6$
$\therefore k=5$ $(\because k>0)$
$\therefore l : x+y-5=0$
직선 l과 x축, y축에 동시에 접하는 원의 넓이가 최소일 때는 오른쪽 그림과 같다.
이 원의 반지름의 길이를 r $(0<r<5)$라 하면 중심 (r, r)와 직선 l 사이의 거리가 r이므로

$\frac{|r+r-5|}{\sqrt{1^2+1^2}}=r$
$2r-5=\pm\sqrt{2}r$, $(2\mp\sqrt{2})r=5$, $r=\frac{5}{2\mp\sqrt{2}}$
$\therefore r=\frac{10-5\sqrt{2}}{2}$ $(\because 0<r<5)$
따라서 구하는 원의 넓이의 최솟값은
$\left(\frac{10-5\sqrt{2}}{2}\right)^2\pi=\frac{75-50\sqrt{2}}{2}\pi=\left(\frac{75}{2}-25\sqrt{2}\right)\pi$

이므로 $p=\frac{75}{2}$, $q=-25$

$\therefore 2p+q=2\times\frac{75}{2}+(-25)=50$ 답 50

14 $x^2+y^2+8x-2y-3=0$에서

$(x+4)^2+(y-1)^2=20$

점 $(1, a)$를 지나는 직선의 기울기를 m이라 하면 직선의 방정식은

$y-a=m(x-1)$, 즉 $mx-y-m+a=0$

이 직선이 원 $(x+4)^2+(y-1)^2=20$에 접하므로 원의 중심 $(-4, 1)$과 직선 사이의 거리는 원의 반지름의 길이인 $2\sqrt{5}$와 같다.

즉, $\frac{|-4m-1-m+a|}{\sqrt{m^2+1}}=2\sqrt{5}$

$|-5m+a-1|=2\sqrt{5m^2+5}$

양변을 제곱하면

$25m^2+a^2+1-10am-2a+10m=20m^2+20$

$\therefore 5m^2-10(a-1)m+a^2-2a-19=0$

이 이차방정식의 두 실근을 m_1, m_2라 하면 m_1, m_2는 점 $(1, a)$에서 원에 그은 두 접선의 기울기이고 두 접선이 서로 수직이므로

$m_1m_2=-1$

이차방정식의 근과 계수의 관계에 의하여

$\frac{a^2-2a-19}{5}=-1$

$a^2-2a-14=0$

$\therefore a=1+\sqrt{15}$ ($\because a>0$) 답 ①

15 점 P의 좌표를 (x, y)라 하면 $\overline{AP}:\overline{BP}=2:1$에서

$\overline{AP}=2\overline{BP}$

$\sqrt{(x+1)^2+y^2}=2\sqrt{(x-5)^2+y^2}$

$(x+1)^2+y^2=4\{(x-5)^2+y^2\}$, $x^2+y^2-14x+33=0$

$\therefore (x-7)^2+y^2=16$

즉, 점 P가 나타내는 도형은 중심의 좌표가 $(7, 0)$이고 반지름의 길이가 4인 원이다.

오른쪽 그림과 같이 삼각형 PAB는 높이가 원의 반지름의 길이인 4일 때 그 넓이가 최대가 되므로 삼각형 PAB의 넓이의 최댓값은

$\frac{1}{2}\times6\times4=12$ 답 12

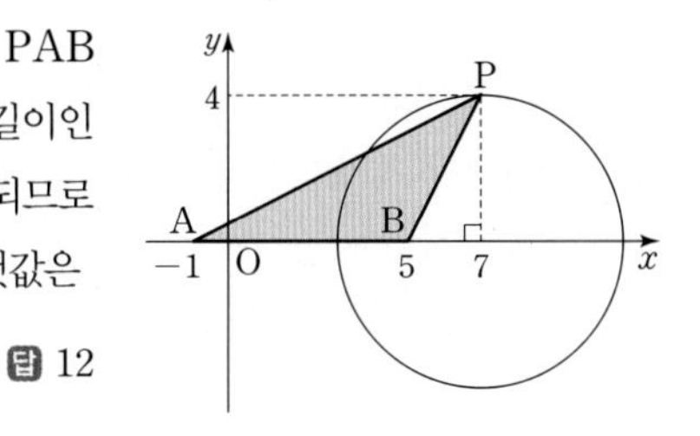

16 직선 $mx-3y+6-2m=0$, 즉 $m(x-2)-3(y-2)=0$은 m의 값에 관계없이 점 $(2, 2)$를 지난다.

직선 $3x+my-6=0$, 즉 $3(x-2)+my=0$은 m의 값에 관계없이 점 $(2, 0)$을 지난다.

또, 두 직선 $mx-3y+6-2m=0$, $3x+my-6=0$의 기울기의 곱이

$\frac{m}{3}\times\left(-\frac{3}{m}\right)=-1$

이므로 두 직선은 서로 수직이다.

즉, B$(2, 0)$, C$(2, 2)$라 하면 $\angle BPC=90^\circ$

따라서 오른쪽 그림과 같이 주어진 두 직선의 교점 P가 나타내는 도형은 두 점 $(2, 2)$, $(2, 0)$을 지름의 양 끝 점으로 하는 원이다.

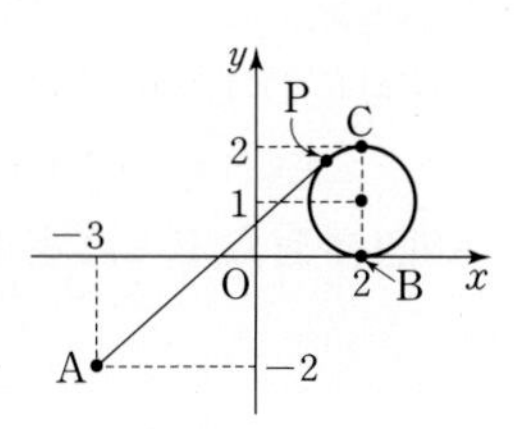

즉, 점 P는 중심의 좌표가 $(2, 1)$, 반지름의 길이가 1인 원 위의 점이다.

이때 점 A$(-3, -2)$와 원의 중심 $(2, 1)$ 사이의 거리는

$\sqrt{(-3-2)^2+(-2-1)^2}=\sqrt{34}$

따라서 선분 PA의 길이의 최솟값은 $\sqrt{34}-1$이다. 답 ③

참고 $\angle BPC=90^\circ$를 만족시키는 점 P는 두 점 B, C를 지름의 양 끝 점으로 하는 원 위의 점이다.

B Step 1등급을 위한 고난도 기출 VS 변형 유형 본문 95~98쪽

1 18	1-1 ④	2 ③	2-1 ①	3 ③	3-1 2
4 ①	4-1 20	5 ③	5-1 ④	6 ④	6-1 ②
7 ④	7-1 ④	8 87	8-1 ③	9 ⑤	9-1 ③
10 ④	10-1 28	11 ③	11-1 $\frac{7}{4}$	12 180	12-1 ⑤

1 **전략** 네 점이 한 원 위에 있을 조건을 이용하여 두 점 P, Q가 선분 AB를 지름으로 하는 원 위에 있음을 파악한다.

풀이 다음 그림과 같이 두 점 P, Q는 직선 AB에 대하여 같은 쪽에 있고, $\angle APB=\angle AQB=90^\circ$이므로 두 점 P, Q는 선분 AB를 지름으로 하는 원 C 위의 점이다.

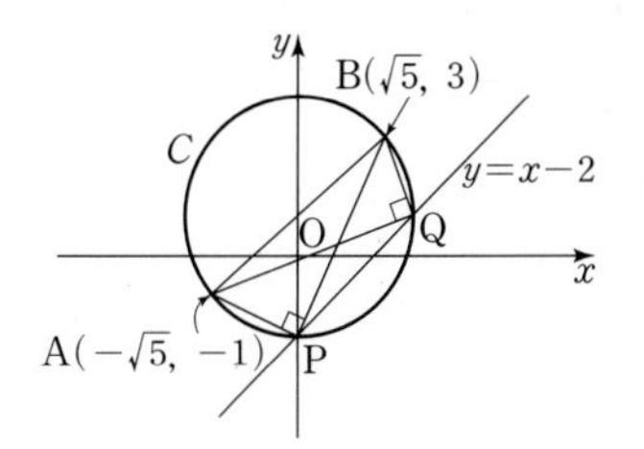

선분 AB의 중점의 좌표는

$\left(\frac{-\sqrt{5}+\sqrt{5}}{2}, \frac{-1+3}{2}\right)=(0, 1)$

$\overline{AB}=\sqrt{\{\sqrt{5}-(-\sqrt{5})\}^2+\{3-(-1)\}^2}=\sqrt{36}=6$

이므로 원 C의 방정식은

$x^2+(y-1)^2=3^2$ ...... ㉠

두 점 P, Q는 원 C와 직선 $y=x-2$의 교점이므로 $y=x-2$를 ㉠에 대입하면

$x^2+(x-3)^2=9$

$2x^2-6x=0$, $2x(x-3)=0$

$\therefore x=0$ 또는 $x=3$

이때 두 점 P, Q는 직선 $y=x-2$ 위의 점이므로 두 점 P, Q의 좌표는 $(0, -2)$, $(3, 1)$

$\therefore l^2=\overline{PQ}^2=(3-0)^2+\{1-(-2)\}^2=18$ 답 18

개념 연계 / 중학 수학 / 네 점이 한 원 위에 있을 조건

두 점 C, D가 직선 AB에 대하여 같은 쪽에 있을 때,

$\angle ACB = \angle ADB$

이면 네 점 A, B, C, D는 한 원 위에 있다.

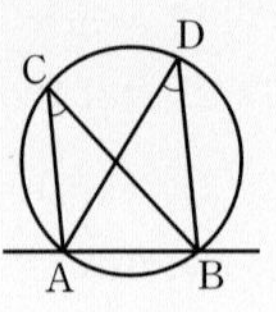

1-1 **전략** 네 점이 한 원 위에 있을 조건을 이용하여 두 점 C, D가 선분 AB를 지름으로 하는 원 위에 있음을 파악한다.

풀이 다음 그림과 같이 두 점 C, D는 직선 AB에 대하여 같은 쪽에 있고, $\angle ACB = \angle ADB = 90°$이므로 두 점 C, D는 선분 AB를 지름으로 하는 원 C 위의 점이다.

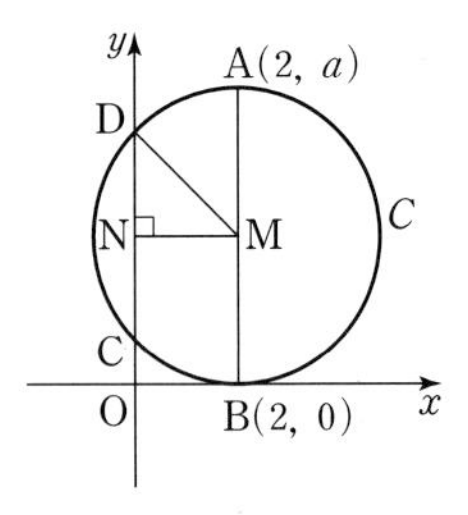

선분 AB의 중점을 M이라 하면 점 M의 좌표는 $\left(2, \frac{a}{2}\right)$이고, $\overline{AB}=a$이다.

또, 원의 중심 M에서 $\overline{CD}$에 내린 수선의 발을 N이라 하면

$\overline{MN}=2$, $\overline{DN}=\frac{1}{2}\overline{CD}=\sqrt{3}$

이므로 직각삼각형 DMN에서

$\overline{MD}=\sqrt{\overline{MN}^2+\overline{DN}^2}=\sqrt{2^2+(\sqrt{3})^2}=\sqrt{7}$

이때 $\overline{MD}$는 원 C의 반지름이므로

$\frac{a}{2}=\sqrt{7}$ $\therefore a=2\sqrt{7}$

따라서 원 C의 방정식은

$(x-2)^2+(y-\sqrt{7})^2=(\sqrt{7})^2$ …… ㉠

두 점 P, Q는 원 C와 y축의 교점이므로

$x=0$을 ㉠에 대입하면

$4+(y-\sqrt{7})^2=7$

$(y-\sqrt{7})^2=3$, $y-\sqrt{7}=\pm\sqrt{3}$

$\therefore y=\sqrt{7}\pm\sqrt{3}$

즉, 두 점 C, D의 y좌표는 각각 $\sqrt{7}+\sqrt{3}$, $\sqrt{7}-\sqrt{3}$이다.

따라서 두 점 C, D의 y좌표의 곱은

$(\sqrt{7}+\sqrt{3})(\sqrt{7}-\sqrt{3})=7-3=4$

답 ④

개념 연계 / 중학 수학 / 반원에 대한 원주각의 크기

원에서 호가 반원일 때, 그 호에 대한 원주각의 크기는 90°이다. 즉, $\overline{AB}$가 원의 지름이면

$\angle APB=\frac{1}{2}\angle AOB=90°$

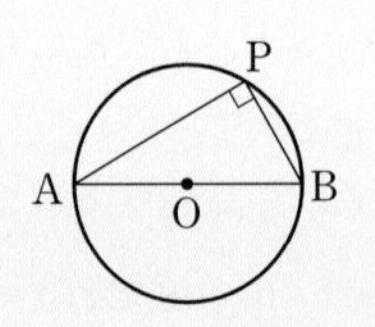

2 **전략** 주어진 직선의 기울기에 따라 원과 직선의 위치 관계를 파악한다.

풀이 직선 $mx-y+m=0$, 즉 $m(x+1)-y=0$은 m의 값에 관계없이 점 $(-1, 0)$을 지난다.

(i) $m \le 0$일 때

직선 $mx-y+m=0$, 즉 $y=mx+m$의 기울기가 0 또는 음수이면 주어진 도형과 직선 $mx-y+m=0$이 서로 다른 세 점에서 만난다.

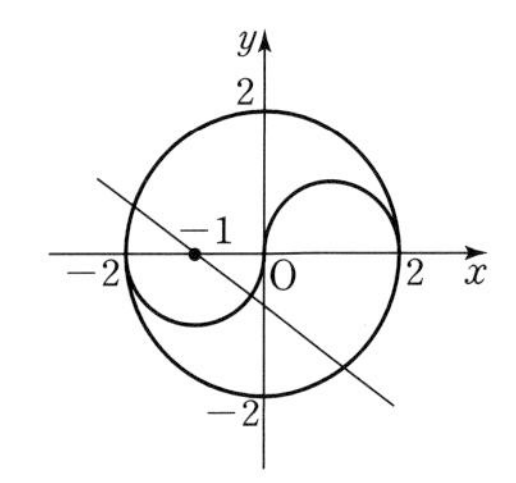

(ii) $m>0$일 때

직선 $mx-y+m=0$이 오른쪽 반원과 접할 때의 m의 값을 구해 보자.

점 $(1, 0)$과 직선 $mx-y+m=0$ 사이의 거리가 1이므로

$\frac{|m+m|}{\sqrt{m^2+1}}=1$, $|2m|=\sqrt{m^2+1}$

$4m^2=m^2+1$, $m^2=\frac{1}{3}$

$\therefore m=\frac{\sqrt{3}}{3}$ ($\because m>0$)

따라서 주어진 도형과 직선 $mx-y+m=0$은 $0<m<\frac{\sqrt{3}}{3}$일 때 서로 다른 다섯 점에서 만나고, $m=\frac{\sqrt{3}}{3}$일 때 서로 다른 네 점에서 만나며, $m>\frac{\sqrt{3}}{3}$일 때 서로 다른 세 점에서 만난다.

(i), (ii)에 의하여 주어진 도형이 직선 $mx-y+m=0$과 서로 다른 세 점에서 만나도록 하는 실수 m의 값의 범위는

$m\le 0$ 또는 $m>\frac{\sqrt{3}}{3}$

답 ③

2-1 **전략** 주어진 도형과 직선의 교점의 개수가 최대일 때의 직선의 위치를 파악한다.

풀이 직선 $4x-(a+1)y+a-3=0$ …… ㉠

㉠을 a에 대하여 정리하면

$a(-y+1)+(4x-y-3)=0$

즉, 직선 ㉠은 a의 값에 관계없이 점 $(1, 1)$을 지난다.

오른쪽 그림과 같이 주어진 도형과 점 $(1, 1)$을 지나는 직선 ㉠의 교점의 개수의 최댓값은 4이다. 또, 교점의 개수가 4가 되려면 직선 ㉠이 두 직선 l_1, l_2 사이에 있거나 두 직선 m_1, m_2 사이에 있어야 한다.

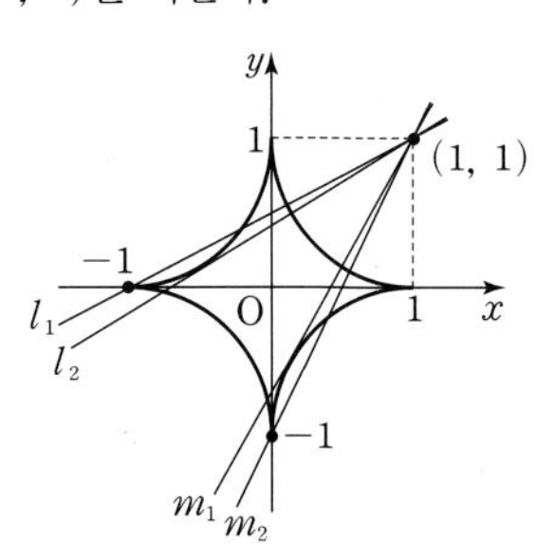

(i) 직선 ㉠이 두 직선 l_1, l_2 사이에 있을 때

직선 l_1은 점 $(-1, 0)$을 지나므로

$-4+a-3=0$

$\therefore a=7$

또, 직선 l_2는 중심이 $(-1, 1)$이고 반지름의 길이가 1인 사분원에 접하므로

$\frac{|-4-(a+1)+a-3|}{\sqrt{4^2+(a+1)^2}}=1$

$\sqrt{16+(a+1)^2}=8$, $16+(a+1)^2=64$, $(a+1)^2=48$

$\therefore a=-1+4\sqrt{3}$ ($\because a>0$)

따라서 실수 a의 값의 범위는

$-1+4\sqrt{3}<a<7$

(ii) 직선 ㉠이 두 직선 m_1, m_2 사이에 있을 때

직선 m_1은 중심이 $(1, -1)$이고 반지름의 길이가 1인 사분원에 접하므로

$$\frac{|4+(a+1)+a-3|}{\sqrt{4^2+(a+1)^2}}=1$$

$\sqrt{16+(a+1)^2}=|2a+2|$, $16+(a+1)^2=4(a+1)^2$

$(a+1)^2=\frac{16}{3}$

$\therefore a=-1+\frac{4\sqrt{3}}{3}$ ($\because a>0$)

또, 직선 m_2는 점 $(0, -1)$을 지나므로

$a+1+a-3=0$, $2a=2$

$\therefore a=1$

따라서 실수 a의 값의 범위는

$1<a<-1+\frac{4\sqrt{3}}{3}$

(i), (ii)에 의하여 $1<a<-1+\frac{4\sqrt{3}}{3}$ 또는 $-1+4\sqrt{3}<a<7$이므로

$$\alpha+\beta+\gamma+\delta=1+\left(-1+\frac{4\sqrt{3}}{3}\right)+(-1+4\sqrt{3})+7$$
$$=6+\frac{16\sqrt{3}}{3}$$

답 ①

3 **전략** 두 원 C_1, C_2에 대하여 원 C_1이 원 C_2의 둘레의 길이를 이등분하면 두 원 C_1, C_2의 공통현이 원 C_2의 중심을 지나야 함을 이용한다.

풀이 두 원 $(x-2)^2+(y-4)^2=r^2$, $(x-1)^2+(y-1)^2=4$를 각각 C_1, C_2라 하면 원 C_1이 원 C_2의 둘레의 길이를 이등분하므로 두 원 C_1, C_2 의 공통현이 원 C_2의 중심을 지나야 한다.

$(x-2)^2+(y-4)^2=r^2$에서

$x^2+y^2-4x-8y+20-r^2=0$

$(x-1)^2+(y-1)^2=4$에서

$x^2+y^2-2x-2y-2=0$

이므로 두 원의 공통현의 방정식은

$(x^2+y^2-4x-8y+20-r^2)-(x^2+y^2-2x-2y-2)=0$

$\therefore -2x-6y+22-r^2=0$ …… ㉠

직선 ㉠이 원 C_2의 중심 $(1, 1)$을 지나야 하므로

$-2-6+22-r^2=0$, $r^2=14$

$\therefore r=\sqrt{14}$ ($\because r>0$)

답 ③

다른풀이 오른쪽 그림과 같이 공통현 AB의 중점이 원 C_2의 중심이고, 두 원 C_1, C_2의 중심 사이의 거리는

$\sqrt{(2-1)^2+(4-1)^2}=\sqrt{10}$

이므로 피타고라스 정리에 의하여

$r^2=2^2+(\sqrt{10})^2$, $r^2=14$

$\therefore r=\sqrt{14}$ ($\because r>0$)

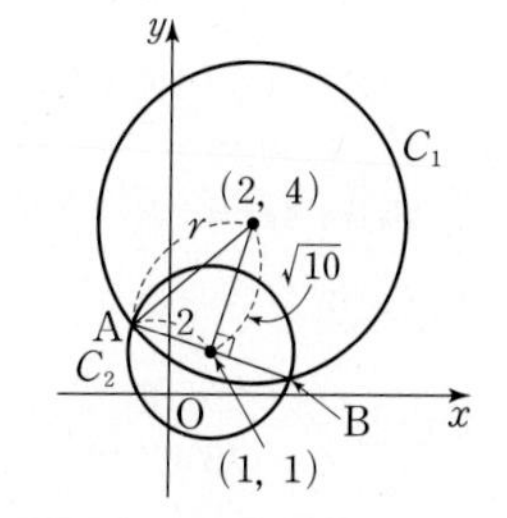

3-1 **전략** 원 C의 방정식을 $(x-a)^2+(y-b)^2=r^2$으로 놓고 주어진 조건을 만족시키는 원의 방정식을 구한다.

풀이 원 C의 반지름의 길이를 r라 하면 원 C의 방정식은

$(x-a)^2+(y-b)^2=r^2$

조건 (가)에 의하여

$a^2+(3-b)^2=r^2$

$\therefore a^2+b^2-r^2=6b-9$ …… ㉠

조건 (나)에서 원 C_1은 $\left(x-\frac{1}{2}\right)^2+\left(y-\frac{5}{2}\right)^2=\frac{10}{4}$이고, 두 원 C, C_1의 공통현의 방정식은

$\{(x-a)^2+(y-b)^2-r^2\}-(x^2+y^2-x-5y+4)=0$

$(1-2a)x+(5-2b)y+a^2+b^2-r^2-4=0$

$\therefore (1-2a)x+(5-2b)y+6b-13=0$ ($\because$ ㉠) …… ㉡

조건 (나)에 의하여 직선 ㉡이 원 C_1의 중심 $\left(\frac{1}{2}, \frac{5}{2}\right)$를 지나므로

$\frac{1}{2}-a+\frac{25}{2}-5b+6b-13=0$

$\therefore a=b$ …… ㉢

즉, 원 C의 중심은 직선 $y=x$ 위에 있으므로 조건 (다)에 의하여 원 C의 지름의 길이가 $2\sqrt{5}$이다.

$\therefore r=\sqrt{5}$ …… ㉣

㉢, ㉣을 ㉠에 대입하면

$2a^2-5=6a-9$

$a^2-3a+2=0$, $(a-1)(a-2)=0$

$\therefore a=1$ 또는 $a=2$

따라서 원 C의 중심의 좌표는 $(1, 1)$ 또는 $(2, 2)$이므로 a^2+b^2의 최솟값은 $1^2+1^2=2$이다.

답 2

4 **전략** 접은 호를 포함하는 원의 반지름의 길이는 접기 전의 원의 반지름의 길이와 같음을 이용한다.

풀이 세 점 A, B, $(2, 0)$을 지나는 원을 C라 하면 원 C는 원 $x^2+y^2=16$과 합동이고, 점 $(2, 0)$에서 x축에 접하므로 원 C의 중심의 좌표는 $(2, 4)$이고, 반지름의 길이는 4이다.

따라서 원 C의 방정식은

$(x-2)^2+(y-4)^2=16$, 즉 $x^2+y^2-4x-8y+4=0$

이때 선분 AB는 원 $x^2+y^2=16$과 원 C의 공통현이므로 직선 AB의 방정식은

$(x^2+y^2-16)-(x^2+y^2-4x-8y+4)=0$

$4x+8y-20=0$

$\therefore x+2y-5=0$

따라서 $a=1$, $b=2$이므로

$a+b=1+2=3$

답 ①

4-1 **전략** 점 A의 좌표를 구한 후, 원래의 원이 점 A를 지남을 이용한다.

풀이 점 A의 좌표를 $(b, 0)$으로 놓으면 세 점 A, B, C를 지나는 원 C'은 원 C와 합동이고, 점 A$(b, 0)$에서 x축과 접하므로 원 C'의 중심 D의 좌표는 D$(b, 6)$이고, 반지름의 길이는 6이다.

이때 삼각형 CAD의 밑변 $\overline{AD}$는 y축과 평행하므로

$\triangle CAD=\frac{1}{2}\times\overline{AD}\times\overline{OA}$

$=\frac{1}{2}\times 6\times b=12$

$3b=12 \qquad \therefore b=4$

따라서 원 C가 점 A(4, 0)을 지나므로

$16+a^2=36$

$\therefore a^2=20$ 　　답 20

5 전략 중심이 O인 원의 내부의 한 점 P를 지나는 현의 길이는 직선 OP와 수직일 때 최소이고, 지름과 일치할 때 최대임을 이용한다.

풀이 $x^2+y^2-10x=0$에서 $(x-5)^2+y^2=25$이므로 주어진 원은 중심이 D(5, 0)이고 반지름의 길이가 5이다.

오른쪽 그림과 같이 점 A(1, 0)을 지나고 직선 AD, 즉 x축과 수직인 직선이 원과 만나는 두 점을 각각 B, C라 하면 삼각형 ABD에서

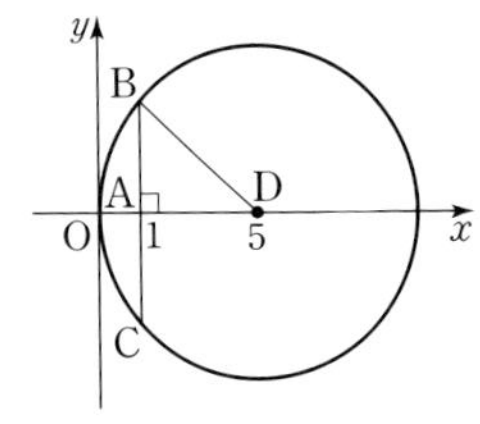

$\overline{AB}=\sqrt{\overline{BD}^2-\overline{AD}^2}=\sqrt{5^2-4^2}=3$

따라서 현의 길이의 최솟값은

$\overline{BC}=2\times 3=6$

또, 점 A(1, 0)을 지나는 현이 이 원의 지름일 때 현의 길이가 최대이므로 현의 길이의 최댓값은

$5\times 2=10$

따라서 주어진 원의 현의 길이로 가능한 자연수는 6, 7, 8, 9, 10이고, 길이가 7, 8, 9인 현은 각각 2개씩, 길이가 6, 10인 현은 각각 1개씩 존재하므로 구하는 현의 개수는

$3\times 2+2\times 1=8$ 　　답 ③

5-1 전략 원의 중심과 공통현 사이의 거리와 원의 반지름을 이용하여 공통현의 길이를 구한다.

풀이 C(0, 0), D(3, 3)이고, 직선 CD는 $\overline{AB}$의 수직이등분선이다.

두 원 $x^2+y^2=16$, $(x-3)^2+(y-3)^2=4$의 공통현 AB의 방정식은

$(x^2+y^2-16)-\{(x-3)^2+(y-3)^2-4\}=0$

$6x+6y-30=0$

$\therefore x+y-5=0$

오른쪽 그림과 같이 $\overline{CD}$와 $\overline{AB}$의 교점을 M이라 하면 점 C와 직선 AB 사이의 거리는

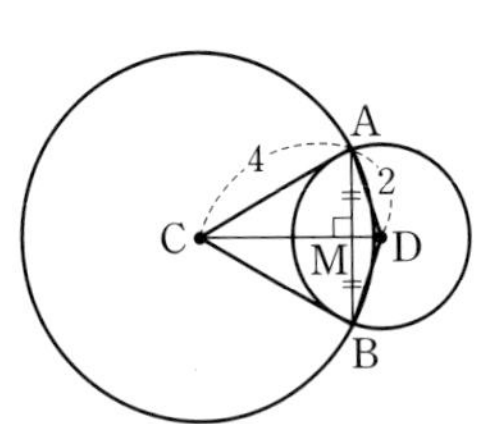

$\overline{CM}=\frac{|-5|}{\sqrt{1^2+1^2}}=\frac{5}{\sqrt{2}}=\frac{5\sqrt{2}}{2}$

이므로 삼각형 ACM에서

$\overline{AM}=\sqrt{\overline{AC}^2-\overline{CM}^2}=\sqrt{4^2-\left(\frac{5\sqrt{2}}{2}\right)^2}=\sqrt{\frac{7}{2}}=\frac{\sqrt{14}}{2}$

$\therefore \overline{AB}=2\overline{AM}=\sqrt{14}$

또, $\overline{CD}=\sqrt{3^2+3^2}=3\sqrt{2}$

따라서 사각형 ACBD의 넓이는

$\frac{1}{2}\times\overline{AB}\times\overline{CD}=\frac{1}{2}\times\sqrt{14}\times 3\sqrt{2}=3\sqrt{7}$ 　　답 ④

1등급 노트 공통현의 성질

두 원이 두 점에서 만날 때, 공통현은 두 원의 중심을 잇는 중심선에 의해 수직이등분된다.

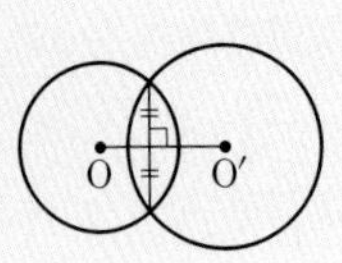

6 전략 삼각형의 내접원의 중심과 삼각형의 각 변 사이의 길이는 내접원의 반지름의 길이와 같음을 이용한다.

풀이 직선 AB의 방정식은

$y=\frac{0-(-3)}{6-0}(x-6)$, $y=\frac{1}{2}x-3 \qquad \therefore x-2y-6=0$

직선 BC의 방정식은

$y=\frac{-8-(-3)}{10-0}x-3$, $y=-\frac{1}{2}x-3 \qquad \therefore x+2y+6=0$

직선 CA의 방정식은

$y=\frac{-8-0}{10-6}(x-6)$, $y=-2x+12 \qquad \therefore 2x+y-12=0$

삼각형 ABC를 좌표평면 위에 나타내면 오른쪽 그림과 같다. 이때 내접원의 중심을 P(a, b)라 하면 점 P(a, b)가 제4사분면 위에 있으므로

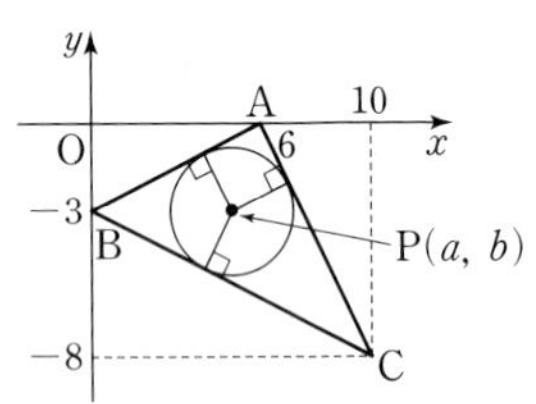

$0<a<10$, $-8<b<0$ ...... ㉠

또, 점 P(a, b)와 세 직선 AB, BC, CA 사이의 거리는 모두 내접원의 반지름의 길이이므로 서로 같다.

$\therefore \frac{|a-2b-6|}{\sqrt{1^2+(-2)^2}}=\frac{|a+2b+6|}{\sqrt{1^2+2^2}}=\frac{|2a+b-12|}{\sqrt{2^2+1^2}}$

즉, $|a-2b-6|=|a+2b+6|=|2a+b-12|$

$|a-2b-6|=|a+2b+6|$에서

$a-2b-6=a+2b+6$ 또는 $-a+2b+6=a+2b+6$

$\therefore b=-3$ 또는 $a=0$

$\therefore b=-3$ ($\because$ ㉠)

또, $|a+2b+6|=|2a+b-12|$에 $b=-3$을 대입하면

$|a|=|2a-15|$이므로

$a=2a-15$ 또는 $a=-2a+15$

$\therefore a=15$ 또는 $a=5$

$\therefore a=5$ ($\because$ ㉠)

따라서 P(5, −3)이므로

$\overline{OP}=\sqrt{5^2+(-3)^2}=\sqrt{34}$ 　　답 ④

참고 $\overline{AB}=3\sqrt{5}$, $\overline{AC}=4\sqrt{5}$, $\overline{BC}=5\sqrt{5}$에서 $\overline{BC}^2=\overline{AB}^2+\overline{AC}^2$

즉, 삼각형 ABC는 $\angle A=90°$인 직각삼각형이므로

$\triangle ABC=\frac{1}{2}\times\overline{AB}\times\overline{AC}=\frac{1}{2}\times 3\sqrt{5}\times 4\sqrt{5}=30$

이때 내접원의 반지름의 길이를 r라 하면 삼각형 ABC의 넓이는

$\frac{r}{2}(\overline{AB}+\overline{AC}+\overline{BC})=30$

$\frac{r}{2}(3\sqrt{5}+4\sqrt{5}+5\sqrt{5})=30$, $6\sqrt{5}r=30$

$\therefore r=\sqrt{5}$

이것을 $\frac{|a-2b-6|}{\sqrt{5}}=\frac{|a+2b+6|}{\sqrt{5}}=\frac{|2a+b-12|}{\sqrt{5}}=\sqrt{5}$에 대입하여 a, b의 값을 구할 수도 있다.

개념 연계 / 중학 수학 / 내접원과 삼각형의 넓이 공식

오른쪽 그림과 같이 세 변의 길이가 각각 a, b, c인 삼각형 ABC의 내접원의 반지름의 길이가 r이면

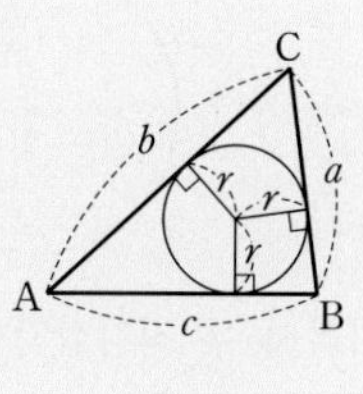

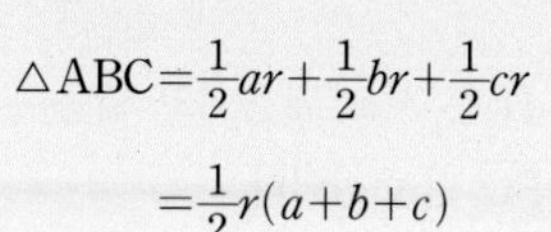

$\triangle ABC=\frac{1}{2}ar+\frac{1}{2}br+\frac{1}{2}cr$

$=\frac{1}{2}r(a+b+c)$

6-1 **전략** $\overline{AB}=\overline{AC}$인 이등변삼각형 ABC에 내접하는 원의 중심은 $\overline{BC}$의 수직이등분선 위에 있음을 이용한다.

풀이 $\overline{OA}=\overline{AB}=\sqrt{10}$에서 삼각형 OAB는 이등변삼각형이므로 내접원의 중심은 선분 OB의 수직이등분선 위에 있다.

이때 선분 OB의 중점은 $(1, 1)$이고 직선 OB의 기울기는 1이므로 선분 OB의 수직이등분선의 방정식은

$y=-(x-1)+1 \quad \therefore y=-x+2$ ...... ㉠

따라서 내접원의 중심 (a, b)가 직선 ㉠ 위에 있으므로

$b=-a+2$ ...... ㉡

한편, 직선 OA의 방정식은

$y=-\frac{1}{3}x \quad \therefore x+3y=0$

직선 OB의 방정식은

$y=x \quad \therefore x-y=0$

내접원의 중심 (a, b)와 두 직선 OA, OB 사이의 거리는 모두 내접원의 반지름의 길이이므로 서로 같다.

$\therefore \frac{|a+3b|}{\sqrt{1^2+3^2}}=\frac{|a-b|}{\sqrt{1^2+(-1)^2}}$

위의 식에 ㉡을 대입하면

$\frac{|-2a+6|}{\sqrt{10}}=\frac{|2a-2|}{\sqrt{2}}$

$\therefore \frac{|a-3|}{\sqrt{10}}=\frac{|a-1|}{\sqrt{2}}$ ...... ㉢

이때 내접원의 중심의 x좌표는 선분 OB의 중점의 x좌표보다 크고 점 A의 x좌표보다 작아야 하므로

$1<a<3$

따라서 ㉢에서 $\frac{3-a}{\sqrt{10}}=\frac{a-1}{\sqrt{2}}$

$3-a=\sqrt{5}(a-1)$, $a(1+\sqrt{5})=3+\sqrt{5}$

$\therefore a=\frac{3+\sqrt{5}}{1+\sqrt{5}}=\frac{1+\sqrt{5}}{2}$

㉡에서 $b=-\frac{1+\sqrt{5}}{2}+2=\frac{3-\sqrt{5}}{2}$

$\therefore b-3a=\frac{3-\sqrt{5}}{2}-3\times\frac{1+\sqrt{5}}{2}=-2\sqrt{5}$

답 ②

7 **전략** 직선 l의 방정식을 $y=x+k$로 놓고, 원의 중심과 직선 사이의 거리를 이용하여 k의 값을 정한다.

풀이 원 $(x-1)^2+(y-2)^2=4$에 접하고 기울기가 1인 직선 l의 방정식을

$y=x+k$, 즉 $x-y+k=0$ (k는 상수)

으로 놓으면 중심이 $(1, 2)$이고 반지름의 길이가 2인 원이 직선 l에 접하므로

$\frac{|1-2+k|}{\sqrt{1^2+(-1)^2}}=2$

$|k-1|=2\sqrt{2}$, $k-1=\pm2\sqrt{2}$

$\therefore k=1\pm2\sqrt{2}$

즉, 직선 l의 방정식은

$y=x+1-2\sqrt{2}$ 또는 $y=x+1+2\sqrt{2}$

따라서 다음 그림과 같이 직선 l과 x축, y축에 동시에 접하는 원들 중 원 C_1이 반지름의 길이가 최소인 원이고, 원 C_2가 반지름의 길이가 최대인 원이다.

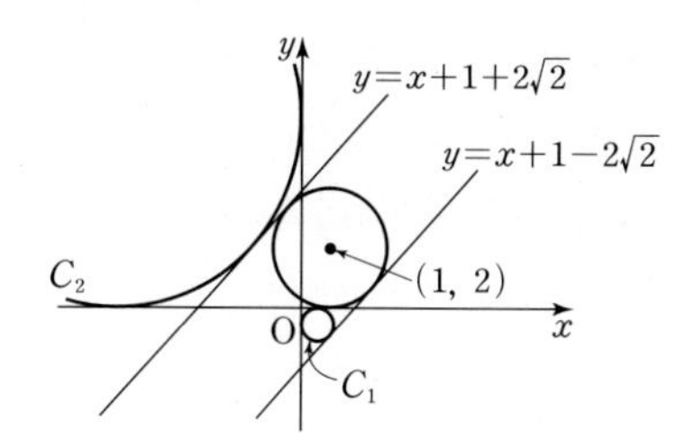

(i) 원 C_1의 반지름의 길이를 a $(a>0)$라 하면 원 C_1의 중심의 좌표는 $(a, -a)$

직선 $x-y+1-2\sqrt{2}=0$과 점 $(a, -a)$ 사이의 거리가 a이므로

$\frac{|a-(-a)+1-2\sqrt{2}|}{\sqrt{1^2+(-1)^2}}=a$

$|2a+1-2\sqrt{2}|=\sqrt{2}a$ ...... ㉠

이때 $-2a>1-2\sqrt{2}$이므로

$2a+(1-2\sqrt{2})<0$

따라서 ㉠에서

$2a+1-2\sqrt{2}=-\sqrt{2}a$, $(2+\sqrt{2})a=2\sqrt{2}-1$

$\therefore a=\frac{2\sqrt{2}-1}{2+\sqrt{2}}=\frac{5\sqrt{2}-6}{2}$

(ii) 원 C_2의 반지름의 길이를 b $(b>0)$라 하면 원 C_2의 중심의 좌표는 $(-b, b)$

직선 $x-y+1+2\sqrt{2}=0$과 점 $(-b, b)$ 사이의 거리가 b이므로

$\frac{|-b-b+1+2\sqrt{2}|}{\sqrt{1^2+(-1)^2}}=b$

$|-2b+1+2\sqrt{2}|=\sqrt{2}b$ ...... ㉡

이때 $2b>1+2\sqrt{2}$이므로

$-2b+(1+2\sqrt{2})<0$

따라서 ㉡에서

$-2b+1+2\sqrt{2}=-\sqrt{2}b$, $(2-\sqrt{2})b=1+2\sqrt{2}$

$\therefore b=\frac{1+2\sqrt{2}}{2-\sqrt{2}}=\frac{5\sqrt{2}+6}{2}$

(i), (ii)에 의하여 구하는 원의 반지름의 길이의 최댓값과 최솟값의 합은

$\frac{5\sqrt{2}+6}{2}+\frac{5\sqrt{2}-6}{2}=5\sqrt{2}$

답 ④

7-1 **전략** 네 원의 중심의 좌표를 구한 후, 이 네 점을 꼭짓점으로 하는 사각형의 넓이를 구한다.

풀이 오른쪽 그림과 같이 중심이 곡선 $y=-x^2+x+2$ 위에 있고 x축, y축에 동시에 접하는 원은 각 사분면에 하나씩 존재한다. 제1사분면 위에 존재하는 원을 C_1, 제2사분면 위에 존재하는 원을 C_2, 제3사분면 위에 존재하는 원을 C_3, 제4사분면 위에 존재하는 원을 C_4라 하고, 네 원 C_1, C_2, C_3, C_4의 중심을 각각 $A(a, a)$, $B(-b, b)$, $C(-c, -c)$, $D(d, -d)$라 하자. (단, $a>0$, $b>0$, $c>0$, $d>0$)

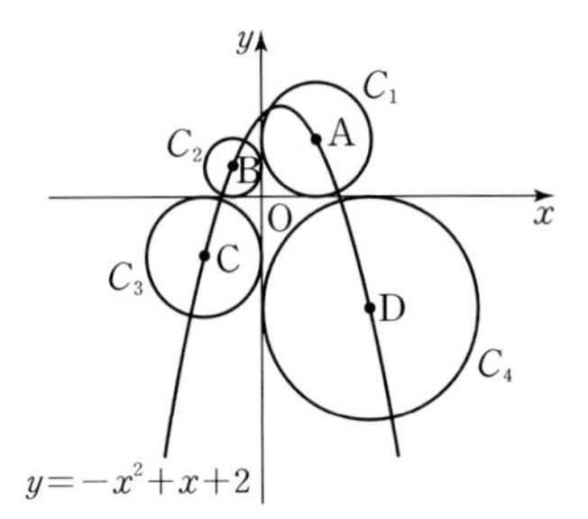

네 원의 중심이 곡선 $y=-x^2+x+2$ 위에 있으므로

원 C_1에서 $a=-a^2+a+2$, $a^2=2$

$\therefore a=\sqrt{2}$ ($\because a>0$)

원 C_2에서 $b=-b^2-b+2$, $b^2+2b-2=0$

$\therefore b=-1+\sqrt{3}$ ($\because b>0$)

원 C_3에서 $-c=-c^2-c+2$, $c^2=2$

$\therefore c=\sqrt{2}$ ($\because c>0$)

원 C_4에서 $-d=-d^2+d+2$, $d^2-2d-2=0$

$\therefore d=1+\sqrt{3}$ ($\because d>0$)

이때 직선 AC의 방정식은 $y=x$, 즉 $x-y=0$이므로

직선 AC와 점 $B(1-\sqrt{3}, -1+\sqrt{3})$ 사이의 거리는

$$\frac{|1-\sqrt{3}-(-1+\sqrt{3})|}{\sqrt{2}}=-\sqrt{2}+\sqrt{6}$$

직선 AC와 점 $D(1+\sqrt{3}, -1-\sqrt{3})$ 사이의 거리는

$$\frac{|1+\sqrt{3}-(-1-\sqrt{3})|}{\sqrt{2}}=\sqrt{2}+\sqrt{6}$$

또, $\overline{AC}=\sqrt{(2\sqrt{2})^2+(2\sqrt{2})^2}=4$이므로 사각형 ABCD의 넓이는

$$\square ABCD=\triangle ABC+\triangle ADC$$
$$=\frac{1}{2}\times4\times(-\sqrt{2}+\sqrt{6})+\frac{1}{2}\times4\times(\sqrt{2}+\sqrt{6})$$
$$=2\times(-\sqrt{2}+\sqrt{6}+\sqrt{2}+\sqrt{6})=4\sqrt{6}$$

답 ④

다른풀이 $A(\sqrt{2}, \sqrt{2})$, $B(1-\sqrt{3}, -1+\sqrt{3})$, $C(-\sqrt{2}, -\sqrt{2})$, $D(1+\sqrt{3}, -1-\sqrt{3})$이므로 직선 AC의 방정식은 $y=x$, 직선 BD의 방정식은 $y=-x$

따라서 $\overline{AC}\perp\overline{BD}$이므로

$$\square ABCD=\frac{1}{2}\times\overline{AC}\times\overline{BD}$$
$$=\frac{1}{2}\times4\times2\sqrt{6}=4\sqrt{6}$$

8

전략 두 원 C_1, C_2의 중심에서 접선에 수선의 발을 내린 후, 도형의 닮음을 이용한다.

풀이 두 원 C_1, C_2의 중심을 각각 C_1, C_2라 하면

$C_1(-7, 2)$, $C_2(0, b)$

다음 그림과 같이 두 점 $C_1(-7, 2)$, $C_2(0, b)$에서 직선 l_1에 내린 수선의 발을 각각 H_1, H_2라 하면

$\overline{C_1H_1}=2\sqrt{5}$, $\overline{C_2H_2}=\sqrt{5}$

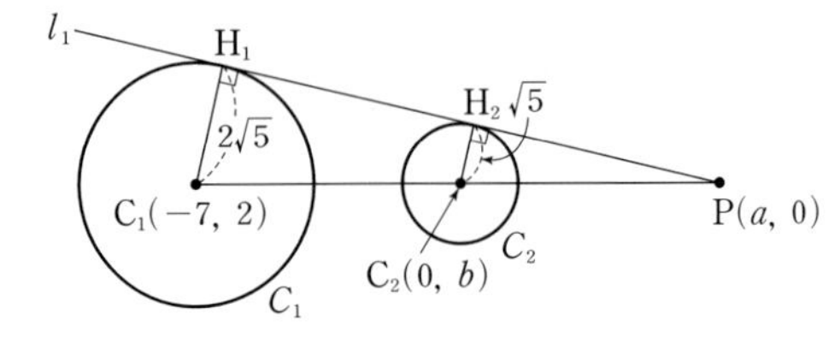

따라서 두 직각삼각형 PC_1H_1, PC_2H_2는 서로 닮음이고 닮음비는 $\overline{C_1H_1}:\overline{C_2H_2}=2:1$이므로 점 C_2는 $\overline{PC_1}$의 중점이다.

$\frac{a-7}{2}=0$, $\frac{0+2}{2}=b$에서

$a=7$, $b=1$

$\therefore P(7, 0)$, $C_2(0, 1)$

이때 점 $P(7, 0)$을 지나고 두 원 C_1, C_2에 동시에 접하는 직선의 방정식을

$y=m(x-7)$, 즉 $mx-y-7m=0$ (m은 상수)

으로 놓으면 이 직선과 점 $C_2(0, 1)$ 사이의 거리는 원 C_2의 반지름의 길이인 $\sqrt{5}$와 같으므로

$$\frac{|-1-7m|}{\sqrt{m^2+(-1)^2}}=\sqrt{5}$$

$49m^2+14m+1=5m^2+5$

$44m^2+14m-4=0$, $22m^2+7m-2=0$

$(2m+1)(11m-2)=0$

$\therefore m=-\frac{1}{2}$ 또는 $m=\frac{2}{11}$

따라서 두 직선 l_1, l_2의 기울기의 곱은

$-\frac{1}{2}\times\frac{2}{11}=-\frac{1}{11}$ $\quad\therefore c=-\frac{1}{11}$

$\therefore 11(a+b+c)=11\times\left(7+1-\frac{1}{11}\right)=87$

답 87

8-1

전략 원의 중심과 접선 사이의 거리는 원의 반지름의 길이와 같음을 이용한다.

풀이 직선 $y=-1$이 두 원 C_1, C_2에 접하므로 원 C_1의 중심을 지나고 반지름의 길이가 5인 원 C_2는 오른쪽 그림과 같다. 이때 원 C_2의 중심을 C라 하고 점 C에서 x축에 내린 수선의 발을 H라 하면 $\overline{CH}=4$이므로

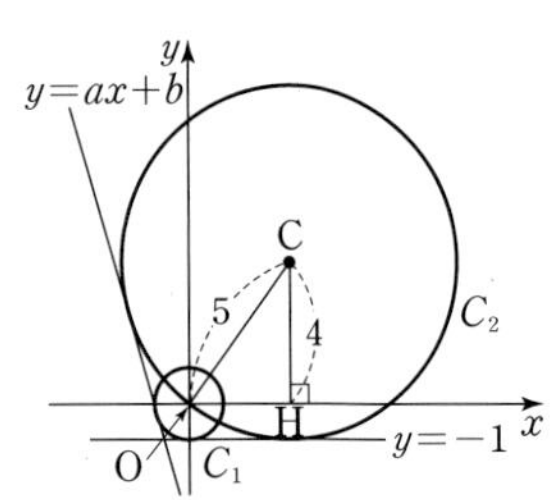

$\overline{OH}=\sqrt{\overline{CO}^2-\overline{CH}^2}=\sqrt{5^2-4^2}=3$

$\therefore C(3, 4)$

또, 두 원 C_1, C_2의 중심 O, C와 직선 $y=ax+b$, 즉 $ax-y+b=0$ 사이의 거리가 각각 1, 5이므로

$\frac{|b|}{\sqrt{a^2+(-1)^2}}=1$에서 $|b|=\sqrt{a^2+1}$ …… ㉠

$\frac{|3a-4+b|}{\sqrt{a^2+(-1)^2}}=5$에서 $|3a-4+b|=5\sqrt{a^2+1}$ …… ㉡

이때 직선 $y=ax+b$의 기울기 a와 y절편 b가 모두 음수이므로

㉠에서 $-b=\sqrt{a^2+1}$ …… ㉢

㉡에서 $-3a+4-b=5\sqrt{a^2+1}$ …… ㉣

㉢을 ㉣에 대입하면 $-3a+4=4\sqrt{a^2+1}$

양변을 제곱하면

$9a^2-24a+16=16(a^2+1)$

$7a^2+24a=0$, $a(7a+24)=0$

$\therefore a=-\frac{24}{7}$ ($\because a<0$), $b=-\sqrt{\left(-\frac{24}{7}\right)^2+1}=-\frac{25}{7}$

$\therefore \frac{b}{a}=\frac{-\frac{25}{7}}{-\frac{24}{7}}=\frac{25}{24}$

답 ③

9 **전략** $x^2+y^2=r^2$으로 놓으면 원 $x^2+y^2=r^2$과 주어진 직선이 만나야 하므로 r^2의 값이 최소가 되는 원과 직선의 위치 관계를 파악한다.

풀이 $(x-y-3)(x+y-2)=0$에서

$x-y-3=0$ 또는 $x+y-2=0$

$\therefore y=x-3$ 또는 $y=-x+2$

이때 $x^2+y^2=r^2$ (r는 상수)으로 놓으면 두 실수 x, y는 $x^2+y^2=r^2$을 만족시키면서 $y=x-3$ 또는 $y=-x+2$를 만족시켜야 한다.

즉, 원 C: $x^2+y^2=r^2$은 직선 $y=x-3$ 또는 직선 $y=-x+2$와 만나야 한다.

따라서 오른쪽 그림과 같이 원 C가 직선 $y=-x+2$, 즉 $x+y-2=0$과 접할 때 r^2의 값이 최소가 된다. 원 C의 중심 $(0, 0)$과 직선 $x+y-2=0$ 사이의 거리는 r이므로

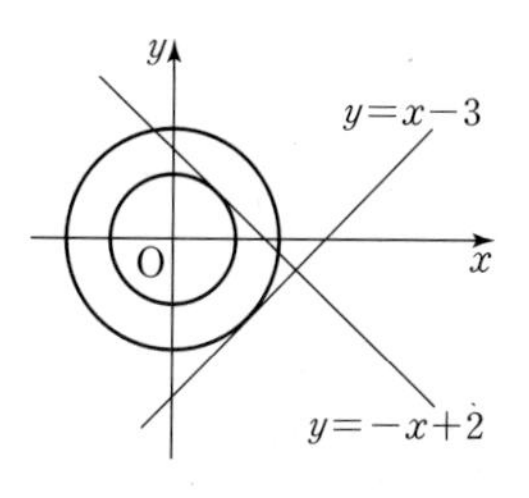

$r=\frac{|-2|}{\sqrt{1^2+1^2}}=\sqrt{2}$ $\qquad\therefore r^2=2$

따라서 $6(x^2+y^2)$의 최솟값은

$6r^2=6\times2=12$

답 ⑤

다른풀이 $(x-y-3)(x+y-2)=0$에서

$y=x-3$ 또는 $y=-x+2$

(i) $y=x-3$일 때

$6(x^2+y^2)=6\{x^2+(x-3)^2\}=12x^2-36x+54$

$=12\left(x-\frac{3}{2}\right)^2+27$

이므로 $6(x^2+y^2)$의 최솟값은 27이다.

(ii) $y=-x+2$일 때

$6(x^2+y^2)=6\{x^2+(-x+2)^2\}=12x^2-24x+24$

$=12(x-1)^2+12$

이므로 $6(x^2+y^2)$의 최솟값은 12이다.

(i), (ii)에 의하여 $6(x^2+y^2)$의 최솟값은 12이다.

9-1 **전략** $(x-1)^2+y^2=r^2$으로 놓으면 원 $(x-1)^2+y^2=r^2$과 주어진 도형이 만나야 하므로 원과 도형의 경계의 위치 관계를 파악하여 r^2의 값의 최댓값과 최솟값을 찾는다.

풀이 $x^2+y^2-2x=(x-1)^2+y^2-1$에서 $(x-1)^2+y^2=r^2$ $(r>0)$으로 놓으면 이 도형은 중심이 $(1, 0)$이고 반지름의 길이가 r인 원이다.

한편, 두 점 $(3, 0)$, $(0, 3)$을 지나는 직선의 방정식은

$y=-x+3$, 즉 $x+y-3=0$

오른쪽 그림과 같이 원 $(x-1)^2+y^2=r^2$이 직선 $x+y-3=0$과 접할 때 r의 값이 최소이고, 주어진 도형의 반원과 접할 때 r의 값이 최대이다.

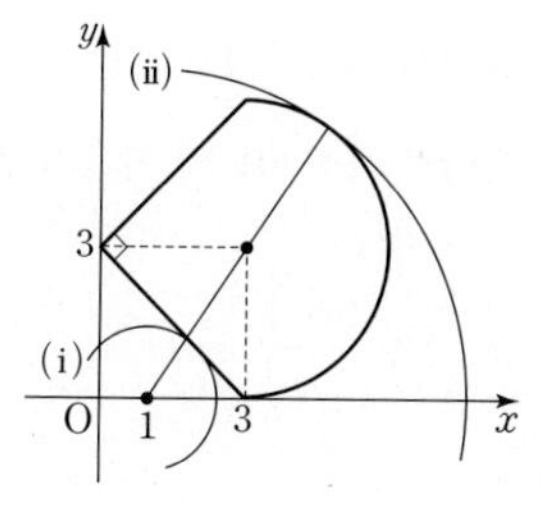

(i) 원 $(x-1)^2+y^2=r^2$과 직선 $x+y-3=0$이 접할 때

$r=\frac{|1+0-3|}{\sqrt{1^2+1^2}}=\frac{2}{\sqrt{2}}=\sqrt{2}$

(ii) 원 $(x-1)^2+y^2=r^2$과 주어진 도형의 반원이 접할 때

주어진 도형의 반원은 중심의 좌표가 $(3, 3)$이고 반지름의 길이가 3이므로 두 원의 중심 $(1, 0)$, $(3, 3)$ 사이의 거리는

$\sqrt{(3-1)^2+(3-0)^2}=\sqrt{13}$

$\therefore r=3+\sqrt{13}$

(i), (ii)에 의하여 r의 최댓값은 $3+\sqrt{13}$이고, 최솟값은 $\sqrt{2}$이다.

따라서 $x^2+y^2-2x=r^2-1$의 최댓값

$M=(3+\sqrt{13})^2-1=21+6\sqrt{13}$, 최솟값 $m=(\sqrt{2})^2-1=1$이므로

$M+m=(21+6\sqrt{13})+1=22+6\sqrt{13}$

답 ③

10 **전략** 원 밖의 한 점 (a, b)에서 원에 그은 접선의 방정식을 $y=m(x-a)+b$로 놓고 이 직선과 원의 중심 사이의 거리가 반지름의 길이와 같음을 이용한다.

풀이 점 $(4, -1)$에서 원 $(x-1)^2+y^2=5$에 그은 접선의 기울기를 m이라 하면 접선의 방정식은

$y-(-1)=m(x-4)$, 즉 $mx-y-4m-1=0$ $\quad\cdots\cdots$ ㉠

원 $(x-1)^2+y^2=5$의 중심의 좌표는 $(1, 0)$이고 반지름의 길이는 $\sqrt{5}$이므로 점 $(1, 0)$과 접선 ㉠ 사이의 거리는 $\sqrt{5}$이다.

즉, $\frac{|m-4m-1|}{\sqrt{m^2+1}}=\sqrt{5}$이므로 $|3m+1|=\sqrt{5(m^2+1)}$

양변을 제곱하면

$9m^2+6m+1=5(m^2+1)$

$2m^2+3m-2=0$, $(m+2)(2m-1)=0$

$\therefore m=-2$ 또는 $m=\frac{1}{2}$

따라서 두 접선의 방정식은

$y=-2x+7$, $y=\frac{1}{2}x-3$

오른쪽 그림에서 두 접선과 y축으로 둘러싸인 삼각형 ABC의 넓이는

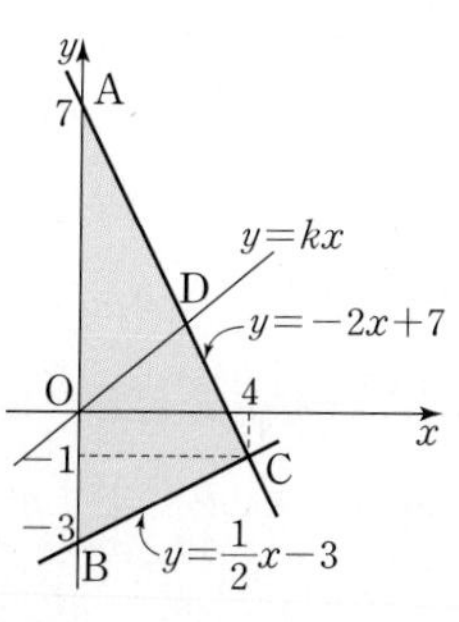

$\frac{1}{2}\times\{7-(-3)\}\times4=20$

이때 직선 $y=kx$가 $\triangle ABC$의 넓이를 이등분하므로 $\triangle AOD=\frac{1}{2}\times20=10$

점 D의 x좌표를 a라 하면

$\triangle AOD=\frac{1}{2}\times7\times a=\frac{7}{2}a=10$ $\qquad\therefore a=\frac{20}{7}$

또, 점 D가 직선 $y=-2x+7$ 위에 있으므로

$y=-2\times\frac{20}{7}+7=\frac{9}{7}$

즉, $D\left(\frac{20}{7}, \frac{9}{7}\right)$

따라서 직선 OD의 기울기 k는

$$k=\frac{\frac{9}{7}}{\frac{20}{7}}=\frac{9}{20}$$

답 ④

10-1 전략 접선의 방정식을 이용하여 두 점 A, B의 좌표를 구한 후, S_1, S_2의 값을 구한다.

풀이 원점에서 원 C: $(x-4)^2+(y-2)^2=2$에 그은 접선의 기울기를 m이라 하면 접선의 방정식은

$y=mx$, 즉 $mx-y=0$ …… ㉠

원 C의 중심의 좌표는 $(4, 2)$이고 반지름의 길이는 $\sqrt{2}$이므로

점 $(4, 2)$와 접선 ㉠ 사이의 거리는 $\sqrt{2}$이다.

즉, $\frac{|4m-2|}{\sqrt{m^2+1}}=\sqrt{2}$이므로 $|4m-2|=\sqrt{2(m^2+1)}$

양변을 제곱하면

$16m^2-16m+4=2m^2+2$

$7m^2-8m+1=0$, $(7m-1)(m-1)=0$

$\therefore m=\frac{1}{7}$ 또는 $m=1$

따라서 두 접선의 방정식은 $y=\frac{1}{7}x$, $y=x$이다.

(i) 연립방정식 $\begin{cases}(x-4)^2+(y-2)^2=2\\ y=x\end{cases}$의 해는 $x=3$, $y=3$

이므로 점 A의 좌표는 $(3, 3)$

$\therefore S_1=\frac{1}{2}\times3\times3=\frac{9}{2}$

(ii) 연립방정식 $\begin{cases}(x-4)^2+(y-2)^2=2\\ y=\frac{1}{7}x\end{cases}$의 해는 $x=\frac{21}{5}$, $y=\frac{3}{5}$

이므로 점 B의 좌표는 $\left(\frac{21}{5}, \frac{3}{5}\right)$

$\therefore S_2=\frac{1}{2}\times\frac{21}{5}\times\frac{3}{5}=\frac{63}{50}$

(i), (ii)에 의하여

$$\frac{100S_2}{S_1}=\frac{126}{\frac{9}{2}}=28$$

답 28

다른풀이 원점과 원의 중심 $(4, 2)$ 사이의 거리는 $\sqrt{4^2+2^2}=\sqrt{20}$이고, 원의 반지름의 길이는 $\sqrt{2}$이므로 피타고라스 정리에 의하여

$\overline{OA}=\overline{OB}=\sqrt{(\sqrt{20})^2-(\sqrt{2})^2}=3\sqrt{2}$ …… ㉠

이때 접점을 $A(\alpha, \alpha)$, $B\left(\beta, \frac{\beta}{7}\right)$ $(\alpha>0, \beta>0)$라 하면

$\overline{OA}^2=\alpha^2+\alpha^2=2\alpha^2=18$ ($\because$ ㉠) $\quad\therefore \alpha^2=9$

$\overline{OB}^2=\beta^2+\frac{\beta^2}{49}=\frac{50}{49}\beta^2=18$ ($\because$ ㉠)

$\therefore \beta^2=\frac{18\times49}{50}=\frac{3^2\times7^2}{5^2}$

$$\therefore \frac{100S_2}{S_1}=\frac{100\times\frac{1}{2}\times\beta\times\frac{\beta}{7}}{\frac{1}{2}\times\alpha\times\alpha}=\frac{100\beta^2}{7\alpha^2}=\frac{100\times\frac{3^2\times7^2}{5^2}}{7\times9}=28$$

11 전략 $\triangle ABC$의 넓이가 최대이려면 점 C는 선분 AB의 수직이등분선 위에 있어야 한다.

풀이 점 $D(1, -3)$에서 원 C에 그은 접선의 기울기를 m이라 하면 접선의 방정식은

$y=mx\pm\sqrt{5}\sqrt{m^2+1}$ $\quad\therefore y=mx\pm\sqrt{5(m^2+1)}$

이 직선이 점 $D(1, -3)$을 지나므로

$-3=m\pm\sqrt{5(m^2+1)}$, $-m-3=\pm\sqrt{5(m^2+1)}$

양변을 제곱하면

$m^2+6m+9=5(m^2+1)$

$2m^2-3m-2=0$, $(2m+1)(m-2)=0$

$\therefore m=-\frac{1}{2}$ 또는 $m=2$

두 접선의 기울기의 곱은 $\left(-\frac{1}{2}\right)\times2=-1$이므로 두 접선은 서로 수직이다. 즉, 사각형 OADB는 정사각형이므로

$\overline{AB}=\sqrt{\overline{OA}^2+\overline{OB}^2}=\sqrt{(\sqrt{5})^2+(\sqrt{5})^2}=\sqrt{10}$

또, 원점 O에서 선분 AB에 내린 수선의 발을 H라 하면

$\overline{OH}=\frac{1}{2}\overline{AB}=\frac{\sqrt{10}}{2}$

삼각형 ABC의 밑변을 선분 AB라 하면 $\triangle ABC$의 넓이는 점 C가 선분 AB의 수직이등분선 위에 있을 때 최대이므로 삼각형 ABC의 높이는

$\overline{OH}+\sqrt{5}=\frac{\sqrt{10}}{2}+\sqrt{5}$

따라서 삼각형 ABC의 넓이의 최댓값은

$$\frac{1}{2}\times\sqrt{10}\times\left(\frac{\sqrt{10}}{2}+\sqrt{5}\right)=\frac{5+5\sqrt{2}}{2}$$

답 ③

다른풀이 접점의 좌표를 (a, b)라 하면 $a^2+b^2=5$ …… ㉠

점 (a, b)에서의 접선의 방정식은 $ax+by=5$

이 직선이 점 $D(1, -3)$을 지나므로 $a-3b=5$ …… ㉡

㉠, ㉡을 연립하여 풀면

$a=-1$, $b=-2$ 또는 $a=2$, $b=-1$

따라서 두 점 A, B의 좌표는

$A(-1, -2)$, $B(2, -1)$

원 C 위의 점 C에 대하여 삼각형 ABC의 넓이가 최대이려면 점 C에서의 접선이 직선 AB, 즉 $y=\frac{1}{3}x-\frac{5}{3}$와 평행해야 한다.

이때 $\overline{AB}=\sqrt{\{2-(-1)\}^2+\{-1-(-2)\}^2}=\sqrt{10}$이고, 원 C의 중심 $(0, 0)$과 직선 AB, 즉 $x-3y-5=0$ 사이의 거리는

$\frac{|-5|}{\sqrt{1^2+(-3)^2}}=\frac{5}{\sqrt{10}}$이므로 삼각형 ABC의 높이는 $\sqrt{5}+\frac{5}{\sqrt{10}}$이다.

따라서 삼각형 ABC의 넓이의 최댓값은

$$\frac{1}{2}\times\sqrt{10}\times\left(\sqrt{5}+\frac{5}{\sqrt{10}}\right)=\frac{5+5\sqrt{2}}{2}$$

11-1 전략 반지름의 길이가 r인 원의 중심과 원과 만나지 않는 직선 l 사이의 거리를 d라 할 때, 원 위의 점과 직선 사이의 거리의 최댓값은 $d+r$, 최솟값은 $d-r$임을 이용한다.

풀이 원 $(x+1)^2+y^2=1$과 직선 $x+y+2=0$, 즉 $y=-x-2$의 교점의 x좌표는

$(x+1)^2+(-x-2)^2=1$

$x^2+3x+2=0$, $(x+2)(x+1)=0$

$\therefore x=-2$ 또는 $x=-1$

즉, 두 점 A, B의 좌표는 $A(-2, 0)$, $B(-1, -1)$이므로

$\overline{AB}=\sqrt{\{-1-(-2)\}^2+(-1)^2}=\sqrt{2}$

또, 원 $(x-1)^2+y^2=1$의 중심 $(1, 0)$과 직선 $x+y+2=0$ 사이의 거리는

$\frac{|1+2|}{\sqrt{1^2+1^2}}=\frac{3}{\sqrt{2}}=\frac{3\sqrt{2}}{2}$

이므로 직선 $x+y+2=0$과 원 $(x-1)^2+y^2=1$ 위의 점 C 사이의 거리의 최댓값은 $\frac{3\sqrt{2}}{2}+1$, 최솟값은 $\frac{3\sqrt{2}}{2}-1$이다.

따라서 삼각형 ABC의 넓이의 최댓값과 최솟값은 각각

$\frac{1}{2}\times\sqrt{2}\times\left(\frac{3\sqrt{2}}{2}+1\right)=\frac{3}{2}+\frac{\sqrt{2}}{2}$,

$\frac{1}{2}\times\sqrt{2}\times\left(\frac{3\sqrt{2}}{2}-1\right)=\frac{3}{2}-\frac{\sqrt{2}}{2}$

이므로 최댓값과 최솟값의 곱은

$\left(\frac{3}{2}+\frac{\sqrt{2}}{2}\right)\left(\frac{3}{2}-\frac{\sqrt{2}}{2}\right)=\frac{9}{4}-\frac{1}{2}=\frac{7}{4}$ 답 $\frac{7}{4}$

12 전략 각의 이등분선의 성질을 이용하여 점 $C(a, b)$가 나타내는 도형을 파악한다.

풀이 $\overline{AO}=\sqrt{(-2)^2+4^2}=2\sqrt{5}$, $\overline{BO}=\sqrt{3^2+(-6)^2}=3\sqrt{5}$

이므로 각의 이등분선의 성질에 의하여

$\overline{AC}:\overline{BC}=2\sqrt{5}:3\sqrt{5}=2:3$

즉, $2\overline{BC}=3\overline{AC}$이므로 $4\overline{BC}^2=9\overline{AC}^2$

$4\{(a-3)^2+(b+6)^2\}=9\{(a+2)^2+(b-4)^2\}$

$5a^2+60a+5b^2-120b=0$, $a^2+12a+b^2-24b=0$

$\therefore (a+6)^2+(b-12)^2=180$

따라서 점 $C(a, b)$가 나타내는 도형은 중심이 $(-6, 12)$이고 반지름의 길이가 $\sqrt{180}=6\sqrt{5}$인 원이다.

이때 직선 AB의 방정식은 $y=-2x$이므로 원의 중심 $(-6, 12)$는 직선 AB 위에 있다.

따라서 직선 AB와 점 C 사이의 거리의 최댓값은 원의 반지름의 길이와 같다. 즉,

$m=6\sqrt{5}$ $\therefore m^2=180$ 답 180

12-1 전략 네 점 A, B, C, P를 좌표평면 위에 나타내어 점 P의 자취를 구하고, 원주각과 중심각 사이의 관계를 이용한다.

풀이 오른쪽 그림과 같이 정삼각형 ABC의 한 변의 길이가 2이므로 $A(-1, 0)$, $B(1, 0)$, $C(0, \sqrt{3})$, $P(x, y)$라 하자.

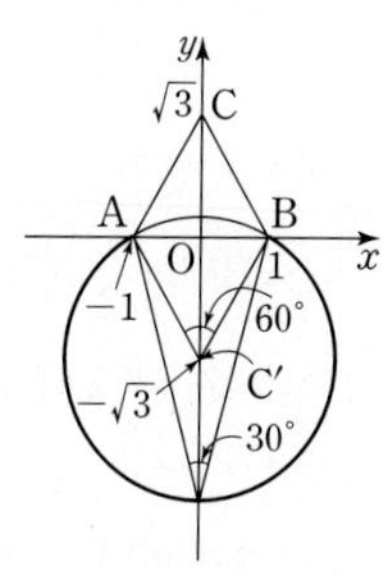

$\overline{CP}^2=\overline{AP}^2+\overline{BP}^2$이므로

$x^2+(y-\sqrt{3})^2$

$=(x+1)^2+y^2+(x-1)^2+y^2$

$x^2+y^2+2\sqrt{3}y-1=0$

$\therefore x^2+(y+\sqrt{3})^2=4$

즉, 점 $P(x, y)$가 나타내는 도형은 중심이 $(0, -\sqrt{3})$이고 반지름의 길이가 2인 원이다.

원 $x^2+(y+\sqrt{3})^2=4$의 중심을 C′이라 하면 삼각형 ABC′은 정삼각형이고, 두 점 A, B는 원 $x^2+(y+\sqrt{3})^2=4$ 위에 있다.

$\therefore \angle AC'B=60°$

(i) 점 P가 긴 호 AB 위에 있을 때

$\angle APB=\frac{1}{2}\angle AC'B=\frac{1}{2}\times 60°=30°$

(ii) 점 P가 짧은 호 AB 위에 있을 때

$\angle APB=180°-30°=150°$

(i), (ii)에 의하여 $\angle APB$의 최댓값은 150°이다. 답 ⑤

개념 연계 중학 수학 **원에 내접하는 사각형의 성질**

(1) 한 쌍의 대각의 크기의 합은 180°이다.

(2) 원에 내접하는 사각형의 한 외각의 크기는 그 내대각의 크기와 같다.

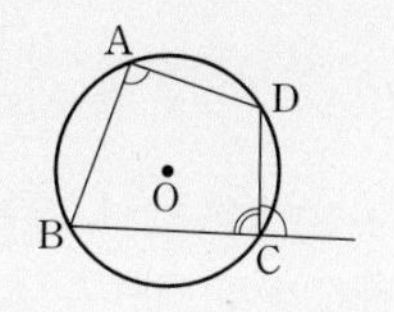

C Step 1등급 완성 최고난도 예상 문제

본문 99~102쪽

01 −1	**02** ②	**03** ⑤	**04** ④	**05** ③
06 −2	**07** ②	**08** ⑤	**09** −32	**10** ②
11 ①	**12** ③	**13** ⑤	**14** ②	**15** 18
16 ④	**17** ①	**18** 29		

1등급 뛰어넘기

19 ①	**20** 4	**21** ③	**22** ⑤

01 전략 네 변의 길이가 같은 사각형은 마름모임을 이용하여 원의 반지름의 길이를 구한다.

풀이 두 원 C_1, C_2의 반지름의 길이가 같으므로

$\overline{OO_1}=\overline{O_1A}=\overline{AO_2}=\overline{O_2O}$

즉, $\square OO_1AO_2$는 마름모이다.

$\overline{OA}=\sqrt{(\sqrt{2})^2+(\sqrt{2})^2}=2$, $\square OO_1AO_2=2\sqrt{3}$

이므로

$\frac{1}{2}\times\overline{OA}\times\overline{O_1O_2}=2\sqrt{3}$

$\therefore \overline{O_1O_2}=2\sqrt{3}$

오른쪽 그림과 같이 마름모 OO_1AO_2의 두 대각선의 교점을 H라 하면

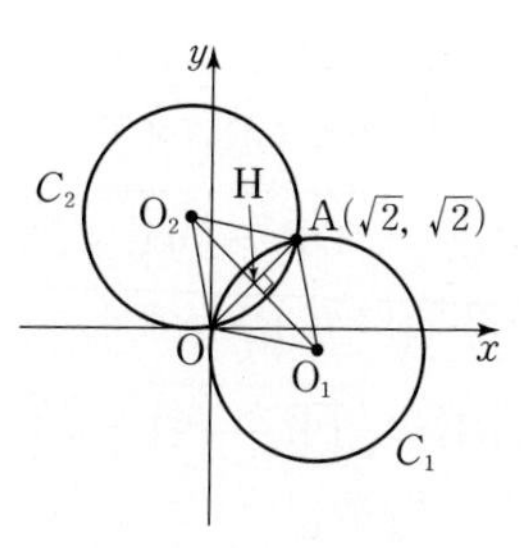

$\overline{AH}=\frac{1}{2}\overline{OA}=\frac{1}{2}\times 2=1$,

$\overline{HO_1}=\frac{1}{2}\overline{O_1O_2}=\frac{1}{2}\times 2\sqrt{3}=\sqrt{3}$

이므로 직각삼각형 AHO_1에서

$\overline{O_1A}=\sqrt{\overline{AH}^2+\overline{HO_1}^2}=\sqrt{1^2+(\sqrt{3})^2}=2$

따라서 원 C_1의 중심의 좌표는 (p, q)이고 반지름의 길이는 2이므로 원 C_1의 방정식은

C_1: $(x-p)^2+(y-q)^2=4$

이때 원 C_1이 두 점 O, A를 지나므로

$p^2+q^2=4$, $(\sqrt{2}-p)^2+(\sqrt{2}-q)^2=4$

두 식을 연립하면 $p+q=\sqrt{2}$

이때 $(p+q)^2=p^2+2pq+q^2$에서

$(\sqrt{2})^2=4+2pq$, $2pq=-2$

$\therefore pq=-1$ 답 -1

02

전략 원과 직선이 접할 때, 원의 중심과 직선 사이의 거리는 원의 반지름의 길이와 같음을 이용한다.

풀이 $\tan 30°=\frac{\sqrt{3}}{3}$, $\tan 60°=\sqrt{3}$이므로

l_1: $y=\frac{\sqrt{3}}{3}x$, 즉 $\sqrt{3}x-3y=0$

l_2: $y=\sqrt{3}(x-1)$, 즉 $\sqrt{3}x-y-\sqrt{3}=0$

원 C가 두 직선 l_1, l_2와 모두 접하므로 중심 $(a, 0)$과 직선 l_1 사이의 거리와 중심 $(a, 0)$과 직선 l_2 사이의 거리는 서로 같다. 즉,

$$\frac{|\sqrt{3}a|}{\sqrt{(\sqrt{3})^2+(-3)^2}}=\frac{|\sqrt{3}a-\sqrt{3}|}{\sqrt{(\sqrt{3})^2+(-1)^2}},\ \frac{|a|}{2\sqrt{3}}=\frac{|a-1|}{2}$$

$\therefore |a|=\sqrt{3}|a-1|$

양변을 제곱하면

$a^2=3(a-1)^2$

$\therefore 2a^2-6a+3=0$

따라서 이차방정식의 근과 계수의 관계에 의하여 모든 실수 a의 값의 합은

$-\frac{-6}{2}=3$ 답 ②

03

전략 원의 중심에서 현에 내린 수선은 현을 이등분함을 이용한다.

풀이 원 $(x-3)^2+y^2=1$의 중심의 좌표는 $(3, 0)$이고, 반지름의 길이는 1이다. 다음 그림과 같이 원 $(x-3)^2+y^2=1$의 중심을 R라 하고, 점 R$(3, 0)$에서 $\overline{PQ}$에 내린 수선의 발을 H라 하면 $\overline{PH}=\overline{QH}$

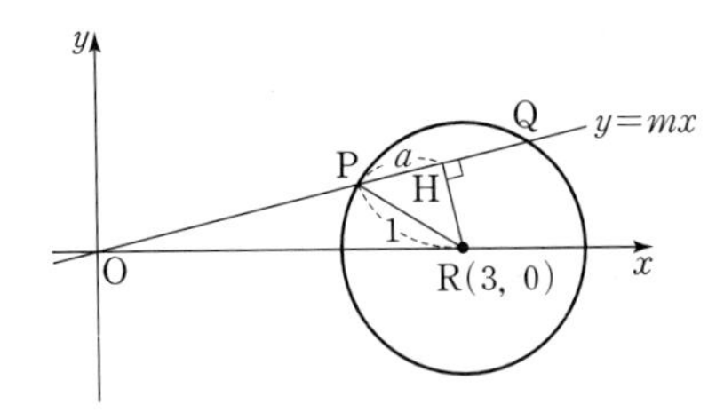

$\overline{PH}=a$로 놓으면 $\overline{PQ}=2a$

$\therefore \overline{OP}=2\overline{PQ}=4a$, $\overline{OH}=\overline{OP}+\overline{PH}=4a+a=5a$

직각삼각형 ORH에서

$\overline{RH}=\sqrt{\overline{OR}^2-\overline{OH}^2}=\sqrt{3^2-(5a)^2}=\sqrt{9-25a^2}$ ⋯⋯ ㉠

직각삼각형 RPH에서

$\overline{RH}=\sqrt{\overline{PR}^2-\overline{PH}^2}=\sqrt{1^2-a^2}$ ⋯⋯ ㉡

㉠, ㉡에서

$\sqrt{9-25a^2}=\sqrt{1^2-a^2}$

양변을 제곱하면

$9-25a^2=1-a^2$, $24a^2=8$

$\therefore a^2=\frac{1}{3}$

이것을 ㉡에 대입하면

$\overline{RH}=\sqrt{1^2-a^2}$

$=\sqrt{1-\frac{1}{3}}=\sqrt{\frac{2}{3}}=\frac{\sqrt{6}}{3}$

즉, 점 $(3, 0)$과 직선 $y=mx$, 즉 $mx-y=0$ 사이의 거리가 $\frac{\sqrt{6}}{3}$이므로

$\frac{|3m|}{\sqrt{m^2+1}}=\frac{\sqrt{6}}{3}$

양변을 제곱하면

$\frac{9m^2}{m^2+1}=\frac{2}{3}$

$27m^2=2m^2+2$, $25m^2=2$, $m^2=\frac{2}{25}$

$\therefore m=\frac{\sqrt{2}}{5}$ $(\because m>0)$ 답 ⑤

다른풀이 $y=mx$를 $(x-3)^2+y^2=1$에 대입하면

$(x-3)^2+(mx)^2=1$

$\therefore (m^2+1)x^2-6x+8=0$ ⋯⋯ ㉢

두 점 P, Q에서 x축에 내린 수선의 발의 x좌표를 각각 p, q $(0<p<q)$라 하면 p, q는 이차방정식 ㉢의 두 근이므로

$p=\frac{3-\sqrt{1-8m^2}}{m^2+1}$, $q=\frac{3+\sqrt{1-8m^2}}{m^2+1}$ $(\because p<q)$

이때 $\overline{OP}=2\overline{PQ}$에서 $\overline{OP}:\overline{OQ}=2:3$이므로

$p:q=2:3$

즉, $2q=3p$이므로

$2\times\frac{3+\sqrt{1-8m^2}}{m^2+1}=3\times\frac{3-\sqrt{1-8m^2}}{m^2+1}$

$\therefore 5\sqrt{1-8m^2}=3$

양변을 제곱하면

$25(1-8m^2)=9$, $1-8m^2=\frac{9}{25}$, $m^2=\frac{2}{25}$

$\therefore m=\frac{\sqrt{2}}{5}$ $(\because m>0)$

04

전략 원의 중심에서 현에 수선의 발을 내려 a, b 사이의 관계식을 구한다.

풀이 오른쪽 그림과 같이 원 C의 반지름의 길이를 r라 하고, 중심 O′에서 두 선분 AB, CD에 내린 수선의 발을 각각 M, N이라 하면

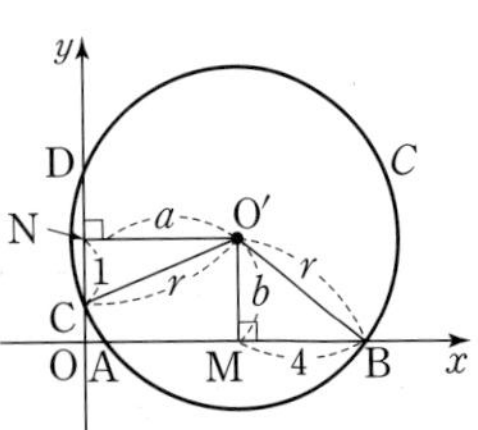

$\overline{O'M}=b$, $\overline{O'N}=a$

$\overline{AM}=\overline{BM}=\frac{1}{2}\overline{AB}=4$, $\overline{CN}=\overline{DN}=\frac{1}{2}\overline{CD}=1$

직각삼각형 O′AM에서 $r^2=b^2+4^2$ ⋯⋯ ㉠

직각삼각형 O′CN에서 $r^2=a^2+1^2$ ⋯⋯ ㉡

㉠, ㉡에 의하여

$a^2+1=b^2+16$, $a^2-b^2=15$

$\therefore (a+b)(a-b)=15$

이때 a, b는 자연수이고, $a+b>a-b>0$이므로

$\begin{cases} a+b=5 \\ a-b=3 \end{cases}$ 또는 $\begin{cases} a+b=15 \\ a-b=1 \end{cases}$

(i) $\begin{cases} a+b=5 \\ a-b=3 \end{cases}$일 때, $a=4$, $b=1$, $r^2=17$

따라서 원 C: $(x-4)^2+(y-1)^2=17$은 원점을 지난다.

(ii) $\begin{cases} a+b=15 \\ a-b=1 \end{cases}$일 때, $a=8$, $b=7$, $r^2=65$

따라서 원 C: $(x-8)^2+(y-7)^2=65$는 원점을 지나지 않는다.

(i), (ii)에 의하여 원 C의 방정식은 $(x-8)^2+(y-7)^2=65$이므로 넓이는 65π이다.

답 ④

05 전략 원의 중심과 직선 $y=mx$ 사이의 거리를 이용하여 m의 값을 먼저 구한다.

풀이 오른쪽 그림과 같이 주어진 원의 중심을 $O'\left(\frac{\sqrt{3}}{3}, 0\right)$이라 하고, 직선 $y=mx$와 $\overline{O'R}$의 교점을 H라 하자.

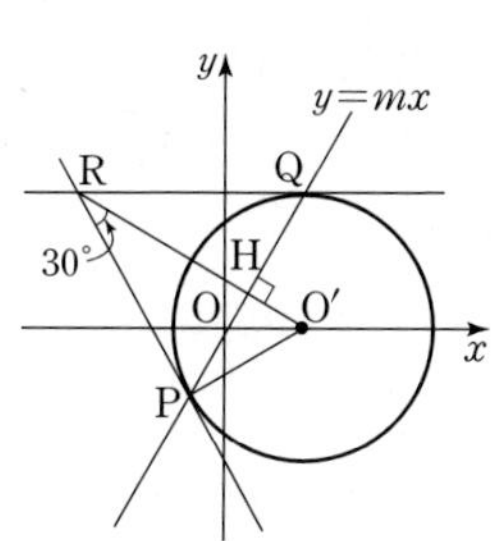

$\overline{O'R}\perp\overline{PQ}$이고, △PQR가 정삼각형이므로

$\angle O'RP=\angle O'RQ=\frac{1}{2}\angle PRQ=30°$

이때 $\overline{O'P}=1$이므로

$\overline{O'R}=\frac{\overline{O'P}}{\sin 30°}=\frac{1}{\frac{1}{2}}=2$, $\overline{PR}=\frac{\overline{O'P}}{\tan 30°}=\frac{1}{\frac{\sqrt{3}}{3}}=\sqrt{3}$

$\therefore \overline{PH}=\frac{1}{2}\overline{PQ}=\frac{\sqrt{3}}{2}$, $\overline{O'H}=\sqrt{1^2-\left(\frac{\sqrt{3}}{2}\right)^2}=\frac{1}{2}$

이때 점 $O'\left(\frac{\sqrt{3}}{3}, 0\right)$과 직선 $mx-y=0$ 사이의 거리가 $\frac{1}{2}$이므로

$$\frac{\left|\frac{\sqrt{3}}{3}m\right|}{\sqrt{m^2+1^2}}=\frac{1}{2}$$

양변을 제곱하면

$$\frac{\frac{1}{3}m^2}{m^2+1}=\frac{1}{4},\ \frac{4}{3}m^2=m^2+1,\ m^2=3$$

$\therefore m=\sqrt{3}\ (\because m>0)$

제2사분면 위의 점 R의 좌표를 (a, b) $(a<0, b>0)$로 놓자.

직선 $O'R$는 직선 $y=mx$, 즉 $y=\sqrt{3}x$와 수직이므로

$$\frac{b}{a-\frac{\sqrt{3}}{3}}=-\frac{1}{\sqrt{3}}$$

$\therefore a-\frac{\sqrt{3}}{3}=-\sqrt{3}b$ …… ㉠

또, $\overline{O'R}=2$이므로

$\left(a-\frac{\sqrt{3}}{3}\right)^2+b^2=4$ …… ㉡

㉠을 ㉡에 대입하면 $(-\sqrt{3}b)^2+b^2=4$

$4b^2=4$, $b^2=1$

$\therefore b=1\ (\because b>0)$

$b=1$을 ㉠에 대입하면 $a-\frac{\sqrt{3}}{3}=-\sqrt{3}$

$\therefore a=-\frac{2\sqrt{3}}{3}$

$\therefore R\left(-\frac{2\sqrt{3}}{3}, 1\right)$

답 ③

06 전략 세 접선 l_1, l_2, l_3의 방정식을 구한다.

풀이 점 $(5, 5)$에서 원 C에 그은 접선의 접점의 좌표를 (x_1, y_1)로 놓으면 접선의 방정식은

$x_1x+y_1y=5$

이 접선이 점 $(5, 5)$를 지나므로 $5x_1+5y_1=5$

$\therefore x_1+y_1=1$ …… ㉠

접점 (x_1, y_1)은 원 C 위의 점이므로

${x_1}^2+{y_1}^2=5$ …… ㉡

㉠에서 $y_1=1-x_1$

이것을 ㉡에 대입하면

${x_1}^2+(1-x_1)^2=5$

$2{x_1}^2-2x_1-4=0$, ${x_1}^2-x_1-2=0$, $(x_1+1)(x_1-2)=0$

$\therefore x_1=-1$ 또는 $x_1=2$

㉠에 의하여

$x_1=-1$일 때 $y_1=2$, $x_1=2$일 때 $y_1=-1$

$\therefore l_1$: $2x-y=5$, l_2: $-x+2y=5$

$(\because$ (직선 l_1의 기울기)$>$(직선 l_2의 기울기)$)$

이때 직선 l_1의 기울기가 2이므로 직선 l_1에 수직인 직선 l_3의 기울기는 $-\frac{1}{2}$이다.

기울기가 $-\frac{1}{2}$이고 원 C에 접하는 직선의 방정식은

$y=-\frac{1}{2}x\pm\sqrt{5}\sqrt{\left(-\frac{1}{2}\right)^2+1}$, 즉 $y=-\frac{1}{2}x\pm\frac{5}{2}$

이때 원 C가 세 직선 l_1, l_2, l_3으로 둘러싸인 삼각형의 내접원이므로

l_3: $y=-\frac{1}{2}x-\frac{5}{2}$

두 직선 l_1, l_3의 교점의 x좌표는 $2x-5=-\frac{1}{2}x-\frac{5}{2}$에서

$\frac{5}{2}x=\frac{5}{2}$ $\therefore x=1$

$x=1$을 $2x-y=5$에 대입하면 $y=-3$

따라서 두 직선 l_1, l_3의 교점의 좌표는 $(1, -3)$이므로

$a=1$, $b=-3$

$\therefore a+b=1+(-3)=-2$

답 -2

다른풀이 점 $(5, 5)$를 지나고 기울기가 m인 직선의 방정식은

$y=m(x-5)+5$, 즉 $mx-y-5m+5=0$

원 C의 중심 $(0, 0)$과 직선 $mx-y-5m+5=0$ 사이의 거리가 원의 반지름의 길이인 $\sqrt{5}$와 같으므로

$$\frac{|-5m+5|}{\sqrt{m^2+(-1)^2}}=\sqrt{5}$$

$|5(m-1)|=\sqrt{5(m^2+1)}$

양변을 제곱하면 $25(m-1)^2=5(m^2+1)$

$2m^2-5m+2=0$, $(2m-1)(m-2)=0$

$\therefore m=\frac{1}{2}$ 또는 $m=2$

이때 (직선 l_1의 기울기) > (직선 l_2의 기울기)이므로

l_1: $y=2(x-5)+5$ $\quad\therefore y=2x-5$

l_2: $y=\frac{1}{2}(x-5)+5$ $\quad\therefore y=\frac{1}{2}x+\frac{5}{2}$

07 **전략** $\overline{OP}:\overline{AP}=2:1$을 만족시키는 점 P의 자취는 원임을 이용한다.

풀이 점 P의 좌표를 (x, y)로 놓으면 $\overline{OP}:\overline{AP}=2:1$에서

$\overline{OP}=2\overline{AP}$이므로

$\sqrt{x^2+y^2}=2\sqrt{(x-3)^2+y^2}$

위의 식의 양변을 제곱하면

$x^2+y^2=4\{(x-3)^2+y^2\}$

$x^2-8x+y^2+12=0$

$\therefore (x-4)^2+y^2=4$

즉, 점 P가 나타내는 도형은 중심이 B(4, 0), 반지름의 길이가 2인 원이다.

따라서 오른쪽 그림과 같이 직선 OP가 원 $(x-4)^2+y^2=4$와 제1사분면에서 접할 때, 직선 OP의 기울기는 최대이다.

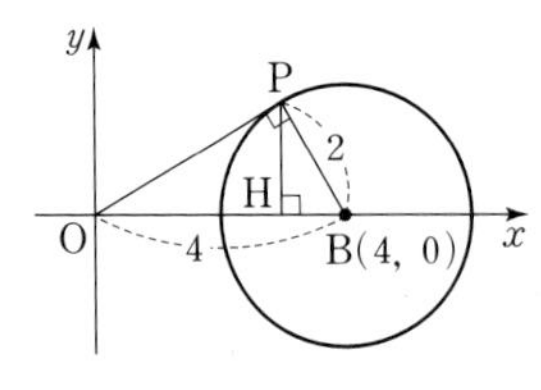

직각삼각형 POB에서

$\overline{OP}=\sqrt{4^2-2^2}=2\sqrt{3}$

점 P에서 선분 OB에 내린 수선의 발을 H라 하면

$\overline{OP}\times\overline{PB}=\overline{OB}\times\overline{PH}$에서

$4\sqrt{3}=4\overline{PH}$ $\quad\therefore \overline{PH}=\sqrt{3}$

$\overline{OP}^2=\overline{OH}\times\overline{OB}$에서

$(2\sqrt{3})^2=4\overline{OH}$ $\quad\therefore \overline{OH}=3$

따라서 직선 OP의 기울기의 최댓값은

$\frac{\overline{PH}}{\overline{OH}}=\frac{\sqrt{3}}{3}$ **답** ②

08 **전략** 사각형의 둘레의 길이의 비에서 점 P와 두 원의 중심 사이의 거리의 비를 구한다.

풀이 사각형 PCO_2D의 둘레의 길이가 사각형 PAO_1B의 둘레의 길이의 2배이므로

$\overline{PC}+\overline{PD}+\overline{O_2C}+\overline{O_2D}=2(\overline{PA}+\overline{PB}+\overline{O_1A}+\overline{O_1B})$

이때

$\overline{O_1A}=\overline{O_1B}=1$, $\overline{PA}=\overline{PB}$, $\overline{O_2C}=\overline{O_2D}=2$, $\overline{PC}=\overline{PD}$

이므로

$2\overline{PC}+4=4\overline{PA}+4$

$\therefore \overline{PC}=2\overline{PA}$

따라서 두 직각삼각형 PCO_2와 PAO_1은 서로 닮음이고 닮음비는

$\overline{PO_2}:\overline{PO_1}=\overline{PC}:\overline{PA}=2:1$

즉, $\overline{PO_2}=2\overline{PO_1}$이므로

$\overline{PO_2}^2=4\overline{PO_1}^2$

점 P의 좌표를 (x, y)로 놓으면

$(x-2)^2+(y-4)^2=4\{(x+1)^2+(y-1)^2\}$

$x^2+4x+y^2-4=0$

$\therefore (x+2)^2+y^2=8$

따라서 점 $P(x, y)$가 나타내는 도형은 중심의 좌표가 $(-2, 0)$이고 반지름의 길이가 $2\sqrt{2}$인 원이므로 점 P가 나타내는 도형의 넓이는

$\pi\times(2\sqrt{2})^2=8\pi$ **답** ⑤

09 **전략** 점 A가 나타내는 도형의 방정식을 구한 후, $x+y=k$로 놓고 k의 최댓값과 최솟값을 구한다.

풀이 직선 l과 원 $x^2+y^2=4$의 두 교점 P, Q에서의 접선의 교점이 A이므로 직선 AO는 $\overline{PQ}$의 수직이등분선이다.

$\overline{PQ}$의 중점을 H라 하면 직각삼각형 OHQ에서 $\overline{OQ}=2$, $\overline{OH}=1$이므로

$\angle QOH=60°$

따라서 직각삼각형 OAQ에서

$\overline{OA}=2\overline{OQ}=4$

즉, $\overline{OA}^2=16$이므로

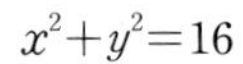

$x^2+y^2=16$

따라서 점 $A(x, y)$가 나타내는 도형은 중심이 원점이고 반지름의 길이가 4인 원이다.

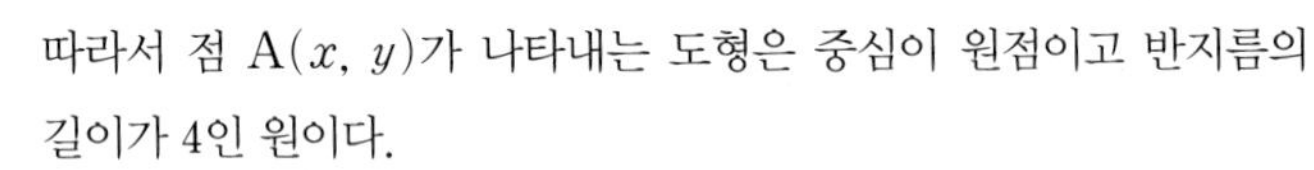

따라서 $x+y=k$로 놓으면 $y=-x+k$

오른쪽 그림과 같이 k의 값은 직선 $y=-x+k$가 원 $x^2+y^2=16$과 접할 때 최대 또는 최소이다.

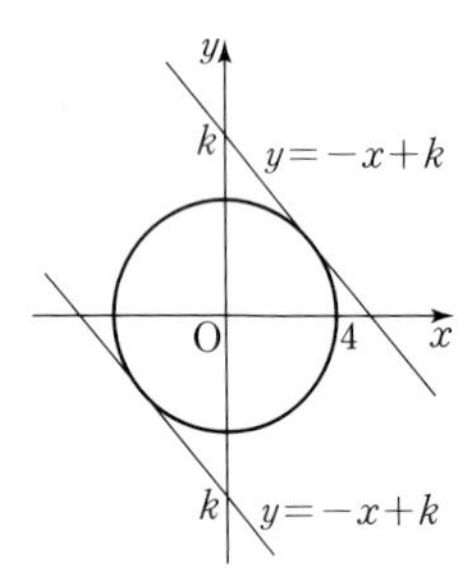

원점 O(0, 0)과 직선 $x+y=k$, 즉 $x+y-k=0$ 사이의 거리가 4이어야 하므로

$\frac{|-k|}{\sqrt{1^2+1^2}}=4$, $|k|=4\sqrt{2}$

$\therefore k=\pm4\sqrt{2}$

따라서 $x+y$의 최댓값은 $4\sqrt{2}$, 최솟값은 $-4\sqrt{2}$이므로 구하는 곱은

$4\sqrt{2}\times(-4\sqrt{2})=-32$ **답** -32

10 **전략** 부채꼴의 호의 길이와 중심각의 크기 사이의 관계를 이용하여 점 (a, b)가 나타내는 도형의 방정식을 구한다.

풀이 원 C_1은 중심의 좌표가 (1, 1)이고, 반지름의 길이는 2이다.

또, 원 C_2는 중심의 좌표가 (a, b)이고, 반지름의 길이가 r이다.

오른쪽 그림과 같이 원 C_1, C_2의 중심을 각각 O_1, O_2라 하고 두 원의 교점을 A, B라 하면

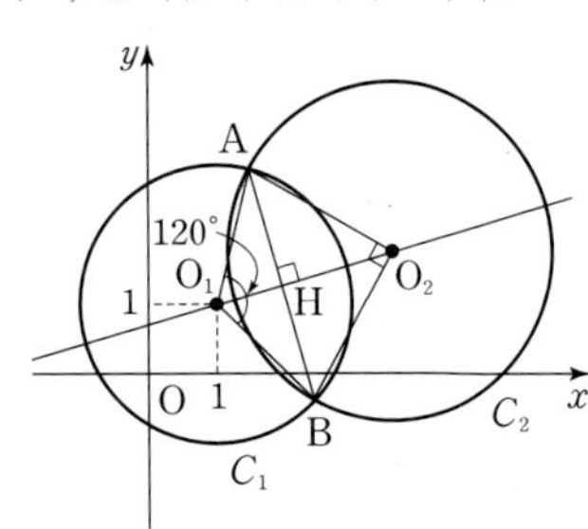

$\angle AO_1B=360°\times\frac{1}{3}=120°$,

$\angle AO_2B=360°\times\frac{1}{4}=90°$

직선 O_1O_2는 $\overline{AB}$의 수직이등분선이므로 $\overline{AB}$와 $\overline{O_1O_2}$의 교점을 H라 하면

$\angle AO_1H=\frac{1}{2}\times 120^\circ=60^\circ$

$\overline{AH}=2\sin 60^\circ=2\times\frac{\sqrt{3}}{2}=\sqrt{3}$

$\therefore \overline{AB}=2\overline{AH}=2\sqrt{3}$

직각이등변삼각형 O_2AB에서

$r^2+r^2=\overline{AB}^2$, $2r^2=12$, $r^2=6$

$\therefore r=\sqrt{6}\ (\because r>0)$

$\therefore \overline{O_2H}=\sqrt{\overline{O_2A}^2-\overline{AH}^2}=\sqrt{6-3}=\sqrt{3}$

$$\begin{aligned}\therefore \overline{O_1O_2}&=\overline{O_1H}+\overline{O_2H}\\&=\overline{O_1A}\cos 60^\circ+\overline{O_2H}\\&=2\times\frac{1}{2}+\sqrt{3}=1+\sqrt{3}\end{aligned}$$

따라서 점 (a, b)가 나타내는 도형은 중심이 O_1, 반지름의 길이가 $\overline{O_1O_2}=(1+\sqrt{3})$인 원이므로 구하는 도형의 길이는

$2(1+\sqrt{3})\pi$

답 ②

11 **전략** 두 곡선이 한 점에서 접할 때, 두 곡선을 연립하여 만든 이차방정식의 판별식이 0임을 이용한다.

풀이 $\angle AOB=\theta^\circ$라 하면

$\overset{\frown}{AB}=4\pi\times\frac{\theta}{360}=\frac{4}{3}\pi$

$\therefore \theta=120$

오른쪽 그림과 같이 $\overline{AB}$와 y축의 교점을 H라 하면

$\overline{OA}=\overline{OB}=2$, $\overline{AB}\perp\overline{OH}$,

$\angle HOA=\angle HOB=60^\circ$이므로

$\overline{OH}=\overline{OA}\cos 60^\circ=2\times\frac{1}{2}=1$

$\overline{HB}=\overline{OB}\sin 60^\circ=2\times\frac{\sqrt{3}}{2}=\sqrt{3}$

$\therefore A(-\sqrt{3}, -1)$, $B(\sqrt{3}, -1)$

$y=ax^2+b$에서 $x^2=\frac{y-b}{a}$

$x^2=\frac{y-b}{a}$를 $x^2+y^2=4$에 대입하면

$\frac{y-b}{a}+y^2=4$

$\therefore ay^2+y-4a-b=0$

이 이차방정식의 판별식을 D라 하면

$D=1^2-4a(-4a-b)=0$

$16a^2+4ab+1=0$ ...... ㉠

또, 점 $A(-\sqrt{3}, -1)$은 포물선 $y=ax^2+b$ 위의 점이므로

$3a+b=-1$ ...... ㉡

㉠, ㉡을 연립하여 풀면

$a=\frac{1}{2}$, $b=-\frac{5}{2}$

$\therefore a+b=\frac{1}{2}+\left(-\frac{5}{2}\right)=-2$

답 ①

개념 연계 중학 수학 **부채꼴의 호의 길이와 넓이**

반지름의 길이가 r, 중심각의 크기가 x°인 부채꼴의 호의 길이를 l, 넓이를 S라 하면

(1) $l=2\pi r\times\frac{x}{360}$ (2) $S=\pi r^2\times\frac{x}{360}$

12 **전략** 주어진 도형을 좌표평면 위에 나타내고, 도형과 직선이 서로 다른 네 점에서 만나도록 하는 실수 k의 값의 범위를 구한다.

풀이 등식 $(|x|-1)^2+(y-1)^2=2$에서

$x\ge 0$일 때, $(x-1)^2+(y-1)^2=2$ ...... ㉠

$x<0$일 때, $(x+1)^2+(y-1)^2=2$ ...... ㉡

따라서 주어진 등식이 나타내는 도형은 다음 그림과 같다.

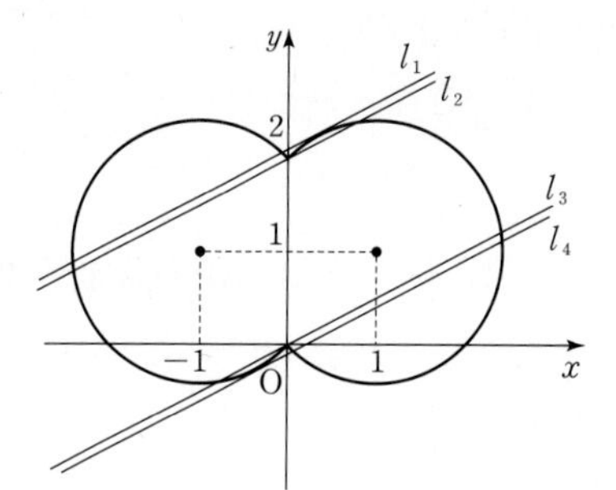

이때 위 도형이 직선 $y=\frac{1}{2}x+k$와 서로 다른 네 점에서 만나려면 이 직선은 두 직선 l_1, l_2 사이에 있거나 두 직선 l_3, l_4 사이에 있어야 한다.

(i) 직선 l_1의 방정식을 $y=\frac{1}{2}x+k_1$, 즉 $x-2y+2k_1=0$으로 놓자.

직선 l_1은 원 ㉠과 접하므로 원 ㉠의 중심 $(1, 1)$과 직선 l_1 사이의 거리는 $\sqrt{2}$이다. 즉,

$\frac{|1-2+2k_1|}{\sqrt{1^2+(-2)^2}}=\sqrt{2}$

$|2k_1-1|=\sqrt{10}$, $2k_1-1=\pm\sqrt{10}$

$\therefore k_1=\frac{1+\sqrt{10}}{2}\ (\because k_1>0)$

(ii) 직선 l_2의 방정식을 $y=\frac{1}{2}x+k_2$로 놓자.

직선 l_2는 점 $(0, 2)$를 지나므로 $k_2=2$

(iii) 직선 l_3의 방정식을 $y=\frac{1}{2}x+k_3$으로 놓자.

직선 l_3은 원점을 지나므로 $k_3=0$

(iv) 직선 l_4의 방정식을 $y=\frac{1}{2}x+k_4$, 즉 $x-2y+2k_4=0$으로 놓자.

직선 l_4는 원 ㉡과 접하므로 원 ㉡의 중심 $(-1, 1)$과 직선 l_4 사이의 거리가 $\sqrt{2}$이다. 즉,

$\frac{|-1-2+2k_4|}{\sqrt{1^2+(-2)^2}}=\sqrt{2}$

$|2k_4-3|=\sqrt{10}$, $2k_4-3=\pm\sqrt{10}$

$\therefore k_4=\frac{3-\sqrt{10}}{2}\ (\because k_4<0)$

(i)~(iv)에 의하여 구하는 실수 k의 값의 범위는

$\frac{3-\sqrt{10}}{2}<k<0$ 또는 $2<k<\frac{1+\sqrt{10}}{2}$

답 ③

13 **전략** 두 원의 교점을 지나는 직선의 방정식을 구한다.

풀이 $x^2+y^2=1$에서 $x^2+y^2-1=0$

$(x-1)^2+(y-4)^2=r^2$에서 $x^2+y^2-2x-8y+17-r^2=0$

선분 AB는 두 원의 공통현이므로 직선 AB의 방정식은

$(x^2+y^2-1)-(x^2+y^2-2x-8y+17-r^2)=0$

$\therefore 2x+8y-18+r^2=0$

이 직선의 x절편은 $\frac{18-r^2}{2}$, y절편은 $\frac{18-r^2}{8}$이므로 직선 AB와 x축, y축으로 둘러싸인 삼각형의 넓이는

$\frac{1}{2}\times\left|\frac{18-r^2}{2}\right|\times\left|\frac{18-r^2}{8}\right|=\frac{1}{8}$

$(r^2-18)^2=4$, $r^2-18=\pm2$

$r^2=16$ 또는 $r^2=20$

$\therefore r=4$ 또는 $r=2\sqrt{5}$ ($\because r>0$)

따라서 모든 r의 값의 곱은

$4\times2\sqrt{5}=8\sqrt{5}$

답 ⑤

1등급 노트 **두 원의 교점을 지나는 직선의 방정식(공통현의 방정식)**

두 원 $x^2+y^2+ax+by+c=0$, $x^2+y^2+a'x+b'y+c'=0$의 교점을 지나는 직선의 방정식은

$(a-a')x+(b-b')y+c-c'=0$

14 **전략** 두 원의 교점을 지나는 원이 y축에 접함을 이용하여 원의 중심의 좌표를 구한다.

풀이 두 원의 교점을 지나는 원의 방정식은

$x^2+y^2-3x+2y-9+k(x^2+y^2+5x-2y)=0$ (단, $k\neq-1$) ...... ㉠

이 원이 y축에 접하므로 ㉠에 $x=0$을 대입하면

$(k+1)y^2+2(1-k)y-9=0$

이 이차방정식의 판별식을 D라 하면

$\frac{D}{4}=(1-k)^2+9(k+1)=0$

$k^2+7k+10=0$, $(k+5)(k+2)=0$

$\therefore k=-5$ 또는 $k=-2$

(i) $k=-5$일 때

㉠에서 $4x^2+4y^2+28x-12y+9=0$

$\therefore \left(x+\frac{7}{2}\right)^2+\left(y-\frac{3}{2}\right)^2=\frac{49}{4}$

따라서 이 원의 중심의 좌표는 $\left(-\frac{7}{2}, \frac{3}{2}\right)$

(ii) $k=-2$일 때

㉠에서 $x^2+y^2+13x-6y+9=0$

$\therefore \left(x+\frac{13}{2}\right)^2+(y-3)^2=\frac{169}{4}$

따라서 이 원의 중심의 좌표는 $\left(-\frac{13}{2}, 3\right)$

(i), (ii)에 의하여

$x_1+x_2+y_1+y_2=-\frac{7}{2}+\left(-\frac{13}{2}\right)+\frac{3}{2}+3$

$=-\frac{11}{2}$

답 ②

1등급 노트 **두 원의 교점을 지나는 원의 방정식**

두 원

O : $x^2+y^2+ax+by+c=0$, O' : $x^2+y^2+a'x+b'y+c'=0$

의 교점을 지나는 원 중 원 O'을 제외한 원의 방정식은

$x^2+y^2+ax+by+c+k(x^2+y^2+a'x+b'y+c')=0$ (단, $k\neq-1$)

15 **전략** 사각형 PAOB의 외접원의 방정식을 이용하여 두 원의 교점을 지나는 원의 방정식을 구한다.

풀이 원점 O에 대하여 두 직선 PA, PB는 원 C의 접선이므로

$\overline{PA}\perp\overline{OA}$, $\overline{PB}\perp\overline{OB}$

즉, $\angle OAP+\angle OBP=180°$이므로

□PAOB는 한 원에 내접한다.

이 원을 C'이라 하면 원 C'은 $\overline{OP}$를 지름으로 하는 원이다.

이때 $\overline{OP}$의 중점을 M이라 하면

$M\left(\frac{1}{2}, \frac{3}{2}\right)$

$\overline{OP}=\sqrt{1^2+3^2}=\sqrt{10}$

이므로 원 C'은 중심이 $M\left(\frac{1}{2}, \frac{3}{2}\right)$이고 반지름의 길이가 $\frac{\sqrt{10}}{2}$이다.

즉, C'의 방정식은

C': $\left(x-\frac{1}{2}\right)^2+\left(y-\frac{3}{2}\right)^2=\frac{5}{2}$, 즉 $x^2+y^2-x-3y=0$

이때 두 원 C, C'의 교점 A, B를 지나는 원의 방정식은

$x^2+y^2-x-3y+k(x^2+y^2-4)=0$ (단, $k\neq1$) ...... ㉠

원 ㉠이 점 (2, 3)을 지나므로 $2+9k=0$

$\therefore k=-\frac{2}{9}$

따라서 두 점 A, B와 점 (2, 3)을 지나는 원의 방정식은

$x^2+y^2-x-3y-\frac{2}{9}(x^2+y^2-4)=0$

$x^2+y^2-\frac{9}{7}x-\frac{27}{7}y+\frac{8}{7}=0$

$\therefore \left(x-\frac{9}{14}\right)^2+\left(y-\frac{27}{14}\right)^2=\frac{293}{98}$

즉, 구하는 원의 중심의 좌표는 $\left(\frac{9}{14}, \frac{27}{14}\right)$이므로

$a=\frac{9}{14}$, $b=\frac{27}{14}$

$\therefore 7(a+b)=7\times\left(\frac{9}{14}+\frac{27}{14}\right)=18$

답 18

16 **전략** 중심이 P이고 반지름의 길이가 r인 원 위의 점과 원 밖의 한 점 A 사이의 거리의 최댓값은 $\overline{AP}+r$, 최솟값은 $\overline{AP}-r$임을 이용한다.

풀이 원 C의 중심이 직선 $y=\sqrt{3}x$ $\left(x>\frac{\sqrt{3}}{3}\right)$ 위에 있으므로 중심의 좌표를 $B(p, \sqrt{3}p)$ $\left(p>\frac{\sqrt{3}}{3}\right)$로 놓자.

이때 점 B의 y좌표는 $\sqrt{3}p>1$이므로 원 C는 항상 x축과 만나지 않는다.

점 A$(a,\ 0)$과 원 C 위의 점 P에 대하여 선분 AP의 길이의 최댓값과 최솟값은 각각 $f(a)=\overline{\mathrm{AB}}+1$, $g(a)=\overline{\mathrm{AB}}-1$이다.

$\therefore\ f(a)=\overline{\mathrm{AB}}+1=\sqrt{(p-a)^2+(\sqrt{3}p)^2}+1$,

$g(a)=\overline{\mathrm{AB}}-1=\sqrt{(p-a)^2+(\sqrt{3}p)^2}-1$

이때 $f(6)=g(0)$이므로

$\sqrt{(p-6)^2+(\sqrt{3}p)^2}+1=\sqrt{p^2+(\sqrt{3}p)^2}-1$

$\sqrt{(p-6)^2+(\sqrt{3}p)^2}=2p-2$

양변을 제곱하면

$4p^2-12p+36=4p^2-8p+4$

$4p=32 \qquad \therefore\ p=8$

$\therefore\ f(8)=\sqrt{(8-8)^2+(8\sqrt{3})^2}+1=8\sqrt{3}+1$

답 ④

17 전략 원 위의 한 점과 선분 위의 한 점 사이의 거리의 최댓값과 최솟값은 원의 중심에서 선분에 내린 수선의 길이를 이용한다.

풀이 오른쪽 그림과 같이 점 A는 원 C: $(x-6)^2+(y-4)^2=4$ 위의 점이고, 점 B는 도형 $|x|+\dfrac{|y|}{2}=1$ 위의 점이다.

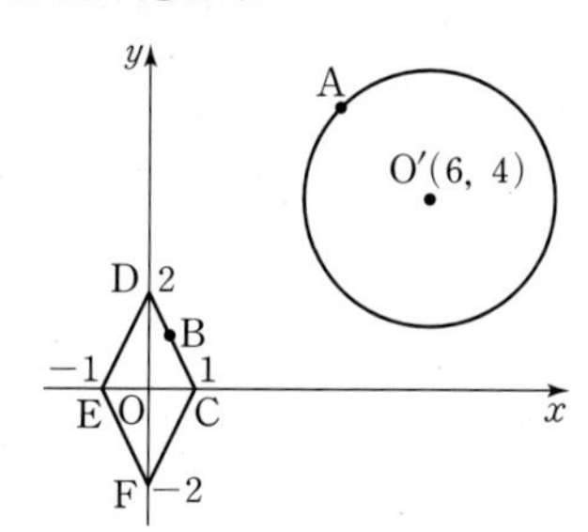

원 C의 중심을 O′(6, 4)라 하고, C(1, 0), D(0, 2), E(−1, 0), F(0, −2)라 하자.

점 B가 선분 CD 위에 있고 두 직선 O′A와 CD가 서로 수직일 때 $\overline{\mathrm{AB}}$의 길이가 최소이고, 점 B가 선분 $\overline{\mathrm{EF}}$ 위에 있을 때 $\overline{\mathrm{AB}}$의 길이가 최대이다.

(i) 점 B가 선분 CD 위에 있을 때

두 점 C(1, 0), D(0, 2)를 지나는 직선의 방정식은

$y=-2x+2$

점 O′(6, 4)를 지나고 직선 CD와 수직인 직선의 방정식은

$y=\dfrac{1}{2}(x-6)+4 \qquad \therefore\ y=\dfrac{1}{2}x+1$

이 직선의 y절편은 1이므로 선분 CD와 직선 $y=\dfrac{1}{2}x+1$은 한 점에서 만난다.

점 O′(6, 4)와 직선 CD, 즉 $2x+y-2=0$ 사이의 거리는

$\dfrac{|12+4-2|}{\sqrt{2^2+1^2}}=\dfrac{14\sqrt{5}}{5}$

이므로 선분 AB의 길이의 최솟값은 $\dfrac{14\sqrt{5}}{5}-2$

(ii) 점 B가 선분 EF 위에 있을 때

$\overline{\mathrm{EO'}}=\sqrt{\{6-(-1)\}^2+(4-0)^2}=\sqrt{65}$,

$\overline{\mathrm{FO'}}=\sqrt{(6-0)^2+\{(4-(-2)\}^2}=\sqrt{72}=6\sqrt{2}$

이므로 점 B가 점 F에 위치할 때 선분 AB의 길이가 최대이고, 최댓값은 $6\sqrt{2}+2$

(i), (ii)에 의하여 $\dfrac{14\sqrt{5}}{5}-2\le\overline{\mathrm{AB}}\le6\sqrt{2}+2$이므로 가능한 모든 자연수의 합은

$5+6+7+8+9+10=45$

답 ①

참고 두 직선 $y=-2x+2$, $y=\dfrac{1}{2}x+1$의 교점의 좌표는 $\left(\dfrac{2}{5},\ \dfrac{6}{5}\right)$이므로 점 B의 좌표가 $\left(\dfrac{2}{5},\ \dfrac{6}{5}\right)$일 때, 선분 AB의 길이는 최소이다.

18 전략 두 원의 공통내접선의 길이는 두 원의 중심 사이의 거리를 이용하여 구할 수 있다.

풀이 두 원 C_1, C_2의 중심을 각각 $\mathrm{O_1}$, $\mathrm{O_2}$라 하자.

두 점 $\mathrm{O_1}$, $\mathrm{O_2}$에서 직선 l에 내린 수선의 발을 각각 $\mathrm{H_1}$, $\mathrm{H_2}$라 하고, 점 $\mathrm{O_2}$에서 y축에 내린 수선의 발을 $\mathrm{H_3}$이라 하자.

점 $\mathrm{O_1}$을 지나고 직선 l에 평행한 직선과 점 $\mathrm{O_2}$를 지나고 직선 l에 수직인 직선의 교점을 A라 하자.

직각삼각형 $\mathrm{O_1AO_2}$에서 $\overline{\mathrm{O_1O_2}}=5r$이므로

$\overline{\mathrm{O_1A}}=\sqrt{\overline{\mathrm{O_1O_2}}^2-\overline{\mathrm{O_2A}}^2}=\sqrt{(5r)^2-(3r)^2}=4r$

또, 접선의 성질에 의하여

$\overline{\mathrm{OH_3}}=\overline{\mathrm{OH_2}}=\overline{\mathrm{OH_1}}+\overline{\mathrm{H_1H_2}}=\overline{\mathrm{OH_1}}+\overline{\mathrm{O_1A}}=1+4r$

즉, $a=1+4r$이므로

$\mathrm{O_2}(2r,\ 1+4r)$

이때 $\overline{\mathrm{O_1O_2}}=5r$이므로

$\sqrt{(2r-1)^2+(1+4r-r)^2}=5r$

$\sqrt{13r^2+2r+2}=5r$

양변을 제곱하면

$13r^2+2r+2=25r^2$

$12r^2-2r-2=0,\ 6r^2-r-1=0,\ (3r+1)(2r-1)=0$

$\therefore\ r=\dfrac{1}{2}\ (\because\ r>0),\ a=3$

즉, 점 $\mathrm{O_1}\left(1,\ \dfrac{1}{2}\right)$과 직선 l: $mx-y=0$ 사이의 거리가 $\dfrac{1}{2}$이므로

$\dfrac{\left|m-\dfrac{1}{2}\right|}{\sqrt{m^2+1}}=\dfrac{1}{2} \qquad \therefore\ |2m-1|=\sqrt{m^2+1}$

양변을 제곱하여 정리하면

$3m^2-4m=0,\ m(3m-4)=0$

$\therefore\ m=\dfrac{4}{3}\ (\because\ m>0)$

$\therefore\ 6(a+r+m)=6\times\left(3+\dfrac{1}{2}+\dfrac{4}{3}\right)=29$

답 29

1등급 노트 공통인 접선의 길이

두 원의 반지름의 길이가 각각 r, r' $(r>r')$이고, 중심 사이의 거리가 d일 때

(1)

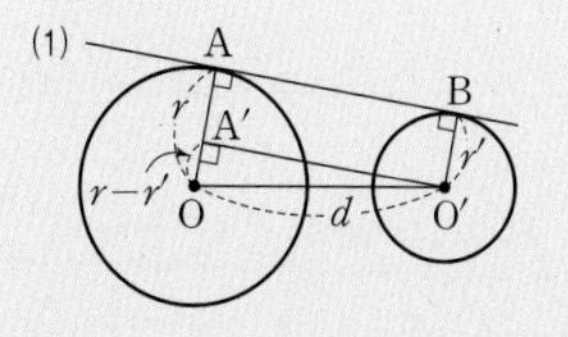

$\overline{\mathrm{AB}}=\overline{\mathrm{A'O'}}=\sqrt{d^2-(r-r')^2}$

(2)

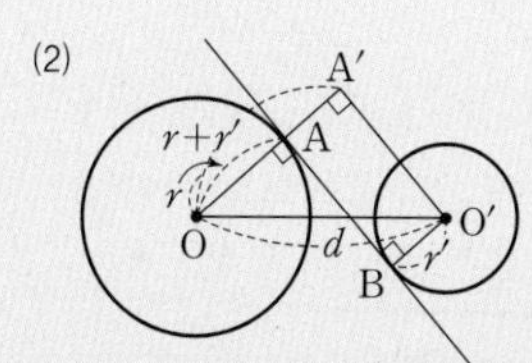

$\overline{\mathrm{AB}}=\overline{\mathrm{A'O'}}=\sqrt{d^2-(r+r')^2}$

이때 두 원의 공통인 접선 AB에 대하여 (1)과 같이 두 원이 같은 쪽에 있으면 공통외접선, (2)와 같이 반대쪽에 있으면 공통내접선이라 한다.

19 **전략** 원과 직선의 교점을 지나는 원의 방정식을 세운 후, 이 원이 원점을 지남을 이용한다.

풀이 직선 l의 방정식은 $y=mx+4$, 즉 $mx-y+4=0$

직선 l이 원 C와 서로 다른 두 점에서 만나려면 원 C의 중심 $(3, 0)$과 직선 l: $mx-y+4=0$ 사이의 거리가 원의 반지름의 길이인 1보다 작아야 하므로

$\frac{|3m+4|}{\sqrt{m^2+1}}<1$, $|3m+4|<\sqrt{m^2+1}$

양변을 제곱하면

$9m^2+24m+16<m^2+1$, $8m^2+24m+15<0$

$\therefore \frac{-6-\sqrt{6}}{4}<m<\frac{-6+\sqrt{6}}{4}$ ...... ㉠

이때 원 C와 직선 l의 교점을 지나는 원의 방정식은

$(x-3)^2+y^2-1+k(mx-y+4)=0$

위의 원이 원점을 지나므로

$9-1+4k=0$ $\quad\therefore k=-2$

즉, 세 점 O, P, Q를 지나는 원의 방정식은

$(x-3)^2+y^2-1-2(mx-y+4)=0$

$x^2-2(m+3)x+y^2+2y=0$

$\therefore \{x-(m+3)\}^2+(y+1)^2=(m+3)^2+1$

이 원의 반지름의 길이가 $\frac{\sqrt{13}}{2}$이므로

$(m+3)^2+1=\left(\frac{\sqrt{13}}{2}\right)^2$

$(m+3)^2=\frac{9}{4}$, $m+3=\pm\frac{3}{2}$

$\therefore m=-\frac{3}{2}$ ($\because$ ㉠) **답** ①

20 **전략** 원 $x^2+y^2=r^2$ 위의 점 (a, b)에서의 접선의 방정식은 $ax+by=r^2$임을 이용한다.

풀이 점 A(a, b)가 원 C 위의 점이므로

$a^2+b^2=1$ ...... ㉠

원 C 위의 점 A(a, b)에서의 접선의 방정식은

$ax+by=1$ $\quad\therefore y=-\frac{a}{b}x+\frac{1}{b}$

원 C'의 중심을 O$'(c, 1)$로 놓자.

직선 OO$'$은 직선 l과 평행하므로 직선 OO$'$의 방정식은

$y=-\frac{a}{b}x$

이 직선이 점 O$'(c, 1)$을 지나므로

$1=-\frac{ac}{b}$ $\quad\therefore b=-ac$ ...... ㉡

또, 원 C를 한 바퀴 굴리면 원 C'과 포개어지므로 중심 사이의 거리 $\overline{\mathrm{OO'}}$은 원 C의 둘레의 길이와 같다.

즉, $\sqrt{c^2+1^2}=2\pi$

$\therefore c^2+1=4\pi^2$ ...... ㉢

㉡을 ㉠에 대입하면 $a^2+a^2c^2=1$

$a^2(1+c^2)=1$

위 식에 ㉢을 대입하면 $4\pi^2a^2=1$

$\therefore a^2=\frac{1}{4\pi^2}$, $b^2=1-\frac{1}{4\pi^2}$ ($\because$ ㉠)

$\therefore 8\pi^2(a^2-b^2+1)=8\pi^2\left\{\frac{1}{4\pi^2}-\left(1-\frac{1}{4\pi^2}\right)+1\right\}$

$=8\pi^2\times\frac{1}{2\pi^2}=4$ **답** 4

21 **전략** 주어진 조건을 만족시키기 위한 원 C의 위치를 찾는다.

풀이 오른쪽 그림과 같이 선분 OA를 지름으로 하는 원에서 직선 OA에 수직이고 점 O, 점 A를 지나는 직선을 각각 l, m이라 하자. △OAP가 예각삼각형 또는 직각삼각형이므로 점 P는 색칠한 부분과 그 경계에 존재해야 한다.

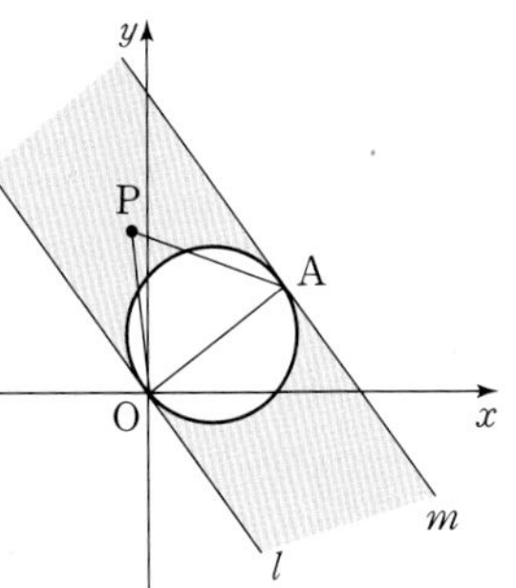

이때 △OAP의 높이를 h라 하면

밑변의 길이는 $\overline{\mathrm{OA}}=\sqrt{4^2+3^2}=5$이므로

$\triangle\mathrm{OAP}=\frac{1}{2}\times5\times h=\frac{5}{2}h$

△OAP의 넓이의 최댓값이 40, 최솟값이 30이므로

$30\le\frac{5}{2}h\le40$

$\therefore 12\le h\le16$

즉, △OAP의 높이의 최댓값이 16, 최솟값이 12이므로 원 C의 반지름의 길이는 $\frac{1}{2}(16-12)=2$이고, 원 C는 색칠한 부분에 존재해야 한다.

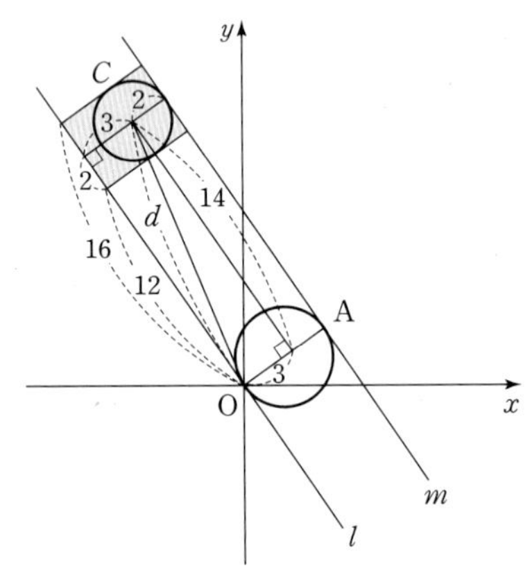

이때 $\overline{\mathrm{OP}}$의 길이가 최대이려면 원 C가 직선 m에 접해야 하므로 위의 그림과 같이 원점 O에서 원 C의 중심까지의 거리를 d라 하면

$d=\sqrt{14^2+3^2}=\sqrt{205}$

따라서 $\overline{\mathrm{OP}}$의 길이의 최댓값은 $\sqrt{205}+2$이다. **답** ③

22 **전략** 교점의 개수로 두 원의 위치 관계를 파악하고, 두 원의 중심 사이의 거리를 이용한다.

풀이 C_1: $(x+1)^2+y^2=1$, C_2: $(x-1)^2+y^2=1$이라 하자.

함수 $y=f(r)+g(r)$의 그래프에 의하여 다음 그림과 같이 원 C는 원 C_2와 $r=p$, $r=6$에서 접하고, 원 C_1과 $r=\sqrt{41}-1$, $r=q$에서 접한다.

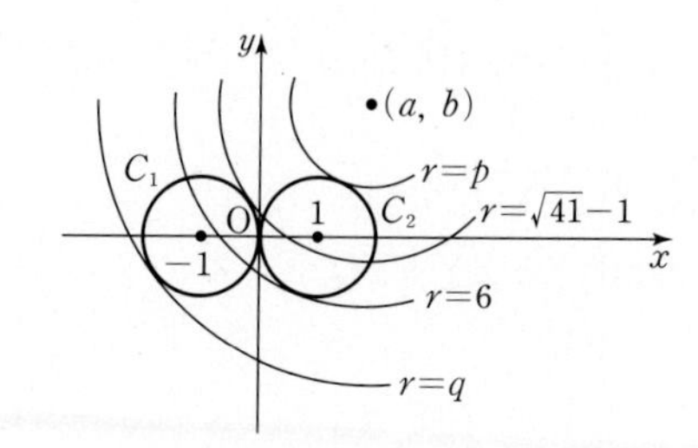

$r=\sqrt{41}-1$일 때, 원 C와 원 C_1이 외접하므로 두 원 C, C_1의 중심 사이의 거리는 두 원의 반지름의 길이의 합과 같다. 즉,

$\sqrt{(a+1)^2+b^2}=(\sqrt{41}-1)+1$

$\therefore (a+1)^2+b^2=41$ $\quad\cdots\cdots$ ㉠

$r=6$일 때, 원 C와 원 C_2가 내접하므로 두 원 C, C_2의 중심 사이의 거리는 두 원의 반지름의 길이의 차와 같다. 즉,

$\sqrt{(a-1)^2+b^2}=6-1$

$\therefore (a-1)^2+b^2=25$ $\quad\cdots\cdots$ ㉡

㉠, ㉡을 연립하여 풀면

$a=4$, $b=4$

$r=p$일 때, 원 C와 원 C_2가 외접하므로 두 원 C, C_2의 중심 사이의 거리는 두 원의 반지름의 길이의 합과 같다. 즉,

$\sqrt{(4-1)^2+4^2}=p+1$

$\therefore p=4$

$r=q$일 때, 원 C와 원 C_1이 내접하므로 두 원 C, C_1의 중심 사이의 거리는 두 원의 반지름의 길이의 차와 같다. 즉,

$\sqrt{\{4-(-1)\}^2+4^2}=q-1$

$\therefore q=1+\sqrt{41}$

$\therefore a+b+p+q=4+4+4+(1+\sqrt{41})=13+\sqrt{41}$

답 ⑤

1등급 노트 두 원의 위치 관계

두 원의 반지름의 길이를 각각 r, r' $(r>r')$, 중심 사이의 거리를 d라 할 때

(1) $d>r+r'$ ⇨ 한 원이 다른 원의 외부에 있다.
(2) $d=r+r'$ ⇨ 두 원의 외접한다.
(3) $r-r'<d<r+r'$ ⇨ 두 원이 서로 다른 두 점에서 만난다.
(4) $d=r-r'$ ⇨ 두 원이 내접한다.
(5) $d<r-r'$ ⇨ 한 원이 다른 원의 내부에 있다.

11 도형의 이동

Step A 1등급을 위한 고난도 빈출 & 핵심 문제

본문 104쪽

01 ① 02 ② 03 4 04 $-\frac{8}{15}$ 05 2
06 ① 07 $\sqrt{85}$ 08 ④

01 주어진 평행이동은 x축의 방향으로 2만큼, y축의 방향으로 -5만큼 평행이동하는 것이므로 평행이동한 직선의 방정식은

$4(x-2)-3(y+5)+1=0$

$\therefore 4x-3y-22=0$

한편, $x^2+y^2+ax+8y-1=0$에서

$\left(x+\frac{a}{2}\right)^2+(y+4)^2=\frac{a^2}{4}+17$

이므로 원의 중심의 좌표는 $\left(-\frac{a}{2}, -4\right)$

직선 $4x-3y-22=0$이 원의 넓이를 이등분하려면 원의 중심을 지나야 하므로

$4\times\left(-\frac{a}{2}\right)-3\times(-4)-22=0$, $-2a-10=0$

$\therefore a=-5$

답 ①

02 직선 $y=x+5$를 x축의 방향으로 $-a$만큼, y축의 방향으로 $-b$만큼 평행이동하면 이차함수 $y=x^2+x+3$의 그래프에 접한다.

평행이동한 직선의 방정식은

$y+b=(x+a)+5$ $\quad\therefore y=x+a-b+5$

이를 $y=x^2+x+3$에 대입하면

$x+a-b+5=x^2+x+3$ $\quad\therefore x^2=a-b+2$

이 이차방정식이 중근을 가져야 하므로

$a-b+2=0$ $\quad\therefore b-a=2$

답 ②

03 원 $x^2+y^2-8x+2y+12=0$을 y축에 대하여 대칭이동한 원의 방정식은

$x^2+y^2+8x+2y+12=0$

이 원을 직선 $y=x$에 대하여 대칭이동한 원의 방정식은

$x^2+y^2+2x+8y+12=0$ $\quad\cdots\cdots$ ㉠

위의 방정식에 $x=0$을 대입하면

$y^2+8y+12=0$

$(y+6)(y+2)=0$

$\therefore y=-6$ 또는 $y=-2$

따라서 원 ㉠과 y축의 교점의 좌표는 $(0, -6)$, $(0, -2)$이므로 두 점 사이의 거리는 4이다.

답 4

04 직선 $l: y=ax-2$를 x축의 방향으로 3만큼, y축의 방향으로 -1만큼 평행이동한 직선의 방정식은

$y+1=a(x-3)-2$

$\therefore y=ax-3a-3$

이 직선을 원점에 대하여 대칭이동한 직선 l'의 방정식은

$-y=-ax-3a-3$

$\therefore l' : y=ax+3a+3$

평행한 두 직선 l, l' 사이의 거리는 직선 l 위의 점 $(0, -2)$와 직선 $l' : y=ax+3a+3$, 즉 $ax-y+3a+3=0$ 사이의 거리와 같으므로

$\frac{|3a+5|}{\sqrt{a^2+1}}=3$, $|3a+5|=3\sqrt{a^2+1}$

양변을 제곱하면

$(3a+5)^2=9(a^2+1)$, $9a^2+30a+25=9a^2+9$

$30a=-16$

$\therefore a=-\frac{8}{15}$ 답 $-\frac{8}{15}$

05 $x^2+y^2-6x+2y+9=0$에서

$(x-3)^2+(y+1)^2=1$

이 원의 중심 $(3, -1)$과 원 $(x-5)^2+(y+3)^2=1$의 중심 $(5, -3)$이 점 $P(a, b)$에 대하여 대칭이므로 점 $P(a, b)$는 두 점 $(3, -1)$, $(5, -3)$의 중점이다.

즉, $a=\frac{3+5}{2}=4$, $b=\frac{-1-3}{2}=-2$

$\therefore a+b=4+(-2)=2$ 답 2

06 직선 l의 방정식을 $y=ax+b$로 놓으면 직선 AB와 직선 l이 수직이므로

$a\times\frac{0-(-4)}{0-(-2)}=-1$

$a\times2=-1$ $\therefore a=-\frac{1}{2}$ ······ ㉠

또, 선분 AB의 중점 $(-1, -2)$가 직선 l 위의 점이므로

$-2=-a+b$ $\therefore b=-\frac{5}{2}$ ($\because$ ㉠)

따라서 직선 l의 방정식은 $y=-\frac{1}{2}x-\frac{5}{2}$이므로 구하는 x절편은 -5이다. 답 ①

07 오른쪽 그림과 같이 점 B를 직선 $y=x$에 대하여 대칭이동한 점을 B′이라 하면

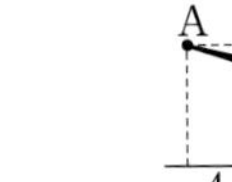

$B'(5, 1)$

이때 $\overline{PB}=\overline{PB'}$이므로

$\overline{PA}+\overline{PB}=\overline{PA}+\overline{PB'}$

$\geq\overline{AB'}$

$=\sqrt{\{5-(-4)\}^2+(1-3)^2}=\sqrt{85}$ 답 $\sqrt{85}$

08 오른쪽 그림과 같이 점 B가 원점, 점 A가 y축, 점 C가 x축 위에 오도록 직사각형 ABCD를 좌표평면 위에 놓으면

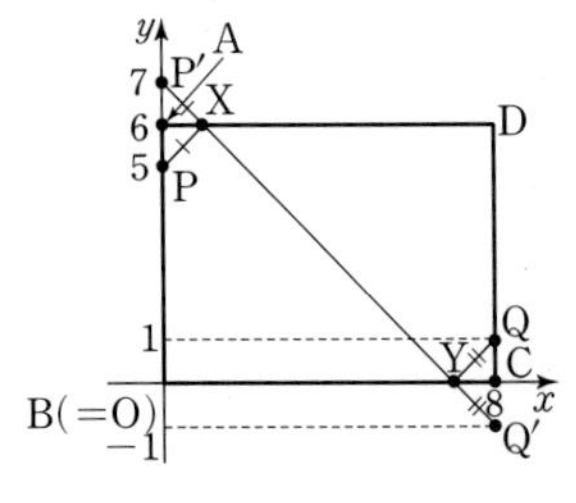

$P(0, 5)$, $Q(8, 1)$

점 P를 직선 AD에 대하여 대칭이동한 점을 P′, 점 Q를 직선 BC에 대하여 대칭이동한 점을 Q′이라 하면 $P'(0, 7)$, $Q'(8, -1)$

이때 $\overline{PX}=\overline{P'X}$, $\overline{YQ}=\overline{YQ'}$이므로

$\overline{PX}+\overline{XY}+\overline{YQ}=\overline{P'X}+\overline{XY}+\overline{YQ'}$

$\geq\overline{P'Q'}$

즉, 점 X, Y가 직선 P′Q′ 위에 있을 때 $\overline{PX}+\overline{XY}+\overline{YQ}$의 값이 최소이다.

이때 직선 P′Q′의 방정식은 $y=-x+7$이고 점 X의 y좌표는 6, 점 Y의 y좌표는 0이므로

$X(1, 6)$, $Y(7, 0)$

$\therefore \overline{XY}=\sqrt{(7-1)^2+(-6)^2}=\sqrt{36+36}=6\sqrt{2}$ 답 ④

B Step 1등급을 위한 고난도 기출 VS 변형 유형

본문 105~108쪽

1 26	**1-1** ⑤	**2** 6	**2-1** ③	**3** 128	**3-1** ②
4 −2	**4-1** ②	**5** 23	**5-1** ②	**6** ①, ④	**6-1** ④
7 3	**7-1** ②	**8** 28	**8-1** 173	**9** 640	**9-1** ③

1 **전략** 삼각형 OAB에 내접하는 원의 방정식을 세운 후 주어진 평행이동에 의하여 옮겨지는 원의 방정식을 구한다.

풀이 삼각형 OAB에 내접하는 원을 C라 하면 원 C는 x축, y축에 접하므로 원 C의 방정식을

$C : (x-r)^2+(y-r)^2=r^2$ $(0<r<3)$

으로 놓을 수 있다.

또, 직선 AB의 방정식은 $\frac{x}{4}+\frac{y}{3}=1$, 즉 $3x+4y-12=0$이다.

원 C의 중심 (r, r)와 직선 AB 사이의 거리가 r이므로

$\frac{|3r+4r-12|}{\sqrt{3^2+4^2}}=r$

$|7r-12|=5r$, $7r-12=\pm5r$

$\therefore r=1$ ($\because 0<r<3$)

따라서 원 C의 방정식은

$C : (x-1)^2+(y-1)^2=1$

또, 점 $A(4, 0)$이 점 $A'(9, 2)$로 평행이동하므로 주어진 도형은 x축의 방향으로 5만큼, y축의 방향으로 2만큼 평행이동한다.

따라서 이 평행이동에 의하여 원 C가 옮겨지는 원 C'의 방정식은

$(x-5-1)^2+(y-2-1)^2=1$

$(x-6)^2+(y-3)^2=1$

$\therefore x^2+y^2-12x-6y+44=0$

따라서 $a=-12$, $b=-6$, $c=44$이므로

$a+b+c=-12+(-6)+44=26$ 답 26

1-1 **전략** 주어진 평행이동에 의하여 직선 A′B′의 방정식을 구한 후 원의 중심과 직선 A′B′ 사이의 거리가 원의 반지름의 길이임을 이용한다.

풀이 점 $C(2, 0)$이 점 $C'(7, 1)$로 평행이동하므로 주어진 도형은 x축의 방향으로 5만큼, y축의 방향으로 1만큼 평행이동한다.

따라서 $A'(3,\ 1)$, $B'(5,\ -1)$이므로 직선 $A'B'$의 방정식은

$y=\dfrac{-1-1}{5-3}(x-3)+1$, 즉 $x+y-4=0$

구하는 원의 반지름의 길이를 $r\ (0<r<1)$라 하면 이 원의 중심은 $(2+r,\ 0)$이다.

이 원이 직선 $A'B'$에 접하므로 점 $(2+r,\ 0)$과 직선 $A'B'$, 즉 $x+y-4=0$ 사이의 거리는 r이다.

$\dfrac{|2+r-4|}{\sqrt{1^2+1^2}}=r$

$|r-2|=\sqrt{2}r$

양변을 제곱하면

$r^2-4r+4=2r^2$

$r^2+4r-4=0$

$\therefore\ r=-2+2\sqrt{2}\ (\because\ 0<r<1)$ 　　답 ⑤

2 전략 두 삼각형 T_1, T_2의 내부의 공통부분이 육각형 모양이 되기 위한 두 삼각형의 변의 교점의 x좌표, y좌표를 생각한다.

풀이 세 점 O, A, B를 x축의 방향으로 t만큼 평행이동한 점을 각각 O_1, A', B'이라 하면

$O_1(t,\ 0)$, $A'(t,\ 1)$, $B'(-1+t,\ 0)$

세 점 O, C, D를 y축의 방향으로 $2t$만큼 평행이동한 점을 각각 O_2, C', D'이라 하면

$O_2(0,\ 2t)$, $C'(0,\ -1+2t)$, $D'(1,\ 2t)$

두 삼각형 T_1, T_2의 내부의 공통부분이 육각형 모양이 되려면 선분 $A'B'$이 두 선분 O_2C', O_2D'과 A', B'이 아닌 두 점에서 만나야 한다. 또, 선분 $C'D'$이 두 선분 O_1B', O_1A'과 C', D'이 아닌 두 점에서 만나야 한다.

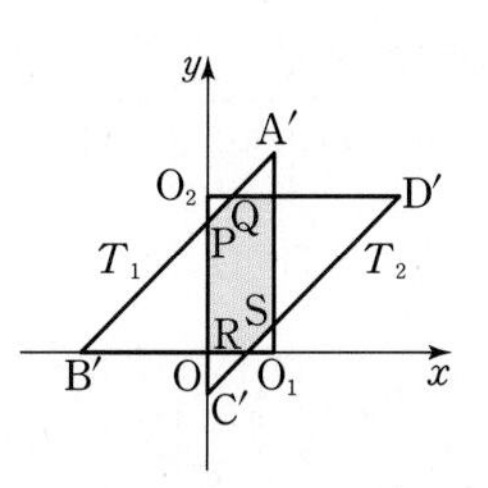

선분 $A'B'$이 두 선분 O_2C', O_2D'과 만나는 점을 각각 P, Q라 하고, 선분 $C'D'$이 두 선분 O_1B', O_1A'과 만나는 점을 각각 R, S라 하면 직선 $A'B'$의 방정식은 $y=x-t+1$이고, 직선 $C'D'$의 방정식은 $y=x-1+2t$이므로 네 점 P, Q, R, S의 좌표는

$P(0,\ 1-t)$, $Q(3t-1,\ 2t)$, $R(1-2t,\ 0)$, $S(t,\ 3t-1)$

이다.

따라서 두 삼각형 T_1, T_2의 내부의 공통부분이 육각형이 되려면

(점 C'의 y좌표)$<$(점 R의 y좌표)

이어야 하므로

$-1+2t<0$ 　　$\therefore\ t<\dfrac{1}{2}$ 　　$\cdots\cdots$ ㉠

또,

(점 O_2의 x좌표)$<$(점 Q의 x좌표)

이어야 하므로

$0<3t-1$ 　　$\therefore\ t>\dfrac{1}{3}$ 　　$\cdots\cdots$ ㉡

㉠, ㉡에서 $\dfrac{1}{3}<t<\dfrac{1}{2}$

$\therefore\ a=\dfrac{1}{2}$

이때 두 선분 $A'O_1$, O_2D'의 교점을 T라 하고, 육각형의 넓이를 $f(t)$라 하면

$f(t)=\square OO_1TO_2-\triangle O_1SR-\triangle O_2PQ$

$=t\times 2t-2\times\dfrac{1}{2}(3t-1)^2$

$=2t^2-(9t^2-6t+1)$

$=-7t^2+6t-1$

$=-7\left(t-\dfrac{3}{7}\right)^2+\dfrac{2}{7}$

이므로 $\dfrac{1}{3}<t<\dfrac{1}{2}$에서 $f(t)$는 $t=\dfrac{3}{7}$일 때 최댓값 $M=\dfrac{2}{7}$를 갖는다.

$\therefore\ 4a+14M=4\times\dfrac{1}{2}+14\times\dfrac{2}{7}$

$=2+4=6$ 　　답 6

참고 양의 실수 t의 값의 범위에 따라 두 삼각형 T_1, T_2의 내부의 공통부분은 다음과 같다.

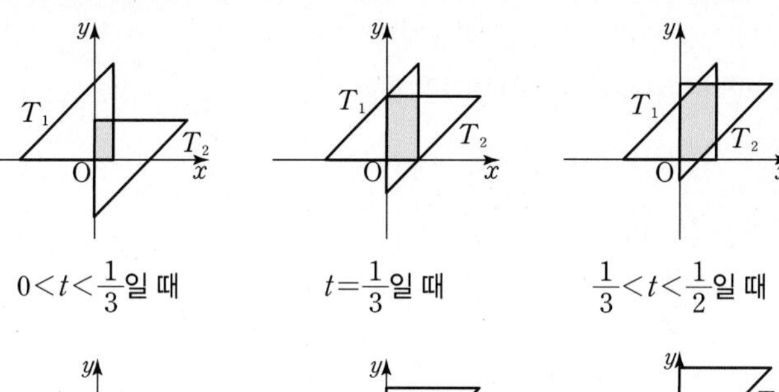

$0<t<\dfrac{1}{3}$일 때 　　$t=\dfrac{1}{3}$일 때 　　$\dfrac{1}{3}<t<\dfrac{1}{2}$일 때

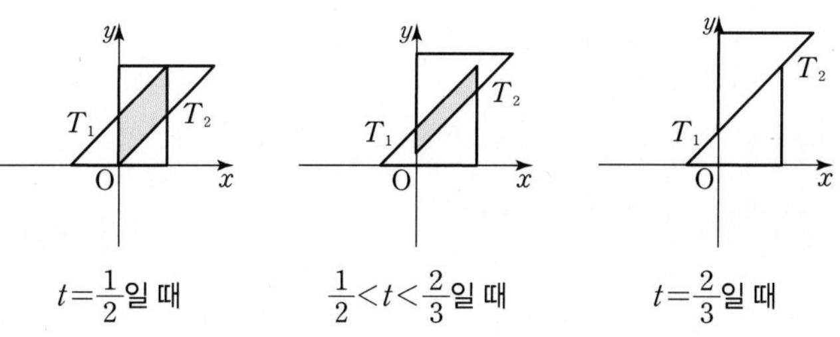

$t=\dfrac{1}{2}$일 때 　　$\dfrac{1}{2}<t<\dfrac{2}{3}$일 때 　　$t=\dfrac{2}{3}$일 때

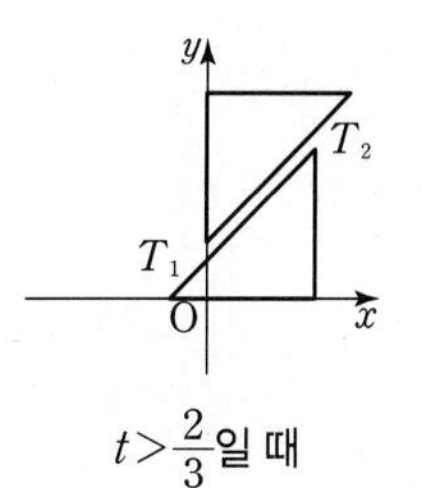

$t>\dfrac{2}{3}$일 때

2-1 전략 정사각형을 평행이동해 보며 정사각형과 삼각형의 공통부분의 넓이가 $\dfrac{1}{3}$이 되는 경우를 생각한다.

풀이 네 점 O, C, D, E를 x축의 방향으로 t만큼, y축의 방향으로 t만큼 평행이동한 점을 각각 O', C', D', E'이라 하면

$O'(t,\ t)$, $C'(t,\ t-3)$, $D'(t-3,\ t-3)$, $E'(t-3,\ t)$

삼각형 OAB와 정사각형 T의 내부의 공통부분이 $\dfrac{1}{3}$이 되는 경우는 다음 두 가지가 있다.

(i) 내부의 공통부분은 한 변의 길이가 t인 정사각형이므로

$t^2=\dfrac{1}{3}$

$\therefore\ t=\dfrac{\sqrt{3}}{3}\ (\because\ t>0)$

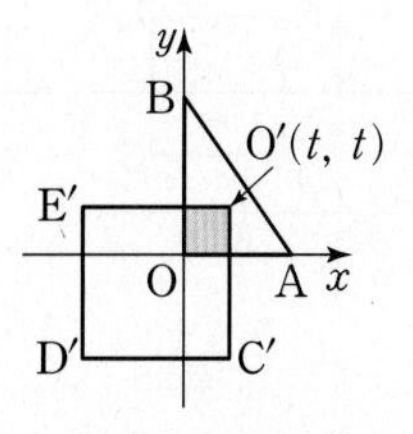

(ii) 선분 C′D′이 선분 AB와 만나는 점을 M이라 하자.

직선 AB의 방정식은 $\frac{x}{2}+\frac{y}{3}=1$, 즉 $3x+2y-6=0$이고, 직선 C′D′의 방정식은 $y=t-3$

두 식을 연립하면

$3x+2(t-3)-6=0$, $3x+2t-12=0$

$\therefore x=4-\frac{2}{3}t$

따라서 점 M의 좌표는

$\mathrm{M}\left(4-\frac{2}{3}t,\ t-3\right)$

$\overline{\mathrm{D'M}}=\left(4-\frac{2}{3}t\right)-(t-3)=7-\frac{5}{3}t$

이때 내부의 공통부분은 △OAB와 닮음이므로 가로와 세로의 길이의 비가 2 : 3인 직각삼각형이다.

따라서 내부의 공통부분의 넓이는

$\frac{1}{2}\times\left(7-\frac{5}{3}t\right)^2\times\frac{3}{2}=\frac{1}{3}$

$\left(7-\frac{5}{3}t\right)^2=\frac{4}{9}$, $7-\frac{5}{3}t=\pm\frac{2}{3}$

$\therefore t=\frac{19}{5}$ $\left(\because \overline{\mathrm{D'M}}=7-\frac{5}{3}t>0\right)$

(i), (ii)에 의하여 구하는 t의 값은 $t=\frac{\sqrt{3}}{3}$ 또는 $t=\frac{19}{5}$이므로 모든 t의 값의 곱은

$\frac{\sqrt{3}}{3}\times\frac{19}{5}=\frac{19\sqrt{3}}{15}$ 답 ③

참고 양의 실수 t의 값의 범위에 따라 삼각형 OAB와 정사각형 T의 내부의 공통부분은 다음과 같다.

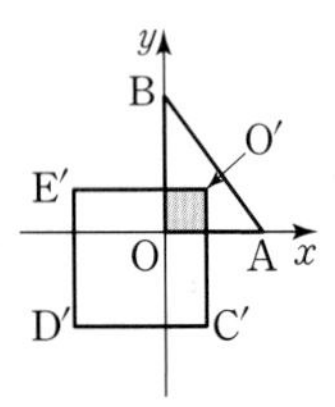

$0<t<\frac{6}{5}$일 때

$t=\frac{6}{5}$일 때

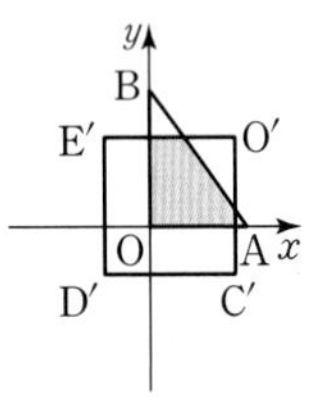

$\frac{6}{5}<t<2$일 때

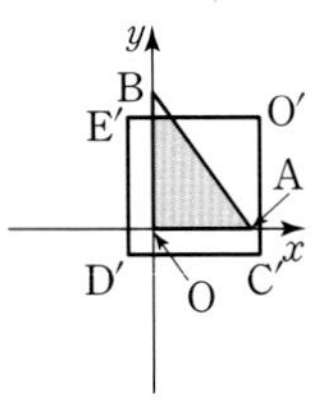

$2\le t<3$일 때

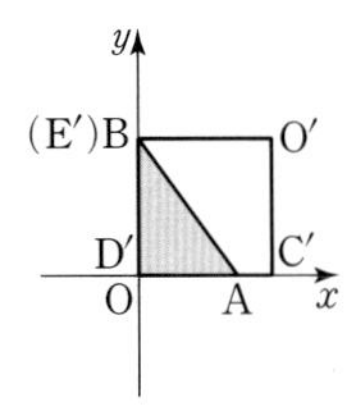

$t=3$일 때

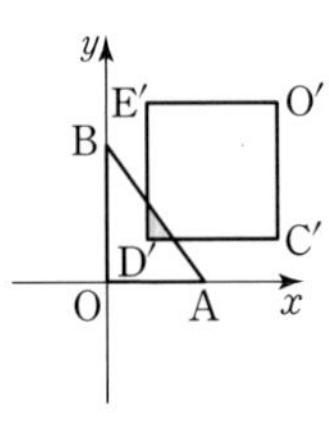

$3<t<\frac{21}{5}$일 때

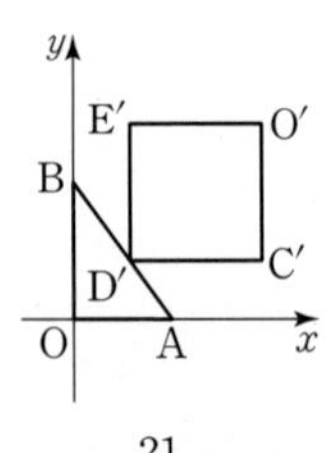

$t=\frac{21}{5}$일 때

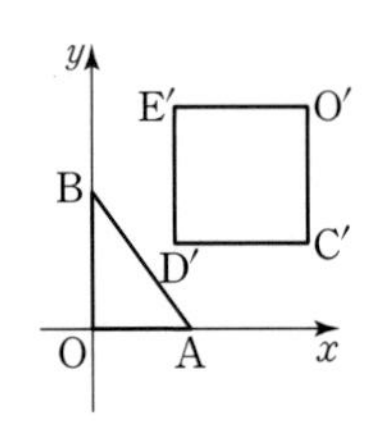

$t>\frac{21}{5}$일 때

3 **전략** 점 A의 좌표를 (a, b)로 놓으면 점 A를 직선 $y=x$에 대하여 대칭이동한 점의 좌표는 (b, a)임을 이용하여 두 점 A, B의 좌표를 구한다.

풀이 점 A의 좌표를 (a, b) $(a>0, b>0)$로 놓으면 점 A를 직선 $y=x$에 대하여 대칭이동한 점 C의 좌표는 (b, a)이다.

$\overline{\mathrm{OA}}=2\sqrt{5}$이므로

$\sqrt{a^2+b^2}=2\sqrt{5}$

$\therefore a^2+b^2=20$ …… ㉠

점 C(b, a)가 직선 $y=2x$ 위에 있으므로

$a=2b$ …… ㉡

㉠, ㉡을 연립하여 풀면

$a=4$, $b=2$ $(\because a>0, b>0)$

즉, A$(4, 2)$, C$(2, 4)$

이때 △OAB가 이등변삼각형이므로 점 B의 y좌표는 점 A의 y좌표의 2배이다. 즉, 점 B의 좌표는 $(0, 4)$이다.

따라서 직선 AB의 방정식은 $y=-\frac{1}{2}x+4$이다.

직선 AB와 직선 $y=x$를 연립하면

$x=-\frac{1}{2}x+4$, $\frac{3}{2}x=4$ $\quad\therefore x=\frac{8}{3}$

$\therefore \mathrm{D}\left(\frac{8}{3}, \frac{8}{3}\right)$

이때 직선 AB는 기울기가 $-\frac{1}{2}$이므로 직선 $y=2x$와 서로 수직이다. 따라서 삼각형 OED는 빗변이 선분 OD인 직각삼각형이므로 삼각형 OED의 외접원의 지름의 길이는

$\overline{\mathrm{OD}}=\sqrt{\left(\frac{8}{3}\right)^2+\left(\frac{8}{3}\right)^2}=\frac{8\sqrt{2}}{3}$

삼각형 OED의 외접원의 둘레의 길이는

$\frac{8\sqrt{2}}{3}\pi$

따라서 $k=\frac{8\sqrt{2}}{3}$이므로

$9k^2=9\times\left(\frac{8\sqrt{2}}{3}\right)^2=128$ 답 128

3-1 **전략** 점 A의 좌표를 $(2a, a)$로 놓고, 두 점 B, C의 좌표를 구한다.

직선 $y=\frac{1}{2}x$ 위의 점 A의 좌표를 $(2a, a)$ $(a>0)$로 놓으면

$\overline{\mathrm{OB}}=\overline{\mathrm{OA}}=\sqrt{(2a)^2+a^2}=\sqrt{5}a$

이므로 점 B의 좌표는

$(0, \sqrt{5}a)$

직선 AB의 방정식은

$y=\frac{a-\sqrt{5}a}{2a}x+\sqrt{5}a$, 즉 $y=\frac{1-\sqrt{5}}{2}x+\sqrt{5}a$

점 A$(2a, a)$를 직선 $y=x$에 대하여 대칭이동한 점의 좌표는

$(a, 2a)$

또, 이 점을 x축의 방향으로 -2만큼, y축의 방향으로 1만큼 평행이동한 점이 C이므로

C$(a-2, 2a+1)$

이때 세 점 A, B, C가 한 직선 위에 있으므로 점 C는 직선 AB 위의 점이어야 한다.

즉, $2a+1=\frac{1-\sqrt{5}}{2}\times(a-2)+\sqrt{5}a$

$2a+1=\frac{1-\sqrt{5}}{2}a-(1-\sqrt{5})+\sqrt{5}a$, $\frac{3}{2}a-\frac{\sqrt{5}}{2}a=-2+\sqrt{5}$

$\frac{3-\sqrt{5}}{2}a=-2+\sqrt{5}$

$\therefore a=(-2+\sqrt{5})\times\frac{2}{3-\sqrt{5}}=\frac{-1+\sqrt{5}}{2}$

따라서 점 A의 좌표는 $\left(-1+\sqrt{5}, \frac{-1+\sqrt{5}}{2}\right)$이므로 점 A의 x좌표는 $-1+\sqrt{5}$이다.

답 ②

4 전략 원을 대칭이동 또는 평행이동하면 반지름의 길이는 변하지 않으므로 주어진 원의 중심을 이동한 후 새로운 원의 중심의 좌표를 구한다.

풀이 두 원 O_1, O_2의 중심을 각각 C, D라 하면 C$(4, 2)$이고, 점 C를 직선 $y=x$에 대하여 대칭이동한 후, y축의 방향으로 a만큼 평행이동한 점이 D이므로 점 D의 좌표는

$(2, 4+a)$

두 점 A, B에서 만나는 두 원 O_1, O_2는 오른쪽 그림과 같다. 이때 점 C에서 선분 AB에 내린 수선의 발을 H라 하고, $\overline{CH}=x$로 놓으면 $\overline{AB}=2\sqrt{3}$에서 $\overline{AH}=\sqrt{3}$이므로

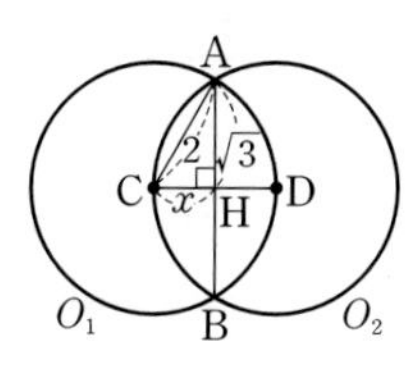

$x=\sqrt{2^2-(\sqrt{3})^2}=1$

따라서

$\overline{CD}=2x=2$

이므로

$\overline{CD}=\sqrt{(4-2)^2+\{2-(4+a)\}^2}=2$

$4+(-a-2)^2=4$, $(a+2)^2=0$

$\therefore a=-2$

답 -2

참고 두 원 O_1, O_2의 중심 사이의 거리는 $\overline{CD}=2$이므로 두 원 O_1, O_2는 서로의 중심을 지난다.

4-1 전략 원을 대칭이동 또는 평행이동하면 반지름의 길이는 변하지 않으므로 주어진 원의 중심을 이동한 후 새로운 원의 중심의 좌표를 구한다.

풀이 두 원 O_1, O_2의 중심을 각각 A, B라 하면 A$(3, 1)$이고, 점 A를 직선 $y=x$에 대하여 대칭이동한 후, x축의 방향으로 m만큼, y축의 방향으로 m만큼 평행이동한 점이 B이므로 점 B의 좌표는

$(1+m, 3+m)$

$$\therefore \overline{AB}=\sqrt{(1+m-3)^2+(3+m-1)^2}$$
$$=\sqrt{(m-2)^2+(m+2)^2}$$
$$=\sqrt{2m^2+8}\geq 2\sqrt{2}$$

이때 모든 실수 m에 대하여 두 원 O_1, O_2가 만나지 않기 위해서는 두 원의 중심 사이의 거리의 최솟값이 두 원 O_1, O_2의 반지름의 길이의 합보다 커야 하므로

$2\sqrt{2}>2r$

$\therefore 0<r<\sqrt{2}$

따라서 $a=\sqrt{2}$이므로

$a^2=2$

답 ②

1등급 노트 두 원의 위치 관계

두 원의 반지름의 길이를 각각 r, r' $(r>r')$이라 하고, 두 원의 중심 사이의 거리를 d라 하면 두 원의 위치 관계는 다음과 같다.

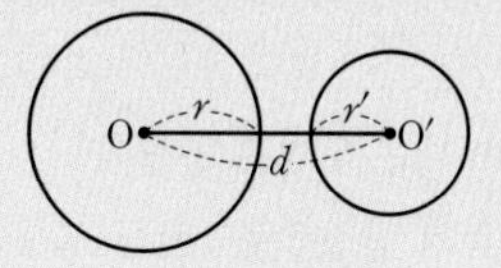

$r+r'<d$
한 원이 다른 원의 외부에 있다.

$r+r'=d$
외접한다.

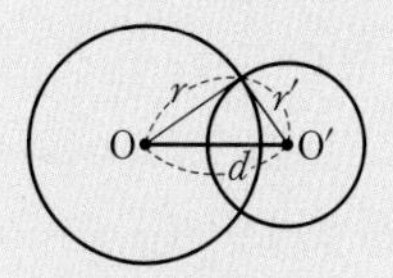

$r-r'<d<r+r'$
두 점에서 만난다.

$r-r'=d$
내접한다.

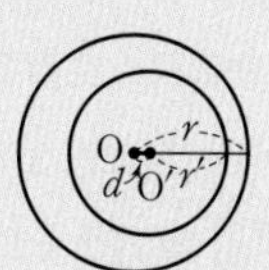

$r-r'>d$
한 원이 다른 원의 내부에 있다.

5 전략 주어진 규칙으로 점 P_2, P_3, P_4, …를 구한다.

풀이 주어진 규칙에 따라 점 P_2, P_3, P_4, …를 구하면

$P_1(3, 2)\to P_2(2, 3)\to P_3(2, -3)\to P_4(-2, -3)$
$\to P_5(-3, -2)\to P_6(-3, 2)\to P_7(3, 2)\to P_8(2, 3)$
$\to P_9(2, -3)\to\cdots$

이므로 자연수 n에 대하여 점 P_n의 좌표와 점 P_{n+6}의 좌표가 같다.

이때 $50=6\times8+2$이므로 점 P_{50}의 좌표는 점 P_2의 좌표와 같다.

$\therefore P_{50}(2, 3)$

$\therefore 10x_{50}+y_{50}=10\times2+3=23$

답 23

참고 점 P_n은 오른쪽 그림과 같이 이동한다.

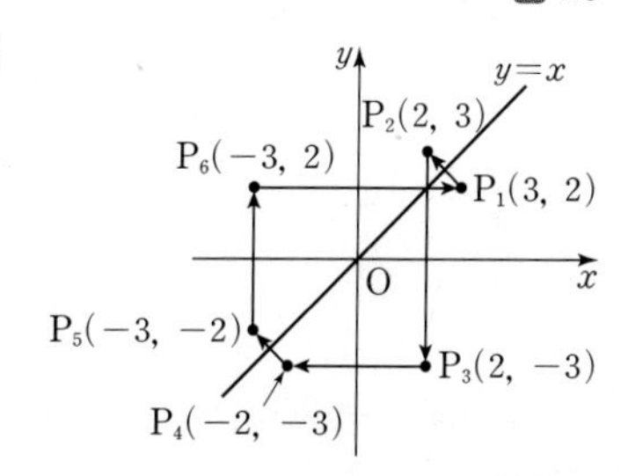

5-1 전략 주어진 규칙으로 점 P_2, P_3, P_4, …를 구한다.

풀이 주어진 규칙에 따라 점 P_2, P_3, P_4, …를 구하면

$P_1(1, 0)\to P_2(0, 2)\to P_3(2, 0)\to P_4(1, 2)\to P_5(0, 4)$
$\to P_6(4, 0)\to P_7(3, 2)\to P_8(2, 4)\to P_9(1, 6)$
$\to P_{10}(0, 8)\to P_{11}(8, 0)\to\cdots$

이므로 조건 (나)를 따라 이동하기 전의 점의 이동을 생각하면

$P_1(1, 0)\to P_2(0, 2\times1)$ 〈조건 (가)를 1번〉
$P_3(2, 0)\to P_5(0, 2\times2)$ 〈조건 (가)를 2번〉
$P_6(4, 0)\to P_{10}(0, 2\times4)$ 〈조건 (가)를 4번〉
$P_{11}(8, 0)\to P_{19}(0, 2\times8)$ 〈조건 (가)를 8번〉
$P_{20}(16, 0)\to P_{36}(0, 2\times16)$ 〈조건 (가)를 16번〉
⋮

이다.

따라서 점 P_{25}는 점 $P_{20}(16, 0)$에서 조건 (가)를 5번 계속한 것이므로

$P_{25}(16-5, 2\times5)$, 즉 $P_{25}(11, 10)$

$\therefore x_{25}+y_{25}=11+10=21$ 답 ②

6 **전략** 주어진 방정식이 방정식 $f(x, y)=0$이 나타내는 도형을 어떻게 이동한 것인지 파악한다.

풀이 ① 방정식 $f(x-1, y)=0$이 나타내는 도형은 방정식 $f(x, y)=0$이 나타내는 도형을 x축의 방향으로 1만큼 평행이동한 것이므로 [그림 2]와 같다.

② 방정식 $f(x+1, y)=0$이 나타내는 도형은 방정식 $f(x, y)=0$이 나타내는 도형을 x축의 방향으로 -1만큼 평행이동한 것이므로 아래의 [그림 3]과 같다.

③ 방정식 $f(x+1, -y)=0$이 나타내는 도형은 방정식 $f(x, y)=0$이 나타내는 도형을 x축에 대하여 대칭이동한 후, x축의 방향으로 -1만큼 평행이동한 것이므로 아래의 [그림 4]와 같다.

④ 방정식 $f(1-x, y)=0$이 나타내는 도형은 방정식 $f(x, y)=0$이 나타내는 도형을 y축에 대하여 대칭이동한 후, x축의 방향으로 1만큼 평행이동한 것이므로 [그림 2]와 같다.

⑤ 방정식 $f(1-x, -y)=0$이 나타내는 도형은 방정식 $f(x, y)=0$이 나타내는 도형을 원점에 대하여 대칭이동한 후, x축의 방향으로 1만큼 평행이동한 것이므로 아래의 [그림 5]와 같다.

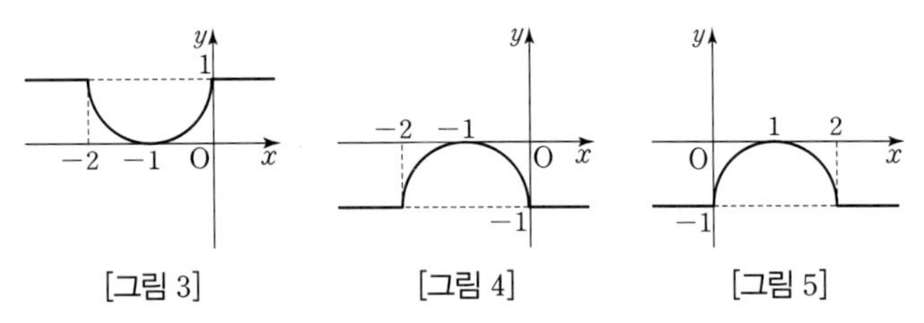

[그림 3] [그림 4] [그림 5]

따라서 [그림 2]와 같은 도형을 나타내는 방정식은 ①, ④이다.

답 ①, ④

6-1 **전략** 도형 $f(-y+1, x-1)=0$이 방정식 $f(x, y)=0$이 나타내는 도형을 어떻게 이동한 것인지 파악한다.

풀이 방정식 $f(x, y)=0$이 나타내는 도형을 평행이동 또는 대칭이동을 이용하여 도형 $f(-y+1, x-1)=0$이 되도록 하려면 다음의 순서대로 이동하면 된다.

(i) 방정식 $f(x, y)=0$이 나타내는 도형을 y축에 대하여 대칭이동하면
$f(-x, y)=0$

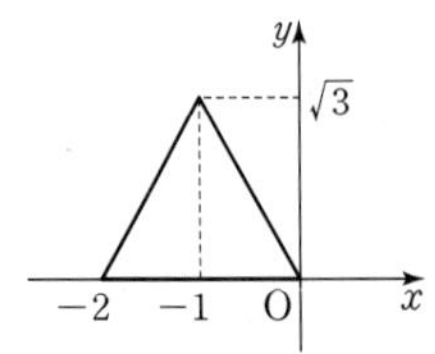

(ii) 방정식 $f(-x, y)=0$이 나타내는 도형을 직선 $y=x$에 대하여 대칭이동하면
$f(-y, x)=0$

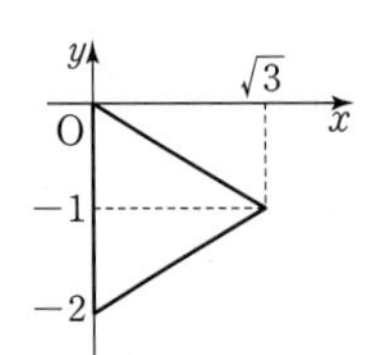

(iii) 방정식 $f(-y, x)=0$이 나타내는 도형을 x축의 방향으로 1만큼, y축의 방향으로 1만큼 평행이동하면
$f(-y+1, x-1)=0$

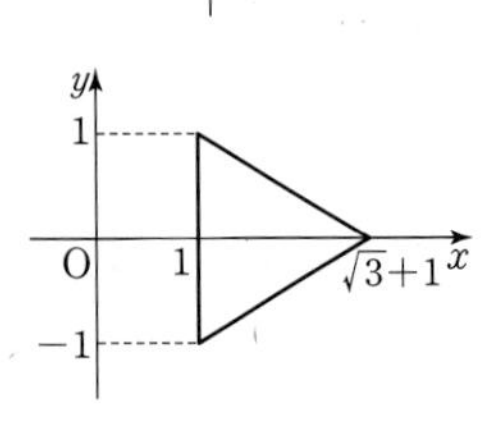

따라서 점 P가 점 $(\sqrt{3}+1, 0)$일 때, 점 P와 직선 $y=\sqrt{3}x$, 즉 $\sqrt{3}x-y=0$ 사이의 거리가 최대이므로 구하는 거리의 최댓값은

$$\frac{|\sqrt{3}(\sqrt{3}+1)|}{\sqrt{(\sqrt{3})^2+(-1)^2}}=\frac{3+\sqrt{3}}{2}$$

답 ④

7 **전략** 직선 $y=x+k$가 $\overline{AB}$의 수직이등분선임을 이용한다.

풀이 두 점 A, B는 함수 $y=x^2-4x+6$의 그래프 위의 점이므로
$A(a, a^2-4a+6)$, $B(b, b^2-4b+6)$ $(a<b)$
으로 놓을 수 있다.
직선 AB와 직선 $y=x+k$가 서로 수직이므로

$$\frac{(b^2-4b+6)-(a^2-4a+6)}{b-a}=-1$$

$$\frac{b^2-a^2-4b+4a}{b-a}=-1, \frac{(b-a)(b+a-4)}{b-a}=-1$$

이때 $a\neq b$이므로 $b+a-4=-1$

$\therefore a+b=3$ …… ㉠

또, 직선 AB의 기울기가 -1이고 $\overline{AB}=3\sqrt{2}$이므로 오른쪽 그림에서

$2(b-a)^2=(3\sqrt{2})^2$, $(b-a)^2=9$

$\therefore b-a=3$ ($\because b>a$) …… ㉡

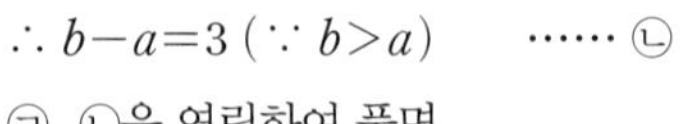

㉠, ㉡을 연립하여 풀면
$b=3$, $a=0$
$\therefore A(0, 6)$, $B(3, 3)$

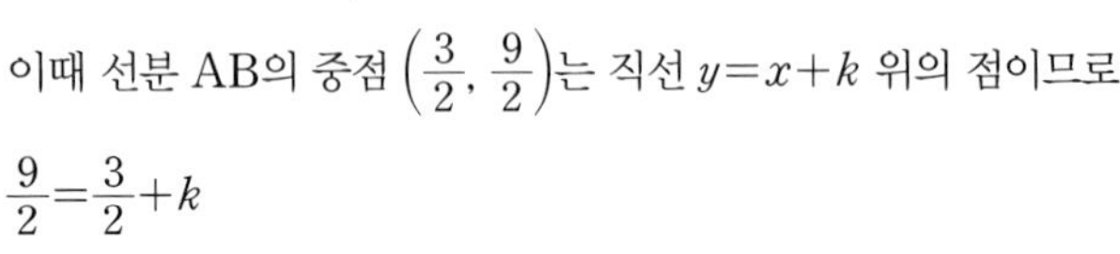

이때 선분 AB의 중점 $\left(\frac{3}{2}, \frac{9}{2}\right)$는 직선 $y=x+k$ 위의 점이므로

$\frac{9}{2}=\frac{3}{2}+k$

$\therefore k=3$

답 3

7-1 **전략** 점 P를 직선 l에 대하여 대칭이동한 점을 P′이라 하면 직선 l은 $\overline{PP'}$의 수직이등분선임을 이용한다.

풀이 직선 $y=x-3$ 위의 점 $P(x, y)$를 직선 $y=\frac{1}{2}x-1$에 대하여 대칭이동한 점을 $P'(x', y')$이라 하자.

직선 $y=\frac{1}{2}x-1$은 $\overline{PP'}$의 수직이등분선이므로 선분 PP′의 중점 $\left(\frac{x+x'}{2}, \frac{y+y'}{2}\right)$이 직선 $y=\frac{1}{2}x-1$ 위에 있다.

$\frac{y+y'}{2}=\frac{1}{2}\times\frac{x+x'}{2}-1$, $2(y+y')=x+x'-4$

$\therefore x+x'-2y-2y'-4=0$ …… ㉠

또, 직선 PP′과 직선 $y=\frac{1}{2}x-1$이 서로 수직이므로 직선 PP′의 기울기는 -2이다.

즉, $\frac{y-y'}{x-x'}=-2$

$\therefore 2x-2x'+y-y'=0$ …… ㉡

㉠, ㉡을 연립하여 풀면

$x=\frac{3x'+4y'+4}{5}$, $y=\frac{4x'-3y'-8}{5}$

이때 점 $P(x, y)$가 직선 $y=x-3$ 위의 점이므로

$$\frac{4x'-3y'-8}{5}=\frac{3x'+4y'+4}{5}-3$$
$$x'-7y'+3=0$$
따라서 직선 l의 방정식은 $x-7y+3=0$이다.

이때 직선 l의 x절편은 -3, y절편은 $\frac{3}{7}$이므로 직선 l과 x축, y축으로 둘러싸인 삼각형의 넓이는

$\frac{1}{2}\times3\times\frac{3}{7}=\frac{9}{14}$ 답 ②

다른풀이 두 직선 $y=x-3$과 $y=\frac{1}{2}x-1$은 다음 그림과 같이 점 B(4, 1)에서 만난다.

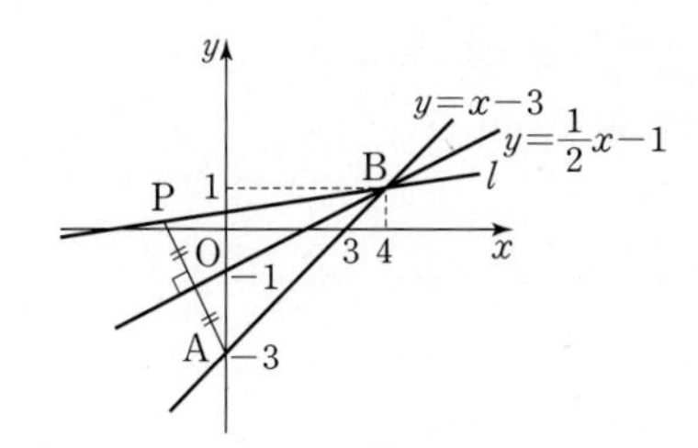

직선 $y=x-3$ 위의 점 A$(0, -3)$을 직선 $y=\frac{1}{2}x-1$에 대하여 대칭이동한 점을 P(a, b)라 하면 직선 $y=\frac{1}{2}x-1$은 $\overline{\text{AP}}$의 수직이등분선이다.

선분 AP의 중점 $\left(\frac{a}{2}, \frac{b-3}{2}\right)$은 직선 $y=\frac{1}{2}x-1$ 위의 점이므로

$\frac{b-3}{2}=\frac{1}{2}\times\frac{a}{2}-1 \quad \therefore a-2b=-2 \quad \cdots\cdots ㉠$

또, 직선 AP와 직선 $y=\frac{1}{2}x-1$이 서로 수직이므로

$\frac{b+3}{a}=-2 \quad \therefore 2a+b=-3 \quad \cdots\cdots ㉡$

㉠, ㉡을 연립하여 풀면

$a=-\frac{8}{5}, b=\frac{1}{5} \quad \therefore \text{P}\left(-\frac{8}{5}, \frac{1}{5}\right)$

따라서 직선 l은 두 점 B$(4, 1)$, P$\left(-\frac{8}{5}, \frac{1}{5}\right)$을 지나므로 직선 l의 방정식은

$y=\frac{1}{7}(x-4)+1$

$\therefore y=\frac{1}{7}x+\frac{3}{7}$

8 **전략** $\overline{\text{AB}}+\overline{\text{BC}}$의 최솟값은 점 A를 직선 $y=-2x+2$에 대하여 대칭이동한 점 A′과 점 C를 이은 선분의 길이와 같음을 이용한다.

풀이 점 A$(2, 4)$를 직선 $y=-2x+2$에 대하여 대칭이동한 점을 A′(a, b)이라 하면 선분 AA′의 중점 $\left(\frac{2+a}{2}, \frac{4+b}{2}\right)$가 직선 $y=-2x+2$ 위의 점이므로

$\frac{4+b}{2}=-2\times\frac{2+a}{2}+2,\ 4+b=-4-2a+4$

$\therefore 2a+b=-4 \quad \cdots\cdots ㉠$

또, 직선 AA′이 직선 $y=-2x+2$와 서로 수직이므로 직선 AA′의 기울기가 $\frac{1}{2}$이다.

즉, $\frac{b-4}{a-2}=\frac{1}{2}$

$\therefore a-2b=-6 \quad \cdots\cdots ㉡$

㉠, ㉡을 연립하여 풀면

$a=-\frac{14}{5}, b=\frac{8}{5}$

$\therefore \text{A}'\left(-\frac{14}{5}, \frac{8}{5}\right)$

이때 $\overline{\text{AB}}=\overline{\text{A'B}}$이므로

$\overline{\text{AB}}+\overline{\text{BC}}=\overline{\text{A'B}}+\overline{\text{BC}}\ge\overline{\text{A'C}}$

따라서 $\overline{\text{AB}}+\overline{\text{BC}}+\overline{\text{CA}}$의 최솟값은 $\overline{\text{A'C}}+\overline{\text{AC}}$의 최솟값과 같고, 점 C의 x좌표가 2 이상이므로 C$(2, 0)$일 때 $\overline{\text{A'C}}+\overline{\text{AC}}$는 최솟값을 갖는다.

따라서 점 C$(2, 0)$일 때

$$\overline{\text{AB}}+\overline{\text{BC}}+\overline{\text{CA}}\ge\overline{\text{A'C}}+\overline{\text{AC}}=\sqrt{\left(-\frac{14}{5}-2\right)^2+\left(\frac{8}{5}\right)^2}+4=\frac{8\sqrt{10}+20}{5}$$

즉, $a=8$, $b=20$이므로

$a+b=8+20=28$ 답 28

8-1 **전략** 두 점 A, B를 직선 $y=x-1$에 대하여 대칭이동한 두 점 A′, B′와 점 B′을 직선 $y=x$에 대하여 대칭이동한 점 B″을 이용한다.

풀이

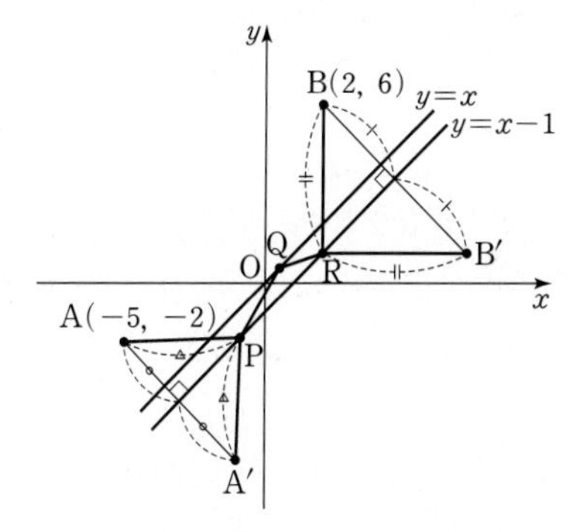

위의 그림과 같이 두 점 A, B를 직선 $y=x-1$에 대하여 대칭이동한 점을 각각 A′, B′이라 하면

$$\overline{\text{AP}}+\overline{\text{PQ}}+\overline{\text{QR}}+\overline{\text{RB}}=\overline{\text{A'P}}+\overline{\text{PQ}}+\overline{\text{QR}}+\overline{\text{RB'}}\ge\overline{\text{A'Q}}+\overline{\text{QB'}}$$

또, 오른쪽 그림과 같이 점 B′을 직선 $y=x$에 대하여 대칭이동한 점을 B″이라 하면

$\overline{\text{A'Q}}+\overline{\text{QB'}}=\overline{\text{A'Q}}+\overline{\text{QB''}}\ge\overline{\text{A'B''}}$

$\therefore \overline{\text{AP}}+\overline{\text{PQ}}+\overline{\text{QR}}+\overline{\text{RB}}\ge\overline{\text{A'B''}} \quad \cdots\cdots ㉠$

따라서 두 점 A′, B″의 좌표를 구하면 된다.

점 A′의 좌표를 A′(a, b)라 하면 직선 $y=x-1$은 선분 AA′의 수직이등분선이다.

$\frac{b-2}{2}=\frac{a-5}{2}-1,\ \frac{b+2}{a+5}=-1$

즉, $a-b=5$, $a+b=-7$

위의 두 식을 연립하여 풀면

$a=-1,\ b=-6$

$\therefore \mathrm{A}'(-1,\ -6)$

점 B′의 좌표를 $\mathrm{B}'(c,\ d)$라 하면 직선 $y=x-1$은 선분 BB′의 수직이등분선이다.

$\dfrac{d+6}{2}=\dfrac{c+2}{2}-1,\ \dfrac{d-6}{c-2}=-1$

즉, $c-d=6,\ c+d=8$

$\therefore c=7,\ d=1$

$\therefore \mathrm{B}'(7,\ 1)$

점 B″은 점 $\mathrm{B}'(7,\ 1)$을 직선 $y=x$에 대하여 대칭이동한 것이므로

$\mathrm{B}''(1,\ 7)$

㉠에 의하여

$a=\overline{\mathrm{A}'\mathrm{B}''}=\sqrt{(-1-1)^2+(-6-7)^2}=\sqrt{2^2+13^2}=\sqrt{173}$

$\therefore a^2=173$ 답 173

9 전략 [그림 1]을 점 M을 원점으로 하여 좌표평면 위에 놓고, 직선 $y=x,\ y=-x$에 대한 점의 대칭이동을 이용한다.

풀이 다음 그림과 같이 [그림 1]을 점 M이 원점이 되도록 좌표평면 위에 놓으면

$\mathrm{A}(-4,\ 2),\ \mathrm{B}(-2,\ 0),\ \mathrm{C}(2,\ 0),\ \mathrm{D}(4,\ 2),\ \mathrm{P}(-2,\ 2),\ \mathrm{Q}(2,\ 2)$

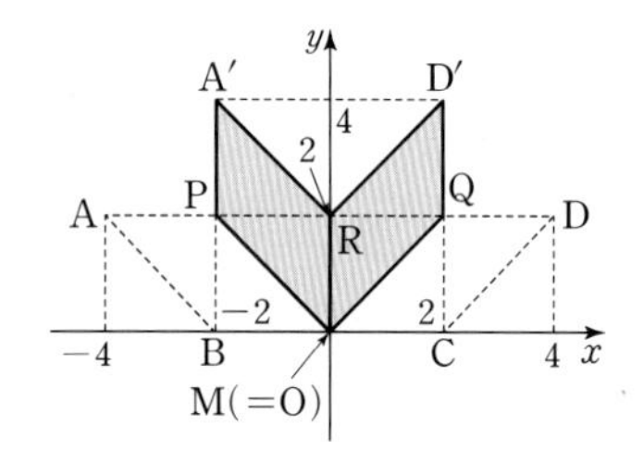

또, 두 점 P, Q의 중점을 R라 하면 $\mathrm{R}(0,\ 2)$

직선 PM의 방정식은 $y=-x$이므로 점 $\mathrm{A}(-4,\ 2)$를 직선 $y=-x$에 대하여 대칭이동한 점 A′의 좌표는

$(-2,\ 4)$

또, 직선 QM의 방정식은 $y=x$이므로 점 $\mathrm{D}(4,\ 2)$를 직선 $y=x$에 대하여 대칭이동한 점 D′의 좌표는

$(2,\ 4)$

이때 직선 A′M의 방정식은 $y=-2x$, 즉 $2x+y=0$이므로 직선 $2x+y=0$과 점 $\mathrm{D}'(2,\ 4)$ 사이의 거리 d는

$d=\dfrac{|2\times2+4|}{\sqrt{2^2+1^2}}=\dfrac{8}{\sqrt{5}}$

$\therefore 50d^2=50\times\dfrac{64}{5}=640$ 답 640

9-1 전략 [그림 1]을 점 A를 원점으로 하여 좌표평면 위에 놓고, 직선 AC에 대한 대칭이동을 이용한다.

풀이 다음 그림과 같이 [그림 1]을 점 A가 원점이 되도록 좌표평면 위에 놓으면

$\mathrm{B}(2,\ 0),\ \mathrm{C}(2,\ 1),\ \mathrm{D}(1,\ 1),\ \mathrm{E}(1,\ 2),\ \mathrm{F}(0,\ 2)$

이고, 직선 AC의 방정식은 $y=\dfrac{1}{2}x$이다.

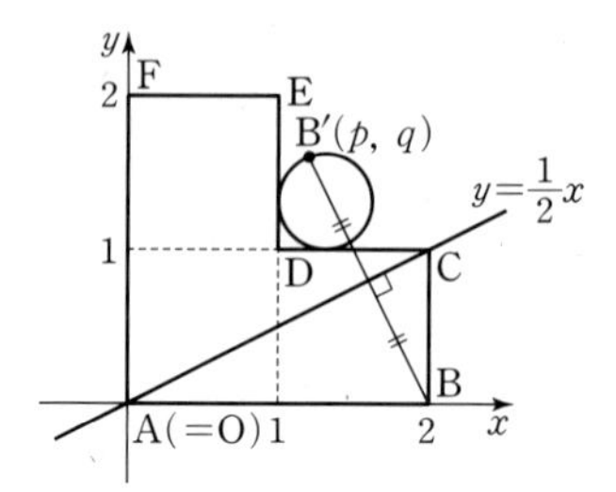

이때 점 $\mathrm{B}(2,\ 0)$을 직선 AC에 대하여 대칭이동한 점을 $\mathrm{B}'(p,\ q)$라 하면 직선 $y=\dfrac{1}{2}x$는 선분 BB′의 수직이등분선이므로

$\dfrac{q}{2}=\dfrac{1}{2}\times\dfrac{p+2}{2},\ \dfrac{q-0}{p-2}=-2$

즉, $-p+2q=2,\ 2p+q=4$

위의 두 식을 연립하여 풀면

$p=\dfrac{6}{5},\ q=\dfrac{8}{5}$

$\therefore \mathrm{B}'\left(\dfrac{6}{5},\ \dfrac{8}{5}\right)$

한편, 원 C의 방정식은 $(x-1-r)^2+(y-1-r)^2=r^2$이고, 점 B′은 원 C 위의 점이므로

$\left(\dfrac{1}{5}-r\right)^2+\left(\dfrac{3}{5}-r\right)^2=r^2$

$r^2-\dfrac{8}{5}r+\dfrac{2}{5}=0,\ 5r^2-8r+2=0$

$\therefore r=\dfrac{4-\sqrt{6}}{5}\ (\because 0<r<1)$ 답 ③

C Step 1등급 완성 최고난도 예상 문제

본문 109~112쪽

01 ②	**02** ②	**03** ③	**04** ①	**05** 2
06 4	**07** ④	**08** ④	**09** ③	**10** 5
11 ②	**12** 20	**13** ⑤	**14** ③	**15** ②
16 ②	**17** 2	**18** ③		

등급 뛰어넘기

19 ②	**20** 125	**21** ③	**22** ④

01 전략 평행이동한 두 점 B′, C′의 좌표를 각각 구하고, 평행사변형의 두 대각선의 중점이 일치함을 이용한다.

풀이 두 점 B, C를 x축의 방향으로 m만큼, y축의 방향으로 $2m$만큼 평행이동한 점이 각각 B′, C′이므로

$\mathrm{B}'(m,\ 5+2m),\ \mathrm{C}'(7+m,\ a+2m)$

사각형 OB′AC′이 평행사변형이므로 선분 OA의 중점과 선분 B′C′의 중점이 서로 일치해야 한다.

선분 OA의 중점의 좌표는

$\left(\dfrac{3}{2},\ -10\right)$

선분 B′C′의 중점의 좌표는

$\left(\dfrac{2m+7}{2},\ \dfrac{4m+a+5}{2}\right)$

이므로

$\frac{2m+7}{2}=\frac{3}{2}$, $\frac{4m+a+5}{2}=-10$

따라서 $m=-2$, $a=-17$이므로

$m-a=-2-(-17)=15$ 답 ②

02 전략 직선 l을 평행이동한 직선 l_1이 직선 l과 서로 일치하므로 기울기와 y절편이 같아야 함을 이용한다.

풀이 직선 l: $y=ax+b$ 위에 점 $(1, n)$이 있으므로

$n=a+b$ ······ ㉠

직선 l을 x축의 방향으로 1만큼, y축의 방향으로 n만큼 평행이동한 직선 l_1의 방정식은

$y-n=a(x-1)+b$

$\therefore l_1$: $y=ax-a+b+n$

직선 l_1이 직선 l과 서로 일치하므로 두 직선 l, l_1의 y절편이 같다.

$-a+b+n=b$ $\quad\therefore n=a$ ······ ㉡

㉡을 ㉠에 대입하면 $b=0$

$\therefore l$: $y=ax$

직선 l을 x축의 방향으로 n만큼, y축의 방향으로 1만큼 평행이동한 직선 l_2의 방정식은

$y-1=a(x-n)$, 즉 $y-1=a(x-a)$ ($\because$ ㉡)

$\therefore l_2$: $ax-y-a^2+1=0$

평행한 두 직선 l, l_2 사이의 거리는 직선 l 위의 점 $(0, 0)$과 직선 l_2 사이의 거리와 같으므로

$\frac{|-a^2+1|}{\sqrt{a^2+(-1)^2}}=\frac{\sqrt{3}}{3}$

이때 $a^2=X$로 치환하면

$\sqrt{3(X+1)}=3|1-X|$

양변을 제곱하여 정리하면

$X+1=3(X^2-2X+1)$

$3X^2-7X+2=0$, $(3X-1)(X-2)=0$

$\therefore X=\frac{1}{3}$ 또는 $X=2$

즉, $a^2=\frac{1}{3}$ 또는 $a^2=2$이므로

$a=\pm\frac{\sqrt{3}}{3}$ 또는 $a=\pm\sqrt{2}$

따라서 모든 실수 a의 값의 곱은

$-\frac{1}{3}\times(-2)=\frac{2}{3}$ 답 ②

03 전략 두 원의 공통현의 길이는 두 원의 중심 사이의 거리에 의하여 결정됨을 이용한다.

풀이 세 원 C_1, C_1', C_2의 중심을 각각 O_1, O_1', O_2라 하자.

원 C_1: $(x+1)^2+(y-4)^2=3$은 중심이 $O_1(-1, 4)$이고 반지름의 길이가 $\sqrt{3}$이므로 원 C_1을 x축의 방향으로 10만큼, y축의 방향으로 n만큼 평행이동한 원 C_1'의 중심은 $O_1'(9, 4+n)$이고, 반지름의 길이는 $\sqrt{3}$이다.

또, 원 C_2: $(x-10)^2+y^2=3$은 중심이 $O_2(10, 0)$이고 반지름의 길이가 $\sqrt{3}$이다.

오른쪽 그림과 같이 두 원 C_1', C_2가 두 점 A, B에서 만나고 $\overline{AB}=3$일 때, 점 A에서 선분 $O_1'O_2$에 내린 수선의 발을 H라 하면

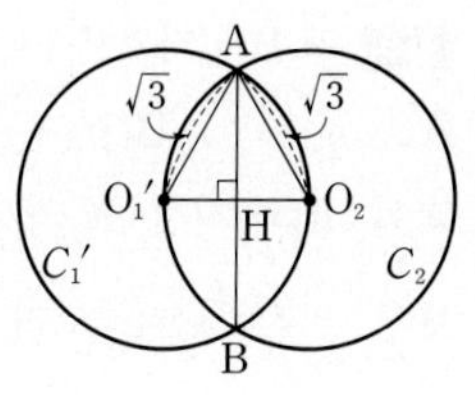

$\overline{AH}=\overline{BH}=\frac{1}{2}\overline{AB}=\frac{3}{2}$

$\overline{O_1'H}=\overline{O_2H}=\sqrt{(\sqrt{3})^2-\left(\frac{3}{2}\right)^2}=\frac{\sqrt{3}}{2}$

$\therefore \overline{O_1'O_2}=2\overline{O_2H}=2\times\frac{\sqrt{3}}{2}=\sqrt{3}$

따라서 두 원 C_1', C_2이 서로 다른 두 점 A, B에서 만나고 $\overline{AB}<3$이 되기 위해서는 $\sqrt{3}<\overline{O_1'O_2}<2\sqrt{3}$이어야 한다.

$\therefore 3<\overline{O_1'O_2}^2<12$

이때

$\overline{O_1'O_2}=\sqrt{(9-10)^2+(4+n)^2}=\sqrt{1+(4+n)^2}$

이므로

$3<1+(n+4)^2<12$, $2<(n+4)^2<11$

이때 n은 정수이므로

$(n+4)^2=4$ 또는 $(n+4)^2=9$

$\therefore n=-6$ 또는 $n=-2$ 또는 $n=-7$ 또는 $n=-1$

따라서 정수 n의 최댓값은 -1, 최솟값은 -7이므로 그 합은

$-1+(-7)=-8$ 답 ③

참고 반지름의 길이가 r로 같은 두 원 C_1, C_2에 대하여 두 원의 중심 사이의 거리를 d라 하자.
두 원 C_1, C_2가 두 점에서 만나려면 $0<d<2r$이어야 한다.

04 전략 직선 l_2의 방정식을 먼저 구하고, 이동의 순서를 거꾸로 하여 직선 l_1의 방정식과 직선 l의 방정식을 구한다.

풀이 두 점 B, C가 직선 l_2 위에 있으므로 직선 l_2의 방정식은

$y=\frac{\sqrt{3}-0}{5-4}(x-4)$

$\therefore l_2$: $y=\sqrt{3}(x-4)$

이때 직선 l_1을 x축의 방향으로 2만큼, y축의 방향으로 m만큼 평행이동한 직선이 l_2이므로 직선 l_2를 x축의 방향으로 -2만큼, y축의 방향으로 $-m$만큼 평행이동한 직선은 l_1이다.

따라서 직선 l_1의 방정식은

$y+m=\sqrt{3}(x+2-4)$

$\therefore l_1$: $y+m=\sqrt{3}(x-2)$

또, 직선 l과 직선 l_1이 직선 $y=x$에 대하여 대칭이므로 직선 l의 방정식은

$x+m=\sqrt{3}(y-2)$

$\therefore l$: $y=\frac{1}{\sqrt{3}}x+\frac{m}{\sqrt{3}}+2$

이때 직선 l이 점 $A(\sqrt{3}, 1)$을 지나므로

$1=1+\frac{m}{\sqrt{3}}+2$, $\frac{m}{\sqrt{3}}=-2$

$\therefore m=-2\sqrt{3}$ 답 ①

05 전략 제1사분면 위의 점 P의 좌표를 (p, q)라 하고 조건을 만족시키는 점 P의 자취의 방정식을 구한다.

풀이 점 P의 좌표를 (p, q) $(p>0, q>0)$라 하면

$A(-q, -p)$, $B(p, -q)$, $C(-p, q)$

직선 OB와 직선 OC의 기울기는 모두 $-\frac{q}{p}$이므로 두 점 B, C는 원점을 지나는 한 직선 위에 있다.

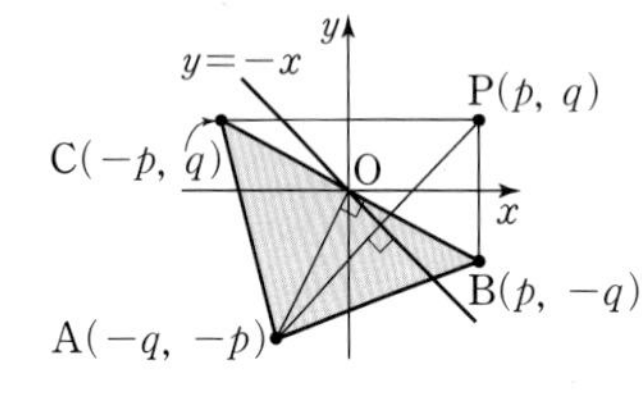

또, 직선 OA의 기울기는 $\frac{p}{q}$이고,

$\frac{p}{q}\times\left(-\frac{q}{p}\right)=-1$이므로 직선 OA는 직선 BC와 서로 수직이다.

$\overline{BC}=\sqrt{\{(p-(-p)\}^2+(-q-q)^2}=2\sqrt{p^2+q^2}$, $\overline{OA}=\sqrt{p^2+q^2}$

이므로

$\triangle ABC=\frac{1}{2}\times\overline{BC}\times\overline{OA}$

$=\frac{1}{2}\times2\sqrt{p^2+q^2}\times\sqrt{p^2+q^2}=p^2+q^2$

이때 △ABC의 넓이가 9이므로

$p^2+q^2=9$

따라서 점 $P(p, q)$는 중심이 $(0, 0)$이고 반지름의 길이가 3인 원 위의 점이고, 제1사분면 위에 있다. 이때

$\overline{OD}=\sqrt{4^2+3^2}=5$

이므로 중심이 원점이고 반지름의 길이가 3인 원 위의 점 P에 대하여 선분 DP의 길이의 최솟값은

$\overline{OD}-3=5-3=2$ 답 2

1등급 노트 원 밖의 한 점에서 원 위의 점까지 이르는 거리의 최대, 최소

원 O의 중심을 C, 반지름의 길이를 r라 할 때, 원 밖의 한 점 A에서 원 O 위의 한 점 P까지 이르는 거리의 최댓값을 M, 최솟값을 m이라 하면

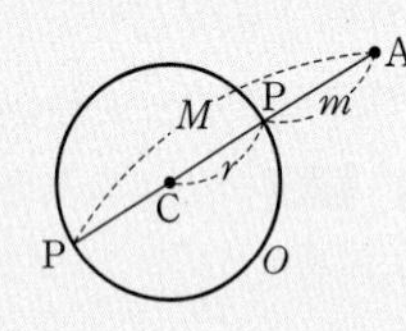

$M=\overline{AC}+r$, $m=\overline{AC}-r$

06 전략 점 A를 점 P에 대하여 대칭이동한 점의 자취의 방정식을 구한다.

풀이 곡선 $y=(x-1)^2+2$ 위의 점 P의 좌표를 (a, b)라 하면

$b=(a-1)^2+2$ ······ ㉠

이때 점 A(2, 1)을 점 $P(a, b)$에 대하여 대칭이동한 점 A′의 좌표를 (x, y)라 하면

점 P는 두 점 A, A′의 중점이므로

$\frac{2+x}{2}=a$, $\frac{1+y}{2}=b$ ······ ㉡

㉡을 ㉠에 대입하면

$\frac{1+y}{2}=\left(\frac{2+x}{2}-1\right)^2+2$, $\frac{1+y}{2}=\left(\frac{x}{2}\right)^2+2$

$\therefore y=\frac{x^2}{2}+3$

따라서 점 A′은 곡선 $y=(x-1)^2+2$와 곡선 $y=\frac{x^2}{2}+3$ 위에 있다.

즉, 두 곡선 $y=(x-1)^2+2$, $y=\frac{x^2}{2}+3$의 교점이 점 A′이다.

두 식을 연립하면

$(x-1)^2+2=\frac{x^2}{2}+3$

$x^2-4x=0$, $x(x-4)=0$

$\therefore x=0$ 또는 $x=4$

$\therefore A'(0, 3)$ 또는 $A'(4, 11)$

$A'(0, 3)$일 때 ㉡에 의하여 $a=1$, $b=2$

$\therefore P(1, 2)$

$A'(4, 11)$일 때 ㉡에 의하여 $a=3$, $b=6$

$\therefore P(3, 6)$

따라서 점 P의 x좌표의 합은

$1+3=4$ 답 4

다른풀이 두 점 P, A′은 곡선 $y=(x-1)^2+2$ 위의 점이므로 두 점 P, A′의 좌표를 각각 $(a, (a-1)^2+2)$, $(b, (b-1)^2+2)$로 놓자.

점 A(2, 1)을 점 P에 대하여 대칭이동한 점이 A′이므로 선분 AA′의 중점이 P이다.

즉, $\frac{2+b}{2}=a$, $\frac{1+(b-1)^2+2}{2}=(a-1)^2+2$

$\frac{2+b}{2}=a$에서 $b=2a-2$

$b=2a-2$를 $\frac{1+(b-1)^2+2}{2}=(a-1)^2+2$에 대입하면

$\frac{(2a-3)^2+3}{2}=(a-1)^2+2$

$a^2-4a+3=0$, $(a-1)(a-3)=0$

$\therefore a=1$ 또는 $a=3$

따라서 $a=1$일 때 $P(1, 2)$, $a=3$일 때 $P(3, 6)$이므로 점 P의 x좌표의 합은 $1+3=4$이다.

07 전략 점 Q가 점 A일 때와 점 B일 때, 삼각형 OAB가 어떻게 이동할지 생각해 본다.

풀이 (i) 점 Q가 점 A일 때

① 점 O를 점 A(4, 0)에 대하여 대칭이동한 점을 $O_1(a, b)$라 하면

$\frac{a}{2}=4$, $\frac{b}{2}=0$ $\therefore a=8$, $b=0$

$\therefore O_1(8, 0)$

② 점 B(0, 3)을 점 A(4, 0)에 대하여 대칭이동한 점을 $B'(c, d)$라 하면

$\frac{c}{2}=4$, $\frac{d+3}{2}=0$ $\therefore c=8$, $d=-3$

$\therefore B'(8, -3)$

따라서 삼각형 OAB를 점 A에 대하여 대칭이동하면 삼각형 O_1AB'이 된다.

(ii) 점 Q가 점 B일 때

① 점 O를 점 B(0, 3)에 대하여 대칭이동한 점을 $O_2(e, f)$라 하면

$\frac{e}{2}=0$, $\frac{f}{2}=3$ $\therefore e=0$, $f=6$

$\therefore O_2(0, 6)$

② 점 A(4, 0)을 점 B(0, 3)에 대하여 대칭이동한 점을 $A'(g, h)$라 하면

$\frac{g+4}{2}=0,\ \frac{h}{2}=3 \quad \therefore g=-4,\ h=6$

$\therefore A'(-4, 6)$

따라서 삼각형 OAB를 점 B에 대하여 대칭이동하면 삼각형 $O_2A'B$가 된다.

(i), (ii)에 의하여 점 Q가 점 A에서 점 B까지 움직일 때 점 R가 그리는 도형은 다음 그림과 같이 사다리꼴 $A'B'O_1O_2$이다.

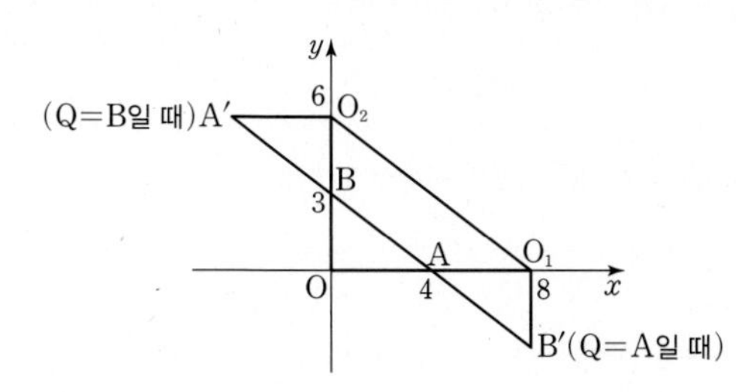

따라서 점 R가 그리는 도형의 넓이는

$\square A'B'O_1O_2=\triangle A'BO_2+\square AO_1O_2B+\triangle AB'O_1$

$=\triangle OAB+\square AO_1O_2B+\triangle OAB$

$=\triangle OO_1O_2+\triangle OAB$

$=\frac{1}{2}\times8\times6+\frac{1}{2}\times4\times3$

$=24+6$

$=30$

답 ④

08 전략 원 C를 점 P에 대하여 대칭이동한 원 C'의 중심이 그리는 도형의 길이를 먼저 생각해 본다.

풀이 오른쪽 그림과 같이 원 C와 직선 $y=x$에 동시에 접하고 반지름의 길이가 1인 네 개의 원을 C_1, C_2, C_3, C_4라 하고, 각 원의 중심을 O_1, O_2, O_3, O_4라 하자.

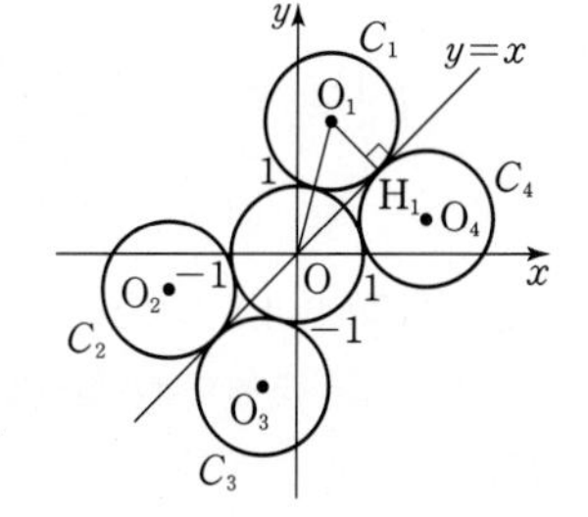

조건 (가), (나)에 의하여 원 C'의 중심을 R라 하면 점 R는 선분 O_1O_2 또는 선분 O_3O_4 위에 있어야 한다.

이때 점 O_1에서 직선 $y=x$에 내린 수선의 발을 H_1이라 하면 직각삼각형 OO_1H_1에서

$\overline{OH_1}=\sqrt{\overline{OO_1}^2-\overline{O_1H_1}^2}=\sqrt{2^2-1^2}=\sqrt{3}$

이므로

$\overline{O_1O_2}=\overline{O_3O_4}=2\overline{OH_1}=2\sqrt{3}$

즉, 점 R가 그리는 도형의 길이는

$\overline{O_1O_2}+\overline{O_3O_4}=2\times2\sqrt{3}=4\sqrt{3}$

이때 점 P는 선분 OR의 중점이므로 점 P가 그리는 도형의 길이는 점 R가 그리는 도형의 길이의 $\frac{1}{2}$이다.

따라서 점 P가 그리는 도형의 길이는

$\frac{1}{2}\times4\sqrt{3}=2\sqrt{3}$

답 ④

다른풀이 원 C는 중심이 O(0, 0)이고 반지름의 길이가 1이다.

원 C'의 중심을 R라 하면 점 R는 원 C의 중심 O를 점 P에 대하여 대칭이동한 점이고, 조건 (나)에 의하여 점 R는 오른쪽 그림과 같이 기울기가 1인 직선 $y=x+c$ (c는 상수) 위에 있다.

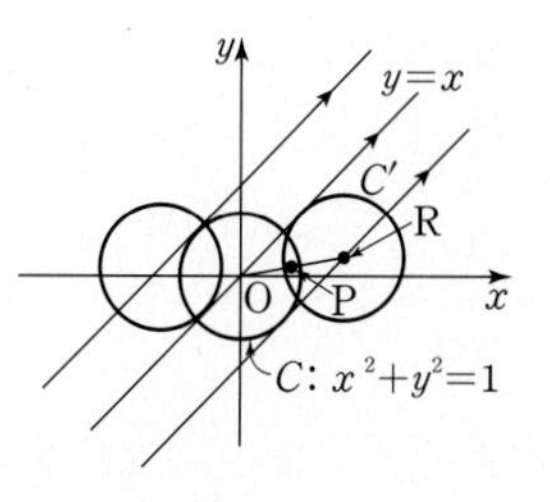

이때 원 C를 대칭이동한 원 C'의 반지름의 길이도 1이고, 원 C'은 직선 $y=x$에 접하므로 직선 $y=x$ 위의 한 점 O(0, 0)과 직선 $x-y+c=0$ 사이의 거리는 1이다.

즉, $\frac{|c|}{\sqrt{1^2+(-1)^2}}=1$

$\therefore c=\pm\sqrt{2}$

따라서 원 C'의 중심 R는 직선 $y=x+\sqrt{2}$ 또는 직선 $y=x-\sqrt{2}$ 위에 있다.

(i) 점 R가 직선 $y=x+\sqrt{2}$ 위에 있을 때

점 R의 좌표를 $R(a, a+\sqrt{2})$라 하자.

조건 (가)에 의하여 원 C와 원 C'이 만나므로 원 C의 중심 O(0, 0)과 원 C'의 중심 $R(a, a+\sqrt{2})$ 사이의 거리가 두 원의 반지름의 길이의 합인 2보다 작거나 같아야 한다.

$\sqrt{a^2+(a+\sqrt{2})^2}\le2$

$0\le2a^2+2\sqrt{2}a+2\le4,\ a^2+\sqrt{2}a-1\le0$

$\therefore \frac{-\sqrt{2}-\sqrt{6}}{2}\le a\le\frac{-\sqrt{2}+\sqrt{6}}{2}$

따라서 원의 C'의 중심 R는 직선

$y=x+\sqrt{2}\ \left(\frac{-\sqrt{2}-\sqrt{6}}{2}\le x\le\frac{-\sqrt{2}+\sqrt{6}}{2}\right)$ 위에 있다.

즉, 점 R는 점 $R_1\left(\frac{-\sqrt{2}-\sqrt{6}}{2},\ \frac{\sqrt{2}-\sqrt{6}}{2}\right)$에서

점 $R_2\left(\frac{-\sqrt{2}+\sqrt{6}}{2},\ \frac{\sqrt{2}+\sqrt{6}}{2}\right)$까지 $\sqrt{(\sqrt{6})^2+(\sqrt{6})^2}=2\sqrt{3}$의 길이만큼 직선 $y=x+\sqrt{2}$ 위를 움직인다.

이때 점 P는 선분 OR의 중점이므로 점 P가 그리는 도형의 길이는 점 R가 그리는 도형의 길이의 $\frac{1}{2}$이다.

따라서 점 R가 그리는 도형의 길이는 $2\sqrt{3}$이므로 점 P가 그리는 도형의 길이는 $2\sqrt{3}\times\frac{1}{2}=\sqrt{3}$이다.

(ii) 점 R가 직선 $y=x-\sqrt{2}$ 위에 있을 때

(i)과 같은 방법에 의하여 이때도 점 P가 그리는 도형의 길이는 $2\sqrt{3}\times\frac{1}{2}=\sqrt{3}$이다.

(i), (ii)에 의하여 점 P가 그리는 도형의 길이는

$\sqrt{3}+\sqrt{3}=2\sqrt{3}$

09 전략 점 O를 직선 l에 대하여 대칭이동한 점이 O′이면 직선 l은 선분 OO′의 수직이등분선임을 이용한다.

풀이 직선 AC의 기울기는 $\frac{2a-(-a)}{0-a}=-3$이므로 직선 AC의 방정식은

$y=-3x+2a$

점 O를 직선 AC에 대하여 대칭이동한 점 O′의 좌표를 (p, q)라 하면 직선 AC는 선분 OO′의 수직이등분선이므로 직선 AC는 선분 OO′의 중점 $\left(\frac{p}{2}, \frac{q}{2}\right)$를 지나고, 직선 OO′은 직선 AC와 서로 수직이다.

즉, $\frac{q}{2}=-3\times\frac{p}{2}+2a$, $\frac{q}{p}=\frac{1}{3}$

위의 두 식을 연립하여 풀면

$p=\frac{6}{5}a$, $q=\frac{2}{5}a$

$\therefore$ $O'\left(\frac{6}{5}a, \frac{2}{5}a\right)$

또, 직선 AB의 기울기는 $\frac{0-(-a)}{2a-a}=1$이므로 직선 AB의 방정식은

$y=x-2a$, 즉 $x-y-2a=0$

이때 점 O′과 직선 AB 사이의 거리가 $2\sqrt{2}$이므로

$\frac{\left|\frac{6}{5}a-\frac{2}{5}a-2a\right|}{\sqrt{1^2+(-1)^2}}=2\sqrt{2}$, $\left|-\frac{6}{5}a\right|=4$

$\therefore$ $a=\frac{10}{3}$ ($\because$ $a>0$) 답 ③

10 전략 직선 $y=2x-1$이 선분 PQ의 수직이등분선임을 이용한다.

풀이 직선 AB의 기울기는 $\frac{0-4}{1-(-1)}=-2$이므로 직선 AB의 방정식은

$y=-2(x-1)$ $\therefore$ $y=-2x+2$

이때 점 $P(x_1, y_1)$이 선분 AB 위에 있으므로

$y_1=-2x_1+2$ $(-1\le x_1\le 1)$ …… ㉠

직선 BC의 기울기는 $\frac{1-0}{3-1}=\frac{1}{2}$이므로 직선 BC의 방정식은

$y=\frac{1}{2}(x-1)$ $\therefore$ $y=\frac{1}{2}x-\frac{1}{2}$

이때 점 $Q(x_2, y_2)$가 선분 BC 위에 있으므로

$y_2=\frac{1}{2}x_2-\frac{1}{2}$ $(1\le x_2\le 3)$ …… ㉡

또, 두 점 $P(x_1, y_1)$, $Q(x_2, y_2)$가 직선 $y=2x-1$에 대하여 대칭이므로 직선 $y=2x-1$은 선분 PQ의 수직이등분선이다.

$\frac{y_1+y_2}{2}=2\times\frac{x_1+x_2}{2}-1$, $\frac{y_2-y_1}{x_2-x_1}=-\frac{1}{2}$

$\therefore$ $y_1+y_2=2x_1+2x_2-2$, $2y_1-2y_2=-x_1+x_2$ …… ㉢

㉠, ㉡, ㉢을 연립하여 풀면

$x_1=-\frac{1}{7}$, $x_2=\frac{19}{7}$, $y_1=\frac{16}{7}$, $y_2=\frac{6}{7}$

$\therefore$ $3x_1+2x_2=-\frac{3}{7}+\frac{38}{7}=5$ 답 5

11 전략 선분 AB의 중점이 P이고, 직선 l이 선분 BC의 수직이등분선임을 이용한다.

풀이 점 P의 좌표를 (a, b) $(a>0, b>0)$라 하자.

점 P가 직선 l: $y=\sqrt{3}x+1$ 위의 점이므로

$b=\sqrt{3}a+1$ …… ㉠

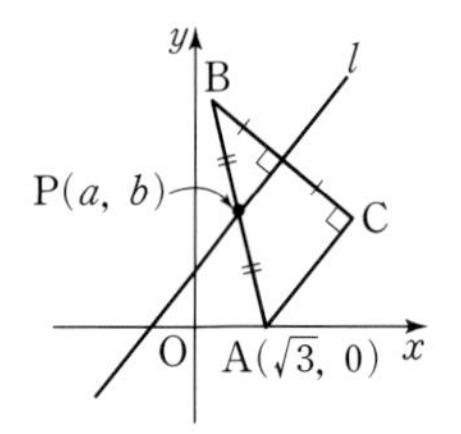

오른쪽 그림과 같이 점 P는 선분 AB의 중점이고 직선 l이 선분 BC의 수직이등분선이므로 △ABC는 ∠C=90°인 직각삼각형이다.

점 $A(\sqrt{3}, 0)$과 직선 l: $\sqrt{3}x-y+1=0$ 사이의 거리는

$\frac{|(\sqrt{3})^2+1|}{\sqrt{(\sqrt{3})^2+(-1)^2}}=2$

이므로 $\overline{BC}=4$이다.

이때 삼각형 ABC의 넓이가 6이므로

$\frac{1}{2}\times\overline{AC}\times 4=6$ $\therefore$ $\overline{AC}=3$

$\therefore$ $\overline{AB}=\sqrt{\overline{AC}^2+\overline{BC}^2}=\sqrt{3^2+4^2}=5$

또, $\overline{AP}=\frac{1}{2}\overline{AB}=\frac{5}{2}$이므로

$\sqrt{(a-\sqrt{3})^2+b^2}=\frac{5}{2}$

양변을 제곱하여 정리하면

$a^2-2\sqrt{3}a+b^2=\frac{13}{4}$ …… ㉡

㉠을 ㉡에 대입하여 정리하면 $4a^2=\frac{9}{4}$, $a^2=\frac{9}{16}$

$\therefore$ $a=\frac{3}{4}$ ($\because$ $a>0$), $b=\frac{3\sqrt{3}+4}{4}$

$\therefore$ $P\left(\frac{3}{4}, \frac{3\sqrt{3}+4}{4}\right)$

이때 점 P는 선분 AB의 중점이므로

$\left(\frac{p+\sqrt{3}}{2}, \frac{q}{2}\right)=\left(\frac{3}{4}, \frac{3\sqrt{3}+4}{4}\right)$

따라서 $p=\frac{3}{2}-\sqrt{3}$, $q=2+\frac{3\sqrt{3}}{2}$이므로

$p+q=\left(\frac{3}{2}-\sqrt{3}\right)+\left(2+\frac{3\sqrt{3}}{2}\right)=\frac{7+\sqrt{3}}{2}$ 답 ②

12 전략 주어진 조건을 만족시키기 위해 점 B를 직선 l에 대하여 대칭이동한 점이 어디에 위치해야 할지 생각한다.

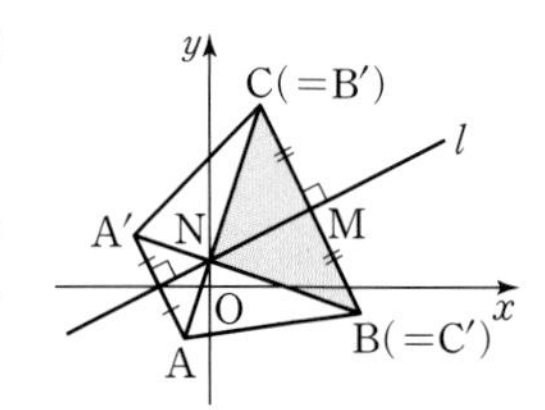

풀이 오른쪽 그림과 같이 삼각형 ABC를 직선 l에 대하여 대칭이동한 삼각형 A′B′C′의 한 변이 선분 BC와 일치하므로 점 B를 직선 l에 대하여 대칭이동한 점이 C이다.

따라서 직선 l은 선분 BC의 수직이등분선이고, 선분 BC의 중점을 M, 직선 AC와 직선 A′C의 교점을 N이라 하면 두 삼각형 ABC와 A′B′C′의 내부의 공통부분은 색칠한 삼각형 NBC이다.

직선 BC의 기울기는 $\frac{-1-7}{6-2}=-2$이고, 선분 BC의 중점 M의 좌표는 $(4, 3)$이므로 직선 l의 방정식은

$y=\frac{1}{2}(x-4)+3$ $\therefore$ l: $y=\frac{1}{2}x+1$ …… ㉠

직선 AC와 직선 A′B의 교점 N이 직선 l 위에 있으므로 점 N은 직선 AC와 직선 l의 교점이다.

직선 AC의 기울기는 $\frac{7-(-2)}{2-(-1)}=3$이므로 직선 AC의 방정식은

$y=3(x-2)+7 \qquad \therefore y=3x+1 \qquad \cdots\cdots$ ㉡

㉠, ㉡을 연립하여 풀면

$x=0,\ y=1$

$\therefore \mathrm{N}(0,\ 1)$

$\overline{\mathrm{BC}}=\sqrt{(6-2)^2+(-1-7)^2}=4\sqrt{5}$

$\overline{\mathrm{MN}}=\sqrt{(4-0)^2+(3-1)^2}=2\sqrt{5}$

이므로 구하는 넓이는

$\triangle\mathrm{NBC}=\frac{1}{2}\times\overline{\mathrm{BC}}\times\overline{\mathrm{MN}}$

$=\frac{1}{2}\times4\sqrt{5}\times2\sqrt{5}=20$ 답 20

참고 $\overline{\mathrm{AB}}=5\sqrt{2}$, $\overline{\mathrm{BC}}=4\sqrt{5}$, $\overline{\mathrm{CA}}=3\sqrt{10}$에서 삼각형 ABC의 세 변의 길이는 서로 다르므로 선분 BC가 선분 BC로 이동할 수 밖에 없다.

13 **전략** 원을 대칭이동하면 반지름의 길이는 변하지 않으므로 대칭이동한 원의 중심을 이용한다.

풀이 원 C는 직선 $y=ax$에 접하므로 원 C의 중심 $(3,\ 1)$과 직선 $ax-y=0$ 사이의 거리가 1이다.

즉, $\frac{|3a-1|}{\sqrt{a^2+1}}=1$

$(3a-1)^2=a^2+1,\ 8a^2-6a=0,\ a(4a-3)=0$

$\therefore a=\frac{3}{4}\ (\because a>0)$

원 C를 직선 $y=bx+c$에 대하여 대칭이동한 원 C'의 반지름의 길이는 변하지 않으므로 원 C'의 반지름의 길이도 1이고, 원 C'이 y축에 접하므로 원 C'의 방정식을

$(x-1)^2+(y-k)^2=1$ (k는 상수)

로 놓을 수 있다.

또, 원 C'은 직선 $y=\frac{3}{4}x$와도 접하므로 원 C'의 중심 $(1,\ k)$와 직선 $y=\frac{3}{4}x$, 즉 $3x-4y=0$ 사이의 거리가 1이다.

즉, $\frac{|3-4k|}{\sqrt{3^2+(-4)^2}}=1$

$|3-4k|=5,\ 3-4k=\pm5$

$\therefore k=2$ 또는 $k=-\frac{1}{2}$

(i) $k=2$일 때, 즉 원 C'의 중심의 좌표가 $(1,\ 2)$일 때

직선 $y=bx+c$가 두 점 $(3,\ 1)$, $(1,\ 2)$를 이은 선분의 수직이등분선이므로

$\frac{3}{2}=2b+c,\ -\frac{1}{2}b=-1$

$\therefore b=2,\ c=-\frac{5}{2}$

$\therefore 13b+8c=13\times2+8\times\left(-\frac{5}{2}\right)=6$

(ii) $k=-\frac{1}{2}$일 때, 즉 원 C'의 중심의 좌표가 $\left(1,\ -\frac{1}{2}\right)$일 때

직선 $y=bx+c$가 두 점 $(3,\ 1)$, $\left(1,\ -\frac{1}{2}\right)$을 이은 선분의 수직이등분선이므로

$\frac{1}{4}=2b+c,\ \frac{3}{4}b=-1$

$\therefore b=-\frac{4}{3},\ c=\frac{35}{12}$

$\therefore 13b+8c=13\times\left(-\frac{4}{3}\right)+8\times\frac{35}{12}=6$

(i), (ii)에 의하여 $13b+8c$의 값은 6이다. 답 ⑤

14 **전략** 원 C_1을 직선 l에 대하여 대칭이동한 원을 C_1'이라 할 때, 두 원 C_1, C_2가 외접하고, 두 원 C_1', C_2가 외접하기 위한 조건을 이용한다.

풀이 원 C_1은 중심이 $(a,\ 1)$, 반지름의 길이가 1이므로 x축에 접하고, 원 C_2는 중심이 $(r,\ b)$, 반지름의 길이가 r이므로 y축에 접한다.

또, 외접하는 두 원 C_1, C_2에 대하여 원 C_1을 직선 $y=2x$에 대하여 대칭이동한 원은 원 C_2와 외접하고, 원 C_2를 직선 $y=\frac{1}{3}x$에 대하여 대칭이동한 원은 원 C_1과 외접하기 위해서는 [그림 1]과 같이 원 C_1의 중심이 직선 $y=2x$ 위에 있고 원 C_2의 중심이 직선 $y=\frac{1}{3}x$ 위에 있거나 또는 [그림 2]와 같이 원 C_1의 중심이 직선 $y=\frac{1}{3}x$ 위에 있고 원 C_2의 중심이 직선 $y=2x$ 위에 있어야 한다.

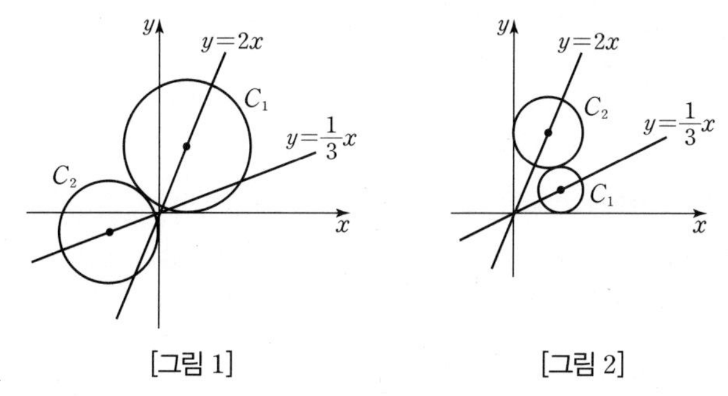

[그림 1] [그림 2]

이때 $r>0$이므로 원 C_2의 중심의 x좌표는 양수이다.

따라서 두 원의 중심의 위치는 [그림 2]와 같아야 한다.

즉, 직선 $y=\frac{1}{3}x$ 위에 점 $(a,\ 1)$이 있고, 직선 $y=2x$ 위에 점 $(r,\ b)$가 있으므로

$1=\frac{1}{3}a,\ b=2r \qquad \therefore a=3,\ b=2r$

또, 두 원 C_1, C_2가 외접하므로 두 원 C_1, C_2의 중심 $(3,\ 1)$, $(r,\ 2r)$ 사이의 거리는 두 원의 반지름의 길이의 합이다.

$\sqrt{(r-3)^2+(2r-1)^2}=r+1$

$4r^2-12r+9=0,\ (2r-3)^2=0$

$\therefore r=\frac{3}{2}$

$b=2r$에서 $b=3$

$\therefore a+b+r=3+3+\frac{3}{2}=\frac{15}{2}$ 답 ③

참고 원 C_1을 직선 l에 대하여 대칭이동한 원을 C_1'이라 할 때, 두 원 C_1, C_2가 외접하고, 두 원 C_1', C_2가 외접하기 위해서는 다음 그림과 같이 원 C_1의 중심이 직선 l 위에 있거나 원 C_2의 중심이 직선 l 위에 있어야 한다.

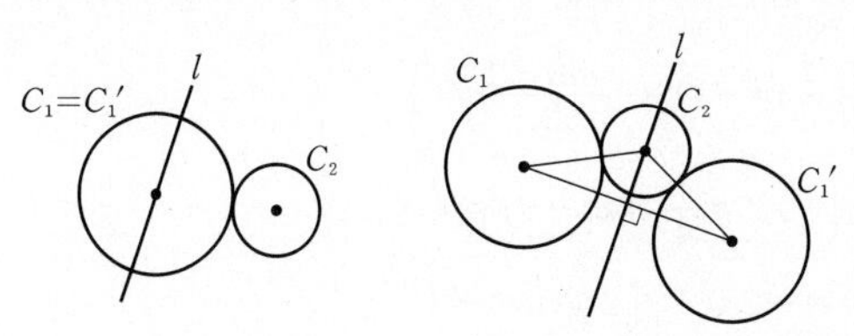

15 **전략** 평행이동과 대칭이동을 이용하여 도형 $f(x, y)=0$을 도형 $f(y+3, x+m)=0$으로 나타내는 방법을 찾는다.

풀이 도형 $f(y+3, x+m)=0$은 도형 $f(x, y)=0$을 직선 $y=x$에 대하여 대칭이동한 후, x축의 방향으로 $-m$만큼, y축의 방향으로 -3만큼 평행이동한 것이다.

이때 도형 $f(x, y)=0$에서

$A(2, 0)$, $B(4, 0)$, $C(3, 1)$

이라 하고, 주어진 평행이동과 대칭이동에 의하여 이동한 점을 각각 A', B', C'이라 하면

$A'(-m, -1)$, $B'(-m, 1)$, $C'(1-m, 0)$

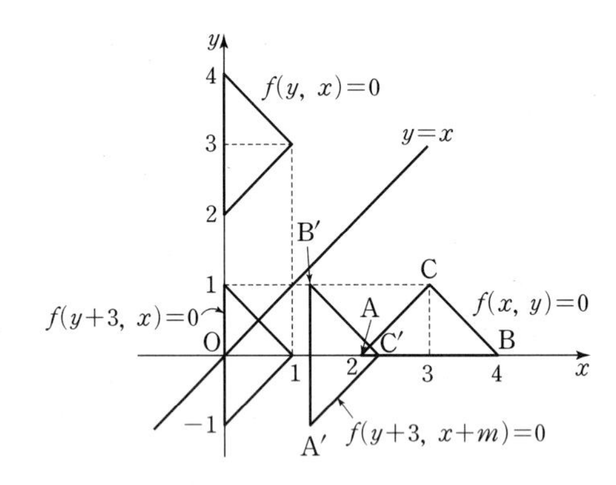

두 도형의 내부의 공통부분의 넓이는 위와 같이 m의 값에 의하여 결정된다.

두 점 A', B'의 x좌표는 모두 $-m$이므로 두 방정식 $f(x, y)=0$, $f(y+3, x+m)=0$이 나타내는 도형의 내부의 공통부분이 존재하려면

$1<-m<4$, 즉 $-4<m<-1$

이어야 한다.

(i) $1<-m\le 2$, 즉 $-2\le m<-1$일 때

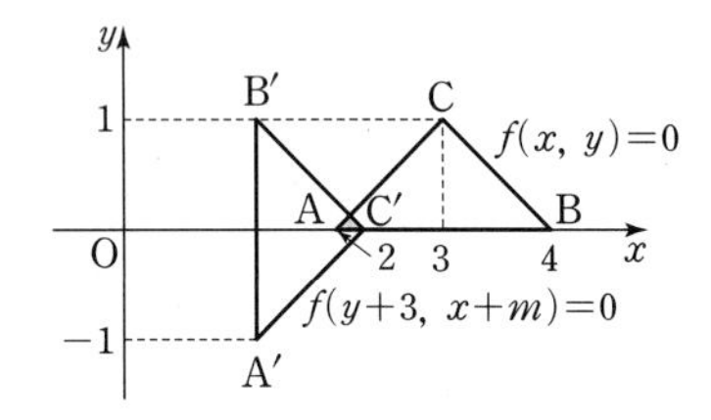

직선 AC의 방정식은

$y=x-2$

직선 $B'C'$의 방정식은

$y=-(x+m)+1$, 즉 $y=-x-m+1$

두 직선 AC, $B'C'$의 방정식을 연립하면

$x-2=-x-m+1$

$2x=-m+3$

$\therefore x=\dfrac{-m+3}{2}$, $y=\dfrac{-m-1}{2}$

따라서 두 도형의 내부의 공통부분의 넓이가 $\dfrac{1}{4}$이므로

$\dfrac{1}{2}\times(-m-1)\times\dfrac{-m-1}{2}=\dfrac{1}{4}$

$\dfrac{1}{4}(m+1)^2=\dfrac{1}{4}$, $(m+1)^2=1$

$\therefore m=-2$ ($\because -2\le m<-1$)

(ii) $3<-m<4$, 즉 $-4<m<-3$일 때

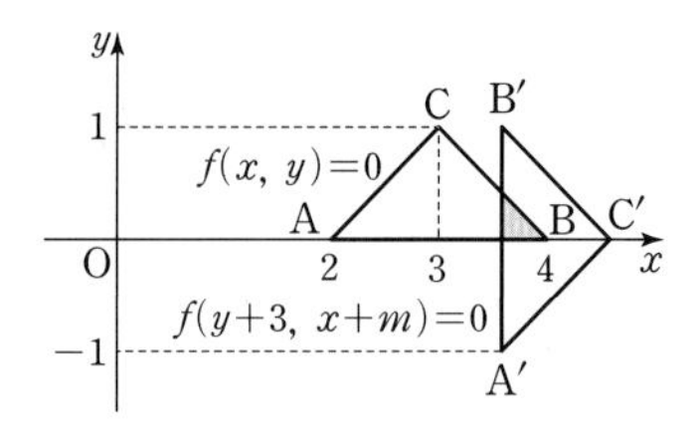

직선 BC의 방정식은

$y=-x+4$

직선 $A'B'$의 방정식은

$x=-m$

두 직선 BC, $A'B'$의 방정식을 연립하면

$x=-m$, $y=m+4$

따라서 두 도형의 내부의 공통부분의 넓이가 $\dfrac{1}{4}$이므로

$\dfrac{1}{2}\times(4+m)\times(m+4)=\dfrac{1}{4}$, $(m+4)^2=\dfrac{1}{2}$

$\therefore m=-4+\dfrac{\sqrt{2}}{2}$ ($\because -4<m<-3$)

(i), (ii)에 의하여 조건을 만족시키는 모든 m의 값의 합은

$-2+\left(-4+\dfrac{\sqrt{2}}{2}\right)=-6+\dfrac{\sqrt{2}}{2}$ **답** ②

참고 $2<-m\le 3$, 즉 $-3\le m<-2$일 때 두 도형의 내부의 공통부분의 넓이는 $\dfrac{1}{4}$보다 크다.

16 **전략** 평행이동을 이용하여 도형 $f(x+a, y)=0$을 도형 $f(x, y+b)=0$으로 나타내는 방법을 찾는다.

풀이 방정식 $f(x+a, y)=0$이 나타내는 도형은 직선 $y=ax+3b$이다.

방정식 $f(x, y+b)=0$이 나타내는 직선 l은 직선 $y=ax+3b$를 x축의 방향으로 a만큼, y축의 방향으로 $-b$만큼 평행이동한 직선이므로 직선 l의 방정식은

$y+b=a(x-a)+3b$ $\therefore l: y=ax-a^2+2b$

두 직선 l, m이 서로 수직이므로

$ab=-1$ ······ ㉠

이때 $b<-1$이므로

$0<a<1$ ······ ㉡

또, 두 직선 l, m의 y절편 사이의 거리가 4이므로

$|-a^2+2b-a|=4$

$\therefore -a^2+2b-a=4$ 또는 $-a^2+2b-a=-4$

$-a^2+2b-a=4$이면 $2b=a^2+a+4$이므로 $b>2$ ($\because$ ㉡)

이것은 주어진 조건을 만족시키지 않는다.

따라서 $-a^2+2b-a=-4$이므로

$a^2-2b+a-4=0$

$a^2+\dfrac{2}{a}+a-4=0$ ($\because$ ㉠)

$a^3+a^2-4a+2=0$, $(a-1)(a^2+2a-2)=0$

$\therefore a^2+2a-2=0$ ($\because$ ㉡)

$\therefore a=-1+\sqrt{3}$

㉠에서

$$b=-\frac{1}{a}=\frac{1}{1-\sqrt{3}}=\frac{1+\sqrt{3}}{-2}=\frac{-1-\sqrt{3}}{2}$$

$$\therefore a-2b=-1+\sqrt{3}-2\times\left(\frac{-1-\sqrt{3}}{2}\right)$$
$$=-1+\sqrt{3}-(-1-\sqrt{3})=2\sqrt{3}$$

답 ②

17 전략 $\overline{PQ}+\overline{QR}$의 값과 같은 길이의 선분을 찾도록 점을 대칭이동한다.

풀이 점 B를 x축에 대하여 대칭이동한 점을 C라 하면 C$(0, -4)$

선분 AB와 선분 AC는 x축에 대하여 대칭이므로 선분 AB 위의 점 P를 x축에 대하여 대칭이동한 점 P′은 선분 AC 위에 있다.

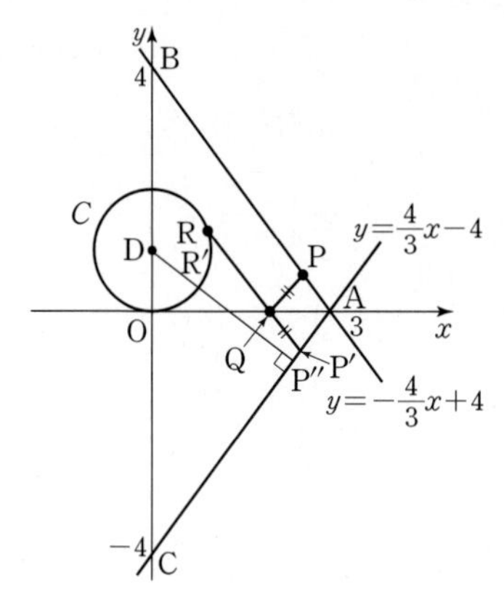

원 C의 중심을 D라 하면 D$(0, 1)$에서 선분 AC에 내린 수선의 발을 P″이라 하고, 선분 DP″이 원 C와 만나는 점을 R′이라 하자.

$\overline{PQ}+\overline{QR}=\overline{P'Q}+\overline{QR}\geq\overline{P'R}\geq\overline{P''R'}$

따라서 $\overline{PQ}+\overline{QR}$의 최솟값은 $\overline{P''R'}$의 길이이다.

점 D$(0, 1)$과 직선 AC: $y=\frac{4}{3}x-4$, 즉 $4x-3y-12=0$ 사이의 거리는

$$\frac{|-3-12|}{\sqrt{4^2+(-3)^2}}=3$$

이므로 구하는 값은

$3-1=2$

답 2

참고 원 C를 x축에 대하여 대칭이동해도 같은 결과를 얻을 수 있다.

18 전략 $\overline{BC}=1$로 정해져 있으므로 $\overline{AB}+\overline{CD}$의 값과 같은 길이의 선분을 찾도록 원을 대칭이동한다.

풀이 원 C를 x축에 대하여 대칭이동한 원을 C'이라 하면 원 C'의 방정식은 C': $(x-5)^2+(y+3)^2=4$이다.

원 C 위의 점 D를 x축에 대하여 대칭이동한 점 D′은 원 C' 위에 있고

$\overline{CD}=\overline{CD'}$

오른쪽 그림과 같이 점 D′을 x축의 방향으로 -1만큼 평행이동한 점을 D″이라 하면

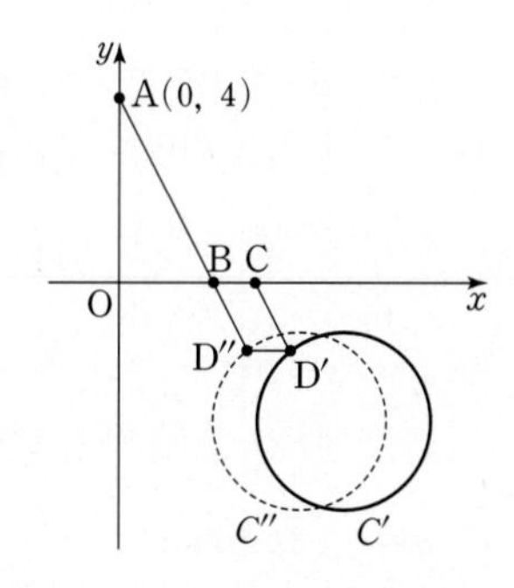

$\overline{D''D'}=\overline{BC}=1$, $\overline{CD'}=\overline{BD''}$

이므로

$$\overline{AB}+\overline{BC}+\overline{CD}=\overline{AB}+\overline{BC}+\overline{CD'}$$
$$=\overline{AB}+\overline{D''D'}+\overline{BD''}$$
$$\geq\overline{AD''}+1$$

이때 원 C'을 x축의 방향으로 -1만큼 평행이동한 원을 C''이라 하면 원 C''의 방정식은 C'': $(x-4)^2+(y+3)^2=4$이고 점 D″은 원 C'' 위의 점이다.

원 C''의 중심을 E$(4, -3)$이라 하면

$\overline{AD''}\geq\overline{AE}-2$

$=\sqrt{(4-0)^2+(-3-4)^2}-2=\sqrt{65}-2$

구하는 선분의 길이의 합의 최솟값은

$\sqrt{65}-2+1=\sqrt{65}-1$

따라서 $m=-1$, $n=65$이므로

$m+n=-1+65=64$

답 ③

19 전략 두 도형을 동시에 평행이동시킬 경우, 한 도형은 고정시키고 나머지 한 도형만을 이동시키는 방법으로 문제를 단순화한다.

풀이 사각형 ABCD를 x축의 방향으로 $-3t$만큼, y축의 방향으로 $8t$만큼 평행이동하고, 사각형 EFGH를 x축의 방향으로 $-t$만큼 평행이동하므로 사각형 EFGH는 고정시킨 후 사각형 ABCD를 x축의 방향으로 $-2t$만큼, y축의 방향으로 $8t$만큼 평행이동하는 것으로 생각할 수 있다.

이 평행이동에 의하여 점 B$(0, -2)$가 이동한 점을 B′이라 하면 점 B′의 좌표는

$(-2t, -2+8t)$

이때 t의 값에 관계없이 $-2+8t=-4\times(-2t)-2$이므로 점 B′은 직선 $y=-4x-2$를 따라 움직인다.

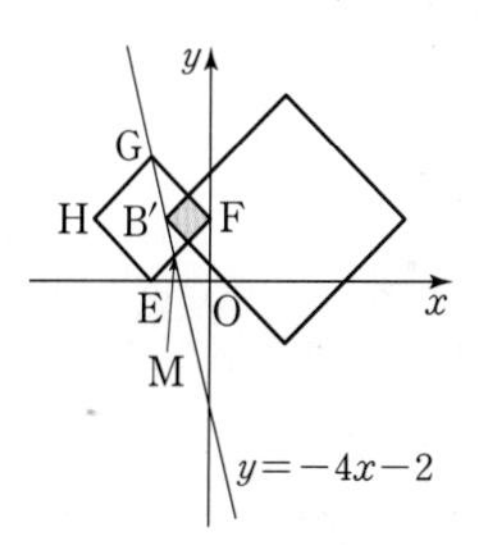

또, 직선 $y=-4x-2$는 사각형 EFGH의 꼭짓점 G$(-1, 2)$를 지난다.

이때 직선 EF의 방정식은 $y=x+1$이므로 직선 EF와 $y=-4x-2$를 연립하면

$x+1=-4x-2 \quad \therefore x=-\frac{3}{5}, y=\frac{2}{5}$

따라서 직선 $y=-4x-2$와 선분 EF의 교점을 M이라 하면 점 M의 좌표는 $\left(-\frac{3}{5}, \frac{2}{5}\right)$이다.

오른쪽 그림과 같이 점 B′에서 선분 GF에 내린 수선의 발을 I라 하자.

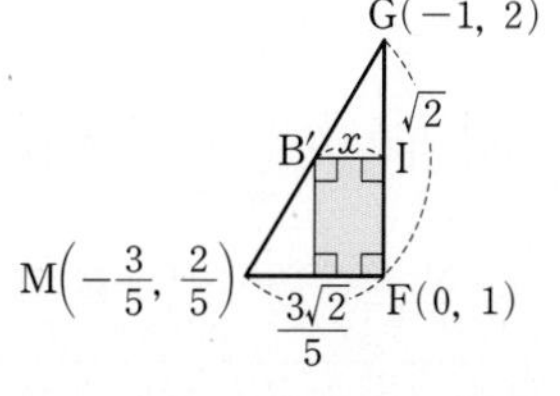

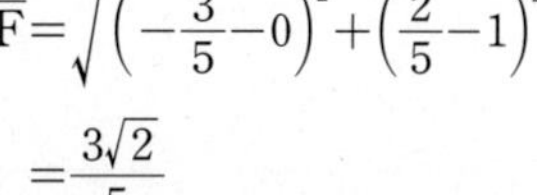

$$\overline{MF}=\sqrt{\left(-\frac{3}{5}-0\right)^2+\left(\frac{2}{5}-1\right)^2}$$
$$=\frac{3\sqrt{2}}{5}$$

$\overline{GF}=\sqrt{(-1-0)^2+(2-1)^2}=\sqrt{2}$

$\overline{B'I}=x\left(0<x<\frac{3\sqrt{2}}{5}\right)$로 놓으면 두 삼각형 MFG, B′IG가 서로 닮음이므로

$\overline{GF} : \overline{GI} = \overline{MF} : \overline{B'I}$

즉, $\sqrt{2} : \overline{GI} = \frac{3\sqrt{2}}{5} : x$이므로

$\overline{GI} = \frac{5}{3}x$

$\therefore \overline{IF} = \sqrt{2} - \frac{5}{3}x$

따라서 내부의 공통부분인 사각형은 직사각형이고 그 넓이를 S라 하면

$S = x\left(\sqrt{2} - \frac{5}{3}x\right) = -\frac{5}{3}\left(x - \frac{3\sqrt{2}}{10}\right)^2 + \frac{3}{10}$

이므로 $x = \frac{3\sqrt{2}}{10}$일 때 넓이 S가 최대이다.

즉, $\overline{B'I} = \frac{1}{2}\overline{MF}$이므로 점 B′이 선분 MG의 중점일 때 넓이 S가 최대이다.

따라서 $(-2t, -2+8t) = \left(-\frac{4}{5}, \frac{6}{5}\right)$에서

$t = \frac{2}{5}$

답 ②

20 전략 항등식의 성질을 이용하여 원 C가 k, h의 값에 관계없이 특정한 두 점을 지나는 원임을 확인한다.

풀이 원 C: $kx^2 - 2hx + ky^2 + hy + 5h - 10k = 0$을 k, h에 대하여 정리하면

$k(x^2 + y^2 - 10) + h(y - 2x + 5) = 0$

따라서 원 C는 k, h의 값에 관계없이 원 $x^2 + y^2 = 10$과 직선 $y = 2x - 5$의 교점을 지나는 원이다.

$x^2 + y^2 = 10$, $y = 2x - 5$를 연립하면

$x^2 + (2x - 5)^2 = 10$

$x^2 - 4x + 3 = 0$, $(x-1)(x-3) = 0$

$\therefore x = 1, y = -3$ 또는 $x = 3, y = 1$

즉, 원 C는 k, h의 값에 관계없이 점 A(3, 1)과 점 B(1, −3)을 지나므로 원 C의 중심은 선분 AB의 수직이등분선 위에 있다.

이때 선분 AB의 중점을 M이라 하면

$M\left(\frac{3+1}{2}, \frac{1-3}{2}\right)$, 즉 M(2, −1)

또, 직선 AB의 기울기는 $\frac{1-(-3)}{3-1} = 2$이므로 선분 AB의 수직이등분선의 기울기는 $-\frac{1}{2}$이다. 따라서 선분 AB의 수직이등분선의 방정식은

$y = -\frac{1}{2}(x-2) - 1$, 즉 $y = -\frac{1}{2}x$

이때 직선 $y = -\frac{1}{2}x$는 원점을 지나므로 원 C를 원점에 대하여 대칭이동한 원 C'의 중심 또한 직선 $y = -\frac{1}{2}x$ 위에 있다.

다음 그림과 같이 원 C의 중심을 C라 하고, 점 M을 원점에 대하여 대칭이동한 점을 M′이라 하면

M′(−2, 1)

이때 직선 $y = -\frac{1}{2}x$와 두 원 C, C'의 교점은 각각 P, Q가 된다.

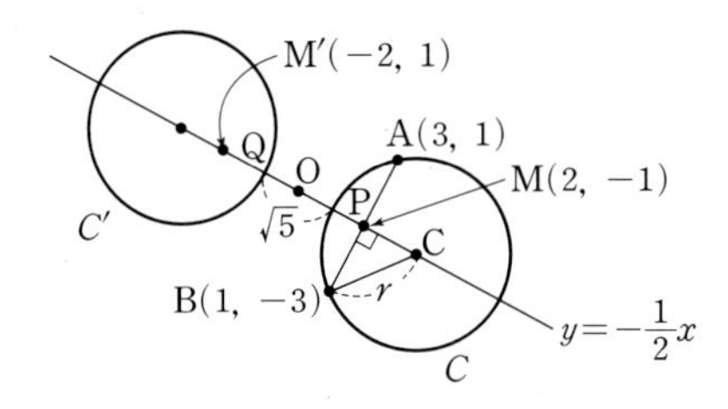

$\overline{MM'} = \sqrt{\{2-(-2)\}^2 + (-1-1)^2} = 2\sqrt{5}$,

$\overline{MP} = \frac{1}{2} \times (\overline{MM'} - \overline{PQ}) = \frac{1}{2} \times (2\sqrt{5} - \sqrt{5}) = \frac{\sqrt{5}}{2}$

이므로 원 C의 반지름의 길이를 r라 하면

$\overline{MC} = r - \frac{\sqrt{5}}{2}$, $\overline{BM} = \sqrt{(2-1)^2 + \{-1-(-3)\}^2} = \sqrt{5}$

직각삼각형 BCM에서

$r^2 = \left(r - \frac{\sqrt{5}}{2}\right)^2 + (\sqrt{5})^2$, $\sqrt{5}r = \frac{25}{4}$

따라서 $r = \frac{5\sqrt{5}}{4}$이므로

$16r^2 = 16 \times \frac{125}{16} = 125$

답 125

21 전략 원점 O를 직선 AP에 대하여 대칭이동한 점의 자취의 방정식을 구한다.

풀이 점 P가 선분 BC 위의 점이므로 점 P의 좌표를

$(0, a)$ $(1 \le a \le \sqrt{3})$

라 하면 직선 AP의 방정식은 $y = -ax + a$이다.

원점 O를 직선 AP에 대하여 대칭이동한 점 Q의 좌표를 (p, q)라 하면 직선 AP는 선분 OQ의 수직이등분선이다.

선분 OQ의 중점 $\left(\frac{p}{2}, \frac{q}{2}\right)$는 직선 AP 위에 있으므로

$\frac{q}{2} = -a \times \frac{p}{2} + a \quad \therefore q = -pa + 2a$ …… ㉠

또, 직선 OQ와 직선 AP가 서로 수직이므로

$\frac{q}{p} \times (-a) = -1 \quad \therefore a = \frac{p}{q}$ …… ㉡

㉠에 ㉡을 대입하면

$q = -\frac{p^2}{q} + \frac{2p}{q}$, $p^2 + q^2 - 2p = 0$

$\therefore (p-1)^2 + q^2 = 1$

따라서 점 Q(p, q)는 중심이 $(1, 0)$이고 반지름의 길이가 1인 원 위의 점이다.

이때 $1 \le a \le \sqrt{3}$이므로

(i) $a = 1$일 때

㉠, ㉡에 $a = 1$을 대입하면

$q = -p + 2$, $p = q$

위의 두 식을 연립하면

$p = -p + 2$

$\therefore p = 1, q = 1$

(ii) $a = \sqrt{3}$일 때

㉠, ㉡에 $a = \sqrt{3}$을 대입하면

$q = -\sqrt{3}p + 2\sqrt{3}$, $q = \frac{p}{\sqrt{3}}$

위의 두 식을 연립하면

$\frac{p}{\sqrt{3}}=-\sqrt{3}p+2\sqrt{3}$, $p=-3p+6$, $4p=6$

$\therefore p=\frac{3}{2}$, $q=\frac{\sqrt{3}}{2}$

(i), (ii)에 의하여 점 Q(p, q)가 나타내는 도형은 다음 그림과 같이 반지름의 길이가 1이고 중심각의 크기가 30°인 호이다.

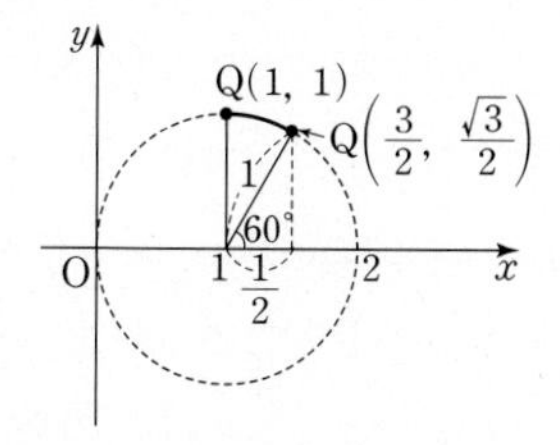

따라서 점 Q가 나타내는 도형의 길이는

$2\pi\times\frac{30}{360}=\frac{\pi}{6}$ 답 ③

22 전략 곡선을 직선에 대하여 대칭이동한 곡선의 방정식을 구하기 어려울 경우 주어진 곡선이 아닌 다른 직선을 대칭이동시켜 본다.

풀이 곡선 $y=x^2+1$을 직선 $y=\frac{1}{2}x+1$에 대하여 대칭이동한 곡선은 다음 그림과 같고, 두 점 A, B를 직선 $y=\frac{1}{2}x+1$에 대하여 대칭이동한 점을 각각 A′, B′이라 하면

$\overline{AB}=\overline{A'B'}$

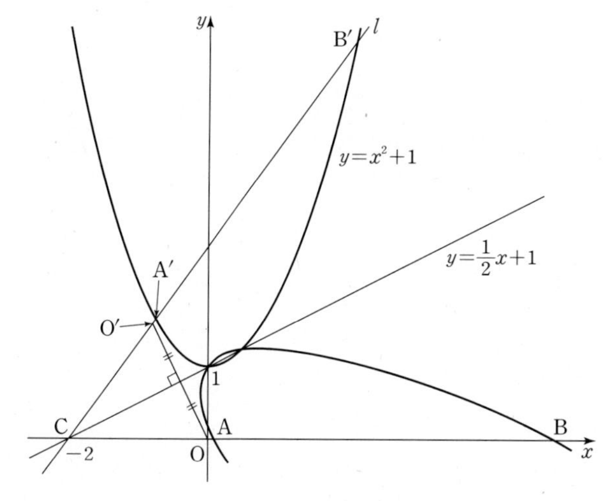

또, 원점 O를 직선 $y=\frac{1}{2}x+1$에 대하여 대칭이동한 점을 O′(a, b)라 하면 직선 $y=\frac{1}{2}x+1$은 선분 OO′의 수직이등분선이므로

$\frac{b}{a}=-2$, $\frac{b}{2}=\frac{1}{2}\times\frac{a}{2}+1$

즉, $b=-2a$, $2b=a+4$

$\therefore a=-\frac{4}{5}$, $b=\frac{8}{5}$

$\therefore$ O′$\left(-\frac{4}{5}, \frac{8}{5}\right)$

이때 직선 $y=0$을 직선 $y=\frac{1}{2}x+1$에 대하여 대칭이동한 직선을 l이라 하면 직선 l은 직선 $y=\frac{1}{2}x+1$과 직선 $y=0$의 교점 C$(-2, 0)$과 점 O′$\left(-\frac{4}{5}, \frac{8}{5}\right)$을 지나므로 직선 l의 방정식은

$y=\frac{4}{3}x+\frac{8}{3}$

직선 l과 곡선 $y=x^2+1$의 두 교점 A′, B′의 x좌표를 각각 α, β $(\alpha<\beta)$라 하면 두 점 A′, B′의 좌표는

A′$\left(\alpha, \frac{4}{3}\alpha+\frac{8}{3}\right)$, B′$\left(\beta, \frac{4}{3}\beta+\frac{8}{3}\right)$

$\overline{A'B'}=\sqrt{(\beta-\alpha)^2+\left\{\left(\frac{4}{3}\beta+\frac{8}{3}\right)-\left(\frac{4}{3}\alpha+\frac{8}{3}\right)\right\}^2}=\frac{5}{3}(\beta-\alpha)$

또, α, β는 방정식 $x^2+1=\frac{4}{3}x+\frac{8}{3}$, 즉 $x^2-\frac{4}{3}x-\frac{5}{3}=0$의 서로 다른 두 실근이므로

$\alpha+\beta=\frac{4}{3}$, $\alpha\beta=-\frac{5}{3}$

이때 $(\beta-\alpha)^2=(\alpha+\beta)^2-4\alpha\beta=\left(\frac{4}{3}\right)^2-4\times\left(-\frac{5}{3}\right)=\frac{76}{9}$이므로

$\beta-\alpha=\frac{2\sqrt{19}}{3}$ $(\because \beta>\alpha)$

$\therefore \overline{AB}=\overline{A'B'}=\frac{5}{3}(\beta-\alpha)$

$=\frac{5}{3}\times\frac{2\sqrt{19}}{3}=\frac{10\sqrt{19}}{9}$ 답 ④

참고 곡선 $y=x^2+1$을 직선 $y=\frac{1}{2}x+1$에 대하여 대칭이동한 곡선에서 $\overline{AB}$의 값을 구하는게 어려우므로 $\overline{AB}$를 포함한 직선 $y=0$을 직선 $y=\frac{1}{2}x+1$에 대하여 대칭이동한 직선 l에서 $\overline{A'B'}$의 값을 구해도 그 값은 같다.

1등급을 위한 고난도 유형 공략서

HIGH-END

내신 하이엔드

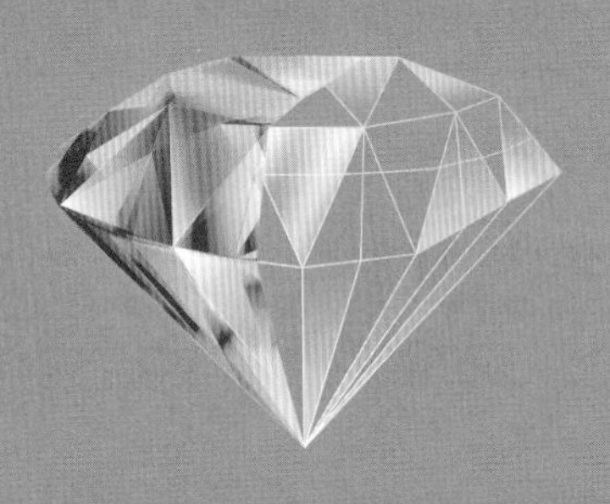

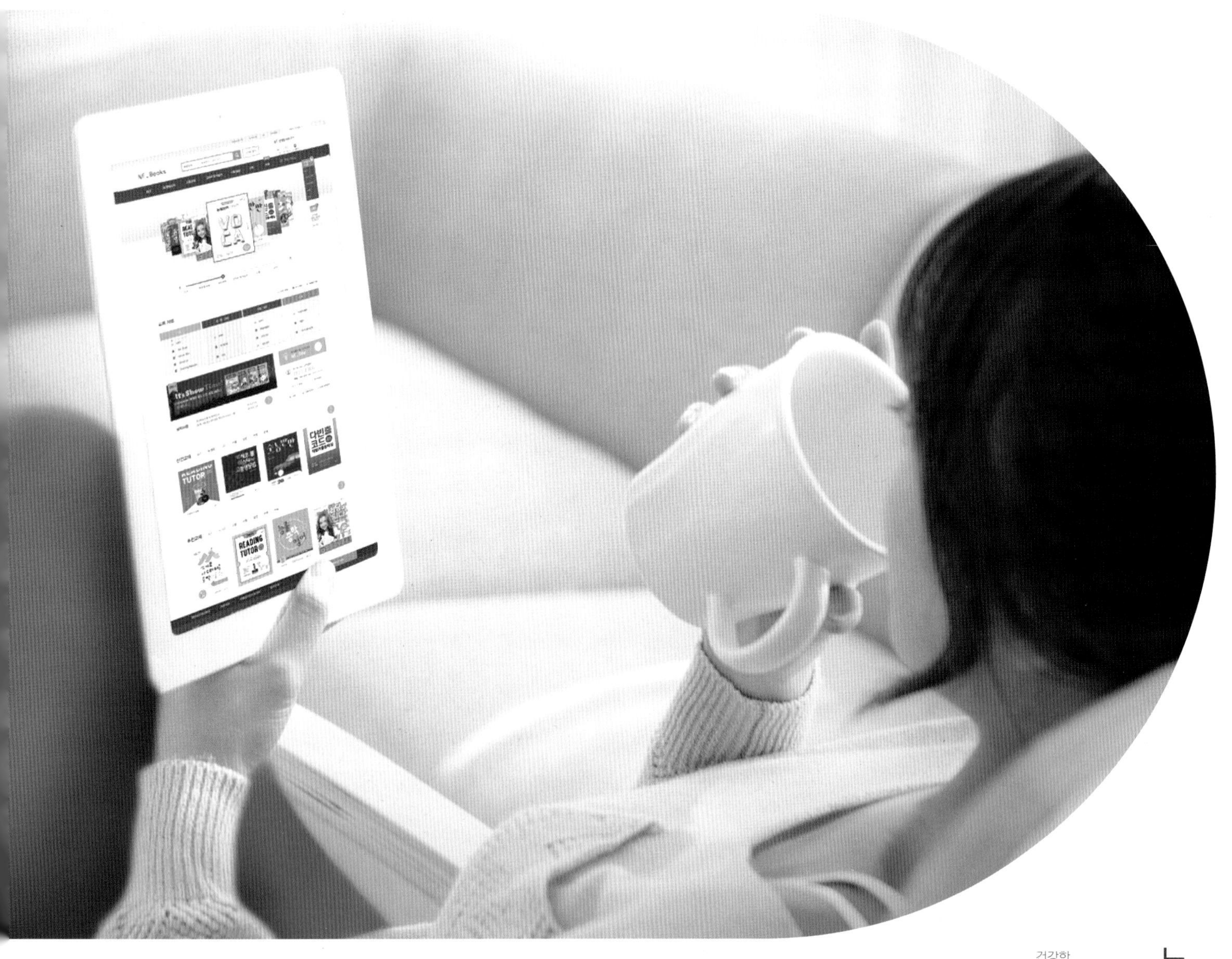